KB150359

금속학개론

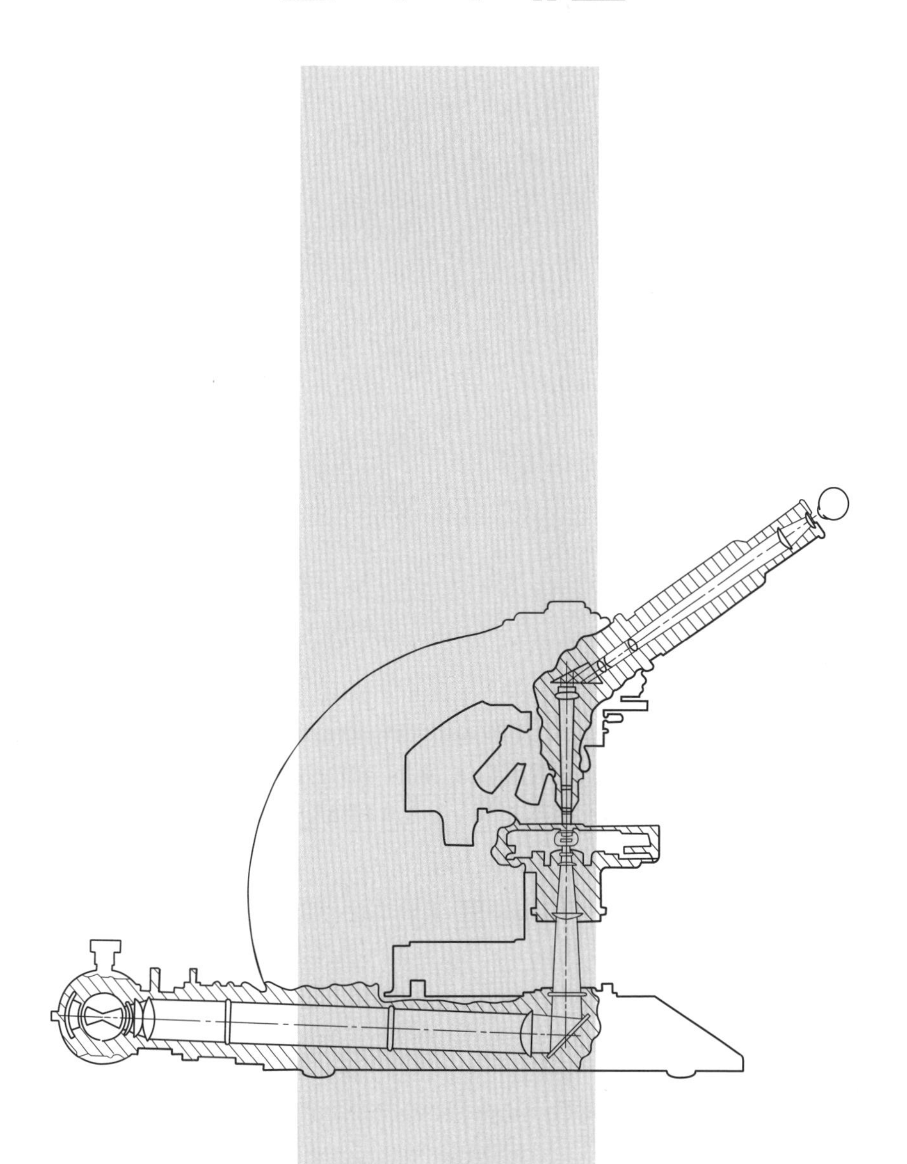

AN INTRODUCTION TO THE
SCIENCE OF METALS
by
MARC H. RICHMAN

금속학개론

마크 H. 리치만 지음 | 양성철 옮김

평민사

나의 학업을 수행하기 위하여

모든 기회를 제공해 주신

나의 부모,

Janet and Simon Bornstein님께

〈일러두기〉

소둔, 소준, 소려의 세 가지 용어는 본문에서 다음과 같은 용어로 표기되었습니다.

- 소둔(燒鈍, annealing) ···▸ 풀림
- 소준(燒準, normalizing) ···▸ 불림
- 소려(燒戾, tempering) ···▸ 뜨임

저자 서언

이 교재는 대학 일이 학년 수준의 금속학 소개 과정으로 고안되었다. 또한 금속에 대하여 학교에서 배우지 않고, 직업 현장에서 배웠거나 현재 금속 및 과학 분야에 종사하고 있는 사람들을 위하여 금속학을 재교육 시키고자 하는 의도도 있다.

얼마 전까지만 해도 금속 실습 및 열처리가 여러 공학 분야의 학제에 필수 과목이었다. 최근에는 실제적인 현재 기술보다는 과학적인 기초분야가 더 강조되어 왔다. 이러한 전환점은 엔지니어들로 하여금 기술적인 공백 가능성을 줄이고 기초적인 것을 튼튼히 하기 위하여 교육을 계속하게끔 하였다. 이러한 이유들 때문에 나는 금속학의 기초적이고 일반적인 내용들을 쓰는 일에 노력했고 금속공학의 실제적인 방법들은 최소화하기로 했다. 이 같은 개념은 우리 문명에 중요도가 점차 증가하고 있는 비금속을 공부하는데도 적용될 수 있다.

내 의견으로는 금속적인 관점 분야는 금속의 미세조직과 특성과의 관계를 정립한 앨버트 수브르 교수(1863-1939)에 의해서 공식화되었다. 금속조직학은 공학적인 특성뿐만이 아니고 원자단위 현상까지 예측할 수 있고, 이렇기 때문에 미세조직은 금속에서 중요한 역할을 한다. 이러한 관점을 플라스틱이나 세라믹 같은 다른 재료에도 적용하는 것은 금속이 다른 재료학에 끼쳐야 할 중요한 역할이라 생각한다.

이 초안을 준비하는 데 있어서, 나는 이 책을 읽는 사람들이 대수나 벡터에 대한 사전지식이 없는 것으로 가정하였다. 벡터에 대해서는 결정론에 사용되기 전 제 2과에서 논의되었다; 확산에 대한 처리는 직선적인 농도변화에 대한 기울기만을 포함하고 있다.

나는 이 책에 있는 많은 현상에 대하여 이해할 수 있는 설명을 제공하려고 시도하였다. 그리고 간단한 이론이지만 실수를 유발할 수 있는 것보다는 복잡하지만 사실적인 것으로 바꿈으로서 함정을 최소화하려고 했다.

각과의 참고문헌은 독자들에게 좀 더 자세한 정보를 편리하게 제공하였다. 추가적인 정보는 많은 대학과 공공도서관이 기술도서관을 가지고 있어서, 학생들로 하여금 어떠한 관심사에 대해서도 최근의 과학적인 자료를 접할 수 있게 되어 있다. (그 중에 금속 및 재료에 관한 것으로는; Review of Metal Literature, Chemical Abstract, Metallurgical Abstract, Engineering Index, and Applied Mechanics Review 등이 있다.) 연습문제는 책의 핵심적인 내용을 강조하도록 되어있으며, 책의 맨 뒤에 올바른 풀이 방법을 예시하였으며 핵심적인 내용을 재강조하였다.

이 책은 원자구조, 퀀텀 수들, 그리고 분자와 결정을 형성하기 위한 원자들 간의 여러 가지 결합의 종류로 시작한다; 전자기적인 특성들도 토론에 포함하였다. 결정학과 결정구조의 실험적인 결정 방법을 설명했다. 파장과 회절도 함께 설명했다. 결정의 형성에 대한 설명은 결정결함과 미세구조로 이어진다. 또한, 미세구조와 결함을 공부하기 위한 광학 및 전자현미경 기술도 설명했고, 단상재료에 대한 기계적 거동 및 풀림에 대해서도 토의하였다. 다상재료에 대해서는 7과에서부터 다루었다.

제 7과는 1성분 및 2성분계 뿐만이 아니라 여러 형태의 2원계에 대한 열역학적인 내용을 포함하였다. 상변태 및 평형, 그리고 준안정 미세조직을 여러 가지 고상변태의 예와 함께 설명했다. 미세조직과 기계적 거동과의 관계는 10과에서 다루어졌는데, 거기에서는 어떠한 합금이 열적이나 기계적인 처리로 단단한가 무른가, 질긴가 취성이 있나 등을 설명했다. 확산은 11과에서 다루어졌는데 특히 농도

구배와 이에 따른 미세조직에 대해서 강조하였다. 마지막 과에서는 금속의 부식이 토의되었고, 미세조직과 내식성(耐蝕性)과의 관계에 대한 개념이 기술되었다.

내 희망이라면, 여기에 제시된 개념을 다 이해하면서 독자가 금속학의 좀 더 고차원적인 것으로 진행하기를 바라며, 만약 마음이 내킨다면 금속 현장에서 사용되는 좀 더 세세한 기술에 대하여 배우기를 바란다.

이 책은 국립과학재단의 후원으로 브라운 대학에서 여름의 연속적인 두 프로그램으로, 그리고 공학부에서 학부 과목으로 시험하였다.

이 책의 여러 부분을 참을성 있게 검토하고 도움되는 조언을 해 준 브라운대학 공학부 동료 교수들께 감사한다. 여러 번의 초고에 세세한 조언을 해 주신 브라운대학의 조셉 걸랜드 교수와 로드 아이랜드 대학의 앤튼 몬하임 교수께 은혜 입었다. 섹션과 연습문제를 점검해 준 케니스 프린스와 로버트 프렌치에게 감사한다. 많은 사진과 그림에 대하여는 죠셉 포가티에게 감사한다. 이 사업을 독려해 준 공학부 전문위원회 회장 폴 매더 교수께 감사하는 마음을 전하고 싶다.

특히 손으로 쓴 모든 과를 읽고 스타일이나 배열에 많은 개선을 해 준 친구이자 편집자문가인 브라운 대학의 죠셉 케스틴 교수께 은혜 입었다.

이 원고를 타이프 치고 또 다시 타이프 치고 한 나의 아내, 어머니, 그리고 여동생의 도움에 대단히 감사한다.

마지막으로, 내 동료들, 학생들, 그리고 가족들, 특히 아내에게, 이 책을 쓰는 동안 나의 변덕을 참고 견뎌준 데 대해 감사한다.

—마크 C. 리치만

이 책을 옮기며

내가 이 책을 처음 접한 것은 박사과정 공부를 거의 마칠 때 즈음이었다. 준비 없이 얼떨결에 시작한 공부라 노력으로 따라가기는 하였지만 군데군데 기초적인 내용에 대하여 기본개념이 불안한 곳이 많았다. 그런데 이 책을 접하고 나서 이러한 부분들을 하나하나씩 명확히 하게 되었다.

이 책의 장점으로 우선 본문의 핵심성 및 간결성을 꼽고자 한다. 가장 기본적이고 핵심적인 내용을 간결한 문장으로 알기 쉽게 표현한 점이라 하겠다. 둘째는, 많은 사진과 그림을 꼽을 수 있다. 거의 매 쪽 모든 본문에 대한 내용을 가장 함축적으로 가시화 시킬 수 있는 실제 사진 및 개략도를 배치한 점이라 하겠다.

여러 가지 훌륭한 점이 많지만 마지막으로 하나 더 꼽는다면 균형 잡힌 배열이라 하겠다. 매 쪽 사진, 그림, 그리고 표가 간결한 본문을 읽으면서 동시에 시각적으로 이해를 할 수 있는 형태로 배열된 점은 참으로 탁월하였다.

사실 국내에 금속학의 전반적이고 기초적인 내용을 알기 쉽게 다룬 마땅한 교과서를 찾기가 힘들어 이렇게 훌륭한 교과서를 한 번 번역하고 싶었다.

저자의 서문에도 나와 있지만, 이 교과서는 미국에서도 특별한 교과서이다. 미국과학재단 후원으로 대학 금속과 1, 2학년이나 금속을 학교에서 정식으로 배우지 않고 현장에서 배운 사람들의 재교육용으로 특별히 집필하여 브라운 대학에서 학부 학생 및 여름 특별 강좌로 검증까지 해 본, 완벽하게 준비한 교과서이다.

부디 이 책이 금속학에 처음 입문한 학생 및 금속학을 체계적으로 배우고자 하는 현장 경험자들이 흥미롭게 배울 수 있는 교과서가 되기를 바란다.

먼저 이렇게 훌륭한 책의 번역 및 출판을 쾌히 승낙해 주신 원저자 마크 리치만 교수께 감사드린다.

또한 번역을 도와준 연세대학교와 한양대학교 대학원 학생들에게 감사한다. 보람있고 자랑스러운 일로 생각하며 같이 기다려준 아내와 두 아이, 인기와 은혜에게도 감사한다.

이국 땅에서 처음 공부를 시작하고 힘들어 했을 때 격려해주신 한국자원연구소 김원백 박사님, 그리고 엘지전자기술원 김성태 박사님의 은혜는 늘 내 마음에 간직하고 있다.

이 책을 흔쾌히 출판해 주신 평민사 이정옥 대표님과 두 페이지의 겉장에 이 책 전체의 내용을 함축한 탁월한 디자인과 본문 레이아웃을 산뜻하게 해주신 황현옥 편집부장께 감사드린다.

무엇보다도 이 모든 일이 있게 해주신 하나님의 은혜에 감사드린다.

옮긴이 양성철

차 례 | 금속학개론

• 제9과 | 철–탄소계

• 제10과 | 조직과 물성의 관계

• 제11과 | 확산

• 제12과 | 부식

AN INTRODUCTION TO THE
SCIENCE OF METALS

1
원자구조

1.1 개요

고대 그리스시대 철학자 Anaxagoras는 물질이 어떤 기초적인 입자들로 구성되어있다는 개념을 제안한 바 있다. 이러한 입자들은 무한소량(infinitesimal)이기 때문에, 눈에 보일만 한 크기의 물질은 상당히 많은 양의 입자들을 포함하고 있다. 이러한 "분자적(molecular)"* 접근은 현대의 기초 입자 이론들과는 개념적으로 상당히 차이가 있지만, 인간의 물질에 대한 이해의 시작점이라는 면에서 매우 중요한 역할을 하고 있다.† 모든 물질을 구성하고 있는 이러한 기초 입자들을 설명하기 위하여 다른 그리스 철학자들은 "원자(atom)"라는 단어를 도입하였다. 오늘날 과학은 다양한 원소의 원자들을 구성하는, 원자단위 이하의 입자들이 존재함을 밝혀냈다. 원자 그 자체는 이제 더 이상 기초적인 입자로 간주될 수 없다-이러한 점에서 전자, 중성자, 양성자 등등이 그 자리를 대신하고 있다.

중세시대와 르네상스 시대의 연금술사들은 순물질과 그 화합물들의 화학적 거동에 대한 방대한 정보를 축적하였다. 화학분야는 달톤(Dalton), 라부아지에(Lavoisier), 아보가르도(Avogadro) 등의 업적으로 19세기 초반부터 급격한 발전을 하였다. Dalton은 모든 물질은 원자들로 구성되어 있다고 제안했다; 특정 원

---

* 여기서 분자적 접근이란 용어를 사용한 이유는 Anaxagoras의 이론이 현재의 원자이론보다는 분자 개념에 더욱 근사하기 때문이다.

† Anaxagoras의 이론에 대한 자세한 언급은 이 책에서는 하지 않았으나, D. E. Gershenson 과 D. A. Greenberg의 *Anaxagoras and the Birth of the Scientific Method*, New York, 1964에 실려 있다.

소의 원자들은 그 원소의 전체적인 특징을 가진다; 모든 원자들은 화학반응 시 결합하고, 분리하고, 또는 위치를 바꾼다; 그리고 원자들은 일 또는 작은 정수비로 다른 원자들과 결합한다. Lavoisier는 연소(combustion)현상을 설명하였고 산과 염기가 결합하여 소금이 됨을 보였다. Avogadro는 같은 온도와 압력에서 같은 부피의 모든 기체는 같은 수의 분자를 가진다는 가설을 세웠다. 러시아 과학자 멘델레예프(Mendeleev)의 업적은 특히 주목할만하다. 1868년 그는 비슷한 성질을 가진 원소들을 주기적으로 함께 분류하는 방식으로 원소들을 하나의 표 안에 배열하였다. 원자들과 원자구조에 대한 현대적 개념으로 볼 때 이 주기율표는 화학원소들의 원자구조의 변화를 나타낸다.

1.2 전자, 양성자, 그리고 중성자(electrons, protons, and neutrons)

그림 1.1에 보인 주기율표를 이용하여 원소들의 원자구조를 조사해보자. 모든 원자들은 하나의 원자핵(nucleus)에 궤도운동을 하는 다수의 전자(electron)들을 더한 형태로 보여질 수 있다. 원자번호 Z는 원자핵 내의 양전하(positive charge)의 수를 나타내며, 원자량 M은 원자의 질량을 나타낸다.

전자는 매우 작고 가벼운 입자이며 전하(charge)*의 전자 단위인 음전하로 특징지워진다. 양성자(proton)는 전자의 질량보다 약 1840배 크며 하나의 양전하를 가지고 있다. 그러므로 하나의 양성자와 하나의 전자가 함께 있으면 순수 전하는 영이 된다. 하나의 원자가 전기적으로 중성이라면 그 원자 내에는 같은 수의 양성자와 전자가 있어야 한다. 전자는 양성자를 포함하고 있는 원자핵 주위 궤도에 위치해 있다. 원자핵 내에 존재하는 또 하나의 입자는 중성자(neutron)이다. 중성자는 전하를 가지지 않고 양성자의 질량(mass)과 거의 동일하다.

1.3 원자(atoms)

원자는 전자, 양성자, 그리고 중성자로 구성되어있다. 다른 많은 원자 단위 이

* 원자단위 이하 입자들의 전하는 1.6×10^{-19} 쿨롱(coulombs)인 전하의 전자단위, e로 표현된다.

▶ **그림 1.1 • 원소의 주기율표.** 원자번호가 증가하는 순서로 원소들이 배열된 이 표는 화학적 성질의 주기성을 나타낸다. 원소들은 적절한 화학적 기호로 표시되어 있고; 원자번호들은 굵은 활자체로 화학기호 위에, 원자 질량은 아래에 있다.

I	II												III	IV	V	VI	VII	VIII
1 H 1.008																		2 He 4.003
3 Li 6.939	4 Be 9.012												5 B 10.81	6 C 12.01	7 N 14.007	8 o 16.00	9 F 19.00	10 Ne 20.183
11 Na 22.99	12 Mg 24.31												13 A1 26.98	14 Si 28.09	15 P 30.97	16 S 32.06	17 C1 35.45	18 Ar 39.95
19 K 39.10	20 Ca 40.08	21 Sc 44.96		22 Ti 47.90	23 V 50.94	24 Cr 52.00	25 Mn 54.94	26 Fe 55.85	27 Co 58.93	28 Ni 58.71	29 Cu 63.54	30 Zn 65.37	31 Ga 69.72	32 Ge 72.59	33 As 74.92	34 Se 78.96	35 Br 79.91	36 Kr 83.80
37 Rb 85.47	38 Sr 87.62	39 Y 88.91		40 Zr 91.22	41 Nb 92.21	42 Mo 95.94	43 Tc (99)	44 Ru 101.07	45 Rh 102.91	46 Pd 106.4	47 Ag 107.87	48 Cd 112.40	49 In 114.82	50 Sn 118.69	51 Sb 121.75	58 Te 127.60	53 I 126.90	54 Xe 131.30
55 Cs 132.91	56 Ba 137.34	57 La 138.91	58 to 71	72 Hf 178.49	73 Ta 180.95	74 W 183.85	75 Re 186.2	76 Os 190.2	77 Ir 192.2	78 Pt 195.09	79 Au 196.97	80 Hg 200.59	81 T1 204.37	82 Pb 207.19	83 Bi 208.98	84 Po (210)	85 At (210)	86 Rn (222)
87 Fr (223)	88 Ra (226)	89 Ac (227)	90 to –															

Lanthanides	58 Ce 140.12	59 Pr 140.91	60 Nd 144.24	61 Pm (145)	62 Sm 150.35	63 Eu 151.96	64 Gd 157.25	65 Tb 158.92	66 Dy 162.50	67 Ho 164.93	68 Er 167.26	69 Tm 168.93	70 Yb 173.04	71 Lu 174.97	
Actinides	90 Th 232.04	91 Pa (231)	92 U 238.03	93 Np (237)	94 Pu (242)	95 Am (243)	96 Cm (247)	97 Bk (247)	98 Cf (251)	99 Es (254)	100 Fm (253)	101 Md (256)	102 No (254)	103 Lw (257)	104 ? ?

표 1.1 • 국제 원자량의 IUPAC 표−1961. * (nuclidic mass C^{12} = 12 기준)

원소	기호	원자 번호	원자 질량
Actinium	Ac	89	
Aluminium	Al	13	26.9815
Americium	Am	95	
Antimony	Sb	51	121.75
Argon	Ar	18	39.948
Arsenic	As	33	74.9216
Astatine	At	85	
Barium	Ba	56	137.34
Berkelium	Bk	97	
Beryllium	Be	4	9.0122
Bismuth	Bi	83	208.980
Boron	B	5	†10.811
Bromine	Br	35	‡79.909
Cadmium	Cd	48	112.40
Calcium	Ca	20	40.08
Californium	Cf	98	
Carbon	C	6	†12.01115
Cerium	Ce	58	140.12
Cesium	Cs	55	132.905
Chlorine	Cl	17	‡35.453
Chromium	Cr	24	‡51.996
Cobalt	Co	27	58.9332
Copper	Cu	29	63.54
Curium	Cm	96	
Dysprosium	Dy	66	162.50
Einsteinium	Es	99	
Erbium	Er	68	167.26
Europium	Eu	63	151.96
Fermium	Fm	100	
Fluorine	F	9	18.9984
Francium	Fr	87	
Gadolinium	Gd	64	157.25
Gallium	Ga	31	69.72
Germanium	Ge	32	72.59
Gold	Au	79	196.967
Hafnium	Hf	72	178.49
Helium	He	2	4.0026
Holmium	Ho	67	164.930
Hydrogen	H	1	†1.00797
Indium	In	49	114.82
Iodine	I	53	126.9044
Indium	Ir	77	192.2
Iron	Fe	26	‡55.847
Krypton	Kr	36	83.80
Lanthanum	La	57	138.91
Lead	Pb	82	207.19
Lithium	Li	3	6.939
Lutetium	Lu	71	174.97
Magnesium	Mg	12	24.312
Manganese	Mn	25	54.9380
Mendelevium	Md	101	
Mercury	Hg	80	200.59
Molybdenum	Mo	42	95.94
Neodymium	Nd	60	144.24
Neon	Ne	10	20.183
Neptunium	Np	93	
Nickel	Ni	28	58.71
Niobium	Nb	41	92.906
Nitrogen	N	7	14.0067
Nobelium	No	102	
Osmium	Os	76	190.2
Oxygen	O	8	‡15.9994
Palladium	Pd	46	106.4
Phosphorous	P	15	30.9738
Platinum	Pt	78	195.09
Plutonium	Pu	94	
Polonium	Po	84	
Potassium	K	19	39.102
Praseodymium	Pr	59	140.907
Promethium	Pm	61	
Protactinium	Pa	91	
Radium	Ra	88	
Radon	Rn	86	
Rhenium	Re	75	186.2
Rhodium	Rh	45	102.905
Rubidium	Rb	37	85.47
Ruthemium	Ru	44	101.87
Samarium	Sm	62	150.35
Scandium	Sc	21	44.956
Selenium	Se	34	78.96
Silicon	Si	14	†28.086
Silver	Ag	47	‡107.870
Sodium	Na	11	22.9898
Strontium	Sr	38	87.62
Sulfur	S	16	†32.064
Tantalum	Ta	73	180.948
Technetium	Tc	43	
Tellurium	Te	52	127.60
Terbium	Tb	65	158.924
Thallium	Tl	81	204.37
Thorium	Th	90	232.038
Thulium	Tm	69	168.934
Tin	Sn	50	118.69
Titanium	Ti	22	47.90
Tungsten	W	74	183.85
Uranium	U	92	238.03
Vanadium	V	23	50.942
Xenon	Xe	54	131.30
Ytterbium	Yb	70	173.04
Yttrium	Y	39	88.905
Zinc	Zn	30	65.37
Zirconium	Zr	40	91.22

* 표는 IUPAC and Butterworth Scientific Publications의 동의를 얻어 게재되었다.

† 원자량은 원소의 동이원소 조성의 자연적인 변화로 인해 변화한다. 관찰된 범위로는 B, ±0.003; C, ±0.00005; H, ±0.00001; O, ±0.0001; Si, ±0.001; S, ±0.003이다.

‡ 원자량은 다음의 양만큼 실험적 불확실성을 가진다: B, ±0.002; Cl, ±0.001; Cr, ±0.001 Fe, ±0.003; Ag, ±0.003. 다른 원소들의 경우, 제일 마지막 숫자는 ±0.5의 신빙성을 가진다.

하 입자들이 핵물리학에 존재하고 중요한 역할을 하지만, 그들의 특성에 관한 것은 이곳에서 다루는 문제의 범위를 벗어난다.* 표 1.1의 여러 원소들의 원자들을 구성하기 위해서는 전자, 양성자, 그리고 중성자의 여러 조합들이 사용된다. 모든 조합들이 다 가능한 것은 아니다-양자역학(quantum mechanics) 법칙과 파울리(Pauli)의 배타원리(exclusion principle)가 반드시 지켜져야 한다(이러한 제한점들에 관한 토의는 1.9와 1.10절까지 미루기로 한다). 원자의 전하는 원자핵 내의 양성자의 숫자를 궤도에 있는 전자의 숫자와 연관시킨다. 만일 원자가 전기적으로 중성이라면 양성자의 숫자는 1.2절에서 언급한 바와 같이 전자의 숫자와 동일하다. 중성자는 전하를 가지지 않으므로 중성자가 더해지면 원자의 질량은 증가하나 전하량은 변하지 않는다.

한 원소의 화학적 성질은 원자의 질량에 의해서가 아니라 원자핵 내의 중성자의 숫자에 의해서 결정된다. 어떤 주어진 중성자 숫자에 대해서 원자핵 내에 다양한 숫자의 양성자가 존재할 수 있기 때문에 질량은 다르나 화학적 성질이 비슷한 원자들이 존재할 수 있다. 이러한 것들을 그 원소의 여러 동위원소(isotope)라 일컫는다.

1.4 수소원자(hydrogen atom)

가장 간단한 원자핵은 양성자이고 단지 하나의 입자로 구성되어 있다. 원자핵 내에 중성자는 존재하지 않는다. 그 결과 중성원자는 양성자 주위를 궤도 운동하는 하나의 전자로 구성되어있다. 이것이 수소원자이다. 수소는 주기율표에서 첫 번째 원소이며 원자번호 $Z = 1$ 이기 때문에 이 위치를 차지한다. 원자핵 내에 입자가 하나밖에 없으므로 그 원자질량 $M = 1.008$로 결정된다.† 수소원자가 그림 1.2에 도식으로 보여졌다. 전자는 원자핵 주위의 타원궤도 내에 그려져 있다.

* 원자단위 이하 입자들의 설명에 대해서는 K. W. Ford, *The World of Elementary Particles*, Blaisdell, New York, 1963을 참조하라.

† 원소의 원자질량은 6개의 양성자와 6개의 전자로 구성되어 원자질량이 정확히 12인 특정 탄소 동위원소를 기준으로 계산되었다.

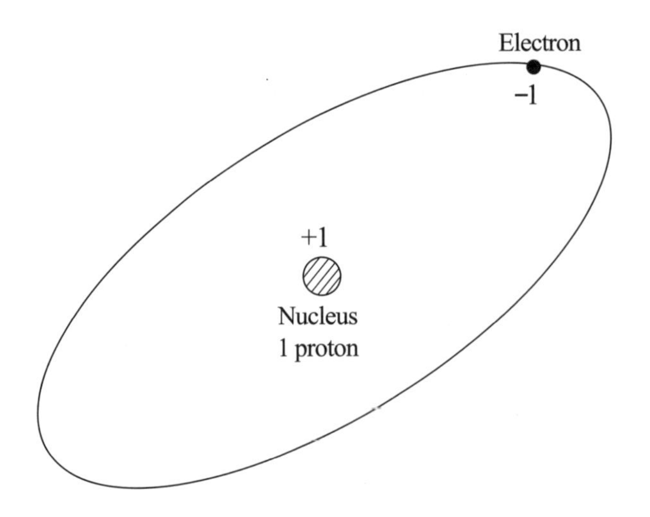

그림 1.2 • 수소원자. 이 도식적 표현은 +1의 전하를 가진 하나의 양성자인 원자핵과 −1의 전하를 가진 궤도 운동을 하는 전자로 구성된 수소원자를 나타낸다. 전자는 타원궤도 내에 그려져 있으나 궤도를 나타내기에는 궤도가 너무 크고 전자는 보이지 않을 만큼 작으므로, 전자와 원자핵은 같은 배율로 그리지 않았다.

1.5 헬륨원자(helium atom)

헬륨원자는 수소원자 다음으로 간단하다. 수소원자의 성질을 헬륨원자의 성질로 변화시키려면 원자핵에 두 번째 양성자를 더할 필요가 있다. 따라서 그 원자번호는 $Z = 2$이다. 원자핵은 두 개의 양성자에 더하여 두 개의 중성자를 포함하고, 원자질량은 $M = 4.003$이다. 전하를 중성으로 보존하기 위하여 두 개의 양성자원자핵(proton nucleus) 주위 궤도에 두 개의 전자가 존재한다. 그림 1.3에서 이 전자들은 두 개의 구분된 타원궤도에 나타나있다. 우리는 종종 이 타원궤도들이 단일 구형원자각(spherical shell) 내에 포함되어 있다고 간주한다. 수소와 헬륨원자의 전자들은 소위 첫 번째 원자각(shell)이라고 불리는 곳에 위치한다. 좀 더 복잡한 원자의 전자들은 첫 번째 원자각뿐만이 아니라 두 번째, 세 번째 등등에 위치한다; 각각의 원자각은 앞의 원자각보다 반경이 크다.

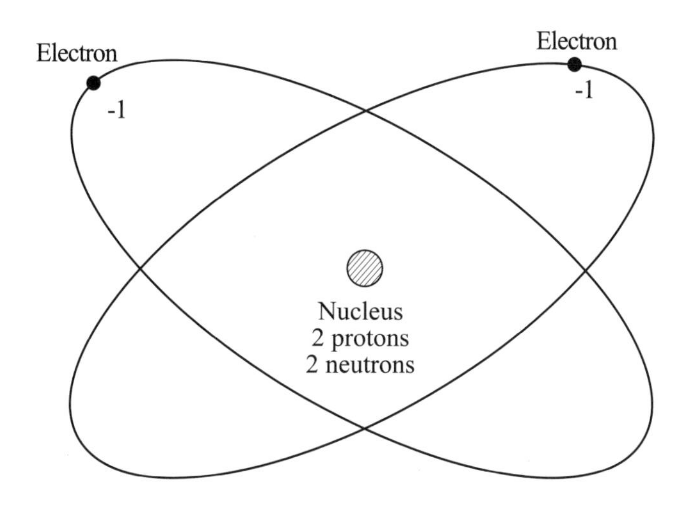

그림 1.3 • 헬륨원자. 이 개략도는 헬륨원자를 나타낸다. 원자핵은 두 개의 양성자와 두 개의 중성자를 포함하고 +2의 전하를 가진다. 원자핵 주위 타원궤도에 두 개의 전자들이 있고 이들은 합해서 –2의 전하를 가진다.

1.6 주기율표 두 번째 열의 원소들

첫 번째 원자각 내에 두 개 이상의 전자들은 허용이 안 된다. 첫 번째 원자각이 완전히 채워지면(헬륨에서처럼) 주기율표의 첫 번째 열은 채워진다. 그러면 전자들은 그 다음 원자각을 채우기 시작하고, 주기율표에서 두 번째 열의 원소들이 생성된다. 그림 1.4는 주기율표의 첫 번째 두 열의 전자구조를 나타낸다. 여기에서는 여러 원소들의 원자핵 내에 몇 개의 양성자와 중성자가 있는지는 나타나있지 않다. 양성자의 수는 원자번호에 의해 주어지고 중성원자 주위를 궤도 운동하는 전자의 숫자와 동일해야 한다. 중성자와 양성자는 거의 같은 질량(1원자질량단위)을 가지므로, 원자핵 내에 존재하는 중성자의 숫자는 원자질량으로부터 원자핵 내의 양성자의 숫자를 뺌으로써 얻어질 수 있다. 이것은 원자질량으로부터 원자번호를 뺀 것과 동일하다.

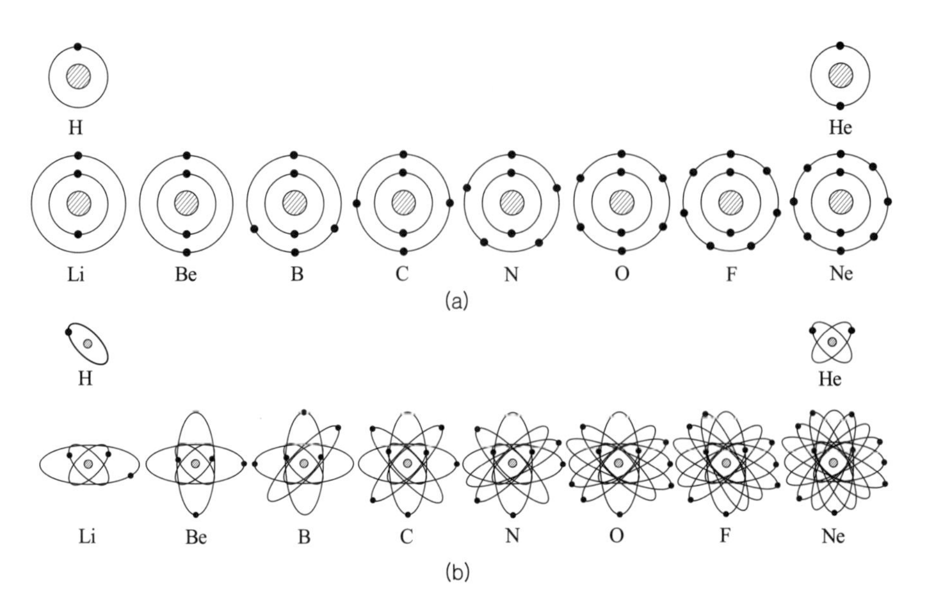

그림 1.4 • 주기율표의 첫 번째와 두 번째 열. 이 그림은 주기율표의 처음 두 열에 걸쳐 원자번호가 증가함에 따라 전자숫자의 증가를 보여준다. 두 개의 전자가 첫 번째 원자각을 완전히 채우고 두 번째의 원자각을 채우기 위해서는 여덟 개의 전자가 필요하다. 전자들이 (a)에서는 원자각 속에 있고, (b)에서는 원자각을 구성하는 개개의 궤도 내에 있다.

1.7 동위원소(isotopes)

주기율표(표 1.1) 또는 그림 1.1에서 나타낸 원자질량은 자연 상태에서 발견된 원소들의 평균 원자질량이다. 동일원소의 여러 동위원소들이 존재한다고 알려져 있고, 이들 각각은 원자번호는 같으나 원자질량은 다르다. 마그네슘(Z = 12, M = 24.32)원자들은 모두 12개의 양성자와 12개의 전자들을 가지고 있다-이러한 원자들을 마그네슘 원소의 원자라고 특징짓는 것이 양성자의 수이다. 마그네슘 동위원소의 원자질량은 24, 25, 26 그리고 27이고, 자연계에서 발생하는 각 동위원소의 상대 비율에 근거하여 24.32로 평균값이 산출된다. 그러므로 마그네슘 원자핵 내의 중성자의 수는 동위원소의 종류에 따라 12, 13, 14, 또는 15가 된다. 동위원소들은 화학적 기호와 원자질량을 나타내는 위 첨자로 표시된다. 이 표기법을 사용하여 마그네슘 동위원소들은 Mg^{24}, Mg^{25}, Mg^{26}, 그리고 Mg^{27}로 표시한다.

1.8 원자가(valence)

두 번째 원자각은 여덟 개의 전자만을 포함할 수 있으므로 주기율표에서 그 다음 원소인 나트륨(소디움)은 첫 번째 원자각에 전자 두 개와 두 번째 원자각에 전자 여덟 개에 더하여 세 번째 원자각에 하나의 전자를 가지고 있다. 몇몇 예외를 제외하고 전 주기율표는 이런 방법으로 채워져 있다. 이러한 예외는 천이원소들(transition elements), 희토류(rare earth-lanthanide) 계열, 그리고 액티나이드(actinide) 계열의 경우에 존재하는데 한 원자각이 부분적으로 채워진 채 다음 원자각이 채워질 수도 있다.

화학원소들의 이러한 배열의 주기성은, 비슷한 화학적 성질을 가진 원소들은 같은 수직 그룹 내에 위치한다는 것이다. 그룹 I는 비슷한 성질을 가지며 최외각 원자각에 하나의 전자만을 갖는 리튬(Li), 소디움(Na), 포타슘(K), 등의 알칼리 원소들이다. 비슷하게 그룹 II의 원소들은 최외각 원자각에 전자를 두 개 가지는 알칼리토류(alkaline earth)이다. 최외각 원자각의 전자들은 원자가(valence electron)라고 알려져 있다. 그림 1.4(a)로부터 리튬은 하나, 베릴륨은 두 개, 붕소는 세 개, 탄소는 네 개, 질소는 다섯 개, 산소는 여섯 개, 그리고 불소는 일곱 개의 원자가를 가짐을 볼 수 있다. 그러나 네온은 하나의 원자가도 가지고 있지 않다. 왜일까? 그 대답은 네온원자의 최외각 원자각이 완전히 채워져 있다는 것이다. 각각의 원자각에 전자의 수를 제한하고 주기율표의 각 열마다 존재하는 원자의 수가 다르도록 하는 것은 무엇인가? 주기율표의 각각의 열마다 허용되는 원소의 수는 아래에 다루게 될 양자(quantum)적 고려와 파울리(Pauli)의 배타원리(exclusion principle)에 의존한다.

1.9 양자수와 에너지준위(quantum number and energy levels)

전자들은 네 가지 양자 수에 의해 주어지는 그들의 에너지준위에 의해 특징 지워진다. 물이 가장 낮은 위치를 찾으려는 것과 마찬가지로, 전자들도 에너지준위가 가장 낮을 때 가장 안정하다. 얼핏 보면, 이것은 전자들이 모두 가장 낮은 에너지준위에 존재하는 것처럼 보일 수도 있지만 이것은 어떠한 두 전자도 네 개의 같은 양자수, 즉 같은 에너지를 갖는 것을 금지하는 Pauli의 배타원리에 의해 불가능한 것으로 설명된다.

네 개의 양자수는 본질양자수(principle quantum number) n, 각양자수 l, 자기양자수 m_l, 그리고 회전양자수 m_s이다.* 본질양자수는 전자의 주 에너지준위 뿐 아니라 궤도반경의 크기이다. 이 양자수의 값이 작을수록 에너지준위는 낮아지고 궤도는 작아진다. 본질양자수는 다음과 같이 영이 아닌 정수로만 취해질 수 있다.

$$n = 1, 2, 3, 4, \cdots \tag{1.1}$$

한 원소의 원자 내 전자의 가장 높은 본질양자수는 주기율표 내에서 그 원소가 위치하는 열의 수와 같다.

각양자수(angular quantum number)는 전자의 각운동량(angular momentum)† 의 크기이고, 궤도의 모양을 반영한다. 이 양자수는 각본질양자수 값 n을 제외한 정수 값까지 취할 수 있다. 따라서

$$l = 0, 1, 2, \cdots, n-1, \tag{1.2}$$

만약 $n = 1$이면, 각 양자수에 허용되는 유일한 값은 $l = 0$이다. $n = 2$인 경우는 $l = 0$ 또는 $l = 1$ 그리고 $n = 3$ 또는 n = 4인 경우는 각각 $l = 0, 1, 2$, 또는 $l = 0, 1, 2, 3$이다. 각양자수는 관례에 의해 각각 $l = 0, 1, 2, 3$에 대응하는 s, p, d, f 로 표현된다.

자기(magnetic) 양자수는 외부 전자기장의 존재하에서 에너지를 변화시키는데

* 양자수에 대해 더 자세한 설명을 원한다면, L. G. Hepler의 *Chemical Principles*, Blaisdell, New York, 1964, p. 47 ff를 참조하라.

† 각양자수에 대한 설명은 O. M. Stewart와 N. S. Gingrich의 *Physics*, Ginn New York, 1959, p. 146에서 찾을 수 있다.

효과적이다. 이것은 식(1.3)에 보인 바와 같이 -l부터 l에 이르기까지의 모든 정수를 취할 수 있다.

$$m_l = -1, \cdots -2, -1, 0, 1, 2, \cdots 1. \cdots \tag{1.3}$$

$n = 4$이고 $l = 3$인 경우를 고려한다면, 자기양자수는 일곱 개의 가능한 하부 에너지준위인 $m_l = -3, -2, -1, 0, 1, 2, 3$이 된다.

회전양자수는 전자들이 그들 자신의 축을 회전하는 것에 의존한다. 이 회전은 보통 위 또는 아래로 시계방향 또는 반시계방향으로 회전하는 우수나사의 움직임을 나타내는 것으로 생각된다. 회전양자수의 유일한 가능한 값은 다음과 같고 다른 세 가지 양자수에 독립적이다.

$$m_s = -\frac{1}{2}, \frac{1}{2}, \tag{1.4}$$

네 개의 양자수의 가능한 조합은 매우 많으며 그림 1.5에 나타나 있다. 주 에너지준위는 주 준위 내의 모든 가능한 하위준위의 집단들의 수보다 많은 전자들을 가질 수 없다. 이 그림은 $n = 1$인 첫 번째 에너지준위는 단지 두 개의 전자를 가지는 반면에 $n = 2$인 두 번째 준위는 여덟 개의 전자를 수용할 수 있다. 이것은 각각의 주 준위에 있는 전자들의 수가 표 1.2에 목록이 나타난 주기율표의 각 열 내의 원소들의 수와 동일한 것처럼 보일 수도 있다. $n = 3$인 준위를 고려하면 이것

표 1.2 • 주기율표의 각 열에 허용된 원소들

열(row)	원소 수(number of elements)
1	2
2	8
3	8
4	18
5	18
6	32
7	—

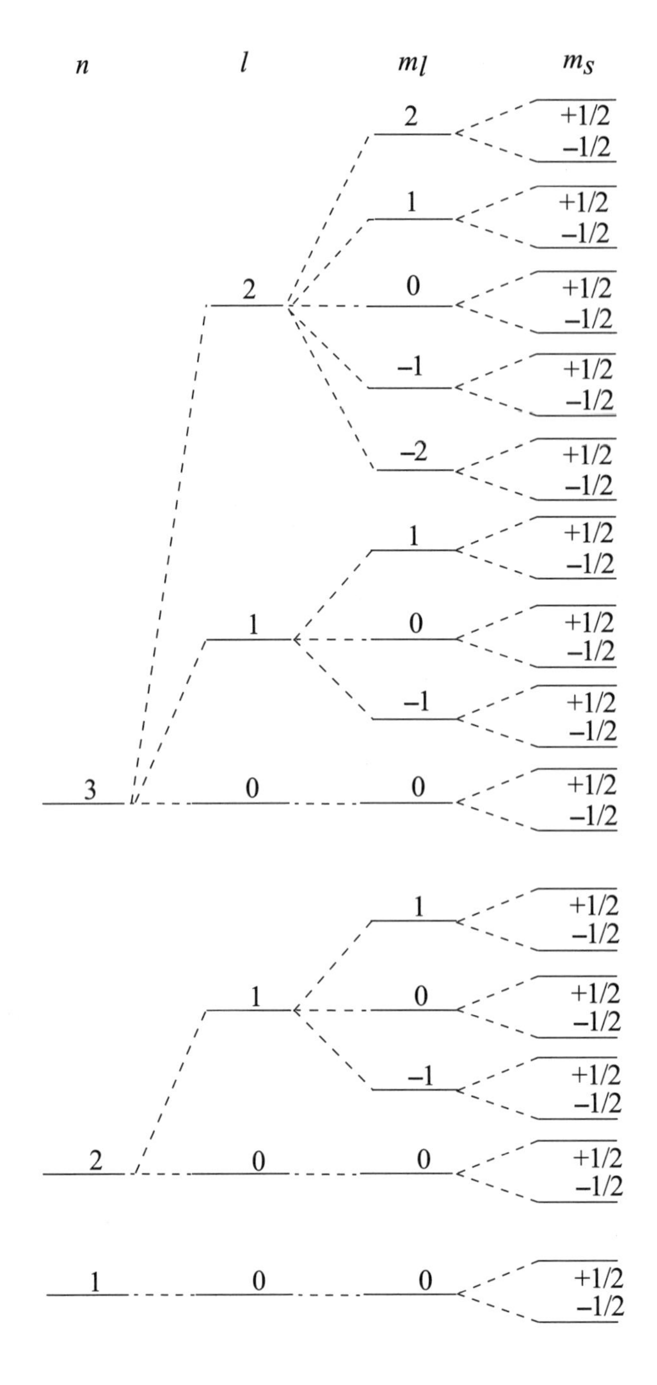

그림 1.5 • 전자 에너지준위. n = 1, 2, 3인 최초 3개의 주에너지준위(main energy level)가 표시되었고 다양한 하부 에너지준위들을 나타내었다. 수직축의 비율은 여러 에너지 상태들의 상대적인 에너지들을 나타내기 위한 것은 아니다.

표 1.3 • 전자준위와 주기성

에너지준위 또는 열(row)	전자 수	원소 수
1	2	2
2	8	8
3	18	8
4	32	18
5	50	18
6	72	32
7	98	—

이 사실이 아님을 알 수 있다. 그림 1.5는 이 에너지준위가 18개의 전자들을 포함할 수 있음을 알 수 있으나, 주기율표의 세 번째 열은 여덟 개의 전자만을 가지고 있다. 표 1.3은 각 준위에서의 전자들과 주기율표의 각 열 내에 있는 원소들에 대해 더 비교해 본 것을 보여준다. 이 명백한 불일치는 이 두 숫자가 유사성을 갖지 않다는 것에 대한 결론적인 증명이다. 그러면 여러 원소들의 원자들 내에 전자들은 어떻게 위치할까?

수소원자로 시작하여, 전자들을 더하면서 그들의 배치(각 전자와 관련된 양자수들)를 관찰해보자. 수소에는 단지 하나의 전자만이 있고, 이 전자는 $n = 1$, $l = 0$, $m_l = 0$, 그리고 $m_s = -\frac{1}{2}$일 때 가장 낮은 에너지 상태를 차지하게 된다. 더해진 다음(next) 전자는 같은 상태를 차지할 수는 없고 $n = 1$, $l = 0$, $m_l = 0$, 그리고 $m_s = \frac{1}{2}$의 양자수를 가진다. 헬륨원자는 위쪽 회전을 하는 하나의 전자와 아래쪽 회전을 하는 하나의 전자를 가지지만, 두 전자들의 경우 처음 세 번째까지의 양자수는 같다. $n = 1$인 최초 에너지준위의 경우, (1.1)에서 (1.4)까지 관계식들에 의해 주어진 제한 조건 내에서 양자수들의 어떤 다른 조합들을 만들어내는 것은 불가능하다. 따라서 첫 번째 주에너지준위와 주기율표의 첫 번째 열은 완성된다.

다음 원소인 리튬은 세 개의 전자들을 가진다. 처음 두 개는 가장 낮은 에너지 상태를 점유하고 헬륨원자의 두 전자들과 같은 양자수로 특징지어진다. 세 번째 전자는 그 다음 높은 에너지준위를 점유하고 따라서 두 번째 준위, $n=2$로 떨어진다. 여기서 두 가지 가능한 각양자수 값, $l=0$와 $l=1$이 존재한다.

가장 낮은 에너지는 $l=0$인 상태에 해당하며, 따라서 리튬의 세 번째 전자는 $n=2$, $l=0$, $m_l=0$, 그리고 $m_s=-\frac{1}{2}$의 양자수를 갖는다. 베릴륨은 네 개의 전자를 가지고, 첫 번째 세 개의 전자는 위와 같은 상태를 차지하며 네 번째 전자는 $n=2$, $l=0$, $m_l=0$, 그리고 $m_s=\frac{1}{2}$의 상태를 차지한다.

그 다음 잇따른 원소들의 전자들은 $(n=2)$-, $(l=1)$-준위를 차지한다. 여기서 $m_l=-1$, 0, 1이고, 전자회전은 위 또는 아래이다. 말하자면 $m_s=\pm\frac{1}{2}$이다. m_l의 가장 낮은 값은 가장 낮은 에너지 상태를 나타내지만 우리는 전자들이 가능한 한 모두 위 또는 모두 아래로 배열된 회전을 유지하려는 것을 관찰할 수 있다. 따라서 붕소, 탄소, 그리고 질소는 모두 마지막 전자가 각각 $m_s=-\frac{1}{2}$ 그리고 $m_l=-1$, 0, 1로 특징지어지는 상태를 갖는다. 표 1.4는 주기율표에서 최초 두 번째 열의 원소들의 원자 내 에너지가 가장 높은 전자들에 관련된 네 개의 양자수를 나열한 것이다.

표 1.4 • Z = 1 에서 Z = 10까지 원소들의 원자 내 에너지가 가장 높은 전자들의 양자수들(quantum numbers)

원소	Z	n	l	m_l	m_s
H	1	1	0	0	$-\frac{1}{2}$
He	2	1	0	0	$\frac{1}{2}$
Li	3	2	0	0	$-\frac{1}{2}$
Be	4	2	0	0	$\frac{1}{2}$
B	5	2	1	-1	$-\frac{1}{2}$
C	6	2	1	0	$-\frac{1}{2}$
N	7	2	1	1	$-\frac{1}{2}$
O	8	2	1	-1	$\frac{1}{2}$
F	9	2	1	0	$\frac{1}{2}$
Ne	10	2	1	1	$\frac{1}{2}$

1.10 전자배열(electron configuration)

전자배열은 1.9절에서 언급된 각양자수의 표현 형식으로 나타내는 것이 더욱 편리하다. 이 형태는 분광학으로부터 나온 것이고, l = 0, 1, 2, 3, ...대신에 각각 s, p, d, f, ...의 문자들을 사용한다. 그러면 수소원자의 전자배열은 $1s^1$이 되며 여기서 문자 s 앞의 숫자 1은 본질양자수이고 위 첨자 1은 첫 번째 두 양자수가 $n = 1$ 그리고 $l = 0$인 전자들의 총수를 나타낸다. 그러므로 헬륨은 $1s^2$로 표현된다. 하나 이상의 주에너지준위 또는 하부준위를 가지는 원소들의 경우, 전자배열은 다음과 같이 쓴다: 리튬 $1s^2 2s^1$, 베릴륨 $1s^2 2s^2$, 붕소 $1s^2 2s^2 2p^1$ 등등. 표 1.5는 원자번호 Z = 36까지 원소들의 전자배열을 나열한 것이다.

에너지준위 내에서 전자들의 배열은 포타슘에 이르기까지는 비교적 간단하다. 여기서 전자들은 $4s$-준위의 에너지가 $3d$-준위의 에너지보다 낮기 때문에 $3d$-원자각이 아니라 $4s$-원자각에 들어간다. $3d$-원자각이 비교적 늦게 채워지는 주기율표 영역은 천이원소들을 포함한다. 비슷한 방식으로, $4f$-원자각의 나중 점유는 희토류 원소들을 위한 것이 된다. 주기율표에서 희토류와 액티나이드 계열들이 분리되어 도표화된 것은 바로 이러한 이유에서이다.

불활성가스는 어떤 하부 준위들이 전자들로 채워졌을 때 언제나 일어난다. 표 1.5로부터 헬륨은 $1s$-원자각이, 네온은 $2p$-, 알곤은 $3p$-, 그리고 크립톤은 $4p$-하부준위가 채워진 것을 알 수 있다. 제논은 $5p$-, 라돈은 $6p$-하부준위가 채워져 있다. 어떤 경우에도 불활성가스는 부분적으로 채워진 원자각이나 하부준위들을 갖지 않는다-그들은 완전히 채워지거나 또는 완전히 비워진다. *

1.11 원자결합(atomic bonding)

원소들이 자연상태에서 발견될 때, 그들은 불활성가스(He, Ne, Ar, Xe, Rn)들을 제외하고는 개별 원자들로 존재하지 않는다. 보통 원소들은 -두 개 또는 그 이상의 원자들이 함께 결합한- 분자, 또는 -많은 원자들이 특정 기하학적 구조로 배

* 제논은 $4f$-하부준위가 채워져 있는 반면에 $5s$-, 그리고 $5p$-하부준위는 완전히 채워져 있다.

표 1.5 • 원자들의 전자배열

원자	원자 번호	배열
H	1	$1s^1$
He	2	$1s^2$
Li	3	$1s^22s^1$
Be	4	$1s^22s^2$
B	5	$1s^22s^22p^1$
C	6	$1s^22s^22p^2$
N	7	$1s^22s^22p^3$
O	8	$1s^22s^22p^4$
F	9	$1s^22s^22p^5$
Ne	10	$1s^22s^22p^6$
Na	11	$1s^22s^22p^63s^1$
Mg	12	$1s^22s^22p^63s^2$
Al	13	$1s^22s^22p^63s^23p^1$
Si	14	$1s^22s^22p^63s^23p^2$
P	15	$1s^22s^22p^63s^23p^3$
S	16	$1s^22s^22p^63s^23p^4$
Cl	17	$1s^22s^22p^63s^23p^5$
Ar	18	$1s^22s^22p^63s^23p^6$
K	19	$1s^22s^22p^63s^23p^6 \quad 4s^1$
Ca	20	$1s^22s^22p^63s^23p^6 \quad 4s^2$
Sc	21	$1s^22s^22p^63s^23p^63d^14s^2$
Ti	22	$1s^22s^22p^63s^23p^63d^24s^2$
V	23	$1s^22Ss^22p^63s^23p^63d^34s^2$
Cr	24	$1s^22s^22p^63s^23p^63d^54s^1$
Mn	25	$1s^22s^22p^63s^23p^63d^54s^2$
Fe	26	$1s^22s^22p^63s^23p^63d^64s^2$
Co	27	$1s^22s^22p^63s^23p^63d^74s^2$
Ni	28	$1s^22s^22p^63s^23p^63d^84s^2$
Cu	29	$1s^22s^22p^63s^23p^63d^{10}4s^1$
Zn	30	$1s^22s^22p^63s^23p^63d^{10}4s^2$
Ga	31	$1s^22s^22p^63s^23p^63d^{10}4s^24p^1$
Ge	32	$1s^22s^22p^63s^23p^63d^{10}4s^24p^2$
As	33	$1s^22s^22p^63s^23p^63d^{10}4s^24p^3$
Se	34	$1s^22s^22p^63s^23p^63d^{10}4s^24p^4$
Br	35	$1s^22s^22p^63s^23p^63d^{10}4s^24p^5$
Kr	36	$1s^22s^22p^63s^23p^63d^{10}4s^24p^6$

열된- 결정으로 존재한다. 그들은 꼭 한 종류의 원자들만을 포함하고 있지만은 않고 몇 원소의 원자들로 구성되어 있을 수 있다. 물질의 연구를 수행하고자 한다면, 먼저 분자와 결정을 이루는 원자들의 결합을 이해해야 하고, 기하학적 결정구조도 이해해야 한다. 그런 방식으로 기초적인 입자들로부터 성질을 측정할 수 있는 물질의 가시단위를 형성할 수 있다.

1.11.1 이온화(ionization)

원자는 원자각 내의 가능한 전자위치들이 모두 채워져 있을 때 가장 안정적이다. 헬륨, 네온, 아르곤 등의 완전히 채워진 원자각들을 가진 불활성가스들은 화학적 반응성이 거의 없는 것으로 알려져 있다.* 원자가 원자각에 단지 몇 개의 전자들만을 갖는 원자들은 최외각 원자각을 완전히 채운 채로 남아있기 위해서 이러한 전자들을 버리려고 한다. 따라서 만일 리튬원자가 하나의 원자가를 잃어버리면 최외각 원자각이 완전히 채워져 있기 때문에 더욱 안정적이 된다. 이러한 과정은 리튬원자를 하나의 양전하 단위로 남아있게 하기 때문에 이온화라고 이름 붙여진다. 리튬의 이온화는 다음의 반응식으로 쓰여질 수 있다.

$$\mathrm{Li} - e^- = \mathrm{Li}^+, \tag{1.5}$$

이것은 중성 리튬원자가 전하 +1의 리튬 양이온과 전하 -1의 전자로 이온화됨을 의미한다. 양이온을 cation이라고 부른다.

이러한 이온화는 원자가가 거의 없는 주기율표에서 왼쪽에 있는 원소들의 경우 가장 빈번히 관찰된다. 원자가가 많은 주기율표 우측의 원소들의 경우에는, 많은 전자를 잃어버리는 것은 너무 어렵다. 원자가 원자각을 채우려면 필요한 수만큼의 전자를 받아들이는 것이 더 간단하다. 불소는 일곱 개의 원자가를 가지고 있고 그것의 이온화는 다음과 같이 쓰인다.

---

* 주기율표에서 가장 반응성이 좋은 원소인 불소는 몇몇 불활성가스들과도 반응을 하는 것으로 밝혀졌다.

$$F + e^- = F^-. \tag{1.6}$$

따라서 불소 원자는 여분의 전자 하나를 받아들여서 -1의 전하를 가지는 불소 이온이 된다. 음이온은 anion이라고 불린다.

이온화는 다음의 예처럼 두 개 이상의 전자를 얻거나 잃어서도 일어난다.

$$Be - 2e^- = Be^{++}, \tag{1.7}$$

그리고

$$O + 2e^- = O^{=}. \tag{1.8}$$

1.11.2 이온결합(ionic bonding)

우리는 이온화식들은 쉽게 이해할 수 있지만, 양이온이 형성될 때 버려진 전자들에게는 어떤 일들이 일어나고 또는 음이온이 형성될 때 전자의 원천은 어디인지를 결정해야 한다. 이러한 문제의 한 해결책은 원자들 간의 일반적인 결합-이온결합-의 중요한 열쇠이다. 만약 (1.5)의 반응에 의해 리튬원자로부터 떨어져 나온 전자가 (1.6)의 반응에 의해 불소원자에 받아들여진다면, 두 이온들은 모두 안정되고, 리튬이온과 불소이온 간에는 이온결합이 존재하게 된다. 이러한 이온결합(그림 1.6)은 특성상 정전기적이고, 달리 대전된 두 입자들 간의 인력과 유사하다.*

이온결합은 BeO, NaCl 등과 같은 이온 화합물을 형성하는 다른 이온들 간에 존재한다. 그러한 결합 내에는 두 개 이상의 이온들이 개입할 가능성도 있다. 이것은 전기적 중성조건을 보증하는 경우에서 요구된다. 예를 들어

---

* 같지 않은 전하의 두 입자들은 서고 당기는 반면 같은 전하는 밀어낸다. Coulomb의 법칙에 따르면 전정기적 힘은 전하량에 정비례하고, 입자 간 거리의 제곱에 반비례한다; 말하자면

$$\text{force} \propto \frac{q_1 q_2}{r^2},$$

여기서 q_1, 그리고 q_2는 각각 1과 2입자의 전하량이고, r은 입자들간의 거리이다. 만약 힘이 음수라면 인력을 의미하고 양수라면 척력을 의미한다.

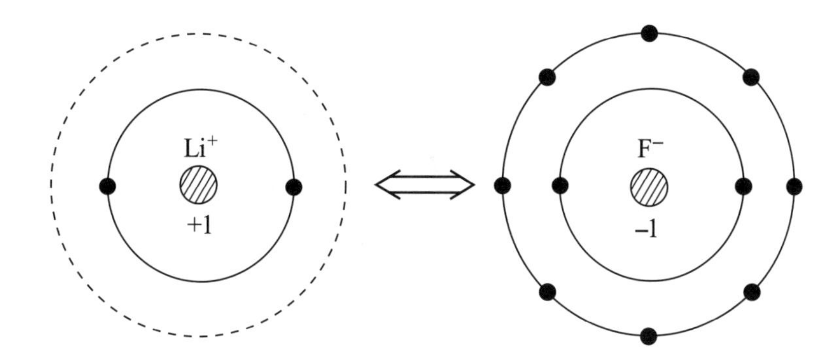

그림 1.6 • LiF의 이온결합. 원자각을 완전히 채워진 원자각을 형성하기 위해서 리튬원자는 가전자 하나를 포기하고 불소원자는 그것을 받아들인다. 양으로 대전된 리튬 양이온과 음으로 대전된 불소 음이온 간의 정전기적 인력은 이온결합을 형성한다.

$$Mg^{++} + 2Cl^{-} = MgCl_2 \tag{1.7}$$

여기서의 결합은 그림 1.7에서 보인 것처럼 하나의 Mg^{++}이온과 두 개의 Cl^{-}이온인 세 개의 이온들이 관여한다.

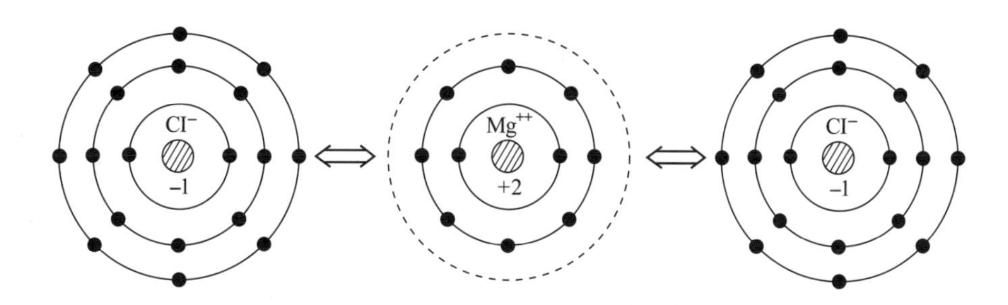

그림 1.7 • $MgCl_2$의 이온결합. 마그네슘 원자는 가전자 원자각에서 두 개의 전자를 내어놓는다. 하나씩의 전자가 원자각을 완전히 채우기 위해 각각의 염소원자에 받아들여진다. 정전기적 인력이 세 이온들을 함께 유지시킨다.

1.11.3 공유결합(covalent bonding)

두 원소들이 주기율표에서 서로 반대편에 있으면, 이온결합이 가능하다. 그러면 주기율표에서 인접한 원소 간에 결합이 일어나거나, 어떤 한 원소가 결정이나 분자를 형성할 때는 어떤 형태의 결합이 일어나는가? 이것은 이온결합이 될 수

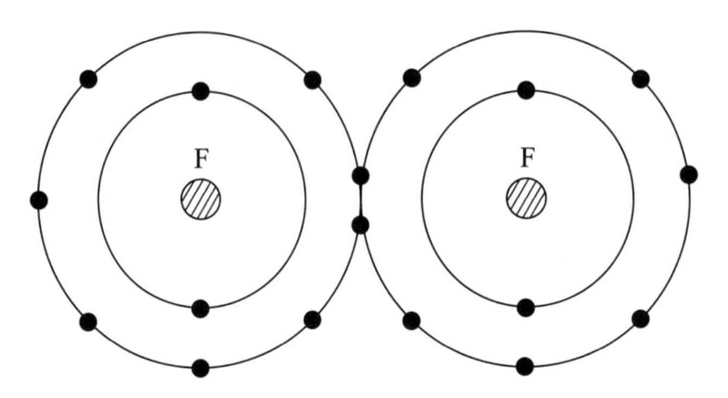

그림 1.8 • F_2의 공유결합. 각각의 불소원자는 최외각에 일곱 개의 전자를 가지고 있다. 각 원자로부터 하나의 전자를 공유함으로써 순간적으로 각 원자핵들이 완전한 원자각을 가지는 F_2분자들이 형성된다.

없다; 다른 형태의 결합이 일어나야 한다.

순수 불소를 생각해보자. 불소원자는 최외각 원자각을 채우기 위해서는 하나의 전자가 필요하다. 만약 두 개의 불소원자가 합쳐져서 궤도가 맞물리게 되면, 때때로 한 원자핵에는 여덟 개의 전자가 연관되는 반면 다른 전자에는 여섯 개의 전자가 관여되고, 그 역도 마찬가지이다. 이러한 전자들의 공유가 이온결합에서의 전자들의 이동과는 구별되는 공유결합의 특징이다. 불소의 공유결합을 그림 1.8에 도식적으로 보였다.

공유결합에 의해 결합된 두 개의 불소원자들의 이러한 배열은 불소분자, F_2를 나타낸다. 다른 할로겐원소(Cl, Br, I)도 공유결합에 의해서 이원자분자(diatomic molecule)를 형성하고, F_2분자와 비슷한 방식으로 전자를 공유함을 쉽게 알 수 있다.

8-N 규칙(그림 1.9)은 만약 N이 어떤 원소가 속해있는 주기율표 그룹의 수라면, 그 원소는 같은 원소의 다른 원자들과 8-N개의 공유결합을 한다는 것이다. 이것은 한 원자가 공유결합 배열에서 8-N개의 인접 원자들을 가짐을 의미한다. 할로겐원소들은 그룹 Ⅶ에 있으므로, 할로겐원자는 8-7=1의 공유결합 또는 하나의 인접원자를 가진다. 이것은 할로겐원소들이 이원자분자, 예를 들면 불소

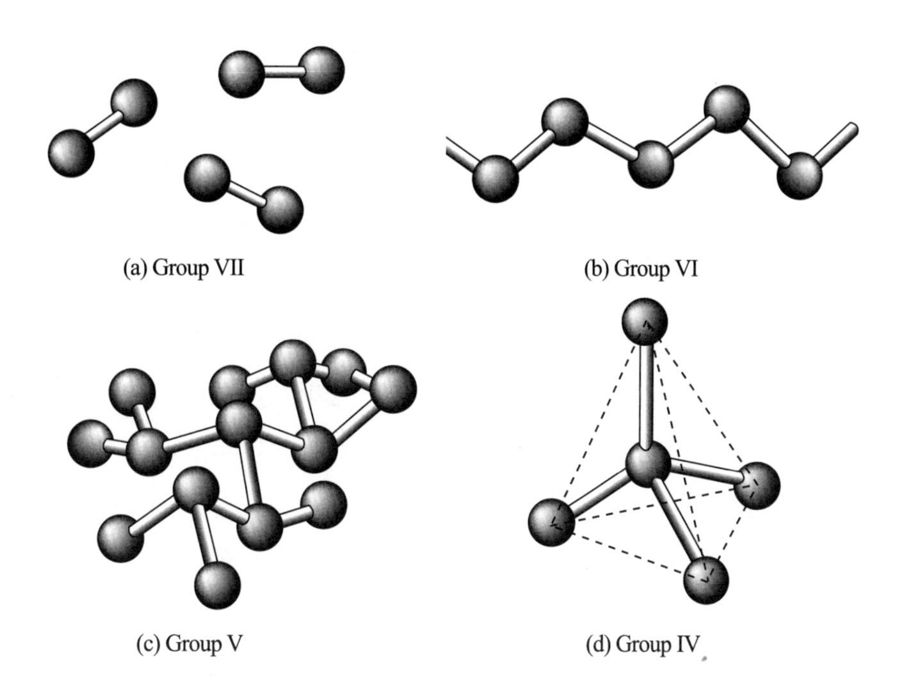

그림 1.9 • 공유결합과 8−*N*규칙. 이 그림들은 주기율표의 그룹 Ⅳ부터 그룹 Ⅶ까지 원소들에 있어 일반적인 결합의 형태들을 나타낸 것이다: (a) 그룹 Ⅶ − 각각의 원자들이 하나의 인접원자를 갖는 이원자분자; (b) 그룹 Ⅵ − 각각의 원자들이 두 개의 인접원자들이 결합되어 있는 사슬형태; (c) 그룹 Ⅴ − 각각의 원자들은 세 개의 인접원자들을 가진다; (d) 그룹 Ⅳ − 각각의 원자들은 네 개의 인접원자들을 가진다.

F_2(그림 1.8에 나타난 것과 같은), 염소 Cl_2, 브롬 Br_2 등을 형성함을 의미한다. 그림 1.9(a)는 이러한 형태의 이원자분자를 나타낸 것이다.

그룹 Ⅵ의 원소들은 8 − 6 = 2개의 공유결합 또는 각각 두 개의 인접 원자를 가지고 있다. 이것은 각각의 원자들이 두 개의 인접원자를 가지면서 긴 사슬 형태로 배열됨을 의미한다. 이런 사슬 형태의 구조는 황 S, 셀레늄 Se, 텔루륨 Te과 같은 그룹 Ⅵ의 원소에서 찾아볼 수 있다. 그림 1.9(b)는 이런 긴 사슬 형태를 나타낸 것이다. 사슬은 꼬인 형태를 가지고 있으므로 2차원적이 아니고 3차원으로 생각해야 한다.

인 P, 비소 As, 안티몬 Sb과 같은 그룹 Ⅴ의 원소들은 8 − 5 = 3개의 인접원자들을 가진다. 그림 1.9(c)에 보인 것처럼 각각의 원자들은 3개의 인접원자들을 가지므로 3차원의 원자배열 결과를 가지게 된다. 유사하게, 그룹 Ⅳ의 탄소는 그림 1.8의 불소는 분자를 이루는 반면, 탄소는 결정을 이룬다는 것만을 제외하고는 그림 1.9(d)와 1.10에 보인 것처럼 8-4=4개의 공유결합을 가질 것이다. 그림 1.10의 중앙부의 탄소원자만이 전자원자각이 가득 차 있고, 네 개의 인접원자들은 가득 채워지지 않은 원자각을 갖고 있음을 주목하라.

그림 1.10은 중앙부원자가 8-*N* 규칙에 의해 예견된 네 인접원자를 모두 갖는 유일한 원자인 그림 1.9(d)의 3차원적 정사면체의 2차원적 표현이다. 중앙부원자의 인접원자 각각은 모든 전자원자각을 만족시키기 위해서는 총 네 개의 인접원자들이 필요하다. 이것은 각각의 원자가 채워진 원자각을 가지도록 탄소원자의 배열을 반복함으로써 이루어진다. 이런 식으로 탄소결정은 형성된다; 그것은 약

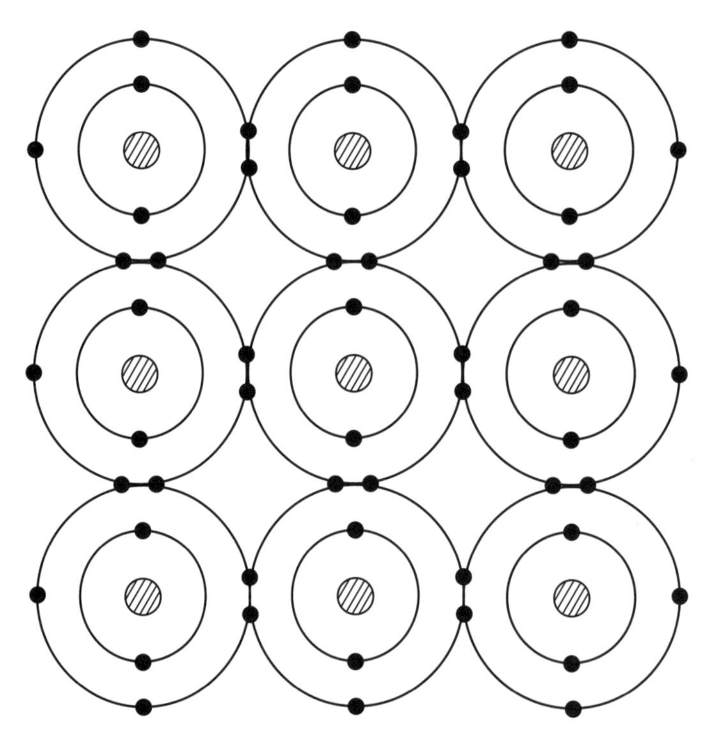

그림 1.10 • 탄소의 공유결합. 그룹 Ⅳ원소인 탄소의 경우 네 인접원자들 각각과 하나의 전자를 공유하여 공유결합을 이룬다. 중앙부 원자만이 네 개의 인접원자를 가지고 전자원자각이 채워진 유일한 원자이다. 다른 원자들은 원자각이 채워지지 않았고, 다른 탄소원자들과 그들의 전자를 공유할 수 있다. 이런 식으로 탄소의 3차원 결정이 형성된다.

수백만 개 정도의 원자가 될 것이다.

공유결합은 종종 전자점의 형태-그러한 결합을 그리기에 매우 편한 방법-로 표현된다. 원자가 원자각의 전자들은 점으로 그려지고, 전자들의 공유가 명확한 방식으로 원소의 화학기호에 대하여 배열된다.

이러한 표현방법을 사용하고 있는 그림 1.11은 공유결합의 예들을 보여준다. 공유결합이 사슬 형태의 분자들의 형성에 있어 중요한 역할을 함을 다시 한번 언급하는 바이다. 이런 긴 사슬 형태의 분자들은 그림 1.11(c), (e), (f)의 텔루륨, 루싸이트, 그리고 고무에서처럼 자신들을 반복한다. 그러한 반복은 사슬상의 원자각이 채워지지 않은 끝 원자(end atoms)들 때문에 가능하다. 텔루륨의 사슬은

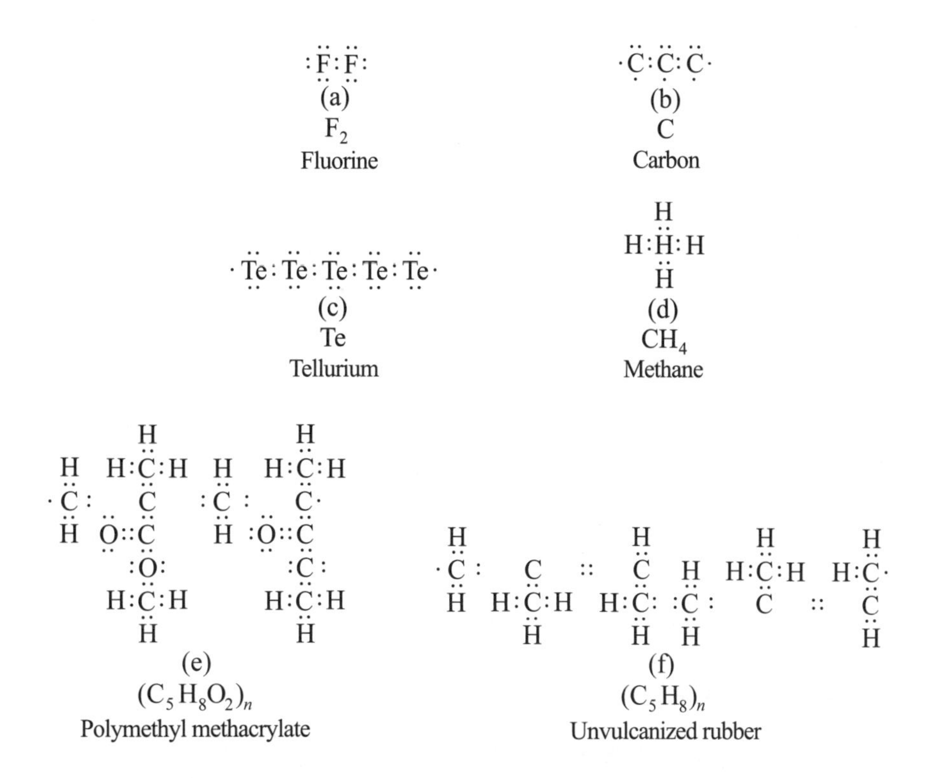

그림 1.11 • 공유결합; 전자점 방식(electron dot fomulars). 전자점 방식은 (a) 불소 F_2, (b) 탄소 C, (c) 텔루륨 Te, (d) 메탄 CH_4, (e) 폴리메틸 메타크릴레이트 $(C_5H_8O_2)$ n, 그리고 (f) 고무 (C_5H_8) n 의 공유결합의 표현에 사용된다. 탄소, 텔루륨, 루싸이트(lucite), 그리고 고무의 경우, 끝 원자의 채워지지 않은 원자각으로 인해, 계속된 첨가는 사슬 또는 결정을 형성할 수 있다. 루싸이트와 고무는 두 분자의 사슬로 나타나 있다.

네 원자들을 가지고, 원자들을 첨가하면 무한히 확장될 수 있다. 이러한 유기적 사슬들은 각각 두 개의 분자들을 포함하고 있고, 사슬의 양쪽 끝에 다른 분자의 접착을 허용한다. 공유결합은 어떤 작용을 할까? 항상 모든 원자들의 원자가 원자각을 채울 만큼 전자가 넉넉하진 않다. 전자를 하나의 입자로 생각한다면, 공유결합의 가능성은 생각하기 어렵다. 이 문제를 해결하기 위해서는, 물질의 양면성을 생각해야 한다. 한 물체가 크기가 작아질수록, 어떤 성질들은 일반적으로 파동과 관련된 특성들을 사용하여 종종 더욱 정확히 표현될 수 있다. (물질의 이중성에 대해서는 3장에서 설명할 것이다.) 이런 식으로 물질은 입자와 파동의 이중성을 가진다고 알려져 있다. 연구중인 현상에 따르면 전자는 입자 또는 파동으로 고려할 수 있다. 이러한 문제들에 대한 수학적 처리는 물질의 정확한 성질이 알려져야 한다는 어떠한 요구사항에 의해서도 제한되지 않는다; 각 현상에 있어서 물질성질에 대한 개념에 대해 요구하는 것은 사람의 논리이다. 따라서 물질은 때로는 입자적 성질로 또 때로는 파동적 성질로 다루어져야 한다.

이러한 물질의 이중성 때문에 수학적 처리는 물질을, 예를 들어 전자, 공간 내 주어진 위치에서 주어진 순간에 발견할 수 있는 가능성을 나타내는 확률함수를 도입한다. 이것은 특정한 전자가 한 원자핵 주위의 궤도에 있을 유한한 가능성(finite probability)이 있고, 또한 같은 순간에 다른 원자핵 주위의 궤도에 있을 유한한 가능성도 있음을 의미한다. 이것은 공유결합에 필요한 전자들을 공유하는 것과 어떤 특정한 순간에 어떤 한 전자를 위치시키는 것에 대한 불확실성의 가능성을 남겨두었다.

1.11.4 금속결합(metallic bonding)

금속결합은 더욱더 자유롭게 전자를 공유하는 결합이다. 따라서, 전자가 금속 사이를 자유롭게 다닐 수 있기에 금속의 전기전도도와 열전도도는 높은 값을 갖는다. 이러한 자유로운 전자의 거동은 어느 특정 원자가가 어느 핵에 속해있는지 결정이 불가능하기에 가능하다. 금속 내부 원자구조는 주기적으로 핵이 정렬하고

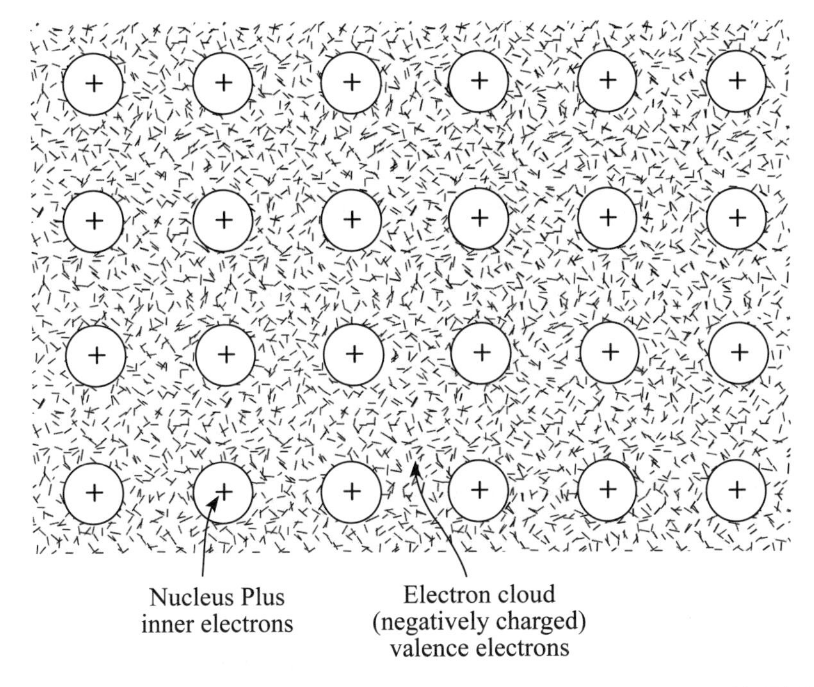

그림 1.12 • 금속 결합. 양전하를 가진 핵과 내부전자는 기하학적으로 배치되어 있다. 침입형격자 위치는 음전하를 가진 가전자들로 구성된 전자구름으로 채워져 있다.

(그물망 양전하로서), 사이를 전자 구름이 채우는(음전하로서) 기하학적인 형태로 간주할 수 있다. 그림 1.12가 이러한 상황을 도식적으로 보여주고 있다. 여기서 우린 단지 원자가만이 자유롭게 이동하고, 또 전자 구름을 형성하며, 원자각 내부에 전자는 핵에 더욱 강하게 결합되어 귀속되어있음을 명심해야 한다.

1.12 분자 간 결합(intermolecular bonding)

분자들은 위에 설명한 것과 같은 여러 형태의 결에 의해서 형성된다. 분자와 분자를 붙들고 있는 힘은 여러 가지이다. 그것들은 반 데르 발스(van der Waal's) 결합력이라고 알려져 있는데 원자 간 결합력보다 강도가 약하다. 이 결합은 고무의 긴 사슬형 분자(그림 1.11f)뿐만 아니라 이원자 할로겐기체의 분자 사이에도 작용하는 힘이 이 분자 간 결합력이다.

1.13 결합에 대한 요약

원자들 사이의 결합의 여러 형태를 요약하면, 다음을 반복한다. 전자가 버려지거나 받아들여진 곳과 정전기적 인력이 서로 다르게 전하가 띄어진 이온들을 붙드는 곳이면 이온결합이 존재한다; 전자가 결합의 구성을 서로 나누는 곳이면 공유결합이 존재한다; 원자핵과 내부전자들로부터 상대적으로 완전한 원자가의 독립성이 있는 곳에는 금속결합이 존재한다; 그리고 원자가들은 전자구름을 형성한다. 분자 간 결합은 약한 van der Waal's 결합력에 의해 수행된다.

1.14 전기적 특성(electric properties)

전기는 금속재료 안에서 양전하로 대전된 핵과 내부전자들로 이루어진 격자 사이를 자유롭게 움직이는 원자가의 이동에 의해 흐른다(그림 1.12). 이러한 대전된 입자는 전기장 또는 전압의 영향으로 이동하기도 한다. 이온결합을 하는 물질은 대전된 이온들의 이동으로 전기가 흐르게 된다. 이온성 전기 전도는 소금(NaCl)물에서 그 예를 찾아 볼 수 있다. 이 소금물에는 NaCl이 존재하는 것이 아니라, 소디움 양이온(Na^+)과 클로라인 음이온(Cl^-)이 존재한다. 이온성전도는 이온결합을 하는 암염(rock salt; NaCl)과 같은 물질에서도 관찰된다.

우리의 관심을 전자전도(electronic conduction)에 국한해 보면, 우리는 어떤 재료들은 양호한 전기전도체(예를 들어 대부분의 금속)이고; 어떤 재료들은 양호한 절연체(예를 들어 유리와 자기); 그리고 어떤 재료들은 반도체(에를 들어 실리콘과 게르마늄)임을 알 수 있다. 반도체는 어떤 전압까지는 절연체의 성격을 띠다가 그 점에서는 전기가 흐르게 하기 시작한다. 어떤 기준으로 재료를 절연체, 도체, 또는 반도체로 나눌 수 있을까? 이 기준은 영역이론(zone theory)이나 띠이론(band theory)으로 설명될 수 있다.* 이러한 이론들은 자세히 논하기 어려운 주제지만, 재료의 전기적 특성에 대한 이해를 돕기 위해서 간단한 정성적인(qualitative) 설

* 띠이론이나 영역이론에 대한 더 이상의 정보는 A. H. Cottell의 *Theoretical Structural Metallurgy*, St. Martin's Press, New York, 1957을 참고하시오.

명을 하고자 한다.

우리가 1.9절에서 언급했듯이, 전자는 에너지준위를 가지고 있다. 거기서 우리는 특정한 원소의 개별적 원자를 기준으로 에너지준위에 대해 언급했다. 만약, 개별적 원자 대신에, 많은 원자를 가지고 있는 덩어리(bulk) 재료를 고려해 본다면, 어떤 에너지준위는 사라지게(forbidden) 된다. 일정한 온도, 예를 들어 실온에서 여러 재료를 생각해보고 도체, 절연체, 그리고 반도체의 차이점을 논의해 보자. 그림 1.13은 도체의 전형적인 에너지띠를 보여주고 있다. 재료는 가장 높은 에너지준위를 채우고 있는 전자보다 조금 높은 에너지준위에 빈 전자자리가 있으면, 전기를 흐르게 한다. 이러한 가용한 상태는 같은 띠 내에 있기도 하고 다른 띠 내에 있기도 한다. 가능성 있는 전도체는 첫 번째 띠를 채울 충분한 전자를 가지고 있지 않은 재료이다(그림 1.13a). 그러므로 띠 1의 위쪽은 전자가 비어있는

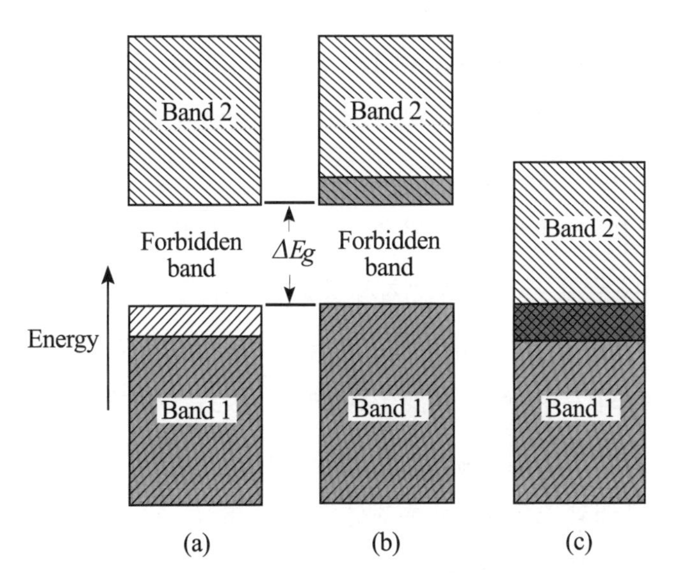

그림 1.13 • 전도체의 전자띠(electron band) 그림. 어떤 재료가 전도체이기 위하여는, 가장 높이 채워진 에너지준위보다 약간 더 위에서 전자가 비어있는 상태가 되어야 한다. (a)에서는, 첫 번째 띠가 완전히 채워져 있지 않고 띠 맨 위에 비어 있는 자리가 있어 전자도전이 가능하다. 첫 번째 띠는 (b)에 완전히 채워져 있다 그리고 두 번째 띠는 부분적으로 채워져 있다. 그러나 두 번째 띠 내에 도전을 위한 빈 자리가 있다. (a)와 (b) 모두에, 첫 번째와 두 번째 띠가 에너지 ΔEg의 금지영역(forbidden band)으로 분리되어 있다. (c)에서는, 첫 번째와 두 번째 띠가 중복된다 그리고 첫 번째가 다 채워졌다 할지라도, 두 번째 띠 내에 도전을 위한 충분한 에너지준위들이 있다.

상태가 된다. 전압이 걸렸을 때, 에너지띠의 채워져 있는 부분의 위 부분 근처에 있는 전자들이 띠 안에 더 높은 에너지준위로 올려져서 전기가 흐르게 된다. 어떤 재료들은 첫 번째 띠는 완전히 채우고 두 번째 띠는 단지 일부만 채워진다(그림 1.13b). 이것은 두 번째 띠 내에 전기를 흐르게 한다. 세 번째 가능한 전도체(그림 1.13c)는 겹쳐지는 띠를 가지고 있다. 즉, 첫 번째 띠에 있는 전자들의 가장 높은 에너지가 두 번째 띠에 있는 전자들의 가장 낮은 에너지보다 큰 것이다. 이러한 전도체는 우리가 그림 1.13(a)와 1.13(b)에 묘사된 재료에서 발견한 금지영역(forbidden band)과 같은 것의 존재를 예방할 수 있다.

절연체(그림 1.14a)는 아래 띠를 전자가 가득 채우고 있으며, 띠 1과 2 사이를 분리하는 에너지차(energy gap)가 걸어주는 전압보다 더 큰 재료이다. 이러한 재료는 첫 번째 띠 안에 유효한 비어있는 전자자리가 없고, 띠간에 에너지차가 전자를 위쪽 띠로 올리기에는 너무 커서 전기를 흘리지 못하고 절연체로 작용한다. 가해진 전압이 에너지차를 초과하면, 띠 1의 위쪽 전자가 띠 2의 밑으로 올려질 수 있게 되고, 재료는 전기를 흐르게 하기 시작한다. 이것이 매우 높은 전압에서의 절연체의 파괴(breakdown)이다.

반도체도 그것의 낮은 에너지띠가 꽉 차있다(그림 1.14b)는 점에서 절연체와 유사하다. 그러나 금지영역의 에너지차가 충분히 작아, 어느 임계값 이상의 전압이 걸리면 반도체도 전기를 통하게 된다. 이 임계전압 이상의 전압에서는, 전자들이 띠1(원자가띠)의 꼭대기에서 띠2(전도띠)의 밑으로 올려지게 된다. 이 임계전압 이하에서는, 반도체는 절연체로서 작용하게 된다.

위에서 언급된 것과 같은 반도체를 진성반도체(intrinsic semiconductor)라고 한다-그들은 순수 재료들이다(예를 들어 실리콘이나 게르마늄).

어떤 환경에서는, 불순물이 첨가되어 도핑(doping)된 반도체를 형성하기도 한다. 도핑 불순물은 그것의 전자가가 순수한 반도체의 금지영역 내의 상태에서 발견될 수 있는 것이어야 한다. 도핑 재료가 바탕 재료보다 전자가가 더 많을 경우, 초과된 전자는 전도띠(conduction band) 바로 밑(그림 1.15a) 도너(donor) 상태에

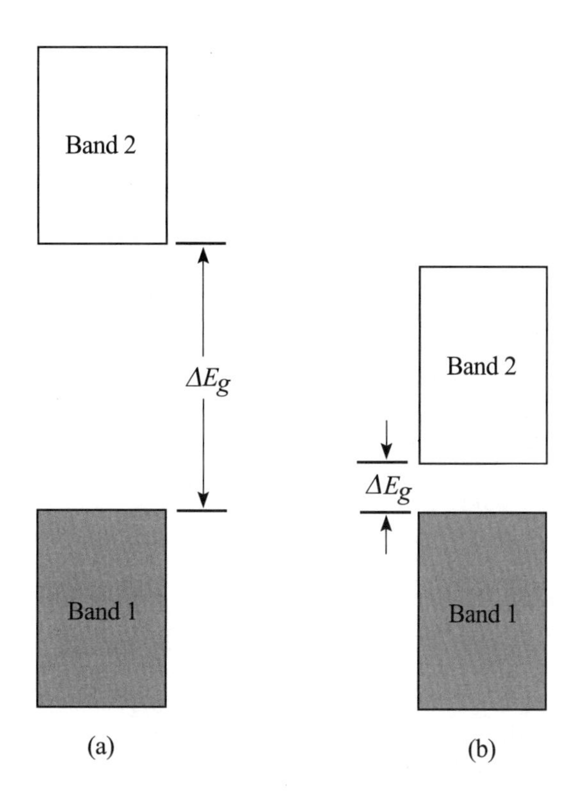

그림 1.14 • 절연체와 반도체의 전자띠 그림. (a) 부도체는 완전히 채워진 띠를 가지고 있으며 원자가띠(valence band)인 띠1과 전도띠인 띠2 사이에 큰 에너지 차이(gap)를 가지고 있다. 그것은 단지 전자가 띠2에 있는 상태로 올라갈 수 있는 추가 에너지 ΔEg에 적용된 전압이다. 이것은 절연체의 파괴(breakdown) 현상이다. 낮은 전압에서는 전자 전도는 일어나지 않는다. 그리고 그 재료는 전기 절연체이다. (b) 반도체는 절연체보다 좁은 금지된 띠를 가지고 있다 그리고 ΔEg를 초과한 상태에서의 전압을 전도할 것이다.

위치하게 된다; 그리고 충분한 전압이 가해졌을 때, 도너 전자들은 전도띠에 들어가 전기가 흐르게 된다. 음전하를 띠는 전자가 전도띠에 들어가 전류를 형성하기 위하여 전하를 운반하므로 이러한 재료를 n-형 반도체라고 한다. 만약 도핑 불순물의 전자가가 순수 반도체 재료의 전자가보다 작을 경우, 원자가띠 꼭대기 바로 위 에너지에 전자가 채워져 있지 않은 상태(acceptor 상태)가 있다(그림 1.15b). 어느 임계값 이상의 전압에서, 원자가띠 위쪽에 있는 전자가 비어있는 acceptor 상태로 이동하게 되고 원자가띠에는 hole이 남게 된다. 양의 홀(positive hole)은

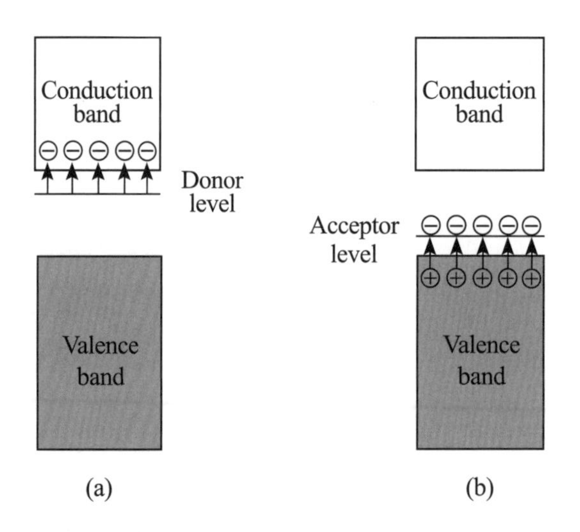

그림 1.15 • 불순물 반도체의 전자띠 그림. (a) 도너(donor)나 *n*-형 반도체는 모재보다 높은 원자가를 가지고 있는 불순물(inpurity)로 도핑된다. 도너 상태의 에너지준위는 금지된 영역에 있으며 전도띠(conduction band) 바로 아래이다. 이 도너 레벨에서의 전자는, 도너 레벨과 전도 레벨 사이의 에너지 차이만한 전압을 가함으로서 전도띠가 있는 상태로 올려질 수 있다. (b) acceptor나 *p*-형 반도체는 모재보다 낮은 가전자를 가지고 있는 불순물로 도핑된다. 채워지지 않은 에너지준위인 acceptor 레벨은, 원자가띠(valence band)보다 약간 위의 갭(gap)에서 발견된다. 만약에 충분한 전압이 가해진다면, 원자가띠로부터의 전자는 acceptor 레벨로 올려질 수 있다.

단지 전자가 채워져 있지 않은 빈 공간이며, 원자가띠에 전자가 위로 이동함에 따라 홀은 아래로 이동하게 된다. 이 전기를 흐르게 하는 양전하 운반자(양의 홀) 때문에 이러한 재료를 *p*-형 반도체라고 한다.

1.15 자기적 특성(magnetic properties)

자기장이 어느 한 물체에 힘을 끼치면, 사람들은 그 물체는 자화됐다고 말한다. 모든 물체는 이런 식으로 영향은 받지만, 자화 정도나 자력의 방향은 그 재료 자체의 자기적 특성에 의해 결정된다. 재료는 자기장의 자력선을 집중시키기도 분산시키기도 할 것이다; 다른 말로 설명하면, 재료에 유도된 자기장은 걸어준 자기장에 수평하거나 또는 역방향으로 수평할 것이다.

처음 형태의 자기적 특성을 가진 몸체를 상자성(paramagnetic)이라 하며, 뒤의 형태를 반자성(diamagnetic) 이라 한다. 상자성 재료는 자기장에 의해 이끌리며, 반면 반자성 재료는 자기장에 의해 밀린다. 만약 어떤 물질이 가해진 자장의 자력선들을 집중시킬 수 있는 용량이 예외적으로 크면, 그것은 강자성(ferromagnetic) 재료이다. 강자성 특성을 보이는 재료들은: 철, 코발트, 니켈, 그리고 가돌리늄; 이 원소들끼리 그리고 다른 원소들과의 합금; 그리고 몇몇 비강자성 원소들의 합금도 있다. 강자성 재료의 한 가지 중요한 특징은, 외부 자장을 제거한 후에도 그들의 자기적 성질을 유지하는 능력이다. 그러므로 강자성 재료는 영구 자석이 될 수도 있다.

강자성화(ferromagnetism)의 근원은 외부에서 가한 자장에 대한 자기 자신의 축에 대하여 전자들의 회전우력(spin moment)이 방향성을 가지고 있는 것에 있다. 재료가 강자성이 되기 위하여는 회전우력이 외부 자장에 대하여 평행하게 정렬되는 여부의 전자가 존재해야 한다. 결과적인(net) 회전우력의 방향이 자장에 대하여 역방향(antiparallel)인 재료를 페리 자성(ferrimagnetic)의 재료라고 한다. 전자들의 회전우력이 영일 때 특별한 결과가 생긴다; 다시 말해서 외부 자장과 나란한 회전우력을 가진 전자들이 자장과 역방향으로 나란한 회전우력을 가진 전자들만큼 있을 경우이다. 그러한 재료들을 반강자성(antiferrimagnetic0이라 한다.

강자성 재료에 자장이 걸렸을 때, 전자들의 회전우력은 그들을 자장에 수평하게 정렬하려고 한다. 그러나 주어진 하나의 에너지준위를 주어진 방향의 회전우력을 갖는 하나의 전자만이 차지하도록 하는 Pauli의 배타성 원리가 이 효과를 제한한다. 이것은 s-, p-, d-원자각(shell)이 완전히 채워진 경우 특히 의미가 있다 – 에너지의 증가 없이, 즉 전자를 다음 원자각으로 올리지 않고는 회전우력을 정렬하는 것은 불가능하다. 그래서, 자기를 공부할 때는 채워지지 않은 원자각에 있는 전자들이 중요하다. 왜냐하면 전자들을 새로운 원자각으로 올려놓지 않아도 회전우력이 자장에 평행하게 정렬될 수 있기 때문이다. 이것이 최종 자기우력(net magnetic moment)을 제공하고, 이 재료는 외부 자장에 의해 작용을 하게 된다.

자장의 존재하에서 회전우력의 정렬은 어떤 원자각의 부분적인 채워짐에 의존하므로, 그 예로 우리는 부분적으로 채워진 $3d$-각을 가지고 있는 천이원소(transition element)들을 사용할 수도 있다. 외부 자장이 주어질 때, Pauli의 배타원리에 의해 허용되는 만큼의 전자들이 그들의 회전우력을 정렬한다. 자장을 제거하면, 전자들은 그들의 원래 상태로 되돌아 갈 것이다. 또는 자력을 보존하고 있는 강자성 재료에 있어서는, 회전우력은 정렬된 대로 남아있을 것이다. 강자성 재료들은 영구자석이다 왜냐하면 외부 자장이 제거된 후에도 전자회전우력들은 서로 평행하게 정렬된 대로 남아 있기 때문이다.*

■ 추천 도서

- COTTRELL, A. H., *Theoretical Structural Metallurgy*, St. Martin's Press, New York, 1957
- HALLIDAY, D., and R. RESNICK, *Physics for Students of Science and Engineering*, Wiley, New York, Part I 1960, Part II 1962.
- HEPLER, L. G., *Chemical Principles*, Blaisdell, New York, 1964.
- HUME-ROTHERY, W., *Electrons, Metals, and Atoms*, Dover, New York, 1963.

■ 연습문제

1.1 (a) 다음 원소들의 원자수와 원자중량은 얼마인가: 티타늄, 인, 안티모니, 제논, 그리고 우라늄?

(b) (a)에 있는 각각의 원소들의 원자에는 몇 개의 전자, 중성자, 그리고 양성자가 있는가?

1.2 (a) 주에너지 전위 $n=4$에는 몇 개의 준전위(sublevel)가 있는지 스케치하시오.

---

* 자성 재료에 대한 더 이상의 논의는 다음 참고서적에서 찾을 수 있다.
A. H. Cottrell, *Theoretical Structural Metallurgy*, St. Martin's Press, New York, 1957.

(b) 제일 높은 에너지의 전자가 이들 각각의 상태를 차지하고 있는 원소들을 열거하시오.

1.3 (a) 다음 원자들의 이온화 반응을 쓰시오: 마그네슘, 칼슘, 바리움, 산소, 그리고 요오드.

(b) (a)에 있는 원소로부터 형성된 양이온과 음이온 사이에 존재할 수 있는 모든 가능한 이온화합물을 쓰시오.

(c) 원자가(valence) shell의 전자위치를 표시하면서 (b)에 있는 화합물의 이온결합을 스케치하시오.

1.4 (a) 공유결합된 다음 원소들은 몇 개의 이웃이 있나: 탄소, 인, 질소, 그리고 황?

(b) 이 결합들의 궤도를 스케치하시오.

1.5 이원자분자, 선형체인분자, 공유결합에 의한 결정의 형성을 그리고 각각의 예를 드시오.

1.6 순 sodium 원소의 결정의 특징을 설명하시오.

1.7 다음 결합을 보이는 원소나 화합물을 다섯 개씩 열거하시오.

(a) 이온결합

(b) 공유결합

(c) 금속결합

1.8 점에 의한 전자표시를 사용하여 다음 분자를 스케치하시오.

(a) 에탄 C_2H_6,

(b) 아세틸렌 C_2H_2,

(c) 에틸렌 C_2H_4,

(d) 질소 N_2,

(e) 암모니아 NH_3.

1.9 천이원소의 전자배열을 설명하시오.

1.10 투명합성수지(lucite)와 고무의 체인분자 사이에 존재하는 결합은 어떤 형태인가?

2
결정구조

2.1 개요

전 장에서 우리는 원자의 구조와 원자 간 결합력을 이야기했었다. 지금부터는 원자에서부터 거시적 재료까지 다양한 수준의 구조에 대한 이야기를 하도록 하겠다. 원자나 분자는 소위 단위격자(unit cell)라고 하는 기하학적 방식으로 정렬을 하고 있다(결정질 재료에서). 어린애가 건물 벽돌의 큰 조화물을 쌓아 만든 것처럼, 같은 방법으로 결정을 형성하기 위해서 단위격자는 공간에서 반복되어질 것이다. 이들 각각의 결정은 다결정 집합체를 만들고, 이 다결정 집합체는 눈에 보이는 거시적 차원에 이르는 물질이 될 것이다.

이 과정에서 요구되는 사항을 만족시키기 위해서 이 결정구조(crystal structure)와 결정학(crystallography) 부분은 매우 세분화되었고, 또 요약되었다. 간결하게 요약되다 보니 독자는 이해하기 어려운 부분에 닥치게 될 것이다. 그래서 한마디 도움말을 주고자 한다. 결정구조의 완벽한 이해만이 재료과학을 더 심도 있게 공부하기 위한 기본이 되는 것은 아니다. 이 장에서 공부하는 목적은 앞으로 더 깊이 있는 공부를 할 때, 이 주제에 친숙함을 주기 위해서 결정학의 기본 개념을 쉽게 설명해 주는 것이다. 우리는 학생들에게 이 장을 읽고 이 과정에서 후에 결정학이 토론될 때, 참고 문헌으로 사용하라고 권고하고 싶다.

2.2 결정학과 외부대칭성(crystallography and external symmetry)

우리가 한 덩어리의 물건을 두고 시험을 할 때, 그것이 수백만 개의 원자 또는 다른 것들을 포함하고 있으며, 그것들은 육안으로 보이지 않을 것이라는 것을 인식하는 것이 중요하다. 시편이 눈에 보일 정도로 충분히 큰 경우, 외부대칭이 발견될 수도 또는 없을 수도 있다. 방연광(galena: PbS)(그림 2.1b)은 외부대칭성이 보이는 반면, 구리 원석(그림 2.1a)은 보이지 않는다. 사진으로 봤을 때, 방연광은 직육면을 지니고 있으며, 그것은 결정 표면에 계단 형태로 나타난다.

두 경우 모두 원자배열의 규칙성, 즉 내부대칭성이 있다. X-선 회절(3장에서 다뤄짐)은 어떤 물질을 결정질의 특징으로 구분할 수 있다. 예를 들어 구리와 방연광은 결정질이며 그들의 원자는 특별한 기하학적 형태로 정렬되어 있다. 이러한 결정과 결정구조의 연구가 결정학이다.

초기 결정학자들은 그들의 연구 바탕을 결정의 외부 모습에 두었었다. 심지어

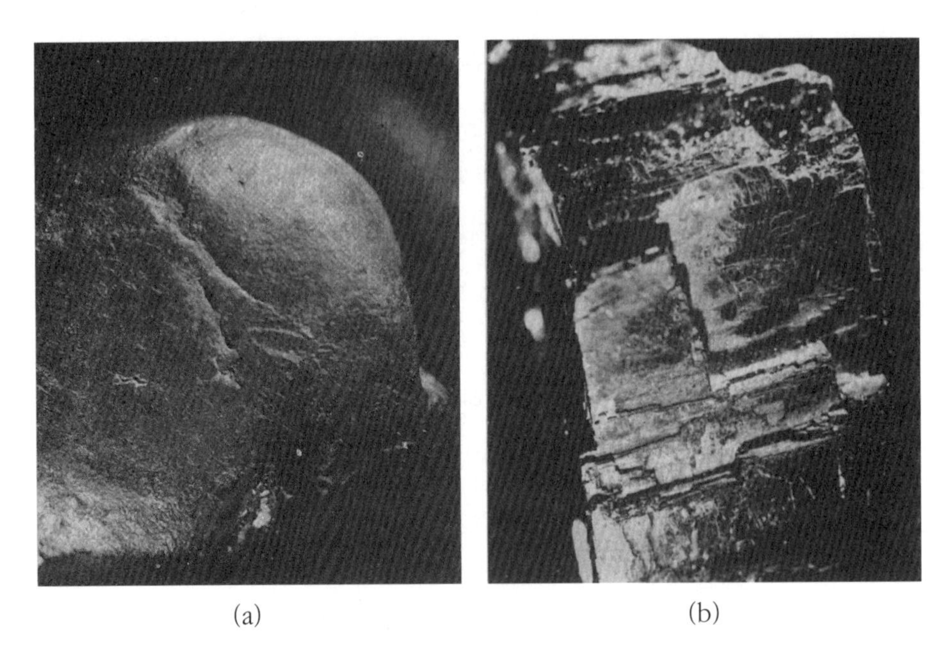

(a) (b)

그림 2.1 • 광석. 광석은 그들의 겉모양이 어떻게 나타나건 간에 분명한 내부구조를 갖고 있다.: (a) 구리(Cu), 외형 대칭이 없는 원소로서 육면체의 내부대칭을 갖고 있다; (b) 방연광(PbS), 육면체의 외형 대칭을 갖고 있는 광물로서, 구리와 같이 육면체의 내부대칭도 갖고 있다.

오늘날에도 광물학자와 전문가 또는 비전문가들은 수많은 연구와 실험의 주제를 여기서 찾는다. 대부분 광물은 일곱 가지 결정체계로 나눠볼 수 있는 외부대칭을 갖는 결정질로 되어 있다. X-선의 발견 이후, 처음으로 내부대칭 결정격자의 확인 실험이 행해졌다. 그때까지 결정학자들은 내부대칭을 외부대칭과 비슷할 것으로만 예측해왔다. 이 내부구조는 분명한 기하학적 형태로 정렬된 원자들로 구성되어 있다.

2.3 단위격자 또는 브라베이 격자(unit cell or Bravais lattice)

위에서 언급한 일곱 가지 결정체계는 그것들의 대칭성으로 서로와 구별된다. 이것은 방연광(그림 2.1b)과 같은 광물의 외부대칭성 또는 어떤 결정질 재료에 있어서의 내부대칭성 모두가 될 수 있다.* 결정구조에서의 건물 벽돌은 14가지 종류의 단위격자이다. 각 단위격자는 다른 대칭도를 보이고 있다. 단위격자 또는 Bravais 격자는, 마치 아이들이 집이나 성을 쌓을 때 쓰는 장난감 벽돌처럼, 큰 부피의 결정체를 만들 때 그림 2.2에서 보는 바와 같이 사용될 수 있는, 반복되는 부피단위이다. 일곱 개의 결정체계 중에서 반복되는 격자의 조건을 만족하는 14개의 가능한 Bravais 격자가 있다.

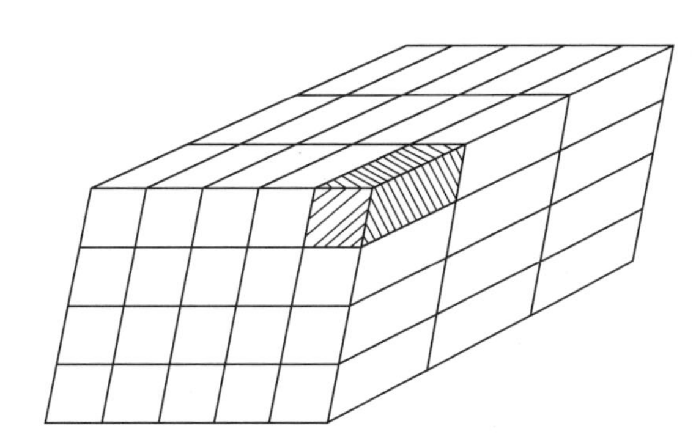

그림 2.2 • 결정을 만드는 단위격자의 반복. 빗금친 단위격자의 3차원적인 반복이 커다란 크기의 결정을 만들어낸다.

* 외형대칭과 결정학에 관한 상세한 정보는 다음 서적을 참고하시오. F. C. Phillips, *Introduction to Crystallography*, Longmans Green and Co., London, 1957, Ch. I .

표 2.1 • Bravais 격자와 단위세포.

결정계	Bravais 격자 (단위격자)	격자의 길이	기하학적형상 각도
삼사정계(triclinic)	단순(simple)	$a \neq b \neq c$	$\alpha \neq \beta \neq \gamma$
단사정(monoclinic)	단순	$a \neq b \neq c$	$\alpha = \gamma = 90^\circ \neq \beta$
	저심(base-centered)		
사방정(orthorhombic)	단순	$a \neq b \neq c$	$\alpha = \beta = \gamma = 90^\circ$
	저심		
	체심(body-centered)		
	면심(face-centered)		
정방정(tetragonal)	단순	$a = b \neq c$	$\alpha = \beta = \gamma = 90^\circ$
	체심		
등축정(cubic)	단순	$a = b = c$	$\alpha = \beta = \gamma = 90^\circ$
	체심		
	면심		
삼방정(trigonal)	단순	$a = b = c$	$\alpha = \beta = \gamma \neq 90^\circ$
육방정(hexagonal)	단순	$a = b \neq c$	$\alpha = \beta = 90^\circ$ $\gamma = 120^\circ$

이들 단위격자는 표 2.1에 설명되어있다. 열네 개의 Bravais 격자 또는 단위격자는 평형육면체이다. 이것은 그들이 크기, 모양이 그림 2.3에서와 같이 세 개의 길이 a, b, c 그리고 세 개의 각 α, β, γ로 표현될 수 있는 삼차원 형태임을 말하고 있다. 이들 여섯 개의 변수가 단위격자의 형태를 명확하게 설명하고 있다.

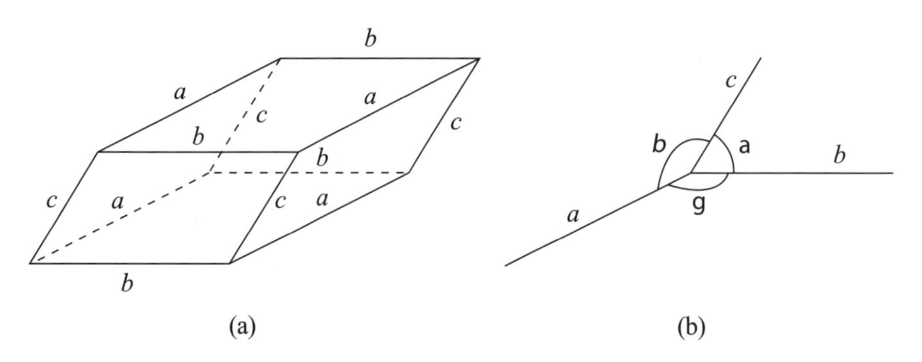

그림 2.3 • 단위격자의 길이 및 각도. 세 개의 길이와 각도는 단위격자를 명확하게 기술하는데 충분하다. 이 인자들 a, b, c, α, β, 그리고 γ는 단위격자 (a)에 대하여 (b)에 그려져 있다.

2.4 열네 개의 브라베이 격자(Bravais lattice)

우리가 일곱 개의 결정체계의 단위격자로부터 열네 개의 Bravais 격자를 구성해 갈 때, 단위격자 안에 원자 또는 원자군의 위치의 규칙성을 알 수 있었다. 이들 규칙적 위치배열은 단순(simple), 저심(base-centered), 체심(body-centered), 면심(face-centered)-Bravais 격자, 이렇게 네 가지로 존재하였다. 단순 또는 근원격자(primitive cell)는 (그림 2.4a) 단위격자의 여덟 구석에 격자 위치를 가지고 있다. 이 위치들은 각개의 원자나 원자군에 의해 채워질 수 있다. 저심 Bravais 격자는 여기에 추가로 바닥면과 천장면에 추가적으로 격자 위치가 있다.

이 면은 양변을 a, b로 갖는 면으로 정의되어 있다. 체심격자는(그림 2.4c) 8개의 모퉁이에 격자 위치가 있고, 격자 한가운데 격자 위치를 하나 더 갖고 있다. 체심은 그림 2.4(c)를 보면 알 수 있듯이, 체심 대각선의 교차점을 말한다. 면심격자는 각각의 모퉁이에 8개의 격자 위치가 있고, 그림 2.4(d)에 보여지는 것처럼 평형 육면체의 여섯 개 면의 중앙에 추가로 격자 위치가 존재한다. 단위격자에서 격

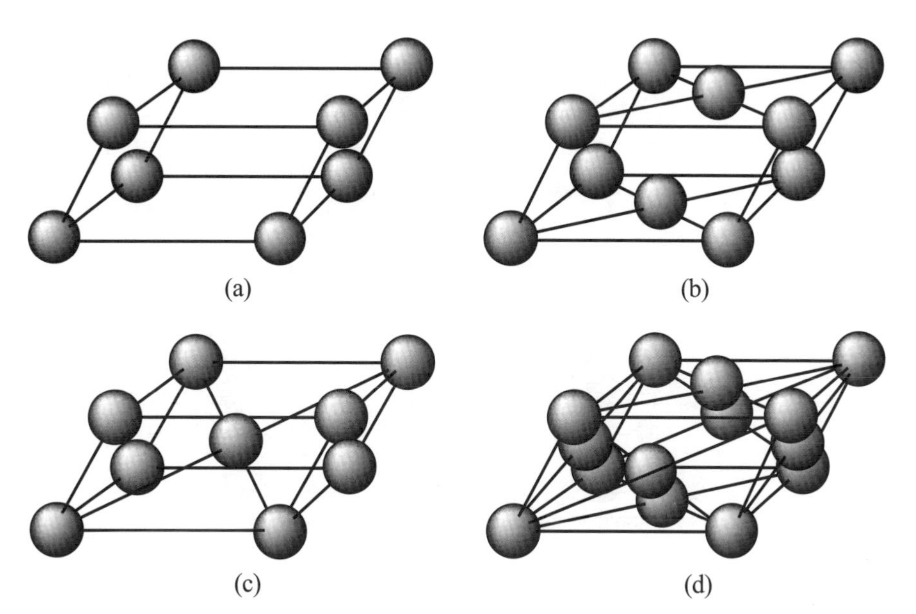

그림 2.4 • 단위격자(unit cell). 단결정 내에서 가능한 네 가지 형태의 단위격자가 다음과 같이 예시되어 있다: (a) 단순, (b) 저심, (c) 체심, (d) 면심. 격자 위치들은 개개의 원자로 채워져 있으나 그것들은 많은 원자들의 점집합으로 잘 짝 지워져 유지되고 있다.

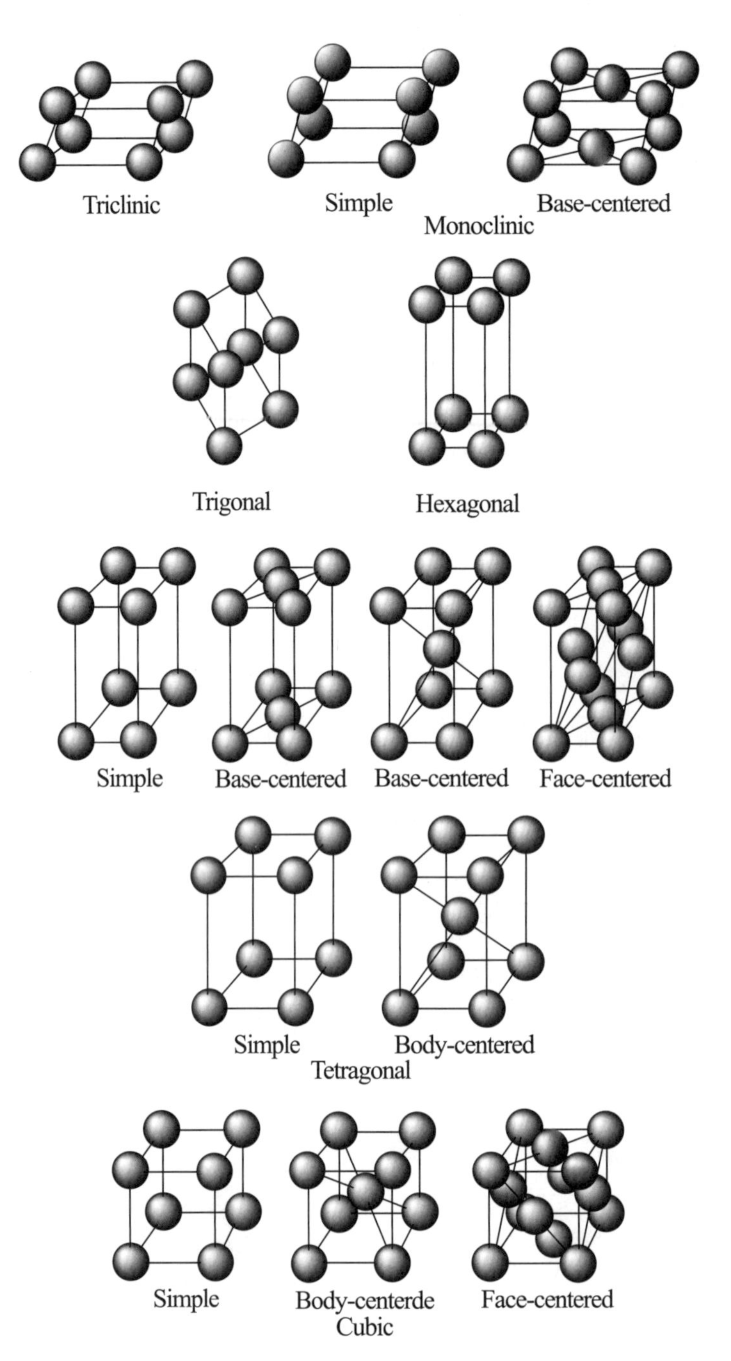

그림 2.5 • Bravais 격자. 열네 개의 Bravais 격자는 각 격자 위치에 각 원자가 위치한 모양으로 예시되어 있다. 다원자점집합(multi-atomic point group)은 각 격자 위치를 차지할 수 있고 보다 더 복잡한 단위격자의 결과를 얻을 수도 있다. 여기에 보인 단위격자의 격자상수가 표 2.1에 열거되었다.

자 위치를 차지하고 있는 원자군은 격자기본(basis)이라고 불리며 많은 원자를 담고 있기도 한다.*

만약 우리가 일곱 개 결정체계 한도 내에서 각각의 가능한 단위격자 형태를 구성하고 유일한 형태가 아닌 것들은 제거한다면, 단위격자의 수는 28에서 14로 줄어든다. 이들 유일한 단위격자들이 14개 Bravais 격자이며, 그림 2.5에 그려져 있다. 왜 물질의 결정을 나타내는데 가능한 단위격자가 28개의 단위격자가 아니라, 단지 14개의 단위격자만인가? 이 물음에 대한 답은 28개의 가능성에 대한 확실성이 모호하다는 데 있다. 이것은 예를 들음으로서 가장 잘 설명될 것이다. 표 2.1에서 보면, 정방정(tetragonal) 결정계에는 단순과 체심 단위격자만 있음을 알 수 있다. 우리가 저심정방정 단위격자를 구축해 본다면 어떠한 일이 일어날지 지켜보자. 인접해 붙어있는 두 개의 그러한 단위격자가 그림 2.6에 그려져 있다. 그림 2.6에서 굵은 선처럼 새로운 단위격자를 구성하기 위하여 저심원자들이 사용될 수 있다. 이 새로운 단위격자도 역시 정방정계에 속하지만, 그것은 단순 정방정 단위격자이다. 이러한 방법으로, 저심정방정은 단순 정방정과 동등한 것으로 보여졌다. 비슷한 방법으로, 면심정방정 단위격자는 체심정방정 Bravais 격자와 동

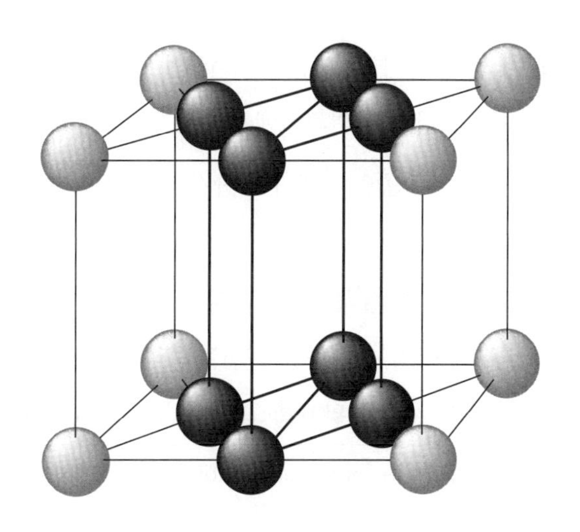

그림 2.6 • 저심정방정(base-centered tetragonal). 저심정방정은 단순 정방정 단위격자의 반복으로 형성될 수 있다. 이것은 그림에 굵은 선으로 표시된 새로운 단순 정방정 Bravais 격자로 보일 수도 있다.

* bases와 space group의 생성에 관해서는, 다음 서적을 참고하시오. F. C. Phillips, *Introduction to Crystallography*, Longmans Green and Co., London, 1957, p. 235

등하다는 것을 증명할 수 있다.

2.5 공통 단위격자(common unit cell)

열네 개의 Bravais 격자를 봤을 때, 사람들은 대부분 금속은 다음 세 가지 중 하나의 형태로 결정을 이룬다는 것을 배운 후 안도하게 될 것이다: 체심입방체(body-centered cubic), 면심입방체(face-centered cubic), 조밀육방체(hexagonal close-packed). 다른 재료도 물론 이러한 방식으로 결정화가 일어날 수 있다. 우리가 이 책에서 다른 많은 재료에도 관심을 갖지만, 이러한 세 가지 단위격자로 다루는 것이 이해하기 쉬울 것이다. 여기서 사용된 분석법은 나머지 다른 Bravais 격자들에게도 일반적으로 적용될 수 있다.

2.6 체심입방 단위격자(body-centered cubic unit cell)

그림 2.7에서 보여주는 체심입방체(bcc)*의 단위격자는 각 모퉁이에 8개의 원자가 있고, 격자 가운데에 한 개의 원자가 있다. 그림 2.7에 의하면 한 개의 체심입방체의 단위격자에 얼마나 많은 원자가 있는가? 아홉 개라고 답하면 틀리다. 체심입방체의 단위격자에는 2개의 원자가 있다. 체심에 있는 원자는 전체가 단위격자 안에 존재하지만, 각 모서리에 원자는 여덟 개의 단위격자에 분할되어 있다. 따라서 하나의 단위격자에는 1/8 개만 기여할 수 있다. 그러므로 체심입방 단위격자당 $1+8(1/8)=2$개의 원자가 존재한다.

2.6.1 체심입방 최인접원자(bcc nearest neighbors)

각각의 원자는 다양한 인접거리의 많은 이웃 원자를 가지고 있다. 기준 원자로부터 가장 가까운 원자를 최인접원자(nearest neighbors)라고 한다. 최인접원자의 수는 결합지수(coordination number) Z^*에 의해서 주어진다. 체심입방 단위격자

* 간결하게 하기 위하여 많이 쓰이는 세 가지 Bravais 격자는 약어로 표시하는 것이 편리하다: bcc, 체심입방격자; fcc, 면심입방격자; 그리고 hcp, 조밀육방체.

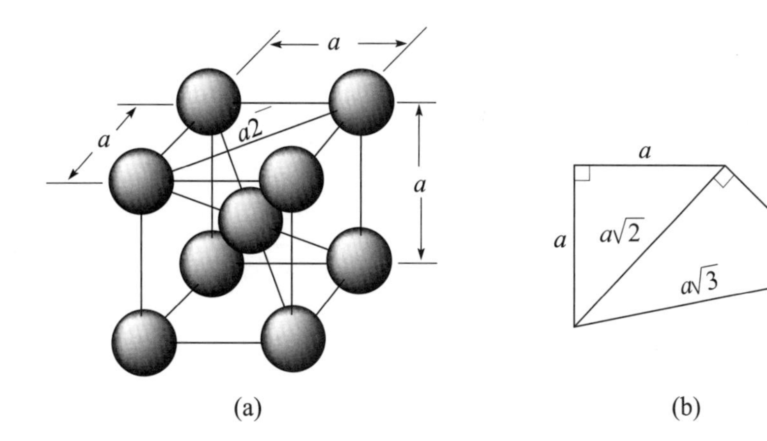

그림 2.7 • 체심입방 단위격자. 체심입방 단위격자는 여덟 곳의 모퉁이와 입방체 중심에 원자를 가지고 있다.

의 경우, 체심 원자는 모퉁이에 위치한 같은 거리에 있는 여덟 개의 원자에게 둘러 싸여있다. 그러나 이들이 최인접원자인지 다시 말해서, 가장 가까운 원자인지는 증명되어야 한다. 증명하기 위해서 입방체의 한 면의 길이 격자상수를 a라고 하자. 그림 2.7에 보인 것 같이 입방체의 대각선의 길이는 $a\sqrt{3}$이다. 입방체면에서의 두 원자 간 거리는 a 또는 $a\sqrt{2}$이다. 이들 두 거리 모두는 면심의 원자와 모퉁이 원자간의 거리, 즉 최인접 거리인 $a\sqrt{3}/2$ 보다 크다. 위에서 말한 것처럼 여덟 개의 원자에 둘러싸여 있으므로 체심입방의 결합지수는 여덟이다. 격자 거리를 생각해 볼 때, 원자 크기는 얼마나 될까? 그들은 서로 닿을까? 아니면 특정한 방향에서만 닿고 있을까?

2.6.2 체심입방 원자직경(atomic diameters).

만약 원자가 단단한 구(sphere)라고 생각하면, 단위격자의 크기는 최인접원자가 단지 맞닿을 때까지만 줄어들 것이다. 이러한 접촉은 최인접원자에만 존재한다. 그리고 모든 원자가 다른 원자하고 접촉하는 것은 아니다. 이것은 서

* 이 책의 많은 곳에서, 이미 다른 곳에서 한 번 사용된 변수를 표현하기 위하여 심볼이 사용된다. 불행히도 그런 사용은 모호하지만 통상적이다. 그 의미가 불충분하면 추가적인 언급이 있을 것이다.

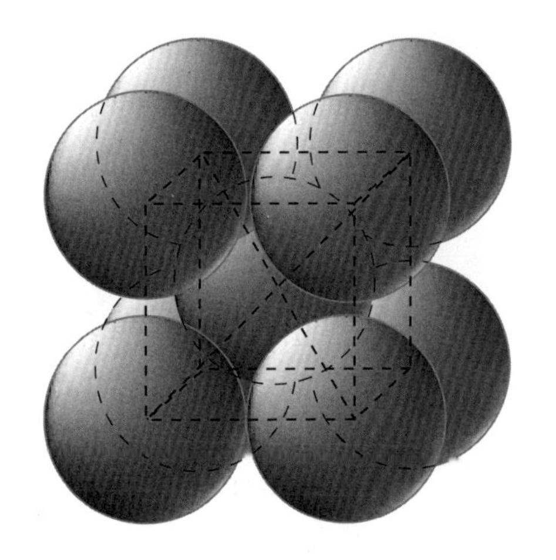

그림 2.8 • 체심입방격자의 경구모델 그림. 그림 2.7과 같은 모양의 그림 이 여기에 그려져 있다. 원자는 격자의 체심 방향 대각선을 따라 접촉되어 있는 큰 구 모양으로 그려져 있다. 각 모서리에 있는 원자는 체심에 있는 원자와는 접촉해 있지만 어떤 모퉁이 원자와도 접촉하지 않는다.

로 맞닿고 있는 원자의 중심간 거리가 단위격자 대각선 길이방향(그림 2.8)으로 $a\sqrt{3}/2$가 될 것이라는 것을 의미한다. 만약 구의 직경이 d라면 d와 격자상수 a와의 관계는 다음과 같이 주어진다.

$$d = \frac{a\sqrt{3}}{2} \tag{2.1}$$

격자상수*를 실험적으로 결정하는 것은 매우 정확하기 때문에, 격자상수는 원자 직경의 측정하는데 사용할 수도 있다. bcc 철의 격자상수는 2.87옹스트롬(Å)(1Å = 10^{-8}cm)이고, 식(2.1)로부터 철의 원자 직경은 2.48Å이다. 이 방법에 의해 계산한 bcc 구조를 갖는 재료의 격자상수와 원자 직경이 표 2.2에 열거되어 있다.

2.6.3 체심입방체의 치밀도(bcc density of packing)

단단한 구 접근법(hard-sphere approach)으로 치밀도를 구하는 것이 유용하다. 치밀도는 단위격자의 전체 체적에서 구를 구성하는 핵과 내부전자에 의해 차지되는 부분의 분율을 말한다. 단위격자의 전체 체적 V는,

* 결정구조 외 격자상수에 대한 실험적인 결정은 3과에서 설명된다.

표 2.2 • 체심입방체 원소들의 격자상수*

원소	a, Å	d, Å
바리움	5.025	4.35
쎄시움(-173℃)	6.06	5.25
크롬	2.885	2.498
α-철	2.8664	2.482
δ-철(1425℃)	2.94	2.54
몰리브데늄	3.1468	2.725
니오비움	3.3007	2.859
포타슘	5.334	4.624
나트륨	4.289	3.714
텅스텐	3.158	2.734
바나듐	3.039	2.632

* 괄호안에 별도로 표시한 것을 제외하고는 20℃에서 정해진 값이다.

$$V = a^3, \tag{2.2}$$

이고, 각 원자의 체적은 다음과 같다.

$$v = \frac{\pi d^3}{6} \tag{2.3}$$

단위격자 안에 2개의 원자가 있다고 했으므로 총 원자가 차지한 부피 V′은

$$V' = \frac{\pi d^3}{3} \tag{2.4}$$

이다. 그러면 충진밀도 ρ는 다음과 같다.

$$\rho = \frac{V'}{V} = \frac{\pi d^3}{3a^3}. \tag{2.5}$$

식(2.1)로부터 d값을 대입하면, 다음을 얻는다.

$$\rho = \frac{\pi\sqrt{3}}{8} = 0.681 \tag{2.6}$$

그래서 체심입방 단위격자 체적의 68.1퍼센트 만이 핵과 내부 전자가 차지하고 있다. 원자가(valence electron)들이 나머지 체적을 채우는 전자기체를 이룬다(그림 1.12에 보여진 것 같이).

2.7 면심입방 단위격자(face-centered cubic unit cell)

면심입방 단위격자는 그림 2.9에 자세히 나타나 있다. 단위격자 당 4개의 원자가 있다; 각 $\frac{1}{8}$씩 기여하는 것이 모퉁이에 여덟 개, 각 면에 $\frac{1}{2}$씩 기여하는 것이 6개 있음으로 단위격자 당 $8(\frac{1}{8})+6(\frac{1}{2})=4$개의 원자가 있다.

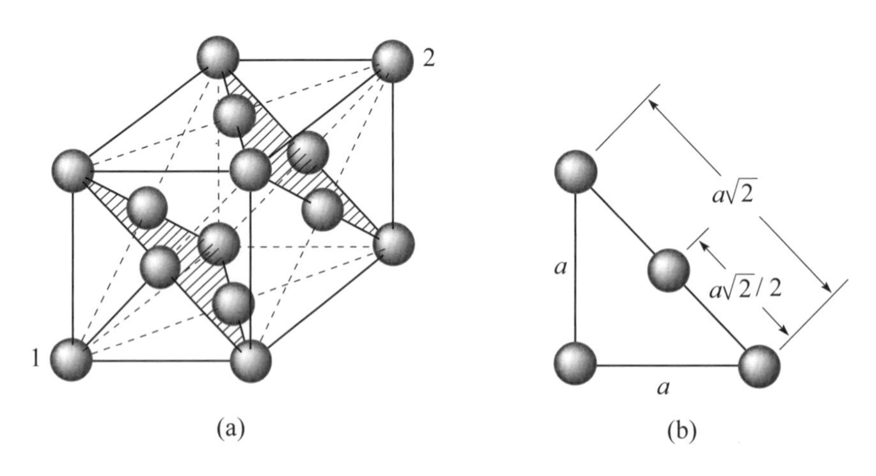

그림 2.9 • 면심입방 단위격자. 면심입방 단위격자는 모서리에 여덟 개, 각 면에 여섯 개의 원자가 있다. 두 개의 조밀면(close–packed plane)은 어둡게 표시되어 있다.

2.7.1 FCC 최인접원자

면심입방체 단위격자 사이의 각 모서리에 있는 원자는 인접면의 중심에 최인접원자를 가진다. 이 최인접원자의 거리는 $a\sqrt{2}/2$로 계산되어지고, 이 값으로부터 원자 간 거리 d가 계산될 수 있다. 표 2.3은 면심입방에 있어서 격자상수와 원자 간 거리를 나타내주고 있다. 그리고 면심입방의 결합지수(coordination number)는 $Z=12$이다.

표 2.3 • 면심입방체 원소의 격자상수*

원소	*a*, Å	*d*, Å
알루미늄	4.0490	2.862
알곤†(-233℃)	5.43	3.84
구리	3.6153	2.556
금	4.078	2.882
이리듐	3.8389	2.714
γ-철(950℃)	3.656	2.585
클립톤†(-191℃)	5.69	4.03
납	4.9489	3.499
네온†(-268℃)	4.53	3.21
니켈	3.5238	2.491
백금	3.9310	2.775
은	4.0856	2.888

* 괄호 안의 것들을 제외하고서는 모두 20℃에서 계산된 것들이다.
† 이 이상기체들은 매우 낮은 온도에서 우선 액화되고, 면심입방 구조로 결정화된다.

2.7.2 FCC의 조밀면(fcc close-packed planes)

최인접원자들은 경구(hard-sphere)모델에 있어서 서로 접하고 있으므로, 어떤 한 면에 모든 최인접원자들이 서로 접하고 있는 그러한 면이 존재할 것이라 생각할 수 있다. 그림 2.9는 이와 같은 두 개의 면을 줄무늬로 표시하고 있다. 이와 같은 면들은 조밀면(close-packed planes)으로 간주되고, 만약 그 면들이 그림 2.9와 같이 그려진다면, 그 모양은 면상에서 가장 밀접해 있는 모양을 나타낼 것이다(그림 2.10). 조밀면 상의 원자들은 접해있는 정삼각형들의 모서리에 있고(그림 2.10에 점선으로 표시되어 있는), 이런 삼각형들의 변들을 따라 서로 접해있다.

2.7.3 FCC의 적층 순서(fcc packing sequence)

조밀면은 원자들로 이루어진 특별한 면일 뿐 아니라, 조밀면을 삼차원적으로 연속시킨 것이 바로 결정(crystal)이다. 여기서 원자들로 이루어진 이와 같은 면들

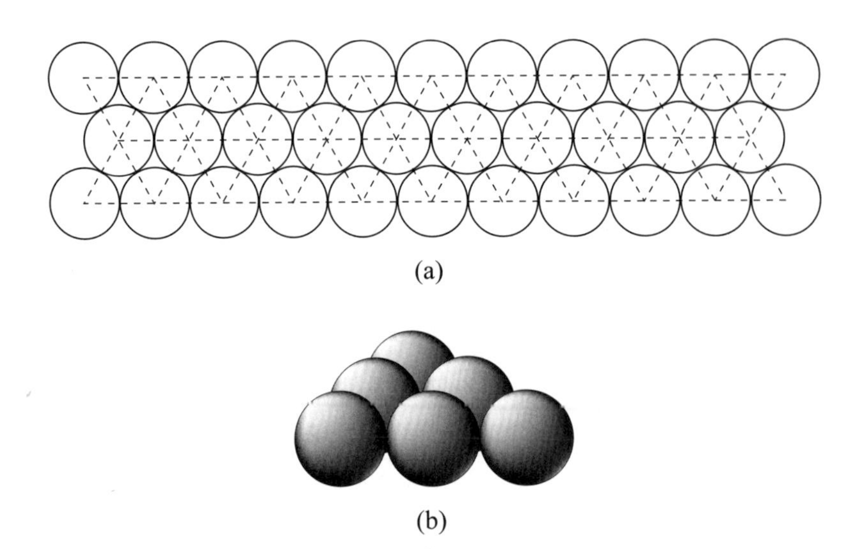

그림 2.10 • 조밀면(close-packed plane). 조밀면은 각 원자가 최인접원자와 서로 접해있는 면이다. 이것은 (a)에 그려진 원자배열의 결과이다. 이 면의 투영(projection)이 (b)에 그려져 있다. 원자의 원형인 모양으로 인하여 정삼각형의 중심에서 눌린 형태가 된다.

이 다른 면의 위에 올지 아니면 아래에 올지에 대한 궁금증이 생기게 된다. 만약 그림 2.10(a)에 그려진 조밀면이 3차원적으로 그려진다면(그림 2.10b), 세 개의 접한 원자들의 중심에 의해 형성된 정삼각형의 중심이 압력을 받게 된다. 이 압력은 원자들이 원근법으로 그려지면 쉽게 알아볼 수 있다. 이 위치는 조밀면을 위에서 내려다본 그림 2.11의 상세한 스케치에 x나 o로 표시되어 있다.

만약 원자가 그것의 중심이 x에 있는 위치에 놓여진다면, 원래의 면 위의 면(점선으로 표시된)에 위치하게 된다. 그러나 원자가 위치할 수 있는 면은 x로 표시된 위치 말고도 여러 위치들이 있다. 세 개의 원자들 사이에는 면 위나 면 아래의 원자들이 위치할 수 있는 위치들이 있으나 그 위치들은 두 개의 다른 집합으로 나뉘어진다. 만약 x로 표시된 위치가 기준면(reference plane)의 바로 위 면상의 첫 번째 원자가 차지할 곳이라면, 다른 모든 x위치들은 그림 2.11에 나타낸 바와 같이 그 위치가 정해질 것이고, 나머지 부분들은 이 원자들의 면을 위해 사용될 수 없다. 이와 같이 o로 표시된 일련의 나머지 위치들에는 다른 원자들로 이루어진

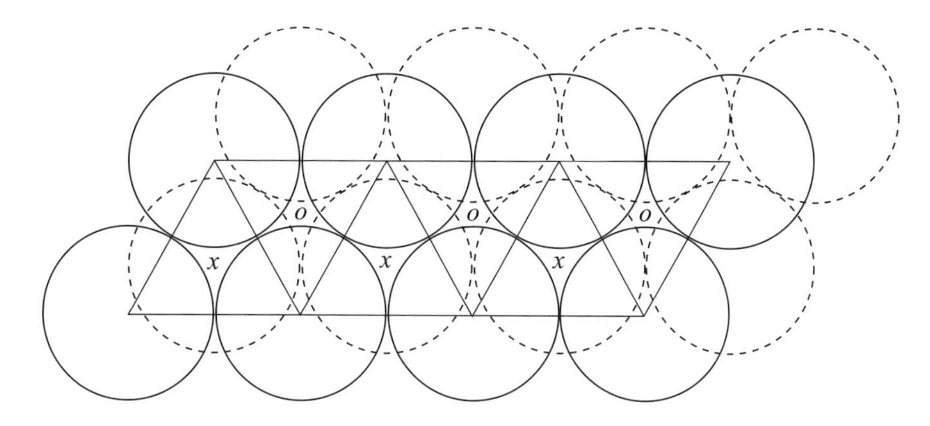

그림 2.11 • 조밀면(close-packing of planes). 그림 2.10의 접해있는 정삼각형의 중심에 원자로 이루어지지 않은 부분은 다음 면의 원자들이 위치할 수 있는 곳이다. 실선으로 그려진 원은 동일면 위의 원자들을 말하고, 점선으로 그려진 원은 다른 면을 이루고 있는 원자를 가리킨다. 이 다음 면의 원자의 중심은 x 위치의 원자들로 채워진다. 세 번째 면은 o로 표시된 장소에 위치한 원자들로 이루어진다.

면이 오게 된다.

하나의 조밀면에 있는 원자들이 x자리를 선호하는지 아니면 y자리를 선호하는지는 모른다. 그러나 한 원자의 위치가 정해지면 모든 원자들의 위치가 그에 따라서 정해지게 된다. 만약 실선으로 표시된 원으로 나타난 원자를 가진 본래의 면이 A면이고 x-자리들의 집합에 위치한 원자면이 B라면, o-자리들의 집합에 위치한 원자면이 C면이 될 것이다. 그리고 이런 조밀면을 적층하는 데는 많은 방법이 있다. 적층의 몇 가지 가능한 방법은 다음과 같은 것들이 있다.

$$ABC, \quad ABA, \quad ACB, \quad ACA,$$

ABC라 함은 C원자면 위에 B원자면이 위치하고 B원자면 위에 또 A원자면이 위치한 형태인데, A-면에 있는 원자들은 B-면에 있는 원자들 사이의 빈 공간의 중심에 위치하고, B-면에 있는 원자들은 C-면에 있는 원자들 사이의 빈 공간의 중심에 위치하는 형태이다. A-면에 있는 원자는 적층 순서에 있어서 다른 A-면의 원자 바로 위에 위치하게 된다. 여기서 알 수 있는 것은 체심입방체 구조가

$ABCABCABC\cdots$의 적층 순서를 가짐을 알 수 있다.

만약 모서리에 있는 원자 1과 2가 같은 형태의 면을 나타내고 있다면, 그림 2.9에 나와 있는 조밀면의 적층은 이를 입증하고 있다. 만약 모서리의 원자들이 A-면이라고 생각하면, 그것들 사이에는 서로 다르게 적층된 두 개의 면, 즉 B-와 C-면으로 표시되어 있어서 모두 합하여 보면 $ABCA$의 순서가 되는 면들이 있다. 이것은 단위격자를 그 모서리로 서 있게 하여 1에서 2로 가는 선이 수직이 되게 함으로서 가장 잘 나타낼 수 있다.

조밀면이 A, B, C라는 임의의 문자로 표시되어 있으므로, 그림 2.9의 단위격자는 $ACBA$ 구조를 가지는 것으로도 마찬가지로 잘 나타낼 수 있다. 여기서 잊지 말아야 할 중요한 점은, 면심입방체를 생성하기 위해서는 처음 설정된 세 개의 면은 달라야 하고 이 세 문자군은 반복적이어야 한다는 것이다.

2.7.4 FCC의 적층밀도(fcc density of packing)

위에서 면심입방의 조밀면이 $ABCABC\cdots$의 순서로 적층이 되었음을 보았으므로, 여기서는 단위격자를 채우는데 있어서 조밀면이 보존되는지 안 되는지 결정하는 요소인 적층밀도를 계산하고자 한다. 면심입방 단위격자는 4개의 원자를 가지고 있고 그 체적은

$$V = a^3. \tag{2.7}$$

이고, 원자의 반지름은 그림 2.9와 2.11에서 볼 수 있는 바와 같이

$$d = \frac{a\sqrt{2}}{2} \tag{2.8}$$

와 같이 주어진다. 그리고 원자가 차지하고 있는 체적은

$$V' = \frac{\pi a^3\sqrt{2}}{2}, \tag{2.9}$$

이고

$$\rho = \frac{\pi\sqrt{2}}{2} = 0.742 \tag{2.10}$$

이다. 따라서 면심입방체 단위격자의 경우는 체심입방체 경우의 68.1퍼센트와 비교하여 볼 때, 전체 체적의 74.2퍼센트가 채워져 있다.

동일한 구를 가지고는 공간을 100퍼센트 채운다는 것은 불가능하고 74.2퍼센트가 채워지는 면심입방체 구조가 경구모델에 있어서 이론적인 최대 적층밀도이다.

2.8 조밀육방 단위격자(hexagonal close-packed unit cell)

조밀육방은 우리가 자세히 언급할 세 개의 단위격자 중 마지막 단위격자이다. 그림 2.5에 그려진 육방격자는 평행육면체의 모양을 하고 있다. 표 2.1에서, 우리는 단순육방체만이 Bravais 격자에 속하는 것을 알 수 있다. 각각의 단위격자를 따로 고려하는 것 대신, 여러 개의 평행육면체로 구성된 육각프리즘(그림 2.12)을 생각하는 것이 더 편리하다. 이 스케치는 많은 금속에서 찾아지는 조밀육방구조(hexagonal close-packed structure)를 보여주고 있다.

육각프리즘은 단지 조밀육방 구조를 보기 쉽게 하기 위해 표현한 것이지 본질

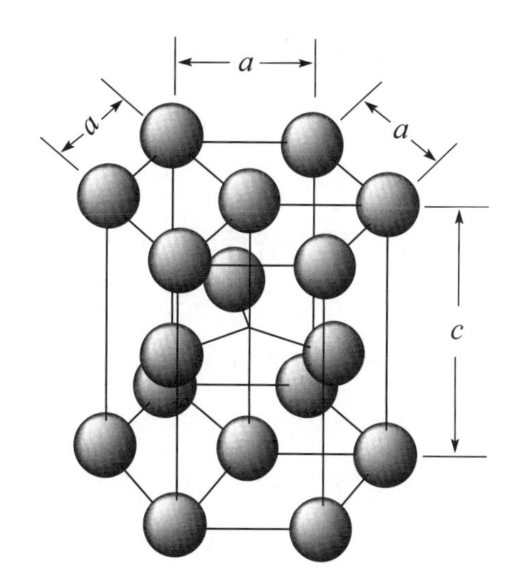

그림 2.12 • 조밀육방 단위격자. 조밀육방 단위격자는 밑면과 윗면의 중앙과 각 모서리, 그리고 격자의 c–축을 따라 절반 되는 지점에 3개의 원자를 가지고 있는 육방기둥의 모양을 하고 있다.

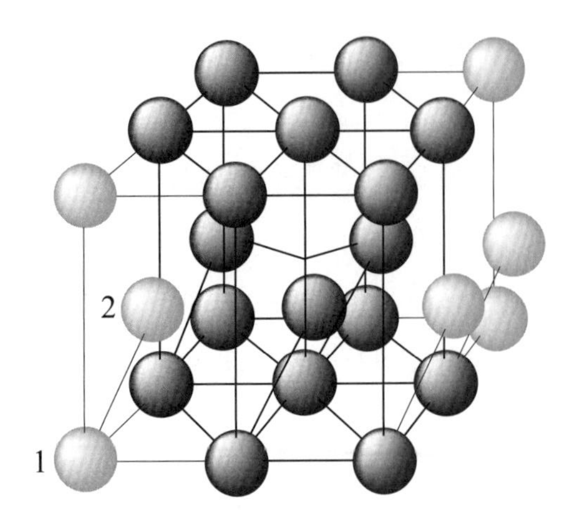

그림 2.13 • 조밀육방 및 단순육방격자. 조밀육방 구조는 두 개의 원자 점집합으로 구성된 단순육방단위격자를 가지고 있다. 그 점집합(원자 1–2)은 두 개의 원자로 이루어져 있고, 평행육면체의 모서리에 있는 원자가 그 하나이고, 다른 하나는 c–축의 절반되는 면에 위치하고 있다. 그림 2.12의 육방기둥은 굵은 선으로 그려져 있고, 4개의 단순육방단위격자로부터 생성된다.

적인 단위격자를 말하는 것은 아니다. 그러나 여기에는 아직도 불일치한 점이 존재한다 – 표 2.1은 오직 단순육방격자만이 그렇다고 허용한다. 그림 2.12의 평행육면체는 그 내부에 원자를 가지고 있다. 이것이 허용될 수 있는가? 답은 허용될 수 있다이다 – 단순단위격자는 여덟 개의 모서리에 자리잡고 있는 개개의 원자나 기(bases)를 갖고 있는 격자로 정의된다. 만약 두 원자로 이루어진 기(bases)가, 한 원자는 격자의 모퉁이에, 그리고 다른 한 원자는 내부(예를 들면 그림 2.13의 1-2기)에 있는 그러한 방식으로 평행육면체의 각각의 모서리에 위치해 있다면, 조밀육방 구조가 생성되는 것이다. 조밀육방격자는 그림 2.13의 공간격자에 굵은 선으로 보여졌다. 이 조밀육방격자는 4개의 단순격자를 단순히 변환(translation) 시킴으로서 생성될 수 있다.

2.8.1 HCP의 최인접원자(hcp nearest neighbors)

조밀육방의 최인접원자 수는 결합지수 Z = 12에 의해서 주어진다. 이것은 면심입방의 결합지수와 같다. 조밀육방과 면심입방은 둘 다 조밀한 구조이다. 최인접원자의 수는 그림 2.12로부터 찾을 수 있다. 바닥에 있는 면의 중앙에 있는 원자는 육면체의 각 모서리에 있는 여섯 개의 최인접원자를 가지고 또한 c 축의 절반 지점에 있는 원자가 육면체의 위와 아래에 각각 3개씩 있으므로 합쳐서 12개의

표 2.4 • 조밀육방체 구조를 가지는 원소들의 격자상수*

원소	a, Å	c, Å	c/a	d, Å
베릴륨	2.2854	3.5841	1.568	2.225
카드뮴	2.9787	5.617	1.886	2.979
코발트	2.507	4.069	1.623	2.506
마그네슘	3.2092	5.2103	1.624	3.196
티타늄(25℃)	2.9504	4.6833	1.587	2.89
아연	2.664	4.945	1.856	2.664
질코니움	3.230	5.133	1.589	3.17

* 괄호 안의 것들을 제외하고서는 모두 20℃에서 계산된 것들이다.

최인접원자를 가지게 된다.

조밀육방체 격자에 있어서 최인접원자 간의 거리는 그림 2.12로부터 알 수 있는 바와 같이 a이다. 그러므로 원자지름도 a이다. 그리고 c축의 높이가 a와 같을 필요는 없다. 따라서 조밀육방 격자를 특징 짖기 위해서는 두 개의 격자상수가 필요하다. c/a의 비는 실험적으로 결정되고, 조밀육방 구조를 가지는 여러 원소들마다 전부 다르다.(표2.4)

2.8.2 HCP의 적층순서(hcp packing sequences)

각각의 기저면과 중간면이 조밀면이기 때문에, 적층 순서는 다음과 같다.

$$ABABABA\cdots.$$

각각 육각형이기 때문에 바닥과 위에 있는 기저면은 다른 면(A-면)의 바로 위에 있는 그들의 최인접원자로 가지는 반면, 중간의 면(B-면)은 A면에 집약되어 있는 원자들을 그들의 최인접원자로 가진다. 따라서 ABA의 순서가 각각의 격자를 구성하게 된다.

2.8.3 이상적인 c/a 비

조밀육방체 구조에서의 조밀면 때문에, 이상적인 경우에 격자상수 c는 a에 독립적일 수 없다. ABA순서로 정렬되어 있는 조밀면을 기초로 하여 계산된 c/a의 값을 'c/a 비'라 한다. 물질의 실제 c/a 비는 이상적인 계산치와 일치하지는 않는다; 그것들이 이상적인 값으로부터 벗어나는 형태가 중요하다.

c의 이상값을 계산하기 위해서는, 모든 원자들이 서로 접촉해 있는 기저면에 있는 세 개의 원자와 가운데 면에 있는 하나의 원자로 구성된 사면체(tetrahedron) 형상을 생각하는 것이 편리하다는 것을 알게 된다(그림 2.14a). 이 사면체를 투명한 모양으로 재구성하여보면(그림 2.14b), 사면체의 밑면을 이루고 있는 ABC로 표시된 삼각형이 한 변의 길이가 a인 정삼각형임을 알 수 있다. 사면체의 각 면도 마찬가지로 한 변의 길이가 a인 정삼각형이다. 사면체의 높이(DF)는 $c/2$이다. 왜냐하면 그림 2.12에 그려진 육방격자 내에 세 개의 원자 전체를 포함하고 있는 면이 육각프리즘의 기저면과 윗면 사이 중간에 위치하기 때문이다.

$c/2$의 높이를 a로 나타내기 위해 먼저 삼각형 ABE에 피타고라스(Pythagorean) 정리를 이용하여 보자(그림 2.14c). 이리하면 기저면 중 하나인 정삼각형을 가로지르는 선(AE)의 길이를 알 수 있다. 그리고 그 계산된 값은 아래와 같다.

$$AE = \sqrt{a^2 - (\frac{a}{2})^2} = \frac{a\sqrt{3}}{2}. \tag{2.11}$$

사면체의 높이 DF가 중간선 AE와 점 F에서 교차하는데, 이 F는 A로부터 E까지의 2/3* 또는 $a\sqrt{3}/3$이 되므로, 그림 2.14(d)의 삼각형은 c에 대한 해를 다음과 같이 제공한다.

$$DF = \frac{c}{2} = \sqrt{a^2 - (a\frac{\sqrt{3}}{3})^2} = a\sqrt{\frac{2}{3}} \tag{2.12}$$

그러므로 다음과 같다.

* 이것은 기하로부터 상기할 수 있다. 즉 정삼각형의 각 변의 수직이등분선은 다른 변의 수직이등분선으로부터 삼분의 이의 위치에서 교차하기 때문이다.

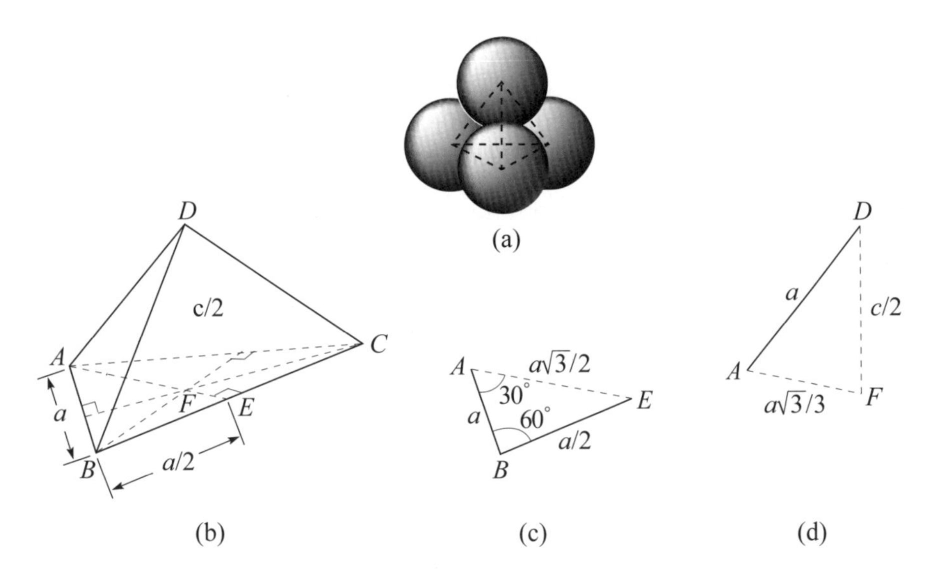

그림 2.14 • 조밀 사면체(tetrahedron). 조밀육방체격자에 있어서 가운데 면의 원자의 위치는 기저면의 세 개의 원자와 사면체의 구조를 이루고 있다. (a) 사면체의 경구모델(hard-sphere model). (b) (a)의 사면체를 투명한 모양으로 재구성한 그림. (c)와 (d)는 이상적인 c/a 의 비를 구해놓은 것이다.

$$c = 2a\sqrt{\frac{2}{3}} = 1.633a \qquad (2.13)$$

2.8.4 실제 물질에 있어서의 HCP의 c/a 비.

대부분의 물질들은 1.633으로 계산된 이상적인 값과 일치하지는 않으나, 몇몇은 아주 가까운 값을 가지고 있다. 예를 들면 코발트와 마그네슘이다(표 2.4).

자연에서 찾을 수 있는 조밀육방 구조들의 이상적인 상태에서 벗어난 정도(nonideality)의 관점에서 보면, 가장 가깝게 접근한 거리 또는 원자의 지름이 우리가 위에서 언급한 바와 같이 항상 a와 같은 것은 아니다. 만약 c/a 비가 이상적인 값보다 크다면, 원자지름 d가 a와 같아야 된다. 만약 c/a 비가 이상적인 값보다 작다면, 그 반대이고 원자지름 d가 a보다 작아야 될 것이다.

2.8.5 HCP체의 적층밀도(hcp density of packing)

조밀육방 구조의 적층 밀도를 계산하기 위하여 그림 2.13의 격자 중 하나의 격자만을 고려해보자. 그 격자에는 모서리에 총 여덟 개의 원자가 있고, 그 각각은 여덟 개의 격자로 나뉘어져 있으므로 모서리에 있는 원자는 8(1/8) = 1이 되어 총 1개의 원자가 있음을 알 수 있다. 그리고 가운데 면에 격자 당 하나의 원자가 있다. 따라서 총 2개의 원자를 가지게 된다. 또 격자 부피는 c/a = 1.633인 이상적인 경우에 다음과 같다.

$$V = (a)(\frac{a\sqrt{3}}{2})(c) = (\frac{a^2\sqrt{3}}{2})(2a\sqrt{\frac{2}{3}}) = a^3\sqrt{2}. \tag{2.14}$$

만약 원자 지름이

$$d = a\,, \tag{2.15}$$

라면

$$V = \frac{2\pi a^3}{2} = \frac{\pi a^3}{3}, \tag{2.16}$$

이 되고, 다음과 같다.

$$\rho = \frac{\pi}{3\sqrt{2}} = 0.742 \tag{2.17}$$

이 값은 면심입방 구조에서와 같은 적층 밀도 값이다[식(2.10)], 단지 차이가 있다면 조밀면의 적층 순서이다 - hcp는 *ABAB*…이고; fcc는 *ABCABC*… 이다.

2.9 결정학적 면의 정의(identification of crystallographic planes)

여러 단위격자를 깊이 있게 다루고 그들의 특별한 모양에 대해서 논의하기 위해 우리는 먼저 원자로 이루어진 면, 원자들의 위치, 격자의 방향에 대해서 알아야 한다. 그림 2.15와 같이 x, y, z축을 교차하는 임의의 면을 생각하면, x, y, z축과의 교점들은 각각 X, Y, Z이다. 격자상수 a, b, c로 나타내 보면, 교점들은 다음과 같다.

$$X = Aa\,, \quad Y = Bb\,, \quad Z = Cc\,, \tag{2.18}$$

여기서 A, B, C는 원점으로부터 교차점까지의 거리를 나타내기 위한 격자상수

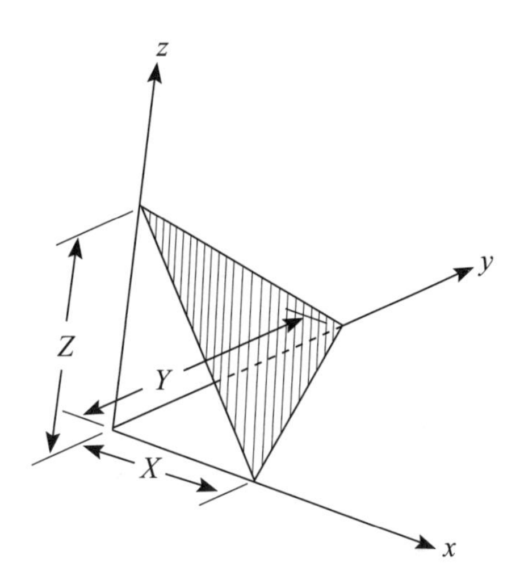

그림 2.15 • 결정축 상에서의 임의의 면. 줄무늬로 표시된 임의의 면은 X, Y, Z점에서 x, y, z 축과 교차하게 된다.

로서의 계수이다. 이것은 마치 각 축에서의 측정 단위가 그 축과 관련된 격자상수와 같은 것처럼 보인다. 그 경우 교점들은 각각 a, b, c의 단위로 나타내어진 A, B, C로 주어질 것이다.

면은 A, B, C에 의한 값으로 정의될 수 있다; 그러나 일반적으로는 그들의 최소공배수로 나누어진 역수의 형태를 사용한다. A, B, C의 역수는 $1/A$, $1/B$, $1/C$이고, 이 역수가 항상 정수로 나오는 것은 아니기 때문에, $1/A : 1/B : 1/C$ 과 같은 비율로 나타낼 수 있는 정수로 만드는 것이 편리하다. 이 역수들을 하나로 묶어놓은 것을 밀러(Miller)지수(indices)라 하고 각각 h, k, l 로 표현한다.

2.9.1 면의 정의(identification); 실 예

위와 같이 정의된 면의 실제 의미를 깨닫기 위해서는 실제 모델에 위의 것을 적용해 보면 될 것이다. 그림 2.16의 정육면체 격자에 그려진 면을 정의해 보자. 정의하는 순서는 다음과 같다; 교점은 다음과 같이 주어진다.

$$X = a, \quad Y = a, \quad Z = a, \tag{2.19}$$

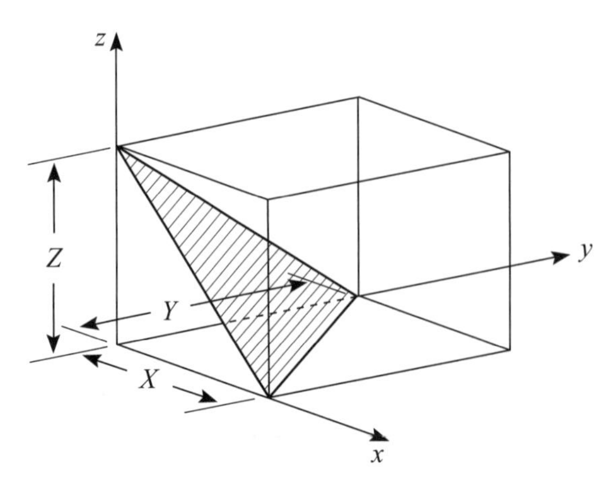

그림 2.16 • 면의 정의(plane identification) : (111)면. (111) 면이 정육면체 격자에 빗금으로 표시되어있다. 이 면은 a, a, 그리고 a 에서 각각 결정 축과 교차한다.

따라서 다음과 같다.

$$A = 1,\quad B = 1,\quad C = 1. \tag{2.20}$$

그러므로 이 면의 경우에 Miller 지수는 다음과 같다.

$$h = \frac{1}{A},\quad k = \frac{1}{B},\quad l = \frac{1}{C}, \tag{2.21}$$

그리고 그 면은 (111) 면으로 정의된다. 특정 면(hkl)을 지시하기 위하여 일반 괄호가 사용된다.

그림 2.17에 묘사된 면의 경우에도, x- 그리고 y-축들을 따라 있는 교점들은 구분될 수 있다. 그러나 그 면 자체는 z축에 평행하다. 이것은 그 면은 결코 z-축을 통과할 수 없으며 z-교차점의 값은 무한대임을 의미하며, 기호 ∞로 나타낸다. 그래서 다음을 얻는다.

$$X = a,\quad Y = a,\quad Z = \infty. \tag{2.22}$$

그리고,

$$A = 1,\quad B = 1,\quad C = \infty. \tag{2.23}$$

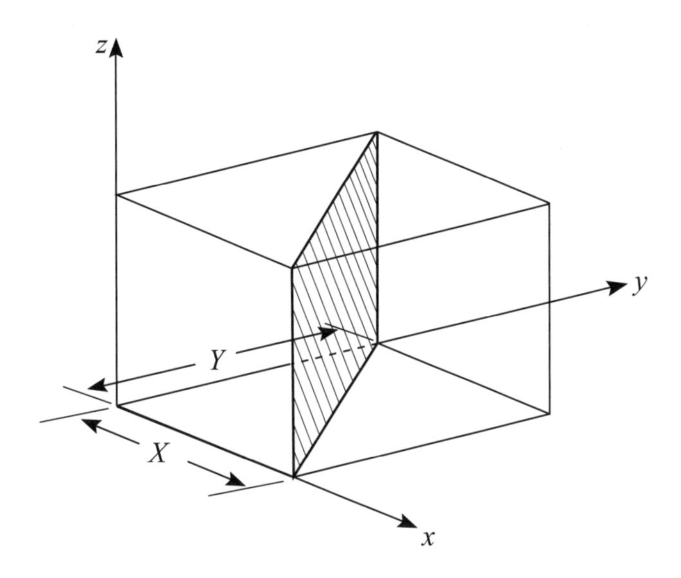

그림 2.17 • 면의 정의: (110)면. (110)면이 정육면체 격자에 빗금으로 표시되어 있다. 이 면은 x– 그리고 y–축과 각각 a, 그리고 a에서 교차하며 z–축과는 평행하다. 그러므로 교차점 Z는 무한대가 된다.

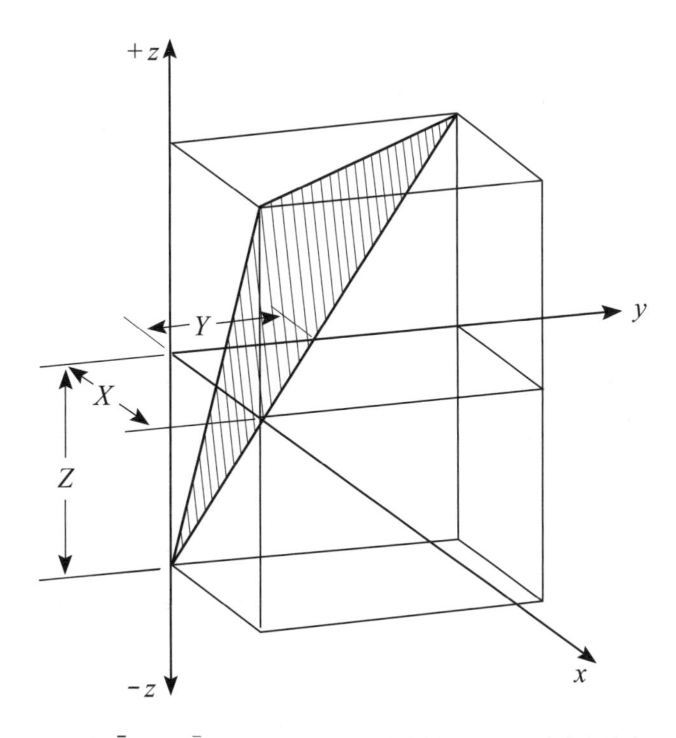

그림 2.18 • 면의 정의: ($22\bar{1}$)면. ($22\bar{1}$) 면이 정육면체 격자에 빗금으로 표시되어 있다. *X*, *Y*, 그리고 *Z*축과의 교점은 각각 $a/2$, $a/2$, 그리고 $-a$이다. 지수l = $-\bar{1}$ 은 1과 같이 쓰여진다.

이기 때문에

$$h = \frac{1}{1}, \quad k = \frac{1}{1}, \quad l = \frac{1}{\infty} = 0, \tag{2.24}$$

이 되므로 그 면은 (110)면 이다.

그림 2.18에 그려진 면은

$$X = \frac{a}{2}, \quad Y = \frac{a}{2}, \quad Z = -a, \tag{2.25}$$

에서 각 축과 교차하며, 이에 의해

$$A = \frac{1}{2}, \quad B = \frac{1}{2}, \quad C = -1, \tag{2.26}$$

이 되므로

$$h = \frac{1}{1/2} = 2, \quad k = \frac{1}{1/2} = 2, \quad l = \frac{1}{-1} = -1, \tag{2.27}$$

이 되고 이 면은 (221)면*으로 정의되게 된다.

위에서 논의된 입방격자에서와 마찬가지의 개념이 육방격자에도 그대로 적용된다. 그림 2.19는 Miller 지수에 의해 정의된 몇몇 면들을 보여주고 있다.

2.9.2 면의 중복성(multiplicity of planes)

동일한 기하학적 배열의 원자들을 가진 면들이 존재한다. 이런 면들을 동등면(equivalent plane)이라 한다. 입방계를 예로 들면 (110), (010), 그리고 (001)면 들은 정육면체의 각 면을 이루는데, 이들은 그 각각의 방위를 제외하곤 모두 동일하고, 전 군은 {100}으로 나타낼 수 있다. - 중괄호는 동등면의 군을 나타낸다. 정육면체 구조에서 {100}군은 (100), (010), (001), ($\bar{1}$00), (0$\bar{1}$0), 그리고 (00$\bar{1}$)으로서 여섯 개의 동등면을 포함한다. 동등면들의 숫자를 중복도(multiplicity)라 하고, 고지수(high-index)의 면에는 상당히 높은 숫자가 될 수 있다 (표2.5).

* Miller 지수의 음의 부호는 지수 위에 표시한다. 예를 들면, $-h$ 대신 $\bar{h}$, $-l$ 대신 $\bar{l}$이다.

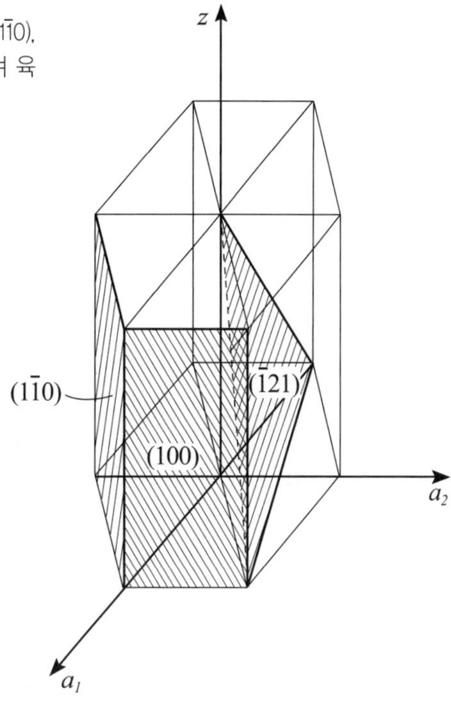

그림 2.19 • 면의 정의: 육방격자. (100), $(1\bar{1}0)$, 그리고 $(\bar{1}21)$면들이 Miller 지수를 사용하여 육방격자에 표시되었다.

표 2.5 • 동등면 (equivalent planes)(오직 $a=b=c$인 경우)*

{*hkl*}	동일면				중복성
{100}	(100)	$(\bar{1}00)$			6
	(010)	$(0\bar{1}0)$			
	(001)	$(00\bar{1})$			
{110}	(110)	$(\bar{1}10)$	$(\bar{1}01)$	$(0\bar{1}1)$	12
	(101)	$(1\bar{1}0)$	$(10\bar{1})$	$(01\bar{1})$	
	(011)	$(\bar{1}\bar{1}0)$	$(\bar{1}0\bar{1})$	$(0\bar{1}\bar{1})$	
{111}	(111)	$(\bar{1}11)$	$(\bar{1}\bar{1}1)$	$(\bar{1}\bar{1}\bar{1})$	8
		$(1\bar{1}1)$	$(\bar{1}1\bar{1})$		
		$(11\bar{1})$	$(1\bar{1}\bar{1})$		
{*h*00}	*				6
{*hh*0}	*				12
{*hhh*}	*				8
{*hk*0}	*				24
{*hkl*}	*				48

* 연습으로, 여기 나와있는 중복성들이 옳은가 보이기 위해 동등면들을 나열해 보라.

육방체의 경우는, 육방체의 면을 구성하는 여섯 개의 면들이 동등하게 된다. 그림 2.19는 그러한 면 두 개의 Miller 지수를 보여주고 있다 - (100) 그리고 $(1\bar{1}0)$. 이 두 면들은 표 2.5에 열거된 대로 같은 면군은 아닐 것이다. 왜냐하면 하나는 (*h*00)의 형태이고 다른 하나는 (*hh*0) 형태이기 때문이다. 이 예는 $a=b=c$와 같은 제한 조건이 있는 경우에만 국한된다. 만약 이 세 개의 격자상수가 같지 않다면, 밀러지수는 다른 어떤 면군들 내에서 상호교환 될 수 없다.

정방정(tetragonal)의 경우는 $a=b\neq c$이다. 그러므로 h와 k지수는 서로 교환될 수 있으나, h와 l 또는 k 그리고 l은 서로 교환될 수 없다. 직육면체의 기저면은 그림 2.5에서 볼 수 있는 바와 같이 면을 이루는 면들과 동일하지 않다. 그러나 표 2.5에 따르면 육방격자는 $a=b\neq c$이므로, 유추하여 h와 k는 서로 교환될 수 있어야 한다.

그것들은 이 군에 속할 것 같지는 않은, 예를 들면 그림 2.19의 (110)과 같은 면이다. 그러나 그런 면들이 몇 개 있다. 이 문제는 Miller 지수 대신 밀러-브라베이(Miller-Bravais) 지수를 사용하면 풀릴 수 있다.

2.9.3 밀러-브라베이(Miller-Bravais) 지수

조밀육방체의 경우에 Miller-Bravais 지수는 (*hkl*)대신 (*hkil*)로 표기된다. 그림 2.20에서 보여지는 바와 같이 4개의 Miller-Bravais 축은 기저면에 a_1-, a_2-, a_3-축, 그리고 기저면과 수직을 이루는 z-축으로 구성된다. 기저면의 3개 축은 서로 120°의 각도를 이루고 있다. a_3-축은 면을 유일하게 정의할 필요는 없다; 그러나 그것은 육방체에 있는 면의 중복성의 관점에서 볼 때는 유용하다.

h, k, i, 그리고 l의 값들은 밀러지수에서 했던 바와 똑같이 정해지나, 격자의 기하학적 구조로 인하여 i 지수의 값은 다음 관계에 의하여 계산된다.

$$i = -(h+k). \tag{2.28}$$

그림 2.19의 면을 이루는 면의 Mille 지수를 Miller-Bravais 지수로 바꾸어 보

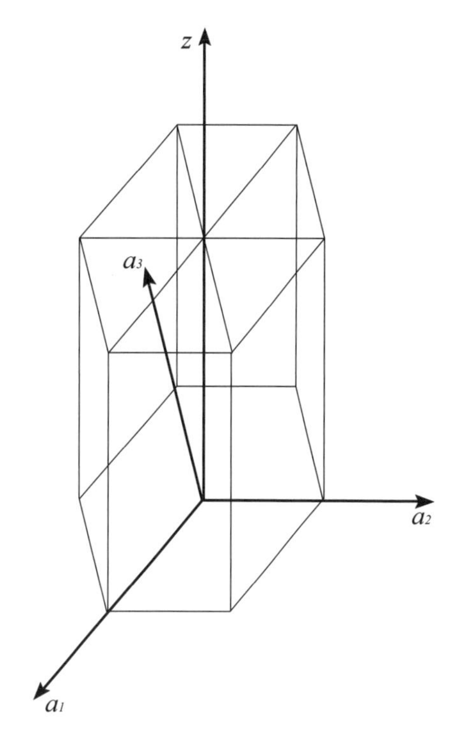

그림 2.20 • Miller-Bravais 지수의 축. Miller-Bravais의 결정학적 지수들을 사용하기 위한 육방체격자의 축들은 기저면에 a_1, a_2, a_3, 그리고 기저면과 수직을 이루는 z 축으로 구성된다. a_1, a_2, z 축은 밀러지수에 있어서 사용하는 축들이다. a_3축은 $(hkil)$을 이루기 위한 잉여의 면이고, 여기서 $i = -(h+k)$이다.

면 다음과 같다.

$$(100) = (10\bar{1}0), \qquad (1\bar{1}0) = (1\bar{1}00). \tag{2.29}$$

$a_1 = a_2 = a_3$이므로, h, k, 그리고 i는 동일면들의 군을 만들기 위해 상호 교환될 수도 있다. 육방체의 각 면을 이루기 위해, $\{10\bar{1}0\}$ 군은$(10\bar{1}0)$, $(1\bar{1}00)$, $(01\bar{1}0)$, $(\bar{1}010)$, $(0\bar{1}10)$, 그리고 $(\bar{1}100)$의 여섯 개의 면을 가지며, 그 중복도(multiplicity)는 여섯이다.

2.10 원자 위치의 정의(identificaion of atomic positions)

단위격자 내에 있는 원자의 위치는 x, y, z 좌표계에 대하여 격자상수 a, b, c의 단위로 표현되는 원자의 좌표에 의해 주어진다. 그림 2.21은 체심입방 구조의 중심에 있는 원자의 경우 좌표를 보여준다. 만약 원점에서 출발하여 x-축을 따라서 가다보면, 중심의 원자는 $a/2$의 위치에 있다. y-축을 따라서는 그 거리는 $a/2$이

그림 2.21 • 체심입방 원자의 위치. 체심입방 원자는 x, y, z축 기준으로 $\frac{1}{2}$, $\frac{1}{2}$, $\frac{1}{2}$ 좌표에 있다. 이것은 이 원자가 원점으로부터 각 축방향으로 $a/2$의 거리에 위치해 있다는 것을 의미한다. 이것은 x–축을 따라 $a/2$, y–축을 따라 $a/2$, 그리고 z–축을 따라 $a/2$만큼 움직인 것으로 짙은 화살표로 표시되어있는 것을 볼 수 있다.

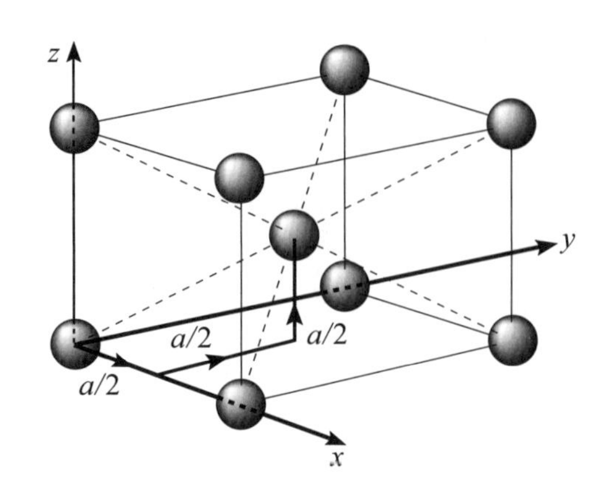

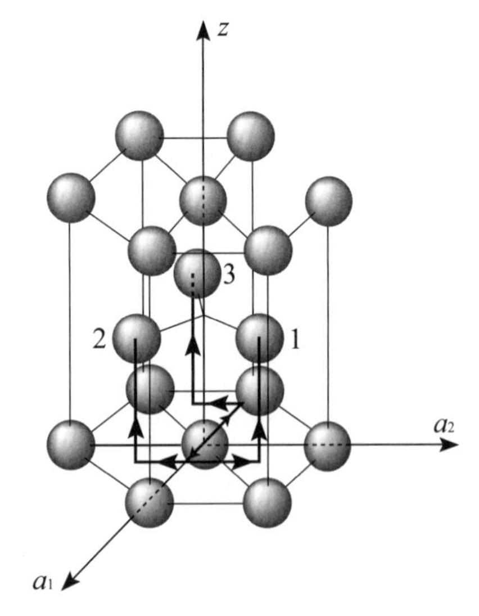

그림 2.22 • 조밀한 원자의 위치. 육방격자. 가운데 면의 세 원자(1, 2, 3)의 위치의 배위는 : 원자1의 경우는 $(\frac{1}{3}, \frac{2}{3}, \frac{1}{2})$이고, 원자 2의 경우는 $(\frac{1}{3}, -\frac{1}{3}, \frac{1}{2})$, 원자 3의 경우는 $(-\frac{2}{3}, -\frac{1}{3}, \frac{1}{2})$이다. 이 좌표는 원점으로부터 문제의 원자까지 연결된 굵은 점선을 따라서 계산함에 의해 입증될 수 있다.

고, z-축을 따라서도 그것은 $a/2$이다. 만약 정육면체가 아니라면, 각 축을 따라 세 개의 격자상수 a, b, c를 사용한다는 것을 제외하곤 위와 같은 방법에 의해서 위치의 좌표를 찾아야 한다.

방향이 축을 따라서 원점으로부터 양의 방향으로 향하는 한, 거리는 양의 값이다. 위치의 좌표는 $a/2$, $a/2$, $a/2$이고 또는 격자상수의 형태로 표현하면, 그것들은 $\frac{1}{2}$, $\frac{1}{2}$, $\frac{1}{2}$이다.

조밀육방체 구조(그림 2.22)의 경우에 가운데 면의 원자의 위치를 계산하기 위해서는, 원점으로부터 각 원자까지의 거리를 계산해야 한다. 원자 1에 이르기 위해서는 x-축을 따라서 $a/3$만큼, y-축을 따라서는 $-a/3$ 만큼, z-축을 따라서는 $c/2$만큼 가로질러야 한다. 따라서 원자 1의 좌표는 $\frac{1}{3}, \frac{2}{3}, \frac{1}{2}$이 된다. a와 c가 같은 길이가 아니므로, 좌표는 각 축을 따라서 다르게 결정된다. 원자 2에 이르기 위해서는 x-축을 따라서는 $a/3$, y-축을 따라서는 $-a/3$, z-축을 따라서는 $c/2$만큼 이동해야 한다. 따라서 원자 2의 좌표는 $\frac{1}{3}, -\frac{1}{3}, \frac{1}{2}$ 이 된다. 마찬가지로 인하여 원자 3의 좌표는 $-\frac{2}{3}, -\frac{1}{3}, \frac{1}{2}$ 이 된다.

2.11 벡터(vectors)

격자 내에서 방위의 개념이 전개되어야 하지만 그 전에 먼저 벡터에 대해 소개할 필요가 있다. 벡터는 (얼마나 갔는지를 말해주는) 크기와 (어디를 향하고 있는지를 말해주는) 방향의 두 가지 성질을 가지고 있다. 많은 방법에서 벡터를 가지고 작업하는 것은 사각형으로 교차된 도시에서 한 곳에 도달하기 위해 가로 세로의 길(street, avenue)을 걷고 있는 것과 비슷하다. 만약 당신이 그림 2.23의 위치 1에서 위치 2로 가야만 한다면, 벡터 R이 가야 할 방향과 크기를 나타내주는 것이다. 이것이 도시에서의 두 위치였다면, 까마귀는 벡터 **R**을 따라서 갔을 것이지만, 사람은 사이에 있는 건물들 때문에 그렇게 할 수가 없을 것이다.

만약 당신이 R_x에 의해 정의된 가로 길과 세로 길, R_y를 따라 걸었다면, 당신은 같은 목적지(더 긴 경로)에 도달했을 것이다. 그러므로 벡터 R은 두 성분 R_x와 R_y

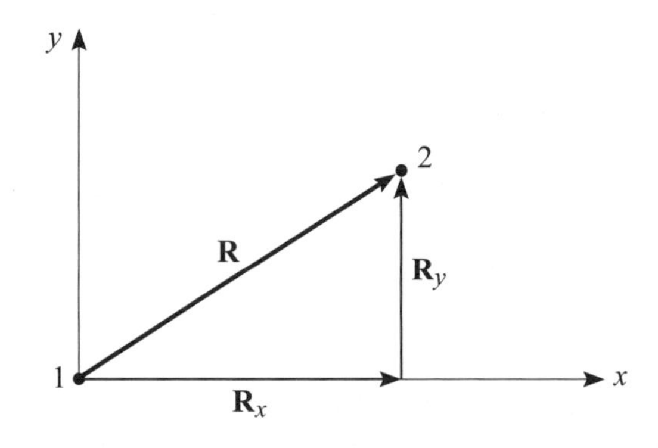

그림 2.23 • 벡터 분해. 벡터 **R**은 x– 와 y–축을 따라 각각 $\mathbf{R_x}$와 $\mathbf{R_y}$ 성분으로 분해된다.

로 분해된다고 말할 수 있다.

$$\mathbf{R} = \mathbf{R}_x + \mathbf{R}_y \tag{2.30}$$

삼차원(그림 2.24)에서도 비슷하게 다음의 관계식을 얻을 수 있다.

$$\mathbf{R} = \mathbf{R}_x + \mathbf{R}_y + \mathbf{R}_z \tag{2.31}$$

여기서 벡터 R은 x-, y-, 그리고 z-축을 따라 각각 R_x, R_y, 그리고 R_z의 성분으로 구성되어 있다.

2.11.1 벡터의 합(addition of vectors)

벡터가 식(2.31)에서처럼 각각의 성분으로 분해될 수 있는 것처럼, 이러한 성분들은 전체를 형성하기 위해 벡터적으로 합쳐질 수 있다.

$$\mathbf{R}_x = \mathbf{R}_y + \mathbf{R}_z = \mathbf{R} \tag{2.32}$$

벡터는 도식적으로 합쳐질 수도 있다. 이렇게 되기 위해서는 한 벡터의 머리가

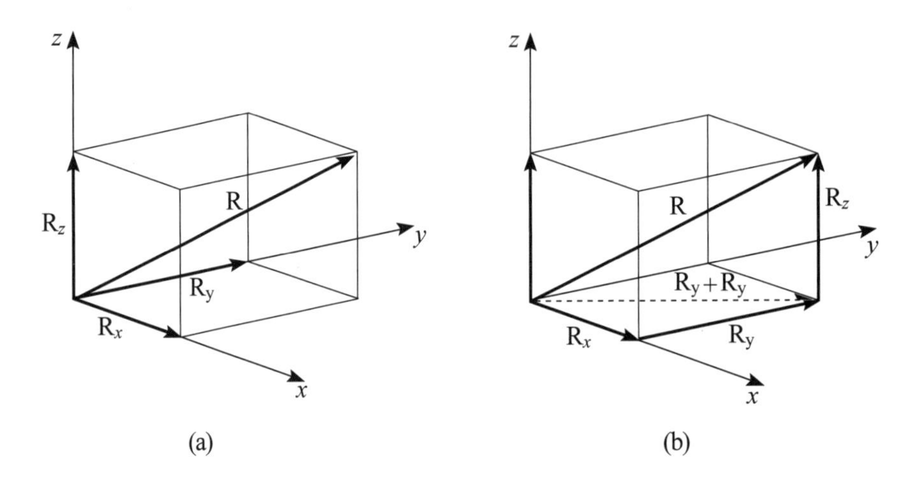

그림 2.24 • 벡터의 3차원 분해. (a) 벡터 **R**은 x-, y-, z-축을 따라 각각 $\mathbf{R}_x$, $\mathbf{R}_y$ 및 $\mathbf{R}_z$ 성분으로 분해된다. 성분은 **R**을 각 축에 단순히 투영한 것이다. (b) 처음, 벡터 **R**은 $\mathbf{R}_z$와 xy-면 상의 $\mathbf{R}_x + \mathbf{R}_y$ 성분으로 분해된다. 그리고 $\mathbf{R}_x + \mathbf{R}_y$는 $\mathbf{R}_x$와 $\mathbf{R}_y$로 분해된다.

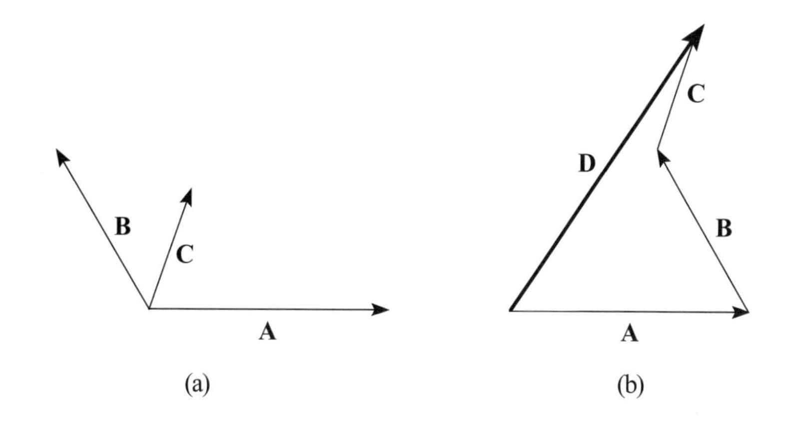

그림 2.25 • 벡터의 2차원 합성. 세 개의 벡터 **A**, **B**, **C**는, **B**를 **A**의 머리로부터 시작하도록 옮기고, **C**를 **B**의 머리로부터 시작하도록 옮겨서 합칠 수 있다. 그러면 벡터합 **D**는 **A**의 꼬리로부터 시작하고 **C**의 머리로 바로 간다.

다른 벡터의 꼬리에 인접하도록 위치해야 한다. 이러한 기술을 사용할 때에는 벡터를 이동시킬 필요가 있다. 이동하는 과정에서는 벡터의 길이와 방향이 변화되지 않는 한 그것은 여전히 같은 벡터이다. 그러므로 우리가 그림 2.25에 보여진 것처럼 세 개의 벡터 **A**, **B**, **C**를 합치기 원한다면, 먼저 **B**를 옮길 필요가 있다. 그래서 그 꼬리가 A의 머리에서 시작하도록 하고, 또 **C**를 옮겨 **B**의 머리에서 시작하도록 해야 한다. 벡터는 합쳐질 수 있기 때문에 벡터 **A**, **B**, **C**를 연속적으로 따라가는 것은 다음의 식처럼 벡터합 **D**를 따라가는 것과 같게 된다.

$$\mathbf{A} + \mathbf{B} + \mathbf{C} = \mathbf{D}. \tag{2.33}$$

즉, 시작점과 도착점은 같지만, 다른 경로에 의해 나아가게 된다. 그러므로 벡터합은 그림 2.25(b)에서 보여지는 것처럼 시작점인 A의 꼬리에서부터 마지막 벡터인 **C**의 머리까지로 그려진다.

벡터의 첨가나 벡터합은 일반 합 혹은 대수적인 합과는 다르다는 것이 중요한데, 만약 벡터 **A**의 길이 혹은 크기 $|\mathbf{A}|$가 1, **B**의 크기 $|\mathbf{B}|$, **C**의 크기 $|\mathbf{C}|$가 각각 2.0, 1.5였다면, 여기서 벡터합은 다음의 식처럼 대수적인 합이 되지 않

는다.

$$\mathbf{A} + \mathbf{B} + \mathbf{C} \neq 1 + 2.0 + 1.5 = 4.5 \qquad (2.34)$$

단지 벡터들이 서로 평행할 경우에만 벡터합이 대수 합과 일치하게 된다.(그림 2.26)

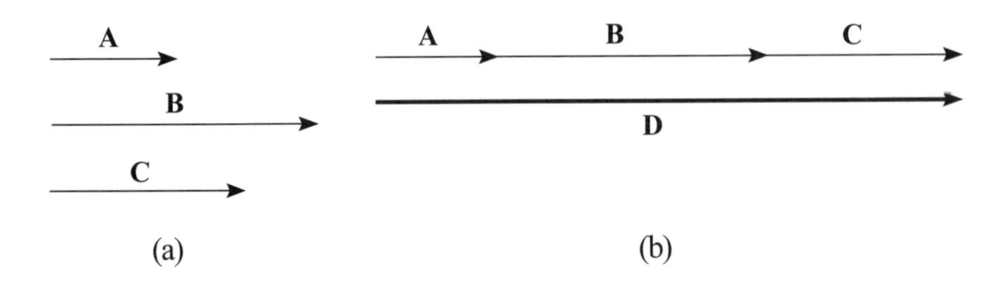

그림 2.26 • 평행 벡터의 합성. 평행 벡터 **A**, **B**, **C**는 합하여져 벡터합 **D**를 이룬다. 평행한 벡터만이, 합하여지는 벡터들의 양을 합한 것과 벡터합의 양이 같다.

벡터를 합하는 편리한 방법은 합에서의 모든 벡터를 각각의 x-, y-, z- 성분으로 분해해서 나타내는 것이다. 벡터합의 x성분을 얻기 위해 각 벡터들의 x성분들은 (평행한 벡터이기 때문에) 대수적으로 더해질 수 있을 것이다. 비슷한 방법으로 벡터합의 y, z 성분을 얻기 위해 각 y, z 성분들이 합쳐질 수 있을 것이다. 그 다음에 각 성분들은 벡터합 자체를 나타내기 위해 사용될 수 있을 것이다.

2.11.2 벡터의 크기(vector magnitndes)

카아티이젼(Cartesian) 좌표계의 세 축 x, y, z를 따르는 벡터 성분이 합쳐질 때, 피타고라스의 정리가 적용된다. 즉 벡터합의 크기의 제곱은 각 성분벡터 크기의 제곱의 합과 같다. 그림 2.23, 2.24의 벡터에 대해서 크기들은 다음과 같은 관계에 있다.

$$|\mathbf{R}|^2 = |\mathbf{R}_x|^2 + |\mathbf{R}_y|^2 \qquad (2.35)$$

$$|\mathbf{R}|^2 = |\mathbf{R}_x|^2 + |\mathbf{R}_y|^2 + |\mathbf{R}_z|^2 \tag{2.36}$$

2.12 격자에서의 방위(directions in a lattice)

원점에서 위치 좌표 u, v, w에 있는 원자까지의 방위를 결정하기 위해서는 원점에서 u, 0, 0까지의 벡터, 원점에서 0, v, 0까지의 벡터, 원점에서 0, 0, w 까지의 벡터를 합할 필요가 있다. 이러한 벡터들은 각각 x^-, y^-, z^-축을 따라 존재하기 때문에 그것들은 원점 (0,0,0)에서 점 u, v, w까지의 방향벡터의 성분이 된다. u, v, w가 각각 a, b, c의 계수임을 기억하면, 우리는 그 성분을 다음과 같이 표현할 수 있다.

$$\mathbf{R}_x = u\mathbf{a}, \quad \mathbf{R}_y = v\mathbf{b}, \quad \mathbf{R} = w\mathbf{c}, \tag{2.37}$$

방향 벡터는 다음과 같다.

$$\mathbf{R} = u\mathbf{a} + v\mathbf{b} + w\mathbf{c}. \tag{2.38}$$

$\alpha = \beta = \gamma = 90^\circ$ 인 계에서, **R**의 크기는 다음과 같이 계산될 수 있다.

$$|\mathbf{R}|^2 = u^2|\mathbf{a}|^2 + v^2|\mathbf{b}|^2 + w^2|\mathbf{c}|^2. \tag{2.39}$$

원점에서 체심입방 단위격자의 체심에 있는 원자로의 방향을 나타내기 위해서는, 먼저 체심 위치의 좌표를 알아야 하며, 다음과 같이 주어진다.

$$u,v,w = \frac{1}{2}, \frac{1}{2}, \frac{1}{2}. \tag{2.40}$$

후에 식(2.38)에서 u, v, w의 값을 바꿔줌으로써 방향 벡터 **R**을 얻을 수 있다.

$$\mathbf{R} = \frac{\mathbf{a}}{2} + \frac{\mathbf{b}}{2} + \frac{\mathbf{c}}{2}, \tag{2.41}$$

또는

$$\mathbf{R} = \frac{\mathbf{a}+\mathbf{b}+\mathbf{c}}{2}. \tag{2.42}$$

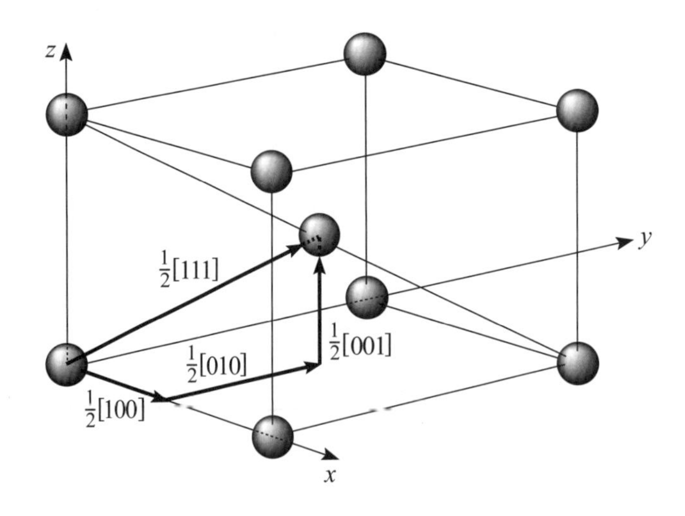

그림 2.27 • 벡터의 3차원 분해. 원점으로부터 체심원자로의 방향 [*uvw*]는 [111]이다. 이 벡터의 성분은 $\frac{1}{2}$[100], $\frac{1}{2}$[010], 그리고 $\frac{1}{2}$[001], 그리고 그들의 합은 벡터 $\frac{1}{2}$[111]이다. 양이 아니고 단지 방향만 요구되므로, $\frac{1}{2}$[111] 대신 [111]이 사용된다. 이 두 벡터의 방향은 같고 양만 다르다.

방향은 대괄호 [*uvw*]에 의해 나타내진다. **R**의 방향에 대해 이러한 표기는 다음과 같다.

$$[uvw] = \frac{[111]}{2} \tag{2.43}$$

벡터는 크기와 방향을 모두 가지고 있다. 그러나 결정학적 방위는 방향을 나타내는 화살표일 뿐 크기를 나타내지는 않는다. 그러므로 원점에서 중심원자까지의 방향은 간단하게 [111]로 쓰여질 수 있다.

기호 [*uvw*]는 특별한 방위를 나타낸다. [111]의 방향족(family of directions)을 나타내기 위해서는 꺾인 괄호 ⟨111⟩을 사용한다. 이것은 다음과 같은 방향을 나타낼 수 있다. [111], [$\bar{1}$11], [1$\bar{1}$1], [11$\bar{1}$], [$\bar{1}\bar{1}$1], [1$\bar{1}\bar{1}$], [$\bar{1}$1$\bar{1}$], [$\bar{1}\bar{1}\bar{1}$]. 방향족 ⟨111⟩은 각 모서리에서 체심으로 향하는 방향들을 포함한다. 방향의 중복성은 면의 중복성과 비슷하다.(표 2.5)

■ 추천 도서

- APOSTOL, T. M., *Calculus*, Vol.1, Blaisdell, New York, 1961.
- BARRETT, C. S., *Structure of Metals*, 2nd ed., McGraw-Hill, New York, 1952.
- BUERGER, M. J., *Elementary Crystallography*, Wiley, New York, 1956.
- DANA, E. S., *Manual of Mineralogy*, 16th ed., revised by C. S. Hurlbut, Jr., Wiley, NEW YORK, 1953.
- KITTEL, C., *Introduction to Solid State Physics*, Wiley, New York, 1963.
- PHILLIPS, F. C., *Introduction to Crystallography*, Longmans Green and Co., London, 1957.

■ 연습문제

2.1 공간을 채울 수 있는 특성을 가진 가능한 모든 이차원 평행사변형을 스케치하시오. 이것들은 이차원 단위격자들이다.

2.2 열네 개의 Bravais 격자 각각의 단위격자 내의 모든 원자수를 계산하시오.

2.3 저심 직육면체는 Bravais 격자가 아님을 증명하시오. 그것은 어떤 형태로 다시 줄일 수 있는가?

2.4 면심입방 구조는 *ABCABC* • • • 로 정렬된 조밀면으로 구성되었다. 이 특정 면이 조밀면이라는 것을 증명하기 위하여, 이 면들의 충진밀도(충진된 면적비)를 계산하시오.

2.5 면심정방정계 Bravais 격자는 체심정방정계와 동등하다 그리고 진정한 Bravais 격자가 아니다. 면심정방정계의 격자상수 a 및 c를 어떻게 체심정방정계의 a' 및 c'과 비교할 수 있는가?

2.6 입방체에서 다음 결정학적인 면들을 스케치하시오.

(210), (211), (220), (310), (311), (321).

2.7 면심입방 단위격자에서, 문제 2.6의 각 면에 원자의 위치들을 표시하시오.

2.8 체심정방정계 단위격자에서 문제 2.6에서 언급된 각 면에 원자의 위치들을 표시하시오.

2.9 조밀육방격자에 아래의 면들을 스케치하고 각각의 경우에 Miller-Bravais 지수를 표시하시오:

(200), (210), (212), (221), (111), (002).

2.10 면심입방, 체심입방, 그리고 조밀육방 단위격자에서 조밀 방향을 표시하시오.

2.11 면심 사방정계 격자에 모든 원자의 위치를 표시하시오. 어떻게 이 위치 조합들이 면심입방 단위격자의 원자들과 연관되는가?

2.12 사방정계의 경우에 다음의 방향들을 표시하시오:

[111], [210], [211], [112], [101]

2.13 문제 2.12에 열거된 방향들에 있어서, 같은 군으로 가능한 방향들을 보이시오. 다시 말해서 이 방향들의 중복성을 열거하시오

2.14 아래 그림에 보여진 벡터들을 벡터합에 대한 그림 방법으로 합하시오. 모든 벡터들은 같은 면 위에 있다(다시 말해서, 이차원 문제이다).

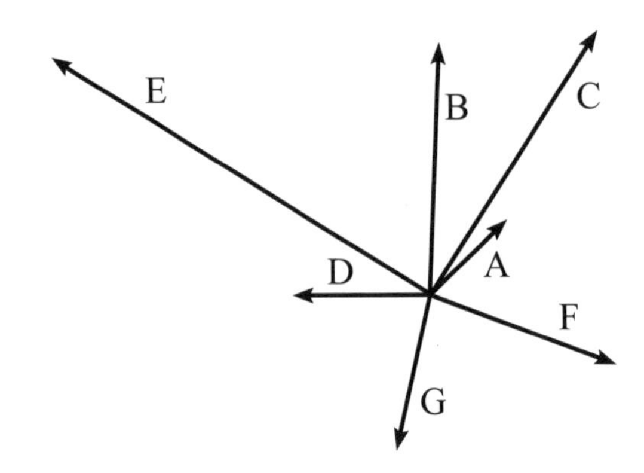

3 회절과 결정구조의 해석

3.1 개요

제 2장에서 오늘날 이해하고 있는 여러 결정구조에 관하여 공부하였다. 이러한 이해는 주로 많은 실험들을 통해서 얻어진 것인데, 그것들은 직접 또는 간접적인 관찰에 의해 그러한 견해들을 확인하여주고, 여러 결정들의 원자배열 및 격자상수를 결정할 수 있게 해준다. 그런 방법들을 X-선, 전자, 혹은 중성자의 회절에 기초를 둔다. 구조결정의 가장 일반적인 방법은 X-선 회절법을 사용하는 것이다.

1895년 뢴트겐(Röntgen)은 특정 형태의 방사선이 고체물질을 투과하고 사진 필름을 반응시키는 능력이 있음을 발견하였다. 그는 이 방사선을 X-선이라 불렀으나, Röntgen의 발견 이후 수년 동안 방사선의 본질은 알려지지 않았다. 1912년에 막스 폰 라우에(M. von Raue)는 이것이 매우 짧은 파장의 전자기적 방사파(electromagnetic radiation)임을 증명하였다. von Raue 등은 X-선 광선을 얇은 황화아연(ZnS) 결정에 투과시켜, X-선과 결정격자 간의 간섭에 의해 발생된 회절무늬의 사진을 촬영하였다. 방사선의 파장이 결정의 격자상수와 같은 차수의 크기(same order of magnitude)일 경우에 그런 현상이 일어남을 von Raue가 이전에 예측했었기 때문에, 이 실험은 X-선의 전자기적 성질을 입증하였고 결정구조 해석의 중요한 기술을 제공하게 되었다.*

---

* X선의 발견과 초기 응용에 관해서는, 다음 서적을 참고하기 바란다. S. Glasstone, *Sourcebook on Atomic Energy*, Van Nostrand, Princeton, 1958, pp.48-51.

3.2 파동(waves)

파동은 우리가 당연한 것으로 여기는 매일의 생활에서 자주 나타난다. 해수파, 지진파, 음파, 라디오와 TV파는 우리가 친숙한 많은 파동현상의 예이다. 해수파, 지진파, 음파는 기계적인 파동이며, 이는 파동이 매개물질을 통해서 전달되기 때문이다. 음파는 공기나 물을 통해서 전달되지만, 바깥 우주의 진공을 통해서는 전파될 수 없다. 전자의 경우에 음파는 공기나 물분자들의 움직임에 의해 전파되며, 분자들이 없는(단지 진공 상태) 후자의 경우에는 기계적인 파동은 전파될 수 없다. 전자기파, 예를 들어 빛, 라디오 TV파, X-선 등은 전파하는데 매개체를 필요로 하지 않는다. 그들은 대기를 통해 집안의 라디오나 TV에 전달되고, 바깥 우주를 통해 행성표면의 사진이나 지구의 대기조건과 관련된 기상정보를 전송한다.

모든 파동은 주기 혹은 반복성을 갖는다. 수영을 하는 사람은 해수파를 형성하는 물분자의 상하 움직임에 의해 떠오르거나 가라앉는다. 전자기적 방사선은 물질 입자의 주기적인 움직임이 아니라 전자기장의 주기적인 요동을 갖는다. 파동은 주기적이기 때문에 수학적으로 표현될 수 있다. 예를 들어 사인함수 파동은 다음과 같이 표현되며, 그림 3.1에 나타내었다.

$$X = A \sin\left(\frac{2\pi z}{\lambda}\right). \tag{3.1}$$

여기서 X는 임의의 위치 z에서 기계적인 파동과 관련된 변위 혹은 전자기파와 관련된 전자기장의 요동(fluctuation)을 나타내며, A는 파동의 진폭으로서, 변위 혹은 요동의 최댓값이다.

파장 λ는 파동의 가장 짧은 반복적 단위로서, 파동상의 어떤 위치에서 다음의 비슷한 위치까지의 가장 짧은 거리를 나타낸다.

그림 3.1에 두 연속적인 최고점 사이에 z축에서의 거리로서 파장이 표시되어 있다. 이것은 두 연속적인 최저점 사이의 거리와 같다. 그러나 X 값이 0인 두 연속

X선의 이론과 생성에 관한 정보는, 다음 서적을 참고하기 바란다. B. D. Cullity, *Element of X-Ray Diffraction*, Addison-Wesley, Reading, 1956, pp.1-26.

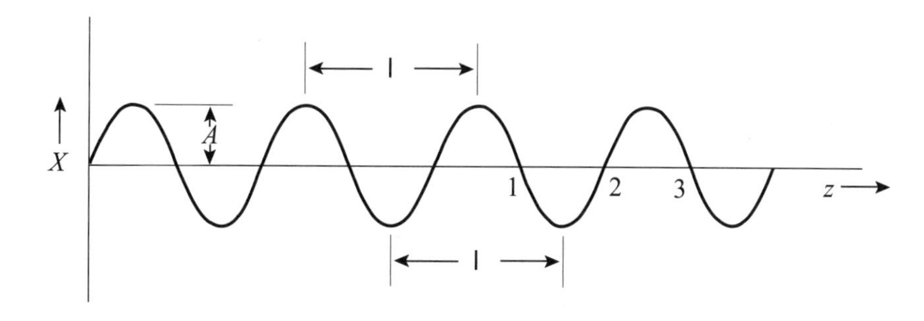

그림 3.1 • 사인 파동의 도식적 표현. 사인 파동 $X = A\sin(2\pi z/\lambda)$는 주기 함수이다. 파동의 X의 양은 위치 z에 따라 변하며 파고 A와 같은 최대값을 갖는다. 파장 λ는 두 개의 유사한 점 사이의 가장 짧은 거리이다. 그리고 파동의 최소중복단위 이다.

적인 점 사이의 거리와는 다르다. 점 1과 2는 정확히 파장의 절반이며, 이들은 파동상의 비슷한 점이 아니다. 왜냐하면 점 1에서는 X의 값이 감소하고 있는 반면, 점 2에서는 증가하고 있기 때문이다. 점 1과 3은 두 점 모두 X의 값이 0을 통해 감소하고 있기 때문에 한 파장만큼 떨어져 있다.

기계적인 파동을 고려할 때, 해수파는 일정한 진폭과 파장을 갖는다는 점에서 잔물결과 비슷함을 알게 된다. 차이점은 진폭과 파장의 값에 있다. 많은 형태의 전자기적 방사파는 각각 고유의 파장을 갖는다. 가시광선은 전자기적 방사선의 한 형태이다. 빛은 그 파장에 따라 여러 가지 방법으로 인간의 눈에 영향을 준다. 즉 색의 차이로써 파장의 차이를 구분한다. 가시 스펙트럼(spectrum)*은 종종 색의 영역(보라, 남색, 파랑, 초록, 노랑, 주황, 빨강)과 관계된 머리글자 보남파초노주빨(VIBGYOR)에 의해 나타내어진다. 가시광선의 파장은 보라에 해당하는 $\lambda \approx 4000$ Å부터 빨강에 해당하는 $\lambda \approx 7000$ Å까지의 범위이다. 이 가시 스펙트럼은 전자기적 방사선 스펙트럼의 일부분일 뿐이다.

그림 3.2에 여러 전자기적 방사파의 대략적인 파장범위를 나타내었다. 전자기적 스펙트럼은 상한이나 하한을 갖지 않는다. 다양한 범위들은 방사파의 여러 출

* 스펙트럼이란 단어는 전자기적 방사파의 파장의 범위를 정의하는데 사용된다. 그리고 보는 것과 같은 보조적인 방법으로 평가할 수 있다. 이것은 생각할 수 있는 파장의 범위를 4000에서 7000 Å까지로 제한한다.

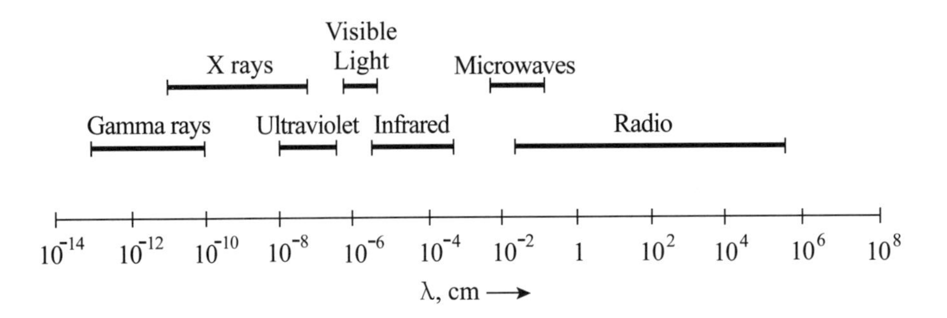

그림 3.2 • 전자기적 방사파의 대략적인 파장 구역. 여러 형태의 전자기적 방사파는 그것의 근원과 파장이 다르다. 가시광선은 4000Å에서 보라색으로부터 7000Å에서 적색으로까지 존재한다. 라디오파는 큰 파장에서 발견되는 반면에 X-방사파는 옹스트롬 구역에 짧은 파장을 갖고 있다. 단파 라디오파는 센티미터 파장을 갖고 있는 반면 FM방송의 파장은 미터 단위이다.

처에 의해 확인될 수 있고, 방사파 출처에 따른 두 범위가 겹쳐질 수 있다. 예를 들어 파장 $\lambda = 10^{-11}$cm 의 방사선은 X-선을 사용하여 혹은 감마(gamma) 방사파를 사용하여 얻을 수 있다. 가시광선보다 친숙한 전자기적 방사파의 원천은 아마도 라디오 방송일 것이다. AM방송은 주로 킬로사이클(kilocycles)로 표시되어 있는 반면 FM에 대해서는 메가사이클(megacycles)로 표시되어 있다. 킬로사이클과 메가사이클이라는 용어는 방사선의 주파수와 관련이 있다. 주파수 ν는 파장에 반비례하며, 다음과 같은 식으로 나타낸다.

$$\upsilon = \frac{c}{\lambda}, \tag{3.2}$$

여기서 c는 빛의 속도($c = 3 \times 10^{10}$cm/sec)이다. 이러한 관계를 사용하고, 접두어 킬로(kilo-)는 천을, 메가(mega-)는 백만을 나타낸다는 것을 생각하면, 우리는 75 킬로사이클(kc)의 AM방송과 100메가사이클의 FM방송의 파장을 계산할 수 있다. 식(3.2)를 사용하면, AM방송은 $\lambda = 4 \times 10^{5}$cm의 파동을, FM방송은 $\lambda = 3 \times 10^{2}$cm의 파동을 방송하고 있음을 알 수 있다.

이와 같이 전자기적 방사파는 그 원천에 의해 특징 지울 수 있고, 그들의 파장 혹은 주파수에 의해 다양한 방사선을 구분할 수 있다. X-방사파의 범위는 수 옹스트롬(Å) 단위에서부터 수천 옹스트롬 단위까지를 포함한다. von Laue가 결정 격자로부터 X-선의 회절을 가정한 것은 짧은 파장의 것이었다.

3.3 물질의 이중성(dual nature of matter)

X-선 외에도 전자와 중성자도 회절시험에 가끔 사용된다. 그러나 전자나 중성자는 1장에서 입자로서 설명되었다. 어떻게 그들이 회절을 나타낼 수 있을까? 똑같은 질문이 빛의 연구에 제기되었다. 뉴턴(Newton)은 빛이 작은 입자들로 구성되어 있다고 생각하여 빛의 파동 이론을 수용하는데 주저하였다. 오늘날 어떤 실험에서는 파동 이론에 기초해야 설명될 수 있는 방법으로 빛이 거동하는 것이 알려졌다. 다른 실험에서는 단지 입자설만이 결과를 설명할 수 있었다. 이러한 관점에서 우리는 빛의 이중성(입자와 파동)을 받아들여, 각 실험에 대해 어떤 한 가지를 적용하게 된다. 그러므로 모든 경우에 있어서, 빛은 파동 혹은 광자(photon)라 불리는 입자의 흐름으로 간주될 수 있다.

모든 물질은 1.11.3절에서 설명한 것처럼 이중성을 갖는 것으로 생각할 수 있고, 연구 시 나타나는 현상에 의존하여 전자나 중성자를 입자의 선(beams of particles) 혹은 물질파(waves of matter)로 고려할 수 있다.

모든 경우에 물질의 정확한 성질이 알려져야 한다는 요구를 엄격한 수학적 처리를 통해 충족시킬 수는 없지만, 문제를 이해하기 위해 실험되어진 결과에 따라 물질에 어떤 한 관점 또는 다른 한 관점을 적용해 보는 것은 도움이 된다. 전자나 중성자는 입자로서 우리에게 친숙하고, 빛은 파동으로서 친숙하다. 때때로 전자나 중성자의 광선이 물질파로서 빛이 광자라 불리는 입자의 흐름으로서 고려될 수 있으며, 회절을 이해하기 위해 우리는 전자와 중성자를 물질파로서 고려한다.

3.3.1 입자의 파장성(wave nature of particles)

드브로이(De Broglie)는 전자나 중성자 같은 입자와 관련된 파장(wavelength)의 식을 입자의 운동량을 기초로 하여 공식화하였다. 파장 λ는 de Broglie관계에 의해 다음과 같이 주어진다.

$$\lambda = \frac{h}{mv}, \tag{3.3}$$

여기서 h는 플랑크 상수(Plank's constant)로 6.625×10^{-27}erg sec이고, m은 입자의 질량, v는 속도이다. 질량과 속도의 곱은 입자의 운동량이므로, 움직이는 입자나 운동중인 질량은 그에 해당하는 파장을 갖는다.

3.3.2 탄환(bullet)과 관련된 파장

높은 속도로 운동하는 탄환은 탄환 속도의 함수인 파장을 갖는다. 실례로 질량 $m = 3.25$gm 인 탄환을 생각할 경우, 탄환의 속도는 탄약통의 분말을 증가시키거나 감소시킴으로서 변화시킬 수 있다. 식(3.2)로부터 계산된 파장은 1200m/sec의 속도에서 $\lambda = 1.67 \times 10^{-21}$ Å이다. 속도가 낮아짐에 따라서, 파장은 그림 3.3에 보여지는 것처럼 증가한다. 그러나 매우 낮은 속도에서조차 파장은 원자의 크기(원자반경에 의해 결정된 여러 옹스트롬 단위의 순서)와 비교해서 매우 작다. 파장이 옹스트롬 범위까지 접근하는 것은 탄환이 거의 정지해 있을 정도의 매우 낮은 속도일 경우이다.

3.3.3 전자선(beam of electrons)과 관련된 파장

전자와 같은 작은 입자를 고려할 때, 그 질량은 매우 작고 파장은 원자 단위의 차수(order of atomic dimension)까지 접근함을 알 수 있다. 전자와 같이 움직이는 작은 입자는 회절 연구에 사용된다. 실제로 전자선은 수천 볼트의 높은 전기적 에너지 사이에서 가속되며, 이때 전자선의 파장은 입자 속도의 함수보다는 가속전압 V의 함수로써 표현하는 것이 간편하다. De Broglie관계로부터 유도된 대략적인 식은 다음과 같다.

$$\lambda = \sqrt{\frac{150}{V}}, \tag{3.4}$$

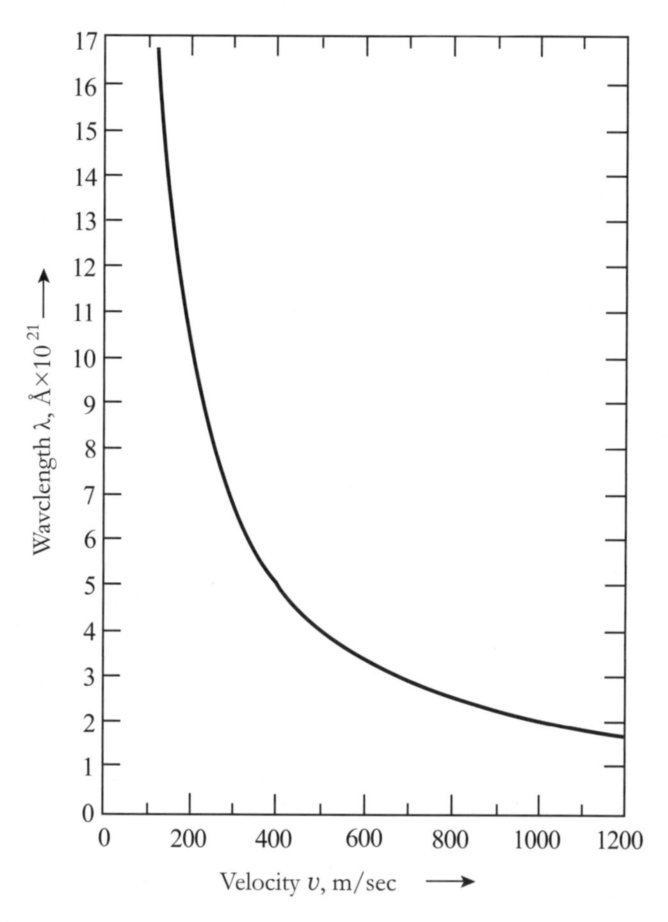

그림 3.3 • 탄환과 연관된 파장. 탄환과 연관된 파장의 변화는 De Broglie 관계, 식(3.3)에 따라 탄환 속도의 함수로 그릴 수 있다.

여기서 V는 volt로, λ는 Å으로 표현된다. 그림 3.4는 전자선의 파장을 가속 전압의 함수로써 나타내준다. 가속전압이 10kv에서 100kv로 변화할 때, 파장은 0.122Å으로부터 0.037Å까지 변화하며, 전자기적 방사파의 스펙트럼(그림 3.2)에서 X-선 이하로 떨어진다.

3.4 파동의 중첩(superposition of waves)

많은 경우, 같은 시간에 같은 공간을 통과하는 파동은 하나 이상이다. 만약 관찰자가 어떤 위치에서 그 위치에 도착하는 파동을 그리도록 했다면, 그는 각각의

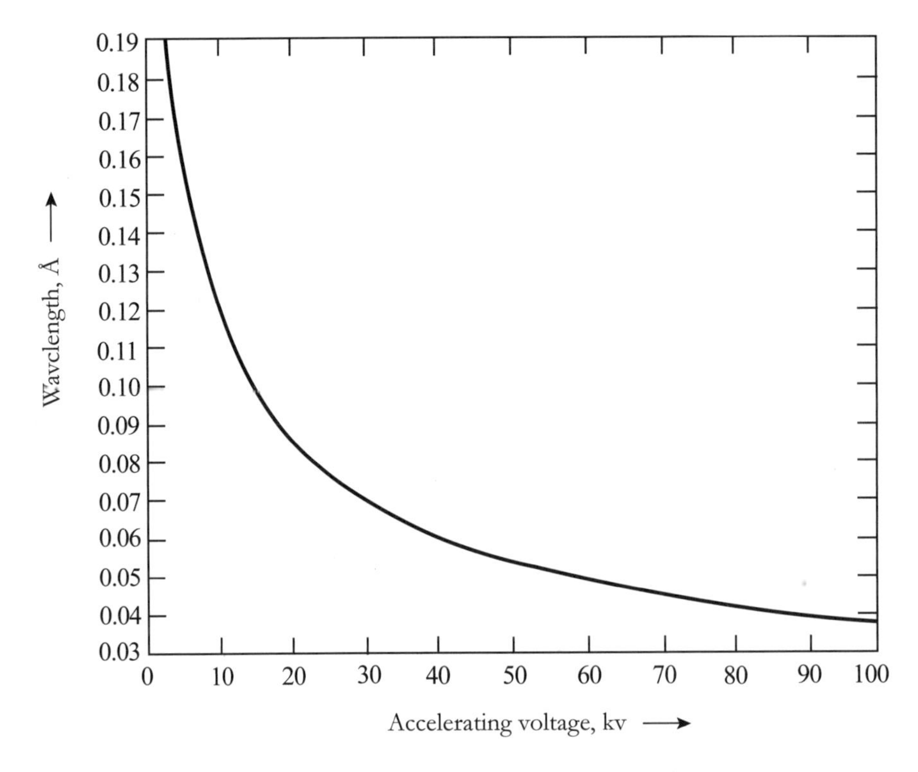

그림 3.4 • 가속전압(acceleration voltage)의 함수로서의 전자파장(wavelength). 입자의 모멘텀과 파장 사이의 De Broglie 관계는 파장을 가속전압의 함수로 나타내도록 변환될 수 있다. 전자는 미소한 질량의 입자이므로, 100kv까지 가속된 전자빔의 파장은 0.01Å 단위 정도이다. 이것은 탄환과 관련된 파장(그림 3.3)과는 대조적이다.

분리된 파동이 아닌 관측범위 내에 도착하는 모든 파동의 합을 보고할 것이다. 이렇게 파동이 합쳐지는 과정을 중첩이라 하고, 각 파동의 변위나 요동은 공간상의 어떤 점에서 다른 파동의 그것과 합쳐진다. 이것은 매우 복잡한 파동을 서로 중첩된 간단한 파동의 연속으로 분석할 수 있게 해준다.

사인(sine)파동의 연속으로서 복잡한 파동을 나타내는 것을 푸리에(Fourier) 시리즈*라 하며, 이것은 파동 X를 무한 급수(infinite series)인 사인파동과 코사인(cosine)파동의 중첩으로써 접근시킬 수 있게 해준다. 이것을 다음과 같이 나타낼

* Fourier 시리즈에 대한 더 이상의 내용은 다음을 참고하시오. G. B. Thomas, *Calculus and Analytic Geometry*, Addison-Wesley, Reading, 1953, p. 596 ff.

수 있다.

$$X = A_0 + A_1 \sin\left(\frac{2\pi z}{\lambda}\right) + A_2 \sin\left(\frac{4\pi z}{\lambda}\right) + A_3 \sin\left(\frac{6\pi z}{\lambda}\right) + \cdots + B_1 \cos\left(\frac{2\pi z}{\lambda}\right) + B_2 \cos\left(\frac{4\pi z}{\lambda}\right) + B_3 \cos\left(\frac{6\pi z}{\lambda}\right) + \cdots. \quad (3.5)$$

역으로, 우리는 한 점에서 관측자에 의해 확인되는 합성파를 결정하기 위하여 도착하는 파동들을 합할 수 있다. 두 사인파 X, Y의 일반적인 경우를 고려해 보자(그림 3.5).

이 파동들은 수학적으로 다음과 같이 표현된다:

$$X = A_x \sin\left(\frac{2\pi z}{\lambda_x}\right), \quad (3.6)$$

$$Y = A_y \sin\left[\left(\frac{2\pi z}{\lambda_y} - \phi\right)\right]. \quad (3.7)$$

각 ϕ는 두 파동 사이의 위상차(phase difference)를 나타내는 것으로, 파동 X, Y 상에서 비슷한 점의 위치 차이이다. 만약 $\phi = 0$이라면, X의 최고점과 최저점은

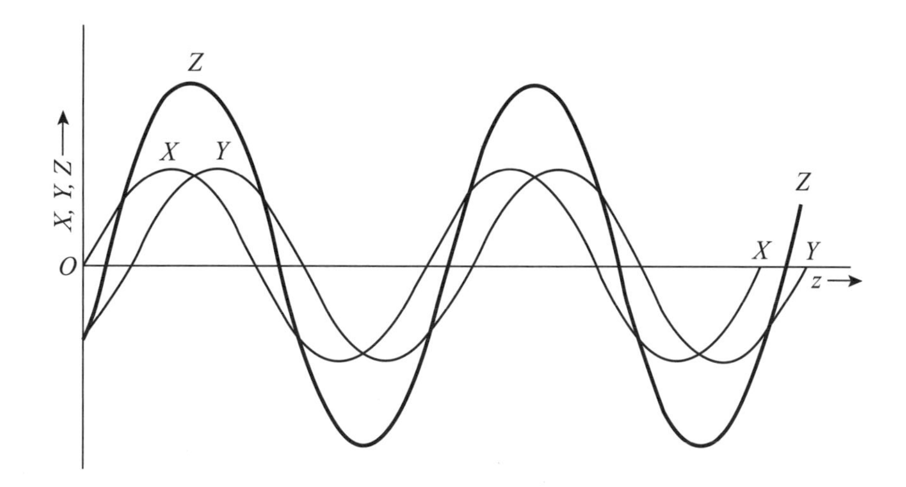

그림 3.5 • 파동의 중첩(ϕ = 45°). 위상각 45°로 분리된 두 파동 X와 Y(가늘게 그려진 선)의 중첩은 합하여진 파동 Z(굵게 그려진 선)가 된다. 그것은 구성 파동 진폭의 1.8배의 진폭을 가지지만 파장은 같다. Z와 X 및 Y 사이의 위상차(phase difference)는 22.5°이다. 이것은 구조상의 간섭이나 보강의 일례다.

같은 z의 값에서 Y의 최고점과 최저점으로 나타난다. 반면, $\phi = 180^\circ$ 이라면, X의 최고점은 Y의 최저점과 일치하게 된다. 일반적인 경우로서, 임의의 값 $\phi = 45^\circ$ 를 선택하자. 만약 두 파동 X, Y의 진폭과 파장이 같다고 가정하면 다음과 같은 관계식이 성립한다.

$$A_x = A_y, \tag{3.8}$$

$$\lambda_x = \lambda_y, \tag{3.9}$$

그러므로 다음과 같은 합쳐진 파동을 얻게 된다.

$$Z = A_y\{\sin(\frac{2\pi z}{\lambda}) + \sin[(\frac{2\pi z}{\lambda}) - \phi]\}. \tag{3.10}$$

합쳐진 파동 Z의 그래프를 그림 3.5에 나타내었다. 각 위치 z에서 파동 Z의 크기는 X, Y의 크기의 합으로 주어진다. 합쳐진 파동의 파장은 X, Y의 파장과 같지만, Z의 진폭은 X나 Y의 진폭보다 크다.

합성 파동의 진폭은 각 파동의 진폭과 위상차에 의존한다. ϕ 가 0에 접근함에 따라, 각 구성 파동은 서로 일치하게 되고 합쳐진 파동은 최대 진폭에 접근한다. 이것은 다음과 같이 위상차, $\phi = 0$ 인 두 파동 X, Y를 합치는 경우에 대해 분석적으로 설명된다.

$$Z = X + Y = A_x\sin(\frac{2\pi z}{\lambda_x}) + A_y\sin(\frac{2\pi z}{\lambda_y}). \tag{3.11}$$

만약 두 파동에서 진폭과 파장이 같다면 다음과 같이 된다.

$$Z = 2A\sin(\frac{2\pi z}{\lambda}), \tag{3.12}$$

합성 파동 Z의 진폭은 X, Y의 진폭의 합과 같다. 이렇듯 완전한 보강의 경우가 그림 3.6에 도식적으로 나타나 있다.

반면, 위상차가 증가하면 합성 파동의 진폭은 감소한다. 위상차가 135° 인 두 파

그림 3.6 • 파동의 최대 강화(φ = 0°). X와 Y는 서로 위상차가 없으므로, 결과적으로 Z 파동은 X와 Y의 진폭을 합한 것과 같은 진폭을 얻는다; 다시 말해서, 결과 진폭은 구성 파동 진폭의 두 배이다. 결과 파동의 파장은 X 및 Y와 같으며 합하여진 파동 Z는 X나 Y와 위상차가 없다(φ = 0°).

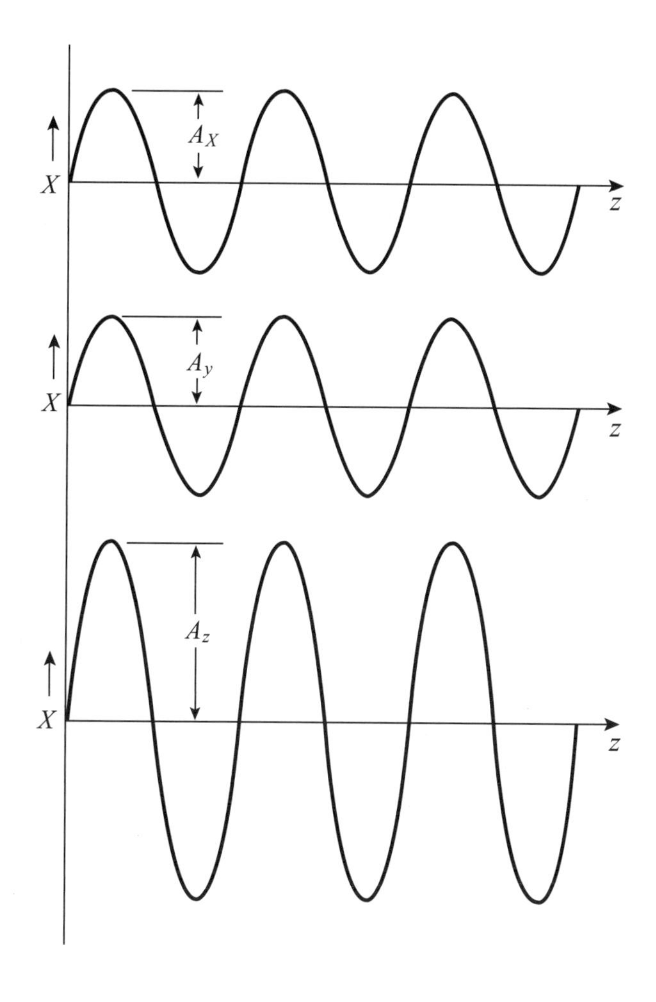

동 X, Y를 고려해보자. 각 파동을 식(3.6)과 (3.7)에 의해 나타낼 수 있고, 두 파동의 파장과 진폭 또한 같다고 가정하자. 그림 3.7에 각 성분 파동은 가는 선으로 나타내었고, 합성 파동 Z는 굵은 선으로 나타내었다. 위상차가 크므로 합성 파동의 진폭은 X나 Y의 진폭보다 작다. Z의 크기는 각 위치 z에서 X와 Y값의 합에 의해 결정된다. X의 최고점이 Y의 최저점 근처에서 나타나기 때문에, 합성 파동은 작은 값을 갖는다.

극한적인 경우, ϕ가 180°에 가까워지면, 한 파동의 최고점이 다른 파동의 최저점과 같은 위치에 있게 되며, 이것은 완전한 상쇄간섭(destructive interference)의 조건이다. 그림 3.8의 그래프는 어떤 위치 z에서 X, Y의 대수적 합이 영

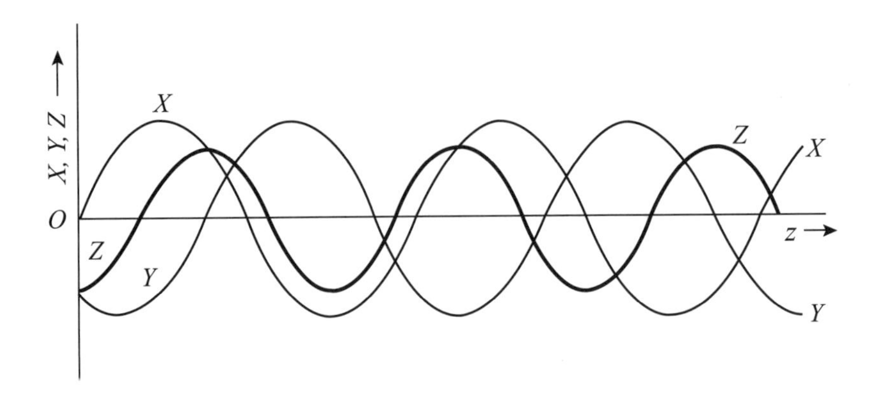

그림 3.7 • 파동의 중첩(φ = 135°). 위상각 135°로 분리된 두 파동 X와 Y(가늘게 그려진 선)의 중첩은 합하여진 파동 Z(굵게 그려진 선)가 된다. 그것은 X와 Y 어느 것보다도 작은 진폭을 가진다. 큰 위상각은 간섭을 일으키고 따라서 작은 진폭을 가진다. Z의 파동은 X 또는 Y의 파동과 같다. 그리고 구성파동과 결과파동 사이의 위상각 차이는 67.5°이다.

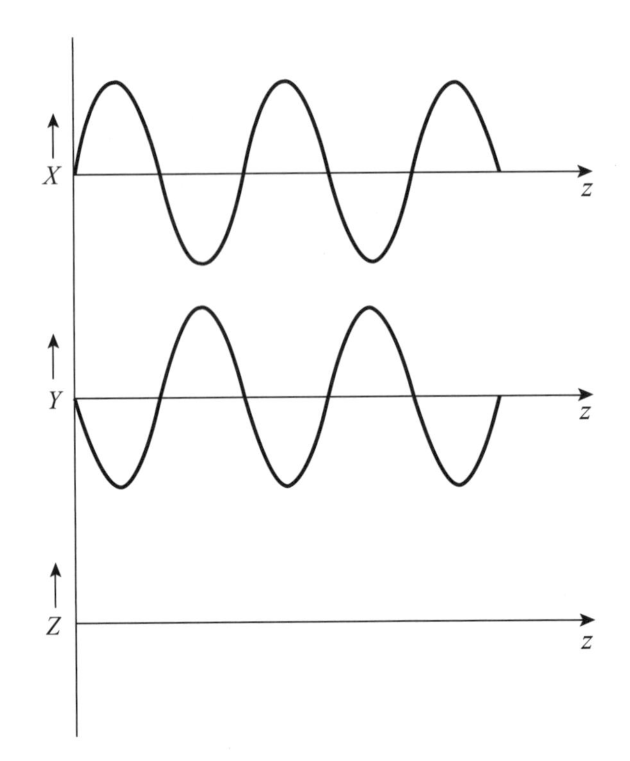

그림 3.8 • 완전 상쇄간섭(destructive interference) (φ = 180°). 위상각이 180°에 근접함에 따라, 상쇄간섭의 범위는 증가한다. φ = 180°에서, X파동의 피크는 Y파동의 골과 일치한다. 그리고 완전 간섭이 일어난다. 결과 파동의 진폭은 영이다; 다시 말해, X파동과 Y파동은 서로 완전 상쇄된다.

(zero)이 되며 합성 파동은 영의 진폭을 갖는 것을 보여준다.

이것은 관찰자가 그 위치에서 어떠한 방사도 느끼지 못함을 의미한다. 파동 X, Y는 수학적으로 다음과 같이 주어진다.

$$Z = 2A\sin(\frac{2\pi z}{\lambda}), \quad (3.13)$$

$$Y = A\sin[(\frac{2\pi z}{\lambda}) - 180^\circ] = -A\sin(\frac{2\pi z}{\lambda}). \quad (3.14)$$

이때 결과 파동은 다음과 같다.

$$Z = X + Y = A\sin(\frac{2\pi z}{\lambda}) - A\sin(\frac{2\pi z}{\lambda}) = 0. \quad (3.15)$$

X와 Y의 진폭이 같지 않다면, 즉 식(3.16)식과 같은 조건에서는 식(3.17)을 얻을 수 있다.

$$A_x \fallingdotseq A_y, \quad (3.16)$$

그러면

$$Z = (A_x - A_y)\sin(\frac{2\pi z}{\lambda}), \quad (3.17)$$

또는 다음과 같다.

$$A_z = A_x - A_y, \quad (3.18)$$

3.5 회절(diffraction)

앞에서 파동과 물질의 파동 특성을 살펴보았으며, 이제 회절 현상에 대하여 살펴보기로 하자. 만약 (파장이 λ인) 파동의 흐름이 가늘고 긴 슬릿(slit)을 향하고 있다면, 슬릿 뒤에 놓여진 필름에는 어떤 종류의 형상이 나타날 것인가?

3.5.1 프라운호퍼(Fraunhoffer) 회절

폭이 t인 가늘고 긴 슬릿에 입사된 빛(그림 3.9a)은 슬릿의 가장자리에서 휘어

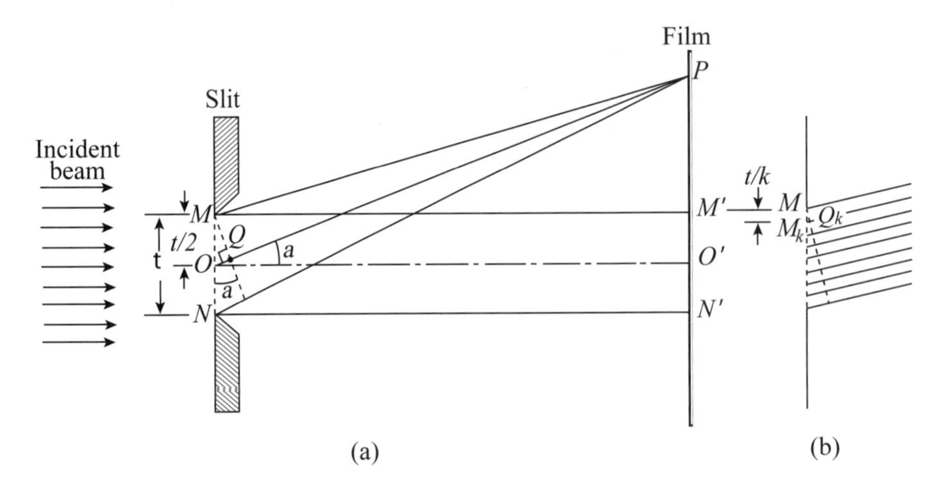

그림 3.9 • 슬릿(slit)을 통한 회절. (a) 길고 좁은 슬릿(slit)으로 들어오는 파동은 그 슬릿에 의해 그곳으로부터 멀리 떨어진 필름에 여러 점으로 회절된다. 그 슬릿의 폭 내 여러 점으로부터 회절된 빔들 사이의 경로차이는, 필름 상에서 경로차 OQ가 파장의 절반이 되는 필름의 여러 P 점들에서 완전간섭이 일어나게 한다. (b) 만약 그 슬릿의 폭이 k 개의 등 간격으로 분할된다면, $\sin \alpha = \lambda k/2t$ 인 곳에서 회절 최소치가 일어날 것이다.

진다. 상식적으로 빛이 직진을 하며, 필름에 슬릿의 형상을 나타낼 것이라는 점으로으로 볼 때, 이것은 불가능해 보일 수도 있다. 파동과 파동들 사이의 간섭에 대한 우리들의 지식을 활용하여 이러한 조건들을 실험해 보자.

폭이 MN인 슬릿을 통과하는 빛은 $M'N'$ 띠에서 필름을 감광시킨다. Fraunhoffer 회절*은 $M'N'$ 띠의 바깥 지점에서 필름의 감광을 알려준다.

만약 복사광선의 휘어짐이 슬릿의 가장자리에서 일어난다면, 슬릿의 폭 안의 다양한 점들(예를 들면 M, N, 또는 O)로부터 어떤 P 점에 이르는 파동에서 위상차(phase difference)가 생길 것이다. 이러한 위상차는 경로차(path difference)에 의하여 생겨난다. 즉, 경로 MP 는 경로 NP보다 짧다. 중첩의 원리를 사용하면, 우리는 경로차 또는 각각 성분 파동의 위상각을 계산함으로써, P 점에서의 합성적인 파동을 만들 수 있다. 여기서 시도하는 가장 단순한 계산은 완전소멸인 회절이

* 완전한 Fraunhoffer 회절의 취급은 다음 서적을 참고하시오. F. W. Sears, *Optics*, Addison-Wesley, Reading, 1949, pp.223-233.

일어나는 최소회절점 P의 결정이다. 이때 P점에 도달하는 모든 파동에 대하여 첫 파동과 정확히 180° 반대의 위상에 또 다른 파동이 존재하게 된다.

폭이 t 인 슬릿을 (그림 3.9b) 같은 조각 k로 나누었을 때(이때 k는 짝수), 우리는 빛이 필름의 P점에 대하여 이러한 각 구분에서 회절되어 진다고 가정하자. 만약 슬릿에서부터 필름까지의 거리가 매우 크다면,* 경로차 Δk 는 다음과 같다.

$$\Delta_k = M_kP - MP. \tag{3.19}$$

기하학적으로 이 위상차는 다음과 같이 나타내어진다.

$$\Delta_k = M_kQ_k. \tag{3.20}$$

만약 직접 입사된 빛 OO' 와 회절된 빛 OP 사이의 각이 a라면, 다음과 같은 관계식을 나타낼 수 있다.

$$M_kQ_k = \frac{t}{k}\sin a, \quad \text{여기서 } K = 2,\, 4,\, 6\cdots. \tag{3.21}$$

위상각 Φ = 180° 는 경로차가 파장의 1/2에 해당한다고 하면, 즉

$$\Delta_k = \frac{\lambda}{2}. \tag{3.22}$$

완전소멸간섭에 대한 이 조건을 식(3.21)에 대입하면,

$$\frac{\lambda}{2} = \frac{t}{k}\sin a, \tag{3.23}$$

일 때, P점에서 최소가 될 것이다. 또는 식을 다시 나타내면,

$$\sin a = \frac{\lambda k}{2t}, \tag{3.24}$$

그리고 최소점들은 sin의 값이 λ/t, $2\lambda/t$, $3\lambda/t$, . . .에서 나타나게 된다. 이러한 특

* 슬릿으로부터 필름까지의 거리는 이 스케치에서는 정확한 비율로 보일 수는 없다. 이 경우는 P점으로 향하는 회절된 모든 빔이 평행할 것이므로 필름은 무한히 떨어져 있다고 상상하는 것이 편리할 것이다.

별한 점에서, $k = 2$에서, 슬릿의 상반부에서의 점으로부터 회절된 각각의 파동은, 슬릿의 하반부에서 $t/2$ 떨어진 대응점으로부터 회절된 파동에 의해서 완전히 소멸된다. 슬릿이 k개의 같은 조각(k는 짝수)으로 나누어지는 일반적인 경우에도 유사한 설명을 적용할 수 있다.

그러므로 회절 최소점들은 직접 입사된 빛으로부터 일정한 각위치(angular position)에서 나타난다. 그러나 이 각들 사이의 위치에서, 파동들은 회절패턴을 형성하기 위하여 보강 중첩하게 된다. 두 개의 최소점의 중간지점에서, 이 점에 도달하는 파동들의 보강 간섭에 의해 회절 정점(peak) 또는 최대 강도의 점들이 나타나게 된다. 이러한 회절 최대점들과 최소점들의 몇몇 예가 슬릿의 폭 t의 여러 값들에 대하여 그림 3.10에 나타나 있다.

슬릿의 폭이 감소함에 따라 주된 회절최댓값은 더욱 산란되고, 첫 번째 최댓값은 α의 값이 매우 크게 되어야지만 나타난다. $\lambda = t$일 경우, 최소값들은 $\alpha = \pm 90°$에서 나타난다. 이 경우 회절의 효과는 부차적인 중요성을 가지며, 슬릿의 상이 주로 나타나게 된다.

3.5.2 결정으로부터의 회절(diffraction from crystal)

결정의 원자면으로부터 나타나는 회절에서 복사선의 파장은 면들 사이의 거리값(몇 옹스트롱 정도)과 비슷하다. 이것은 가시광선의 파장이 너무 크기 때문에 빛을 소멸시킨다.

결정에 입사된 빛은 결정이 불투명하거나, 투명한 경우 투과되었을 때, 반사된다. 거울로부터 반사된 빛은 그림 3.11에 나타난 것과 같이 입사각 θi와 반사각 θr*의 크기가 같아지면서 반사된다. 이와 비슷하게 복사 파동들은 결정으로부터 회절된다.

회절을 유발하는 것은 결정의 최외각 표면이 아니라, 결정속의 원자면들이다.

---

* 빛의 반사에 관한 상세한 취급은 물리학 교과서에서 찾을 수 있다. 예를 들면 O. Stewart and N. S. Gringrich, *Physics*, Ginn, New York, 1952, p. 603 ff.

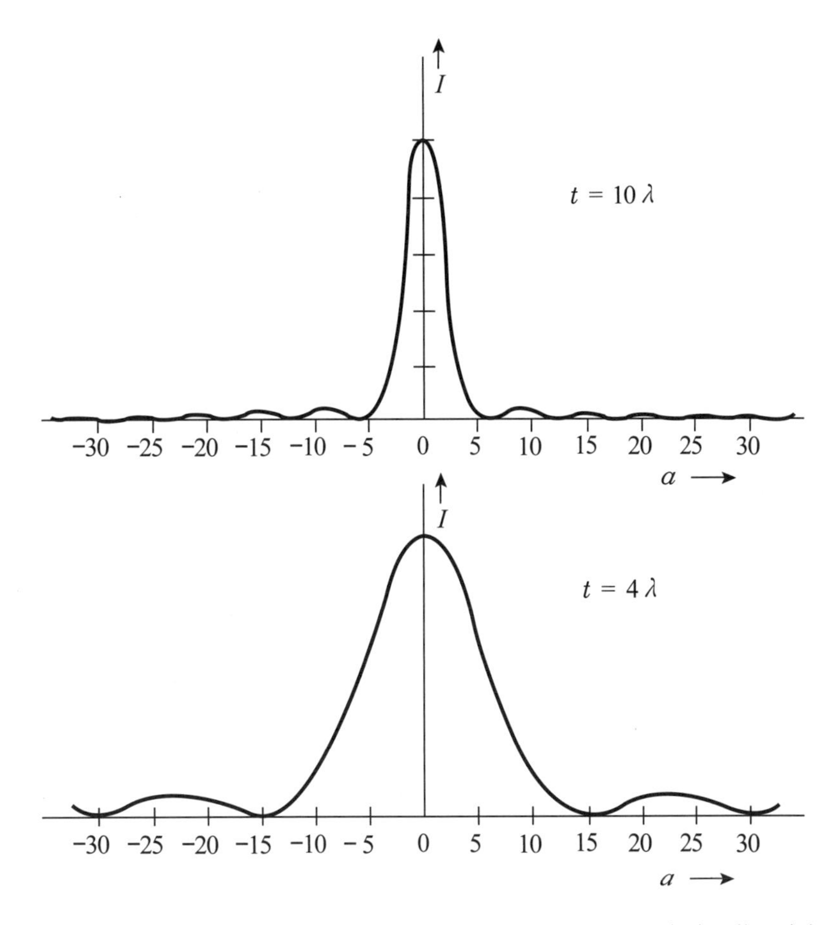

그림 3.10 • Fraunhoffer 회절 형상에 대한 슬릿 폭의 효과. 슬릿 폭 $t = 10\lambda$의 경우에는, 회절 최소치가 각 ±5.7, 11.5, 17.5, 23.6, 30°, ... 들에서 일어난다. 여러 최댓값의 폭은 적다. 그리고 많은 정점이 어떤 형태로 일어난다. $t = 4\lambda$의 경우, 최소치가 각 ±14.4, 30, 48.5, 그리고 90°들에서 일어난다. 넓은 슬릿의 경우 최댓값은 훨씬 넓다. 슬릿 폭이 감소됨에 따라, 제1 최댓값의 폭은 필름상에 최소값이 찾아지지 않을 때까지 증가한다.

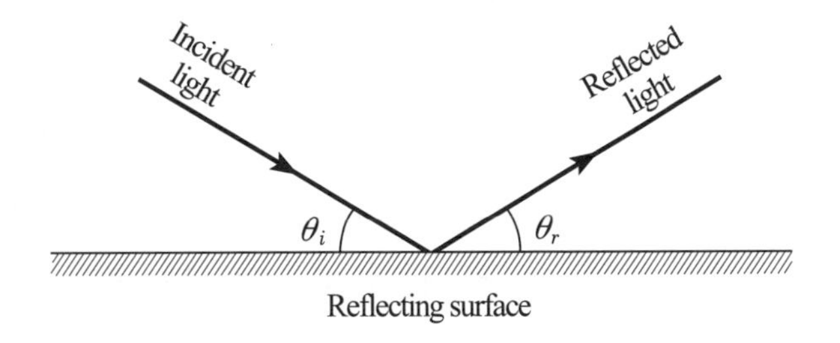

그림 3.11 • 빛의 반사. 평면 표면 입사(incident)되는 빛은 반사(reflected)빔과 표면이 이루는 각이 입사빔과 표면이 이루는 각과 같게 되도록 반사된다.

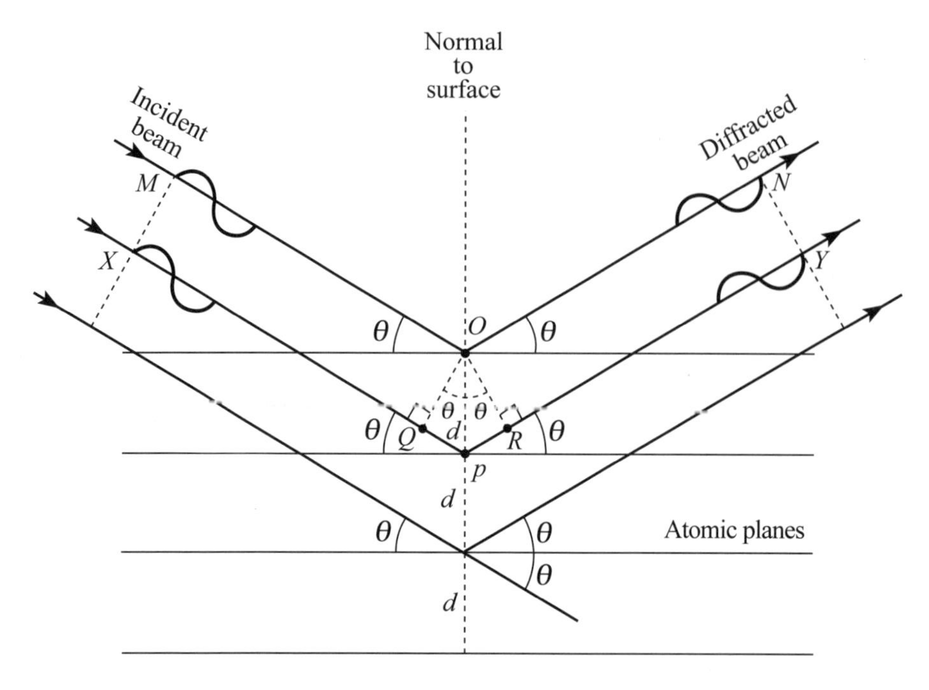

그림 3.12 • 브래그(Bragg)의 회절 법칙. 만약 두 개의 인접한 면으로부터 회절된 빔들의 경로차가 파장의 정수 배와 같다면 방사(radiation) 빔은 결정으로부터 회절된다. 이 경로차 $2d \sin \theta$는 회절 최대치에 대한 $n\lambda$와 같아야 한다.

X-선 또는 전자빔과 같은, 짧은 파장의 파동들은 불투명한 물질을 통과하기 쉽고, 회절은 그림 3.12에 나타난 것처럼 결정 안의 원자면으로부터 일어난다.

3.5.3 브래그(Bragg)의 회절 법칙

우리가 알고 있는 바와 같이 X-ray 또는 전자의 입사빔은 각각의 원자면에 의하여 회절되기 때문에 회절된 복사선(radiation)을 연구하는 것과, 같은 족(family)의 모든 면으로부터 회절된 파동들의 합을 결정하는 것은 중요하다. 회절된 빔은 사진 필름에 의해 기록되거나, 복사선 카운터에 의해 측정된다. -다만 전체의 효과가 측정되고, 각각의 회절된 파동이 따로따로 측정되지는 않는다. 개개의 파동의 최대 강화효과에 대한 범위를 결정하기 위하여 모든 회절된 파동들은 서로서로 위상(phase) 안에 있는 조건을 찾도록 하자.

그림 3.12는 평행한 입사빔에서 파동들을 그린 것이다. 만일 복사선이 시편에 부딪히기 전에 시준*(collimated)만 되어있다면, 이것은 대략적으로 사실이다. 파동의 전파방향에 수직으로 그은 선 MX는 파동의 선단(wave front)을 정의한다. 이것은 모든 파동이 똑같은 진폭을 가지는 점이다. 즉, 모두 같은 위상이다. 선 NY는 회절빔에 수직으로 그린 것이다. 그리고, 우리는 회절된 빔에서 파동들이 같은 위상에 있을 조건을 결정하려 한다.

개개의 파동들은 경로 길이가 파장의 정수배라면, 파동들은 같은 위상에 있을 것이다. 최상부의 파동은 $MO + ON$의 경로 길이를 나타낸다. 그리고 다음으로 낮은 파동은 $XP+PY$의 경로 길이를 나타낸다. 두 번째 파동은 첫 번째 파동보다 더 먼 거리를 이동하게 된다. 이때, 경로길이의 차 Δ는 다음과 같다.

$$\Delta = (XP + PY) - (MO + ON). \tag{3.25}$$

O점으로부터 두 개의 선을 각각 XP와 PY에 수직하게 그었을 때, 기하학적으로 Q와 R에서 다음과 같다.

$$XQ = MO, \quad RY = ON. \tag{3.26}$$

그러면, 이 두 빔의 경로차는 다음과 같다.

$$\Delta = QP + PR. \tag{3.27}$$

만약 θ가 입사각이고, d가 면간 거리 (같은 Miller 지수의 두 면 사이의 거리)라 하면,

$$QP = PR = d \sin\theta, \tag{3.28}$$

이고, 여기에 식(3.27)을 대입하면 다음을 얻는다.

$$\Delta = 2\ d \sin\theta,$$

* 시준(collimation)이란 빔을 평행한 파동의 다발과 같이 되도록 빔을 정렬하는 행위이다.

$$n\lambda = 2\ d\ \sin\theta, \qquad n = 1, 2, 3, \ldots \tag{3.29}$$

여기서 d는 면간 간격이다. 경로 길이의 차는 최대 보강(maximum reinforcement)에 대하여 파장의 정수 배이어야 하므로 다음과 같다.

(3.30)

식(3.30)은 Bragg 법칙이라고 알려져 있다.

결정이 파동 빔의 경로에 놓여 있다면, 회절은 Bragg 조건을 만족하는 경우에 일어난다. 이러한 면의 입사빔이 Bragg 각 θ에서 면들을 때리게 될 때, 특정한 면간 간격을 가지는 일련의 면들이 회절한다. 이러한 파장은 전자빔의 가속전압 또는 사용된 X-선의 종류에 따라 변한다. 표 3.1은 다양한 타겟(target) 물질의 X-선 관을 사용함에 따라 나타나는 X-선의 특성 파장을 나타낸 것이다. 예를 들면 구리 타겟 관은 1.54Å의 특성 파장을 나타낸다.

표 3.1 • X-선 관의 특성 파장

타겟 재료	파장, Å
크롬	2.29
철	1.94
구리	1.54
몰리브데넘	0.71

3.6 입방체결정(cubic crystal)에서의 X-선 회절

입방 계의 결정에서 Miller 지수가 (hkl)인 어떤 두 면 사이의 거리가 d일 때, 다음과 같이 나타낼 수 있다.

$$d = \frac{a}{\sqrt{h^2 + k^2 + l^2}} \tag{3.31}$$

여기서, a는 단위격자의 격자상수이다. 입사빔의 파장 λ를 안다면, 단순입방 격자의 다양한 면들로부터의 Bragg 각 θ를 추정할 수 있다. 이러한 계산에 대하여, Bragg 법칙을 다음과 같이 나타내는 것이 편리하다.

$$\lambda = 2\ d\ \sin\theta, \tag{3.32}$$

이것은 하나의 파장의 경로 차, 즉 n=1인 경우를 나타낸 것이다. Bragg 각은 다음의 관계로부터 얻어질 수 있다.

$$\sin\theta\ =\ \frac{\lambda}{2d} \tag{3.33}$$

식(3.31)을 식(3.33)에 대입하면, 다음을 얻는다.

$$\sin\theta\ =\ \frac{\lambda}{2d}\sqrt{h^2+k^2+l^2}\,. \tag{3.34}$$

이 식과 식(3.31)은 단지 입방 결정에만 적용된다는 점에 주의하여야 한다.

만일 파장이 λ=2Å인 X-선을 사용하고, 결정의 격자상수가 4Å인 경우라면, 식(3.34)에 λ와 a값을 대입하여 Bragg 각을 계산할 수 있다.

$$\sin\theta = \frac{1}{4}\sqrt{h^2+k^2+l^2}\,. \tag{3.35}$$

Bragg 각은 단순입방체에 대하여 식(3.35)를 통해 계산할 수 있으며, 이를 표 3.2에 열거하였다.

3.7 금지된 반사(forbidden reflection)

폴로늄(polonium)은 단순입방 단위격자를 가지는 몇 개의 원소 중 하나다. 체심과 면심입방 구조의 원소들은 매우 흔하게 나타난다. 그리고, 단순입방 단위격자로부터의 회절을 고찰함으로써, 체심 또는 면심구조의 면으로부터의 파동의 회절에서 유도되는 변화를 생각해 낼 수 있다.

그림 3.13(a)에 나타난 체심입방 구조를 생각해 보자. 이때, (그림 3.13b) 적당

표 3.2 • 격자상수 $a = 4\,\text{Å}$ ($\lambda = 2\,\text{Å}$)인 단순입방결정에 대한 Bragg 각의 계산

hkl	$h^2+k^2+l^2$	$(h^2+k^2+l^2)^{1/2}$	sin θ	θ
100	1	1.000	.250	14° 28′
110	2	1.414	.354	20° 44′
111	3	1.732	.433	25° 40′
200	4	2.000	.500	30° 00′
210	5	2.236	.559	33° 59′
211	6	2.449	.612	37° 44′
220	8	2.828	.202	45° 00′
221	9	3.000	.750	48° 35′
300	9	3.000	.750	48° 35′
310	10	3.162	.791	52° 17′
311	11	3.317	.829	56° 00′
222	12	3.464	.866	60° 00′
320	13	3.606	.902	64° 25′
321	14	3.742	.936	69° 23′
400	16	4.000	1.000	90° 00′

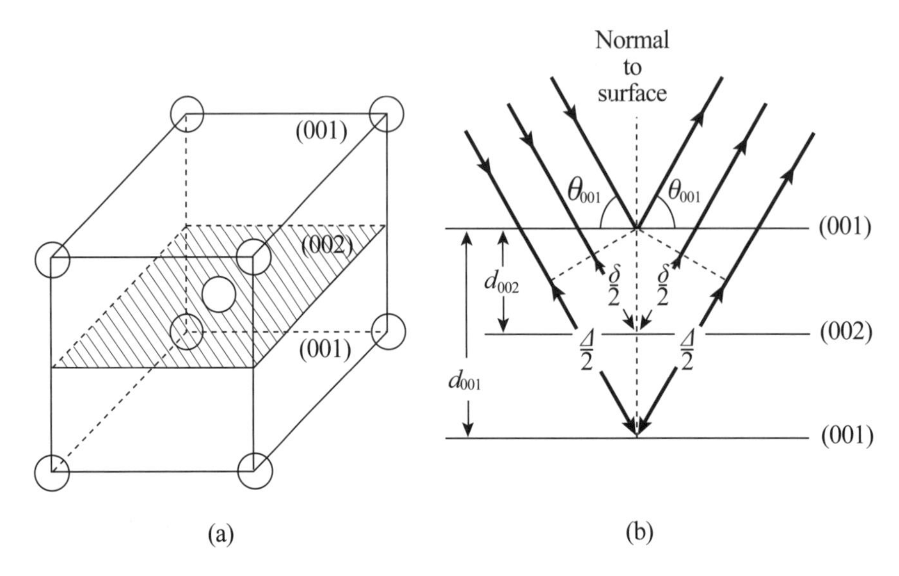

그림 3.13 • 체심입방체 구조에서의 금지된 반사. (001)면들에 평행하고 체심에 원자를 가지고 있는 면은 다음과 같은 위치에 있다. (a) (001) 회절, 즉 (001) 면으로부터 회절된 빔에 대한 Bragg 각이 (002) 면으로부터 회절된 빔과 180° 위상차가 있는 곳. (b) 완전 상쇄간섭이 일어난다. 그리고 (001)은 체심입방 구조에 있어서 금지된 반사라고 불리운다.

한 Bragg 각의 방향에 (001)면이 놓여있다고 하자. (001)면의 면간 거리는 적당한 h, k, l 값을 식(3.35)에 대입함으로써 구할 수 있다. 즉, 다음과 같다.

$$d_{001} = \frac{a}{\sqrt{0+0+1}} = a. \tag{3.36}$$

단위격자의 윗면으로부터의 회절된 파동과 바닥면으로부터의 회절된 파동 사이에 나타나는 경로 길이의 차는 Bragg의 법칙에 따르면, 파장의 진정수(integral number)이어야 한다. 즉, 다음과 같다.

$$\Delta = 2\ d_{001} \sin \theta_{001} = \lambda, \tag{3.37}$$

그러나 (002) 면(체심원자를 포함하고 있는 면)에서의 X-선 회절빔은 어떻게 될 것인가? 윗면과 (002)면에 의한 회절 파동 사이의 경로차이 δ 는 다음과 같다.

$$\delta = 2\ d_{002} \sin \theta_{001}, \tag{3.38}$$

식(3.38)에서의 각은 결정이 (001)면에 대하여 Bragg 조건을 만족하는 방향이기 때문에 θ_{001}이다. (002)면에서 면간 거리는 다음과 같고,

$$d_{002} = \frac{a}{2}, \tag{3.39}$$

Δ와 δ 값을 비교하면, 다음을 얻는다.

$$\frac{\Delta}{2d_{001}} = \frac{\delta}{2d_{002}}, \tag{3.40}$$

$\sin \theta_{001}$ 값들은 식(3.37)과 식(3.38)에서 같기 때문이다. 식(3.36)과 식(3.39)에서 계산된 d_{001}과 d_{002}의 값을 대입하면, 다음을 얻을 수 있다.

$$\Delta = 2\delta \tag{3.41}$$

또는

$$\delta = \frac{\lambda}{2}. \tag{3.42}$$

윗면과 (002)면으로부터 회절된 파동 사이의 경로차는 파장의 반이다. 그리고 측정기에 도달하는 파동들은 그림 3.8에 나타난 것처럼 위상이 정확히 180°일 것이다. 이것은 완전소멸간섭을 초래하게 된다. 그리고 체심입방 구조에서 (001)면에 대응하는 Bragg 각에서 아무런 회절도 나타내지 않게 된다. 체심입방 구조에서 회절빔이 보강간섭을 일으키는 일반적인 조건은 다음과 같다.

$$h + k + l = 짝수, \tag{3.43}$$

이러한 회절은 Miller 지수의 합이 2이기 때문에, (002)면으로부터 나타날 수 있다. 그러나 Miller 지수의 합이 홀수 1이 되는 (001)면에서는 나타나지 않는다.

비슷한 관점에서, 면심입방 구조에서 회절에 대한 조건은 지수들이 혼합되어 있지 않은 경우, 즉 아래와 같이 됨을 보일 수 있다.

$$\begin{aligned} h, k, l &= 모두\ 짝수, \\ h, k, l &= 모두\ 홀수, \end{aligned} \tag{3.44}$$

표 3.3 • 가능한 반사: 정육면체 격자

hkl	단순입방	체심입방(bcc)	면심입방(fcc)
100	X		
110	X	X	
111	X		X
200	X	X	X
210	X		
211	X	X	
220	X	X	X
221	X		
300	X		
310	X	X	
311	X		X
222	X	X	X
320	X		
321	X	X	
400	X	X	X

단순, 체심, 그리고 면심입방 구조에 대해 허용되는 반사들을 표 3.3에 나타내었다. 여기서, 식(3.43) 또는 식(3.44)의 조건을 만족하는 조건인지를 결정할 때 영은 짝수로 간주하였다. 아래 표에서 빠진 반사를 사용하게 되는 경우에는, 단순입방, 체심입방, 면심입방 결정의 회절형태 사이에서 구분할 수 있다.

3.8 데바이-셰러(Debye-Scherrer) 기법

미지 재료의 결정구조와 격자상수를 결정하는 X-선 분석 방법 중 가장 일반적인 것이 Debye-Scherrer 또는 분말패턴(powder pattern)이다. 잘 갈아진 분말 시편을 접착제로 붙여서 봉의 형태로 만든다. 이것을 원통형 카메라의 중심에 놓고, 일정 파장의 X-선 (monochromatic 복사선)을 복사시킨다. 그림 3.14(a)는 이러한 형태의 Debye-Scherrer 카메라를 개략적으로 나타낸 것이다. 사진 필름의 띠는 필름이 주위를 둘러싸면서 카메라 내부에 놓여있다. 삽입물의 출입을 고정하기 위하여 필름 띠에 구멍을 뚫었다. 입사 X-선 빔은 입구를 지나면서 평행해지고, 분말 시편에 의하여 회절된다. 일련의 면으로부터 회절된 X-선은 3차원에서 복사 원뿔(cones)형태를 나타낸다. 그림 3.14(b)는 회절된 방사선(radiation)의 원뿔을 나타낸 것이다. 복사원뿔의 이러한 회절 단면과 필름은 그림 3.15에 나타난 것처럼 원호(arcs)를 나타낸다. 원뿔의 각이 좁아질수록, 필름띠에 나타나는 원호 곡률반지름은 작아진다. (예를 들면, 선 1의 곡률반지름은 선 5의 곡률반지름보다 작다.) 나가는 빔은 X-선을 흡수하는 빔의 멈춤에 의해 흡수되어 카메라 주위에 유해한 빔이 나가는 것을 막아준다.

3.8.1 Debye-Scherrer 필름의 분석

회절 빔과 투과 빔 사이의 각은 그림 3.12에서 본 것과 같이 Bragg 각의 두 배(2θ)이다. 이것은 그림 3.14에 나타낸 회절 원뿔각의 반이다. 각 선에 대한 거리를 필름의 나가는 구멍의 중심으로부터 측정하면, 임의의 선에 대한 거리는 다음과 같이 주어진다.

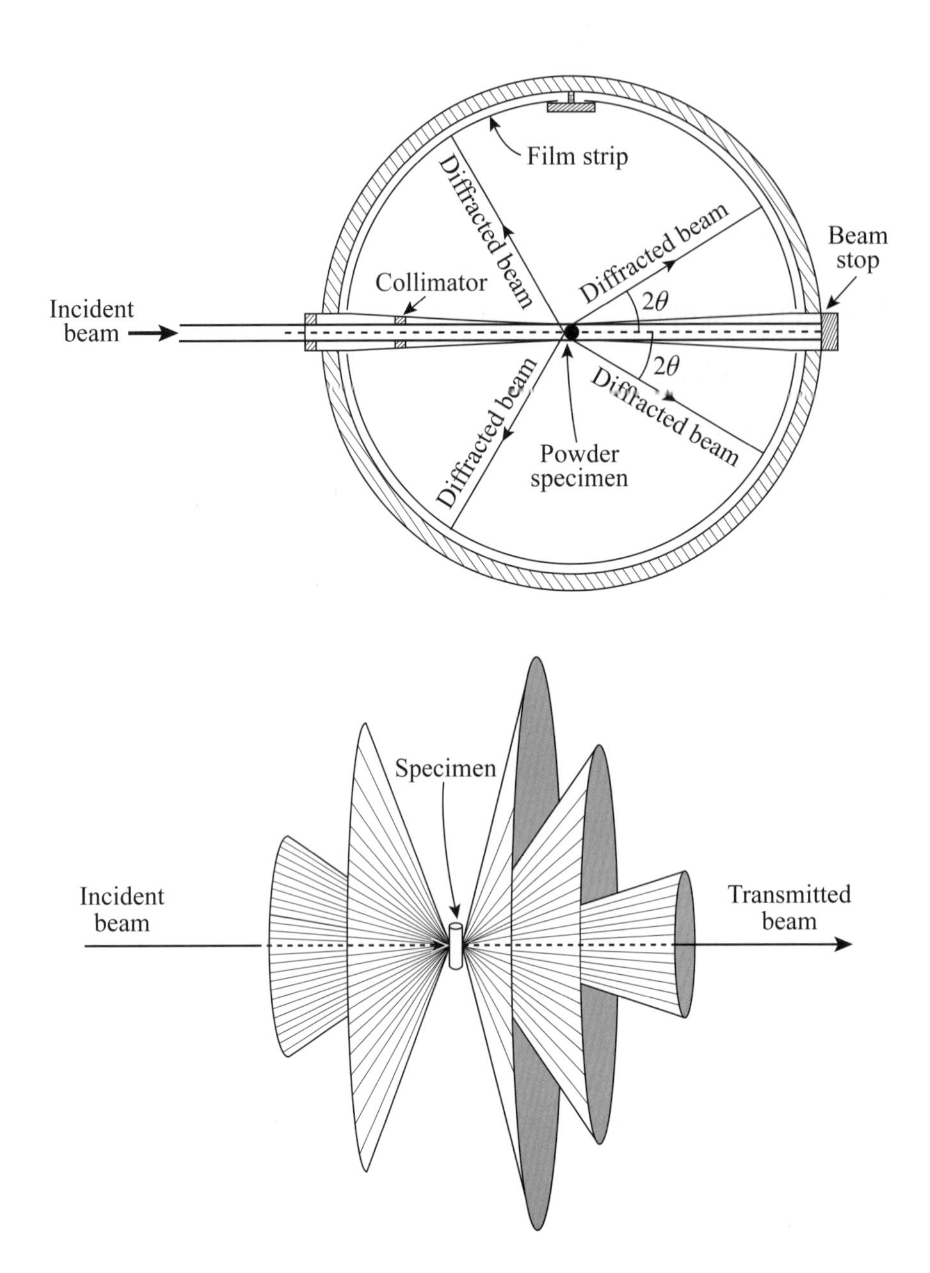

그림 3.14 • 체심입방체 구조에서의 금지된 반사. (a) Debye-Sherrer 카메라는 입사(Incident beam) 빔과 투과(Transmitted beam) 빔을 위한 입구와 출구 시스템으로 된 원통형이다. 시편은 원통형 형태에 넣어 그 원통형 축과 평행하게 카메라 중앙에 장착한다. (b) 회절된 빔은 카메라의 원주 내부에 감아진 필름을 감광시키는 원추 형태의 방사선이다.

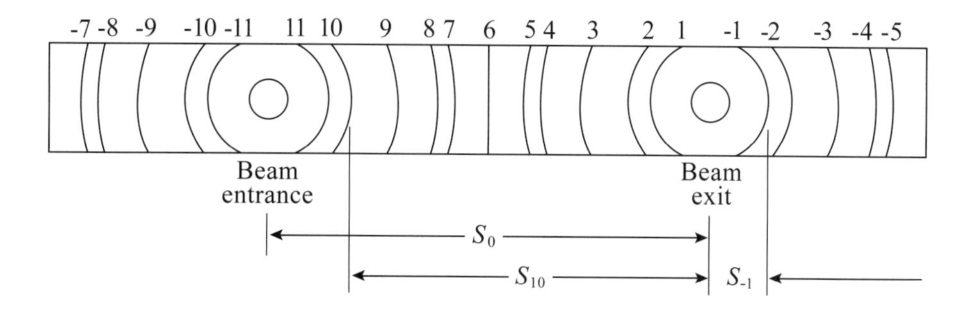

그림 3.15 • 분말을 이용한 Debye–Sherrer 형상(pattern). 이것은 필름에 기록된 회절 형태의 개략적인 예이다. 필름이 수축하는 경우 보정하기 위하여 입구(entrance) 및 출구(exit) 구멍은 뚫려있다. 원추 형태의 방사파는 필름을 호 형태로 교차한다. 그리고 그것들은 숫자가 매겨져서 같은 원추로부터 호는 같은 숫자를 가진다.

$$S = 2R\theta, \tag{3.45}$$

여기서 S는 나가는 구멍으로부터 선까지의 거리이고, R은 카메라의 내부반지름이고, 각 θ는 라디안으로 나타내었다. 현상 과정 중의 필름의 수축을 고려하여 식(3.45)를 이용하여 입사와 나가는 구멍 사이의 거리 S_0를 계산한다.

$$S_0 = R\pi, \tag{3.46}$$

$180^\circ = \pi$ 라디안이므로; 식(3.47)에서처럼 각 θ를 계산하기 위하여 우리는 S와 S_0의 비를 사용한다.

$$\frac{2\theta}{\pi} = \frac{S}{S_0}, \tag{3.47}$$

또는

$$\theta = \frac{\pi S}{2S_0}. \tag{3.48}$$

여기서 θ값을 Bragg 법칙에 대입하면 회절선을 일으키는 면(hkl)을 구할 수 있다. 입방 결정을 고려하면, 식(3.34)는 Bragg 법칙을 나타내고, 다음과 같이 쓸 수 있다.

$$\sqrt{h^2+k^2+l^2} = \frac{2a}{\lambda}\sin\theta. \tag{3.49}$$

또는

$$h^2+k^2+l^2 = \left(\frac{4a^2}{\lambda^2}\right)\sin^2\theta. \tag{3.50}$$

단색(monochromatic) 복사선의 파장을 안다면, 여기서 각각의 반사에 대한 h, k, l 값을 구할 수 있고, 단위격자와 격자상수를 구할 수 있다.

3.8.2 몰리브데넘의 Debye-Scherrer 분석

그림 3.16은 실제 몰리브데넘과 알루미늄의 Debye-Scherrer 형태를 나타낸 것이다. 예에서처럼 몰리브덴의 형태를 분석해보면 다음과 같다. 이러한 분석의 계산은 표 3.4에 요약되어 있다. 이 경우 구리 타겟 X-선 관을 사용하였기 때문에 X-선의 파장은 1.54Å이며, 카메라의 반경은 29.2mm이었다. S_0의 거리는 92mm로 측정되었다.

그리고 이 값을 식(3.46)에 대입하여, 이 경우 필름의 수축이 없었음을 알 수 있었다. 따라서, 식(3.45)와 식(3.48)을 적용할 수 있다. 식을 다시 나타내면 다음과 같다.

$$\theta = \frac{S}{2R}. \tag{3.51}$$

그림 3.15에 나타낸 것과 같은 방법으로 여러 선들을 오른쪽부터 왼쪽의 순서로 나타내었다. 우선 S값을 구하기 위하여, 각 선으로부터 나가는 구멍까지의 거리를 측정한다. 이 값을 식(3.51)에 대입하면, Bragg 각 θ를 구하게 된다. 그리고 $\sin\theta$ 와 $\sin 2\theta$ 값을 구한다.

$$\frac{\lambda^2}{4a^2} = A = \text{상수}, \tag{3.52}$$

이므로, 다음을 얻는다.

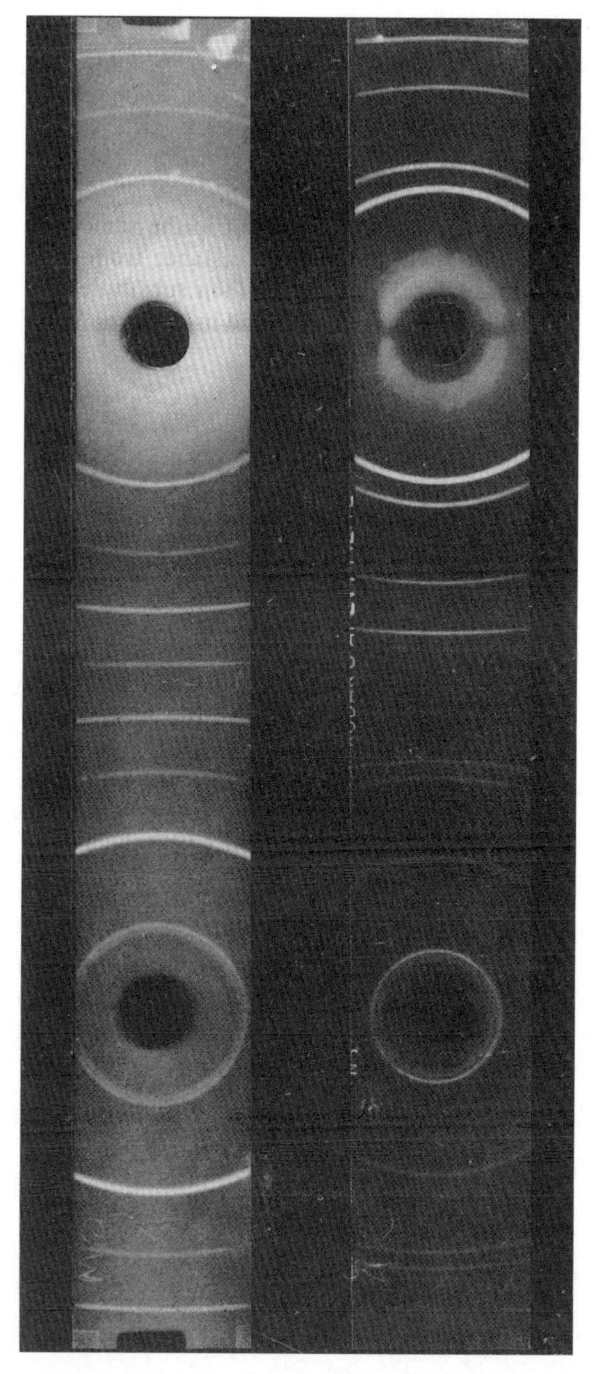

그림 3.16 • 알루미늄과 몰리브데넘의 Debye-Sherrer 형상. 구리 타겟 X-선 관($\lambda = 1.54\,Å$)과 카메라 직경 29.2mm로 알루미늄과 몰리브데넘의 필름 형태를 찍었다. 좌측 것은 몰리브데넘의 형태이고 우측 것은 알루미늄의 형태이다.

$$h^2+k^2+l^2 = \frac{4}{A}\sin^2\theta. \tag{3.53}$$

여기서, h, k, l이 정수이므로, $h^2+k^2+l^2$도 정수이다. 그리고 식(3.43)과 식(3.44)의 조건을 따르는 면들이 최대의 회절을 나타낸다. 따라서 시행착오법에 의하여 결정구조를 알아 낼 수 있다. 이렇게 해서 A값이 구해지면 식(3.52)에 A값을 대입하여 격자상수 a를 구할 수 있다.

몰리브데넘의 경우, 표 3.4에서 구해진 $\sin 2\theta$값을 허용될 수 있는 h, k, l값에 맞추어 보아야 한다. 첫 번째 가정은 선 1에 $h^2+k^2+l^2=1$값을 할당하는 것이다. 이것은 $h^2+k^2+l^2$의 값에 1, 2, 3, 4, 5, 6, 7, 8, ... 의 값을 지정할 수 있다. 그러나 $h^2+k^2+l^2$의 값이 1인 세 개의 정수의 조합은 없다. 그러므로 이 가정은 옳지 않다. 두 번째 가정은 표 3.4에 나타난 h, k, l값을 사용하여, $h^2+k^2+l^2=2$

표 3.4 • 몰리브데넘의 Debye-Scherrer 형태의 분석

Line	S(mm)	$\theta°$	$\sin\theta$	$\sin^2\theta$	$h^2+k^2+l^2$	(hkl)	A	a, Å
-3	36.873	36.79	.599	.359	6	211	.060	3.14
-2	29.333	29.25	.485	.239	4	200	.060	3.14
-1	20.363	20.27	.346	.120	2	110	.060	3.14
1	20.267	20.21	.346	.120	2	110	.060	3.14
2	29.397	29.33	.489	.239	4	200	.060	3.14
3	36.907	36.80	.599	.359	6	211	.060	3.14
4	43.887	43.75	.692	.480	8	220	.060	3.14
5	50.867	50.70	.774	.600	10	310	.060	3.14
6	58.247	58.10	.849	.721	12	222	.060	3.14
7	66.517	66.40	.916	.840	14	321	.060	3.14
8_{a1}	78.447	78.25	.978	.956	16	400	.060	3.14
8_{a2}	79.147	78.95	.981	.963	16	400	.060	3.14
-8_{a2}	101.317	101.1	.980	.960	16	400	.060	3.14
-8_{a1}	102.157	101.8	.978	.956	16	400	.060	3.14
-7	113.767	113.3	.917	.841	14	321	.060	3.14
-6	122.127	121.8	.850	.722	12	222	.060	3.14
-5	129.297	129.0	.777	.604	10	310	.060	3.14

값을 선 1에 할당하는 것이다. 체심입방 구조에 대하여 표 3.3의 허용되는 최대 회절에 대응하여 일어나는 반사이기 때문에 이것은 체심입방 형태를 말한다.

분말 형태 몰리브데늄의 분석은 체심입방 구조를 지정한다. 식(3.52)에 $\lambda = 1.54$를 대입하면, 격자상수 $a = 3.14\text{Å}$을 구할 수 있다.

3.9 X-선 회절기(diffractometer)에 의한 측정 방법

결정구조 또는 격자상수를 결정하는 X-선 회절에 대한 또 다른 방법이 있다. 그러나 분말방법이 가장 단순한 편이다. 분말방법은 Debye-Scherrer 기법에서 했던 것처럼 기록 매체로써 필름을 사용한다. 또는 전자 카운터와 차트에 등록된 강도를 적음으로써 측정한다. 그림 3.17은 회절기 차트의 한 예이다. 이것은 알루미늄 시편의 회절 형태(diffraction pattern)이다.

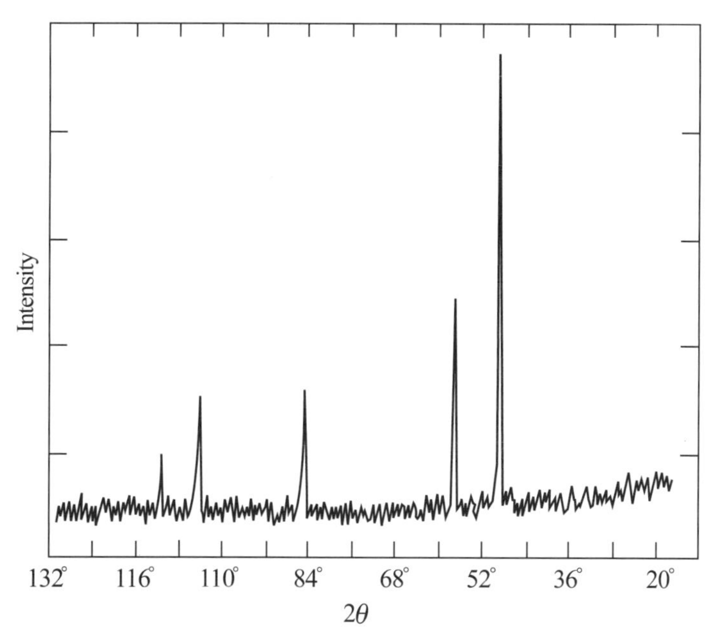

그림 3.17 • 알루미늄의 회절 형태. 회절 형태를 얻기 위하여 알루미늄 분말과 구리방사선(copper radiation)이 사용되었다. 횡축은 2θ값으로 교정(calibration)되었고 종축은 회절방사파(diffracted radiation)의 강도를 나타낸다. 회절 차트의 이 부분은 그림 3.16에 보여진 형태의 일부분을 나타낸다.

강도 정점(peak)은 Debye-Scherrer 필름 띠에 나타난 선에 해당되며, 이러한 형태도 앞에서와 비슷한 방법으로 분석할 수 있다. 차트의 가로축은 Bragg 각의 두 배(2θ)이다.

이외에도 다양한 목적으로 사용되어지는 다른 여러 가지 X-선 회절 기법이 있다. 이러한 과정들에 대한 더 자세한 설명은 이 장의 끝에 참고서적 목록을 적어 둔다.

3.10 전자회절(electron diffraction)

3.5절에서 기술했듯이, 어떠한 파동의 형태는 Bragg 법칙을 만족하기만 하면, 결정의 회절에 사용될 수 있다. 특히, 입사빔의 파장은 면간 거리의 두 배보다는 작아야 한다. 실제적으로 전자들과 중성자들은 회절 목적으로 가장 일반적으로 사용되는 입자들이다. 톰슨(Thomson), 데이비슨(Davison)과 거머(Germer)는 얇은 순금판에 전자로 충돌을 가함으로써, X-선 회절 형태처럼 비슷한 방법으로 분석되어진 회절 형태가 생겨난다는 것을 알아냈다.

전자빔을 얇은 시편에 쏘면 회절 형태가 나타난다. 그림 3.18은 많은 결정을 포함하고 있는 얇은 시편으로부터 전자의 회절을 나타내는 개략도이다. Debye-Scherrer 형태에서처럼 입사빔은 회절된 파동의 원추 형상으로 회절된다. 이런 경우에 원추는 원주 형상으로 필름과 만나게 된다. 그 원주의 중심은 직접 혹은 투과된 빔이 된다. 실험의 개요는 다음과 같다.

$$\tan 2\theta = \frac{R}{D} \tag{3.54}$$

D의 값을 안다면(장치에서 측정된다.), 그리고 R값이 막에서 측정되면 Bragg 각은 계산될 수 있다. θ를 알면 전자회절 형태의 분석은 X선 회절 형태의 분석과 똑같다. 그림 3.19는 알루미늄의 전자회절 형태를 보여준다. 이러한 형태는 80kv의 전압 강하를 통해 가속된 전자를 사용하였다. 그림 3.4에 따르면 전자선의 파장의 길이 $\lambda = 0.0418$Å 이다.

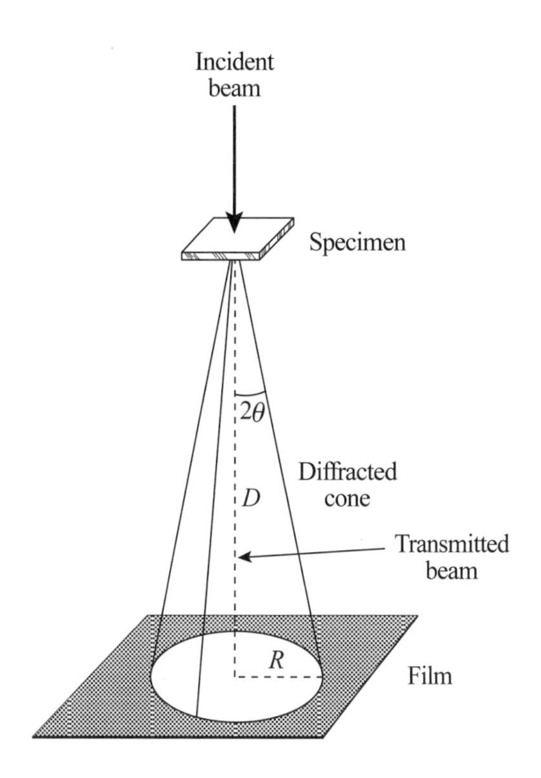

그림 3.18 • 전자회절(electron diffraction). 얇은 시편을 때리는 전자빔은 반각 2θ의 원추 안으로 회절된다. 투과빔에 수직으로 위치한 필름은 이 원추와 원의 형태로 교차한다. 회절원의 반경은 그 각도와 $\tan 2\theta = R/D$의 식에 의한 시편과 필름 사이의 거리와 관계된다.

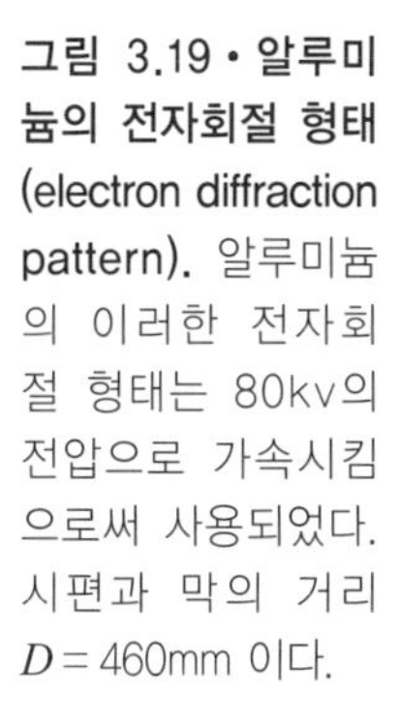

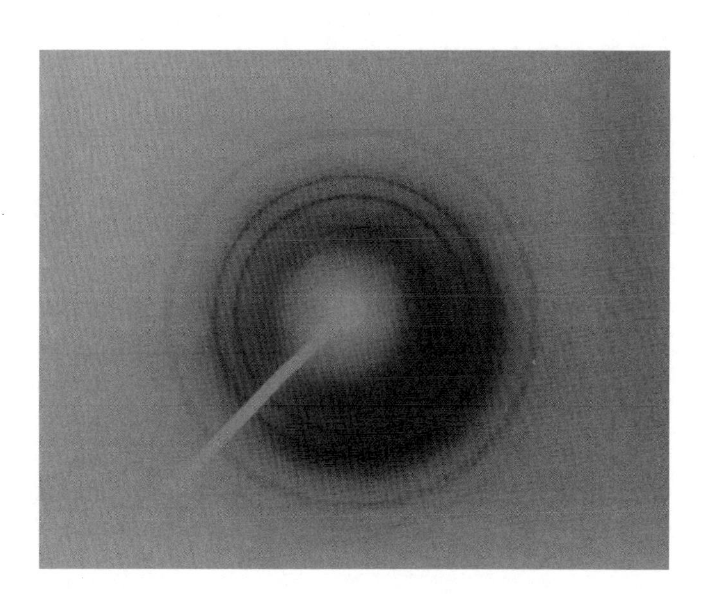

그림 3.19 • 알루미늄의 전자회절 형태(electron diffraction pattern). 알루미늄의 이러한 전자회절 형태는 80kv의 전압으로 가속시킴으로써 사용되었다. 시편과 막의 거리 $D = 460$mm 이다.

필름과 시편의 거리는 460mm이다. 이러한 회절 형태의 분석은 독자에게 남겨질 것이다(연습문제 3.6).

전자와 중성자는 회절 과정의 면에서 X선에 비해 어떠한 장점을 갖는다. 그러나 개개의 기술에서 단점의 경우도 있을 수가 있기 때문에 각각의 상황에 대해 면밀한 평가가 이루어져야 한다. 그리고 가장 좋은 방법 혹은 여러 방법의 조합으로 선택되어야 한다. 우리는 이 장의 참고문헌에서 X선, 전자, 그리고 중성자의 회절 분야에 관해 심도있는 문헌들을 열거해 놓았다.

■ 참고 문헌

《X-선 회절》

- BARRETT, C. S., *Structure of Metals*, 2nd Ed., McGraw-Hill, New York, 1952.
- CULLITY, B. D., *Elements of X-Ray Diffraction*, Addison-Wesley, Reading, Mass., 1956

《전자회절》

- PINSKER, Z. G., *Electron Diffraction*, Translated By J, A. SPINK and E. FEIGL, Butter-worths, London, 1953.
- THOMSON, G. P. and W. COCHRANE, *Theory and Practice of Electron Diffraction*, Macmillan, London, 1939.

《중성자 회절》

- BACON, G. E., *Neutron Diffraction*, Oxford University Press, Oxford, 1955.

■ 연습 문제

3.1 (a) 다음 식을 나타내는 전자기파를 그래프에 그리시오.

$$X = A_X \cos\left(\frac{2\pi z}{\lambda_X}\right) \text{ 와 } Y = A_Y \cos\left(\frac{2\pi z}{\lambda_Y}\right).$$

(b) 만약 $A_X = A_Y$ 이고 $\lambda_X = \lambda_Y$ 라면, $Z = X + Y$를 그리시오.

3.2 (a) 다음 식을 나타내는 전자기파를 그래프에 그리시오.

$$X = A_X \cos\left(\frac{2\pi z}{\lambda_X}\right) \text{ 와 } Y = A_Y \sin\left(\frac{2\pi z}{\lambda_Y}\right).$$

(b) 만약 $A_X = A_Y$ 이고 $\lambda_X = 2\lambda_Y$ 라면, $Z = X + Y$ 를 그리시오.

3.3 면간 거리와 X선 파장의 함수로 각 φ를 주어, 식(3.28)의 Bragg 회절 법칙과 유사한 관계를 유도하시오. 여기서 φ는 완전 상쇄가 일어나는 각도가 되어야 한다.

3.4 회절기를 사용하여 차트 레코더에 얻은 입방정의 X-선 형태의 2θ값들이 각각 $90°00'$, $112°00'$, $120°00'$ 에서 강한 피크를 보였다. 만약 λ = 2Å인 방사파를 생성하는 X-선 관이 사용되었다면, 이 결정의 격자상수를 계산하고 그것이 체심입방체인지 면심입방체인지를 언급하시오.

3.5 그림 3.15에 있는 알루미늄의 Debye-Scherrer 형태를 분석하고 2장에 열거된 결정구조에 관한 값들과 계산된 격자상수 값과 비교하시오.

3.6 그림 3.18에 있는 알루미늄의 전자회절 형태를 분석하고 이 분석 결과를 문제 3.5에서 얻어진 결과와 비교하시오.

3.7 (a) 전자빔들이 10, 50, 80, 그리고 100kv로 가속되었다. 각 빔과 관련된 파장을 계산하시오.

(b) 구리, 철, 그리고 몰리브데넘 타겟 X-선 관에 의해 생성된 것과 같은 파장을 생성할 수 있기 위하여 전자들이 가속되어야 하는 전위차를 계산하시오.

3.8 주석은 두 형태로 존재한다 - 회주석(grey tin) 그리고 백주석(white tin). 백

주석의 단위격자는 격자상수 a = 5.83Å 그리고 c = 3.18Å인 단순 정방정계이다. 첫 번째 여섯 개의 회절선이 나타나는 Bragg 각 θ를 계산하시오. 정방정계 시스템에서 (hkl) 어떤 두 면 사이의 거리는 다음과 같고, 구리 타겟 X-선 관이 이 실험에서 사용된다.

$$d = \frac{1}{\sqrt{[(d^2+k^2)a^2]+(l^2/c^2)}}.$$

3.9 투과 전자회절에 사용되는 단결정 철 시편은 매우 얇다. 만약에 그 결정의 (100)면이 표면과 평행한 판의 형태이고 두께 t = $2d_{100}$이라면, {100} 면들로부터 회절선이 나타나겠는가? 이것은 식(3.41)과 모순되지 않는가?

3.10 주어진 단결정과 다색광 X-방사선을 가지고 Bragg 법칙을 사용하여 단색광 방사선을 발생할 수 있는 설계를 하시오. 이러한 시스템을 단결정단색광이라 부른다.

4
미세구조와 결정결함

4.1 개요

이제까지 우리는 기본 입자로부터 개개의 원자의 형성, 개개의 원자 혹은 원자 기본(atomic bases)으로부터 단위격자(unit cell)의 형성, 그리고 단위격자의 반복에 의한 공간격자(space lattice)의 생성에 대하여 논의하였다. 거시적인 관점에서 그러한 구조들의 역할에 대한 개념을 명확하게 해주기 위해서는 각 구조들의 크기가 반드시 고려되어야만 한다. 최인접 거리에 기초한 원자 직경(2.5.2절을 보시오)은 옹스트롬 단위이다. 그리고 원소들의 격자상수는 몇 옹스트롬 정도의 크기이다. 그러면 공간격자의 크기의 단위는 무엇일까?

4.2 단결정(single crystal)

그림 2.2에서처럼 공간격자는 단위격자를 차례대로 더함으로써 형성된다. 각각의 방향으로 더할 수 있는 단위격자 수에 한계가 있을까? 그 대답은 아니오이다. 공간격자는 그 크기가 한 단위격자가 될 수도 있고 수백만 개의 단위격자를 포함할 수도 있다. - 이론적 의미에서는 한계가 없다는 것이다. 단위격자의 반복에 의해 형성된 거시적으로 관찰이 가능한 물질 덩어리(piece of matter)를 생산하는 것이 가능하다. 그러한 시편을 단결정이라 한다. 이러한 경우에 공간격자의 한계는 그 결정의 외부 크기가 된다. 이것은 그림 4.1(a)에 보여진 형석결정과 같이 자연적으로 발생되는 광물에서 전형적으로 관찰할 수 있다. 이러한 결정은 팔

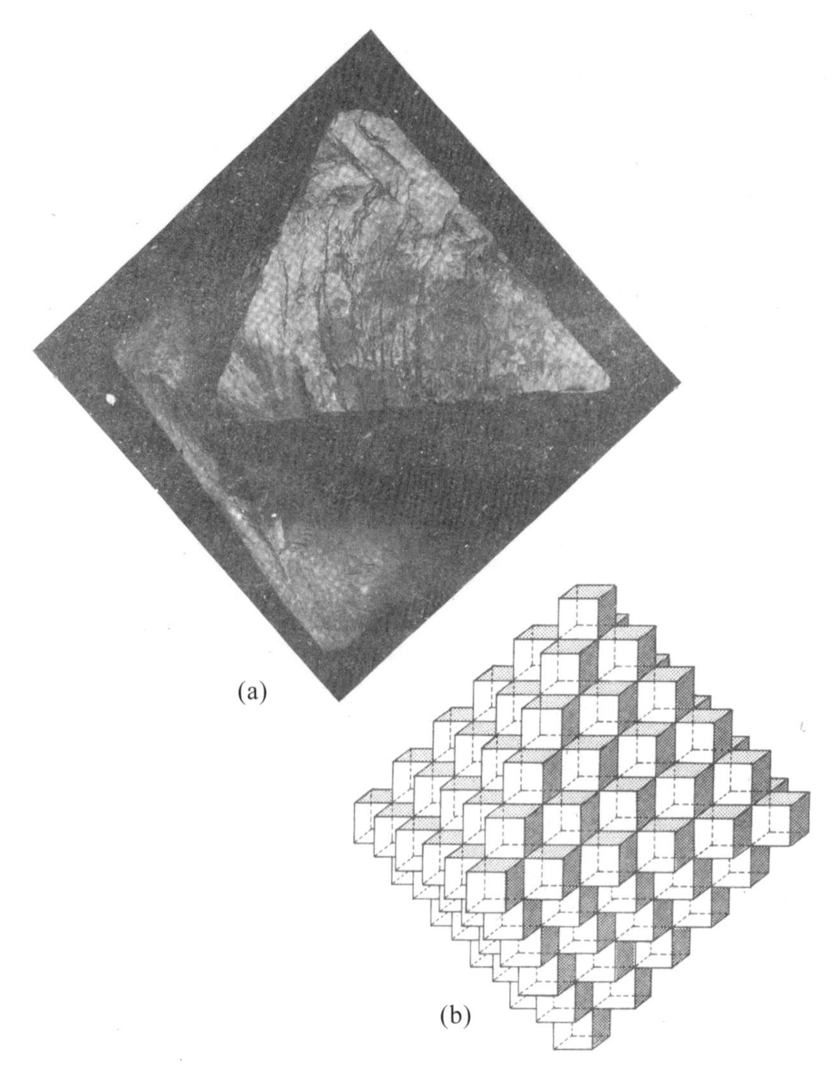

그림 4.1 • 형석의 단결정. 형석의 실제 단결정이 (a)에 보여진다. 여기서 외부대칭의 존재를 관찰해보아라 ; 단결정은 팔면체(octahedral) 형태를 지니고 있다. (b)에서 팔면체 형태를 이루는 단위격자를 보여주고 있다. 여덟 개의 면을 구성하고 있는 표면의 면은 {111}면이다. (플로라이트(Fluorite, 형석) 결정은 브라운 대학 지질학과 A. W. Quinn 교수가 제공하였음)

면체(octahedron)형태(그림 4.1b)로 배열되는 많은 단위격자로 구성되어 있다. 이 배열은 계단면과 같다고 하더라도 단위격자가 그들 실제 크기로 관찰될 때에는, 외부 표면은 실제 결정에서와 같이 부드럽게 나타난다. 단결정은 실험실에서 느리게 성장시키는 방법에 의해 생산될 수 있으며 집에서도 아주 간단한 방법으로 만들 수 있다.* 단결정은 선택한 성장과정과 재료에 따라 외부 대칭에 의해서 혹은 외부 대칭 없이 성장할 수 있다.

4.3 이결정, 삼결정, 그리고 다결정(bicrystal, tricrystal, and polycrystal)

천천히 냉각되는 액체, 용융 물질을 생각해 보자. 어떤 온도에서 응고가 시작된다. 고체 결정의 작은 입자가 액체 내의 어떤 한 부분에서 생성되기 시작한다. 이것을 핵(nucleus)이라고 일컫는다. 그리고 이러한 과정을 핵생성(nucleation)이라고 부른다. 재료가 점점 핵으로 잠식될수록, 그것은 더 큰 크기의 단결정으로 성장한다. 융체(melt) 내에 핵이 하나 이상 존재하면 단결정은 각각의 핵으로 성장한다. 성장 과정이 계속될수록, 이러한 단결정은 성장하고 서로서로 접근한다. 성장하는 두 개의 단결정이 부딪치면, 계속 성장하면서 이 결정을 형성한다. 이결정의 형성이 그림 4.2에 나타나 있다.

각각의 핵은 (a)에서처럼 단결정으로 성장하게 된다. (b)에서처럼 서로 접촉한다. 그리고 [(c). (d). (e)]에서 처럼 이결정으로 함께 성장한다. 이것은 삼차원에 일어나는 과정을 이차원으로 이상화(idealization)하였다. 그리고 크게 단순화시킨 것이다. 성장하는 단결정이 이결정에 충돌할수록 단결정은 삼결정으로 되고 결국에는 다결정이 생성되게 된다. 다결정 재료에서 서로 다른 배향(orientation)의 인접한 삼차원 결정 사이의 교차점에서 발생하는 이차원 표면을 결정립계(grain boundary)라고 부른다. 결정립계는 결정결함(crystalline imperfection)의 영역이다. 거기서 격자배향(lattice orientation)이 하나의 결정립의 배향으로부터 다른 결정립의 배향으로 바뀌게 된다. 우리는 결정립계의 원자적 성질을 설명하기 위해 자연에서 발견된 여러 가지 결정결함을 자세하게 검토해 볼 필요가 있다.

* 단결정을 성장시키는 간단한 방법은 다음에서 찾을 수 있다. A. Holden and P. Singer, *Crystals and Crystal Growing*, Anchor Books, New York, 1960.

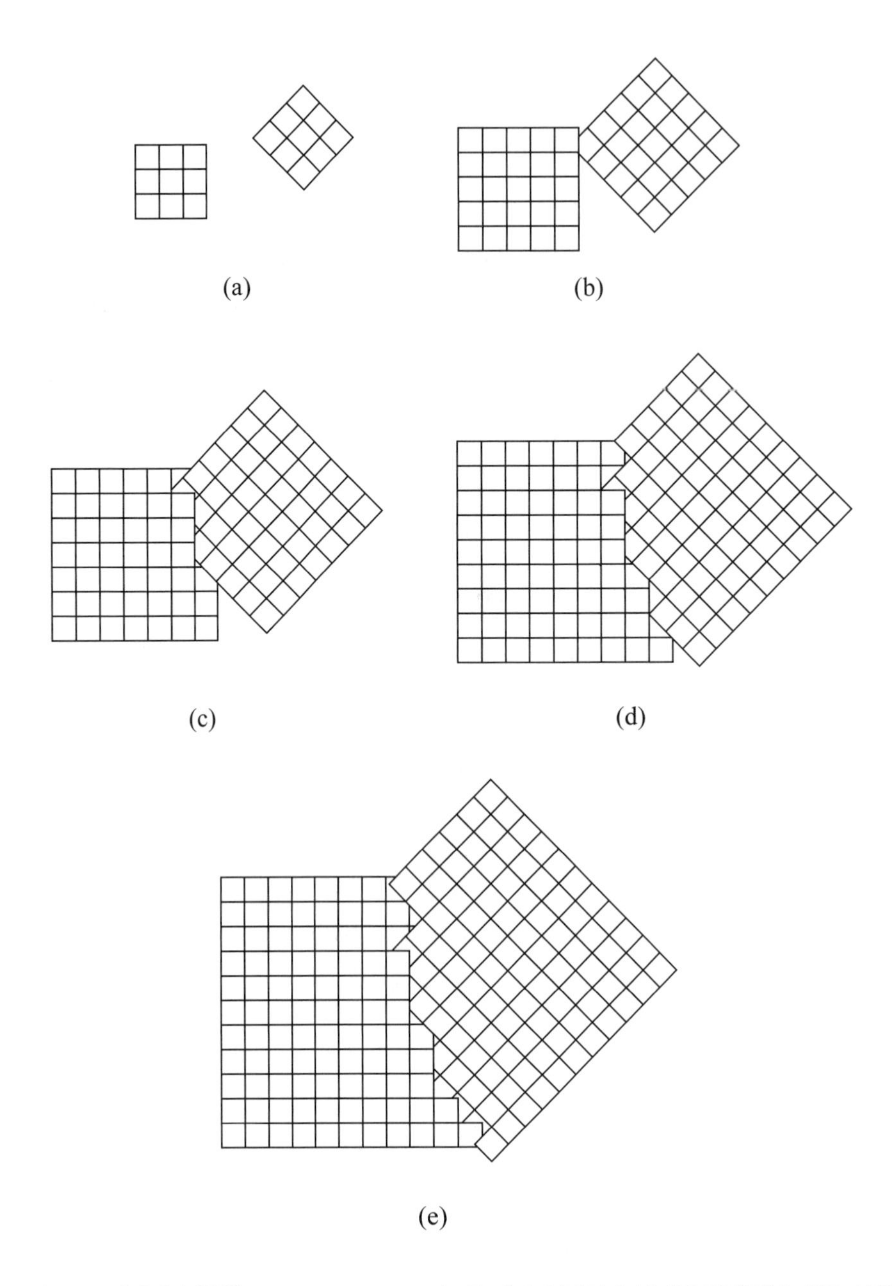

그림 4.2 • 다결정의 형성(polycrystal formation). 두 개의 분명하게 분리된 단결정(a), 서로 충돌(b), 그리고 그 결과 이결정(bicrystal)의 성장이 계속된다[(c), (d), (e)]. 이와 같은 방법으로 응고는 종종 다결정 재료의 형성을 야기시킨다.

4.4 결정의 결함(crystalline imperfections)

결정립계의 형성은 실제 재료에서 나타나는 결정결함의 여러 가지 형태 중의 하나일 뿐이다. 결함 또는 불완전함이라는 것은 물질의 구조의 복합적인(integral) 부분으로 간주되어야 하며, 그들의 기하학적 형상에 따라 분류될 수 있다. 그것들은 영차원의 점결함, 일차원의 선결함, 이차원의 면결함, 그리고 삼차원의 체적결함이다. 표 4는 기하학적 분류에 따라 여러 가지 형태의 결함을 망라하였다.

표 4 • 결함의 분류

차원 수	형태	명명법
0	점	공격자점(vacancy) 침입(interstitial) 공격자점-침입 쌍(pair) 불순물(impurity)-치환(substitutional) 불순물-침입
1	선	끝단전위(edge dislocation) 나선전위(screw dislocation) 혼합 전위
2	표면	입계면(grain boundary) 쌍정면(twin boundary)
3	체적	공극(void) 또는 기포(porosity) 개재물(inclusion)

4.5 점결함(point defects)

점결함의 여러 가지 형태는 삼차원적 표현을 사용하지 않고 결정면에 표현될 수 있다. 그림 4.3(a)는 결함이 없는 면을 보여주고 있다. - 각각의 원자는 Bravis 격자에 의해 결정된 위치를 차지하고 있다. 이러한 격자점(lattice site)은 치환형(substitutional) 격자점이라고 불린다. 만약 공격자점(vacancy)이 이 면에 존재한다면, 치환형 격자점 중의 하나로부터 잃어버려진 원자가 있을 것이다. 그 공격자점은 원자가 차지하고 있어야 할 영역이다(그림 4.3b). 원래 공격자점의 위치를 차지하고 있는 원자는 결정의 외부 표면으로 이동할 수도 있다. 그리고 여기 스케치에는 안 나타날 수도 있다. 이러한 형태의 결함, 즉 치환형원자가 표면으로 제

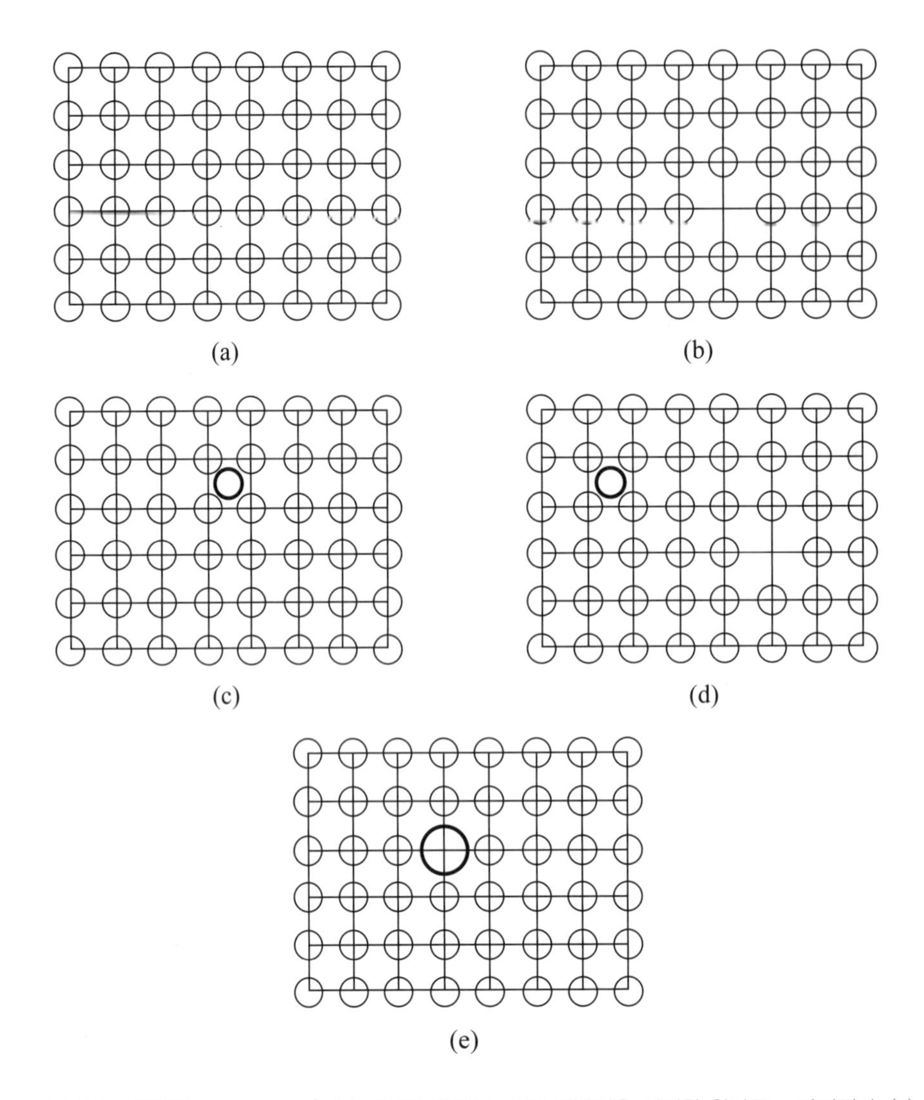

그림 4.3 • 점결함(point defects). (a) 완벽한 원자면: 모든 격자점은 적절한 원자들로 차지된다. (b) 공격자점(vacancy), 즉 잃어버린 원자가 치환형(substitutional) 격자점 중의 하나에 존재한다. (c) 원자는 보통 치환형 격자점에 위치하는데, 대신 침입형은 치환형 격자점 사이에 위치한 격자점에서 발견된다. (d) 공격자점–침입형 쌍(pair)은, 원자가 치환형 격자점을 떠나서 침입형(interstitial) 위치를 차지할 때 형성된다. (e) 원자 반경이 큰 치환형 불순물원자가 정상적인 치환형 격자점에서 발견된다.

거된 공격자점을 쇼트키(Shottky) 결함이라고 부른다.

만약, 통상적으로 치환형 격자점에 위치해 있는 원자가 격자 중 치환형 위치가 아닌 곳에서 발견되어서 생기는 점결함은 침입형(interstitial)이라고 불린다. 잉여의 원자는 보통의 격자점 사이의 침입형 위치를 차지하게 된다. 그림 4.3(c)는 이러한 침입형의 종류를 보여준다. 이러한 점결함을 형성하는 원자는 치환형 격자점을 차지하는 원자들과 같은 원소의 원자들이다.

공격자점을 형성하는 다른 방법은 격자점에서 원자를 제거하는 것 – 공격자점 그 자체의 생성 – 그리고 이런 원자를 침입형 격자점으로 이동하는 것이다. 이러한 방법은 2개의 점결함을 형성하는 것을 포함하고 있다 – 공격자점과 침입형원자(그림 4.3d)이다. 침입형원자는 공격자점에 바로 인접해 있을 필요는 없다. 이렇게 형성된 결함을 프란켈(Frenkel) 결함이라 부르고, 쇼트키(Schottky) 결함이 한 개의 점결함을 포함한다면 Frenkel 결함은 두 개의 점결함을 포함한다는 점에서 서로 구분된다. 만약 다른 성분의 원자, 불순물원자가 치환형 격자점을 차지한다면, 결함은 치환형 불순물(impurity)이라 불린다. 이러한 치환형 불순물원자는 보통의 치환형 위치를 차지하고 있는 원자 크기와 비교해 볼 때 불순물원자의 크기가 너무 크거나 작기 때문에 점결함으로 구성된다. 큰 불순물원자의 경우는 그림 4.3(e)에 나타나 있다. 불순물원자가 치환형 격자점을 차지하는 것처럼 침입형 격자점을 차지할 수도 있다. 그런 경우 침입형 불순물이라 불린다.

4.5.1 열적 안정성과 평형(thermal stability and equilibrium)

완전한 구조가 가장 낮은 에너지를 가진다고 가정하는 것이 합당함에도 불구하고, 점결함은 열적으로 안정한 것으로 알려져 있다. 점결함의 안정성의 증거는 열역학적 증명에 의존하며, 여기서는 논의되지 않을 것이다.* 먼저 안정성과 평형의 의미를 생각해 보고, 여러 가지 형태의 점결함의 열적 평형의 결과를 논의해

* 점결함의 열역학적인 안정에 대한 열역학적인 증명은 다음 참고서적을 보시오. A. G. Guy, *Elements of Physical Metallurgy*, Addison-Wesley, Reading, 1959, p.103ff.

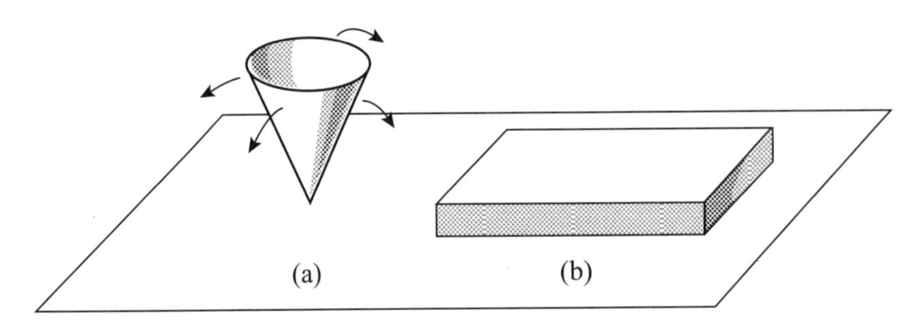

그림 4.4 • 안정과 평형(stability and equilibrium). 뾰족한 부분으로 서 있게 한 원추(a)는 불안정하다. 왜냐하면 살짝만 움직여도 넘어지기 때문이다. (b) 커다란 평평한 면으로 눕혀있는 블록은 안정된 자세이다. 왜냐하면 어떤 쪽을 들어도, 그 블록은 처음 자세로 되돌이오려고 하기 때문이다. 원추는 불안정한 평형상태이고, 반면 블록은 안정한 평형상태이다.

보자.

어떤 물체가 약간의 변위(displacement) 때문에 위치를 잃어버릴 위험에 있다면 그것은 불안정한(unstable) 평형상태에 있는 것이다. 꼭지점으로 서 있는 원뿔은(그림 4.4a) 약간의 변위에도 그것의 원래 위치로부터 쓰러지기 때문에 불안정하다. 직육면체블록은 그것의 면으로 누워서 안정한 상태에 있다.

왜냐하면 어떤 변위(예를 들면, 한쪽 끝으로 들어올리면) 후에도 평형위치는 회복 될 것이다. 열적으로 안정하거나 열적 평형상태에 있는 점결함의 경우에는, 위의 예와 같은 물리적 변위를 온도변화로 대치할 수 있다.

4.5.2 열적 평형에서의 점결함의 농도(concentration)

우리가 앞의 각주에서 언급한 열적 안정성과 열적 평형 그리고 열역학적 논쟁에 대한 정의들을 사용하면, 점결함은 열역학적으로 평형인 것으로 나타난다. 이것은 어떤 주어진 온도에서 점결함의 명확한 농도(concentration)가 있다는 것을 의미한다. 그리고 그 농도는 온도에 따라 변하게 된다. 이러한 변화는 다음과 같이 표현된다.

$$c = e^{-Q/RT}, \tag{4.1}$$

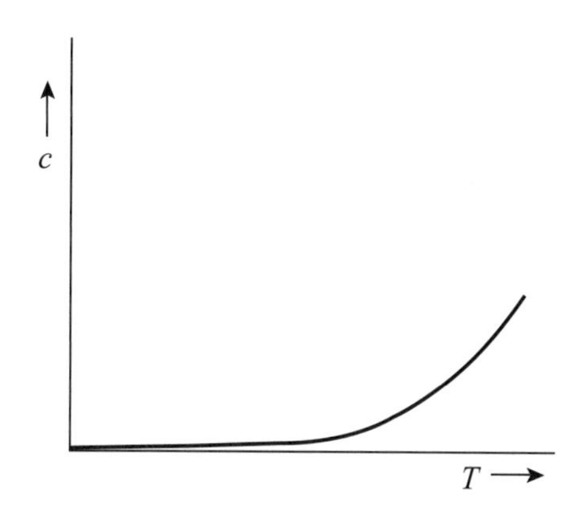

그림 4.5 • 평형 공격자점 농도. 열적 평형에 있는 공격자점 농도는 식(4.1)에 따라 온도가 증가함에 따라 지수적으로 증가한다.

표 4.2 • 구리에서의 평형 공격자점 농도

T, °K	c	T, °K	c	T, °K	c
0	0	400	8×10^{-11}	900	1×10^{-5}
50	2×10^{-87}	500	5×10^{-9}	1000	4×10^{-5}
100	1×10^{-44}	600	2×10^{-8}	1100	1×10^{-4}
200	1×10^{-22}	700	2×10^{-7}	1200	2×10^{-4}
300	2×10^{-15}	800	3×10^{-6}	1356(융점)	6×10^{-4}

여기서 c는 주어진 온도 T(절대온도로 표현*)에서 특정한 형태의 점결함의 평형 분율(fraction)이다. 그리고 Q는 결함의 생성에너지이고, R은 일반 기체상수(R = 1.98cal/mol-°K)이다. 결함의 농도는 그림 4.5에서처럼 온도에 따라 지수적으로(exponentially) 변한다. 구리의 경우, 계산된 공격자점의 분율의 값들이 온도의 함수로 표 4.2에 열거되어 있는데, 공격자점의 생성에너지는 Q = 20,000 cal/mol을 갖는다. 이런 공격자점 농도는 처음에는 작은 것 같지만 체적 $47\times10^{-24}cm^3$의

* 절대온도치는 두 가지가 있다. 하나는 화씨 그리고 하나는 섭씨온도이다. 그것은 각각 란카인(Rankine) 치수와 켈빈(Kelvin) 치수이다. 절대온도로의 변환은 다음과 같다:

$$T(°R) = T(°F) + 460, \quad T(°K) = T(℃) + 273.$$

단위격자 당 4개의 원자, 혹은 $1cm^3$당 8.5×10^{22}개의 원자가 있다고 생각할 때, 1000℃에서는 $1cm^3$ 당 34×10^{17}개의 공격자점이 있다. 우리는 적절한 생성 에너지를 사용하여 비슷한 방식으로 다른 점결함의 평형농도를 계산할 수 있다.

4.6 선결함(line defects)

일차원의 결함들은 전위들이다. 전위에는 칼날전위(edge dislocation), 나사전위(screw dislocation), 혼합전위(mixed dislocation) 등이 있다. 혼합전위는 나사전위와 칼날전위의 양쪽 두 성분을 모두 포함한다. 전위는 변형(deformation)에 매우 큰 역할을 한다.(5장에서 논의될 것이다.) 그리고 전위는 결정립계에서 하나의 결정 방향에서 다른 방향으로 천이(transition)하는데 영향을 준다. 우리는 일반적으로 먼저 전위에 대해 논의하고, 결정립계를 구성하는데 전위의 역할을 생각해 보자.

4.6.1 칼날전위(edge dislocation)

전형적인 칼날전위가 그림 4.6에 보여지고 있다. (a)에 있는 결정의 아래 절반은 여덟 개의 단위격자를 가진다. $-x$ 축을 따라 세었을 때 결정의 위 절반도 똑같은 수이다. 중요한 특징은 결정의 위 부분의 여덟 개의 격자가, 결정의 아래 절반에 단지 일곱 개의 단위격자에 의해서 차지된 공간과 똑같은 공간으로 비집고 들어간 점이다. 이것은 결정의 위 절반에 여분의 절반면을 생성하고 칼날전위를 형성한다. 그림 4.6(b)는 xz면에 있는 칼날전위의 측면을 보여준다. 전위에 가장 근접해 있는 원자면은 가장 많은 양의 변형을 겪으며, 여분의 절반면으로부터의 거리가 증가할수록 변형은 감소하게 된다.

칼날전위는 여분의 절반면의 위치에 따라 양 또는 음으로 표시된다. 만약에 그것이 결정의 위 절반에 있다면, 전위는 양으로 간주되고, 결정의 아래 절반에 있으면 전위는 음으로 간주된다. 그림 4.6(b)에 보여진 전위는 위의 관례에 따라 양의 칼날전위(positive edge dislocation)이다.

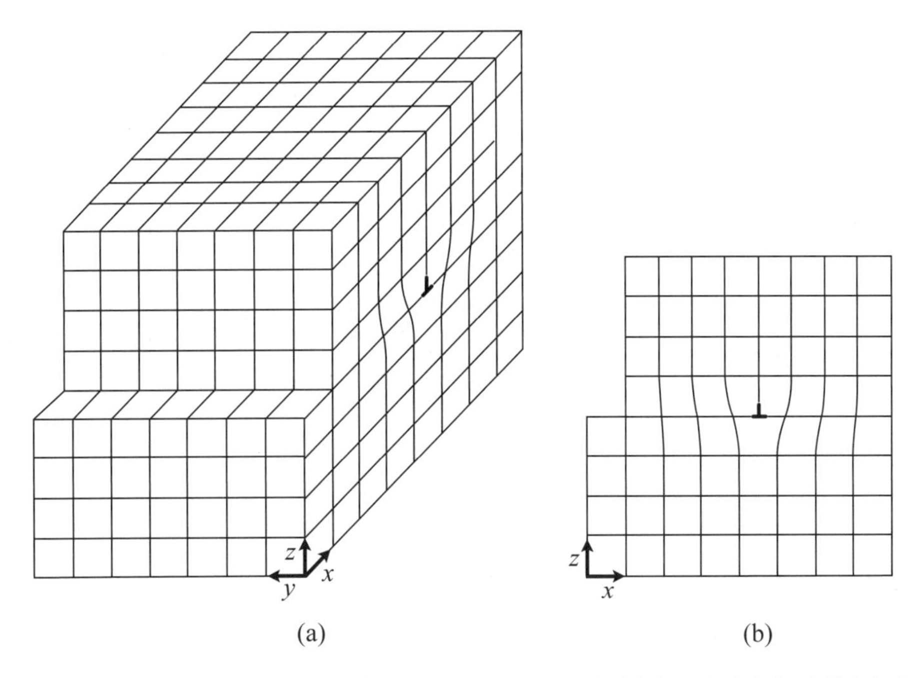

그림 4.6 • 칼날전위(edge dislocation). 깊이 방향으로 8개의 단위격자로 된 결정이, 결정(여덟 개의 격자를 포함하고 있는)의 위 절반이 평소 일곱 개의 격자에 의해 차지되는 것과 같은 아래의 공간으로 비집고 들어가는 방식으로 변형된다면, 여분의 절반면이 형성된다(a). 이것이 칼날전위를 발생시킨다. 여분의 절반면을 포함하는 결정 표면의 모양이 (b)에 보여졌다.

4.6.2 나사전위(screw dislocation)

그림 4.7은 나사전위를 보여준다. 이러한 형태의 전위는 나머지 절반면을 포함하지는 않지만, 대신에 결정의 절반의 변위를 포함하여 오름면(ramp)을 형성한다. 만약 점 1에서 출발하여 결정의 가장자리를 따라 반시계방향으로 간다면, 점 1로 돌아오지 못할 것이다. 그러나 결정의 완전한 회로를 만듦으로써 점 2로 돌아올 것이다. 시계방향으로 설정된 비슷한 회로는 점 3, 즉 시작점 한 층 아래에서 끝나게 될 것이다. 나사전위는 반시계방향으로의 움직임이 관찰자 쪽으로의 축을 따라 움직이면 양으로 정의된다. 그리고 관찰자에서 멀어지면 음으로 정의된다. 그림 4.7에서 보여진 전위의 부호는 무엇이 될까?

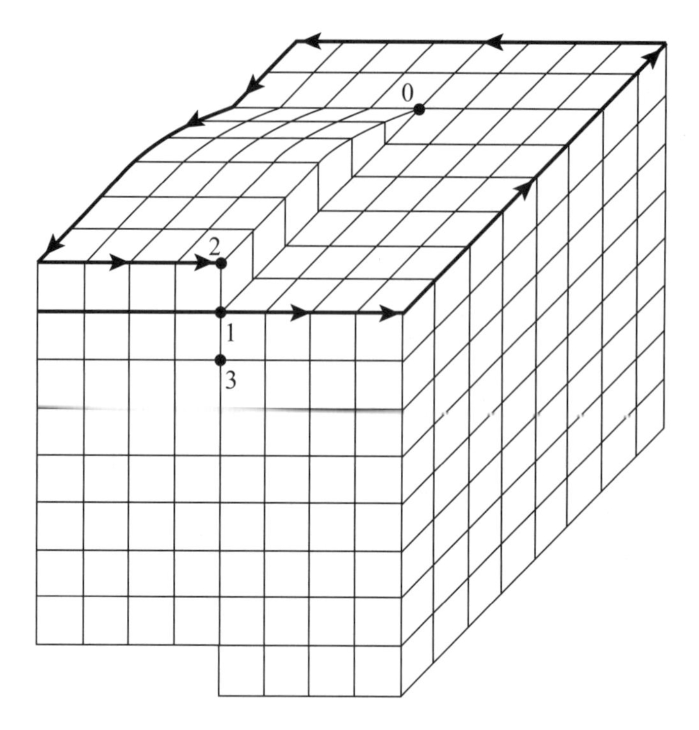

그림 4.7 • 나사전위. 만약에 결정이 013면을 따라 잘라지고 두 부분이 1–2방향으로 한 개의 원자 간격만큼 옮겨진다면 나사전위가 존재한다. 그렇게 되었을 때, 점 1에서 시작하여 점 0에 대하여 반시계방향으로 돌아 출발점보다 한 간격 위에 있는 점 2에서 끝날 것이다. 만약 시계방향으로 도는 경로를 따르면 한 간격 아래인 점 3이 종점이 될 것이다.

4.6.3 전위선(dislocation lines)

전위선은 칼날전위의 여분의 절반면(그림 4.6에서 y축을 따라 확장되는)에서 끝에 있는 원자들 모두를 연결한 선이다. 나사전위(그림 4.7)에 있어서 전위선은 나사의 축이다. 이 선은, 만약 그것이 한 결정립 안에 완전히 존재한다면 반드시 닫힌 곡선이어야 하고, 또는 입계나 외부 표면과 교차하면 거기에서 끝날 수도 있는 것으로 정의되어야 한다.

4.6.4 버거스 벡터(Burgers vector)

전위가 결정면의 주어진 구간을 교차하느냐 않느냐를 확인하는 한 가지 방법

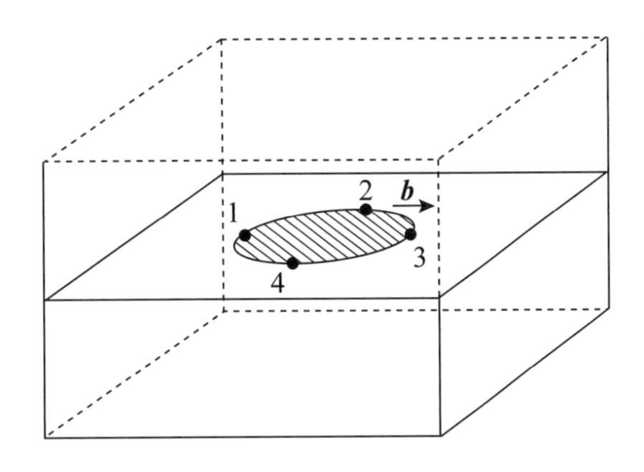

그림 4.8 • 전위선(dislocation line). 전위선은 일정한 Burgers 벡터로 닫힌 곡선이다. 이 그림에 보여진 전위선은 점 2 및 4에 있는 선과 평행하고 점 1 및 3에 있는 선과 수직인 Burgers 벡터를 가지고 있다. 그 전위는 점 2와 4에서 순전한 나사 형태이며 1과 3에서는 순전한 칼날 형태이다. 그것이 섞여있는 곳이면 어디든지 – 일부는 칼날, 일부는 나사 형태이다.

은 그 면에 Burgers 회로를 그려보는 것이다. Burgers 회로는 시계방향으로 최인접 단차를 따라 구성된다. 그런데 그것은 다음의 요구사항들을 만족시키는 방안으로 구성된다. 즉, 그 주변을 따라 결함과 교차하지 않으며, 만약에 완전한 결정 내에서 구성된다면, 그 형태와 크기가 닫힐 수 있어야 한다. 그림 4.9(a)는 완전한 격자에서 Burgers 회로를 구성하는 몇 가지 방법들을 예시한다. 만약에 그것이 완전한 격자 내에서 닫혀진다면, 즉 점1과 1′이 일치한다면 그 회로는 어떠한 크기로든 정사각형이나 직사각형이 될 것이다.

만약 우리가 전위를 포함하고 있는 것으로 의심되는 결정의 구간에 대하여 Burgers 회로를 구성한다면, 우리의 의심이 타당한 한 그 회로는 닫히지 않을 것이다. 그림 4.9(b)는 이러한 형태의 회로를 예시한다. 그곳에는 끝단 전위가 Burgers 회로 주변 내의 면을 교차한다. 그 회로는 한 면이 세 원자 간 거리인 정사각형 형태로 그려진다. 그리고 점 1에서 점 2, 3, 4, 그리고 점 1′에서 끝나도록 시계방향 모양으로 구성된다. 처음과 끝 점 1과 1′은 일치하지 않는다. 그리고 Burgers 회로를 완성시키기 위하여 점 1′으로부터 점 1까지 벡터가 구성된다. 이것이 Burgers 벡터 **b**이다. Burgers 벡터는 이 책의 지면과 수직인 칼날전위(여

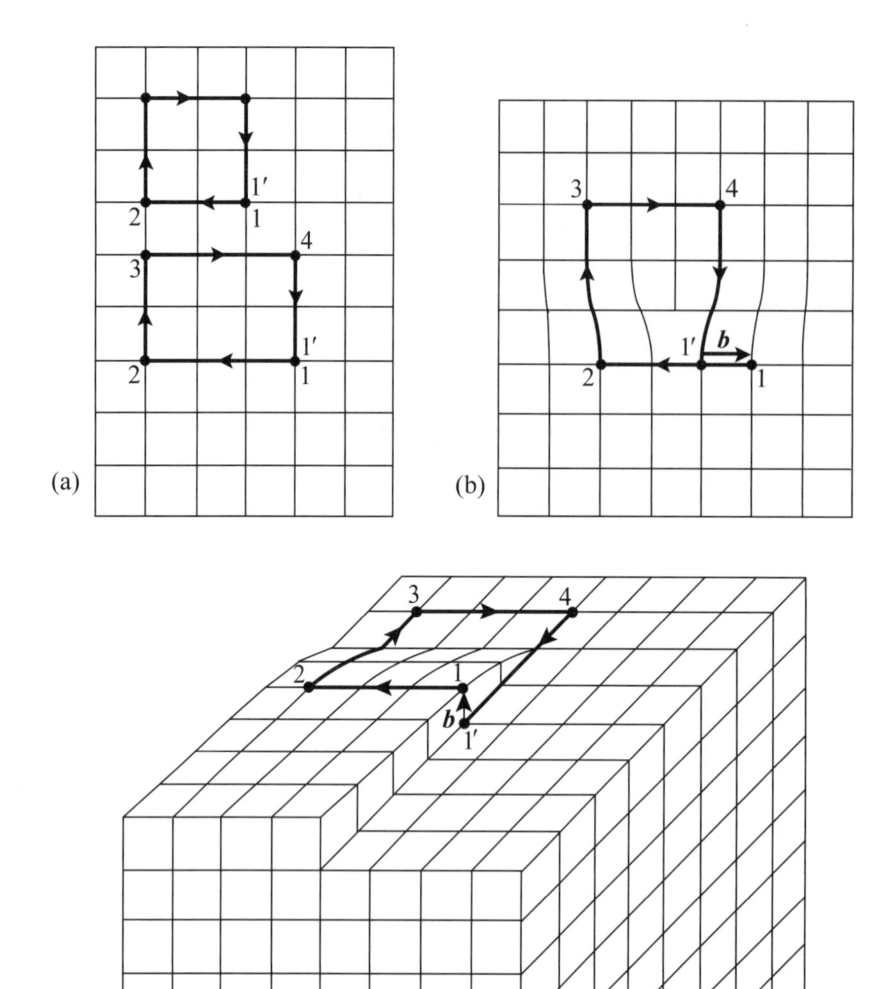

그림 4.9 • 버거스 벡터. 만약 (a)에서와 같이 전위가 없는 격자 안에서 Burgers 회로가 기술된다면, 그 회로는 스스로 닫힌다. 그 회로는 점 12341′을 따른다. 여기서 1과 1′은 서로 일치한다. (b) 만약 칼날전위가 회로 내에 포함된다면, 그것은 닫히지 않는다. 그리고 점 1과 1′은 일치하지 않는다. 회로를 닫는데 영향을 미치는 Burgers 벡터는 점 1′에서 1까지의 벡터다. 칼날전위에 있어서는, Burgers 벡터는 전위선에 수직이다. (c) 나사전위의 Burgers 벡터는 전위선과 평행이다.

분의 반쪽 면의 끝)의 전위선과 수직이다. 이러한 모양으로 방향 잡아진 Burgers 벡터는 양(positive)으로 간주된다. 그리고 칼날전위는, 우리가 위에서 언급하였던 것과 같이 여분의 절반면이 결정의 위 반쪽에 포함되어 있을 때 양으로 불리어진다.

나사전위의 Burgers 벡터는 그림 4.9(c)에서와 같이 Burgers 회로를 구성함으로서 찾아질 수 있다. 이 회로는 한 변이 세 원자 간격인 정사각형이다. 그것은 점 1에서 2, 3, 4, 그리고 1′으로 시계방향 모양으로 구성된다. 전위선 둘레 회로를 따름으로서, 우리는 나사의 나선 한 층 아래에 있음을 발견한다. 나사전위의 Burgers 벡터는 점 1′으로부터 점 1까지 그려졌다. 그러므로 그 회로를 완성하면서 나사전위의 Burgers 벡터는 전위선과 수직인 칼날전위의 Burgers 벡터와는 달리, 전위선(나사 축)과 평행이다. 나사전위는 반시계방향 회전이 나선을 따라 위로 향하게 한다면 양으로 간주되므로, 만약 나사전위의 Burgers 벡터가 축을 따라 위로 향하였다면 그것은 양이다.

만약 우리가 나사 및 칼날전위를 모두 가지고 있는 결정의 구간에 대하여 Burgers 회로를 구성한다면, Burgers 벡터는 회로 내의 각 개개의 전위들과 관련된 Burgers 벡터의 벡터합이다. 예를 들어 전위선이 서로 평행하고 칼날전위와 나사전위를 포함하는 Burgers 회로의 경우를 생각해 보자. 칼날전위의 Burgers 벡터는 나사전위의 Burgers 벡터와 수직이다. 그러므로 이렇게 서로 수직인 벡터들의 합은 전위선에 수직이지도 평행하지도 않는 벡터들이다.

평행한 전위선과 똑같은 형태의 양 혹은 음 전위 양쪽을 지니고 있는 영역을 포함하는 Burgers 회로는 닫힐 것이다. 이것은 전체 회로의 Burgers 벡터는 각각의 Burgers 벡터(하나는 양 다른 하나는 음)의 합과 같기 때문이다. 그러므로 전체 Burgers 벡터는 영이 될 것이다. 부호가 같은 두 개의 전위가 존재하고, 회로의 Burgers 벡터는 전위선들이 평행하다면, 각각의 전위의 그것의 두 배가 될 것이다. 같은 형태지만 반대 부호를 지닌 두 개의 전위는 서로 상쇄되어서 완전한 결정성(crystallinity)을 남긴다.

전위선은 흔히 칼날전위와 나사전위로 혼합되어 있다. 그림 4.8에서 보여준 전위선은 Burgers 벡터 **b**를 가지며, 점 1과 3에서 순수한 칼날전위, 점 2와 4에서 순수한 나사전위를 나타낸다. 이것은 Burgers 벡터는 칼날전위선에 수직이고, 나사전위선에 평행하다는 기준을 적용함으로써 얻어진다. 이것은 위에 언급한 4개의 점의 경우이다. 전위선의 모든 다른 점은 Burgers 벡터가 전위선에 평행하지도 수직하지도 않기 때문에, 존재하는 나사전위와 칼날전위의 성분으로 섞여 있다.

4.7 표면결함(surface defects)

표면결함은 이차원 결정결함(crystalline imperfection)이다. 표 4.1은 이러한 결함의 두 가지 형태이다: 결정립계와 쌍정. 먼저 다른 배향(orientation)을 지닌 두 개의 결정립 사이의 계면의 성질을 생각해 보자. 우리는 4.3절에서 bicrystal을 형성시키는 두 개의 단결정의 결합을 논의하였다. 이제 결정립계의 원자적 성질을 생각해 보자.

4.7.1 결정립계

결정립계의 성질에 대한 초창기 이론은 비정질-시멘트 이론(amorphous-cement theory)으로 결정립은 비정질인 시멘트에 의해 결합되어진다는 이론이다. 이 이론은 계면을 사이로 어떠한 상호 원자 간 결합 없이, 서로 다른 배향의 결정립이 서로 접합하는 것을 허용한다. 그러한 비정질 층은 가장 감도 있는 기술로도 감지될 수 없다는 사실이 나중에 알려지고 나서 그 이론은 폐기되었다.

천이격자이론(transition lattice theory)은 결정립계는 하나의 결정립에서 다른 것으로 배향이 점차 변하는 확연한 영역(finite region)이라는 것이다. 이 이론은 좀 더 호의적인 이론들에 의해 외면당해 왔지만, 어떤 경우에는 이 천이격자이론이 유효할 것이라는 느낌은 아직도 있다.

결정립계의 전위이론(dilocation theory of grain boundaries)은 결정립계의 가

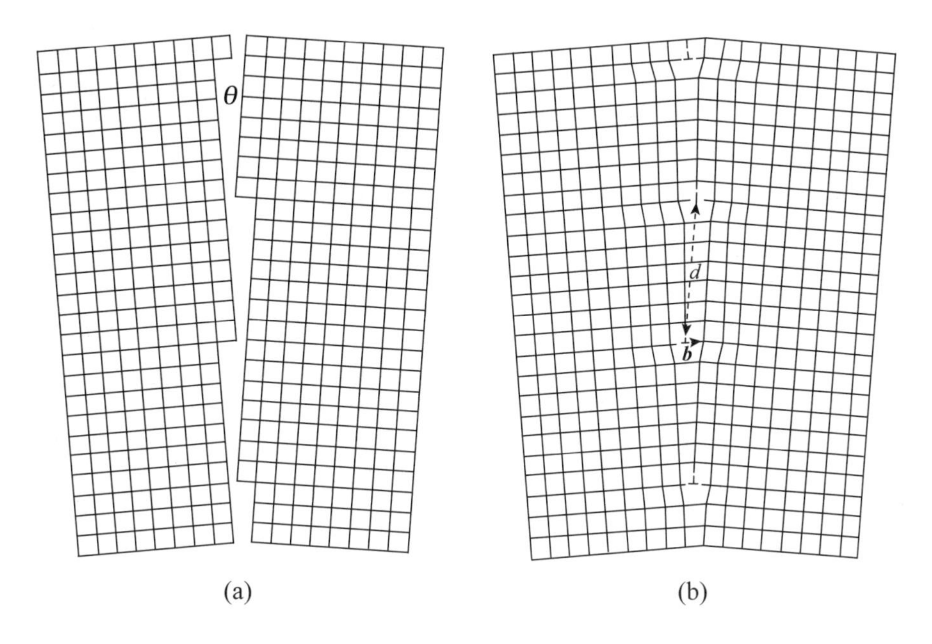

그림 4.10 • 결정립계의 전위 모델. θ의 배향 차이를 지닌 2개의 결정립이 (a)에 보여지고 있다. 두 개의 결정이 쐐기 형태의 교차점을 형성하기 때문에, 원자의 어떤 줄은 완전한 그들의 길이대로 뻗을 수 없다. 그래서 (b)와 같은 전위 그림을 나타낸다. 여기서 여분의 반쪽 면은 칼날전위를 구성하고 단순 경사계면(tilt boundary)을 형성한다.

장 정확한 그림을 제공해 주는 것으로 현재 받아들여지고 있다. 이제 우리는 배향에서 약간의 차이를 나타내면서 이결정(bicrystal, 그림 4.10a)을 형성하면서 성장해온 두 개의 결정을 통해 결정립계의 전위 그림을 논의해 보자. 결정립이 성장하여 서로 가까워질수록 단위격자의 어떤 열(row)은 성장에 제한을 받아서 결정 표면의 전체 길이로 확장하지 못한다. 여기서 원자 상호 간 결합은 하나의 결정에서 다른 하나로 확장하게 된다. 결국은 그림 4.10(b)의 배열에 이르게 된다. 이러한 가정적인 모델에서, 이결정(bicrystal) 내에서 소멸하고, 두 개의 결정립 사이에의 쐐기(wedge) 모양의 영역을 채우는 어떤 원자면들이 있다.

이러한 면들은 스케치 상에서 ⊥ 부호로 표시되고, 칼날전위를 뜻한다. 경계의 영역에서 원자는 비틀어진(distorted) 결합에서 본 것처럼 정상적인 위치에서 변위된다(displaced). 그러나 이러한 원자의 변위는 결정립계에 아주 가까운 영역에 제한된다. 계면에서 더 먼 거리에서 정상적인 결정격자는 적절한 배향으로 발견된다. 이러한 모델은 결정립계에서 전위의 존재에 대한 실험적 증거 때문에 현재 받아들여지고 있다.

4.7.2 낮은각 결정립(low-angle grain boundaries)

그림 4.10에 보여진 결정립계는 배향 차가 작기 때문에 낮은각 결정립이라 한다. 경계는 두 개의 결정립 사이에서 θ°의 차이가 있기 때문에 간단한 경사각으로 분류된다. 결정립은 나머지 절반면을 포함하고, 이것은 4.10(b)에서 보여진 것처럼 칼날전위로 구성되어 있다. 두 개의 결정립이 오직 비틀림에 의해 달라진다면, 경계는 나사전위로 구성되어 있다. 우리는 단순경사계면(simple tilt boundaries)의 경우로 자세히 생각해 볼 수 있지만, 똑같은 방법으로 비틀림계면(twist boundaries)에도 적용해 볼 수 있다.

결정립계의 단위길이 당 전위의 수는, 계면의 어느 한 쪽에서의 두 격자의 배향차 각도(angle of misorientation)에 의존한다. 쐐기(wedge) 형태로서(그림 4.10a) 이러한 상황을 생각해보면, 우리는 쐐기 형태가 넓어지면 넓어질수록 그것을 채우는데 필요한 여분의 절반면이 더 필요해지게 된다는 것을 알 수 있다. 그러므로, 각 θ가 증가하면 할수록 전위의 수는 증가한다. 전위 사이의 거리가 d, 상호 원자 거리가 b라면

$$\frac{b}{d} = \tan\theta. \tag{4.2}$$

낮은각 계면에 대하여 θ가 작기 때문에, 다음과 같이 어림잡는다.

$$\frac{b}{d} \approx \theta. \tag{4.3}$$

또는

$$d \approx \frac{b}{\theta}. \tag{4.4}$$

여기서 θ 는 라디안(radian)으로 표현된다. 그러므로 전위의 분리거리 d는 위에 보여진 단순 쐐기 형상 그림에 의해 정성적으로 예견된 배향 차 각도에 반비례하게 된다.

4.7.3 낮은각 결정립계의 에너지

낮은각 결정립계의 에너지에 대한 첫 번째 접근은 계면을 구성하는 각각의 전위가 똑같은 에너지를 가지며, 전위 에너지는 각 θ에 의존하지 않는다는 가정에 기초할 수 있다. 이러한 가정을 세우고 σ' 이 다음과 같은 단결정의 에너지라면,

$$\alpha' = \text{상수}, \tag{4.5}$$

계면의 단위길이 당 $1/d$ 개의 전위가 있고, 결정립계 에너지 σ' 는

$$\approx \frac{\sigma'}{d}, \tag{4.6}$$

이다. 식(4.4)에서 d 값을 식(4.6)에 대입하면 다음을 얻는다.

$$\sigma \approx \sigma' \left(\frac{\theta}{b}\right), \tag{4.7}$$

그리고 그림 4.11에 보여진 것처럼 결정립 에너지는 배향 차 각도에 직선 함수

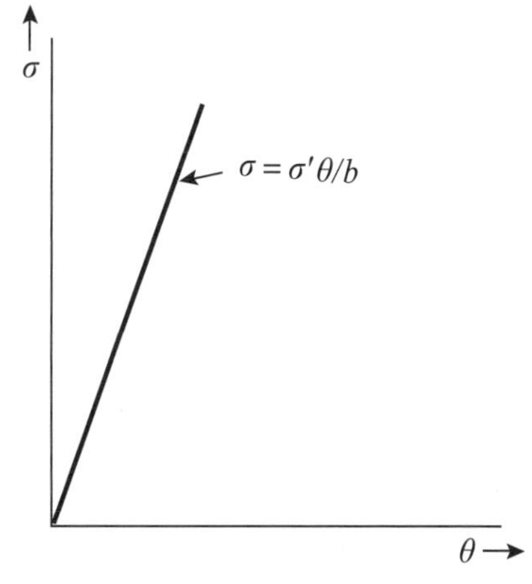

그림 4.11 • 결정립계 에너지: 일차 근사치. 결정간 배향 차 각도 θ에 대한 결정립계 에너지 σ의 의존성에 대한 1차 근사값은 σ ≈ σ′θ/b의 관계로 직선 함수관계이다.

이어야 한다.

이러한 접근방법은 각각의 전위에너지는 θ에 의존하지 않는다는 식(4.5)의 가정의 취약점으로 인해 무리가 따른다. 본 과정의 영역을 넘어서 보다 정확한 분석은 각각의 전위에너지는 다음과 같이 배향 차 각도에 의존하는 것을 보여준다.

$$\sigma = a(A - \ln\theta), \tag{4.8}$$

여기서, a와 A는 상수이다.* 만약 σ' 값을 식(4.6)에 대입하면

$$\sigma = \sigma_0 \theta (A - \ln\theta), \tag{4.9}$$

이 되고 거기서

$$\sigma_0 = \frac{a}{b} = \text{상수}. \tag{4.10}$$

이다.

이러한 결정립계 에너지의 배향 차 각도에 대한 의존성은 그림 4.12에 나타나 있고 실험적 결과와 일치한다. 이 그래프로부터 결정립계 에너지는 θ가 증가함에 따라 급격히 증가하며 최댓값에 도달하고, 그리고 다시 떨어짐을 알 수 있다.

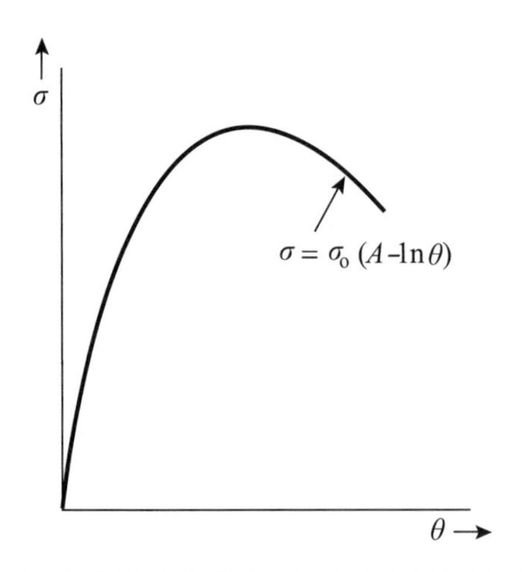

그림 4.12 • 각의 함수로서 결정립계 에너지. 배향 차 각도 θ의 함수로서 결정립계 에너지는 $\sigma = \sigma_0\theta(A - \ln\theta)$의 관계와 일치하는 것으로 알려져 있다. 이것은 낮은 각에서는 직선적인 접근법과 일치한다. 그러나 결정립계 에너지는 최댓값에 이르러서는 단순 접근과는 반대로 다시 떨어진다.

* 정확한 해석에 대한 상세한 언급은 W. T. Read, *Dislocations in Crystals*, McGraw-Hill, New York, 1953, Section 11.4를 참고하시오.

이러한 최댓값은 10-30° 정도 각도에서 최대가 되며 재료에 크게 의존한다.

4.7.4 쌍정입계(twin boundaries)

표 4.1에 나타나 있는 표면결함의 두 번째 형태는 쌍정입계이다. 그림 4.13은 전형적인 쌍정을 나타낸다. 입계면의 왼쪽 결정이 기본 결정이다. 성장이 진행하는 동안 쌍정들이 때때로 형성되고, 보통의 격자는 연속되지 않는다. 그 대신에 쌍정입계가 거울면과 같이 작용하는 정상격자의 거울상(mirror image)이 형성된다. 이것이 계면의 오른쪽에 있는 쌍정(twin)이다.

왼쪽에서의 어떠한 점(보통격자에서)들도 입계에 대해서 쌍정격자 내에 대응되는 점들을 형성하여 대칭이 된다. 즉, 점 *A*는 점 *A′*에 대응하고 점 *B*는 점 *B′*와 대응한다. 보통 격자는 입계에서 멈춰지고, 쌍정이 시작되기 때문에 쌍정입계는 두 배향(orientation) 사이에서 면을 형성한다.

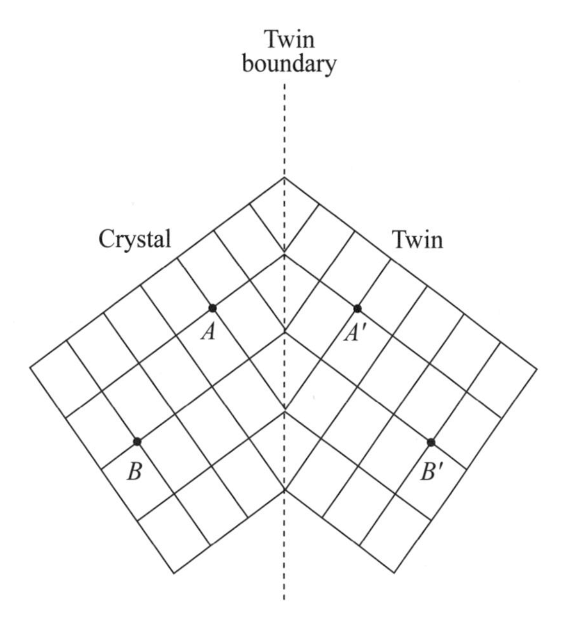

그림 4.13 • 쌍정입계(twin boundary). 쌍정입계는 쌍정으로부터 왼쪽과 오른쪽 부분으로 결정을 나눈다. 쌍정은 결정의 거울상이다; 즉, 결정의 점 *A*는 쌍정의 점 *A′* 으로 되고, 점 *B* 는 점 *B′* 등등으로 된다.

4.8 체적결함(volume defects)

삼차원 혹은 체적결함들은 두 가지 형태가 있다: 이 결함들은 재료 내에 존재하는 개재물(inslusion)이나 공극(void)을 지닌다. 보통 개재물이나 공극은 불순물 원자들이나 공격자점과 같은 점결함들보다 더 큰 크기로서 고려된다; 하지만 제한된 범위 내에서 체적결함들은 점결함으로 축소된다. 개재물은 유입된 재료의 일부분, 즉 불순물의 큰 조각이다. 공극이나 기공은 보통 응고 과정 중에 유입된 기포에 의해 유발된 빈 공간이다.

4.9 표면에너지(surface energy)

지금까지 다결정 재료의 구조를 더욱 완전히 이해하기 위하여 결정학적인 결함들을 고려했었다. 이제는 결정립계의 원자 그림으로부터 그런 계면에 좀 더 거시적으로 접근하는 것이 편리하다 – 즉, 표면에너지적 접근이다.

표면에너지를 모르면서도, 여러분들은 어린 시절에 표면에너지 혹은 표면장력 현상을 보아왔었다. 비눗방울이 좋은 예이다 – 비누 막은 너무 얇아서 우리는 그것을 표면으로 생각할 수 있다. 기포의 형상은 에너지(이 경우 표면에너지)의 증가로 인한 새로운 표면이 생성된다는 사실에 의해 결정된다. 단위부피 당 최소 표면양을 지닌 형태가 안정할 것이다. 구는 단위부피 당 최소 표면을 가지는 특징을 지니고 있다. 이는 경험에 의해서도 알 수 있다 – 정육면체의 기포는 결코 본 적이 없을 것이다. 오직 구형의 기포만을 볼 수 있다. 정육면체의 표면 – 부피 비와 구의 표면-부피 비를 비교해 보겠다. 정육면체의 부피 S'은

$$S' = 6a^2, \tag{4.11}$$

이며, 여기서는 정육면체의 모서리의 길이이고, 정육면체의 부피 V는

$$V' = a^3, \tag{4.12}$$

이다. 따라서 표면 – 부피 비는

$$\frac{S'}{V'} = \frac{6}{a}. \tag{4.13}$$

이다. 구에 대해서 표면적 S는 다음과 같다.

$$S = 4\pi a^2, \tag{4.14}$$

여기서는 구의 반지름이고, 부피 V는 다음 관계에 의해서 주어진다.

$$V = \frac{4}{3}\pi a^3. \tag{4.15}$$

따라서 표면 - 부피 비는 다음과 같다.

$$\frac{S}{V} = \frac{3}{a}. \tag{4.16}$$

식(4.16)에서 주어진 것처럼 구의 단위부피 당 표면적의 값은 식(4.13)에 의해서 주어진 것처럼 정육면체 경우의 값의 절반이다. 어떠한 삼차원 형상도 구보다는 더 큰 표면-부피 비를 가진다.

4.9.1 젖음(wetting)과 안젖음(non-wetting)

여러분은 자동차의 덮개 위의 빗방울의 형태를 본적이 있습니까? 빗방울의 형태는 자동차의 표면이 왁스 칠이 되어있는지 또는 그렇지 않은 지에 달려있다. 만약 표면에 왁스 칠이 되었다면, 그림 4.14(a)에 나타난 것처럼 빗방울은 구

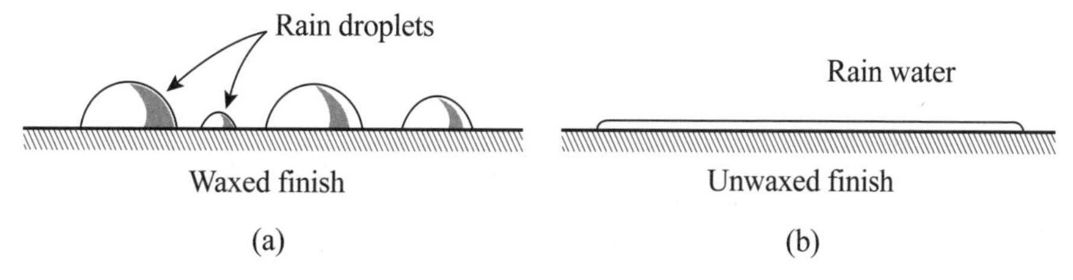

그림 4.14 • 자동차 위의 빗방울. 자동차 위 빗방울의 존재는 자동차가 왁스 칠이 되어있는지 아닌지에 대한 지식으로 유도한다. 물방울은 완전히 왁스 칠 되어 있는 부분은 적시지 않지만(a), 왁스 칠이 되어있지 않은 부분은 적신다(b).

형태의 일부분을 띨 것이다; 반면에 자동차가 비눗물로 세차되었다면(이는 오래된 왁스를 제거하는 것이다), 물방울은 표면에 넓게 퍼질 것이다(그림 4.14b). 이는 물이 왁스 칠이 되어있지 않은 곳에서는 적시지만, 왁스 칠이 되어있는 부분은 적시지 않음을 의미한다. 이 차이는 물, 차의 표면, 공기의 표면장력 특성에 기인한다.

4.9.2 세 개의 불용성 액체(immiscible liquid)가 관여된 표면장력

생각해 볼 만한 가장 일반적인 경우는 세 개의 불용성 액체들(서로 다른 것에 용해되지 않는 액체들)이다. 그림 4.15는 그러한 시스템을 보여준다. 액체 3의 작은 방울이 액체 1과 2 사이의 계면에 위치해 있다. 이러한 배열은 세 액체들의 밀도에 의해서 유지된다 – 액체 3의 밀도는, 액체 1의 밀도보다는 작고 액체 2의 밀도보다는 커야 한다. 액체 3의 방울 형태는 표면장력에 의해서 결정되어진다. 만약 우리가 액체 3의 방울에 작용하는 표면장력을 고려한다면(그림 4.16a), 힘의 상태는 그림 4.16(b)에 보여진 것과 같다. 표면장력들은 접촉점에서 액체들 사이의 표면들에서 그려진 접선 벡터들이다. 그리스 문자 σ는 표면장력을 나타내고, 아래첨자들은 힘 벡터 양쪽의 두 액체를 나타낸다. 이러한 상황은 한 점에 σ_{12}, σ_{23}, σ_{13} 크기의 추를 메달아 서로 묶은 세 개의 실과 유사하다. 그 실들에 추가 가해짐에 따라 세 실의 교차점은 유지된다.

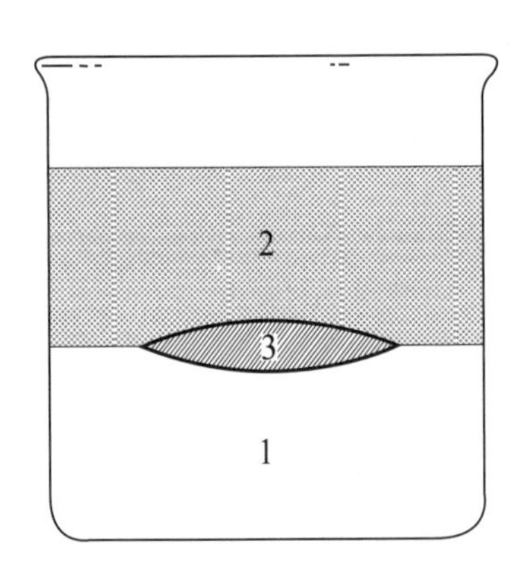

그림 4.15 • 세 개의 불용성 액체. 만약 세 개의 불용성 액체가 한 용기 안에 존재하고, 액체 3이 액체 1과 액체 2 사이의 비중을 가진다면, 액체 3은 액체 1과 액체 2의 계면에서 방울형태일 것이라고 가정된다. 정확한 형태는 관계된 표면장력들에 의해서 결정된다.

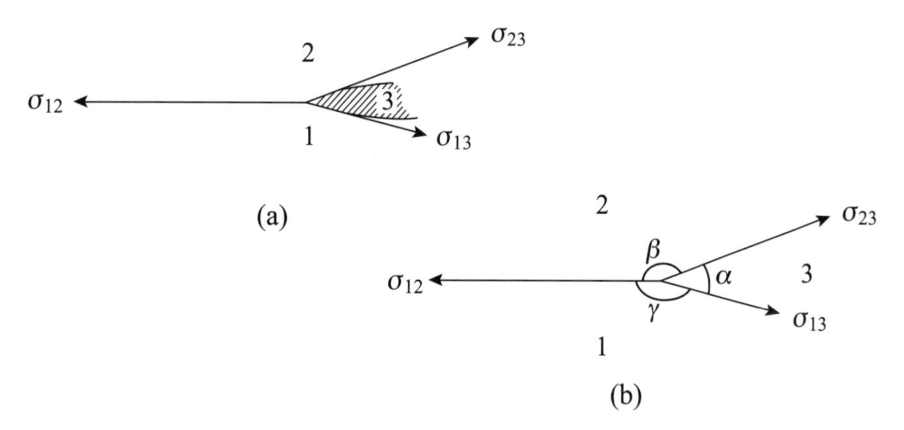

그림 4.16 • 힘의 평형. 세 개의 불용성 액체. 그림 4.15에서 보여진 시스템에서 포함된 표면장력들은 세 액체들의 접점을 원점으로 하는 벡터이며, 계면에서의 접선들이다. (a)에서 세 벡터들은 다음과 같다; 액체 1과 2 사이의 계면을 따른 σ_{12}, 액체 2와 3 사이의 계면을 따라 σ_{23}, 액체 1과 3 사이의 계면을 따라 σ_{13} 이다. 이 힘들 사이의 각은 (b)에 나타나 있다. α는 σ_{12}의 반대 각이고, β는 σ_{23}의 반대 각이며, γ는 σ_{13}의 반대 각이다.

그 후에 이 점에서의 고정을 풀면, 기계적인 평형이 이루어질 때까지 추들은 위아래로 움직인다. 이때는 실로 이루어진 시스템의 중심점이 안정한 것 같이 그 추들이 안정한 상태로 남아있는 때이다. 그림 4.15의 세 액체 시스템의 기계적 비유가 그림 4.17에 예시되어 있다. 평형은 다음의 조건에서 이루어진다.

$$\frac{\sigma_{12}}{\sin\alpha} = \frac{\sigma_{13}}{\sin\beta} = \frac{\sigma_{23}}{\sin\gamma}. \tag{4.17}$$

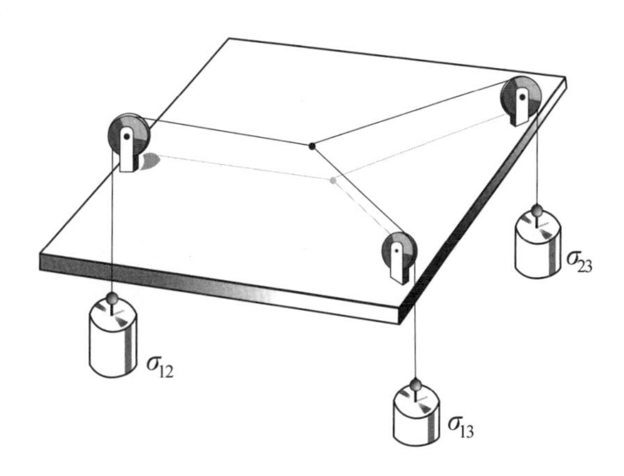

그림 4.17 • 그림 4.15의 역학적인 분석. 세 표면장력들 사이의 힘의 균형은 역학적인 분석으로 해석될 수 있다. 예를 들어 세 힘들 사이의 역학적인 평형. 이런 평형에 대한 해는 그림 4.15의 평형의 해(解)와 같다.

σ_{12}의 값은 액체 1과 2의 화학적 성질에 의존하고, σ_{23}의 값은 액체 2와 3의 성질에 의존하며, 나머지들도 같은 관계이다. 표면장력은 표면 양쪽의 물질의 특성이며 각각의 독립적인 특성은 아니다.

4.9.3 고체의 세 결정립들의 교차점에서의 표면장력

위에서 생각되었던 세 개의 불용성 액체들 대신에 한 고상 재료(solid material)의 세 결정립들을 생각하고 방향에 따른 결정립계 에너지의 변화를 무시한다면 (4.7.3절에서 계산되었던 것처럼), 첫 번째 접근으로서 다음과 같이 가정할 수 있다.

$$\sigma_{12} = \sigma_{23} = \sigma_{13}, \tag{4.18}$$

왜냐하면 재료 1, 2, 3은 같은 물질이기 때문이다. 식(4.18)의 결과를 식(4.17)에 대입한다면, 우리는 다음과 같음을 알 수 있다.

$$\alpha = \beta = \gamma. \tag{4.19}$$

원의 전체 각이 360°이므로, 각 α, β, γ의 합은 다음과 같아야 한다.

$$\alpha + \beta + \gamma = 360^\circ, \tag{4.20}$$

그리고

$$\alpha = \beta = \gamma = 120^\circ. \tag{4.21}$$

그러므로 순수한 고상에서는, 결정립계는 그 사이각이 120°가 되는 방식을 만족해야 될 것이다. 그런 구조를 등축구조(equiaxed structure)라고 한다.

그림 4.18은 등축구조의 이차원 형상을 보여준다. 이 가상적인 단면에서의 결정립은 두 개의 다른 입계와 120°의 각을 이루는 육각형이다.

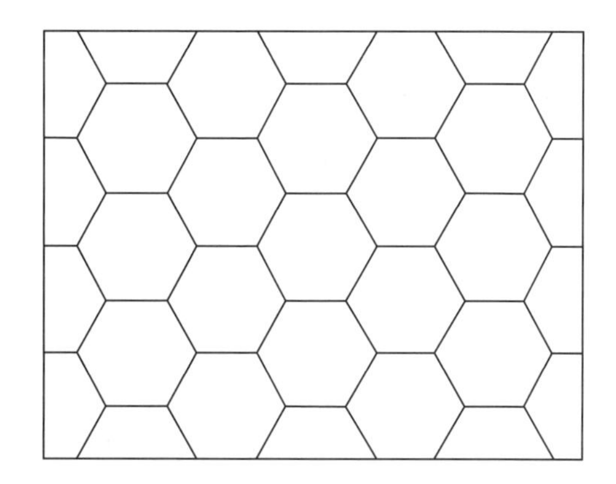

그림 4.18 • 등축결정립 구조(equiaxed grain structure)(이론적). 교차하는 순수한 고체의 세 결정립에 대하여, 세 표면장력들은 거의 같다. 이는 세 각이 각각 120°이어야 하고, 이론적인 등축결정립 구조에서는 육각형 형태가 관찰되어져야 한다는 것을 의미한다.

4.9.4 고액계면(solid-liquid interface)에서의 표면장력

그림 4.16과 같은 방식으로 그린 힘의 도식을 가지고 고체 표면(그림 4.19)에 있는 액체 방울을 생각해보자. 힘 벡터들은 세 표면들의 교차점에서 표면 쪽으로 그려진 접선이다(그림 4.19a). 이 힘의 평형을 계산한다면 수평성분들은 평형이어야 한다(즉, 표면장력의 모든 수평성분들의 합은 0이어야 한다).

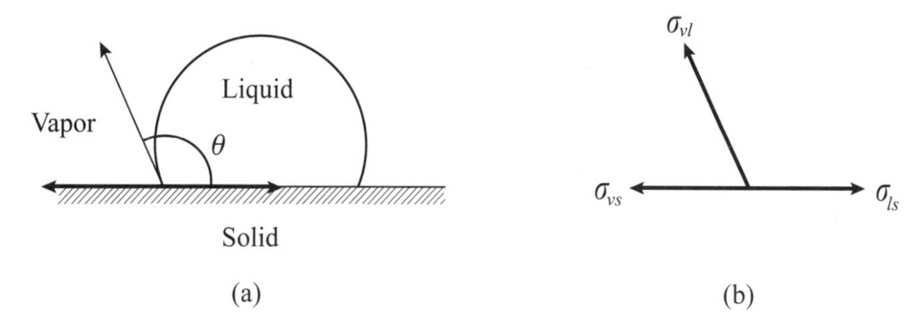

그림 4.19 • 고체 표면에서의 액체방울. 고체 표면에서의 액체 방울은 (a)에서 나타나 있다. 액체 방울(liquid)은 증기(vapor) 그리고 고체(solid)와 평형을 이루어야 하며, 그 힘의 평형은 (b)에 보여졌다. 첨자 *v*, *l*, *s*는 각각 증기, 액체, 고체에 해당한다.

이를 수학적으로 표현하면 다음과 같다.

$$\sigma_{vs} - \sigma_{vl}\cos\theta - \sigma_{ls} = 0, \tag{4.22}$$

여기서 θ 는 와 벡터들 사이의 방울 내에서의 각이다. 이 경우에서의 수직성분들의 합은 0이 아니다; 즉,

$$\sigma_{vl} \sin\theta \risingdotseq 0 . \tag{4.23}$$

으로서, 보통 평형상태로서 존재하는 경우이다. 이는 고체가 단단하고, 표면에 수직한 표면장력이 고체를 변형(distort)시키기에는 단위 상으로 너무 작기 때문이다. 만약 접촉각 θ가 0° 라면 그때에는 표면 전체를 액체가 막으로 덮는다. 그리고 액체가 고체 표면을 적셨다(wet)고 한다. 만약 접촉각 θ가 180° 라면 방울은 오직 한 점에서 고체 표면과 접하며, 이를 적시지 않음(nonwetting)이라고 한다. 원통 속의 수은기둥은 아래로 오목한 반면, 물기둥은 위로 오목한 형태가 되도록 하는 것은 표면장력이다; 즉, 물은 유리를 적시지만 수은은 그렇지 않다.

4.10 금속조직학(metallography)

결정립과 결정립계가 존재하는 조직(structure)의 정도를 어떻게 관찰할 수 있을까? 미세조직(microstructure)이라고 불리는 이런 단위의 조직이 금속조직학의 주제가 된다. 이 분야는 이름에서 암시하듯이 금속뿐만 아니라, 다른 고체 그리고 심지어 액상 물질에 대한 연구까지도 포함한다. 금속조직학자의 주된 장비는 광학현미경*이다. 3.5절에서 언급된 것처럼, 원자 간 거리의 크기보다 큰 파장의 빛을 사용하는 한, 회절효과는 중요하지 않으며 선명한 상을 얻을 수 있을 것이다. 이런 방식으로 광학현미경은 미세조직의 확대된 상을 형성하며, 따라서 관찰자가 볼 수 있다.

4.10.1 투과-광학현미경(transmitted-light microscopy)

현미경의 작동원리는 특수하게 연마된 유리 렌즈를 이용하여 상의 크기를 확

* 광학현미경이란 말은 X-선이나 전자빔과 구분하여, 가시광선을 사용하는 현미경이란 말로 쓰인다. 전자현미경은 다음 과에서 다루기로 한다.

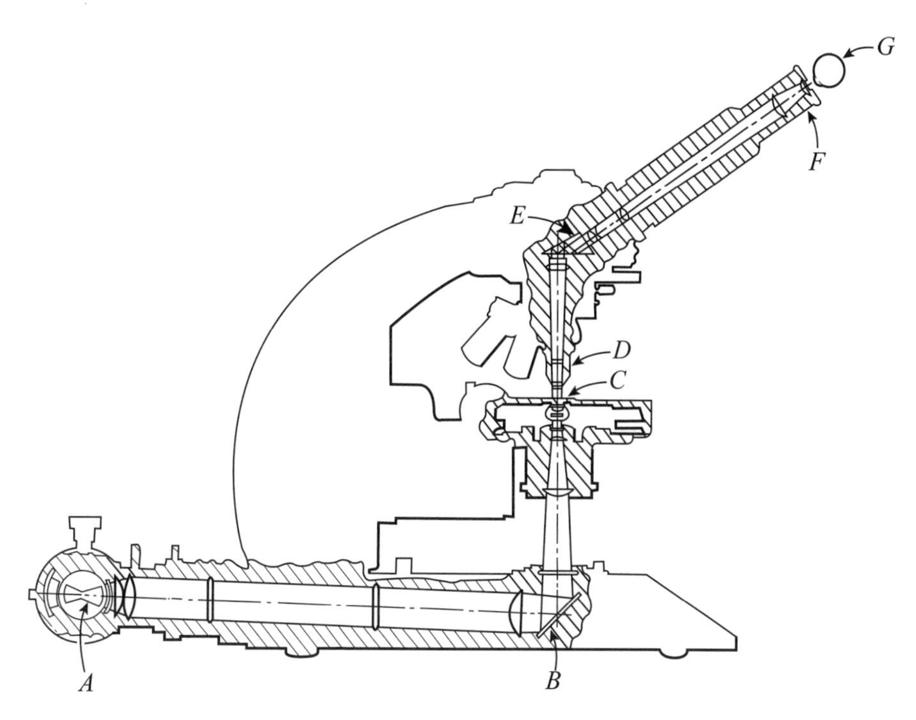

그림 4.20 • 투과-광학현미경(transmitted-light microscopy). 전형적인 투과-광학현미경의 단면도에서, 이런 종류의 현미경의 일반적인 다양한 형상들이 나타나 있다. *A*에서 광원이 *B*에서 반사되는 빛을 방출하고, 시편 *C*를 투과하여 지나간다. 시편의 상은 대물렌즈 *D*에 형성되고, 초점이 맞추어진다. 상은 *E*에서 휘고, 접안렌즈 *F*로 들어온다. 이 렌즈는 시편의 상을 더욱 확대하고, 눈 *G*에 초점을 맞춘다. (이 그림은 William C. Hacker사의 허락을 얻어 게재되었고, Reichert 현미경 그림이다.)

대시키는 것을 포함한다. 생물학이나 의학에서 사용되는 것과 같은 일반적인 현미경은 투과-광학현미경이다(그림 4.20에 개략도로 보여졌다).

조명기(*A*)로부터 빛은 거울(*B*)에 의해서 반사되고, 시편(*C*)를 투과하여 현미경의 대물렌즈(*D*)로 들어간다. 상은 대물렌즈와 접안 렌즈(*F*)에 의해서 확대되고, 관찰자의 눈(*G*)의 망막에 상이 맺히게 된다.

이런 현미경을 이용하기 위해서는 시편은 빛에 투명하여야 한다. 이는 세포 조직, 현탁액 등의 얇은 단면을 이용하는 것들을 다룬다. 플라스틱과 세라믹 또한 얇은 단면으로 잘라서 빛을 투과시켜 관찰할 수 있지만, 일반적인 플라스틱, 세라믹, 금속들의 두께는 너무 두꺼워서 빛이 투과할 수 없기에 다른 기술을 사용하여

야만 한다.

4.10.2 반사-광학현미경(reflected-light microscopy)

많은 재료들은 빛을 투과시킬 수 없기 때문에 투과-광학현미경 대신에 금속학적 혹은 반사현미경(그림 4.21)이 사용된다. 반사현미경 기술의 핵심 부품은 수직조명기(*D*)이다. 이는 빛의 경로에 대해 45° 경사지고, 반 광택이 나는 유리조각이다. 보통의 거울은 빛을 반사하게 설계되고, 그곳으로 입사하는 광선의 대부분이 반사하는 만큼 은빛이 나게 된다.

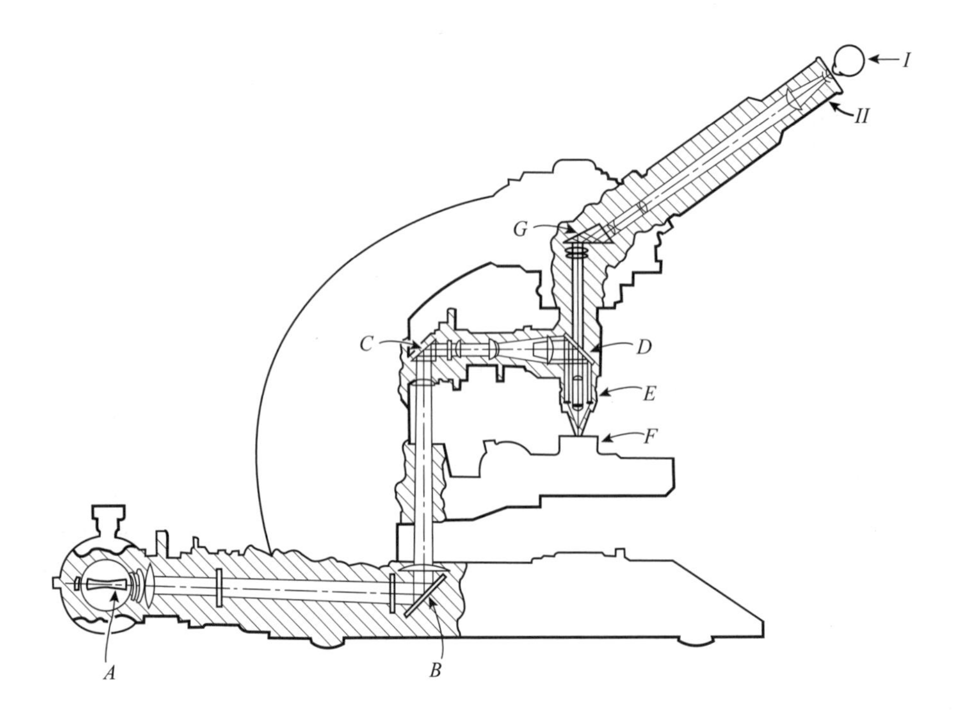

그림 4.21 • 반사-광학현미경. 이 반사-광학현미경의 단면도에서 빛은 광원으로부터 시편으로 이끌어지고, 반사-광학현미경과 투과-광학현미경의 차이가 나타나게 된다. 빛은 광원 *A*에서 시작하여 *B*에서 위쪽으로 반사된다. 그리고 빛은 다시 *C*에서 수평으로 반사되어 수직 조명기 *D*로 들어가게 된다. 수직 조명기는 반투과 거울로 이루어져 있다. 거울에서 빛의 반만 반사되고, 반은 투과하게 된다. 아래쪽으로 반만 반사된 빛은 대물렌즈 *E*에 의해 시편 *F*에 초점이 맞추어지고, 대물렌즈로 다시 반사되어진다. 여기서 상은 확대되어 위쪽으로 조명기를 통해 *G*를 지나 접안렌즈 *H*로 도달하게 된다. 여기서 최종적으로 확대되고, 상은 관찰자의 눈 *I*의 망막으로 초점이 맞추어지게 된다.

반 광택(half-silvered)의 유리는 그것에 도달하는 빛의 반은 투과시키고, 반은 반사하게끔 얇게 은을 코팅한 것이다. 조명기(*D*)에 의해서 반사된 빛은 대물렌즈(*E*)에 의해서 시편에 초점이 맞추어진다. 반사된 상은 대물렌즈에 의해 확대되고, 수직 조명기를 투과하여 다시 접안렌즈에 의해 확대되어 관찰자의 눈(*I*)의 망막에 초점이 맞추어지게 된다.

4.10.3 반사-광학현미경의 시편준비

반사-광학현미경을 사용하기 위해서는 시편 표면의 높은 반사도를 얻어야 한다. 이는 각각의 곱디고운 연마재를 이용하여 연마하고, 광택이 나게 하는 작업을 연속적으로 행함으로써 이루어진다. 이 방법에서 시편 표면은 연마되고, 거울처럼 광택이 나게 된다. 이 부분의 준비를 마치면 시편은 거울처럼 광택이 나지만, 시편의 미세조직은 세밀하게 나타나지는 않는다. 필요한 정밀도를 얻기 위해서 시편을 식각(etching)액*에 의해 화학적으로 처리해야 한다. 식각액은 결정립보다 결정립계의 에너지가 높기 때문에 먼저 결정립계를 식각시킨다. 결정립계가 어느 정도 용해되며 광택이 나타나고 식각된 조직인을 얻게 된다(그림 4.22a). 결정립계는 매우 좁게 패인 부분이기 때문에 빛을 대물렌즈로 반사하지 못하여 결과적으로 미세조직 상에서(그림 4.22b) 검은 선으로 보이게 된다.

계속해서 식각시키게 되면 결정립 자체가 식각되게 된다. 식각되는 정도는 결정립의 배열(즉, 시편 표면을 형성하는 원자면)에 의존하게 된다. 어떤 면들은 다른 면들에 비해 더욱 더 많이 식각되고, 표면에 수직인 단면으로 보면 그림 4.23(a)처럼 보인다. 빛에 수직인 표면의 결정립들은 빛을 대물렌즈 속으로 반사하여 밝게 보이지만, 빛과 이루는 각이 90°가 아닌 결정립들은 보다 적은 빛을 현미경의 대물렌즈 속으로 반사하기 때문에 어둡게 보인다(그림 4.23b).

---

* 재료마다 다른 식각액이 요구된다. 이러한 것들은 시편의 표면을 선택적으로 식각하는 산이나, bases, 또는 염이 될 수 있다. 금속조직 관찰 기법에 대해서 G. L. Kehl, *The Principles of Metallographic Laboratory Practice*, McGraw-Hill, New York, 1949. 에 아주 잘 취급되었다.

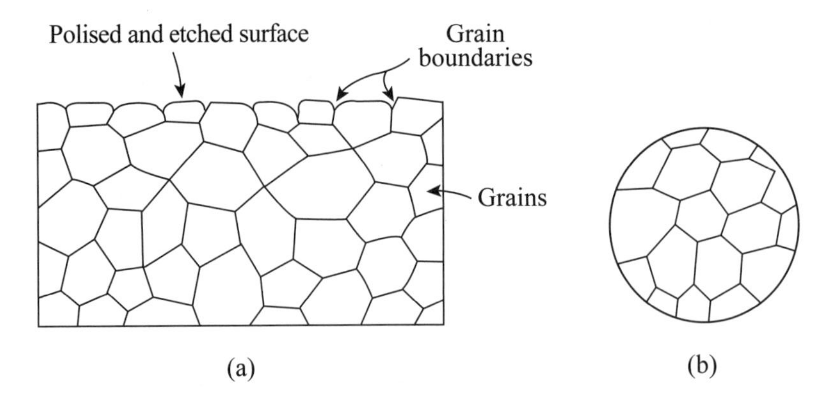

그림 4.22 • 결정립계의 식각(etching of grain boundaries). 식각 과정 동안에 어떤 식각액은 결정립계를 침식시키고(attack) 그것과 바로 인접해 있는 물질을 우선적으로 용해한다. 이는 시편으로 하여금 (a)에 보여진 것과 같은 단면을 갖게 한다. 이 결정립계들은 대물렌즈로 빛을 다시 반사하지 못하여 결과적으로 현미경에 어둡게 나타난다(b).

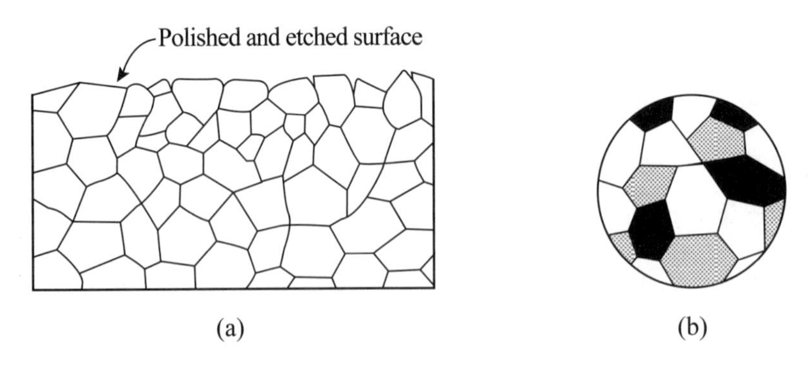

그림 4.23 • 결정립의 식각. 식각액은 여러 면들을 다른 속도로 침식한다. 이는 (a)에 보여진 것과 같은 모습을 보이게 되는데, 표면에 있는 결정립들이 식각액의 침식을 받게 되어 경사가 졌다. 표면이 거의 수평으로 남게 된 결정립들은 빛을 반사하고 밝게 보이게 된다(b). 결정립으로부터 다시 반사되어 현미경으로 들어온 빛의 양에 따라 그 결정립은 어둡게 보이거나 밝게 보이게 된다.

4.10.4 이차원적 반영(two-dimensional representation)

실제적으로는 삼차원 고체인 결정립들이 단지 단면으로 보일 것이므로 연구자들은 이 이차원의 그림을 실제 삼차원의 미세조직의 그림으로 확장시켜 생각해야만 한다. 우리는 오직 한 가지 형태의 Bravis 격자를 가진 순금속에 있어서는, 120° 각도를 가진 육각형 결정립들로 이루어진다는 것을 식(4.19)에서 지적했다.

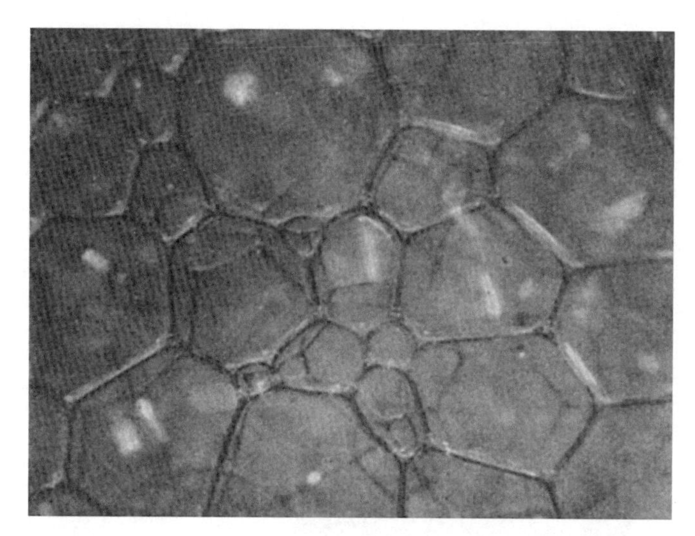

그림 4.24 • 비눗방울. 비눗방울의 진행 사진은 그것이 금속, 세라믹 등의 결정립과 유사하다는 것을 보여준다. 결정립들은 규칙적인 다면체를 띄는 경향이 있다.

이것은 오로지 평균일 때만 맞는 말이다. C. S. Smith*는 평균 각이 120°임을 밝혔고, 단면의 평균적인 각형의 수가 육각형임을 밝혀냈다. 금속 혹은 어떤 다른 결정 고체 내의 결정립들은 이러한 방법으로 인간조직 혹은 식물의 세포 등을 닮았다. 가장 유사한 비유는 비눗방울의 전개이다. 이것은 그림 4.24에 보여진 것과 같은 전형적인 다각형 구조를 형성한다.

4.11 전자현미경(Electron Microscopy)

지난 십 년 동안, 미시구조와 금속조직학적 연구에서 전자현미경의 사용이 증가되어왔다. 전자현미경은 빛 대신에 전자빔을 이용한다; 빛이 광학적으로 연마된 유리렌즈를 이용하여 초점을 맞추는 것과 같이 전자빔은 전자기장렌즈를 이용하여 초점을 맞춘다. 전자현미경에서 사용되는 짧은 파장은 가시광선현미경에서 관찰할 수 있는 것보다 더 세밀한 규모를 뚜렷하게 관찰할 수 있게 한다. 그림 4.25는 전형적인 전자현미경을 보여준다. 현미경 자체에 대한 자세한 언급은 본

* C. S. Smith, "The Shape of Things," *Scientific American*, 190, 1954, p.58.

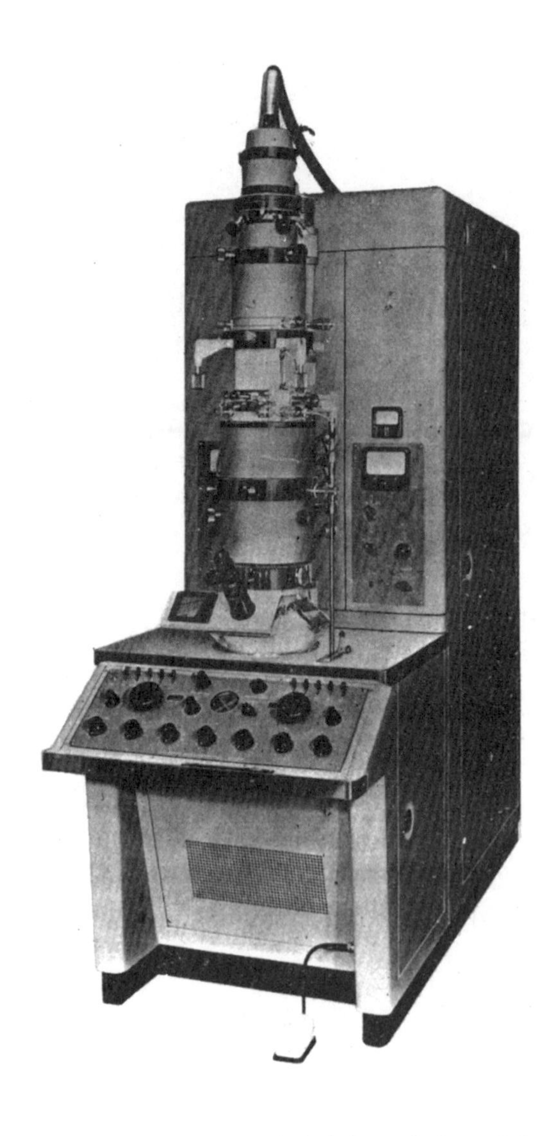

그림 4.25 • 전자현미경. 이것은 600배에서 250,000배로 배율을 조절할 수 있는 JEM-7 전자현미경의 사진이다. 전자빔은 원주기둥의 꼭대기에서 형성되어지고, 최종적으로 보이게 되는 화면에 다다르기 전에 5개의 전자기장 렌즈들에 의해서 초점이 맞추어진다. 이것은 50, 80 혹은 100kv에서 작동되는 특별한 현미경이다.

범위를 벗어나므로* 여기에서는 시편 준비와 전자현미경에 의한 금속조직학에 관한 것만 다루기로 한다.

4.11.1 전자현미경용 시편의 복제(replication)

대부분의 고체들은 가시광선에 대하여 불투명한 것처럼, 전자빔에도 불투명

* 전자현미경의 원리에 대하여는 D. Kay, *Techniques for Electron Microscopy*, Blackwell, Oxford, 1961.에서 찾을 수 있다.

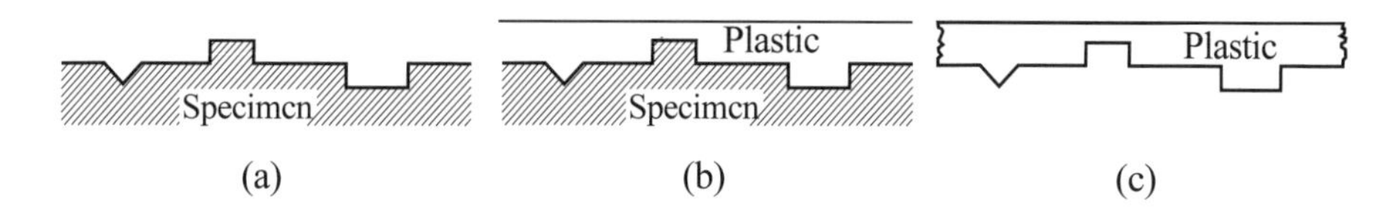

그림 4.26 • 표면 복제. 금속조직학적으로 광택이 나고 식각한 시편(a)가 (b)에 보여진 것처럼 플라스틱의 액체용액으로 코팅한다. 용매가 증발할 때, 얇은 플라스틱막이 시편에 남게 된다. 이 막 혹은 복제물은 시편의 모든 표면 요철에 대응된다. (c)에서 복제물은 시편으로부터 떼어내지고, 식각된 표면의 반대 형상을 가지게 된다.

하다. 광학 금속조직학에서는 3차원의 고체에서 준비된 표면의 2차원 형상만을 얻을 수 있다. 전자현미경에서 시편 준비의 기본적인 기술의 한 가지는 표면 형상과 똑같은 종류의 것을 얻을 수 있게 하는 것이다. 이것은 표면복제(surface replication) 방법이다.

표면복제는 광택나게 하고 식각한 표면의 얇은 플라스틱이나 탄소막을 복제하는 것이다. 플라스틱 복제를 생각해보자. 일례로, n-butyl 아세테이트에 parlodion 같은 것을 넣은 플라스틱 액체 용액을 준비한 금속조직 시편의 표면에 퍼지게 한다(그림 4.26a). 플라스틱은 표면에 부착되어서 모든 윤곽과 세세한 곳에 똑같이 들어맞는다(그림 4.26b). 용매가 증발될 때 건조된 플라스틱 복제물은 고체 표면으로부터 제거되고(그림 4.16c), 표면의 정교한 상을 나타낸 채로 남게 된다.

음영을 증가시키고, 표면의 연속성을 강조하기 위해서 그 복제물은 크롬과 같은 치밀한 금속으로 음영을 준다(shadowed).

복제물에 음영을 주는 것은 표면요철(surface relief)에 의한 대비를 증가시킨다. 그림 4.27은 전형적인 음영작업을 보여준다. 적은 양의 크롬이 텅스텐 코일통에 있다. 텅스텐 코일통과 음영작업 될 시편이 있는 진공 챔버(chamber)를 진공으로 한다. 텅스텐 필라멘트에 전류를 흘려주어 크롬이 진공 중으로 기화할 수 있게 충분히 가열한다. 기체 크롬은 그림 4.27에서 보여진 것처럼 복제물 위에 쌓이게 된다. 크롬은 통으로부터 복제물까지의 직선경로로 이동하기 때문에 복제물에는 크

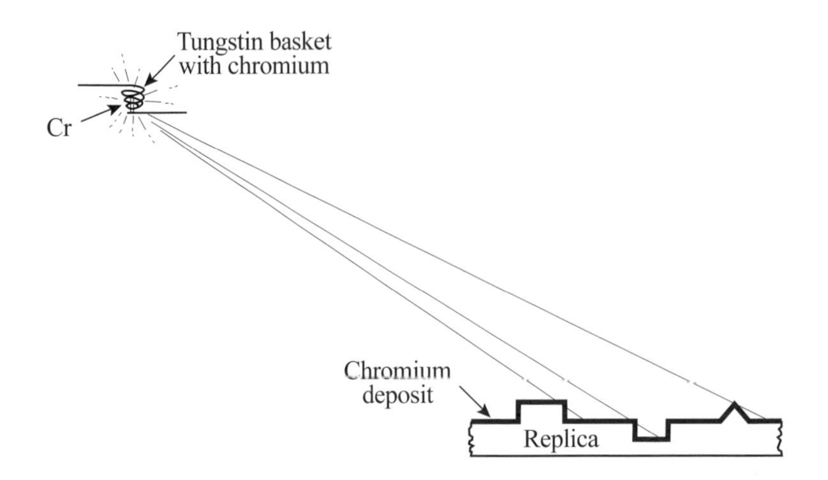

그림 4.27 • 복제물의 음영작업(shadowing). 복제물은 약간의 크롬을 함유한 텅스텐 코일이 놓여진 진공 챔버에 놓여진다. 이 코일이 가열되어진다; 크롬이 증발되어 보여진 것처럼 복제물 위에 쌓이게 된다. 크롬은 복제물의 요철 때문에 연속적으로 쌓이지는 않는다; 크롬은 오직 코일과 직접적으로 연결되는 부분에만 쌓이게 된다. 이는 음영(contrast)과 최종 상(image)의 깊이를 증가시킨다.

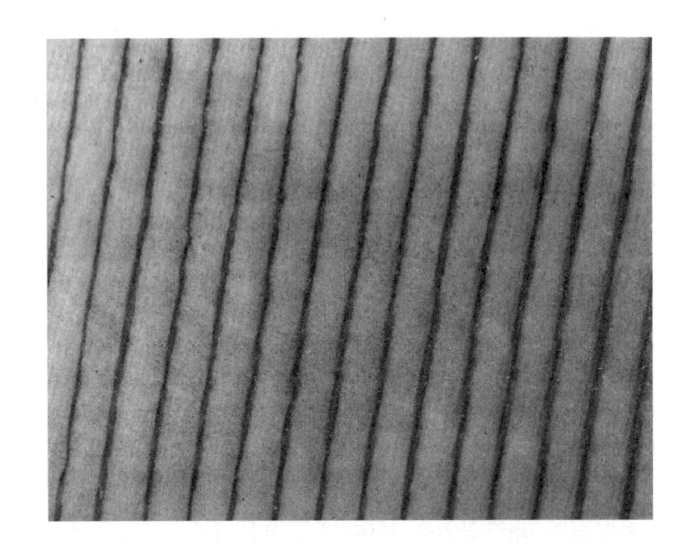

그림 4.28 • 회절창의 전자현미경 사진(electron micrograph of diffraction grating). 1인치 당 54,864개의 선들이 그어진 유리 회절격자의 복제물이 여기에 보여졌다. 어두운 선들은 복제물에서 언덕진 것들로서, 유리 격자에서의 홈과 대응되는 부분이다. 음영작업에 의한 명암의 변화는 선들을 따라서 이루어진 것처럼 보인다. 이 미세조직 사진은 11,800배의 배율에서 얻어진 것이다.

롬이 전혀 쌓이지 않는 부분이 있게 된다. 이 부분은 요철이 지거나 다른 미세한 표면에 의해 코일로부터 복제물까지의 크롬의 경로가 막히게 되어 크롬이 도달되지 않은 부분이다. 크롬 원(source)으로부터 보여져서 크롬층이 형성된 복제물의 나머지 부분과 비교하면, 이 부분에서는 크롬이 거의 없거나 전혀 없다. 크롬이 쌓이지 않은 부분들은 전자현미경에서 밝게 나타나고, 두껍게 쌓인 부분은 어둡게 나타난다.

그림 4.28은 11,800배에서의 전형적인 전자현미경 사진을 보여준다. 시편은 이 경우에 1인치 당 54,864개의 선들로 격자, 즉 선이 그어진 유리판처럼 되어져 있다. 홈 혹은 선은 좁게 올라간 융기들처럼 복제물에 보인다.

4.11.2 투과 전자현미경(transmission electron microscopy)

고체 시편에서 깊이에 따른 미세조직을 얻기 위한 노력으로 관찰하고자 하는 재료의 두께를 수천 옹스트롬(Å)까지 줄이기 위하여 많은 기술*들이 발전해 왔다. 이 정도 두께의 재료는 전자빔이 투과할 수도 있다. 이런 방법들은 전해연마로 다이아몬드 칼날로 얇게 자르는 것 등을 포함한다. 이 기술로 준비된 시편은 매우 얇아서 전자빔이 시편을 통과할 수 있고 현미경의 화면에 상을 맺히게 한다.

투과전자현미경에서 생성된 상은 변형(strain)과 격자불완전(lattice imperfections)에 의해 야기된 회절 효과들에 강하게 의존한다. 이 기술은 전위선 그 자체에서 전위를 직접적으로 관찰할 수 있게 하기 때문에 중요하다.

이 기술은 각각의 원자들을 관찰할 수 있을 정도로 뛰어나지는 않다; 하지만 격자변형(lattice distortion)에 의한 결정학적인 불완전함이 있을 때에는 그 변형은 화면에 맺히게 된다. 따라서, 공격자점들의 집합체를 관찰할 수는 있지만, 각각의 공격자점들을 관찰할 수 없다; 전위선은 관찰할 수 있지만, 어긋난 원자들 그 각각은 관찰할 수 없다.

---

* 투과전자현미경의 시편을 준비하는 기술에 대하여는 G. Thomas, *Transmission Electron Microscopy of Metals*, Wiley, New York, 1962. 에 상세히 논의되었다.

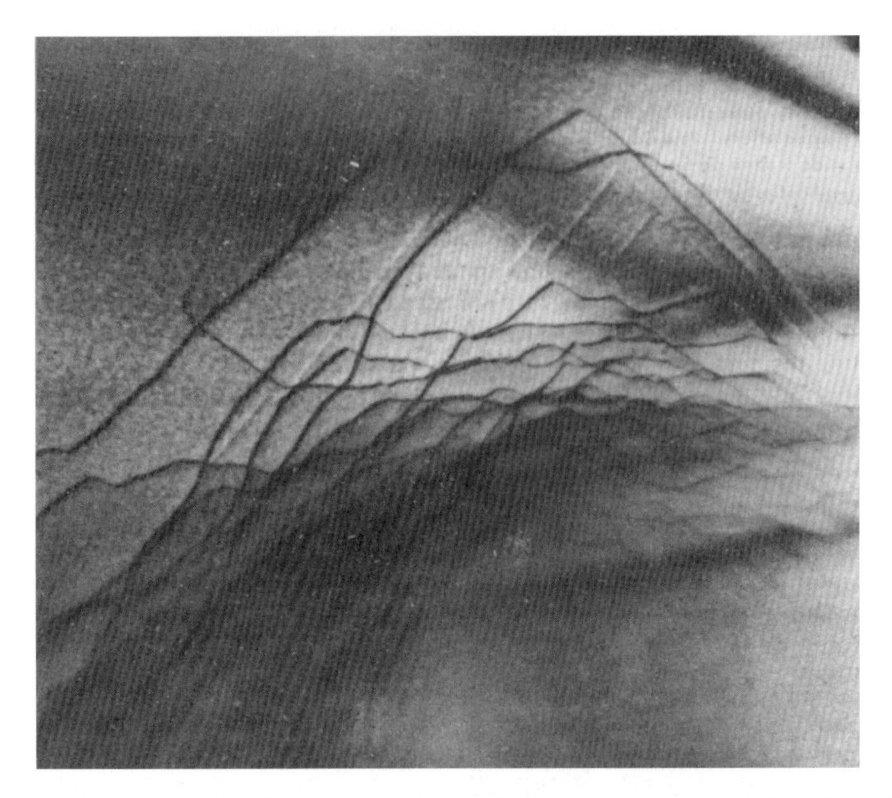

그림 4.29 • 전위의 투과전자현미경 사진. 철-30% 니켈 합금의 투과전자현미경 사진은 시편 표면에 평행한 면들에 놓인 몇 개의 전위선들을 포함하고 있다. 이 선들은 대부분 평행한 면들에 위치하기 때문에 교차하지 않는다. 이 미세구조는 40,000배로 관찰된 것이다.

4.12 Field-Ion 현미경

현미경이 추구하는 목표들 중 하나는 각각의 원자들을 관찰하는 것이다. 이는 전자현미경을 훨씬 초과하는 범위로서 지름을 수백만 배 확대시켜야 한다.

이 목표에 근접한 기술이 필드이온현미경검사(field-ion microscopy)이다. 텅스텐의 고배율 필드이온현미경검사 사진은 각각의 원자들과 공격자점들이 몇 개의 면에 분해되어 보이게 할 수 있을 정도의 높은 분해능을 제공한다(그림 4.30). 이 방법으로 모든 원자를 볼 수 있는 것은 아니며 시편 표면의 특별한 위치에 있는 어떤 원자들만 관찰될 수 있다는 점이 강조되어야 한다.

그리고 시편은 수백에서 수천 옹스트롬 단위의 지름을 지닌 작은 점과 같은 필

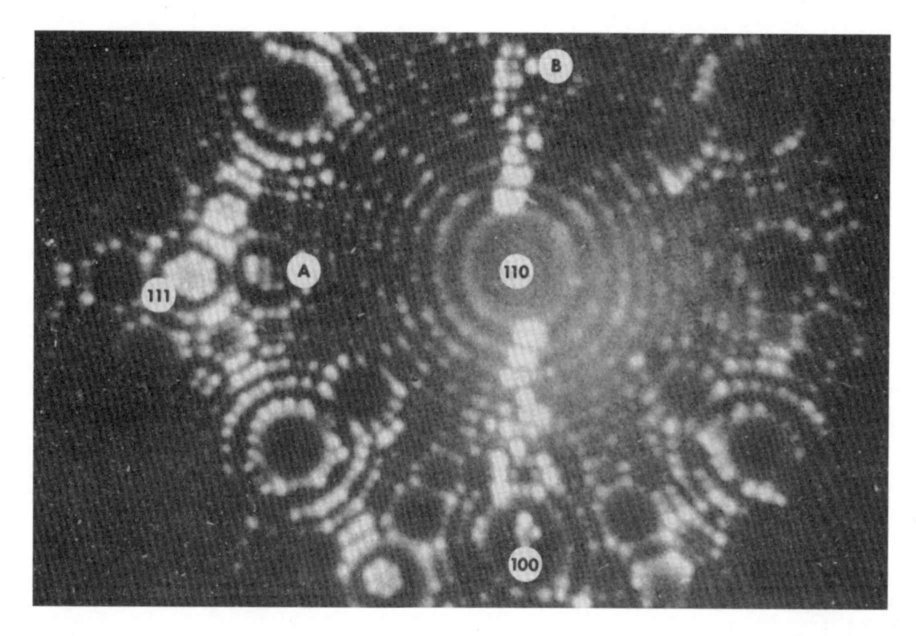

그림 4.30 • 개개의 원자들의 분해능. 거의 완전한 텅스텐 결정의 field-ion microscopy 사진은 높은 분해능을 보이고 있다. 개개의 원자들은 밝은 점들로 나타나 있고 원자의 분리는 (111)면과 (013)면에서 보여진다. 공격자점들은 A와 B에서 보여진다. 배율은 약 1,700,000배이다. (R. D. French 제공, 브라운대)

라멘트이어야 한다. 이런 제약뿐만 아니라, 매우 높은 융점의 재료의 시편이 요구될 경우에는 필드이온현미경검사의 적용이 상당히 제한되어진다.

언젠가는 이 기술이 충분히 향상되어서 현재 우리가 전위를 연구하는 것처럼 각각의 원자들을 연구할 수 있게 되기를 바란다.

■ 추천 도서

• GUY, A. G., *Elements of Physical Metallurgy*, 2nd. ed., Addison-Wesley, Reading, Mass., 1959.

• HOLDEN, A., and P. SINGER, *Crystals and Crystal Growing*, Anchor,

New York, 1960.

- KAY, D., *Techniques for Electron Microscopy*, Blackwell, Oxford, 1961.
- KEHL, G. L., *The Principles for Metallographic Laboratory Practice*, McGraw-Hill, New York, 1949.
- READ. W. T., *Dislocations in Crystals*, McGraw-Hill, New York, 1953.
- SMITH. C. S., "*The Shape of Things*," Scientific American, 190, 1954, 58.
- STEWART. O. M. and N. S. GINGRICH, *Physics*, Ginn, New York, 1959.
- THOMAS, G., *Transmission Electron Microscopy of Metals*, Wiley, New York, 1962.

■ 연습문제

4.1 20℃에서의 물의 표면에너지는 72.75ergs/cm^2 이다. 직경 1mm, 5mm, 10mm인 물방울의 표면에너지는 무엇인가? 단위체적 당 표면에너지를 구하시오.

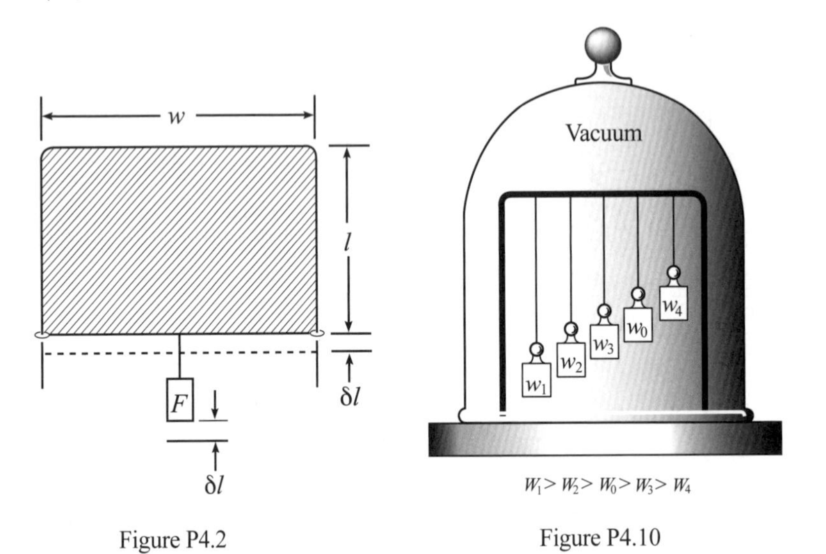

Figure P4.2

Figure P4.10

4.2 위 그림에 보여진 것과 같이 직사각형 철사 틀에 비누막이 있다. 하중 F로 철사가 미끄러지게 되어 있다. 그 하중이 비누막의 수축력과 균형을 이루도록

하중 F값을 표면장력 σ 값으로 계산하여라.

4.3 물은 유리를 적신다. 그러나 수은은 그렇지 않다. 유리판에 물과 수은 방울을 스케치하고 그것들의 모양의 차이를 설명하시오.

4.4 체심입방구조는 $(1\bar{1}2)$면들에서 쌍정이 발견된다. 그러한 쌍정계면을 스케치하시오. [힌트: 필요한 2차원 그림을 그리기 위하여 (110) 결정면들을 사용하여라, $(1\bar{1}2)$면은 (110)면에 수직이다.]

4.5 칼날전위에 인접한 구역에서는 많은 양의 변형이 있다. 그러한 구역을 그리고 추가적인 변형이 개입될 수도 있는 침입형 불순물원자 공간을 나타내시오.

4.6 공극 형성의 두 가지 방법을 기술하시오; 스케치로 보이시오.

4.7 나사전위와 칼날전위의 차이를 설명하시오.

4.8 금속 시편의 미세조직에서 입계면의 모양에 대하여 설명하시오.

4.9 사이각이 낮은 입계면은 전위들의 나열이다. 두 입계의 각이 5′ 일 때 그들의 간격들을 계산하시오. 계산에서 모든 원자 간격은 같다고 본다.

4.10 금속의 절대 표면에너지는 실험적으로 수행 결정하기가 매우 어렵다. 이것을 하는 한 가지 방법은 가느다란 금속선을 진공챔버 안에 넣고 여러 가지 무게를 달아서 용융점 바로 아래까지 가열하는 것이다(그림 p4.2와 p4.10을 보시오). 어떤 금속선은 달린 무게가 너무 작아 수축할 것이고, 너무 커서 늘어날 것이다. 그러한 금속선의 표면에너지 σ를, 표면장력과 딱 균형을 이루는 무게 w_o의 함수로 계산하시오. 직경 d와 길이 l의 원통형 선을 가정하시오.

5

기계적 거동

5.1 개요

기계, 교량, 항공기와 같은 제품을 디자인하거나 제작할 때 종종 결정적인 인자가 되는 것은 재료의 기계적 거동이다. 대들보가 납으로 만들어진 다리를 상상하는 것은 우스운 일이다. 왜냐하면 기계적 거동 때문에 그러한 용도에는 강(steel, 鋼)을 사용하는 것이 우리에게는 익숙하기 때문이다. 비슷한 이유로 현재에는 당연한 일이지만 자동차 엔진 제작에 알루미늄을 사용하는 것이 이상하게 생각되던 때가 있었다. 나무로 만든 구조를 금속이 대체했듯이 오늘날에는 새로운 금속이나 합금, 세라믹, 플라스틱 등이 많은 분야에서 금속을 대체하고 있다. 새로운 재료로 교체 시 가장 중요하게 고려해야 할 사항은 새로운 재료의 기계적 거동이 이전 것에 비해 우수한가 하는 것이다.

강봉(steel rod)은 한번 구부러지면 힘이 제거된 상태에서도 구부러진 상태를 유지한다. 반면 탄성밴드는 당겨진 후 힘이 제거되면 원래의 형태로 되돌아간다. 이 두 가지 현상은 서로 관련이 없다. 강봉도 구부러진 정도가 매우 작은 경우에는 다시 구부러지지 않은 상태로 돌아간다. 최초의 형태를 다시 회복하는 변형(deformation)을 탄성변형(elastic deformation)이라 부르고 이는 플라스틱이나 고무에서뿐만 아니라 정도가 작기는 하지만 금속이나 세라믹에서도 발생한다. 실제 재료에서 영구 또는 소성변형(plastic deformation)이 발생하기 전에 약간의 탄성변형이 진행된다.

기계적 거동 때문에 실온에서 이용되는 재료는 보통 고온이나 저온에서는 이용하기 어렵다. 공학적인 응용에 있어 적당한 재료의 선택은 사용 중 제품에 가해지는 힘에 대해 재료가 반응하는 정도에 의존한다. 기계적 거동과 다른 조건하에서 기계적 거동에 영향을 주는 인자들을 이해하기 위해서는 변형의 종류, 사용조건 등을 고려하고 변형의 원자적인 기구(mechanism)를 이해하는 것이 필요하다.

이를 위해 물질의 기계적 거동을 논하는데 많이 이용되는 용어들을 먼저 소개하고자 한다.

5.2 응력(stress)

단면적 A인 봉의 양끝에 P의 하중(load)이 가해진다고 가정하자. 봉에 작용하는 힘은 총량으로 나타내는 것보다 단위면적 당 힘으로 나타내는 것이 편리하다. 단위면적 당 힘을 응력(stress)이라고 하며 σ로 표현된다. 이를 식으로 나타내면 아래와 같다.

$$\sigma = \frac{P}{A}, \tag{5.1}$$

응력의 단위는 lb/in^2(psi)로 표현되는데 여기에서 힘(force)은 파운드(lb)로 주어지고 단면적은 제곱인치(in^2)로 주어진다.

봉을 당기는 형태로 힘이 가해지는 경우(그림 5.1a)의 힘을 인장력(tensile force)이라 하고 봉은 인장(tension)상태에 있다고 한다. 반으로 잘라진 봉(그림 5.1b)을 가정하면, 봉의 아래쪽 반은 봉의 위쪽 반에 하중 P와 크기는 같으나 방향이 반대인 힘을 발휘한다. 시편의 한 부분이 다른 부분에 가하는 힘은 응력 σ와 면적 A의 곱이다. 봉의 아래쪽 반에 작용하는 응력은 하중 P에 대응하기 위하여 위쪽을 향한다. 두 쪽에 작용하는 응력이 서로 반대 방향을 향하지만, 둘 다 같은 부호를 가진다. 인장응력(tensile stress)은 양으로 간주된다. $\sigma > 0$. 압축되도록 부하를 받고 있는 봉은 압축상태(그림 5.1c와 d)에 있다고 하고, 압축응력(compressive stress)은 음으로 간주된다. $\sigma < 0$.

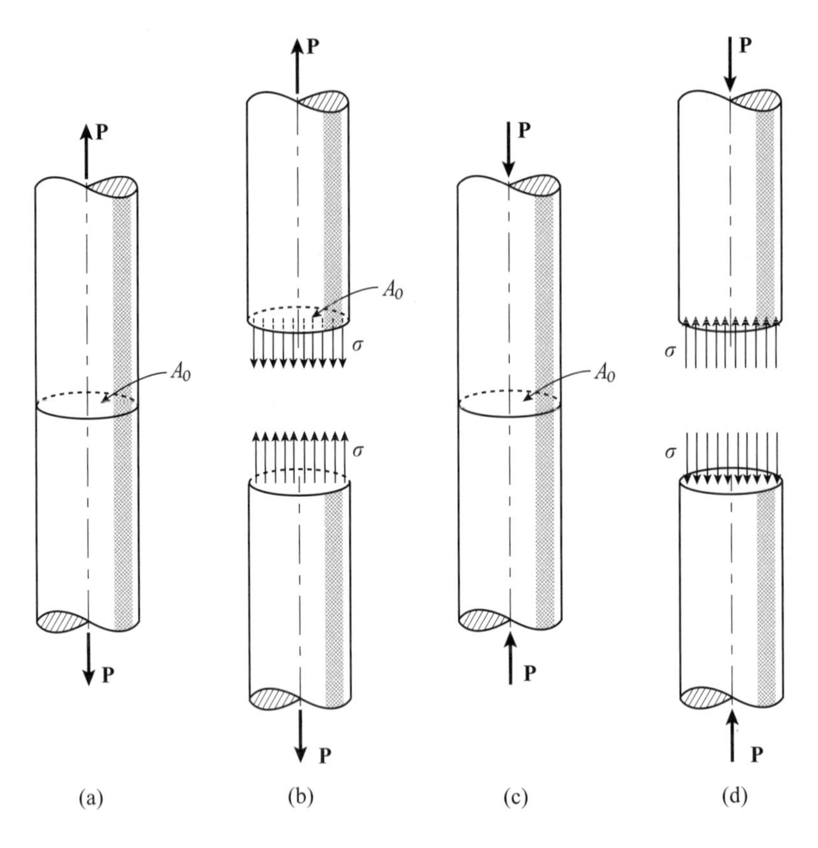

그림 5.1 • 인장 그리고 압축. 단면적 A_0인 봉에 작용한 힘 **P**는 P/A_0의 양을 가지는 응력 σ가 된다. (a)에 보여진 것과 같이 하중이 봉으로부터 멀어지는 방향으로 작용하면 그 봉은 인장 상태이고 (c)에 보여진 것과 같이 하중이 봉의 안쪽으로 작용하면 봉은 압축상태이다.

하중(load)보다 응력(stress)이라는 개념을 사용하는 것이 유리한 이유는 봉의 형태 때문이다. 단면적이 다른 봉이 같은 하중 하에 있을 때 응력은 다르다. 아래에서 이야기하겠지만, 하중 하에서 재료의 거동은 가해진 하중의 크기가 아닌, 단위면적 당 힘의 크기인 응력에 의존한다.

5.3 변형(strain)

하중을 받고 있는 시편의 변형은 힘벡터 방향에 따라 연신(elongation)이나 수축(contraction)의 형태로 나타낸다. 그림 5.1(a)처럼 인장 상태에 있는 시편은 연신되고 5.1(c)처럼 압축 상태의 시편은 수축된다. 시편 길이의 전체 변화 δ는 측정 시 길이 l과 최초 길이 l_0의 차와 같다; 즉,

$$\delta = l - l_0, \tag{5.2}$$

힘을 응력(단위면적 당 힘)으로 표현하는 것이 편리한 것과 같이 길이의 변화도 단위길이 당 연신이나 수축으로 표현하는 것이 편리하다. 이를 변형이라 하며 기호 ε로 표현하고,

$$\varepsilon = \frac{\delta}{L_0}. \tag{5.3}$$

이다. δ와 l_0는 모두 길이의 단위이므로 변형 ε는 단위가 없다. 일반적으로는 inches/inch*로 표현된다.

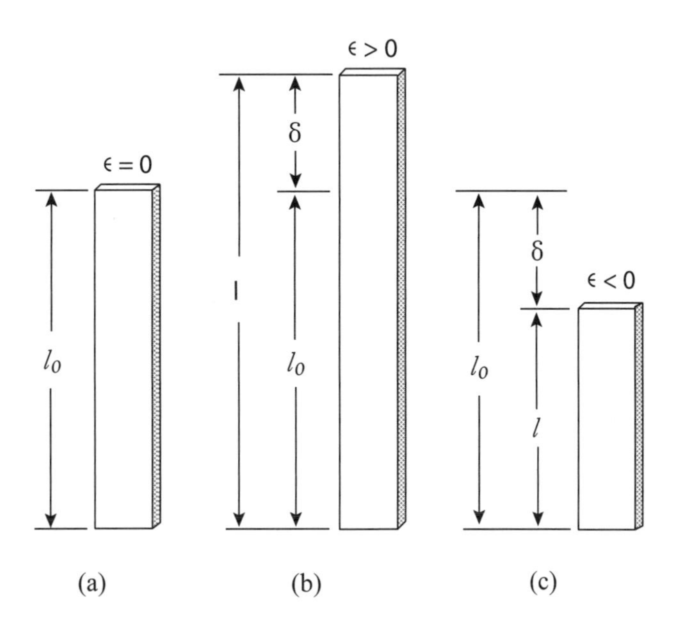

그림 5.2 • 인장과 압축에 의한 변형. 변형 전 길이 l_0인 시편 (a)은, 길이 변화 $\delta = l - l_0$와 변형 $\varepsilon = \delta/l_0$를 유발하는데, (b)에 보여진 것과 같이 인장의 경우, $\delta > 0$ 이고 $\varepsilon > 0$이며, (c)에 보여진 것과 같이 압축의 경우, $\delta < 0$ 이고 $\varepsilon < 0$이다.

* 변형은 만약에 그것이 매우 작으면 일반적으로 μ-in./in.(micro-inches per inch)로 표현된다. μ-in. = 10^{-6}in., 즉 1in의 백만 분의 일이다.

응력으로 인해 시편에 발생하는 변형은 가해진 응력의 형태에 따라 양 또는 음(즉, 시편의 길이가 증가하거나 감소한다)이다. 최초 길이 l_0(그림 5.2a)인 시편에 인장응력을 가하면, 그것은 연신될 것이고 $\delta > 0$, 그것의 새 길이는 $l > l_0$(그림 5.2b)일 것이다. 만약 대신에 압축응력이 가해지면, $l > l_0$ 이고 $\delta < 0$ 이다. 따라서 인장의 경우, $\sigma > 0$ 와 $\varepsilon > 0$ 이고, 반면 압축의 경우 $\sigma < 0$ 이며 $\varepsilon < 0$ 이다.

5.4 탄성변형(elastic deformation)

강봉을 약간만 구부리면 힘이 제거된 후에는 원래의 형태로 되돌아간다. 고무밴드를 당긴 후 인장력을 제거하면 원래의 형태로 돌아간다. 인가한 응력이 제거되면 사라지는 변형을 탄성변형이라고 하고 고무 같은 물질뿐만 아니라 금속에서도 발생한다. 이것은 금속에서 발생하는 첫 번째 변형이다. 강봉이 감당할 수 있는 굽힘량은 재료에 따라 다르다. 일정한 정도의 굽힘량 이상에서는 가해준 하중이 제거되어도 강봉은 원래의 위치로 돌아가지 않는다. 이 경우를 그 재료의 탄성한계를 넘었다고 한다.

5.4.1 훅(Hooke)의 법칙

하중하에서 재료의 거동은 응력 - 변형 곡선을 이용해 표현된다. 재료가 Hooke의 법칙을 따르는 경우, 탄성물질의 응력-변형 그래프는 직선이다(그림 5.3). Hooke의 법칙은 응력이 변형에 비례함을 나타내는 것으로 다음과 같다.

$$\sigma = E\varepsilon, \tag{5.4}$$

여기서 E는 Young의 탄성율(Young's modulus) 또는 탄성계수(elastic modulus)라 한다. 모든 재료가 탄성영역에서 이 식을 따르는 것은 아니지만, 식(5.4)에 꼭 맞는 이상적인 탄성재료의 경우를 생각해 보는 것이 이해하기 쉽다. 잘 깨지는 이상적인 탄성물질은 파단(rupture)이 일어나는 응력 전까지는 탄성적으로 변형한다. 끊어질 때까지 당겨진 탄성밴드가 그 예이다. 파단이 일어나기 전

그림 5.3 • 이상적인 탄성–취성(elastic–brittle) 재료의 응력–변형곡선(stress–strain curve). 이상적인 탄성–취성 재료는 응력이 변형에 비례한다는 Hooke의 법칙을 따른다. 이것은 파단이 일어나는 점까지 직선의 응력–변형 결과를 얻는다.

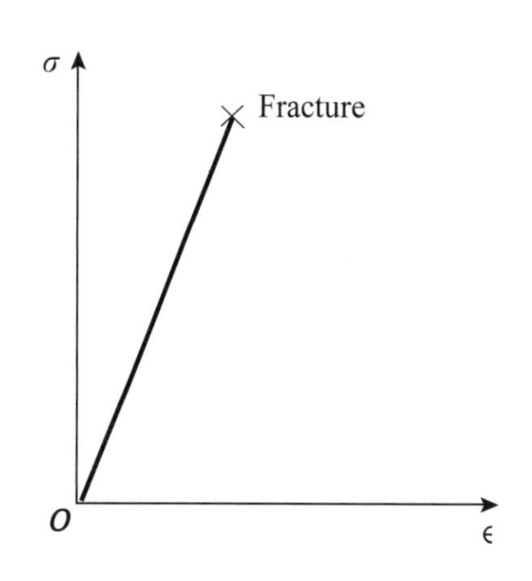

에 응력이 제거되면 원래의 형태로 돌아간다.

5.4.2 영(Young)의 탄성계수(modulus)

Young의 탄성계수는 재료에 따라 달라지며 표 5.1에 몇 가지 순 금속에 대한 이 상수의 대략적인 값을 열거하였다. 단위는 lb/in^2이다. 열거된 값으로부터 알루미늄, 베릴륨, 납, 텅스텐에 $1000lb/in^2$의 응력이 가해졌다면, 식(5.4)에 따라 결

표 5.1 • 탄성 특성들

재료	Young의 탄성계수 E, lb/in^2	Poisson 비 ν	전단계수 G, lb/in^2
알루미늄	9,900,000	.34	3,700,000
베릴륨	43,000,000	.01	21,200,000
구리	18,000,000	.35	6,700,000
금	11,400,000	.42	4,000,000
철	28,500,000	.28	11,100,000
납	2,300,000	.45	800,000
마그네슘	6,500,000	.33	2,500,000
니켈	30,000,000	.31	11,500,000
백금	22,000,000	.39	7,900,000
은	11,000,000	.38	4,000,000
티타늄	16,000,000	.34	6,000,000
텅스텐	52,000,000	.27	20,000,000

과적인 변형은 다음 식에 의해 주어지며,

$$\varepsilon = \frac{\sigma}{E}, \tag{5.5}$$

따라서 다음과 같다.

$$\varepsilon_{Al} = \frac{1000}{9{,}900{,}000} = 1.01 \times 10^{-4}\,\text{in./in.}, \tag{5.6a}$$

$$\varepsilon_{De} = \frac{1000}{43{,}000{,}000} = 0.23 \times 10^{-4}\,\text{in./in.}, \tag{5.6b}$$

$$\varepsilon_{Pb} = \frac{1000}{2{,}300{,}000} = 4.35 \times 10^{-4}\,\text{in./in.}, \tag{5.6c}$$

$$\varepsilon_{W} = \frac{1000}{52{,}000{,}000} = 0.19 \times 10^{-4}\,\text{in./in.}, \tag{5.6d}$$

따라서 실온에서 동일한 응력을 받는 경우 납은 텅스텐에 비해 23배의 변형이 발생한다.

5.4.3 포아송(Poisson) 비(ratio)

원기둥 형태의 시편이 축과 평행한 힘을 받는 경우 축방향으로 하중을 받는다고 한다. 이 경우 인장 상태라면 시편은 연신(elongation)을 일으키게 된다. 이러한 연신이 이에 따른 단면적의 변화 없이 발생할 수 있을까? 만약 그럴 수 있다면, 이것은 재료가 인장응력을 가하고 단면적을 그대로 유지하면서 무한히 당겨질 수 있을지도 모른다는 것을 의미한다. 이런 경우는 실제로는 불가능한 것이다. 재료가 당겨지거나 압축되는 경우 단면적의 변화를 수반한다.

인장의 경우처럼 원기둥의 축에 평행하게 연신이 발생하는 경우 시편의 직경은 감소하게 된다. 이러한 직경 변화는 그림 5.4(a)에 나타나 있다. 여기서 굵은 실선으로 그려진 원기둥은 가는 실선으로 스케치한 원기둥에 인장응력 σ가 가해진 후 가정할 수 있는 최종 형상이다. (이 그림의 스케일은 실제 아래 계산에서 보여지는 것보다 매우 과장된 것이다). Hooke의 법칙만큼의 이에 따른 축방향 연신

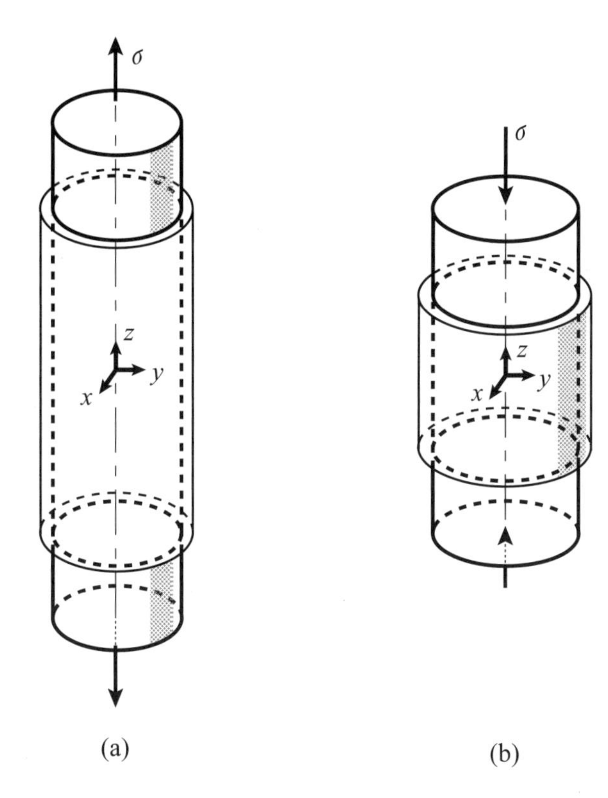

그림 5.4 • 축방향 및 반지름 방향 변형. 봉이 인장이나 압축[(a)와 (b)에 각각 보여진 것과 같이]에 걸리면, 이에 따른 변형은 축방향 및 반지름 방향 모두 일어난다. 인장의 경우, 시편은 늘어나고 그것의 단면적은 줄어든다. 반면 압축의 경우, 시편 길이는 줄어들지만 단면적은 늘어난다. 우리가 식 (5.6)과 (5.8)의 계산에서 보듯이 여기에 있는 그림들은 이해를 돕기 위하여 크게 과장하여 그렸다.

과 반지름 반향으로의 수축(contraction)이 발생한다. 이 경우 반지름 방향의 변형(radial strain)은 Poisson 수축으로 불리는데 그 크기와 부호는 아래 관계에 의해서 주어진다.

$$\varepsilon_W = \varepsilon_y = -\upsilon\varepsilon_z \tag{5.7}$$

여기서 ε_x와 ε_y는 x-축과 y-축 방향의 변형이고 ε_z는 z-축방향으로의 변형이다. 비례상수 ν는 Poisson 비라고 하며 Young의 탄성율과 비슷한 물질의 물리적 상수이다. 표 5.1은 몇몇 금속에 대한 Poisson 비 목록이다.

원기둥 형태의 시편이 축방향으로 압축상태에 있는 경우 유사한 Poisson 변형이 발생한다(그림 5.4b). 식(5.4) 에 따라 축방향 변형은 $\varepsilon_z < 0$이다; 그러나 반지름 방향의 변형은 식(5.7)에 따라 양의 값이다. 이는 시편이 압축됨에 따라 단면적은 증가하는 것을 의미한다.

따라서 인장응력 σ = 1000lb/in^2 가 걸린 위 재료들의 반지름방향 변형은 식(5.7)에 의해 주어진다.

$$\varepsilon_{W,Al} = -0.34\times(1.01\times10^{-4}) = -0.34\times10^{-4}\text{in./in.,} \quad (5.7a)$$

$$\varepsilon_{x,Be} = -0.01\times(0.23\times10^{-4}) = -0.002\times10^{-4}\text{in./in.,} \quad (5.7b)$$

$$\varepsilon_{x,Pb} = -0.45\times(4.35\times10^{-4}) = -1.96\times10^{-4}\text{in./in.,} \quad (5.7c)$$

$$\varepsilon_{x,Pb} = -0.45\times(4.35\times10^{-4}) = -1.96\times10^{-4}\text{in./in.,} \quad (5.7d)$$

반지름 방향의 변형은 식(5.6)에서 계산된 축방향 변형보다 훨씬 작으며 그 차이는 Poisson 비 만큼이다. 그리고 그림 5.4의 그림을 공부할 때 이것을 명심하여야 한다.

5.4.4 탄성변형의 기구(mechanism of elastic deformation)

그림 5.5(a)와 같이 스프링으로 서로 연결된 두 개의 구를 가정해보자. 만일 인장응력이 가해진다면 구 사이의 간격은 벌어지고 스프링은 늘어날 것이고(그림 5.5b), 압축응력이 가해질 경우에는 구가 서로 가까워지며 스프링은 압축될 것이다(그림 5.5c). 이것은 응력 하에서의 원자 간 결합의 행동에 대한 아주 간단한 생각이다. 인장응력이 가해지고 시편이 인장변형을 하게 되면, 인장축에 평행한 원자 간 결합은 늘어나게 되고 반면 이 축에 수직인 결합은 Poisson 수축을 경험하게 될 것이다. 인장응력 대신에 압축응력이 가해질 경우에는 반대의 현상이 발생할 것이다. 즉 압축 방향과 평행한 결합은 압축되고 축에 수직인 결합은 늘어나게 된다.

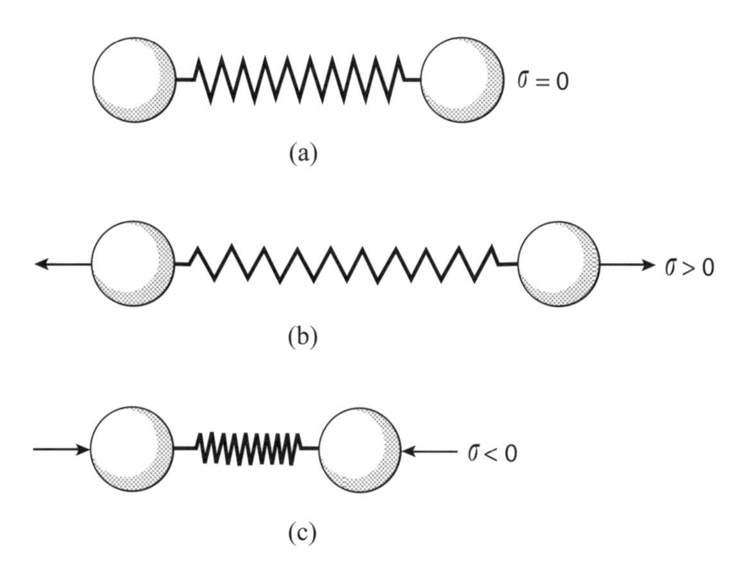

그림 5.5 • 원자 간 결합의 스프링 비유. 탄성변형 동안 원자 간 결합은 잡아당겨지거나 눌려진다. 그리고 스프링 같이 작동한다. 두 원자 사이의 결합은 잡아당겨지지 않은 스프링으로 (a)에 나타내어졌고, 인장변형 후의 모습은 (b), 압축은 (c)에 보여준다.

고분자를 생각해보면 긴 체인으로 연결된 분자들이 서로 얽힌 상태로 존재하는 것을 볼 수 있다. 인장응력이 가해지면 이 체인들은 펴지게 되고 응력 방향에 평행하게 배열된다. 원자 간 결합의 펼침(stretching)은 분자의 배열이 끝난 후 일어난다. 이러한 현상에 대한 간단한 증명은 천연(가황처리가 안 된: un-vulcanized) 고무로 만든 밴드를 이용해서 할 수 있다. 밴드가 당겨짐에 따라 분자들의 얽힌 상태가 해소된다. 이렇게 당겨진 밴드가 차가운 물로 적셔진 스폰지와 만나면 평행한 방향으로 배열된 체인들이 응고하게 된다. 응력이 제거되어도 밴드는 최초의 형태로 즉시 회복되지는 않는다. 실온상태에서 일정 시간이 지나게 되면 얼어 있던 분자들이 다시 녹게 되고 초기의 얽힌 상태로 되돌아가게 된다.

5.4.5 탄성변형 시 부피변화

그림 5.6(a)와 같이 응력을 받고 있는 육면체의 재료를 가정해 보자. 육면체는 x, y, z-방향으로 변형이 생기고, 길이의 변화는 다음과 같다.

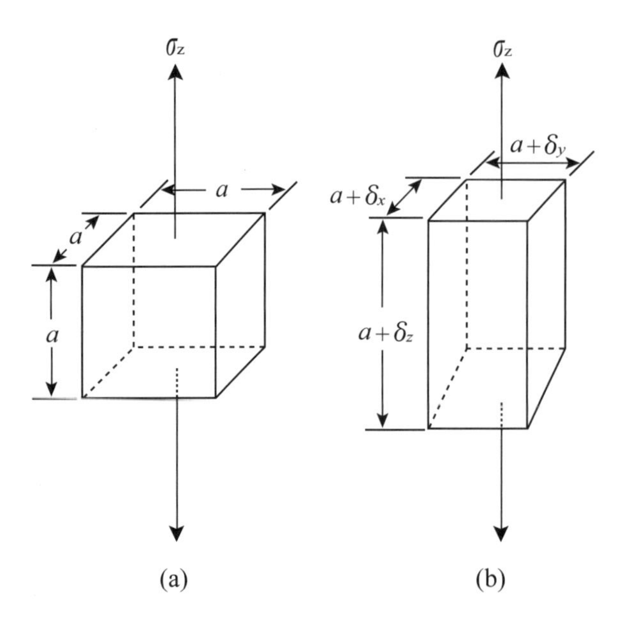

그림 5.6 • 탄성변형 동안 부피 변화. 한 변의 길이가 a인 정육면체 시편이 일방향 인장응력 σz에 걸려있다. (a)에 그려진 원래의 정육면체 모습은 이 응력의 작용에 의해, (b)에 보여진 대로, $a+\delta x$, $a+\delta y$, $a+\delta z$의 육방정으로 변환되었다. 이 시편은 Z-축($\delta z > 0$)을 따라 늘어났다 그리고 x- 및 y-축들을 따라 Poisson 수축되었다 ($\delta x < 0$, $\delta y < 0$).

$$\delta = a\varepsilon_z , \tag{5.8}$$

그리고

$$\delta_x = \delta_y = -a\upsilon\varepsilon_z , \tag{5.9}$$

이다. 결과적으로 생긴 정방형(tetragonal)은 그림 5.6(b)와 같다. 최초의 부피를 V_o 는

$$V_0 = \delta_y = a^3, \tag{5.10}$$

이고, 최종 부피 V는 다음과 같다.

$$V = (a+\delta_x)(a+\delta_y)(a+\delta_z) . \tag{5.11}$$

식(5.11)을 곱하여 전개하면, 다음을 얻는다.

$$V = a^3 + a^2\delta_x + a^2\delta_y + a^2\delta_z + a\delta_x\delta_y + a\delta_y\delta_z + a\delta_x\delta_z + \delta_x\delta_y\delta_z . \tag{5.12}$$

길이의 변화 δ 는 길이 a에 비해 매우 작으므로, 두 개 또는 세 개의 δ의 곱으로

이루어진 항은 매우 작을 것이기 때문에 무시할 수 있다. 따라서

$$V = a^3 + a^2\delta_x + a^2\delta_y + a^2\delta_z. \tag{5.13}$$

로 될 수 있고, 부피 변화 $\varDelta V$ 는 다음과 같이 된다.

$$\varDelta V = V - V_0 \approx a^2(\delta_x + \delta_y + \delta_z). \tag{5.14}$$

만약 식(5.8), (5.9)에 주어진 변형으로 나타낸 길이 변화값을 식(5.14)에 대입하면, 다음을 얻는다.

$$\varDelta v \approx a^3\varepsilon_z (1 - 2_v). \tag{5.15}$$

변형 중 부피가 일정하게 유지되도록 하려면 식(5.15) 값이 영이 되어야 하므로 다음을 얻는다.

$$v = 0.5. \tag{5.16}$$

표 5.1에 열거된 데이터들에 따르면 Poisson 비는 보통 0.5보다 작다. 따라서 탄성변형 중에도 부피 변화가 있다. 전단변형(shear deformation)이라고 하는 탄성변형 형태가 하나 있는데, 그것은 부피 변화 없이 단지 모양만 변화하는 것으로 본과의 나중에 다루기로 한다.

5.5 소성변형(plastic deformation)

그림 5.3의 응력-변형 곡선에 의하면 응력이 증가함에 따라 탄성변형이 발생하여 변형이 증가한다. 실제 경험에 의하면 봉을 충분히 구부린 경우 영구적인 변형이 봉에 남게 되는데 이러한 변형을 소성변형이라 하고 인가 하중이 제거된 후에도 다시 회복되지 않는다는 점에서 탄성변형과 구분된다. 생활 주변의 많은 제품을 제작할 때 우리가 부여하는 여러 가지 형태의 변화는 이러한 회복되지 않는 소성변형에 의한 것이다.

5.5.1 이상적인 경-소성(rigid-plastic)물질

실제적인 재료를 논하기 전에, 응력 하에서 실제 재료가 나타낼 수 있는 특성의 극단적인 예가 되는 두 개의 이상적인 재료를 살펴보는 것이 이해하기 쉬울 것이다. 우리는 이후에, 실제 재료들은 이 두 가지 극단의 중간에 있다는 것을 보여주게 될 것이다. 두 가지 이상적인 경우는 경-소성(rigid- plastic)과 탄성-소성(elastic-plastic)재료이다. 경소성(그림 5.7)에는 탄성변형이 없다. 시편은 일정

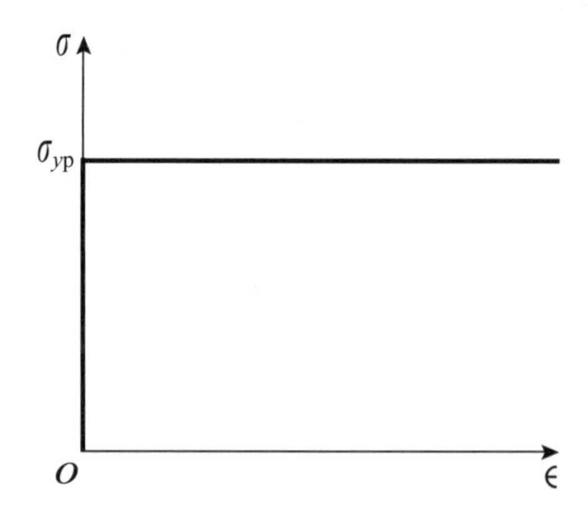

그림 5.7 • 이상적인 경-소성물질의 응력-변형 곡선. 이상적인 경-소성 물질은 탄성변형이 안 일어난다. 그것은 오로지 주어진 응력이 항복응력 σ_{yp}와 같아질 때 변형되고 이 응력 수준에서 계속해서 소성변형한다.

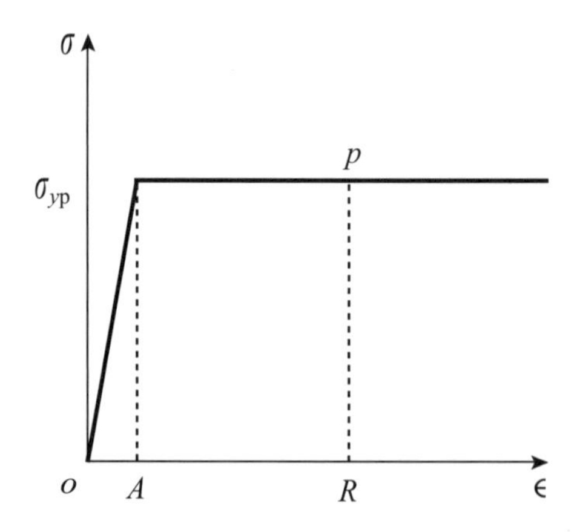

그림 5.8 • 이상적인 탄성-소성(elastic-plastic) 재료의 응력-변형(stress-strain) 곡선. 이상적인 탄성-소성 재료는 처음에는 항복점 σ_{yp}에 도달할 때까지 Hooke의 법칙에 따라 탄성변형을 한다. 이 점에서 그 물질은 응력의 증가 없이 소성변형한다. 어떤 점 *P*에서도 시편은 전체 변형 *OR*을 갖는데 그중 *OA*는 탄성 그리고 *AR*은 소성변형이다.

응력, 항복강도 σ_{yp}까지는 탄성변형 없이 경한(rigid) 상태로 남아있다. 이 강도 수준에서 소성변형이 시작되고 응력변화 없이 계속된다. 따라서 봉상의 이상적인 경-소성 재료는 항복응력만을 가하고 이를 유지함으로써 매우 가는 와이어로 늘릴 수 있다. 하지만 실제 재료에서는 몇몇 경우를 제외하고는 이러한 경우는 드물다.

5.5.2 이상적인 탄성-소성(elastic-plastic)물질

5.4절에서 논의된 탄성변형은 일반적으로 소성변형이 일어나기 전에 일어나고, 이상적인 탄성 – 소성 재료(그림 5.8)가 그 예이다. 인가응력이 증가함에 따라 시편은 응력 – 변형 곡선의 직선 구간에 의하여 표시된 것 같이 탄성변형한다. 항복응력 σ_{yp}에서, 재료는 소성변형을 계속하기 위해 필요한 응력의 증가 없이도 소성변형한다. 재료는 어떠한 점 P에서 선분 OR로 표현되는 총 변형을 가진다. 이 총변형의 일부는 탄성적이며 일부는 소성에서 기인한 것이다. 탄성변형은 OA, 소성변형은 AR로 나타내어진다.

5.5.3 소성변형(plastic deformation) 후 탄성변형(elastic strain)의 회복

소성변형의 대상이 되었던 이상적인 탄성 – 소성 재료시편을 생각해 보자. 그러한 재료의 응력 – 변형 곡선이 그림 5.9에 보여졌다. 응력이 0에서 σ_{yp}로 증가함에 따라 시편은 OA의 탄성변형을 하게된다. 항복응력(응력-변형 곡선상의 점 B)에서 더 이상의 응력의 증가 없이 소성변형이 시작된다. 곡선상의 C에 도달하면, 시편의 총 변형은 OE이다. 일부분은 소성변형이고, AE, 그리고 일부분은 탄성변형이다. OA. 만약 점 C에서 하중이 제거된다면, 시편에 어떤 일이 발생할까 생각해 보자. 탄성변형은 회복되고 응력은 변형이 C에서 D로 감소함에 따라 직선비로 감소한다. 이 상태에서의 총변형은 OD이고 모두 소성변형이다. 하중이 제거되는 동안 탄성변형 DE는 제거되었다. 응력-변형 곡선에 기하학을 적용해 보면, 변형 OD가 소성변형 AE와 같음을 알 수 있다.

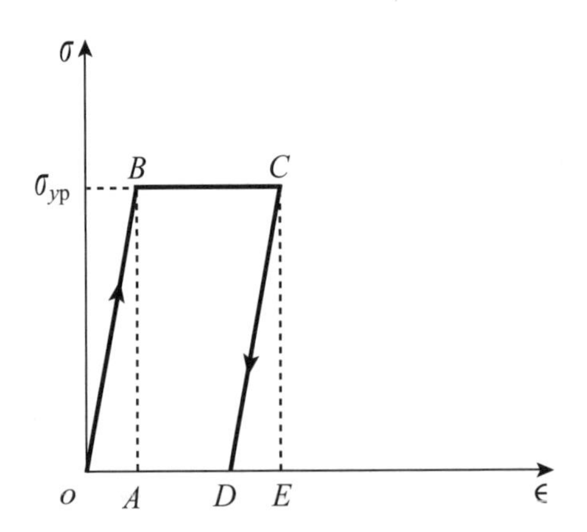

그림 5.9 • 탄성변형의 회복(recovery of plastic strain). 소성 구간까지 변형시킨 후에 응력을 제거하면, 탄성변형은 회복될 수 있다. 만약 그 시편이 O에서 B까지 탄성변형되고 B에서 C까지 소성변형된다면, 하중을 제거할 때 응력–변형 곡선은 OB에 평행한 선 CD를 따른다. 그리고 총 변형 OE는 탄성변형 OA와 같은 양인 DE만큼 줄어든다.

평행사변형 $OBCD$를 보면, 우리는 다음을 알 수 있다.

$$OD = BC. \tag{5.17}$$

그것들은 평행사변형의 상대변이기 때문이다. 같은 이유로, 다음과 같다.

$$BC = AE. \tag{5.18}$$

그러므로

$$OD = AE. \tag{5.19}$$

이고, 잔류하는 변형은 전부 소성변형임을 알 수 있다. 회복된 변형 DE는 OA와 같고 초기의 탄성변형과 같다. 위의 예에서 소성변형이 시작된 후에라도 하중이 제거되면 탄성변형이 회복됨을 알 수 있다.

5.5.4 가공경화(strain hardening)

일반적인 재료들은 경-소성 또는 탄성-소성 재료의 특징인 일정 응력에서 소

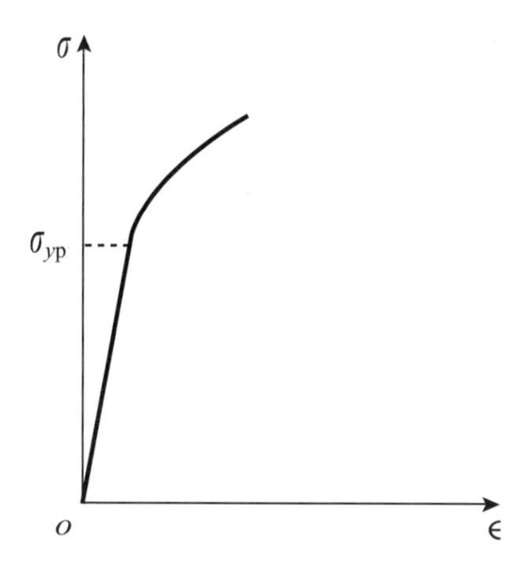

그림 5.10 • 금속의 전형적인 응력–변형 곡선. 전형적인 응력–변형 곡선은, 금속은 항복점 σ_{yp}에 도달할 때까지 탄성변형하고, 소성적으로 흐르는 것을 보여준다. 소성적 흐름이 일어남에 따라 변형경화가 자리잡고, 더 이상의 소성흐름(plastic flow)에 응력의 증가가 요구되고, 이것은 안정되게 증가하는 응력–변형 곡선에 의해 보여졌다.

성흐름(plastic flow)이 일어나는 현상을 보이지 않는다. 대신, 소성변형 동안에 응력은 증가하고(그림 5.10) 더 이상의 변형의 증가에 대해서는 응력이 더 필요하게 된다. 이러한 현상을 변형경화(strain hardening) 또는 가공경화(work hardening)라 한다. 가공경화의 일례로, 금속 와이어나 봉을 구부려 보자. 이제 그것을 펴 보자. 다시 원래 상태로 펴려고 하면 구부릴 때만큼 쉽게 펴지지 않는다는 것을 감지한다. 이것은 가공경화의 결과이다. 다시 펴려고 할 때는 구부렸던 자리가 아닌 다른 자리에서 구부러지는데 이것은 그 자리가, 처음 굽혔던 쪽의 재료 같이, 변형경화되지 않았기 때문이다. 변형경화 기구(mechanism)는 전위 간의 상호작용을 포함하며 5.12에서 논의될 것이다.

5.5.5 잘룩해짐과 파단(necking and fracture)

소성변형의 초기 단계에서는 시편 전체적으로 동일한 소성변형을 한다. 변형경화 때문에 소성흐름을 생기게 하는 응력은 증가한다. 결국 응력은 최대 인장강도(ultimate tensile strength)라고 알려진 최고 값에 도달하게 된다(그림 5.11a). 이

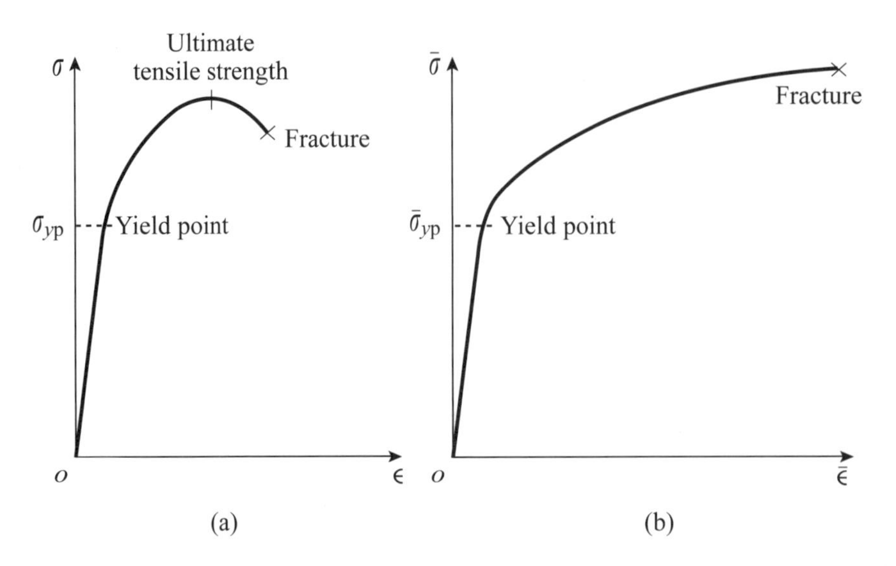

그림 5.11 • 공칭응력-변형 곡선과 진응력-변형 곡선. (a) 소성변형이 시작되는 항복점, 최고인장강도, 그리고 파단을 보여주는 공칭응력-변형 곡선. (b) 항복점과 파단을 보여주는 진응력-변형 곡선. 이 곡선은 최댓값을 갖고 있지 않다. 왜냐하면 진응력과 변형을 계산하는데 넥킹(necking)이 감안되기 때문이다.

시점에서 시편의 균일한 변형은 끝나고 국부적인 소성흐름이 발생한다. 이는 시편의 길이 방향의 어떤 점에서 소성변형이 가속되기 시작한 것을 의미한다. 이로 인해 단면적 감소가 국부적으로 크게되며 neck이 형성된다. 국부적인 소성변형 형상의 특징(그림 5.12a) 때문에, 이러한 소성변형 과정은 잘룩해짐(necking)이라고 알려져 있다. 이 부분에서 시편의 단면적은 매우 작아지게 되고 결국은 인

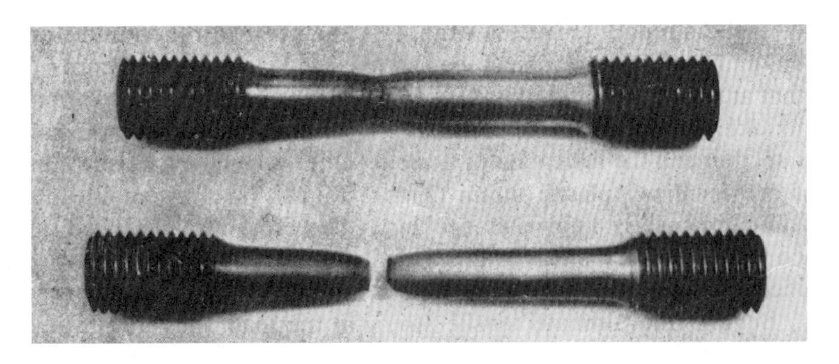

그림 5.12 • 잘룩해짐과 파단. (a) 최고인장응력보다 더 응력이 가해진 시편은 잘룩해진 구간이 발달하게 된다. (b) 그 강은 파괴된다.

가하중을 버틸 수 없게 된다. 이때 잘룩해진 부분에서 파괴가 일어나게 된다(그림 5.12b). 최대 인장강도 이상에서는 파괴가 일어나기까지 연신과 변형이 증가함에 따라 하중과 응력이 감소한다.

5.6 공칭 대 진응력-변형(engineering versus true stress-strain) 곡선

necking 동안에 응력이 감소하는 것은 5.2와 5.3절에 있는 응력과 변형의 정의에 기초를 둔 응력-변형 곡선의 특성인데 여기에서 응력과 변형은 최초의 면적과 길이에 기초한다. necking 동안, 단면적 A는 빠르게 감소하고 동일하거나 더 큰 응력을 유지하기 위해서는 작은 하중이 필요하게 된다. 식(5.1)에서는 A 대신에 A_0를 사용하기 때문에, 최대 인장강도에서 파괴까지의 구간에서 응력이 증가하지 않고 감소하는 것이다. 식(5.1)과 (5.3)에 기초한 응력과 변형을 각각 공칭응력(engineering stress)과 공칭변형(engineering strain)이라고 한다.

만약 초기 단면적과 길이 대신에 시험 중의 어느 시점에서의 단면적 A와 길이 L을 사용한다면 진응력 $\bar{\sigma}$와 진변형 $\bar{\varepsilon}$은 다음의 식에 의해 계산할 수 있다.

$$\bar{\sigma} = \frac{P}{A} \tag{5.20}$$

그리고

$$\bar{\varepsilon} = \ln\left(\frac{l}{l_0}\right)^{*} \tag{5.21}$$

진응력-변형 곡선은 그림 5.11(b)에 나타나 있다. 이 곡선에서는 necking이 발생한 후에도 응력의 감소가 없으며 항복점에서 파괴까지 지속적인 가공경화를 보여준다.

공칭응력-변형 곡선은 많은 실제적인 적용에 충분한 정보를 제공한다. 진응력-변형 곡선은 실제적인 적용에 주는 정보는 적으나, 시험 과정에 있어서는 보다 정확한 양상을 제공하므로 연구 조사에는 매우 중요하다.

* 항목 ln 은 밑수가 10인 상용로그(log)가 아니고 밑수가 e인 자연로그를 나타낸다. 두 값 모두 여러 수학 표에서 찾을 수 있다.

5.7 힘의 분해(resolution of forces)

시편에 부과된 힘의 양 P는 그림 5.1에서 보여 주듯이 단면에 응력 σ를 유발한다. 응력 σ는 고려되는 면에 수직(normal) 방향이기 때문에 수직응력(normal stress)이다. 만약 생각하는 면이 시편의 축에 수직이 아니라면, 이 면에 작용하는 힘 벡터 **P**는 두 개의 성분 벡터로 분해될 수 있다: $\mathbf{P}_n$, 면에 수직 방향, 그리고, $\mathbf{P}_p$,면에 평행(parallel)이다. 그림 5.13은 하중이 그것의 수직과 수평 성분으로 분해되는 것을 보여준다. 만약, 생각하고 있는 면이 A의 면적을 가지고 있고, 이 면에 수직인 벡터 **n**이 하중 축과 θ의 각을 이룬다면, 그 하중은 다음과 같은 각각의 두 성분으로 분해될 수 있고, 그 양은 다음과 같다.

$$P_n = P\cos\theta, \tag{5.22a}$$

$$P_p = P\sin\theta. \tag{5.22b}$$

면의 수직이 하중의 축과 평행인 면에는 오직 수직인 힘만이 작용한다. 면의 수직이 하중의 축과 수직인 면에는 수직력(normal force)이 없고 오직 평행 혹은 전단력(shearing force)만 있다. 만약 생각하는 면이 하중의 축과 이 중간의 어떤 위치에 있다고 가정하면 그곳에 작용하는 힘은 수직 및 전단 성분을 모두 가지고 있다.

5.8 전단응력과 전단변형(shear stress and shear strain)

그림 5.13에 있는 면에 수직인 응력은 식(5.1)에 의해 주어진 것과 같은 수직응력 σ에 대한 정의를 적용함으로써 계산할 수 있을 것이다. 즉, 다음과 같다.

$$\sigma = \frac{P_n}{A} = \frac{P}{A}\cos\theta. \tag{5.23}$$

면에 평행하게 작용하는 하중의 요소로부터 초래되는 응력을 전단응력(shear stress) τ라 부른다.

그림 5.13 • 힘의 분해. (a) 단면적 A_o인 시편에 축과 평행한 하중 P가 걸리면 면적 A의 면 위에 작용하는 수직응력과 전단응력을 갖는다. (b) 하중 P는 두 성분, 면에 수직인 $\mathbf{P}_n$과 평행인 $\mathbf{P}_p$로 분해된다.

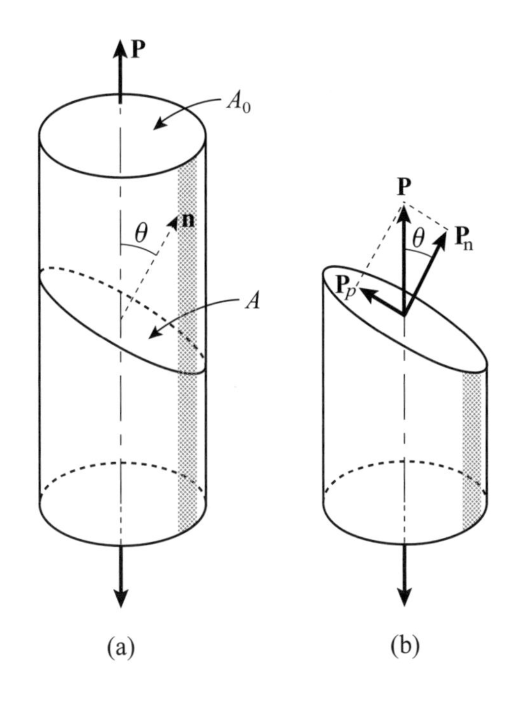

5.8.1 전단응력(shear stress)

전단응력 τ는 단위면적 당 힘의 단위를 갖는데, 그것은 수직응력 σ의 정의와 유사하다. 만약 가해진 힘이 P_p이고 그림 5.13에 보듯이 면의 면적이 A라면, 전단응력은

$$\tau = \frac{P_p}{A} = \frac{P}{A}\sin\theta. \tag{5.24}$$

이고 단위는 $\mathrm{lb/in^2}$ 로 표현된다.

5.8.2 전단변형(shear strain)

전단응력의 결과에 의한 변형은 형상의 변화로 나타난다. 그림 5.14(a)에 보여진 블록(block) 형상의 재료에 전단응력이 가해지면 변형되어서, 변형되기 전 직사각형이었던 앞과 뒷면이 변형 후에 평행사변형으로 변한다(그림 5.14b). 전단변형 γ는 형태 변화의 척도이고 그림 5.14(b)에, 직사각형에서 평행사변형으로 앞과 뒷면의 전단에 의한 각도 변화로 보여졌다. 각도 변화의 값은 전단변형 γ의

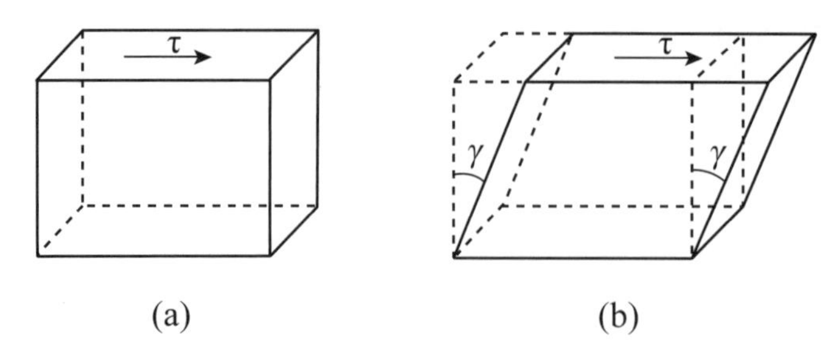

그림 5.14 • 전단응력과 전단변형(shear stress and shear strain). (a)에 보여진 것과 같은 직육면체 프리즘에 전단응력 τ가 걸렸고 (b)에 보여진 것과 같은 모양으로 변형되었다. 전단변형은 라디안으로 표현된 각도 γ이다.

척도로 사용될 때는 도(degree)가 아닌 라디안(radian)으로 표현된다.

5.8.3 전단에서의 Hooke의 법칙

모든 재료가 탄성변형에서 Hooke의 법칙을 따르는 것은 아니지만, 수직응력과 변형뿐 아니라 전단응력과 변형에도 Hooke의 법칙이 적용되는 재료들에 있어서는 그리고 탄성구간에서는 전단응력은 전단변형에 비례한다. 식 (5.4)에서 나타나는 인장응력과 인장변형을 전단응력에 적용해서 Hooke의 법칙을 표현하면 다음과 같다.

$$\tau = G\gamma, \tag{5.25}$$

여기서 비례 상수 G는 Young의 계수가 아니고 전단계수(shear modulus)이다. 전단계수는 탄성계수 및 Poisson 비*와 관련이 있고 수학적으로는 다음과 같이 표현된다.

$$G = \frac{E}{2(1+\upsilon)}. \tag{5.26}$$

표 5.1은 잘 아는 몇몇 원소에 대한 G값이다. 대부분의 실제 경우에 전단과 수

* 식(5.26)의 정확한 부분은 S. T. Timoshenko and G. N. MacCullough, *Elements of Strength of Materials*, Van Nostrand, Princeton, 1949, p.78을 보시오.

직응력은 위에서 언급했듯이 동시에 일어나고, 결과적인 변형은 전단과 수직변형의 조합이다.

5.9 미끄러짐(slip)

소성변형은 미끄러짐과 쌍정과 같은 기구로 일어나는 현상이다. 소성변형(다시 말해서 그것이 발생하는 방법)의 우선적인 기구는 미끄러짐 과정이다. 전단응력을 그림 5.15(a)에서 보여진 것 같이 카드를 쌓아놓은 것에 비유한다면, 각각의 카드는 서로 서로에 대하여 미끄러진다(그림 5.16b). 이것이 미끄러짐이다. 원자 단

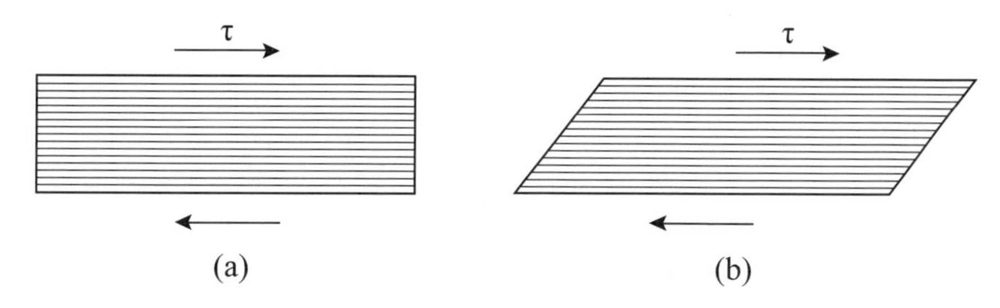

그림 5.15 • 미끄러짐과 카드놀이의 비유. (a)에 보여진 카드 한 뭉치(deck)에 전단응력 τ가 가해졌다. 그 카드는 서로 미끄러졌고 (b)와 같은 모양으로 되었다. 원자면들도 이와 유사한 형태로 미끄러진다.

위에서 보면, 미끄러짐은 미끄러짐 면이라 불리우는 원자들의 면으로 일어나고, 면의 서로 서로에 대하여 미끄러진다. 이것은 그림 5.16에 예시되어 있고 여기서 각 원자면은 원자열(row of atoms)로 나타내졌다. 전단응력을 가함으로서, 위의 원자면은 오른쪽으로 미끄러질 것이다. 그림 5.16(a)는 어떤 미끄러짐도 일어나기 전, 원자의 원래 위치를 나타낸다. 윗면에 있는 각각의 원자가 아랫면에 있는 원자 사이의 골에 위치하고 있는 것을 관찰하여라. 예를 들면 원자 3은 원자 1과 원자 2 사이 오목하게 들어간 곳에 위치하고 있다. 미끄러짐이 일어남에 따라, 이 면의 원자들은 아래 원자들 위로 들려 올려진다. 이것은 그림 5.16(b)에 예시되어 있는데, 윗면의 원자가 아래 면 원자의 바로 위에 있는 상태, 즉 중간 위치를 포착한 것이다.

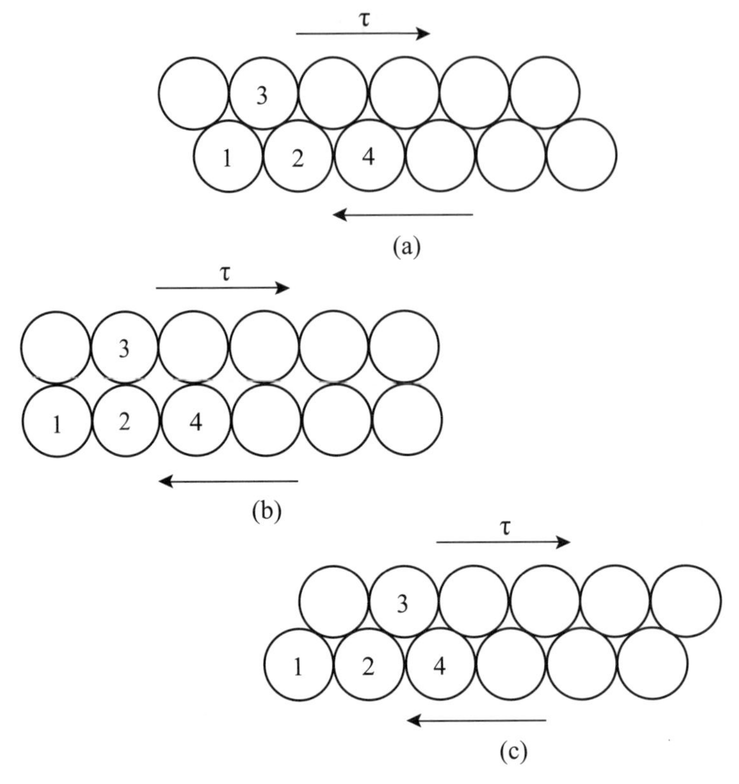

그림 5.16 • 원자 단위에서의 미끄러짐. 그림에서 종이 안쪽으로 펼쳐져 있는 두 원자면을 나타내기 위해 두 열의 원자가 그려져 있다. (a) 전단 응력 τ가 작용하기 전에, 위 원자열에 있는 원자들은 아래 열에 의해 형성된 누름 상태에 있다. 원자 3은 원자 1과 2 사이에서 눌려지는 상태에 있다. (b) 미끄러짐의 어떤 중간 상태에서는, 위 열에 있는 원자들은 아래 열 원자들 바로 위에 있다. (c) 한 원자 간격만큼 미끄러진 후에 맨 위 열 원자들은 다시 아래 열의 원자들에 의해 형성된 눌림 상태에 놓이게 된다. 원자 3은 이제 원자 2와 4에 의하여 형성된 골짜기에 있다. 그것은 한 간격만큼 미끄러졌다.

전단응력을 계속 가하면, 위쪽 면의 원자들은 계속해서 오른쪽으로 이동하고 그림 5.16(c)에 보이는 위치로 떨어진다. 이 위치에서, 각각의 원자는 오른쪽으로 한 원자 간격만큼 이동했다. 예를 들면 원자 3은 이제 원자 2와 4에 의해 형성된 골에 위치하였다. 힘을 더 가하면 이러한 방법으로 미끄러짐이 계속 일어난다.

미끄러짐 면의 운동(그림 5.16)은 미끄러짐 방향으로 미끄러짐 면을 따라 원자 간격의 정수 배가 되도록만 미끄러짐이 일어나게 한다. 미끄러짐 기구에 의한 부분적인 이동은 가능하지 않다. 그러나 소성변형 기구가 기계적쌍정(mechanical twinning)이라면 발견될 수도 있다.

5.10 기계적쌍정(mechanical twinning)

쌍정은 중요한 소성변형 기구이지만 미끄러짐(slip)보다는 제한적으로 발생한다. 4.7.4절에서 표면결함으로서의 쌍정을 논했고 그림 4.13에는 쌍정의 결정학적인 특징이 예시되어 있다. 쌍정은 성장과정의 결과로서 또한 소성변형의 한 형태로서 발생한다; 전자를 풀림쌍정(annealing twin) 혹은 성장쌍정(growth twin)이라 하고 이것은 6.2절에서 더 논할 것이다. 그리고 후자는 기계적쌍정이다. 이들

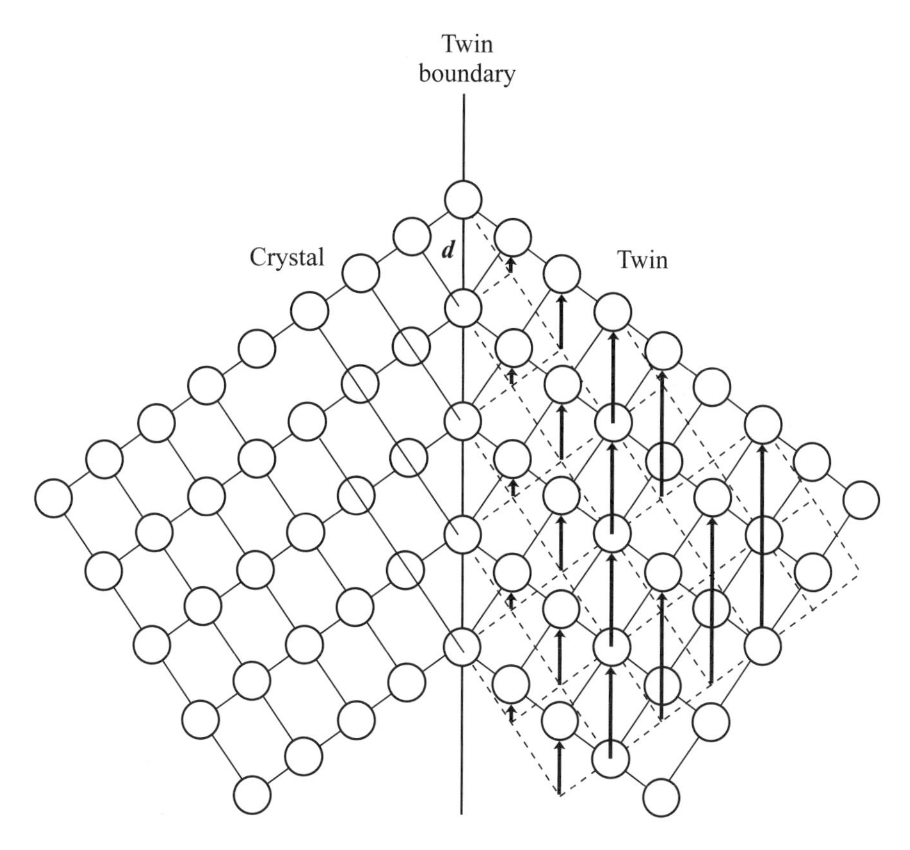

그림 5.17 • 쌍정이 일어나는 동안 원자의 이동(displacement). 쌍정의 결정학적인 특징이 보여졌다. 기지의 원래 형태(pattern)는 쌍정 형태 위에 점선으로 겹쳐서 그렸다. 쌍정에 의한 원자의 이동은 굵은 화살표로 표시되었다. 쌍정면으로부터 멀어질수록 이동 거리는 증가한다. 쌍정에 의해 비례적인 이동이 가능하다는 것을 명심해야 한다.

두 형태 모두의 결정학적 특징은 같고 그림 5.17에서 다시 한번 보여준다.

쌍정입계(twin boundary)에서는 원자의 운동은 없지만, 쌍정 자체에서 원자이동은 있다. 그림 5.17에 원래의 기지의 결정학적형태(crystallographic pattern)가 쌍정형태 위에 점선으로 겹쳐서 보여졌다. 원자의 이동(displace-ment)은 쌍정입계와 평행하고 굵은 화살표로 보여졌다. 쌍정입계에서 원자이동은 영이고, 입계로부터 멀어질수록 이동거리는 점차적으로 증가한다. 쌍정기지의 계면에 평행한 첫 번째 원자열은 $d/3$만큼 이동했는데, 여기서 d는 계면을 따라 늘어선 원자 사이의 간격이다. 다음 열에 있는 원자는 $2d/3$만큼 이동했고 세 번째 줄은 d만큼 이동했다. 이런 식으로 소성변형은 반드시 원자 간격의 정수 배만큼 이동해야 발생하는 미끄러짐과는 달리, 원자 간격의 일부분만 포함하면서 일어날 수도 있다.

쌍정에서 중요한 점은 이 과정을 통해 결정의 방향이 바뀐다는 것이다. 원래 미끄러짐이 일어나기에 적당하지 않은 방향에 있는 결정도, 쌍정에 의해 그것의 방향을 미끄러짐이 잘 일어나는 방향, 즉 쌍정 부위로 방향을 바꿀 수 있다. 그리고 미끄러짐은 쌍정이 일어나기 전과 비교하여 더 낮은 응력 값에서 일어날 수 있다.

5.11 재료의 이론적 강도

우리는 그림 5.16에서 보여준, 미끄러짐 과정 중에 전단응력에 반하는 운동의 주기적 변화를 가정함으로써, 결정물질에서의 미끄러짐에 필요한 이론적 응력 값을 계산할 수 있다. 초기 위치(그림 5.16a)에서 전단응력은 영이다. 왜냐하면 이것은 정상적인 격자 위치이기 때문이다. 마찬가지로 마지막 위치(그림 5.16c)에서의 전단응력 값 또한, 원자들이 다시 한번 정상적 격자 위치에 자리함으로 영이다. 그 중간의 위치(그림 5.16b)에서 전단응력은 영이다. 왜냐하면 원자들을 혼자 그대로 놓아두면 오른쪽 혹은 왼쪽으로 미끄러져서 원자의 위치를 채우기 때문이다. 이와 같은 전단응력의 변화는 다음과 같이 표현될 수 있다.

$$\tau = \tau_0 \sin(2\pi \frac{x}{d}), \tag{5.27}$$

여기서 τ_0는 전단응력의 최댓값이다.

조밀 원자들 두 열의 평형 위치(그림 5.18a)와 x의 거리만큼 이동 후의 원자 위치(그림 5.18b)를 고려해 보자. 위치 이동을 기하학적으로 표현하자면, 조밀면을 표면에 드러난 원자 배열로 표현하는 것이 편리하다. 그림 5.18(b)에 있는 실선의 원은 원래의 위치를, 그리고 점선으로 표현된 원은, 원자의 전체 열(또는 면)이 동시에 미끄러짐이 일어나는 동안에 위 열의 각 원자가 그것의 처음 위치로부터 x 거리 만큼 이동한 것을 나타낸다.

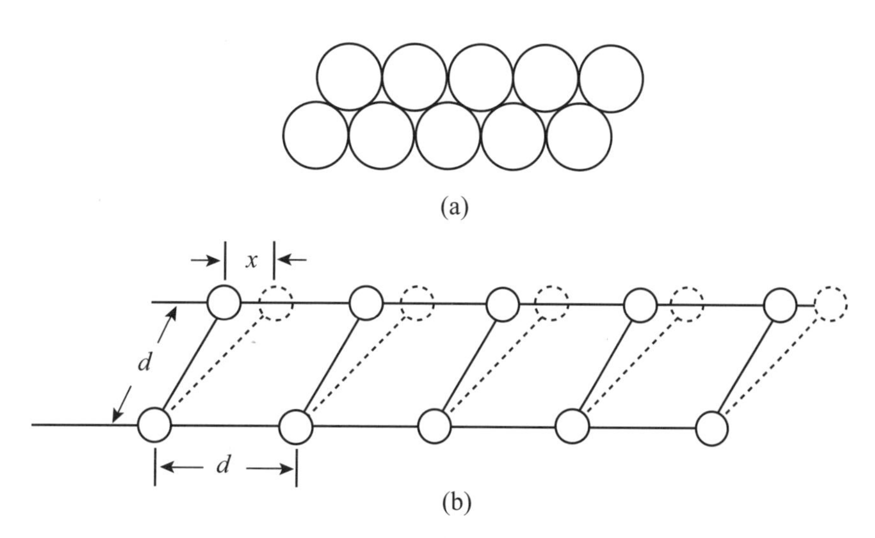

그림 5.18 • 미끄러짐 동안 동시에 일어나는 위치변동(displacement). 미끄러짐이 일어나는 동안, 원자면들은 전체적으로 움직인다 – 이것을 동시 이동이라 부른다. (a)에는 두 열의 조밀원자들의 위치가 보여졌고, (b)에는 위 열의 원자들이 오른쪽으로 거리 x만큼 미끄러졌다. 이 원자 위치들은 점선의 원으로 표시되었다. 전단변형은 $\gamma = x/d$ 이다.

d에 비해서 작은 x의 값, 즉 $x/d \ll 1$에 대하여 전단변형(shear strain) γ는 다음과 같이 주어진다.

$$\gamma \approx \frac{x}{d}\,, \tag{5.28}$$

그리고 Hooke의 법칙은 다음과 같이 다시 쓸 수 있다.

$$\tau \approx G\frac{x}{d}\,, \tag{5.29}$$

식(5.27)과 (5.29)를 같게 놓으면, 다음을 얻는다.

$$\tau_0 \sin(2\pi\frac{x}{d}) \approx G\frac{x}{d}. \quad (5.30)$$

d에 비해 작은 값 x에 대하여, 다음과 같이 간소화할 수 있다.

$$\sin(2\pi\frac{x}{d}) \approx 2\pi\frac{x}{d}. \quad (5.31)$$

식(5.31)을 식(5.30)에 대입하고 재정렬하면, 우리는 다음과 같은 결과를 얻을 수 있다.

$$\tau_0 \approx \frac{G}{2\pi}. \quad (5.32)$$

이것은 미끄러짐에 필요한 이론적인 최대 전단응력은 $G/6$라는 것을 의미한다. 표 5.1에 나타난 전단률의 값에 기초하면, 소성변형에 필요한 이론적인 전단응력은 1평방인치 당 수백만 파운드의 단위일 것이다. 이것은 표 5.2에 열거된 이론과 실제의 전단강도 값을 비교함으로써 알 수 있듯이 일반적인 재료에서는 아직 달성되지 않았다.

표 5.2 • 재료의 강도

재료	이론전단강도(lb/in^2)	실측전단강도(lb/in^2)
베릴륨	3,570,000	50,000
구리	1,120,000	25,000
니켈	1,920,000	23,000
철	1,850,000	20,000
마그네슘	420,000	13,000

τ_0에 가장 근접한 재료는 위 표에서 알 수 있듯이 금속휘스커(metal whisker)이다. 현미경으로나 볼 수 있을 정도의 이 휘스커는 인간이 완벽한 단결정에 도달하려고 한 것에 가장 가깝게 접근한 것이다. τ_0의 유도를 기억해 보면, 격자는 완벽

했다 - 결함이 없었다. 수 마이크론*의 직경을 가진 휘스커는 강도 값이 $G/6$까지 근접해 왔다. 휘스커 결정은 또한 탄성적으로도 일반적인 단결정보다 훨씬 큰 정도로 변형된다. 분명히 비정상적인 이 거동에 대한 이유는 그것들 안에 전위가 거의 없다는 것이다. 보통 휘스커에 존재하는 유일한 결함은 휘스커 축에 평행한 단일 나선 전위뿐이다.

5.12 전위와 소성변형(dislocation and plastic deformation)

일반적인 단결정의 문제점은, 그것들이 취약한 것의 근본이 되는 많은 전위들을 포함하고 있다는 것이다. 전위는 1930년대에 Taylor와 Orowan에 의해 가정되었다. 그리고 그것의 존재는 모든 물질이 이론적으로 예상된 것만큼 강하지 못하다는 것을 입증하는 데 도움을 주었다. 전위는 낮은 전단응력에서 미끄러짐이 일어나게 한다. 왜냐하면 미끄러짐 과정은 이러한 결함들이 존재함으로써 단순화될 수 있기 때문이다.

5.12.1 칼날전위에 의한 미끄러짐(slip by an edge dislocation)

칼날전위가 그림 5.19(a)에 그려져 있다. 미끄러짐면 위에 원자의 잉여 절반면이 있다는 것을 주목해야 한다. 미끄러짐이 일어나기 위하여 잉여 절반면은 그림 5.19(b)처럼 오른쪽으로 이동하기만 하면 된다. 이것은 오른쪽 절반면으로의 결합을 깨고(그림 5.19a에 보임) 아랫 부분을 그 잉여 절반면에 붙임으로써 이루어진다. 그래서 원자구조는 그림 5.19(b)와 같다. 결정은 가장 약한 결합만큼만 강하므로 응력 수준이 전위의 움직임을 유발하기에 충분한 값에 이르자마자 결정은 소성변형을 일으킨다.

5.12.2 전위선(dislocation lines)

전위선(4.6.3절에서 논의되었던)은 닫힌 곡선 또는 결정립계 또는 결정의 외부

* 1 micron = 10^{-6}meters = 10,000Å.

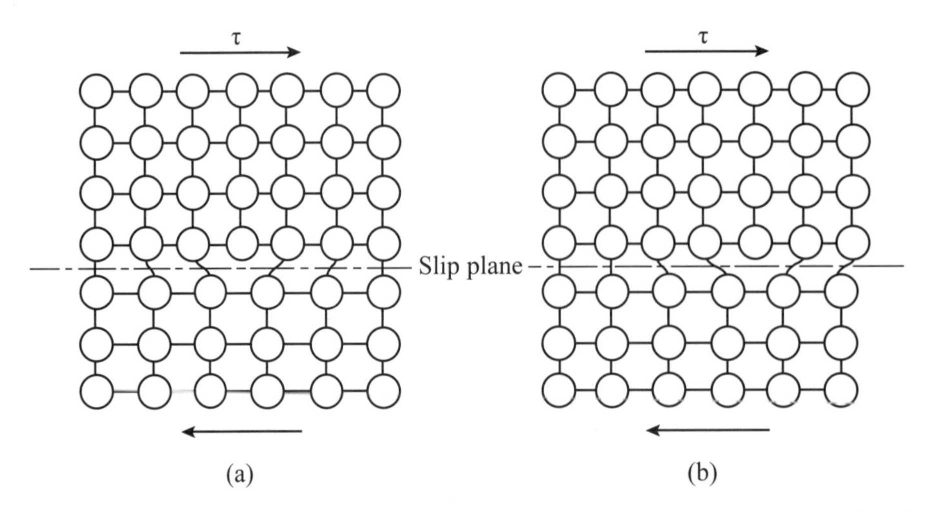

그림 5.19 • 칼날전위에 의한 미끄러짐(slip by an edge dislocation). (a)의 칼날전위는 잉여 절반면 때문에 전단응력 τ에 취약해서 이론적인 항복 강도보다 낮은 응력에서 미끄러진다. (b)에 보이는 것처럼 원자 한 개만큼 미끄러짐이 일어나기 위해서는 단지 한 개의 결합만 끊으면 된다. 절반면은 한 개 원자 간격만큼 오른쪽으로 이동했다.

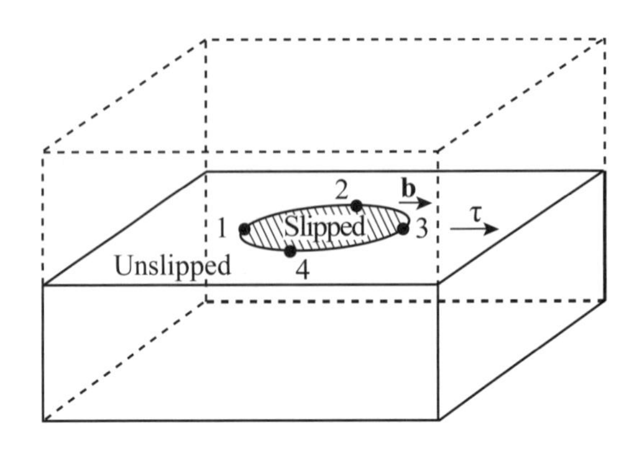

그림 5.20 • 전위선(dilocation line). 전위선이란 미끄러짐 면에서 미끄러진 구역과 미끄러지지 않은 구역 사이의 경계를 구분짓는 닫힌 곡선이다. 여기서 보여진 전위선은 점 1과 3에서는 순수 칼날전위이고 2와 4에서는 순수 나선전위이다. 그 밖의 영역에서는 칼날과 나선 성분이 모두 존재한다. Burgers 벡터 **b**는 가해진 전단응력과 평행하다.

표면에서 끝난다. 전위선은 결정에서 미끄러진 영역과 미끄러지지 않은 영역 사이의 경계를 결정짓는다. 그림 5.20은 닫힌 전위선을 그린 것이다.

미끄러진 부분은 닫힌 곡선 안에 있고 미끄러지지 않은 부분은 닫힌 곡선밖에 있다. 소성변형을 하는 동안에, 전위선은 전단응력 τ의 영향을 받는 미끄러짐 면 전체로 확산되어 한 개의 원자 간격만큼의 미끄러짐을 유발시킨다.

5.12.3 전위원(dislocation sources)

대부분의 재료들은 상당한 수의 전위를 포함하고 있다. 변형되지 않은 상태의 일반적인 금속은 약 $10^6 \sim 10^8/cm^2$ 개의 전위를 갖고 있다.* 풀림(annealing)된 알루미늄 합금의 전자현미경 사진(그림 5.21)은 검은 실리콘 입자들 사이에서 기지 안에 엉킨 전위들을 갖고 있음을 관찰할 수 있다. 실리콘이나 게르마늄 같은 몇몇 재료는 위에 주어진 대부분의 풀림된 재료보다 훨씬 낮은 전위밀도를 갖게 제조할 수 있다. 소성변형 후, 금속은 $10^{10} \sim 10^{12}/cm^2$개의 전위밀도를 갖는다. 그러므로 소성변형시 전위 생성에 대한 기구가 틀림없이 존재해야만 한다.

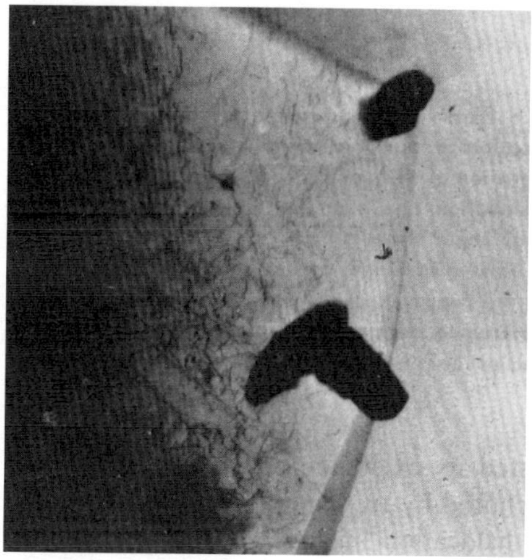

그림 5.21 • 풀림된 알루미늄-실리콘 합금에서의 전위. 13,500배율에서 검은 실리콘 입자 사이의 알루미늄 기지에서 엉켜있는 전위들을 볼 수 있다. 심지어 풀림된 재료에서조차 $10^6 \sim 10^8$ 전위/cm^2가 있다. (투과 전자현미경사진, K. D. Prince, Div. of Engineering, Brown University).

그런 기구 중의 하나가 그림 5.22에 설명되어 있다. 이런 특정 증식기구(multiplication mechanism)는 처음 이 존재를 제안한 과학자의 이름을 따서 프랑크 리드(Frank-Read)원이라고 불린다.

* 전위밀도는 재료의 단위면적을 가로지르는 전위 수로써 나타낸다. 이는 재료의 단위체적 당 포함된 모든 전위선의 길이와 같다.

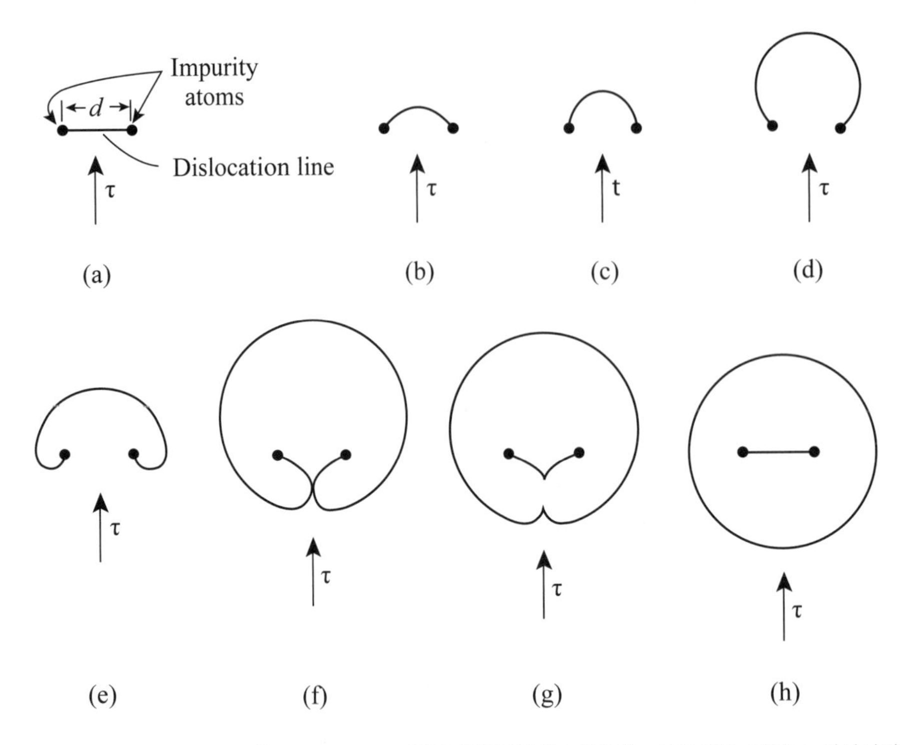

그림 5.22 • Frank-Read 원. Frank-Read 원은 전단응력이 가해지는 동안에도 전위를 생성시킬 수 있다. 이 전위원의 다양한 작용 단계가 설명되어 있다. (a)에서 초기 전위원은 두 불순물 사이에 전위선 일부가 고정되어 있다. 만약 충분히 큰 전단응력이 작용하면 고정되어 있는 전위선은 (b)처럼 휘어지기 시작한다. (c, d)에서 계속해서 휘어지고 고리는 (e)처럼 자신 안쪽으로 굽어진다. (f)에서 고리의 두 부분은 교차하고 (g)처럼 연결되면서 (h)에 있는 슬립면에 걸쳐 팽창할 수 있는 자유 전위고리를 남기게 된다. 고정점(pinning point)에 모여있는 전위 부분은 또 하나의 전위를 생성할 수 있다.

두 개의 불순물원자에 의해 고정되어 있는 전위선 조각으로 이루어져 있다(그림 5.22a). 이러한 전위의 고정(anchoring or pinning) 불순물원자와 전위 간의 상호작용 때문이다. 만약 고정점(pinning point)으로부터 전위를 끊어내기 위해 필요한 응력이 매우 크다면, 가해진 전단응력 τ에 의해 압력을 받는 비누방울막이 휘어지듯이 전위선이 활처럼 휘어진다(그림 5.22b). 전위고리의 두 부분이 고정점 뒤에서 만날 때까지(그림 5.22f), 전위선은 그림 5.22(b)에서 (f)까지에 보여진 것 같이 계속 휘어지고, 전체 미끄러짐면에 걸쳐 진행될 수 있는 한 개의 고리(그림 5.22g)를 형성한다. 전위원은 원래의 상태로 돌아간다(그림 5.22h). 이러한 번

식과정은 충분히 높은 전단응력이 가해지고 새로운 전위고리(discolation loop)가 생성되는 한 반복된다.

Frank-Read 원은 너무 많은 전위가 존재해서 서로가 서로를 방해할 때까지 전위를 계속 생성한다. 생성된 각 전위는 상호 간의 간섭 때문에 다음 고리가 생성되기 위해서는 더 큰 τ값이 필요해지기 때문에 가공경화가 일어난다.

Frank-Read 원을 활성화시키기 위해 필요한 전단응력은 다음과 같다.

$$\tau \approx \frac{Gb}{d}. \tag{5.33}$$

여기서 b는 일반적으로 미끄러짐 방향의 미끄러짐면에서 원자 간 거리와 거의 같다고 여겨지는 Burgers 벡터 **b**의 크기이고, G는 전단률, d는 고정점 사이의 거리이다. 그래서 222,000lb/in^{2}의 전단력을 받는 철 시편에서 Frank-Read 원의 고정점 사이의 거리는 다음과 같다.

$$d = \frac{11.1 \times 10^6}{2.22 \times 10^5} b = 50b. \tag{5.34}$$

그러므로 철에서 간격이 50b인 Frank-Read 전위원은 222,000lb/in^{2}의 전단력에 의해 활성화될 수 있다. 이 τ값은 식(5.32)에서 주어진 이론 강도 값보다 더 실제 값에 가깝다.

5.13 임계분해전단응력(critical resolved shear stress)

그림 5.23의 단결정 시편에 가해진 힘은 미끄러짐면에 대한 수직응력과 전단응력으로 분해된다. 시편의 단면적을 A_0, 인장하중을 **P**라고 하자. 만약 미끄러짐면에 수직인 **n**이 인장하중 **P**와 θ각을 가진다면, 미끄러짐 방향(미끄러짐면 내부의)은 시편의 축과 ϕ 각을 이루기 때문에 미끄러짐면의 면적 A는 다음과 같다.

$$A = \frac{A_0}{\cos\theta}. \tag{5.35}$$

이 면에 대한 전체응력 S는 다음과 같다.

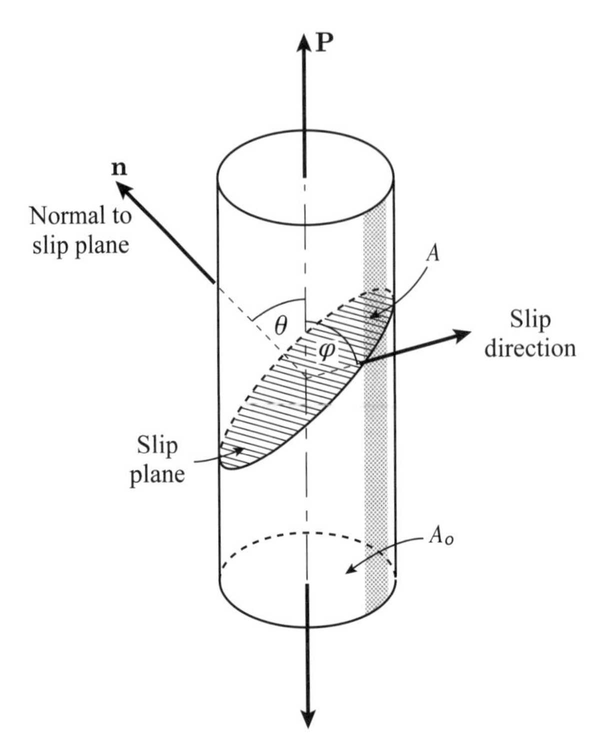

그림 5.23 • 임계분해전단응력(critical resolved shear stress). 단면적 A_0의 단결정 시편이 축방향으로 하중 **P**를 받는다. 면적 A의 활동 미끄러짐면(줄무늬로 보여짐)은 시편의 축과 θ의 각을 이루는 수직응력 **n**을 받는다. 미끄러짐면 내의 미끄러짐방향은 시편의 축과 Φ의 각을 이룬다.

$$S = \frac{P}{A}. \tag{5.36}$$

미끄러짐방향으로 분해된 전단응력은 다음과 같다.

$$\tau = \frac{P}{A}\cos\Phi. \tag{5.37}$$

이것은 다음과 동일하다.

$$\tau = \frac{P}{A}\cos\theta\cos\Phi. \tag{5.38}$$

식(5.38)로부터 τ의 최댓값은 θ와 ϕ가 모두 45°일 때이고 이는 다음과 같다.

$$\tau_{max} = \frac{P}{2A_0}. \tag{5.39}$$

단면에 대한 수직응력은 다음과 같다.

$$\sigma = \frac{P}{2A_0}, \tag{5.40}$$

그러므로

$$\tau_{max} = \frac{\sigma}{2}. \tag{5.41}$$

이 이론에 의하면, 주어진 모든 단결정은 동일한 값의 임계분해 전단응력 값을 나타내야 한다. 이것은 재료의 소성흐름이 시작되는 전단응력의 값, 즉 재료의 항복점이다. 실제 단결정 실험에서도 이는 사실이다.

그러나 최종 응력-변형 곡선의 모양은 결정 내에서 작용 가능한 미끄러짐계의 수에 크게 의존한다. 표 5.3은 세 개의 가장 보편적인 Bravais 격자 각각에 대한 미끄러짐면과 미끄러짐 방향을 보여준다. 미끄러짐계의 총 숫자는 체심입방정인 경우에 가장 많고 조밀육방정인 경우에 가장 적다.

표 5.3 • 금속의 미끄러짐 시스템

구조	미끄러짐 면	미끄러짐 방향	미끄러짐 씨스템의 수
fcc	{111}	⟨110⟩	12
bcc	{110}	⟨111⟩	
	{112}	⟨111⟩	48
	{123}	⟨111⟩	
hcp	{001}	⟨110⟩	3

5.14 단결정에서의 변형경화(strain hardening)

그림 5.24는 기계적 응력이 작용할 때, 서로 다른 단위격자 단결정의 거동을 보여준다. 육방정(hexagonal) 금속은 경화가 매우 적게 일어난다(응력-변형곡선이 매우 낮은 기울기를 갖는다). 그림의 크기가 탄성 영역을 식별할 수 없을 정도의 크기라는 것에 주의해야 한다; 그것은 세로 좌표축과 일치한다. 조밀육방정(hcp)

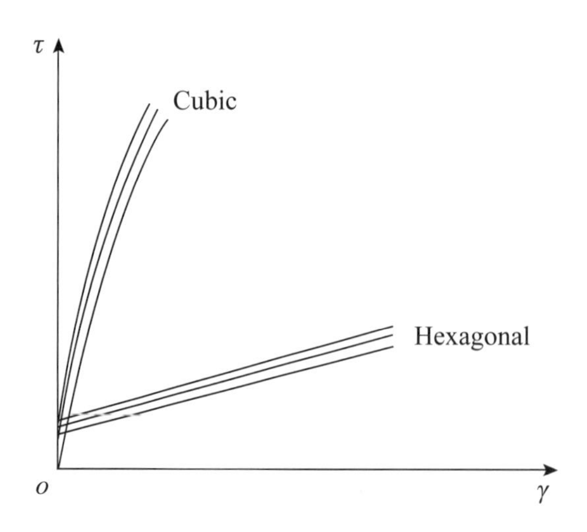

그림 5.24 • 단결정 응력–변형 곡선. 소성 구간에서 단결정의 전단응력 대 전단변형의 그래프는 두 그룹으로 분명하게 나누어진다. 입방정(cubic) 재료는 많은 양의 가공경화가 일어나지만 육방정(hexagonal) 재료는 거의 일어나지 않는다.

금속은 오직 한 개의 미끄러짐면과 세 개의 미끄러짐 방향을 가지므로 일단 소성 흐름이 시작되면, 즉 미끄러짐면에 대한 임계분해 전단응력에 이르면, 재료는 가해지는 응력이 아주 적게 증가해도 계속해서 소성변형한다.

만약 많은 미끄러짐계(slip system)가 존재한다면, 하나 이상이 동시에 작동할 것이고, 이들 미끄러짐계에 의해 생성된 많은 전위들은 서로 간섭해서 가공경화를 일으킬 것이다. 이런 이유로 단결정인 경우에 입방정 금속이 육방정 금속보다 훨씬 빠른 속도로 가공경화(work harden)된다. 결정립계가 존재할 경우에는 분석하기가 더 어려워진다.

5.15 다결정에서의 변형경화(strain hardening in polycrystals)

응력을 받고 있는 두 개의 결정립으로 된 다결정 육방정 재료를 생각해 보자. 한 결정립은 미끄러짐이 일어나기 좋은 방향으로 되어있고 다른 하나는 그렇지 않을 수 있다. 미끄러짐은 첫 번째 결정립 내에서 시작되고 전위는 첫 번째 결정립 내의 전위원에 의해 생성되었기 때문에 결정립계에 전위가 쌓이게 된다. 가해지는 전단응력이 두 번째 결정립의 임계분해 전단응력 값까지 증가하게 되면 비로소 두 번째 결정립에서도 전위가 생성된다. 그래서 극히 소수의 미끄러짐계만 작용하는 육방정 다결정재료는 변형경화 속도가 빠르다. 입방정, 또는 특정 체심입방정 시편에는 작용 가능한 미끄러짐계가 많다; 그래서 만약 한 결정립 내에서 미끄러짐이 시작되면, 첫 번째 결정립에 가해진 응력보다 약간만 높은 임계전단응력에 의해 바로 옆 결정립 내의 미끄러짐계를 작동시킬 수 있는 방향으로 되어 있는 미끄러짐계가 있을 가능성이 매우 높다. 그러므로 다결정 입방정 금속은 육방정 재료보다 더 적은 변형경화로 소성변형을 일으킨다.

5.16 항복점현상(yield-point phenomenon)

다결정 강철에 대한 응력-변형 곡선은 그림 5.25의 응력-변형 곡선과 같은 항복점현상이라 불리는 특징을 보이기 때문에 중요하다. 재료는 상부항복점에 이를 때까지 가해진 응력에 버티면서 탄성적으로 변형되고, 응력이 상부항복점에서 하부항복점으로 떨어지면서 소성변형이 시작된다. 몇몇 변형(Luders 변형)은 일정한 응력에서 발생하고 가공경화가 일어난다. 최고 인장강도에서 시편에 잘룩해

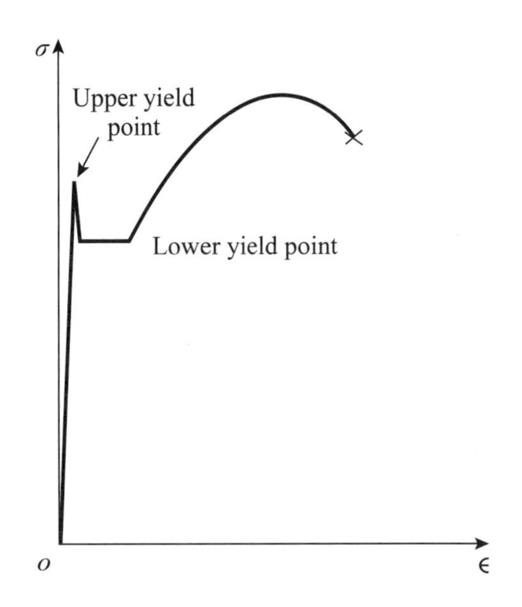

그림 5.25 • 항복점현상(yield-point phenomenon). 강철에 대한 공칭(engineering) 응력-변형 곡선은 항복점현상을 보인다. 재료는 항복점에 도달할 때까지 탄성적으로 거동한다. 이 점에서 변형가공이 일어날 것으로 예상되지만 대신에 응력이 더 낮은 수준으로 떨어지고 난 후에야 변형가공이 시작된다. 첫 번째 항복점을 상부항복점(upper yield point)이라고 하고 상부항복점에 도달한 후 곡선이 떨어진 응력 수준을 하부항복점(lower yield point)이라고 한다.

진 부분(neck)이 생기고, 이어서 파괴가 발생한다. 코트넬(Cottrell) 분위기 이론은 상부와 하부 항복점현상을 설명하는 한 가지 이론이다. Cottrell은 아무리 순수한 철이라 하더라도 전위를 고정시킬 만큼의 충분한 탄소가 침입형원자로 존재한다고 설명한다. 전위가 탄소원자로부터 벗어나기 위해서는 응력이 상부항복점까지 증가되어야 한다.* 고정점으로부터 전위를 이탈시키는 것보다 고정되어 있지 않은 전위를 움직이는데 더 낮은 응력이 필요하므로, 응력은 하부항복점으로 떨어진다.

5.17 결정립계가 강도에 미치는 영향

결정립계는 취약함과 강함 모두의 근원이다. 낮은 온도, 즉 절대온도로 표시된 융점의 약 반 이하에서 결정립계는 강도의 근원으로 작용한다. 이는 결정립의 강도와 결정립계의 강도가 온도에 대해 그려져 있는 그림 5.26에 나타나 있다. 결정립의 강도가 결정립계의 강도와 같아지는 온도를 등응집온도(equicohesive temperature)라고 한다. 등응집온도 이하에서는 결정립계가 결정립보다 강해서 결정립을 가로질러 끊어지는 입내(transgranular)파괴가 일어난다(그림 5.27a). 등응집온도 이상에서는 결정립이 결정립계보다 더 강해서 입계(intergranular)파괴가 일어나고 균열이 결정립계를 따라 생긴다(그림 5.27b).

결정립 크기 d에 대한 항복응력 σ의 의존성은 대략적으로 다음 관계를 따른다.

$$\sigma = \sigma_0 + kd^{-1/2}, \tag{5.42}$$

여기서 σ_0와 k는 상수이다. 그래서 그림 5.28에 예시된 것처럼 일반적으로 결정립의 크기가 작을수록 재료의 강도는 증가한다.

* 이는 Frank-Read 원에 관해 논의했던 고정점 사이의 전위의 휘어짐 현상과 대조적이다. 이 경우에 휘어지는데 필요한 응력이 이탈에 필요한 응력보다 크다.

그림 5.26 • 등응집온도 (equicohesive temperature). 결정립계의 강도가 온도의 함수로 결정립(grain)의 강도와 비교되었다. 낮은 온도에서 결정립계는 강도의 근원(결정립보다 강하다)이지만 높은 온도에서는 결정립계가 결정립보다 약하다. 결정립과 결정립계가 같은 강도를 갖는 온도를 등응집온도라고 한다.

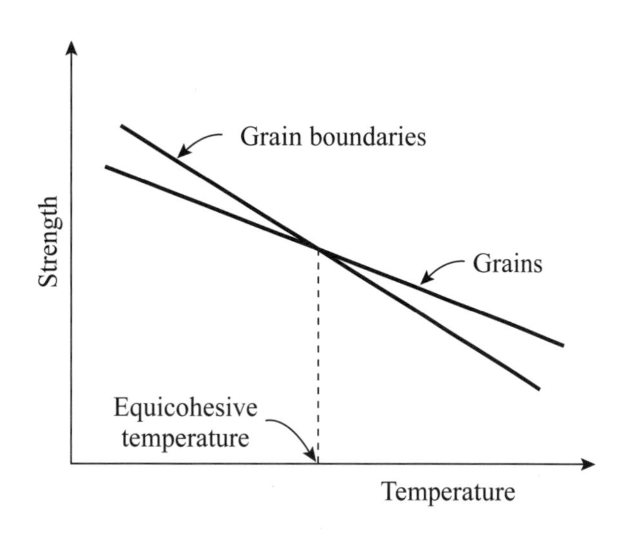

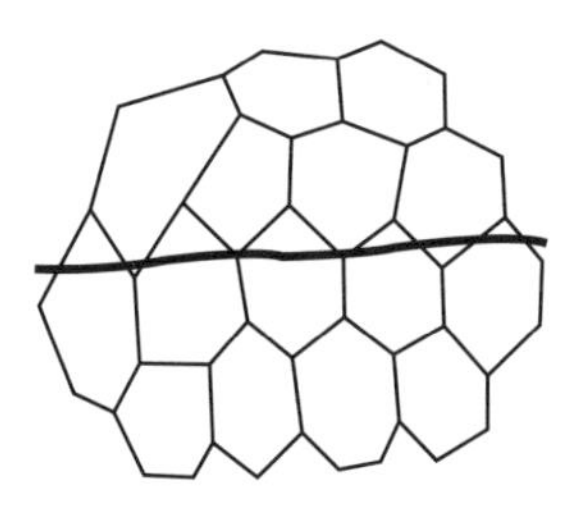

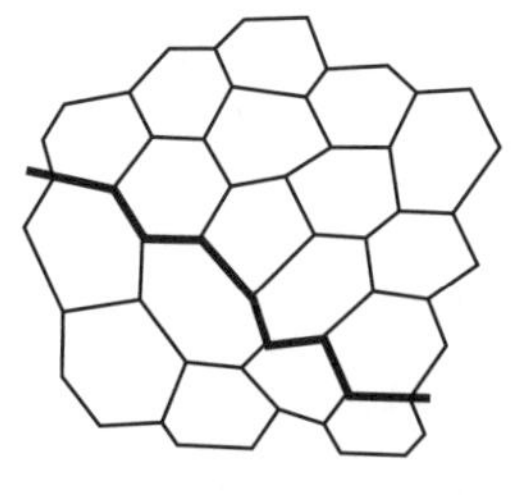

그림 5.27 • 파괴(fracture). 파괴의 미세조직 모양이 예시되어 있다. (a) 입내파괴: 결정립이 결정립계보다 먼저 파괴된다. (b) 입계파괴: 결정립계가 결정립보다 약해서 저항이 적은 경로–결정립계–를 따라 파괴가 일어난다.

그림 5.28 • 항복강도에 미치는 결정립 크기의 영향. 항복강도는 $\sigma = \sigma + kd^{-1/2}$ 의 관계에 따라 변한다. 여기서 σ_0 및 k는 상수이고 d는 평균 결정립 직경 이다. 이것은 결정립 크기 제곱근의 역수에 대하여 그리면 항복강도의 변화를 직선으로 변환한다. 결정립 크기가 증가할수록 항복강도는 감소한다.

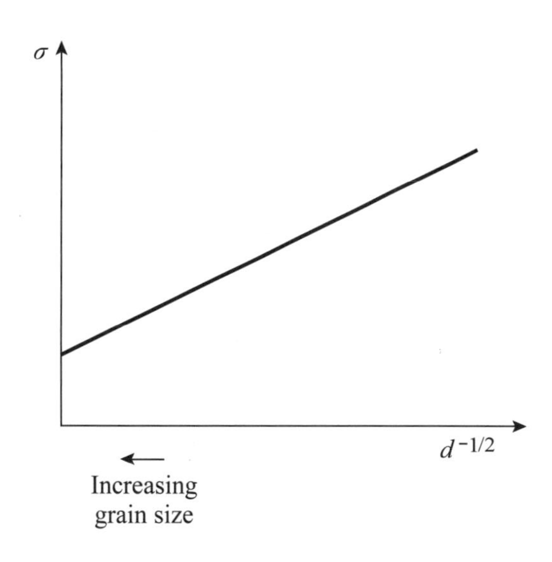

5.18 온도가 강도에 미치는 영향

온도가 강도에 미치는 영향을 고려할 때, 화씨나 섭씨로 표현되는 시료의 온도로 고려하는 것으로는 충분하지 않다. 더 중요한 것은 재료의 융점에 대해 절대온도로 표시된 상대적인 온도이다. 이 상대온도는 실제 절대온도가 분자이고 융점의 절대온도가 분모인 분수로 표현된다. 납의 융점은 600°K이고 철의 융점은 1808°K이기 때문에 실온에서의 납과 철을 비교해서는 안 된다. 즉, 실온(일반적으로 25℃)에서 납은 융점의 0.497에 해당하는 반면에 철은 융점의 0.165에 해당한다. 그러므로 25℃에서의 납은 625℃에서의 철과 비교되어야 한다.

일반적으로 시험 온도가 감소하면 시편의 강도는 증가한다. 영하의 온도에서 시험이 행해진 시편은 같은 재료로 실온에서 시험한 시편보다 더 높은 항복강도를 나타낸다. 그림 5.29의 응력-변형 곡선에 낮은 시험 온도에서 항복강도가 더 크다는 것이 예시되어 있다.

5.18.1 고온에서의 크립(creep)

위에서 언급된 모든 시험에서는 지속적으로 응력을 증가시킴으로써 변형이 증가하였다. 재료의 거동은 매우 느린 속도의 하중에서는 적용되지 않기 때문에,

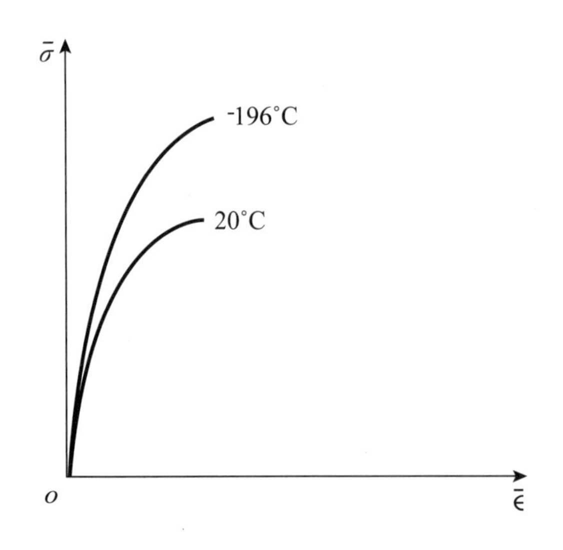

그림 5.29 • 강도에 미치는 온도의 영향. 실온(20℃)과 액체질소 온도(−196℃)에서 시험한 물질의 응력−변형 곡선이다. 항복강도는 시험 온도를 낮출수록 더 높다.

이 시험들은 빠른 속도의 하중에서 시행되었다. 만약 일정한 하중이나 응력이 시편에 가해지면, 가해진 응력이 항복점 이하이더라도 빠른 탄성변형 이외에 크립(creep)에 의해 그것은 서서히 변형된다. 크립이라고 불리는 이러한 형태의 느린, 시간-의존성 변형은 시간 의존성 때문에 구분되는 소성변형의 한 형태이다.

일반적인 온도에서 크립은 중요하지 않으나 고온(재료의 융점의 절반 이상의 온도)에서는 대비를 하지 않으면 큰 재난을 일으킬 수 있다. 제트 엔진의 터빈 날(turbine blade)은 매우 정밀한 허용 오차를 지니도록 만들어져 있다. 이 날들은 엔진 작동 시의 고온에서 응력이 걸린다. 만약 터빈 날에서 충분한 크립이 생기면, 덮개(shroud, cover)를 쳐서 부러질 수 있다. 그렇게 되면 부러진 부분은 터빈으로 빨려 들어가 다른 wheel의 날들을 부러트릴 것이다. 크립에 대한 연구를 통해 고온의 높은 응력에서 사용될 수 있는 특수한 합금과 세라믹을 개발할 수 있다. 이러한 것들을 내-크립(creep-resistant) 재료라 부른다.

그림 5.30은 전형적인 크립 곡선으로 변형(strain)과 시간에 대해 그린 것이다. 이러한 곡선은 세 부분으로 나누어진다: 첫 번째 부분인 일차(primary) 크립

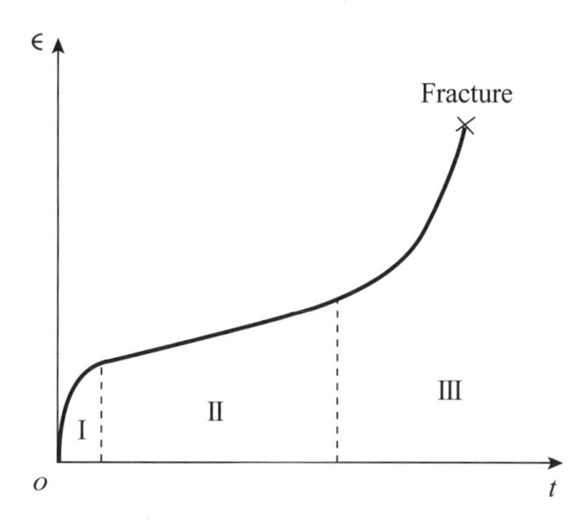

그림 5.30 • 크립 곡선. 크립 곡선은 고정된 응력이 걸린 시편에 있어서 시간에 대한 변형을 그린 것이다. 이 그래프와 관련하여 세 개의 분명한 구간이 있다: 제 1구간–초기 크립, 측각적인 탄성변형을 포함한다; 제 2구간–안정상태의 크립, 일정한 변형 속도(기울기)로 특징 지워진다; 그리고 제 3구간–가속된 크립, 빠른 변형 후에 파단으로 이어진다.

은 즉각적인 탄성변형을 포함한다; 두 번째 부분인 정적인 상태의 크립(steady state creep)은 일정한 변형률(변형과 시간 곡선의 직선부분)을 갖는 특징이 있다; 그리고 세 번째 부분인 가속화된 크립(accelerated creep)은 파단(failure)으로 이어진다. 크립을 일으키는 기구에는 전위상승(dislocation climb)과 입계미끌어짐(grain-boundary sliding)이 포함된다. 전위상승은 공격자점(vacancy)이 칼날전위(edge dislocation)로 이동함으로써 생긴다. 공격자점이 칼날전위의 잉여 절반면 끝으로 이동할 때, 전위선이 그림 5.31에서처럼 하나의 원자 간격만큼 상승한다. 전위의 농도뿐만 아니라 이동성 또한 온도 상승에 따라 증가하므로, 온도가 증가함에 따라 크립 속도도 증가한다. 입계미끌어짐은 고온에서 입계가 약해지기 때문에 발생한다. 입계는 실제로 시편의 크립 변형 동안 서로에 대해 상대적으로 미끌어진다.

5.18.2 저온에서의 취성파괴(brittle fracture)

재료의 특성은 고온에서 변하고, 파괴의 형태도 등응집온도를 지나면서 입내(transgranular)에서 입계간(intergranular) 파괴로 변한다.

두 가지 경우 모두 파괴는 어느 정도의 소성변형 후 일어난다. 이러한 파괴(소

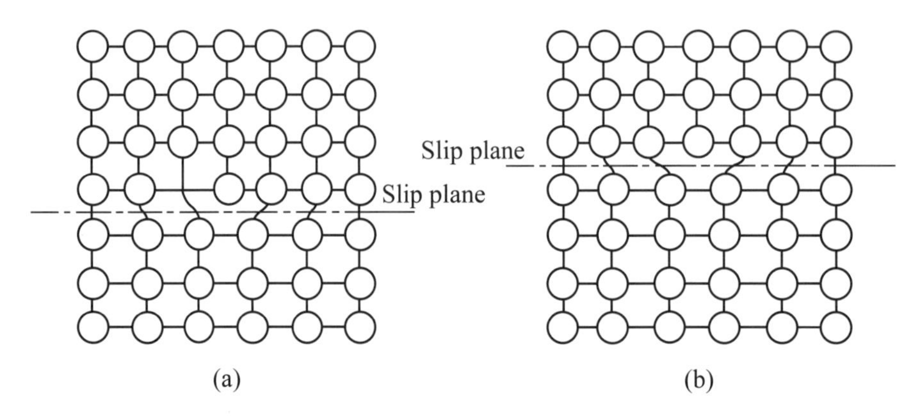

그림 5.31 • 전위 기어오름(dislocation climb). 전위 기어오름은 크립(creep)의 한 기구이다. (a) 칼날전위가 인접한 공극과 함께 그려졌다. (b) 클립 조건 하에서 공극은 절반면의 끝으로 이동하였다. 그리고 그 전위는 한 원자 간격만큼 기어올랐다.

성변형 후 파괴)를 연성파괴(ductile fracture)라고 한다. 이에 비해 파괴 전에 소성변형이 없거나 거의 없는 경우의 파괴는 취성파괴(brittle fracture)라고 한다. 시험 온도가 감소하면 항복응력은 증가한다(그림 5.29). 만약 온도가 충분히 낮다면, 소성변형이 시작되는 항복강도가 너무 높아서 항복강도에 이르기 전에 시편이 어떤 소성흐름도 없이 취성 형태로 파괴가 일어날 수 있다. 취성파괴 또는 벽개(cleavage)는 어떤 결정학적 면(벽개면: cleavage plane)을 가로질러 원자 간 결합이 깨어짐에 의해 일어난다. 이것은 그림 5.32에 예시되어 있는데 취성파괴 전과 후의 벽개면을 보여준다. 많은 경우에 균열(crack)은 원자 간 결합을 깨뜨리는 벽개면을 따라 진행된다. 취성파괴는 수직응력 하에서 일어난다.

그림 5.33은 온도에 따른 항복강도(yield strength)와 벽개강도(cleavage strength)의 변화를 보여준다. 항복강도는 온도가 낮아짐에 따라 증가하는 반면에 벽개강도는 거의 일정하게 유지된다. 이것은 벽개에 필요한 응력이 원자 간의 결

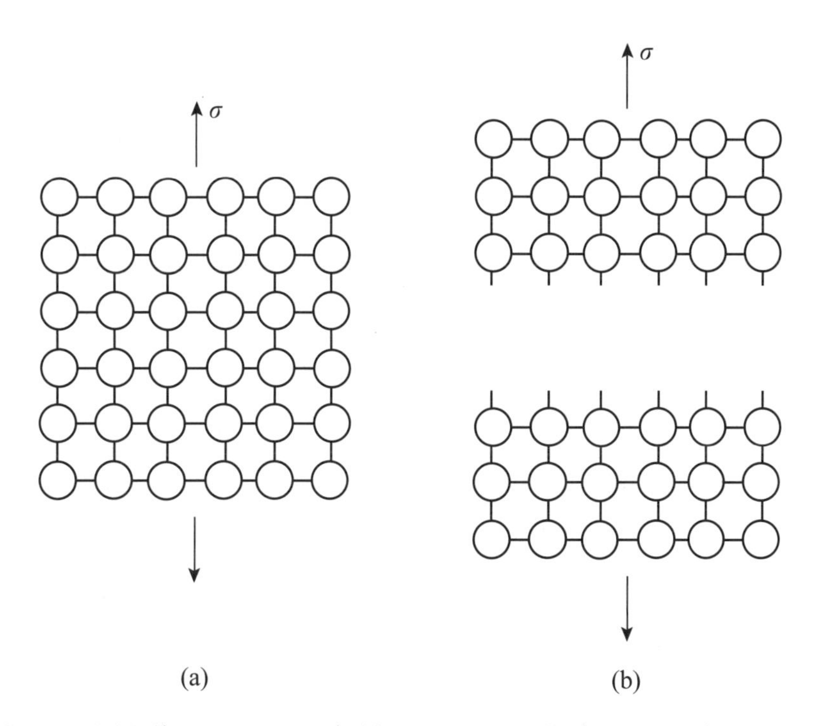

그림 5.32 • 벽개파괴(cleavage fracture). (a) 결정격자가 수직응력(normal stress)에 걸려있다. (b) 격자가 벽개에 의해 파괴되었다; 응력은 벽개면을 가로질러 원자 간 결합을 끊었다.

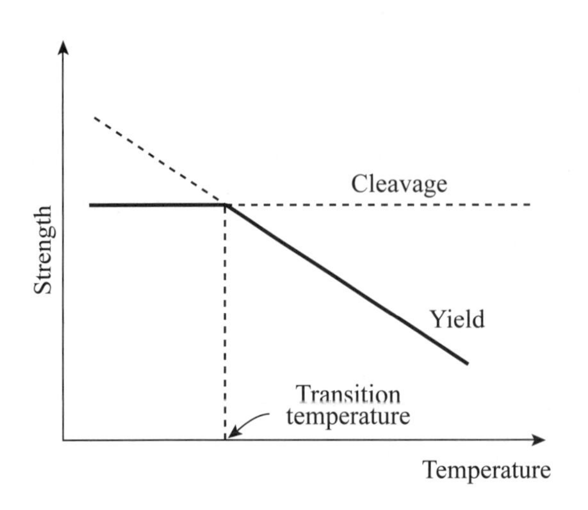

그림 5.33 • 천이온도(transition temperature). 벽개강도(cleavage strength)와 항복강도(yield strength)가 온도 함수로 표시되어 있다. 낮은 온도에서 벽개강도는 항복강도보다 적고 재료는 벽개에 의해 파괴된다. 고온에서 항복강도는 낮고 소성변형이 일어난다. 두 곡선이 교차하는 온도는 천이온도라고 불려진다.

합을 깨뜨리는데 필요한 것과 같기 때문이다; 이 응력은 온도에 거의 무관하다. 두 곡선이 교차하는 온도를 천이온도(transition temperature)라고 한다.

천이온도 이상에서는 소성변형이 먼저 일어나는 연성파괴가 발생하고, 천이온도 이하에서는 취성벽개파괴(brittle cleavage fracture)가 발생한다.

천이온도는 실제적으로 잇단 대참사를 통해 실감되었다. 이러한 것들 중 하나는 "거대한 당밀 탱크 사건(the great molasses-tank incident)"이었다. 보스턴에서 추운 날씨가 지속될 때, 당밀을 쌓는데 사용되는 큰 탱크가 취성 형태로 파괴가 일어났다. 또 다른 참사로는 전체를 용접으로 만든 "리버티 수송선(liberty ship)"이 이차 세계대전 중 중요할 때에 추운 날씨 때문에 두 동강이 난 사건이다. 이 모든 경우의 구조물들은 파괴가 일어났을 때 각각의 천이온도 이하에 있었다.

5.18.3 충격천이온도(impact transition temperature)

그림 5.33에서 두 곡선의 교차점에 의해 발견된 천이온도는 인장에서의 천이온도이다. 실제적으로 더 중요한 다른 천이온도가 있다 - 충격천이온도다. 재료는

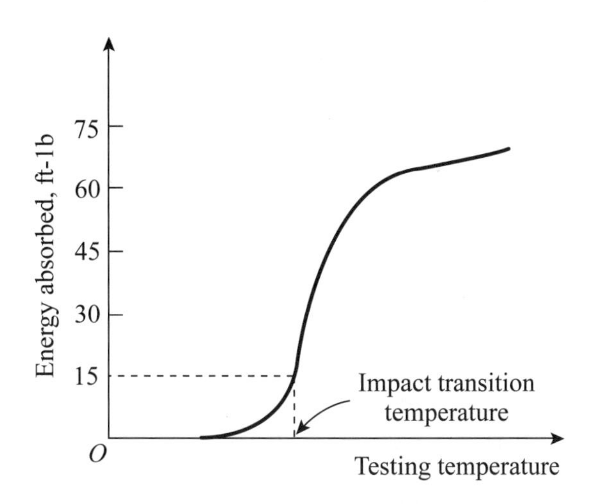

그림 5.34 • 충격천이온도(impact transition temperature). 물질을 여러 온도에서 충격 시험함으로서 시험 온도가 어떤 특정한 값에 도달함에 따라 흡수되는 에너지는 감소함을 알 수 있다. 충격천이온도는 흡수된 에너지가 15ft-lbs일 때의 온도로 정의될 수 있다.

인장에는 매우 강하지만, 너무 취약해서 충격이 그것을 산산이 부셔트릴 수 있다. 이런 종류의 물질은 사용에 제약이 따른다. 충격천이온도를 결정하기 위해 샤르피(Charpy)나 아이조드(Izod) 충격 시험이 사용된다. 이 시험의 원리는 날카로운 충격을 시편에 가하고 시편의 변형이나 파괴에 의해 흡수된 에너지 양을 측정하는 것이다.

여러 온도에서 충격을 시험함으로써, 흡수된 에너지는 시험한 온도의 함수로 찾아질 것이다. 이 데이터를 시험한 온도와 흡수된 에너지의 관계로 나타내면(그림 5.34), 충격천이온도가 결정될 수 있다. 실제적인 용도로 이 천이온도는 15 ft-lb 정도의 높이로 정할 수 있다. 관례적으로 이 값 이하에서의 파괴는 취성(brittle)으로 그리고 이상에서는 연성(ductile)으로 생각한다.

5.18.4 취성파괴 기구(mechanism of brittle fracture)

초기 취성파괴 연구자 중 한 사람인 그리피스(A. A. Griffith)는 유리에서의 이 현상을 연구하고 변형 전에 균열과 같은 결함이 존재하고 이로 인해 낮은 파

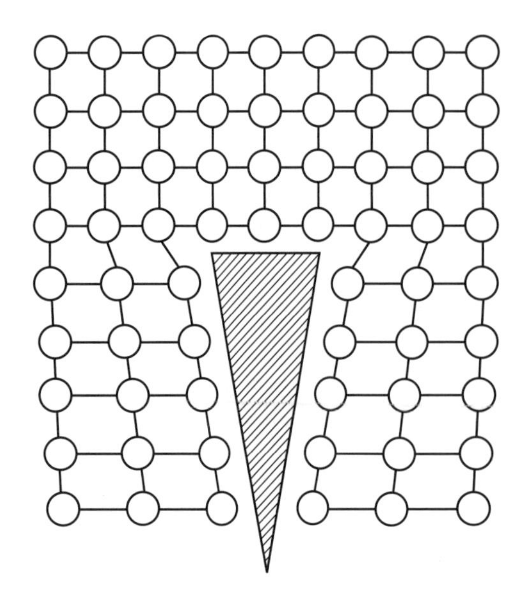

그림 5.35 • 미세균열의 형성. 세 개의 칼날전위의 합침은 미세균열 즉, 세 개의 남는 반쪽 면 바로 아래의 빈 공간을 유발한다.

괴 강도를 갖게 된다고 결론지었다. 이러한 생각은 비결정질(noncrystalline) 뿐만 아니라 결정질에까지 적용된다. 취성파괴의 발생을 설명해 주는 미세한 균열(micrograck)로 알려진 결함이 발견되었다. 미세한 균열은 미세구조의 결정립 내에 존재하는 작은 균열로 응력이 작용할 때까지는 안정하다.

미세한 균열의 기원은 아직 연구중이지만, 이들의 형성을 설명하기 위해 제안된 이론 중에서 많은 것들이 전위의 교차(intersection of dislocations)를 언급하고 있다. 그림 5.35는 미세한 균열을 형성하는 칼날전위가 합쳐지는 것을 보여주는데 세 개의 칼날전위가 합해져서 하나의 쐐기 형태의 미세한 균열을 형성한다. 응력이 작용하면 존재하는 미세한 균열은 확장되고, 다른 것들이 형성된다. 만약 응력이 충분히 크다면 시편은 취성파괴 된다.

5.19 피로(fatigue)

끊어질 때까지 철사를 잡아당기라고 하면 그것은 불가능할 것이다; 하지만 단지 부러트리기만 하라고 하면 아마 파괴가 일어날 때까지 철사를 앞뒤로 구부릴 수는 있을 것이다. 반복적인 주기적 하중 하에서 일어나는 이러한 형태의 파괴는 피로파괴(fatigue failure)이며 회전축에서 매우 흔하다. 자동차산업 초기 시절, 정비공들은 파괴 표면이 결정립 형태로 보였기 때문에 축이 부러질 때 "결정화"되었다고 했다. 지금 우리는 금속은 원래 결정질이라는 것을 안다. 이 현상은 사용 중의 피로일 뿐이다.

피로시험 중 가해지는 응력이 클수록 파괴 전까지의 주기가 짧다. 가해진 응력과 파괴까지의 주기를 나타낸 그래프를 *S-N* 또는 피로곡선(그림 5.36)이라 한다. 대부분의 재료는 낮은 응력 하에서는, 더 길지만 유한한 피로 수명(fatigue life)을 갖는 거동을 보인다(그림 5.36a). 철과 철계 합금은 어떤 특정한 응력 수준, 즉 피로 또는 내구한계(endurance limit)를 갖고 있어서, 그 이하에서는 주기 수에 관계없이 재료는 파단(fail)되지 않는다(그림 5.36b).

가장 흔한 피로 현상은 축에서 발견된다. 축에는 그 축을 운전하는 토그(torque), 또는 회전력(turning force)이 전해지는데, 이 토크를 축에 전달하는 기어(gear) 때문에 통상 이 기어가 닿는 점에서 굽힘력이 존재한다. 이 힘은 축의 중심축(axis)에 수직 방향이고 축은 그것에 의해 휜다(그림 5.37). 이 굽힘 때문에 축

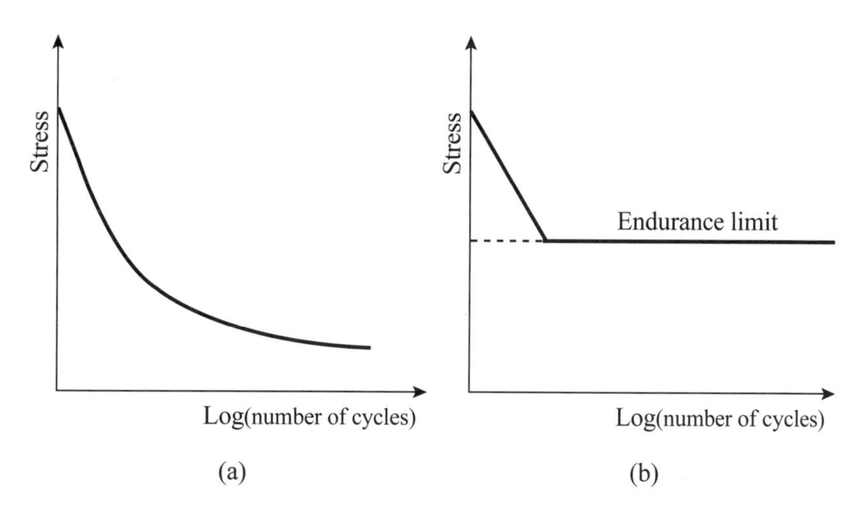

그림 5.36 • 피로 곡선. 피로 곡선은 응력과 파괴가 일어나기까지의 주기(cycle) 수에 로그를 취한 값을 연결한 것이다. (a) 대부분의 금속은 높은 응력 하에서는 낮은 주기 수에서 파단된다. 그리고 응력 수준이 감소함에 따라 파단까지의 주기수는 증가한다. (b) 철계 재료는 피로 또는 내구한계(endurance limit)를 보인다. 이것은 그 값 아래에서는 파단이 관찰되지 않는 응력 값이다.

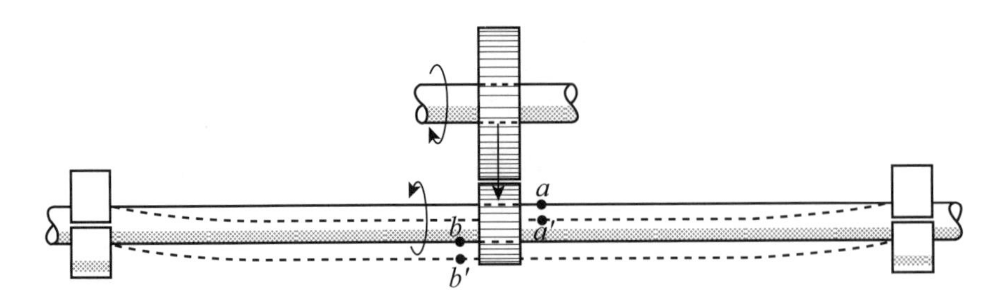

그림 5.37 • 회전축의 굽힘. 베어링 블록으로 지지되고 기어의 조합에 의해 회전하는 긴 회전축이 기어가 닿는 점에서 아래쪽으로 하중이 걸렸다. 이 하중은 점선으로 보여준 것과 같이 굽힘을 유발한다. 이 굽힘 때문에 점 a'에서의 표면은 압축응력이 주어지고, 점 b'에서의 표면은 인장 상태이다. 축이 회전함에 따라 표면의 어느 점이던 인장과 압축이 반복된다.

은 점선으로 표시된 것처럼 휜다. 재료는 a'에서는 압축, b'에서는 인장 상태이다. 사용하는 동안 축이 회전하게 되면, 표면은 인장과 압축이 주기적으로 일어나게 되어 피로가 발생한다. 피로균열(fatigue crack)은 인장 시에 표면에 있는 흠에서 형성되고, 균열은 각 주기마다 확장된다.

균열이 있는 부분이 압축 상태에 있을 경우에는 균열의 두 표면이 서로 비벼지기 때문에 닳아 매끄럽게 된다. 결국, 균열이 진행되어 감소한 단면적으로는 가해진 응력을 견딜 수 없게 될 때까지 균열은 진행되고, 취성파괴가 일어난다. 전형

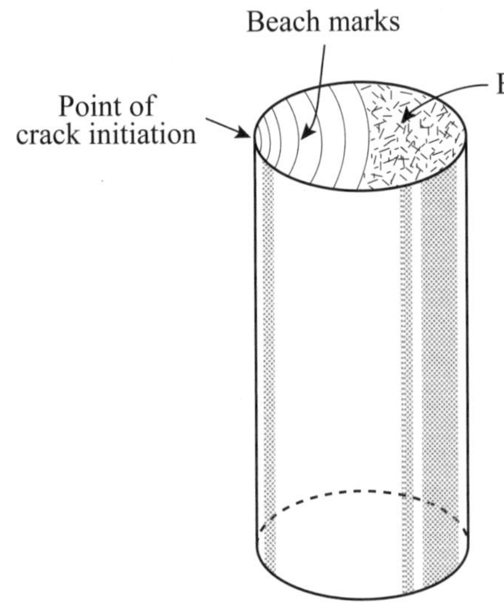

그림 5.38 • 피로파괴. 전형적인 피로 파괴는 두 구역을 갖는다. 물결무늬(beach mark)로 특징 지워지는 부드러운 표면으로 된 구간과 취성파괴가 일어난 거친 모양의 구간이다. 피로균열은 왼쪽에서 시작되었고, 사이클 동안 균열이 열려졌다 닫혀졌다 함에 따라, 피로균열 표면들은 부드럽게 문질러지고, 물결무늬 구역이 생기는 결과를 얻게된다. 단면적이 더 이상 하중을 지탱할 수 없을 때, 취성파괴가 일어난다.

적인 피로파단(fatigue failure)이 그림 5.38에 스케치되어 있다. 반복되는 주기 중에 매끈하게 비벼진 구역은 균열이 전달되는 것을 보여주는 해변 물결무늬(beach mark)와 같은 특색을 나타낸다. 취성파괴 구역은 외견상 결정립(granular) 모양을 하고 있다.

실제적인 적용에서 공학자들은 기계를 설계할 때, 피로파괴를 피하기 위하여 부품, 특히 축이 재료의 내구한계 이상의 응력을 받지 않도록 하려고 노력한다. 어느 정도 피로 저항성을 갖도록 설계된 처리 방법으로 제품의 표면에 압축응력을 유도하여 피로균열(fatigue crack)의 형성을 방해하는 방법 등이 있다. 표면을 매끄럽고 흠이 없도록 하는 것은 피로파괴를 막는 또 다른 방법이다.

■ 추천 도서

- BARRETT, C. S., *Structure of Metals*, 2nd ed., McGraw-Hill, New York, 1952.
- COTTRELL, A. H., *The Mechanical Properties of Matter*, Wiley, New York, 1964.
- DIETER, G. E., *Mechanical Metallurgy*, McGraw-Hill, New York, 1961.
- GUY, A. G., *Elements of Physical Metallurgy*, 2nd. ed., Addison-Wesley, Reading, Mass., 1959.
- MCLEAN, D., *Mechanical Properties of Metals*, Wiley, New York, 1962.
- READ, W. T., Jr., *Dislocations in Crystals*, McGraw-Hill, New York, 1953.

■ 연습문제

5.1 일련의 구리 시편을 유압 프레스에 놓고 12,000파운드의 하중을 걸었다. 만약 그 시편들의 직경이 $\frac{1}{2}$, $\frac{3}{4}$, 그리고 1인치라면 각각의 시편에 어떤 하중이 걸리는가?

5.2 만약 탄성변형만 일어난다면, 문제 5.1에 나온 각 시편에 어떤 변형이 발견될까? Young의 탄성비와 Poisson 비의 값을 위하여 표 5.1을 보시오. Poisson 팽창의 효과를 포함하도록 주의하시오.

5.3 공칭 응력-변형 곡선과 진 응력-변형 곡선을 비교하시오. 그리고 각각의 장점 및 단점을 기술하시오.

5.4 직사각 구리 기둥에 전단 응력 τ = 20,000lb/in^{2}가 걸렸다. 전단변형 γ를 계산하고 시편이 비틀렸을 때 바로 그 모양을 스케치하시오.

5.5 이론치만큼 강해야 되는 일반적인 재료의 파단을 설명하시오.

5.6 양의 칼날전위 두 개를 포함하고 있는 Burgers 회로를 묘사하고 Burgers 벡터를 구성하시오.

5.7 텅스텐에서의 Frank-Read 원(source)이 90b만큼 떨어져 있는 두 개의 pinning point 사이에서 작동한다면, 그 원을 작동시키는데 필요한 응력은 얼마인가?

5.8 아연 단결정의 직경이 1mm이다. 선의 축과 미끄러짐면 사이의 각이 42℃이고, 미끄러짐 방향과 선 축과의 겹쳐지는 사이의 각은 45℃이다. 186gm의 인장 하중에서 항복은 시작된다. 임계분해 전단응력을 계산하시오.

5.9 결정립 크기 1mm 그리고 결정립 크기 10mm의 강 시편의 항복강도 차이는 무엇인가? k = 3000(lb/in^2)(mm)$^{\frac{1}{2}}$을 가정하시오.

5.10 인장 시험과 크립 시험 사이의 중요한 차이점을 설명하시오.

6
변형과 풀림

6.1 변형(deformation)

금속 조각으로 쓸모있는 형태를 만들어야 하는 문제에 직면하고 있는 사람에게 단결정이나 다결정 시편의 변형에 대해 장황하게 이야기하는 것은 즉각적인 관심분야가 될 수 없다. 사실, 금속은 주조하여 모양을 얻거나 큰 덩어리로부터 기계가공할 수 있지만, 많은 경우에 원하는 특성뿐만 아니라 경제성 때문에 위의 두 가지 제조법을 사용할 수 없다. 재료를 원하는 모양으로 만드는 가장 흔한 방법은 기계적인 변형을 하고 마무리 가공을 하는 것이다.

기계적인 변형은 냉간가공(cold working)이라고 부를 때는 실온에서 행해지고, 열간가공(hot working)이라고 불리울 때는 높은 온도에서 행해진다. 이러한 작업은 압연기(rolling mill), 단조(forge), 압축성형(press), 인발틀(drawing die) 등의 성형기계에서 행해진다. 모든 기계적인 작업의 세부사항까지 언급할 필요는 없지만, 이용 가능한 다양한 주요 방법*들에 대해 최소한이나마 친숙해지는 것은 도움이 될 것이다.

6.1.1 압연(rolling)

간단한 압연기는 압연될 재료가 지나갈 만큼의 간격으로 분리되어 있는 한 쌍

* 다양한 성형공정에 대한 자세한 설명은, J. Wulff, H. F. Taylor, and A. J. Shaler, *Metallurgy for Engineers*, Wiley, New York, 1952, Ch. 27.을 보시오

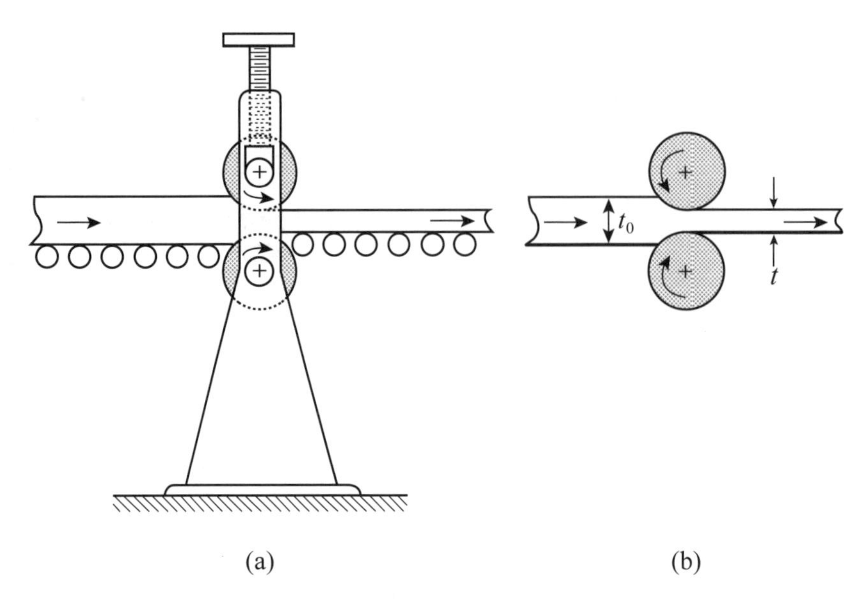

그림 6.1 • 압연기(rolling mill). (a) 간단한 압연기의 개략도. 압연할 재료는 그것이 서로 맞도는 두 개의 롤에 의해 잡아질 때까지 컨베이어를 타고 지나가며 두께가 감소된다. 압연된 재료는 두 번째 컨베이어 선반 위로 들어간다. (b) 초기 두께 t_0의 판은 롤들을 지나서 최종 두께 t로 줄어든다.

의 단단한 강철 롤(roll)로 이루어져 있다. 압연기는 모터로 움직이고 압연되면서 여러 두께로 감소될 수 있도록 간격을 조절할 수 있게 되어있다. 그림 6.1은 간단한 압연기의 개략도이다. 금속판은 반대 방향으로 회전하는 두 개의 롤 사이의 틈으로 지나간다. 그 판은 압연기 사이에 잡혀 틈을 지나가며 힘을 받는다. 금속판이 압연기를 통과하면서 두께는 초기 두께 t_0에서 최종두께 t 로 감소한다. 동시에 재료의 폭과 길이는 압연기에서 나오면서 증가한다. 압연된 제품의 폭을 조절하기 위해 양끝에 수직방향 롤러가 종종 사용되지만, 길이는 증가할 수 있기 때문에 두께의 감소를 보상해 준다.

6.1.2 단조와 압축성형(forging and pressing)

단조에서는 무거운 해머(hammer)가 아래로 떨어지거나 힘이 가해져서 재료에 빠른 충격이 가해져 단조틀(forging dies)에 의해 원하는 형상으로 눌려진다 - 한쪽은 움직일 수 있는 해머에 붙어있고 다른 한쪽은 모루에 붙어있다. 이렇게 가해

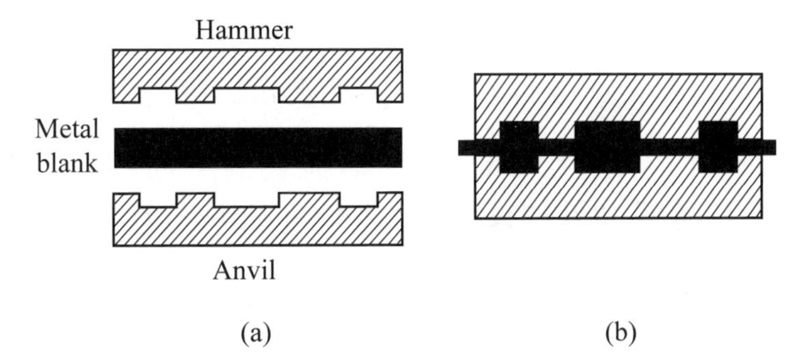

그림 6.2 • 단조금형(forging dies). (a) 단조할 금속 조각(metal blank)을 두 개의 단조금형 사이에 놓는다 – 고정된 모루와 움직이는 해머. 단조된 상태에서의 요구되는 형상은 금형의 형상을 보여준다. 해머는 유압이나 증기압에 의해 (b)에 보여진 것과 같은 최종 형상으로 될 때까지 위에서 아래로 빠르게 힘이 가해진다.

진 충격은 금속이 금형의 홈이나 움푹한 곳으로 밀려들어가게 한다. 그림 6.2는 이러한 작용을 보여주는 단면도이다. 압축성형(pressing)도 비슷한 틀을 사용하지만 갑작스러운 힘보다는 점진적인 힘을 가해 금속판을 성형하는 것이다.

6.1.3 인발가공(wire drawing)

인발가공은 단면이 경사진 금형(die)을 통해 철사를 잡아당겨 행한다(그림 6.3). 한 다발의 철사가 금형을 통해 당겨지고, 닻을 감아 올리는 장치(capstan or

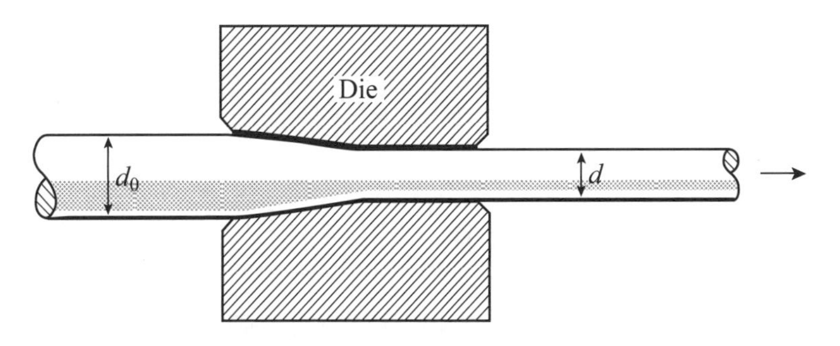

그림 6.3 • 선재 인발(wire drawing). 원래 직경 d_0의 선재를 경사지게 하여 선재–인발금형을 통하여 시작한다. 선 끝에 힘이 가해진다. 그리고 그것이 금형을 통하여 잡아당겨짐에 따라, 그것의 직경은 d_0에서 d로 줄어든다.

winch)와 유사한 장치가 금형을 통해 철사를 잡아당겨 릴(reel)에 감는다. 이 과정에서 철사의 지름이 초기 두께(d_0)에서 최종 두께(d)로 줄어든다.

6.1.4 냉간가공에 의한 변형경화(strain hardening by cold working)

형상을 변화시키는 모든 방법에는 한 가지 공통점이 있다. 재료는 변형을 겪으면서 가공경화한다. 변형이 냉간(실온)에서 행해졌다면, 가공경화의 효과는 뚜렷하다. 그것은 가능한 형상 변화의 범위를 제한한다. 사육제에서 철인이 강철막대를 휘게 한 후 관객 중의 한 사람에게 그것을 곧게 펼 것을 요구하는 고대희극 그림은 가공경화의 효과를 나타내는 한 예이다. 만약 막대가 원래 부드러워서 사람이 구부릴 수 있다면 구부리는 동안 가공경화가 일어날 것이다. 변형경화로 인해 항복강도가 증가했기 때문에 비슷한 힘을 가진 어떤 사람도 그 막대를 원래 모양으로 펼 수는 없을 것이다. 당신 자신이 이 사실을 증명해 보고 싶으면, 철사 옷걸이를 구부린 후 펴보라 - 당신이 약해진 것이 아니라 금속이 가공경화에 의해 강해진 것이다.

그러므로 재료를 가공하거나 변형시키면 변형의 증가에 따라 강도를 증가시킨다. 냉간가공의 정도는 두께의 감소, 면적의 감소, 냉간가공퍼센트(CW) 등과 같은 여러 가지 항으로 표현된다. 두께의 감소는 얇은 판의 두께를, 면적의 감소는 철사나 막대의 단면적 감소를 의미한다. 두 가지 경우 모두 다음 관계에 의해 냉간가공퍼센트로 변환될 수 있다:

$$\text{퍼센트 } CW = \frac{100(t_0 - t)}{t_0}, \tag{6.1}$$

그리고

$$\text{퍼센트 } CW = \frac{100(A_0 - A)}{A_0}. \tag{6.2}$$

그림 6.4는 인장강도를 냉간가공 퍼센트의 함수로 나타내었다. 강도는 냉간가공 정도가 증가함에 따라 증가한다. 이러한 강도의 증가 때문에 재료를 어느 점 이상으로 변형시키는 것이 불가능하든지 또는 실용적이지 못하다. 재료의 연성

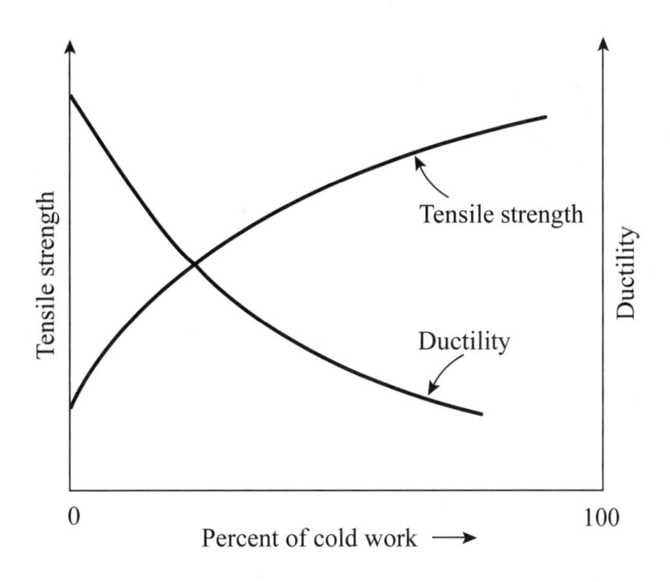

그림 6.4 • 가공경화(work hardening). 냉간가공을 하는 동안, 재료의 인장강도는 증가하고 그것의 연성은 감소한다. 이것이 변형경화(strain hardening)이다.

(ductility)은 재료가 파괴 전에 형태의 변화를 일으킬 수 있는 정도를 의미한다. 연성은 파괴 시작 전의 신장(elongation) 퍼센트, 면적감소(reduction of area) 퍼센트, 냉간가공(cold work) 퍼센트 등처럼 양적으로 표시될 수 있다. 재료의 연성은 사전 냉간가공이 증가함에 따라 감소한다(그림 6.4). 그러므로 재료의 연성을 회복시키고 강도를 감소시켜 변형이 더 일어날 수 있도록 하기 위해서는 무엇인가 행해져야 한다. 이것을 행하는 과정을 풀림(annealing)이라 한다.

6.2 풀림(annealing)

풀림은 원하는 특성, 즉 낮은 강도와 높은 연성과 같은 특성이 회복될 때까지 주어진 시간 동안 높은 온도에 재료를 유지하는 것이다. 풀림은 실제적으로 세 개의 분리된 과정으로 이루어져 있다: 회복(recovery), 재결정화(recrystallization), 결정립 성장(grain growth)이다. 냉간가공을 하는 동안 재료의 등축미세구조(equiaxed microstructure)는 비틀어진다(그림 6.5a). 만약 압연되었다면, 결정립은 압연 방향으로 신장되고, 미세구조가 많이 비틀어졌기 때문에, 즉

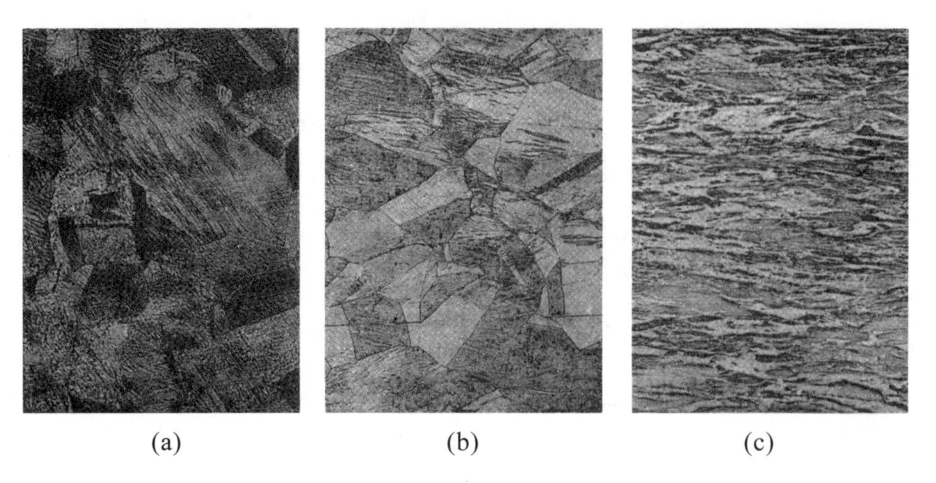

(a) (b) (c)

그림 6.5 • 구리의 냉간가공. 구리의 여러 단계의 냉간가공에서의 미세조직 사진이 보여졌다. (a) 25퍼센트 냉간가공 후 결정립 구조 내에 약간의 변형이 일어난 것이 명백하다. (b) 50퍼센트 냉간가공은 미끄러짐 표시가 증가하고 결정립이 성형 방향으로 늘어난 것을 볼 수 있다. (c) 75퍼센트 냉간가공은 처음 미세조직과 유사한 것이 조금 남아있고, 미세조직은 성형 방향으로 늘어나 있다. 식각액, 포타슘 다이크로메이트; 배율, 50배.

냉간가공이 많이 되었기 때문에 더 이상 결정구조가 같아 보이지 않는다[그림 6.5(b)와 (c)].

6.2.1 회복(recovery)

풀림 과정의 첫 번째 단계인 회복에서는 미세구조가 약간만 변화된다 - 비틀린(distorted) 결정립은 여전히 존재하지만, 일부 전위들이 늘어서서 부결정립계(subgrain boundary)를 형성한다. 다각형 형태로 생긴 부결정립은 서로 간의 방향에 조금의 차이가 있다. 다각형화(polygonization) 현상을 연구하는데 투과전자현미경이 널리 사용되어 왔지만, 회복의 정도는 일반적으로 금속조직학적인 기법으로 측정되지 않는다. 회복을 하는 동안 이전의 냉간가공에 의해 변화되었던 일부 특성은 점차 냉간가공되기 전 원래의 값으로 회복된다. 만약 *Y*라는 특성(예를 들어, 잔류응력*)을 회복과정중 시간의 함수로 나타내면, 그림 6.6과 같이, 특성 *Y*가

* 잔류응력은 변형이 끝난 후에 구조에 남아있는 응력을 일컫는다. 재료에 가해지는 외부응력은 더 이상 존재하지 않지만, 이 잔류응력은 매우 높아서 적절한 처리를 통해 제거하지 않으면 파괴가 일어날 수 있다. 잔류응력은 기계적 수단뿐만 아니라 열적 수단에 의해서 생길 수 있다.

그림 6.6 • 회복의 속도론 (kinetics of recovery). 어떤 특성 Y는 회복기 동안 $Y - Y_0 = Ae^{-bt}$의 관계에 의해서 냉간가공된 값 Y_{cw}로부터 회복된 값 Y_0로 변한다. 여기에서 A와 b는 상수이고 t는 회복 시간이다.

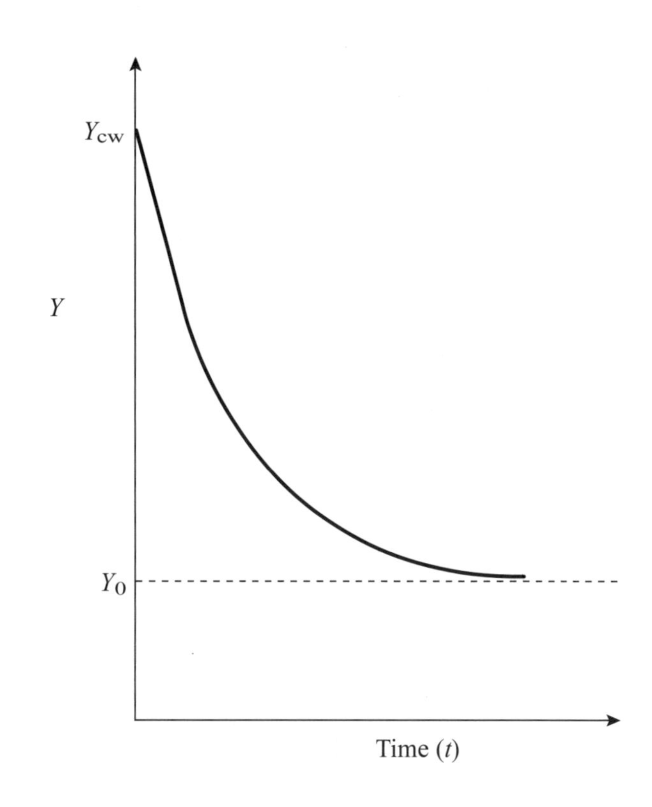

시간에 따라 어떻게 변하는지 알 수 있다. 이러한 형태의 속도론*이나 특성 Y의 변화속도는 지수적인데, 이것은 초기에는 회복속도가 매우 높고 Y의 값이 냉간가공 전의 값으로 근접함에 따라 감소함을 의미한다. 이 변화는 수학적으로 아래와 같이 표현된다.

$$Y\text{-}Y_0 = Ae^{-bt}, \tag{6.3}$$

여기서, Y_0는 가공되지 않았을 경우의 특성치, A와 b는 상수, t는 회복단계의 시간이다.

회복은 낮은 풀림 온도 또는 고온 풀림의 아주 초기단계에 발생한다. 이것은 구동력의 특성 및 상대적으로 낮은 활성화에너지 때문에 일어난다. 위의 두 용어는 앞에서 언급되지 않았으므로, 여기서 살펴보도록 한다.

* 속도론은 시간의 함수, 즉 시간에 따른 과정의 변화로서의 주어진 과정에 대한 학문이다.

6.2.2 구동력과 활성화에너지(driving force and activation energy)

언덕 꼭대기에 놓여 있는 공을 생각해 보자(그림 6.7a). 어느 한 방향으로 약간만 잘못 놓여도 경사면을 따라 굴러 내려갈 것이기 때문에 이 위치에 있는 공은 불안정하다(unstable). 두 언덕 사이의 계곡에 놓여 있는 공(그림 6.7b)은 어느 한 방향으로 잘못 놓아도 원래 위치로 돌아오기 때문에 안정하다. 이것은 안정평형상태(stable equilibrium)의 위치이다. 이제 언덕 꼭대기의 움푹한 곳에 놓여 있는 공을 생각해 보자(그림 6.7c). 공을 약간 잘못 놓아도 움푹한 곳에서 벗어나지 않는다; 공은 원래 위치로 되돌아온다. 더 많이 이동시켜 놓으면 공이 경사면을 따라 굴러 내려갈 것이다. 공이 언덕 꼭대기의 움푹한 곳에 있을 경우에 준안정상태(metastable equilibrium)에 있다고 한다.

어떤 시스템은 불안정, 안정 또는 준안정평형상태에 있는 것으로 생각될 수 있다. 만약 약간의 변동으로, 예를 들어 온도 증가로 인해, 어떤 계가 원래 상태에서 더 안정한 상태로 변화된다면 이 계는 불안정하다고 한다. 이는 그림 6.7(a)에 보여진 계와 동일하다. 계를 더 안정한 상태로 변화시키기 위해 많은 변화가 필요한

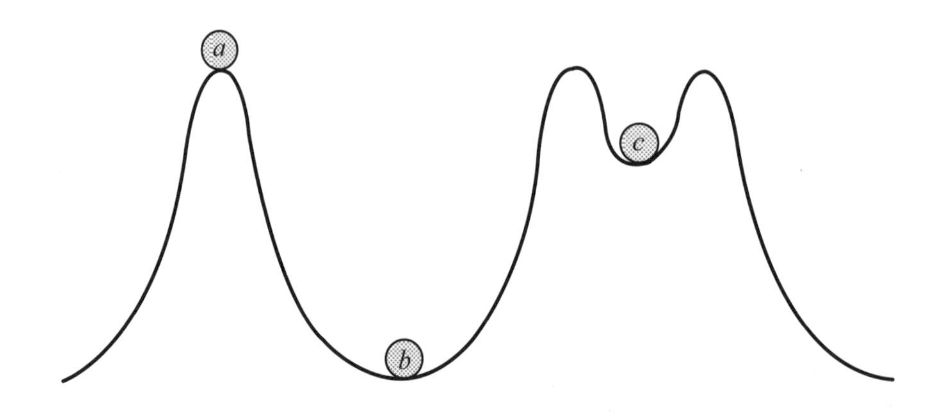

그림 6.7 • 불안정, 안정, 그리고 준안정 평형(unstable, stable, and metastable equilibrium). (a) 언덕 꼭대기에 정지되어 있는 공은 불안정하다. 양쪽 어디로든 약간의 이동으로도 밑으로 굴러 떨어지게 하기 때문이다. (b) 두 언덕 사이 골짜기에 있는 공은 안정되다. 그것은 양쪽 어디로 이동해도 처음 위치로 돌아오기 때문이다. (c) 움푹 패인 곳에 있는 공은 준안정상태이다. 약간의 이동은 그것을 원래 위치로 되돌아오게 하지만 많이 움직이면 밑으로 굴러 떨어지기 때문이다.

준안정 평형상태(그림 6.7c)에 있는 계가 더 흔히 발견된다. 이러한 상태의 변화에는 화학반응, 온도·압력·부피 변화, 핵생성, 새 결정립의 성장 등이 포함될 수 있다.

자, 이제 준안정상태 1(그림 6.8a)에 존재하는 계를 생각해 보자. 이것은 에너지 대 반응경로를 나타낸 개략도를 연구해 보면 잘 표현된다. 상태 1에서 계의 에너지를 E_1이라 하자. 상태 3은 상태 1보다 더 안정하지만, 상태 2에 존재하는 에너지 장벽 때문에 계는 상태 1에서 상태 3으로 변할 수 없다. 상태 1에서 상태 3으로 반응하기 위해서는 장벽을 넘기 위해 활성화에너지라고 불리고 ΔE_{ACT}로 표시되는 에너지가 계에 충분히 공급되어야 한다.

많은 경우에 그림 6.8(a)에 그려진 계와 반응경로는 물흡수관(water siphon)과 비유된다(그림 6.8b).* 물은 높이 1의 저수지에서 물흡수관으로 빼내어져서 높이

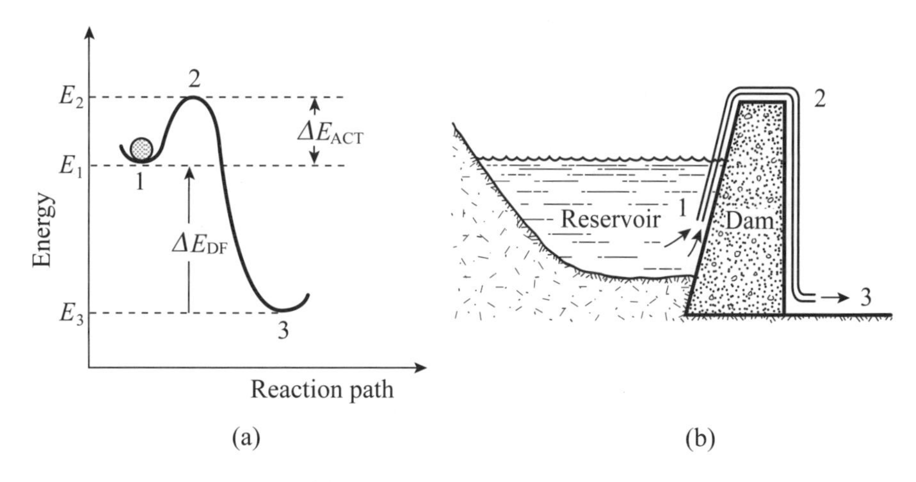

그림 6.8 • 에너지 대 반응 경로. (a) 에너지가 공정의 반응경로를 따라 묘사되었다. 제 1단계는 반응이 시작되기 전 단계이다. 제 3단계는 공정의 제일 마지막 단계이다. 반응이 진행되기 전에 활성화에너지 $\Delta E_{ACT} = E_2 - E_1$ 만큼의 에너지준위가 극복되어야 한다. 그 반응의 구동력은 $\Delta E_{DF} = E_1 - E_3$이다. (b) 반응경로 그림을 물흡수관에 비교할 수 있다. 그것은 저수지의 수위 1에서 댐 높이 2까지 끌어올리고 3에 위치한 마을로 공급한다. 1에서 3으로 흘러내리는 물은 1에서 2까지 위로 흘러야 한다.

* 흡수관(siphon)의 원리는 O. M. Stewart, and N. S. Gingrich. *Physics*, 6th ed., Ginn, New York. 1959, p.33. 에 자세히 설명되어 있다.

2의 댐을 넘어 높이 3의 도시로 내려갈 수 있다. 활성화에너지는 파이프를 물로 가득 채움으로써 제공된다. 일단 이것이 준비된 다음에는 구동력, 이 경우에는 높이 1과 높이 3의 높이 차이가 있는 한 물은 계속 흐른다.

그림 6.8(a)의 계에서 구동력 ΔE_{DF}는 상태 1과 상태 3 사이의 에너지 차이이고, 이는 다음과 같다.

$$\Delta E_{DF} = E_1 - E_3 . \tag{6.4}$$

이것은 계가 상태 1에서 상태 3으로 변화한 결과에 따른 에너지 감소이다. 반드시 공급되어야 할 활성화에너지 ΔE_{ACT}는

$$\Delta E_{ACT} = E_2 - E_1 \tag{6.5}$$

이고, 상태 2와 상태 1 사이의 에너지 차이이다. 구동력은 이미 계에 존재하지만, 활성화에너지는 반드시 외부의 어떤 것으로부터 공급되어야 한다. 고려되고 있는 계는 냉간가공된 상태에 있는 상태 1의 재료일 수 있다. 구동력은 냉간가공된 상태와 풀림된 상태 또는 냉간가공되지 않은 상태 3 사이의 에너지 차이다. 활성화에너지는 재료를 가열시키는 것으로 공급된다.

재료의 원자나 분자는, 심지어 고체 상태의 재료에서도 지속적으로 운동한다. 온도는 실제적으로 원자의 운동에너지, 속도론적에너지(kinetic energy)를 측정하는 것이다; 온도가 높을수록 원자나 분자의 에너지도 크다. 어떤 온도 T에서 분자당 평균에너지는 kT인데, 여기서 k는 볼츠만(Boltzmann) 상수(k = 1.38×10^{-16}erg/°K)이고, 몰당 평균에너지는 RT인데, 여기서 R은 일반 기체상수(R = 1.98cal/mole°K)이다. 몰은 원자질량 또는 분자질량에 대하여 재료의 질량을 그램으로 나타낸 것이다. 예를 들어 1몰(mole)의 구리는 구리 63.54gm을 포함하고 있다. 1몰에는 N_o개의 원자나 분자가 있는데, N_o는 Avogadro 수(N_o = 6.02×10^{23})이고, R은 단순히 k와 N_o의 곱이다. T = 1000K에서 1몰 재료의 평균 열에너지는 다음과 같다.

$$RT = (1.98)(1000) = 1980\ \text{cal/mole} \tag{6.6}$$

이용 가능한 열에너지가 반응에 필요한 활성화에너지보다 작을 수 있지만, kT나 RT로 표현되는 열에너지는 재료의 원자나 분자에너지의 평균값이라는데 주목해야 한다. 일부 원자는 평균 이상의 에너지를, 일부는 평균 이하의 에너지를 갖는다; 문제는 얼마나 많은 원자가 활성화에너지보다 큰 에너지를 갖고 있는지 결정하는 것이다. 확률이론이 이에 대한 정보를 줄 수 있다. 활성화에너지보다 큰 에너지를 가진 원자나 분자의 비율은 다음과 같다.

$$\varphi = e^{-\Delta E_{ACT}/RT} \tag{6.7}$$

그림 6.9는 온도에 따른 ϕ의 변화를 보여준다. 온도가 증가함에 따라 활성화에너지 이상의 에너지를 가진 원자의 비율은 지수적으로 증가한다. 이 식은 Boltzmann 인자로 간주되고 회복 방정식(6.3)에 상수 A의 부분으로 포함된다.

Boltzmann 인자의 값은 온도가 증가함에 따라 증가하고, 따라서 그와 같이 열적으로 활성화된 어떤 과정의 속도도 온도에 따라 지수적으로(exponen-tially) 증가할 것이다. 회복은 미세구조의 변화가 거의 없기 때문에 낮은 활성화에너지를

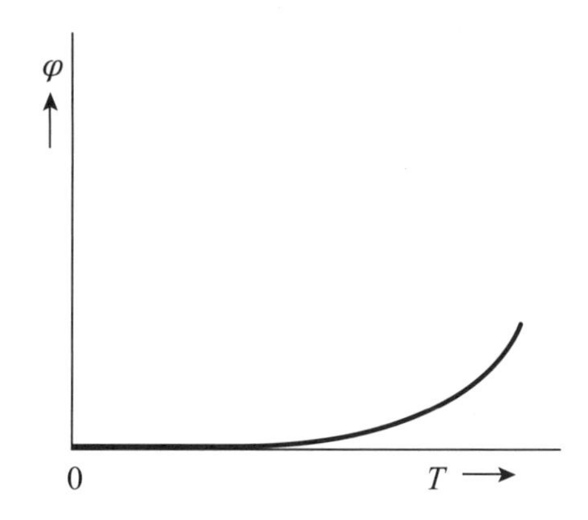

그림 6.9 • Boltzmann 인자. Boltzmann 인자는 식(6.7)에 $\varphi = e^{-\Delta E_{ACT}/RT}$로 표현되었는데 온도에 지수적으로(exponentially) 증가한다. 이 인자는 어느 온도에서나 활성화에너지보다 큰 에너지를 갖고 있는 원자나 분자의 분율을 제공한다.

가지고 있고 따라서 낮은 풀림 온도에서 일어난다.

6.2.3 잔류응력과 회복(residual stress and recovery)

재료의 냉간가공에 의해서 발생한 강도의 증가를 남겨두는 것이 때로는 바람직하지만, 잔류응력은 반드시 제거되어야 하므로, 회복 동안 잔류응력의 제거는 매우 중요한 과정이다. 이는 회복에 의해 매우 편리하게 행할 수 있고 이러한 경우의 과정을 응력완화풀림(stress-relief anneal)이라고 한다. 잔류응력 단계에서의 변화와 더불어 전기적 특성 변화 또한 일어난다. 기계적 거동은 회복 동안에 단지 조금씩 변하기는 하지만*, 일어나는 어떤 변화도 그림 6.6에 보여진 대로 반응속도론(reaction kinetics)에 의해 특징지어진다.

6.2.4 재결정(recrystallization)

인장강도나 연성과 같은 기계적 거동의 커다란 변화는 재결정 과정 동안에 일어난다. 변형이 없는(strain-free) 재결정된 결정립이 되도록 냉간가공된 미세조직(그림 6.10a)이 없어지는 것은 바로 이 단계의 풀림이다.

그림 6.10은 여러 단계 재결정화를 나타내는 일련의 사진에서 재결정 과정을 보여준다. 그림 6.10(a)의 냉간가공된 미세조직은 새로운 재결정 상태의 결정립(그림 6.10b)으로 바뀐다. 그 과정은 냉간가공된 재료가 없어질 때까지 계속되고 미세구조는 완전히 새롭게 형성된 결정립으로 구성된다(그림 6.10c).

6.2.5 재결정의 속도론(kinetics of recrystallization)

회복과 재결정 동안에 특성들이 변하기 때문에 단지 이 특성들을 관찰하는 것만으로 한 과정을 다른 과정과 구별하는 것은 어렵다. 미세조직의 변화는 광학현미경으로 관찰할 수 있으므로 미세조직적으로 재결정을 관찰하는 것은 간단하

---

* 어떤 경우에 있어서는, 회복기간 동안 기계적 물성의 변화가 매우 클 수도 있다. 이것은 E. C. W. Perryman, "Recovery of Mechanical Properties," *Creep and Recovery*, A. S. M., Cleveland, 1957, p.111에 논의되었다.

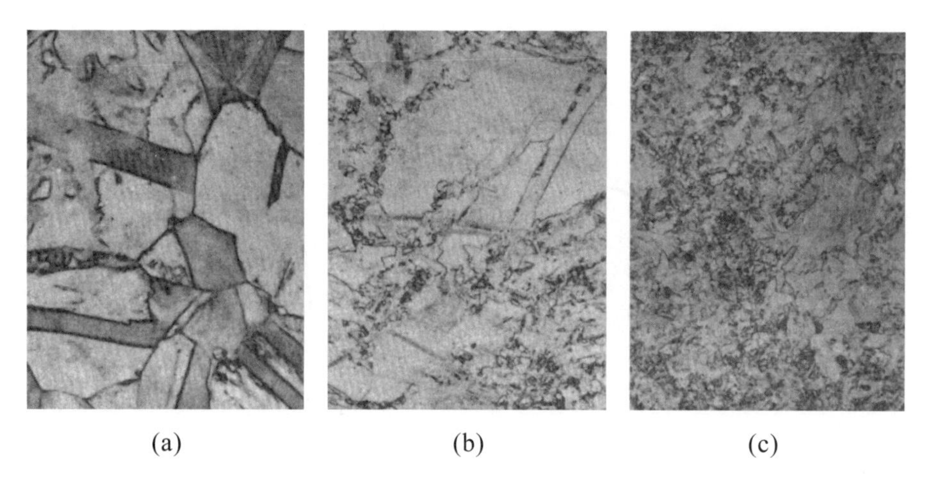

(a) (b) (c)

그림 6.10 • 카트리지황동(cartridge brass)의 재결정. 사진은 재결정 동안 미세조직의 변화를 보여준다. 냉간가공된 결정립 (a)는 새 재결정립(b)의 핵생성 점으로 작용한다. 재결정 맨 마지막에, 전체 미세조직은 방금 재결정된 결정립들(c)로 구성된다. 식각액, 암모니움 하드록사이드, 하이드로젠 페록사이드; 배율, 75배.

다; 회복 동안에 미세조직적 변화가 일어나는 것은 투과전자현미경으로 가장 잘 볼 수 있다. 그러나 두 과정의 속도론은 이 기준으로 분리하기에는 너무 다르다. 만약 그림 6.6에서 행해진 것과 다른 방법으로 회복의 속도론을 그래프로 나타낸다면 아마도 재결정의 속도론과 그것들을 비교할 수 있을 것이다. 이는 그림 6.11에서 두 과정 모두에 대해 행하여졌다.

회복(그림 6.11a)에서의 반응속도(기울기)는 높게 시작하여 시간과 함께 떨어지며, 재결정(그림 6.11b)은 S-곡선을 따른다. 그것은 매우 낮은 속도로 시작하여 속도가 올라가다가 다시 한번 떨어진다. 필요한 활성화에너지가 원자의 열적운동에 의해서 공급되기 때문에 온도의 영향은 두 과정에서 모두 보여졌다. 높은 온도일수록 회복과 재결정은 빠르게 완결된다. 재결정의 속도론을 대표하는 식(그림 6.11b)은 존슨-멜(Johnson-Mehl) 식이다.

$$f = 1 - \exp[-(\pi N G^3 t^4/3)]^* \qquad (6.8)$$

* e^{-x} 와 $\exp(-x)$ 두 표현은 그 의미와 값이 모두 같은 표현이다.

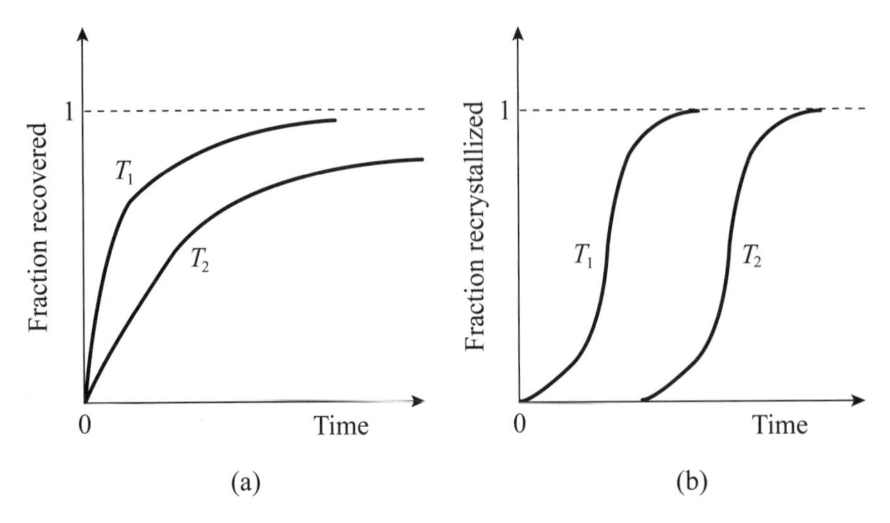

그림 6.11 • 회복과 재결정의 반응속도론(reaction kinetics). 회복된 비율(a)과 재결정된 비율(b)이 각각 회복과 재결정 시간의 함수로 그려졌다. 회복과정은 지수함수적이다: 빠른 속도로 시작해서 느려진다. 온도 T_1과 T_2에서의 반응이 그려졌다. 여기서 $T_1 > T_2$이다. 두 공정 모두 더 높은 온도에서는 더 빠르게 일어난다.

여기서 f는 재결정된 분율이고, N은 매 초, 단위부피 당 새로 생성된 결정립의 수이며, G는 단위시간 당 결정립 크기의 변화, t는 재결정 시간이다.*

6.2.6 재결정온도

Johnson-Mehl 식에서 나온 대강의 해(solution)는 어느 특정 온도에서 유용하며 그림 6.11(b)의 곡선으로 나타난다. 온도가 올라갈수록 더 많은 열적에너지를 이용할 수 있으므로 N과 G 모두 증가한다. 온도에 따른 재결정의 이러한 변화는 지수적이며, 회복의 온도 의존성과 비슷하다. 그 때문에 풀림 온도가 높을수록 재결정 과정은 빠르다. 이는 온도가 올라감에 따라 재결정 곡선이 왼쪽으로 옮겨지는 결과로 나타난다. 이는 $T_2 < T_1$ 일 때, T_1과 T_2에서의 회복과 재결정의 속도론으로 그림 6.11에 예시하였다.

* Johnson-Mehl 식은 주어진 온도에서 N과 G는 상수이고 그러므로 시간에 무관하다. 이것은 아주 엄밀한 사실은 아니므로, 그 식은 단지 대략적인 해 이다.

그러나 재결정 과정이 너무 느려서 실제적이 아니라고 생각되는 최저 온도가 있다. 이러한 한계를 재결정온도라고 부르고 이는 풀림공정(annealing operation)의 하한을 정해준다. 실제 풀림은 재결정의 온도보다 높은 온도에서 수행된다. 재결정온도는 풀림 전에 수행된 냉간가공의 양에 따라 변화한다: 냉간가공 양이 많을수록 재결정을 위한 구동력은 커지고, 재결정온도는 낮아진다. 다음의 예를 통하여 이를 나타낼 수 있다: 만약 납이 실온에서 약간 가공되었다면, 강해진다 - 만약 그것이 더 가공되면 그것은 더 연해진다. 이렇게 명백하게 예외적인 것에 대한 설명은, 처음 적은 양의 냉간가공(cold work)은 변형경화를 일으키지만, 일정량의 냉간가공 후 납의 재결정온도는 실온까지 떨어지고 시편은 재결정하며, 계속 가공하는 동안에 더 연해진다. 풀림 전의 냉간가공 양이 많을수록 재결정 곡선(그림 6.11b)은 왼쪽으로 옮겨진다.

냉간가공의 정도가 클수록 재결정은 빨리 일어난다. 속도가 증가하는 것은 냉간가공에 따른 핵 생성 속도가 증가하기 때문이다. 냉간가공되어 변형된 모든 결정립들이 새로 재결정된 결정립으로 바꾸었을 때 최종 결정립의 크기를 재결정 상태 - 그대로(as-recrystallized)의 결정립 크기라고 부른다. 냉간가공 양의 증가에 따른 핵 생성 속도의 증가는 많은 결정립들이 형성되게 한다. 그 결과로 모든 재료가 재결정될 때 재결정 상태 - 그대로의 결정립 크기는 작아진다. 왜냐하면 그것은 사전 냉간가공 양이 증가함에 따라 작아지기 때문이다.

6.2.7 결정립 성장(grain growth)

오로지 새 결정립만이 존재할 때, 재결정은 끝나고 결정립 성장이 시작된다. 재결정을 위한 구동력은 냉간가공에 의한 변형된(distorted) 미세조직에 있는 변형에너지인 반면, 결정립 성장은 그것의 구동력을 표면에너지의 감소로부터 유도해 낸다. 그것의 이름이 의미하는 것처럼, 결정립 성장은 재결정 상태 - 그대로의 결정립 성장도 포함한다. 결정립계의 표면에너지에 때문에 주어진 부피의 시편 에너지는 결정립계 면적이 증가할수록 증가한다. 결정립 크기가 작은 재료는 결정

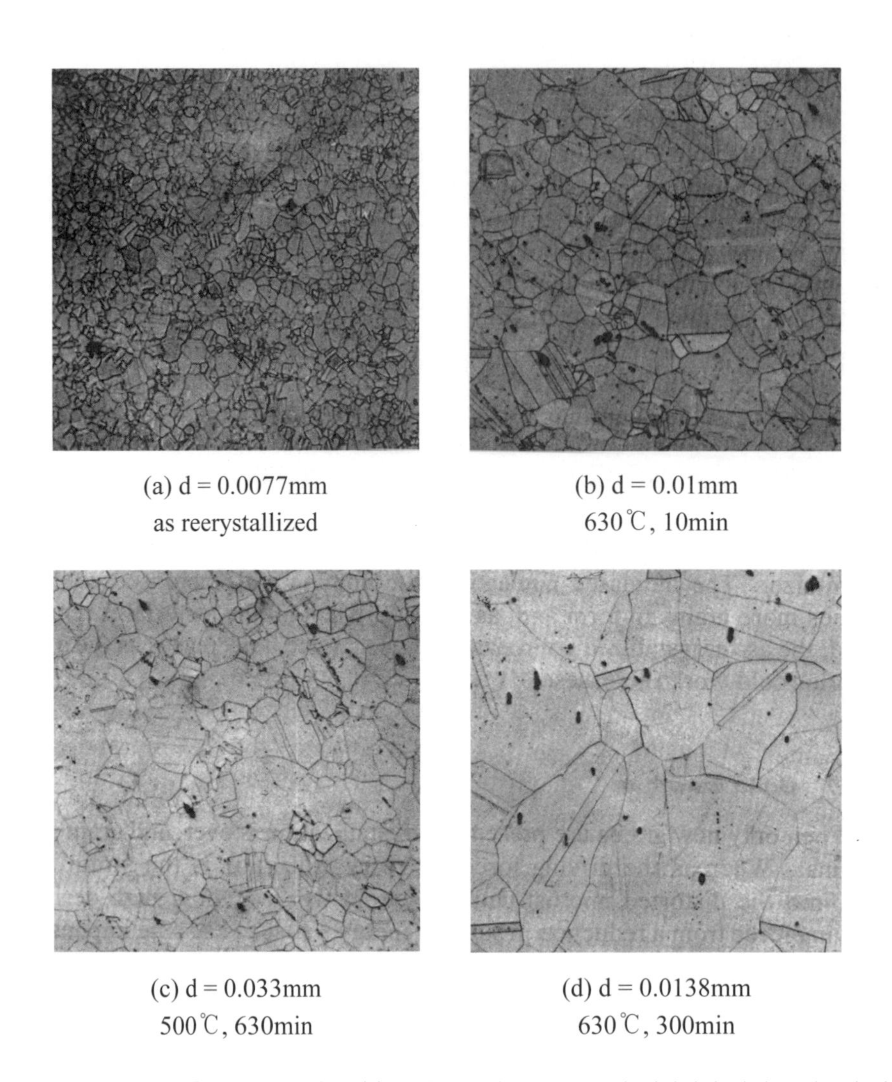

(a) d = 0.0077mm
as reerystallized

(b) d = 0.01mm
630℃, 10min

(c) d = 0.033mm
500℃, 630min

(d) d = 0.0138mm
630℃, 300min

그림 6.12 • 카트리지황동의 입자 성장. (a) 결정립 크기 0.0077mm의 재결정된 상태 그대로의 카트리지황동. (b) 630℃에서 10분 후, 결정립 크기는 0.011mm로 증가했다. (c) 500℃에서 450분 후, 결정립 크기는 0.033mm로 증가했다. (d) 630℃에서 300분 후, 결정립 크기는 0.138mm로 증가했다. (c)와 (d)를 비교함으로써 풀림 시간을 길게 하는 것보다 온도를 올리는 것이 훨씬 효과적이라는 것을 유추할 수 있다. 식각액, 0.2% 소디움 다이오설페이트, 전해식각; 배율, 75배.

립 크기가 큰 재료에 비해 단위부피 당 많은 결정립계 면적을 가진다. 그리고 결정립이 성장함에 따라 전체 결정립계 면적의 양과 시편의 전체 에너지는 감소한다. 결정립의 표면적 대 부피의 비는 결정립 직경에 반비례한다. 따라서 식인종 같은 방식으로 큰 결정립은 작은 것의 희생으로 성장한다. 이것은 그림 6.12에 있는데, 여러 결정립 크기로 여러 온도와 시간에서 풀림 처리한 결과로 얻은 일련의 미세조직의 전개를 보여준다. 약간 다른 명암으로 결정립을 가로지르는 넓고 평평한 띠는 풀림쌍정(anneal-ing twin)이며 별개의 결정립으로 간주하여서는 안 된다. 대부분의 면심입방금속은 냉간가공에 연이은 풀림을 하였을 때 그러한 풀림쌍정을 보인다.

6.2.8 결정립 크기의 결정

결정립 크기는 그림 6.13(a)에서 보여진 것처럼 알고 있는 영역 S를 둘러싼 폐곡선 안에서 Jeffrie의 평면측량법(planimetric method)*에 의해 구할 수 있다. 경계에 의해서 잘린 결정립 수 N_1과 완전히 영역 안에 있는 결정립 수 N_2를 센다. 영역 안에 있는 전체 결정립 수에 상응하는 수 N_{eq}는 대략 다음과 같다.

$$N_{eq} = \frac{N_1}{2} + N_2, \qquad (6.9)$$

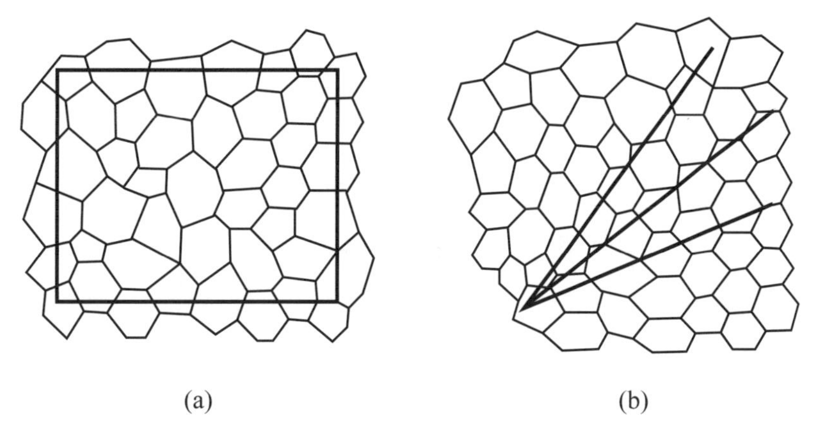

(a) (b)

그림 6.13 • 결정립 크기의 결정. (a) Jeffrie의 평면측량법(planimetric method): 미세조직 사진에 정해진 면적을 표시한다; 주위 길이에 있는 결정립의 수를 세어 N_1이라 하고 전체 구역 안에 있는 결정립의 수를 세어 N_2라 한다. 대등한 결정립들의 수는 $N_{eq} = (N_{1/2}) + N_2$이다. 배율을 감안하여 수정하면 mm^2당 결정립의 수를 얻을 수 있다. (b) 교차법(intercept method): 임의의 몇 개 선들이 사진에 그려졌다. 그리고 N_3개의 결정립이 교차한 선의 길이 l은 $d = l/mN_3$로 평균결정립 크기를 제공한다. 여기에서 m은 배율이다. 결정립 크기 d는 mm로 표시된다.

* 결정립 크기 측정기술에 대한 더 이상의 내용은 G. L. Kehl, *The Principles of Metallographic Laboratory Practice*, McGraw-Hill, New York, 1949, pp. 293-300.

그리고 결정립 수/mm^2로 표현되는, 결정립 크기는 다음과 같이 주어진다.

$$\frac{\text{결정립수}}{\text{mm}^2} = \frac{N_{eq}}{A}, \tag{6.10}$$

여기서 A는 관찰한 시편의 실제면적이다. 실제면적 A와 측정된 면적 S의 관계는 다음과 같다.

$$A = \frac{S}{m^2}, \tag{6.11}$$

여기서 S는 직경배율 m으로 확대해서 찍은 사진 위의 곡선 내부 면적이다. 따라서 단위면적 당 결정립 수는 다음과 같다.

$$\frac{\text{결정립수}}{\text{mm}^2} = \frac{(\frac{N_1}{2} + N_2)\text{m}^2}{S}. \tag{6.12}$$

결정립 크기를 결정하는 다른 방법은 임의교차(random-intercept)법이다. 상당수의 무작위 선을 사진 위에 그리면 그림 6.13(b)에서와 같이 주어진 길이 안의 결정립 수가 결정된다. 평균 또는 상응하는 결정립 직경은 다음과 같다.

$$d = \frac{l}{mN_3}. \tag{6.13}$$

임의교차법에 의해 결정된 결정립 직경과 평면측량법에 의해 결정된 mm^2당 결정립 수 모두, 재료의 결정립 크기를 측정하는 방법으로 쓰인다. 어떤 경우에 있어서는 하나가 더 편리하고, 어떤 경우에는 다른 것이 편리하다. 따라서 이 두 가지 방법으로 표현된 결정립 크기에 대해 모두 익숙해야 한다.

결정립은 실제적으로 3차원이므로 2차원 평면을 그대로 대표하는 것은 아니다. 또한 결정립의 형상이 다양하다는 것은, 가장 확율이 높은 결정립 크기만이 사용된다는 것을 의미한다. 만약 많은 결정립이 측정되고 각각 결정립 크기의 빈도가 그려진다면, 통상적으로 그림 6.14처럼 종 모양의 곡선이 그려질 것이다. 결정립 크기를 대표하기 위해 선택된 값은 빈도 분포의 최고점과 관련된 값이다. 어떤 경우에는 이중결정립 크기(duplex grain size)가 존재하여, 빈도수(freguency)

그림 6.14 • 결정립 크기 분포도(grain-size distribution). 임의의 시편이 결정립 크기의 분포를 가지고 있다. 만약에 결정립 크기 대 빈도수를 그린다면, 종 모양의 곡선으로 나타날 것이다. 평균 결정립 크기는 그 곡선의 정점과 연관된 값이다.

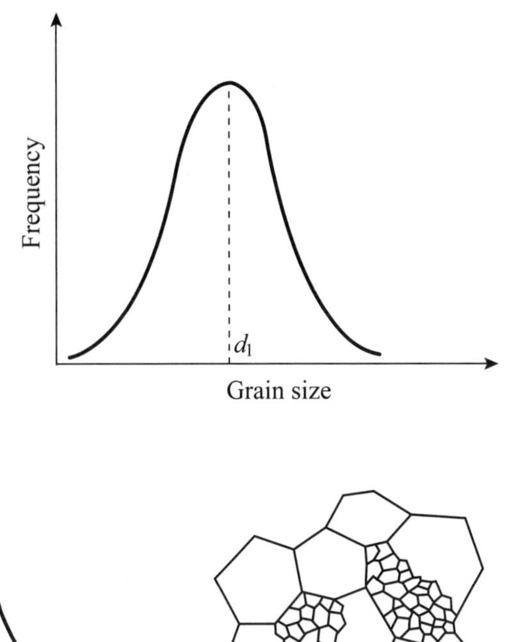

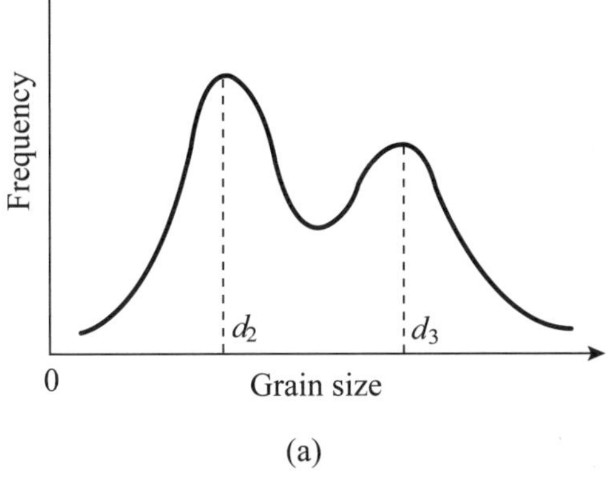

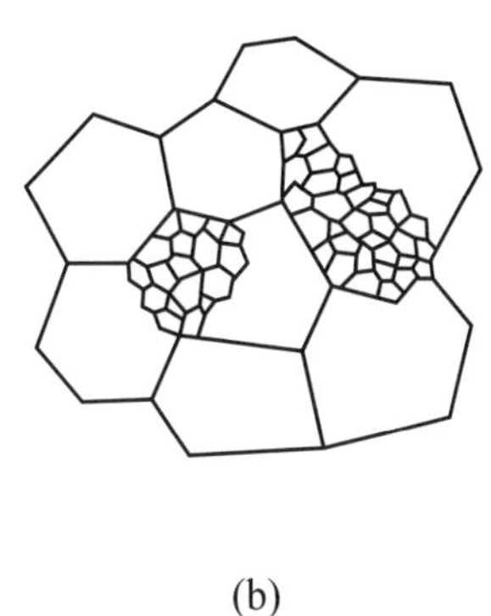

(a) (b)

그림 6.15 • 이중결정립 크기(duplex grain size). (a) 빈도수-결정립 크기 그림은 d_1과 d_3에서 두 개의 최대점을 갖는다. 이것은 (b)에 보여진 것과 같은 이중결정립 크기에 해당한다. 그러한 재료는 결정립 크기의 두 값 모두 언급되어야 한다.

대 결정립 크기의 곡선이 두 개의 최대치를 갖는다(그림 6.15a). 그림 6.15(b)는 이중결정립의 미세조직을 보여준다. 이중결정립 크기의 재료를 논할 때는, 매우 틀린 의미를 나타낼 수 있는 두 값의 평균보다는 두 정점의 값 모두 언급된다.

6.2.9 결정립 성장의 속도론(kinetics of grain growth)

결정립 성장은 풀림 과정의 마지막 단계이고, 회복 및 재결정과 같이 속도가 온도와 함께 지수적으로 증가하는 열적으로 활성화된 과정이다. 어떤 주어진 온도에서도 시간에 따른 결정립 직경의 변화는 다음과 같은 관계에 의해서 나타낼 수 있다.*

$$d^2 - d_0^2 = B\sigma t, \tag{6.14}$$

여기서 d_0는 재결정상태-그대로의 결정립 크기, B는 상수, 그리고 σ는 결정립계 에너지이다. 결정립 성장 동안 어느 순간에서의 결정립의 크기가 재결정상태-그대로의 결정립 크기보다 훨씬 크다고 가정하면, 다시 말해서,

$$d \gg d_0, \tag{6.15}$$

이고 만약에 다음과 같이 어림하면,

$$d^2 \approx B\sigma t, \tag{6.16}$$

다음과 같은 식을 얻을 수 있다.

$$d \approx \sqrt{B\sigma t} = Ct^{1/2}, \tag{6.17}$$

여기서 C는 다음과 같다.

$$C = \sqrt{B\sigma}. \tag{6.18}$$

식(6.17)로 부터 이끌어진 결론에 기초하면, 결정립 직경을 시간에 대해서 log-log plot(d의 로그스케일 대 t의 로그스케일의 그림)하면 그 결과로 직선을 얻을 수 있다. 이러한 형태의 그래프는 직선이다. 왜냐하면 식(6.17)의 양쪽 변의 로그를 취하면 다음과 같기 때문이다.

$$\log d = \log C + 0.5 \log t \tag{6.19}$$

카트리지황동의 결정립 크기 대 시간의 실험적인 측정은 이와 같은 방법으로

* 결정립 성장식(6.14)의 유도는 R. E. Reed-Hill, *Physical Metallurgy Principles*, Van Nostrand, Princeton, 1964, p.202 에서 찾을 수 있다.

그림 6.16과 같이 나타낼 수 있다. 그림 6.16에서 그려진 이론적 직선과 실험적 직선을 비교하면 알 수 있듯이 실험적 직선의 기울기는 식(6.19)에서 예상된 값 0.5보다 작다. 실험적 직선에서 기울기의 실제적인 값은 이론 값 0.5와 비교하여 0.34이고, 다음과 같은 수학적인 관계와 일치한다.

$$d = Ct^{0.34} \tag{6.20}$$

결정립 성장의 속도가 감소되는 것은 결정립계의 이동을 방해하고 결정립 성장 과정을 방해하는 불순물원자의 존재에 기인한다. 결정립 크기는 성장하는 반면, 결정립 크기가 더 클수록 결정립계 면적과 결정립 성장의 구동력은 더 작아진다. 이것은 비록 단결정이 이론적으로는 최소한의 에너지를 가지고 있다고 하더

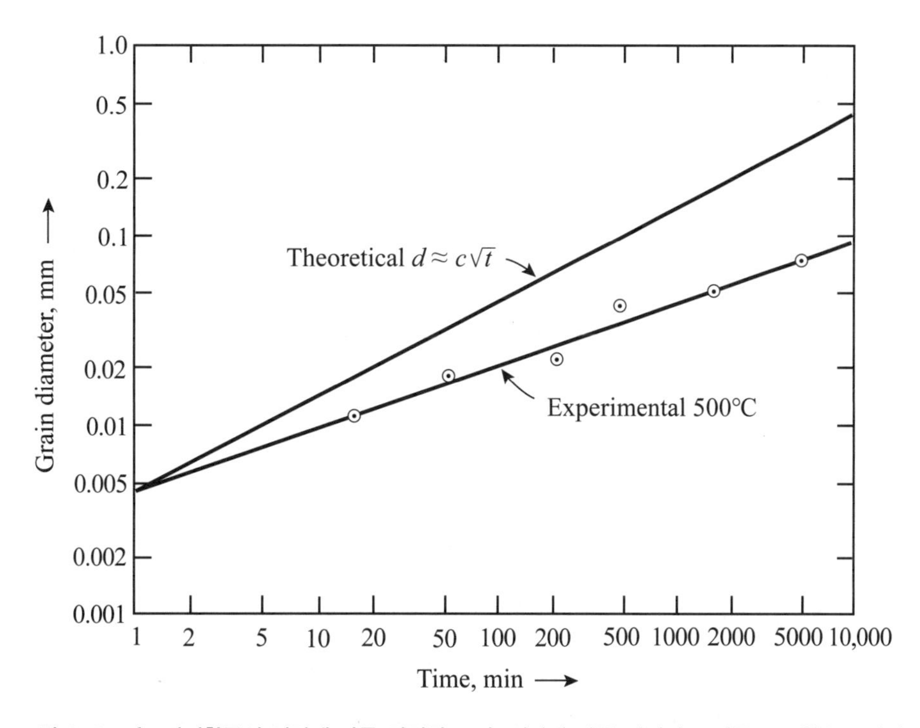

그림 6.16 • 카트리지황동의 시간에 따른 결정립 크기. 시간에 따른 결정립 크기를 로그함수로 나타내면 이론적으로는, $d \approx Ct^{0.5}$의 관계에 의하여 기울기가 0.5인 직선이 되어야 한다. 500℃에서 풀림처리한 시편들로부터 얻은 실험 값들이 아래쪽 선에 그려져 있다. 이 데이터는 직선을 보인다. 그러나 기울기는 예측했던 0.5가 아니고 0.34이다. 이것은 $d = Ct^{0.34}$로 표현될 수 있다.

라도, 결정립 성장속도는 시간에 따라 감소하고, 어떤 특정한 온도에 다다르면 결정립 크기는 실제적인 한계에 도달한다는 것을 의미한다.

6.2.10 큰 결정립 크기의 단점

결정립 크기가 너무 크면 어떤 성형작업에는 불리하다. 왜냐하면 결정립이 변형되지 않고 결정립계에서 휘어서 표면구조가 오렌지 껍질같이 되기 때문이다. 매우 큰 결정립은 인장시험 시, 각각의 결정립은 잘룩해지지만 경계는 그렇지 않게 되는 대나무 효과(그림 6.17)를 나타내는 변형을 한다.

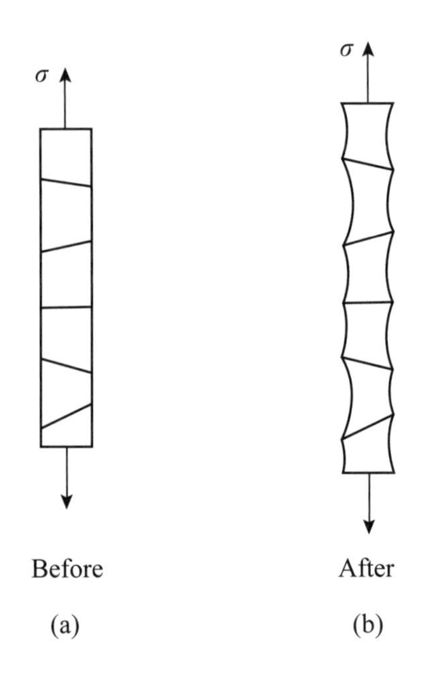

그림 6.17 • 대나무효과(bamboo effect). (a)에 보여진 것과 같은 커다란 결정립을 가진 선형 시편은 (b)에 보여진 것과 같은 대나무 모양 같이 되는 인장 변형을 한다. 결정립들은 각각 잘룩해진다. 그러나 결정립 계면은 변형되지 않는다. 이러한 이유 때문에 결정립이 조잡해진 선은 더 이상 인발하기에 적합치 않다.

6.3 열간가공(hot working)

냉간가공 대신에 열간가공을 한다면 상황은 위에서 이야기한 납의 경우와 비슷하다. 열간가공 동안에 풀림(annealing)은 일어난다. 만약 온도가 재결정온도보다 낮다면 냉간가공이 되고, 재료는 변형 강화가 되므로, 그러한 공정의 온도는 반드시 재료의 재결정온도보다 높아야 한다. 열간가공은 재료를 변형하는데 적은 에너지를 필요로 하고, 주어진 에너지의 양으로 많은 양의 변형이 가능한 이점이 있다. 열간가공의 문제점 및 단점은 표면이 거칠고 냉간가공된 재료처럼 매끄럽게 마무리되지 않으며, 정확한 제어를 해가면서 모양을 바꾸는 연습을 해 보는 것이 쉽지 않다. 실제적으로 두 공정의 장점을 살려 처음에는 열간가공에 의해서 많은 양의 변형을 행하며 실온에서 냉간가공에 의해서 마무리 작업이 이루어진다.

6.4 요약

냉간가공으로부터 결정립 성장까지 모든 단계를 통한 재료의 인장강도와 연성의 관계를 나타낸 그림 6.18을 생각해 보는 것은 의미가 있다. 냉간가공이 진행함에 따라 연성은 감소하는 반면 인장강도는 증가한다.

풀림이 시작되는 시점에 회복은 약간의 인장강도 감소와 연성의 증가를 포함할 수도 있다. 그러나 그것들은 아주 경미하다. 주된 변화는 새로운 변형이 없는 재결정된 미세조직과 함께 일어난다. 결정립 성장 동안 연성이 증가할수록 강도는 다시 떨어진다. 그러나 아주 천천히.

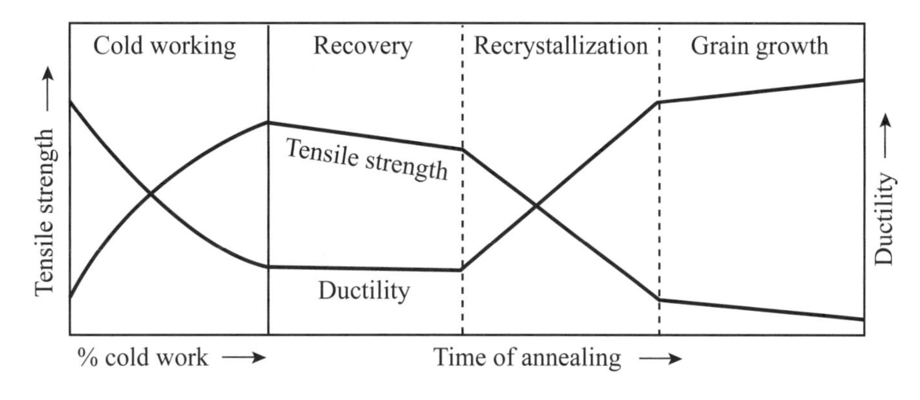

그림 6.18 • 냉간가공과 풀림(annealing)시 기계적 성질. 인장강도와 신율이, 냉간가공 시 냉간가공된 양에 대한 함수 및 세 단계의 풀림처리 동안의 풀림처리 시간에 대한 함수로 그려졌다. 냉간가공하는 동안 인장강도는 증가하고 신율은 감소한다. 이러한 특성들은 회복 동안 미미하게 변한다. 재결정하는 동안, 인장강도는 감소하고 신율은 매우 빠르게 증가한다. 그리고 결정립이 성장하는 동안은 매우 느린 변화가 일어난다.

■ 추천 도서

- BRICK, R. M. AND A. PHILLIPS, *Structure and Properties of Alloys*, McGraw-Hill, New York, 1949
- GUY, A. G., *Elements of Physical Metallurgy*, 2nd. ed., Addison-Wesley, Reading, Mass., 1959.
- KEHL, G. L., *The Principles of Metallographic Laboratory Practice*, McGraw-Hill, New York, 1949.
- ROSTOCKER, W. and J. R. DVORAK, *Interpretation of Metallographic Structures*, Academic, New York, 1965.
- WULFF, J., H. F. TAYLOR, and A. J. SHALER, *Metallurgy for Engineers*, Wiley, New York, 1952.

■ 연습문제

6.1 24 인치 두께의 판이 일련의 압연 롤을 통과하여 8인치 두께의 강판으로 된다. 몇 퍼센트의 냉간가공이 수행되었는가?

6.2 몇 퍼센트 냉간가공되었다는 것이 변형하고는 어떤 관계인가?

6.3 응력-변형 곡선에 근거하여 그림 6.4의 가공경화곡선을 설명하시오.

6.4 다음 금속들에 수행할 수 있는 냉간가공의 온도 범위는 얼마인가: 철, 구리, 납, 그리고 수은? 이 원소들의 융점은 다음과 같다: 구리, 1083℃; 철, 1535℃; 납, 327℃; 그리고 수은, -39℃.

6.5 회복공정의 동역학(kinetics)에 관한 식(6.3)을 사용하여, 특성 Y의 절반이 회복되는데 걸리는 시간을 계산하시오. 이것을 상수 A, b, 그리고 Y_0의 항목으로 하시오.

6.6 풀림 중 입자성장 부분은 다음의 동역학에 의해 특징 지워진다.

$$D \approx C\sqrt{t}\,.$$

만약 100분 후 결정립 크기가 0.1mm라면, 1000분 결정립 성장한 후는 얼마인가?

6.7 항복강도와 결정립 성장 시간 사이의 관계를 유도하시오.

[힌트: 식(5.42)와 (6.17)을 사용하시오.]

6.8 사전 냉간가공의 증가에 따른 재결정 속도의 변화를 설명하시오.

6.9 무엇이 열간가공 온도를 결정하는가?

6.10 만약 초고순도 재료가 결정립 성장 연구에 사용된다면, 결정립 크기 대 시간을 로그 스케일로 그린 기울기가 상용으로 사용되는 재료가 사용되었을 때보다 크겠는가 또는 작겠는가? 이것은 이론치 0.5와 어떻게 비교되겠는가?

7

단일-성분계와 이-성분계의 평형

7.1 개요

우리는 앞장에서 우리가 재료를 여러 단계의 배율로, 예를 들어 원자구조, 결정구조, 미세조직 등과 같이 관찰할 때 조직이 어떻게 나타나는지에 대해 자세하게 이야기했다. 그러나 고체물질에 대해서 주로 이야기했다. 자연 상태에는 액체와 기체 상태인 재료가 많이 존재한다. 실제적인 경험으로, 실온에서 액체로 존재하는 물은 추운 날씨에는 얼어서 얼음, 고체가 될 것이고, 주전자에서 끓을 때는 수증기, 기체가 된다. 이 각각의 상태, 고체, 기체, 액체상태는 군집체의 분리되고 구분되는 상태이다. 집합체의 세 상태 사이의 구분은 물질 안에서의 원자나 분자 배열의 차이, 그리고 원자 간 또는 분자 간 결합의 상대적인 강도에 있다.

7.2 군집체(aggregation)의 고체상태

2장에서 보았던 것처럼, 고체 상태의 물질은 강한 결합력에 의해서 묶여져 있는 원자나 분자로 이루어져 있다. 고체는 분명한 결정구조를 가지는데, 그 격자위의 원자배열은 단지 결함이나 불순물 등에 의해서만 방해받는다. 만약 고체의 결정구조가 알려져 있다면, 가장 가까운 이웃 원자까지의 거리를 계산할 수 있다. 또한 두 번째, 세 번째 등의 가까운 이웃 원자까지의 거리를 계산할 수 있다. 체심입방 Bravais 격자에 대한 이들 거리가 배위지수(coordination number)와

표 7.1 • 체심입방체 물질에서의 n번 째 최인접원자 간 거리

n	Z_n	r_n
1	8	$a\sqrt{3/2} = 0.866a$
2	6	$a = 1.000a$
3	12	$a\sqrt{2} = 1.414a$
4	24	$a\sqrt{11/2} = 1.658a$
5	8	$a\sqrt{3} = 1.732a$
6	6	$2a = 2.000a$
7	24	$a\sqrt{5} = 2.235a$

함께 표 7.1에 실렸다. 2.6.1절에서 결정했던 것처럼, 첫 번째 최인접원자, Z_1에 대한 결합지수는 8이다; 그리고 기준 원자에서 첫 번째 최인접원자까지의 거리, r_1은 $a\sqrt{3}/2$이다. 이들 값은 두 번째, 세 번째 그리고 네 번째 인접원자들에 대해

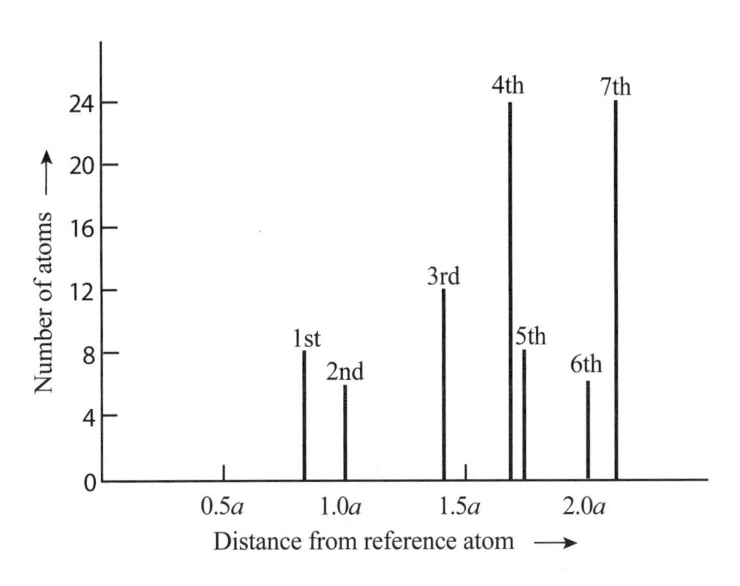

그림 7.1 • 원자적 통계. 체심입방 고체. 체심입방체에서 기준 원자로부터 정해진 거리에 원자 중심이 있는 원자수가 표시되었다. 첫 번째 최인접원자 간 거리보다 작은 거리에는 원자가 없다; 그리고 이 거리에서는, 결합지수 Z = 8에 해당하는 여덟 개의 원자들이 있다. 원자들은 첫 번째, 두 번째, 세 번째, 네 번째 등등 최인접거리인 거리에만 나타난다.

서 열거되어 있다.

완벽한 결정을 생각하고 기준 원자에 대한 다양한 반지름의 구를 구성해보자. 이젠 각 구의 표면 위에 있는 원자수를 조사하는 것이 가능하다. 이런 조사에서 원자의 크기는 점으로 줄여서 생각되어져야 하고 단지 원자 중심의 위치만 기록되어져야 한다. 그림 7.1은 이런 계산의 결과를 보여준다. 원자수는, 원자의 수가 8개가 되는 0.866a 거리에 도달할 때까지 0이다. 이 거리는 첫 번째 최인접원자 거리 $a\sqrt{3}/2$에 부합한다; 그리고 이들은 8개의 첫 번째 최인접원자이다. 원자수는, 6개의 원자가 존재하는 두 번째 가까운 이웃 원자 거리가 a에 도달할 때까지 다시 0으로 떨어진다. 완전한 결정질 고체에서는 기준점으로부터 주어진 어떠한 거리에서도 원자는 존재하기도 하고 존재하지 않기도 한다.

7.3 액체와 기체 상태

고체가 높은 온도로 가열되면 녹아서 액체가 된다. 액화된 체심입방 재료에서 앞에서와 같은 형태의 조사를 실시한다면, 결과는 그림 7.2의 그래프와 같다. 더 이상 원자들이 결정격자 안에서의 정해진 위치를 고집하지 않는다. 그들은 공간 안에 무질서하게 분포되어 있으나, 여전히 최인접 거리에 빈도수의 정점이 존재한다. 이는 비록 고체의 경우처럼 규칙적인 것은 아니지만, 원자 위치의 국부적인 규칙도가 형성된다는 것을 의미한다. 이러한 형태의 원자나 분자 사이의 느슨해진 결합력은 액체 상태의 결합체의 특성을 나타내고 단범위규칙성(short-range order)에 기인한다.

만약 액체까지 가열되었던 어떤 재료가 완전히 기체로 변한다면, 빈도수의 그래프는 최인접 거리에서 단지 작고 넓은 정점만을 나타낸다. 그들은 확산이 너무 잘되기 때문에 감지하는 것은 어렵다. 기체에서의 분자 간의 힘은 매우 약해서 보통 원자나 분자들은 서로 간에 독립적이라고 가정한다.

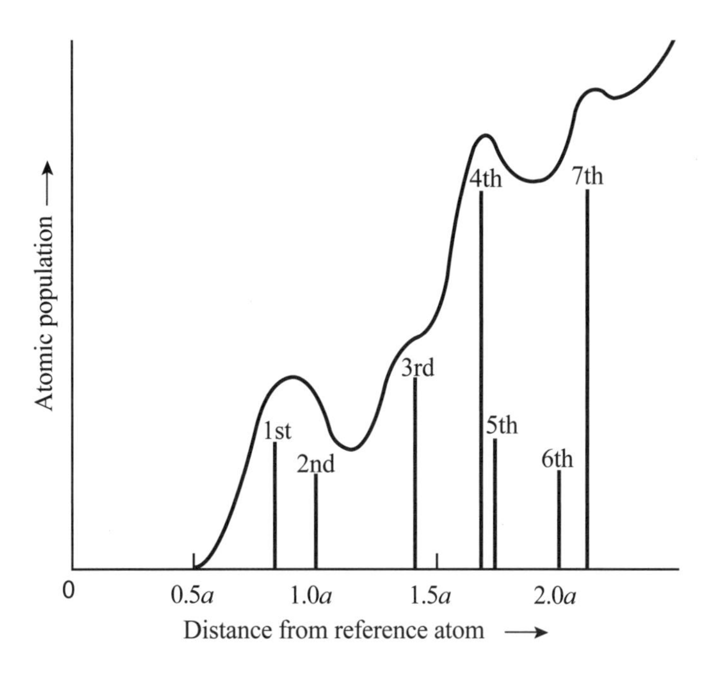

그림 7.2 • 원자적 통계. 체심입방 액체. 체심입방 물체가 액체 상태일 때, 기준 원자로부터의 거리의 함수로 원자의 수(atomic population)가 표시되었다. 이 곡선은 단지 정성적이다. 하지만 피크는 n–번째 최인접거리에 해당하는 거리에서 찾아진다. 액체 상태의 피크는 고체상태의 것(그림 7.1)과는 달리 뭉그러진 최댓값(diffuse maxima)을 갖는다. 이들 거리에서의 최댓값은 용융이 된 후에도 군데군데 규칙성이 유지되고 있는 것을 보여준다.

7.4 온도의 함수로서의 비부피(specific volume)

비부피가 고려된다면 원자결합력의 감소는 명백해진다. 비부피는 물질의 단위 질량 당 부피이다. 이것은 단위부피 당 질량인 밀도와 역수 개념이다. 비부피($\bar{v}$)는 세 가지 다른 상태의 군집체에 대하여 온도의 함수로 그림 7.3에 보여졌다.

실온에서 비부피는 물리적 성질의 하나로 정리되어있다. 온도가 상승할수록, 비부피는 격자의 열적 팽창으로 인해서 증가한다. 그러한 팽창은 일반적으로 온도가 상승할 때 일어나고, 만약 온도가 떨어지면 수축이 일어나게 된다. 열팽창의 정도 또는 수축의 정도는 식(7.1)을 이용하여 계산할 수 있다.

$$\Delta\bar{v} = \bar{v}a\Delta T, \tag{7.1}$$

비부피의 변화 $\Delta\bar{v}$는 비부피, 부피팽창계수 α, 그리고 온도변화(ΔT)의 곱과 같다. 거의 모든 물질에 대해서.*

$$\alpha > 0, \tag{7.2}$$

이므로 온도가 상승하면

$$\Delta T > 0, \tag{7.3}$$

비부피는 증가한다.

$$\Delta\bar{v} > 0, \tag{7.4}$$

따라서 그림 7.3의 곡선은 실온에서 점 1에서 점 2로 증가 한다.

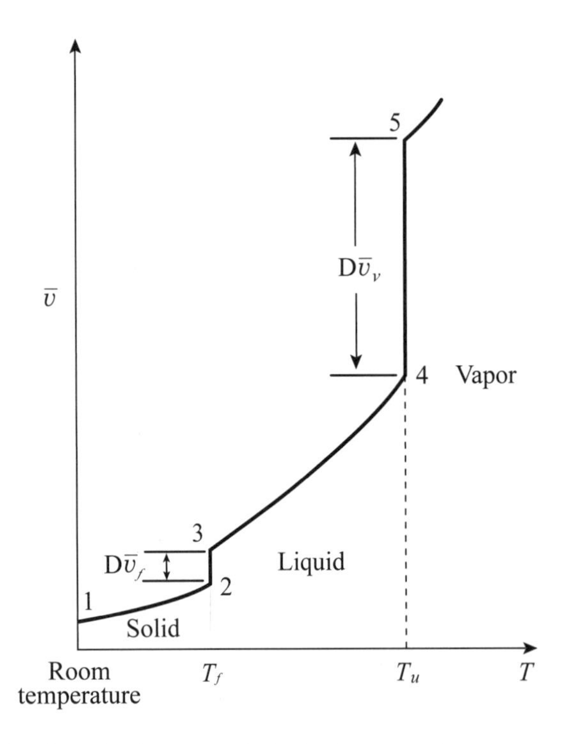

그림 7.3 • 온도의 함수로서의 비부피. 고체상태 군집체에서 물질의 비부피는 식(7.1)에 따라 용융점에 도달할 때까지 온도가 증가함에 따라 증가한다. 이 온도에서 비부피는 용융에 따른 비부피 변화량 $\Delta_{\bar{v}_f}$, 만큼 증가한다. 액체의 비부피는 커다란 체적 변화, $\Delta_{\bar{v}_v}$가 일어나는 기화 온도에 도달할 때까지, 온도가 증가함에 따라 증가한다. 증기의 비부피는 온도가 증가함에 따라 증가한다.

* 어떤 온도 구역에서는, $\alpha < 0$ 인 어떤 물질, 즉 H_2O 및 Bi 같은 물질이 존재한다. 그러한 거동을 변칙적(anomalous)이라 칭한다.

용해 또는 용융 온도에서, 군집체의 고체상태에서 액체상태로의 변화가 일어난다. 이 온도를 T_f로 정한다. 고체의 비부피는 특별한 경우를 제외하면 액체의 비부피보다 작다. 이것은 원자상호력 또는 분자상호력의 감소를 의미한다. T_f에서 비부피는 액체의 그 값까지 증가한다. 단일 원소나 화합물(예를 들어: Ag, MgO, 또는 H_2O)에 대해서 대기압 하에서는 용해과정이 등온적으로 일어나기 때문에, 비부피의 증가 $\Delta\bar{v}_f$ 는 일정온도에서 일어나게 된다. 모든 고체상이 사라지고 액체상이 생겨날 때, 온도는 다시 상승하기 시작하고 비부피는 식(7.1)에 의해서 증가하는데, 이때 고체의 체적팽창계수가 아닌 액체의 체적팽창계수가 사용된다.

대기압 하에서, 어떤 일정한 온도 T_v에서 끓음 또는 기화가 이루어지고, 그리고 가열하는 동안에는 모든 액체가 기체로 완전히 변태될 때까지 온도는 일정하게 유지된다. 이 변태 중에, 비부피는 점 4에서 낮은 값으로부터 점 5의 아주 높은 값으로 증가한다. 대기압 근처에서 압력에서는, 기화에 따른 부피변화 $\Delta\bar{v}_v$ 는 용해에 따른 부피변화 $\Delta\bar{v}_f$ 보다 훨씬 크기 때문에 그림 7.3에 눈금을 표시하지는 않았다.

$$\Delta\bar{v}_v >> \Delta\bar{v}_f \tag{7.5}$$

$\Delta\bar{v}_v/\Delta\bar{v}_f$ 는 10^3 크기 이다. 그러므로 동일한 질량으로 가정했을 때 액체나 고체보다 기체가 상당히 큰 부피를 차지한다; 그리고 기체에서는 원자 또는 분자들이 상당히 멀리 떨어져있기 때문에 그들간의 상호작용은 무시될 수 있다.

7.5 단일-성분계에서 압력과 온도와의 관계

일상생활의 경험은 최고의 선생님이라고 할 수 있다. 그러나 때때로 매우 혼란이 생기기도 한다. 바닷가에서 물을 끓이는 주부는 100℃에서 물이 끓는다고 말할 수 있다. 그러나 산에서는(해수면 보다 3000ft 높은 고도에서) 더 낮은 온도에서 끓는다고 말할 수 있다. 어떤 말이 옳은가? 각각의 경우 그들 자신들의 주장을 설명할 수 있는 경험을 갖고 있다. 정답은 그들 모두 옳다이다. 만약 압력이 다르다면 기화는 여러 온도에서 일어날 수 있다. 바다보다 높은 산에서 기압은 바다에서보다 낮다. 이 효과는 자동차 제작자에게 이용되는데, 냉각수의 끓는 점이 대기압(즉, 열려있는 용기)에서 보다 높게 하기 위하여 압력이 가해진 냉각수 시스템을 장착한다. 용융공정(fusion process) 역시 압력의 함수로 변화한다. 그러므로 그림 7.4와 같이 압력-온도(PT) 도식으로 순물질의 상태를 나타내는 것은 유용하다.

7.5.1 압력-온도 도식(pressure-temperature diagram)

대기압(해수면 높이에서 14.7lb/in^2)에서 순수물질은 매우 낮은 온도에서 고체상태의 군집체로 존재한다. 온도가 상승함에 따라서 용해온도에 이르게 되고(점 a) 물질은 고상에서 액상으로 변하게 된다. *b*로 표시된 온도에 다다르게 되면, 기화가 시작되고 군집체의 세 번째 상태인 기체상태로 되어진다. 그러나 이 두 온도, 즉 각각 용해온도와 기화온도인 T_a와 T_b는 오직 대기압에서만 적용된다. 높은 압

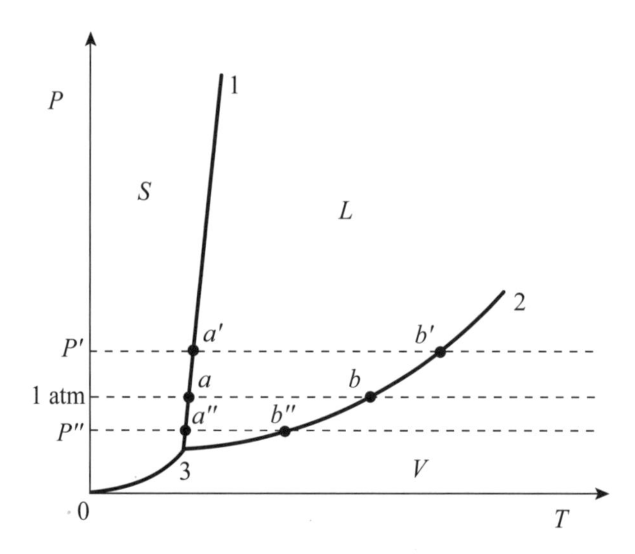

그림 7.4 • 순물질의 압력-온도 도식. 순물질의 압력-온도 도식은 최소한 세 영역으로 구성되어 있다. 이것은 고체, 액체, 그리고 기체의 세 가지 상태의 군집체에 상응한다. 이 구역들을 분리하는 곡선은 공존선이라 불리운다. 왜냐하면 그것은 2상이 공존하는 구간에서 단 한 개의 온도 및 압력만을 기술하기 때문이다. 액체-기체 공존선은 임계점이라 불리는 곳에서 끝나는데, 그 임계점 이후에서는 액체와 기체를 구분할 수 없다. 세 개의 공존선이 교차하는 곳은 삼중점(triple point)이라 불린다. 이것은 세 개의 상이 평형 상태인 단 한 개의 온도 및 압력을 기술한다.

력 P'에서 용해온도와 기화온도는 각각 $T_{a'}$와 $T_{b'}$ 이고, 낮은 압력 P''에서는 $T_{a''}$와 $T_{b''}$ 이다. 비록 압력에 따라 용해온도의 명확한 증가 또는 감소가 있다 하더라도, 기화온도의 변화는 훨씬 크다.

7.5.2 상 영역(phase field)

그림 7.4에서 압력-온도 그래프는 보통 세 가지로 구분된다. 군집체의 각 상태에 따라 한 개씩.* 이들 영역 중 어느 한 영역 안에서는 군집체의 오직 한 상태만이 존재할 수 있다. 상 영역으로서 이들 영역을 표시하고, 각각의 영역 안에서 오직 한 상만이 존재한다고 말하는 것이 보통이다. 상이란 그 안에서 특성이 동일한, 균일한 계를 말한다. 이 경우에 상이란 기상, 액상, 또는 고상을 말한다. 기상과 액상은 대개 하나의 상으로 구성된다. 그러나 고상은 대개 하나 이상의 상(그림 7.4에는 단지 하나만 보여졌다)으로 존재할 수 있다. 다른 고체상이 다른 결정구조를 가질 수 있기 때문에 재료가 하나 이상의 고체상태로 존재하는 것이 가능하다. 이러한 경우는 아래에 설명하겠지만, 인, 주석, 철 등등에 존재한다.

7.5.3 공존곡선(coexistence curve)

용해온도에서는 두 상, 고상 그리고 액상이 동시에 존재한다. 용해온도는 주어진 압력에서 고상과 액상이 모두 존재하는 유일한 온도이다. 만약 온도가 용해온도보다 약간 상승하게 되면, 오직 액상만 나타난다. 그리고 용해온도보다 약간 낮아지면, 고상만이 존재하게 된다. 여러 압력에서 용해온도의 궤적이 그림 7.4의 PT 도표에서 선 13이다. 이 선은 공존곡선이라 불리는데, 이 선으로 표시된 각각의 압력과 온도에서 두 상이 공존하기 때문이다.

이 특별한 공존곡선은 액상과 고상이 공존하는 유일한 압력과 온도를 정의하는 곡선이라 할 수 있다.

* 그림 7.4에 있는 온도-압력 그림에 따르면, 액체와 기체 영역이 군집체의 유동상태인 단일 구역을 이루는 것에 대해 논란이 될 수 있다. 이것에 대해서는 7.5.4절에서 더 다루기로 한다.

7.5.4 임계점(the critical point)

만약 시편이 기화온도까지 가열된다면 2상, 액상, 그리고 고상이 이 특정한 온도와 압력에서 평형을 유지하게 될 것이다. 여러 압력에서 기화온도의 궤적(locus)은 액체-기체 평형에 대한 공존곡선이다. 이 곡선과 위의 고체-액체 평형 공존곡선과의 차이점은 후자는 위로 끝없이 올라가고, 반면에 전자는 임계점이라 불리우는 명확한 압력과 온도(점2)에서 멈춘다는 것이다. 온도나 압력 모두 과도하게 임계점을 벗어나서는 물질이 기체인지 또는 액체인지 구분하는 것이 불가능하다. 이것은 액체와 기체에 대한 정의와 이 차이점에 대한 경험에 반하는 것 같다. 그리고 경험에 의하면 그 차이점(예를 들어, 증기와 물 사이)은 구분되어야 한다. 그러나 임계점 이상에서는 차이점이 없다. 만약 액체에서 온도가 상승함에 따라 최인접의 빈도수를 조사한다면 이것은 합리적이다. 정점(peak)은 점점 넓어지고 분별하기 어려워지며 기체의 그것과 비슷해질 것이다. 결국 군집체의 2상은 구별이 불가능해질 것이다. 낮은 온도와 낮은 압력에서는 존재했던 액체와 기체 사이의 급격한 변이(sharp transition)가 임계점 이상의 온도와 압력에서는 존재하지 않는다.

7.5.5 승화(sublimation)

또 하나의 공존곡선으로 나타내지는 2상 평형이 아직 하나 더 있다; 이것은 고체-기체 평형이다. 이 변태-고체에서 기체-를 승화라고 한다. 그리고 여러 압력에서의 승화온도의 궤적은 공존곡선이다. 그러므로 우리는 압력-온도 도표에서 한 상이 존재하는 온도와 압력의 영역을 볼 수 있고, 그리고 2상 사이의 평형을 나타내는 공존곡선을 볼 수 있다. 그러나 3상이 동시에 공존하는 것도 역시 가능하다.

7.5.6 삼중점(the triple point)

만약 승화가 계속되는 고압에서 일어나거나 또는 용해가 계속되는 저압에서 일어난다면, 압력과 온도는 고체, 액체, 그리고 기체가 평형인 위치에 도달한다. 온도-압력 도표에서 세 개의 공존곡선이 교차하는 이 점을 삼중점이라고 한다. 이 점은 순물질에서 군집체의 세 상태가 평형을 이룰 수 있는 압력과 온도의 유일한 조합이다.

7.5.7 철의 압력-온도 곡선(PT diagram of iron)

만약 재료가 한 개 이상의 고상(각각의 다른 결정구조)을 가지면, 압력-온도 도표는 그림 7.5의 철에 대한 도표와 같이 될 것이다. 철은 고상에서 세 개의 다른 결정학적 구조를 갖는다: 체심입방의 α-철; 면심입방의 γ-철; 체심입방의 δ-철이다. 철의 압력-온도 도표는 다섯 개의 영역으로 이루어져 있다. α, γ, δ, L, 그리고 V ; 7개의 공존곡선, α-V, α-γ, γ-V, γ-δ, δ-V, δ-L, 그리고 L-V; 그리고 세 개의 삼중점, α-V-γ, γ-V-δ, 그리고 δ-V-L 이다. 액체-기체 평형에 대하여 오직 한 개의 공존곡선만 있을 수 있기 때문에 오직 한 개의 임계점이 존재한다.

7.6 이-성분계(two component system)

압력-온도 도표는 단일-성분계를 다루고자 할 때 매우 유용하다. 이런 경우

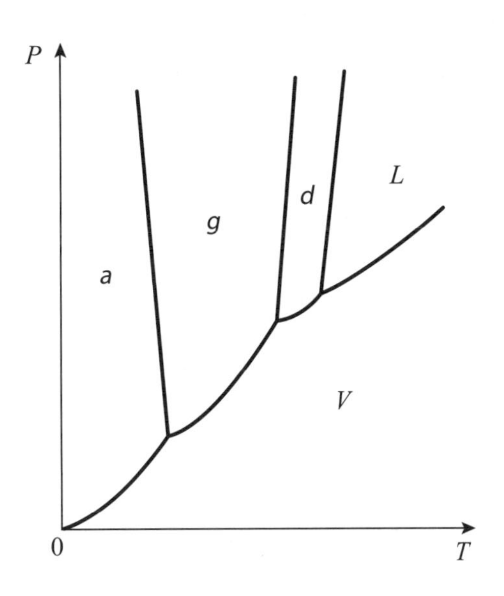

그림 7.5 • 철의 압력-온도 도식. 철은 고체 상태에서 세 가지 결정학적 변화를 한다. 그리고 각 상의 분리된 구역으로 존재한다. 압력-온도 도식은 다섯 개의 단일상 구역: α, γ, δ, L, 그리고 V; 일곱 개의 2상 공존곡선, α-V, α-γ, γ-V, γ-δ, δ-V, δ-L, 그리고 L–V; 3개의 삼중점 ; α-γ-V, γ-δ-V, 그리고 δ-L-V; 그리고 한 개의 임계점을 포함하고 있다.

성분은 원소 또는 화합물(예를 들면, Fe, MgO, H_2O)이다. 한 개의 성분만 존재하는 한, 계는 온도 그리고 압력 두 개의 변수로서 적절히 설명될 수 있다. 이-성분계에서는 세 번째 변수가 필요하다; 이것은 성분이다. 이-성분계는 압력-온도-조성의 삼차원적 도표로 설명될 수 있다. 대부분의 재료는 등압(일정한 압력: isobaric)조건에서 사용되기 때문에, 이 시점에서 복잡한 삼차원 도표로 들어가는 것은 바람직하지 않다. 따라서 등압의 이차원 온도-조성 도표를 고찰할 것이다. 나중에 일-성분의 압력-온도 그래프와 등압의 이성분 온도-조성 도표가 이성분계의 삼차원 압력-온도-조성 도표를 작성하는데 어떻게 혼합 될 수 있나에 대해서 설명할 것이다.

7.6.1 온도-조성 도표

등압에서 이-성분 온도-조성 도표를 이원계 상태도(binary phase diagram)라 부른다. 온도는 세로좌표에 그리고 조성은 가로좌표에 표시된다. AB계에서, 조성은 보통 B의 몰분율, x_B 또는 B의 무게분율, w/o B*로 표현된다. 조성을 A의 항으로 나타낼 필요는 없다. 왜냐하면 A와 B의 몰분율의 합은 언제나 1이고, A와 B의 무게분율은 항상 100이기 때문이다. 순 A에 대하여 x_B 와 w/o B 모두 영이다. 그리고 순 B에 대해서 그 값은 각각 1과 100이다.

전형적인 이원계 상태도(그림 7.6)는 그 상태도가 결정된 등압에서 어떤 특정 온도와 조성에서 평형 상태에 존재하는 상들을 나타낸다. 낮은 온도에서 유일하게 존재하는 상은 상태도에 *S*로 표기된 고상이다. 순수 A는 T_{fA}에서 녹고 순수 B는 T_{fB}에서 녹는다. 순수 A($x_B = 0$)와 순수 B($x_A = 0$) 사이의 조성의 합금은 온도가 고상선에 미칠 때까지 단지 군집체의 고상으로만 존재한다. 상태도에서 고상선은 T_{fA}에서 T_{fB}로 이어지는 아래에 있는 곡선으로 표시된다. 고상선 온도 이하에서는 오직 고상만이 존재한다; 그러나 고상선 위에서는 액체와 고체가 평형인 이-

* B의 몰 분율은 B의 몰 수를, A의 몰 수와 B의 몰 수를 합한 수로 나눈 것이다. B의 무게분율은 B의 무게를, A의 무게와 B의 무게를 합한 수로 나눈 것에 100을 곱한 것이다.

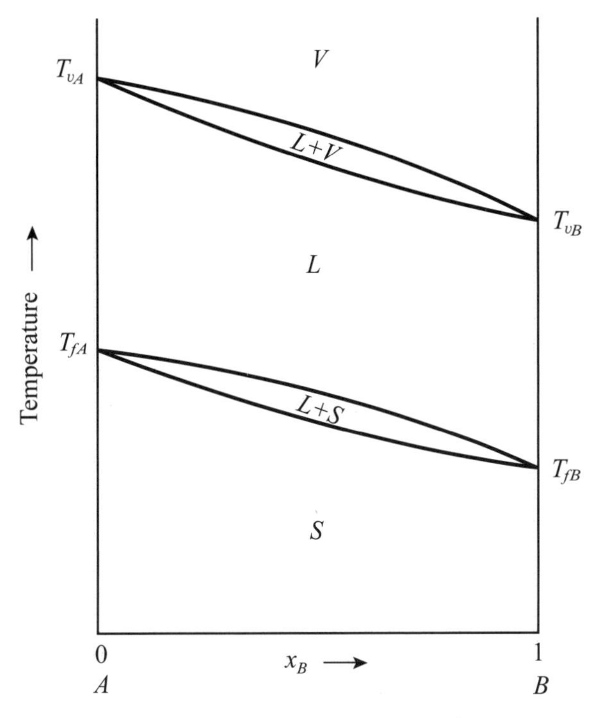

그림 7.6 • 이원계 상태도. 이원계 상태도는 등압시의 온도-조성 도표이다. 이 경우에 고체, 액체, 기체 상태의 집합체는 완전 용해도를 갖고 각 상태의 집합체에 대해 1상만 발견된다. 낮은 온도에서는 모든 조성에 대해 고체이다; 높은 온도에서는 액체와 고체의 이상영역, 액체 영역, 액체와 기체의 영역이 있고, 매우 높은 온도에서는 기체 영역만 존재한다.

상영역($L+S$)이 존재하게 된다. 액체 플러스 고체영역은 고상선 온도로부터 AB계의 모든 합금에 대해서 유한한 간격을 가지고 있다. 온도간격이 순금속에서는 영으로 줄어든다. 왜냐하면 단일성분계 압력-온도 도표에 의하면, 어느 압력에서도 액체와 고체가 평형으로 존재하는 온도는 하나뿐이기 때문이다.

액체 플러스 고체영역의 윗쪽 경계선은 액상선이다. 이 온도 윗쪽은 온도가 기화가 시작되는 수준에 도달하기 전까지는 계의 어느 합금도 액체로 존재하게 된다. 순수 A, B성분은 T_{vA}와 T_{vB}에서 완전히 기화된다. 왜냐하면 등압에서 순수성분에 대한 액체와 기체는 오직 한 온도에서만 평형이 되기 때문이다. 중간 조성의 합금들은 어느 한 온도에서도 완전히 기화되지 않고, 일정한 온도범위에 걸쳐서 기화된다.

이것은 그림 7.6의 상태도에 액상 플러스 기상($L+V$) 영역으로 나타내고 있다. 이 영역 이상의 온도에서는 오직 기체만이 존재한다.

금속학자나 재료과학자들은 주로 액상과 고상에 더 관여하고 상대적으로 기상에는 덜 관여한다. 이러한 이유와 기체의 상태도를 결정하기가 어려운 이유로 대부분의 이원계 상태도는 전-액상영역보다 높은 온도로 확장하지 않는다. 7.7절에서 여러 종류의 이원계 상태도에 대해서 논의할 것이다. 그러나 그 전에 어떤 온도영역에 걸쳐서 용해되거나 응고되는 중간과정의(intermediate) 합금의 용해와 응고 특성에 대하여 설명할 필요가 있다.

7.6.2 2상(two-phase) 영역을 지나는 냉각

중간과정 합금의 응고 또는 용해는 그림 7.7에 보여진 2상영역을 확대한 그림으로 나타낼 수 있다. 만약 T_1온도에서 원래 액체인 조성 x_0의 합금이 냉각된다면, 그것은 온도가 점 2에서 액상 온도에 도달할 때까지 액체로 남아 있을 것이다. 이 온도 T_2에서 고체의 첫 번째 입자가 나타난다. 이 고체는 그것의 모상인 액상과 동일한 조성을 갖지 않는다. 처음으로 고체가 생성된 T_2에서의 조성은 2에서 2′로 등온선을 그음으로써 알 수 있다. 이 등온선을 tie-line이라고 한다. 어떤 온도에서 평형상태에 있는 고상과 액상의 조성은 각각 그 온도에서 tie-line 과 만나는 액상선과 고상선으로 알 수 있다. 그러므로 온도 T_2에서 고상은 x_2'의 조성을 갖고, 액상은 x_2(그곳에서는 $x_2 = x_0$)의 조성을 갖는다.

T_3로 더욱 냉각함에 따라 액상의 조성은 액상선을 따라 x_3로 이동하게 된다. 그리고 고상의 조성은 고상선을 따라 x_3'로 이동하게 된다. 왜냐하면 T_3에서 서로 간에 평형을 이룰 수 있는 유일한 액체와 고체 조성이 각각 x_3와 x_3'이기 때문이다.

비록 두 액체와 고체 모두 합금성분과 다른 조성을 갖더라도 전체 합금(액상과 고상 함께)은 본래 조성 x_0로 남게 된다. 온도가 고상선 온도 T_5에 도달하면 고상 조성은 x_5'(그곳에서는 $x_5 = x_0$)에 근접하고, 마지막 x_5 조성의 액체가 응고하게 된다. 고상선 아래의 온도에서는 고상조성은 바뀌지 않고 남아있는다. 예를 들면 T_6

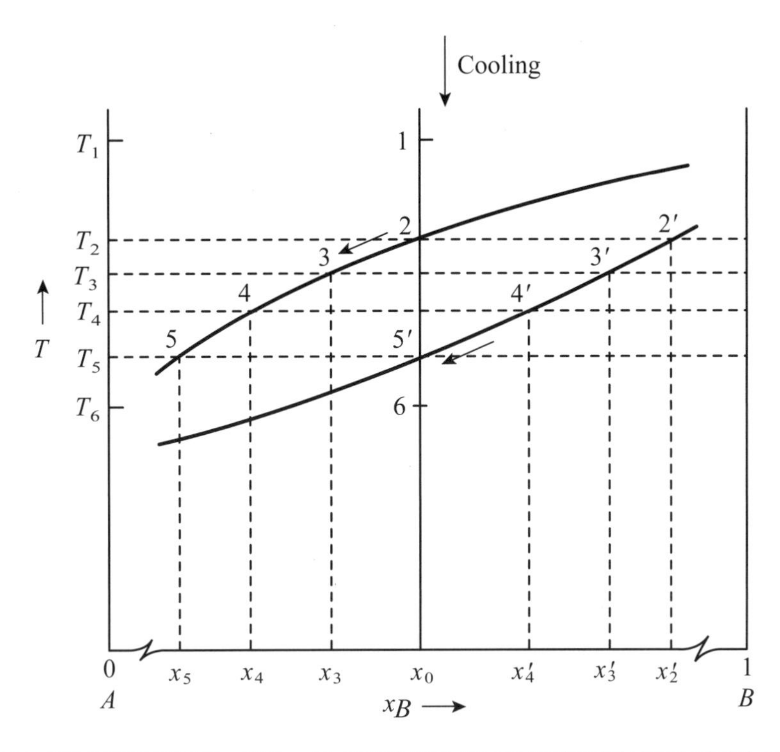

그림 7.7 • 2상 영역을 통과하는 냉각. x_0의 조성을 가진 합금이 액체영역에서부터 액체와 고체의 2상영역을 통해 냉각됨에 따라 온도 T_2에서 조성 x_2의 첫 번째 고체입자가 생긴다. 고체의 조성은 고상선과 등온선의 교차점에 의해 주어지고, 액체의 조성은 액상선과 등온선의 교차점에 의해 주어진다. 온도가 감소함에 따라 고체와 액체의 조성은 T_5에서 고체가 x_0의 조성이 되고 남은 액체가 응고될 때까지 왼쪽으로 이동한다.

에서 고상조성은 x_0이다.

위의 분석은 단지 모든 온도에서 평형이 얻어질 수 있게 천천히 냉각시키는 응고의 경우에 해당된다. 그러나 항상 이런 경우만 있는 것은 아니다. 그리고 다음 장에서 비평형냉각의 효과에 대해서 논의할 것이다.

7.6.3 지렛대 법칙(the lever law)

주어진 온도에서 얼마나 많은 액체와 고체가 존재하는가를 결정하기 위해 "지렛대 법칙"이라고 하는 관계를 유도해 보자. 만약 x_0조성의 합금 1몰이 온도 T에서 기준으로 선택된다면 액상의 분율 f_L 은 다음과 같다: 액상과 고상의 분율의 합은 항상 일이 되어야한다.

$$f_S + f_L = 1 \tag{7.6}$$

합금에서 B의 몰수는 액상에서의 B의 몰수 와 고상에서의 B의 몰수 합이다.

$$x_0 = x_S f_S + x_L f_L . \tag{7.7}$$

왜냐하면

$$f_S = 1 - f_L , \tag{7.8}$$

(7.8)을 (7.7)에 대입하면

$$x_0 = x_S - x_S f_L + x_L f_L \tag{7.9}$$

다시 정리 하고 f_L에 대하여 풀면

$$f_L = (\frac{x_S - x_0}{x_S - x_L}). \tag{7.10}$$

이 관계를 "지렛대 법칙"이라 한다. 왜냐하면 두 상 중의 한 상의 분율은 전체 tie line($x_S - x_L$)에 의해 나뉘는 tie line의 반대 쪽($x_S - x_0$)과 같기 때문이다.

이와 같은 방법으로 tie line은 x_0를 축으로 하는 지렛대와 같은 역할을 한다. 유사한 방법으로 다음을 얻을 수 있다.

$$f_S = (\frac{x_0 - x_L}{x_S - x_L}). \tag{7.11}$$

7.6.4 열분석(thermal analysis)

상태도를 실험적으로 결정하는데 매우 편리한 방법은 열분석에 의한 방법이다. 이 기술에서 온도는 합금이 액상에서 실온으로 냉각됨에 따라 시간의 함수로 측정된다. 단상이 냉각될 때는 그림 7.8(a)에 보여지는 것과 같이 지수적으로 냉각된다. 그러나 만약에 혼합되어있는 2상이 냉각되면, 즉 합금이 상태도 상의 2상

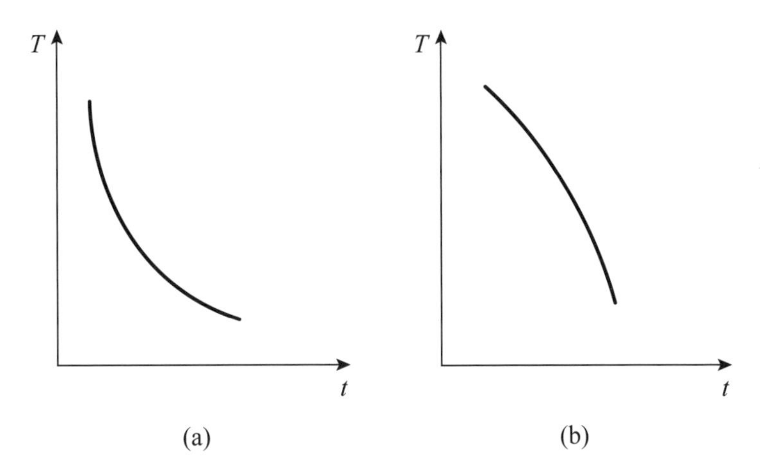

그림 7.8 • 지수적(exponential)과 지연된(retarded) 냉각. (a) 단상의 물질은 지수적으로 냉각되고 온도 대 시간의 그래프는 위로 오목하다. (b) 2상 재료는 지연된 냉각을 보이고 냉각곡선은 아래쪽으로 오목하다.

영역을 지난다면, 냉각이 지연될 것이다(그림 7.8b). 냉각의 지연은 냉각공정 또는 다른 변태 동안의 열의 방출에 따른 것이다.*

순수성분은 고정된 온도, 용해온도 T_f 에서 응고된다. 그림 7.9는 순수성분의 냉각곡선을 보여준다. 액체는 용해온도에 도달할 때까지 지수적인 속도로 냉각된다. 이 온도에서 응고가 일어난다. 그리고 전체 액체가 고체로 되기 전까지 온도

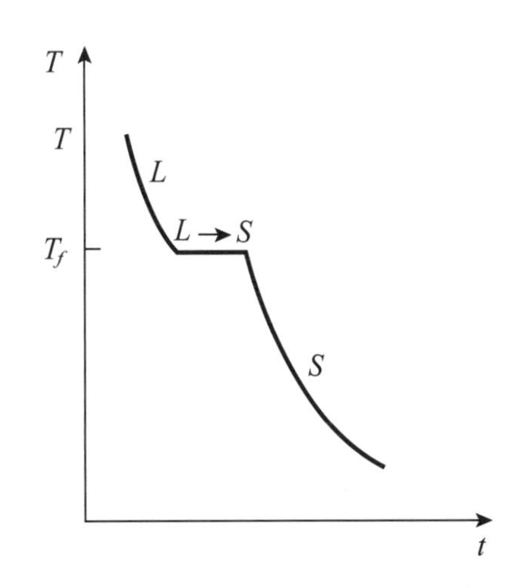

그림 7.9 • 순수한 성분의 냉각곡선. 순수한 성분의 냉각곡선은 모든 액체 영역에서 지수적이다. 액체가 냉각되면서 융해 온도에서 열적 정지 상태가 있다. 융해 온도 이하에서 고체는 지수적으로 냉각된다.

* 융해나 기화를 위해서 계에 열을 공급해 주어야 하는 것과 마찬가지로 반대 과정인 경우 응고나 응축열이 계로부터 방출된다.

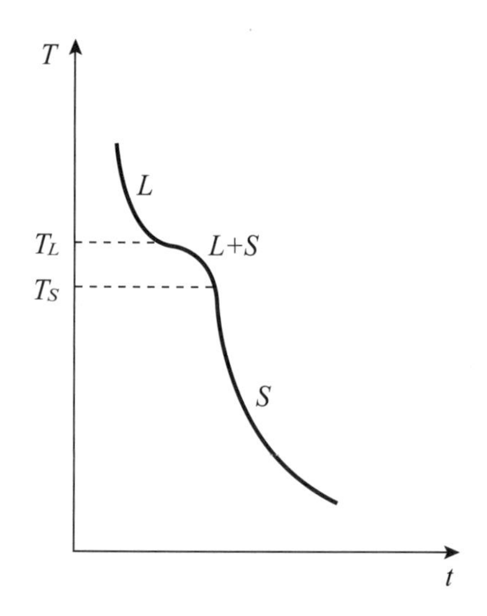

그림 7.10 • 합금의 중간 과정의 냉각곡선. 어떤 온도 구간에 걸쳐 응고되는 합금, 예를들어 그림 7.7의 합금 x_0는 액상 온도에 이를 때까지 지수적으로 냉각된다. 액상에서 고상으로의 냉각은 액체의 냉각에 의해 지연된다. 고상 이하에서는 고체 합금은 지수적으로 냉각된다.

는 내려가지 않는다. 등압 하에서 순수성분의 용해 또는 응고는 등온에서 일어나고 불변반응*이라 한다. 냉각곡선의 수평 또는 등온 부분은 열적지체(thermal arrest)이라고 한다. 왜냐하면 응고 중에 온도가 일정하게 남기 때문이다.

만약 순수성분의 용해온도를 결정하고자 하면, 냉각하는 동안 시간의 함수인 온도를 측정하는 것이 필요하다. 그러면 냉각곡선이 작성될 수 있고 열적지체 온도가 측정된다. 이것은 순수성분의 용해온도일 것이다.

중간조성의 합금은 냉각 중에 액상 플러스 고상의 2상영역을 지나게 된다. 그러한 재료는 7.6.2절에서 다루었듯이 한 온도에서 응고되지 않고 어느 온도범위를 거쳐 응고된다. 그림 7.10은 이러한 합금의 냉각곡선을 보여준다. 합금이 단상영역-전부 액상-에 있는 동안 냉각은 지수적이다. 액상선 온도 T_L에서 고상의 생성으로 인해 냉각은 지연냉각(retarded cooling)으로 바뀐다. 지연냉각은 고상선 온도 Ts에 도달할 때까지 관찰된다. 고상영역 밑에서는 단지 한 개의 상-고상-이 존재하므로 냉각은 다시 지수적이다.

7.7 이원계 상태도의 형태(types of binary phase diagrams)

매우 여러 개의 이원계가 존재하며, 각각에 대해 명확한 상태도가 존재한다. 상태도는 여러 형태를 가진다 - 어떤 것은 도리어 간단하며, 또 어떤 것은 매우 복잡

* 용해나 응고는 등압 조건 하에서는 불변반응이다. 7.5.1절에서 이 온도가 압력의 변화에 따라 어떻게 변하는지 논의하였다. 불변이라는 용어에 대해서는 7.11절에서 자세히 논의할 것이다.

표 7.2 • 이원계 상태도 및 반응의 기본 형태

1. 액상과 고상에서 완전고용(solubility)
2. 액상과 고상에서 완전 분리(immiscibility)
3. 액상에서는 완전고용이나 고상에서는 아님
   (a) 고상에서 완전 분리
   (b) 공정(eutectic) 반응;
   (c) 포정(peritectic) 반응;
   (d) 공석(eutectoid) 반응;
   (e) 포석(peritectoid) 반응;
4. 액상에서 불완전분리
   (a) 편정(monotectic) 반응
   (b) 합성(syntectic) 반응

하다. 그림 7.6에 예시된 상태도는 기상, 액상, 그리고 고상에 완전 용해를 보이는 계의 단순한 상태도이다. 이 상태도에는 군집체의 세 가지 상태 각각에 대해 조성이 순수 A에서 순수 B로 변하는 오직 한 상만이 나타나 있다. 자연계에서 발견되는 모든 이원계를 연구하는 것은 불가능하지만, 상태도의 기본 형태와 이원계에서 발견되는 반응들에 대하여 조사하는 것은 가능하다. 이를 기초로 하여 우리는 8장과 9장에서 실제적인 이원계의 복잡한 상태도를 연구할 것이다.

이원계에서 흔히 발견되는 상태도와 반응의 기본 유형은 자체적으로 발생하거나 또는 실제 계의 상태도를 형성하는 다양한 조합에 의해 발생한다. 상태도와 반응의 이러한 기본 유형은 표 7.2에 요약되어 있으며, 이번 장의 뒷 부분에서 자세히 논의될 것이다. 우리는 군집체의 액상과 고상에 대하여 언급하고 있기 때문에, 상태도를 액상범위 이상의 온도까지 확장할 필요는 없다.

7.8 연속적인 고용도를 보이는 상태도

고상 한 개만을 가지는 이원계(예를 들어, 그림 7.6에 보여진 계)는 완전한 고용도를 보인다. 이는 고상 A에 B원자가 완전 고용되거나 또는 고상 B에 A원자의 완전 고용됨을 의미한다. 결정학적 수준에서 A원자로 이루어진 공간격자를 고려해 보자. B가 합금에 들어가면, B원자는 A원자를 대치하며 치환형 격자 위치를 차지한다. B가 더 많이 첨가됨에 따라, 격자에서 B원자의 분율은 증가하며 그 한계는 순수 B의 공간격자이다. 만약 A원자가 순수 B의 공간격자에 첨가된다면, 위와 반대되는 과정이 적용된다. 그러한 완전고용도가 존재한다면, A와 B의 Bravais 격자는 동일해야 하지만, 격자상수는 약간 다를 것이다.

7.8.1 베가드(Vegard)의 법칙

A와 B의 격자상수와 원자 지름이 다르기 때문에, B가 A격자에 첨가될 때 고용체(solid solution)의 격자상수는 변하게 된다. 이러한 변화는 Vegard 법칙에 의해 대략 측정될 수 있다. 이 법칙은 고용체의 격자상수는 조성에 따라 직선적으로 변한다는 사실을 말한다. 그림 7.11은 구리와 연속 고용체를 형성하는 합금에 대한

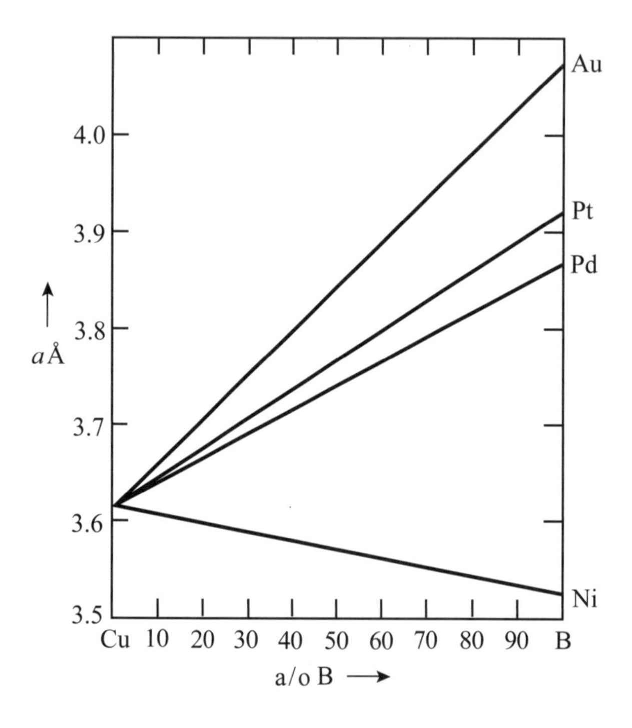

그림 7.11 • 구리합금에 있어서의 Vegard의 법칙. Vegard의 법칙에 따르면 합금의 격자 변수(lattice parameter)는 조성에 따라 직선적으로 변한다. 조성에 대한 격자변수의 이론적인 의존성을 금, 니켈, 팔라듐, 그리고 백금원소와의 구리합금에 대해 설명하고 있다.

그러한 변화를 보여준다. 격자상수의 변화는 합금 원소 B(Au, Ni, Pd, Pt)의 원자 비율(a/o)의 함수로 그려져 있다. 원자 비율은 합금에서 B원자들의 백분율이다. 성분의 원자질량이 다르기 때문에 원자비율은 질량비율과 다르다. 원자 비율과 원자 분율은 각각 몰 비율 및 몰 분율과 같다.

7.8.2 열분석에 의한 상태도의 결정

열분석에 의해 이원계 상태도를 결정하기 위해서는 여러 합금을 사용할 필요가 있다. 이러한 합금의 조성은 계의 한 끝(순수 A)에서 다른 한 끝(순수 B)까지 확장되어야 한다. 더 많은 조성을 해 볼수록 최종적인 상태도는 더 정확할 것이다. 6개의 성분이 선택되었다고 가정하자: A, 20w/o B, 40w/o B, 60w/o B, 80w/o B, 그리고 B. 이러한 다른 합금을 일 번부터 육 번까지 각각 번호를 부여하자. 합금을 액상영역으로 가열하고, 로에서 꺼낸 후, 실온까지 아주 천천히 냉각하였다. 냉각동안 합금온도를 시간의 함수로 측정하였다. 이러한 방법으로 얻어진 냉각곡선이 그림 7.12(a)에 나타나 있다.

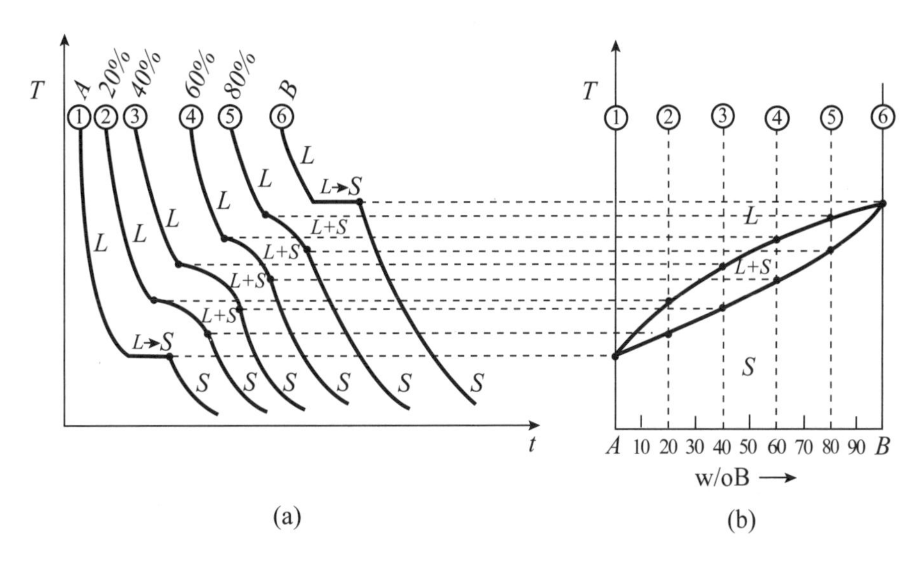

그림 7.12 • 열분석에 의한 상태도의 결정. (a) 여러 조성의 여섯 가지 합금의 냉각곡선이 실험적으로 결정되었다. (b) 융해온도와 액상과 고상온도가 조성의 함수로 그려져서 상태도가 만들어진다.

순 성분 A와 B는 그림 7.9에서 보여진 대로 냉각되었으며, 이러한 물질의 용융 온도는 그들의 열적지체(thermal arrest) 현상에 의해 감지될 것이다. 이러한 정보는 그림 7.12(b)의 상태도에 옮겨졌다. 중간의 합금(번호 2-5)은 그림 7.10에서 예상되듯이 액상선 위에서, 그리고 고상선 온도 아래에서 지수적인 냉각을 나타내며, 고상과 액상이 공존하는 영역에서는 냉각이 다소 지체된다. 액상선과 고상선 온도는 알맞는 조성에서 상태도로 옮겨졌다. 실험적으로 결정된 점들의 두 집합을 통하여 곡선을 그림으로써 모든 액상 온도의 궤적, 액상선, 그리고 모든 고상 온도의 궤적, 고상선이 얻어진다. 이러한 실험의 결과는 그림 7.12(b)의 상태도이며, 연속적인 고용도(solid solubility)를 나타낸다.

7.9 불완전고용도(incomplete solid solubility)

모든 이원계가 완전고용도를 나타내는 것은 아니며, 예외가 더 많다. 가장 일반적인 경우로서, B는 A에 단지 약간만 용해되고, A는 B에 약간만 용해된다. 이로 인해 제한적인 고용도의 두 영역이 상태도의 양쪽 끝에 나타나며(terminal solid solution), A가 풍부한 α상과 B가 풍부한 β 상 사이의 간격을 연결하는 다른 반응을 필요로 한다. 또한 서로가 전혀 용해되지 않는 두 성분 A, B를 가질 수도 있다. 그림 7.13(a)는 두 개의 상호불용해 성분계의 상태도를 보인다.

A와 B가 액체 상태에서는 용해되기 때문에, 한 개의 액상이 T_{fA} 위에서 존재한다. A의 용융온도인 T_{fA}에서 합금 내 모든 A는 응고하며 모든 조성의 냉각곡선은 열적지체 현상을 보인다.(그림 7.13b) T_{fA}와 T_{fB} 사이에서 액상 B와 고상 A가 공존한다. 이는 그림 7.12의 계와 같은, 즉 조성이 변하는 고용체가 아니라 순수 A와 순수 B이다. T_{fB}에서 모든 B가 응고하며, 이 온도 아래에서 합금은 순수 A와 순수 B의 혼합물이다. 중간번호를 가진 합금의 냉각곡선은 A와 B의 용융 온도 모두에서 열적지체를 보인다. 지체가 일어나는 기간은 응고하는 상이 존재하는 퍼센트에 비례한다. 예를 들어 T_{fB}에서 일어난 지체는 합금의 B함량이 늘어날수록 증가한다. 두 개의 응고반응 모두 동시에 일어나기 때문에; 즉, 둘다 불변반응이기 때

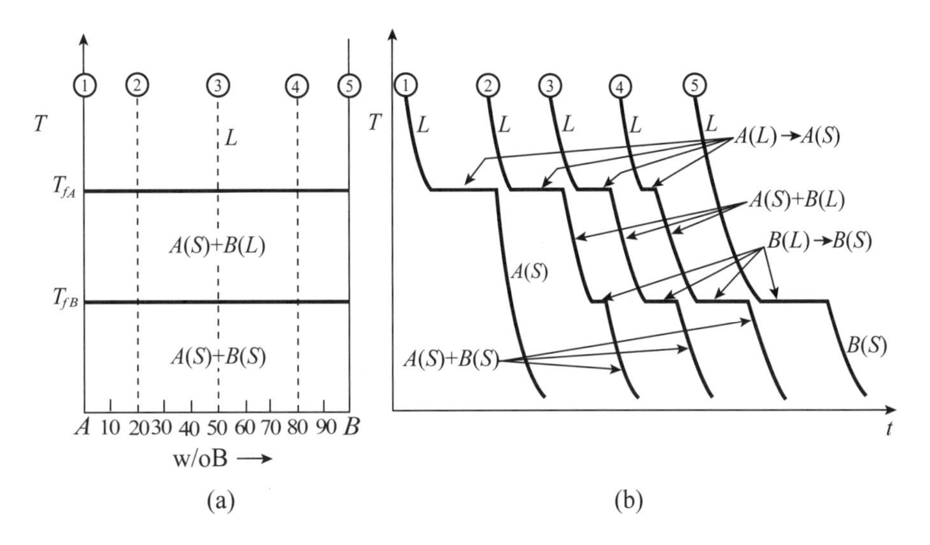

그림 7.13 • 고체 상태에서의 완전 불용해성(complete insolubility). (a) A와 B가 상호 전혀 고용되지 않는 이원계 AB의 상태도는 두 개의 등온곡선으로 구성되어 있는데 하나는 각 성분의 융해온도에 있다. 여기서 A와 B는 액체 상태에서 섞일 수 있어서 단상 액체를 형성한다. T_{fA} 아래에서 고체 A와 액체 B는 공존하고 T_{fB} 아래에서는 고체 A와 고체 B가 공존한다. (b) 다양한 합금의 냉각곡선에서 T_{fA}와 T_{fB}에서 열적지체가 일어남을 볼 수 있다. 지체의 길이는 합금 내의 A나 B의 분율에 비례한다. 모든 응고는 A에 대해서는 T_{fA}에서 또는 B에 대해서는 T_{fB}에서 등온적으로 발생하므로 지연함수적인 냉각은 없다.

문에 지체된 냉각이 관찰되지는 않는다.

7.10 고용도에 대한 흄-로더리(Hume-Rothery)의 법칙

위에서 언급한 바와 같이 고용체는 완전하거나, 제한적이거나, 또는 존재하지 않을 수도 있다. 다른 원소에 대한 한 원소의 고용도를 설명하기 위해 고안된 법칙들이 공식화되어 왔다. 이는 고용도의 Hume-Rothery 법칙으로 알려져 있다. 비록 법칙이라 언급되지만, 그것은 정밀한 법칙이라기 보다는 단지 안내선 역할을 한다. 첫 번째 법칙은 결정구조와 관련된다. 이는 '만약 두 성분의 단위격자가 기본적으로 동일하고 단지 격자상수만 약간 다르다면, 완전한 고용이 발생한다'고 말하고 있다.

두 번째 법칙은 두 성분의 원자지름과 관련된다. 만약 용질*원자와 용매† 원자의 지름이 용매원자 지름의 15퍼센트 이상 차이가 생긴다면, 비우호적인 크기인자로 인해 고용체는 제한된다. 만일 크기인자가 우호적이라면, 고용체는 매우 광범위하게 생길 것이다. 원자지름은 2장에서 보인 바와 같이 결정학적 자료로부터 계산될 수 있다.

우호적인 크기인자의 경우, 제 3법칙은 주기율표(그림 1.1)상에서 두 성분이 더 멀리 떨어져 있을수록, 화합물을 형성하는 경향이 더 커지고, 고용체를 형성하는 경향은 감소한다. 이는 전기음성적 원자가 효과(electronegative valence effect)로 알려져 있다. 마지막 법칙, 상대원자가 효과는 B에서의 A-용해도와 A에서의 B-용해도의 차이를 고려한다. 원자가가 낮은 금속일수록 더 높은 원자가의 금속을 분해하는 경향이 있다. 이러한 효과로 인해 최종 고용체는 동일한 범위일 필요가 없다. 즉, A는 B에 아주 약간 용해되고 B는 A에 용해될 수도 있다.

7.11 기브스(Gibbs)의 상률

만약 끝단고용체(terminal solid solution)가 존재한다면, 상태도는 반드시 불변반응을 포함해야 한다. 불변이라는 단어는 전부터 언급되어 왔으며 지금은 그 의미를 고려할 필요가 있다. 불변이라는 말은 모든 세 개의 변수-압력, 온도, 조성-가 특정 반응에 대해 고정되었다는 뜻이다. 그림 7.12(b)의 등압 상태도를 고려해 볼 때, 단상영역에서 온도와 조성이 서로에 대해 독립적으로 변하는 것을 볼 수 있다. 2상영역에서 만일 온도가 고정된다면, 액상과 고상의 조성은 모두 지정된다. 이들은 각각 자유도가 둘인 영역과 하나인 영역이다. 불변반응은 자유도가 영이다.

자유도의 숫자는 J. Willard Gibbs의 상률에 의해 지정되는데, 이는 '존재하는 상의 개수 P와 자유도 F를 더한 합이 성분의 수 C에 2를 더한 값과 같다'는 법칙이고 수학적으로 다음과 같다.

---

* 용질은 용해되는 성분이다. 일반적으로 적은 양이 존재한다. 소금물을 고려할 때 소금은 용질이다.

† 용매는 용질이 용해되어 들어가는 성분이다. 일반적으로 용질보다 많은 양이 존재한다. 소금물을 고려할 때 물이 용매이다.

$$P + F = C + 2 \tag{7.12}$$

C = 1인 그림 7.4의 단성분 PT 도표에 이 법칙을 적용하기 위해서는 다음과 같이 쓰여진다.

$$F = 3 - P \tag{7.13}$$

만일 (P = 1)인 단상영역을 고려한다면, 자유도는 둘이 된다.

$$F = 3 - 1 = 2 \tag{7.14}$$

그리고 단상영역에서는 압력과 온도가 모두 변하게 된다.

만일 두 개의 상이 공존한다면(P = 2), 자유도는 하나가 된다.

$$F = 3 - 2 = 1 \tag{7.15}$$

그리고 만일 온도가 선택된다면, 압력은 지정되게 된다. 이는 평형상태의 2상에 대해 온도와 압력의 관계를 설명하는 공존곡선(coexistence curve)이다. 삼중점에서는 3상(three phases)이 공존하므로 다음과 같다.

$$F = 3 - 3 = 0 \tag{7.16}$$

자유도가 영이다. 그리고 온도와 압력이 고정된다. 단-성분계에서 3상이 공존하는 경우가 불변반응의 일례이다. 만일 상률이 그림 7.12(b)에 그려진 이원계에 적용된다면, 등압제한성이 식(7.12)의 일반적인 공식에 첨가되야만 한다. 이원계(C = 2)에 대한 상률의 등압형태(isobaric form)는

$$P + F = C + 1 = 2 + 1 = 3 \tag{7.17}$$

이며, 압력이 일정하다는 가정 때문에 계에서 자유도 1만큼을 제거했다. 단상영역에는

$$F = 3 - 1 = 2 \tag{7.18}$$

로서 자유도는 둘이다. 이는 온도와 압력이 모두 서로에 대해 독립적으로 변한다

는 의미이다. 2상영역에서는

$$F = 3 - 2 = 1 \tag{7.19}$$

자유도가 하나이며, 만일 온도가 선택된다면, 2상의 조성은 고정되고 그 역도 마찬가지이다. 그림 7.7에서 이러한 현상을 보았는데, 그림에서는 각각의 온도에서 고상과 액상의 조성이 고정되었다. 이원계에서 3상이 공존하는 경우에,

$$F = 3 - 3 = 0 \tag{7.20}$$

자유도는 영이며 3상과 관련된 불변반응임을 알 수 있다. 이러한 반응은 고정된 온도와 조성에서만 발생한다.

7.12 이원 공정계(binary eutectic systems)

가능한 3상 불변반응중 한 가지는 공정반응이다. 그림 7.14(a)는 끝단 고용체를 갖는 전형적인 이원계 상태도를 나타낸다. A에서의 B 고용체는 α상이라 불리며, B에서의 A고용체는 β상이라 불린다. 이 2상은 액상과 반응하여 불변 공정반응을 형성한다. 공정온도는 T_{eut} 에 고정되고 모든 3상 α, β, 그리고 L의 조성은 각각 x'_{α}, x'_{L}, 그리고 x'_{β}에 고정된다. 만일 이 계의 합금에 대해 열분석을 실시한다면, 그림 7.14(b)에서 보여진 냉각곡선이 나타날 것이다. 완전 액상영역에서 냉각된 조성 1의 합금은 액상선에 다다를 때까지 지수적으로 냉각된다. 이 온도에서 고상 α의 첫 번째 입자가 나타나고 자체냉각이 시작된다. 고상선을 가로지를 때, 액상의 마지막 방울이 응고하여 고상만이 존재한다. 모든 고상이 α-상이기 때문에 지수적 냉각이 다시 관찰된다. 이러한 똑같은 설명은 5번 합금에도 적용된다. 단, 합금 1은 냉각시 α-상을 형성하는 반면, 합금 5는 β-상을 형성하며 응고한다. α-상과 β-상의 한 가지 차이는 결정구조에 있다. 2상은 다른 Bravais 격자를 가진다.

예를 들어, α는 bcc, β는 fcc, 또는 격자상수에서 큰 차이가 있을 수 있고 같은

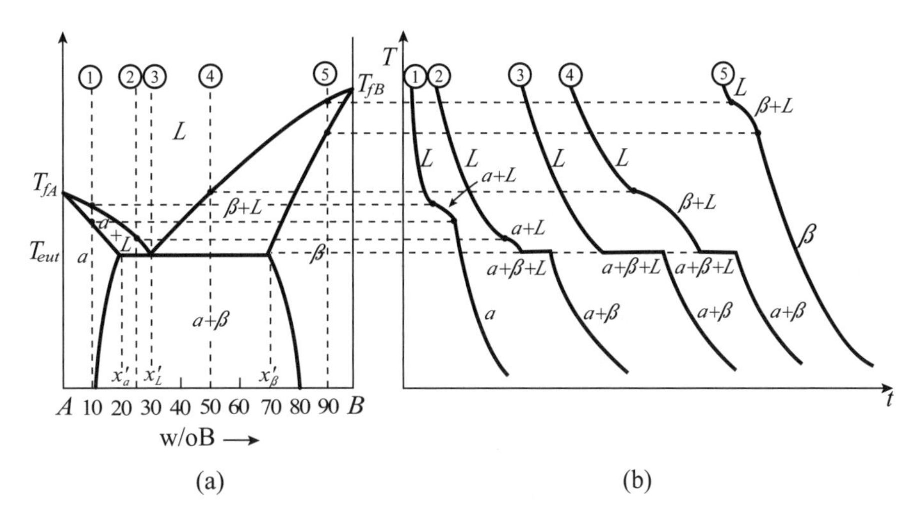

그림 7.14 • 2원 공정계. (a) 양 끝단 고용체 α와 β를 갖는 2원 공정계의 상태도이다. 공정반응 $L \rightleftharpoons \alpha + \beta$이 T_{eut}에서 일어나고 3상 불변반응이다. (b) 이 합금계의 냉각곡선은 단상영역에서 지수함수적으로 감소하고 2상영역, $\alpha + L$ 또는 $\beta + L$에서는 지연함수적으로 냉각되고 공정온도에서는 열적 지체가 발생한다. 이 지체의 길이는 공정응고되는 액체의 분율에 비례한다.

Bravais 격자일 수 있다. α+액체 또는 β+액체의 2상영역에서 일어나는 응고 과정은 그림 7.12와 액상-고상의 2상영역과 관련되어 설명한 것과 근본적으로 동일하다.

2상 응고는 합금조성이 공정온도에 다다를 때까지 계속된다. 공정선은 x'_α에서 x'_β까지 범위이다.(그림 7.14a) 이 온도에서는 일반적인 2상 응고의 성질과 유사한 다른 반응이 일어난다. 합금 2를 고려해 볼 때, 액상선에 도달할 때까지 지수적인 냉각이 발생한다. 이 온도에서 첫 번째 고상이 나타난다. 이 α-고상은 이 온도에서 그어진 tie-line과 고상선의 교차점에 의해 주어진 조성을 갖는다. 지체된 냉각은 α의 응고 과정 동안에 발생한다; 그리고 고상의 조성이 고상선을 따라 오른쪽으로 이동함에 따라, 액상의 조성은 액상선을 따라 오른쪽으로 이동한다. 합금-조성선은 합금 1과 5의 경우와는 달리 고상선을 결코 가로지르지 않는다. 온도가 공정온도 바로 위에까지 떨어질 때, 고상은 x'_α의 조성을 가지고 액상은 x'_L의 조성을 가진다. 공정반응은 불변반응(그것은 고정된 온도와 고정된 조성에서만 발생한다)이며 다음과 같이 쓰여진다.

$$L \rightleftharpoons \alpha + \beta, \tag{7.21}$$

여기서 액상 조성 x_L'는 x_α'조성의 α와 x_β'조성의 β인 두 고상의 혼합물로 이루어진 공정조직을 형성하며 응고한다. 따라서, 합금 2의 경우에 x_L'조성의 액상은 일정온도에서 공정형 고상을 형성하며 응고한다. 그리고, 순수한 성분의 응고와 마찬가지로 열적지체가 발생한다.

열적지체의 길이는 공정반응을 하는 합금의 분율, 즉 공정온도 바로 위에 존재하는 공정조성의 액상 분율에 의해 결정된다. 이는 지렛대 법칙으로부터 계산될 수 있다. 만일 시편 2의 조성이 x_2라면, 공정온도에서 또는 그 바로 위 온도에서 공정조성 x_L'을 가진 액상의 분율 f_L은 다음과 같다.

$$f_L = \frac{x_2 - x_\alpha'}{x_L' - x_\alpha'}, \tag{7.22}$$

합금의 나머지 부분은 고상 α형태이며, 공정액상(eutectic liquid)의 응고 동안 형성되는 α와 구분하기 위해 초기(primary) α 또는 초정 α라 불린다. 초정 α의 분율은 지렛대 법칙에 의해 다음과 같이 표현된다.

$$f_\alpha = \frac{x_L' - x_2}{x_L' - x_\alpha'}, \tag{7.23}$$

식(7.22)와 관련하여 합금조성 x_2가 x_α' 조성에 근접함에 따라, 점점 더 적은 공정액상이 초래된다. 다른 한편, 합금조성 x_2가 x_L' 조성에 근접함에 따라, 합금조성이 공정조성 x_L'와 같아지는 한계(합금 3의 경우)까지 점점 더 많은 공정액상이 나타날 것이다. 초기고상(primary solid)이 없으며, 따라서 지체된 냉각도 없다. 전체 합금이 공정 조직으로 응고하는 것만 있을 뿐이다. 이 합금은 가장 긴 열적지체(thermal arrest)를 가지며, 냉각곡선은 순수 성분의 것과 비슷할 것이다.

공정조성의 오른쪽에서 형성된 고상은 초정 β이다. 그러나 반응은 초정 α와 같은 방식으로 진행된다. 그림 7.14(a)의 조성 3과 같은 공정 합금의 경우, 공정 조직은 α와 β고상으로 구성된다. 공정조직 내 이러한 상들의 각각의 분율은 지렛대 법칙을 적용하여 얻어진다.

$$f_\alpha = \frac{x_\beta' - x_L'}{x_\beta' - x_\alpha'}, \quad (7.24)$$

$$f_\beta = \frac{x_L' - x_\alpha'}{x_\beta' - x_\alpha'}, \quad (7.25)$$

이러한 공정조직은 합금이 공정이건(합금 3) 또는 공정조성의 오른쪽이나 왼쪽이건 간에(합금 2와 5) 같은 비율의 α와 β를 포함한다. 우리는 그런 합금으로부터 야기된 조직에 대해 다음 장에서 더 자세히 언급할 예정이다.

$\alpha + \beta$ 2상영역을 지나가는 냉각곡선이 지수적인 냉각곡선의 형태로 그림 7.14에 그려져 있다. 이는 2상영역이기 때문에, 우리는 지체된 냉각을 관찰해야만 하지만, 공정 아래에 관련된 온도는 일반적으로 낮다. 그 이상의 미세조직의 변화는 실제적으로 우리가 지수적인 냉각을 발견하는 그러한 낮은 속도로 일어난다.

7.13 기타 3상불변반응(three-phase invariant reactions)

공정반응 외에도 다른 3상불변반응이 있으며, 그것들은 표 7.3에 요약되어있다. 이원계에서 일어나는 이러한 불변반응은 그림 7.15에서 7.19까지 예시되어 있다. 공정계(그림 7.14)와 포정계(그림 7.15)는 각 계에서 오직 하나의 3상불변반응이 발견된다는 점에서 모두 단순계이다. 이러한 두 형태의 3상불변반응은 하나의

표 7.3 • 불변 3상 반응

공정(eutectic)	$L \rightleftharpoons \alpha + \beta$,	그림7.14
포정(peritectic)	$\alpha + L \rightleftharpoons \beta$,	그림7.15
공석(eutectoid)	$\gamma \rightleftharpoons \alpha + \beta$,	그림7.16
포석(peritectoid)	$\alpha + \gamma \rightleftharpoons \beta$,	그림7.17
편정(monotectic)	$L_1 \rightleftharpoons \alpha + L_2$,	그림7.18
합성(syntectic)	$L_1 + L_2 \rightleftharpoons \gamma$,	그림7.19

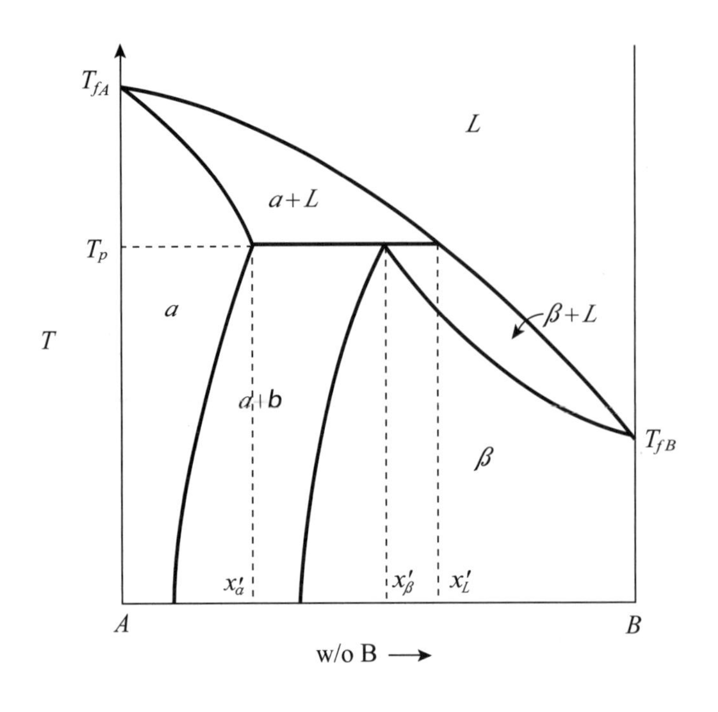

그림 7.15 • 포정이원계. 포정 이원계는 α와 액상으로부터 β상이 형성되는 것을 포함한다. 포정 온도와 조성은 각각 $T_{p'}x_{\alpha'}x_{\beta'}x_{L'}$로 고정된다.

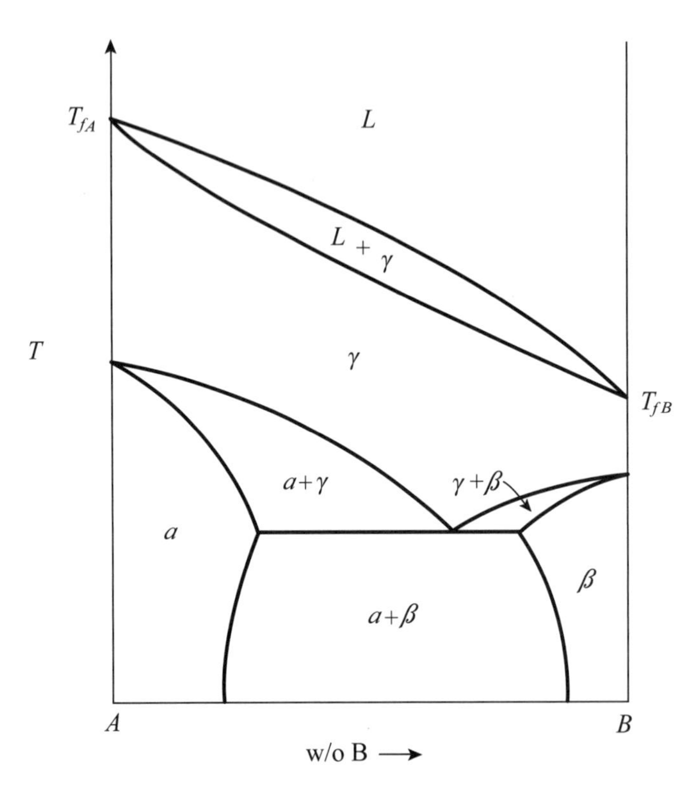

그림 7.16 • 공석이원계(eutectoid binary system). 공석은 세 개의 고상이 포함된 불변반응이다. 이 경우에는 $\gamma \rightleftarrows \alpha+\beta$ 이다. 이 상태도의 아랫부분은 그림 7.14의 공정계를 닮은 반면에 윗부분은 고체 γ상이 생성되는 응고반응의 어떤 형태를 포함한다.

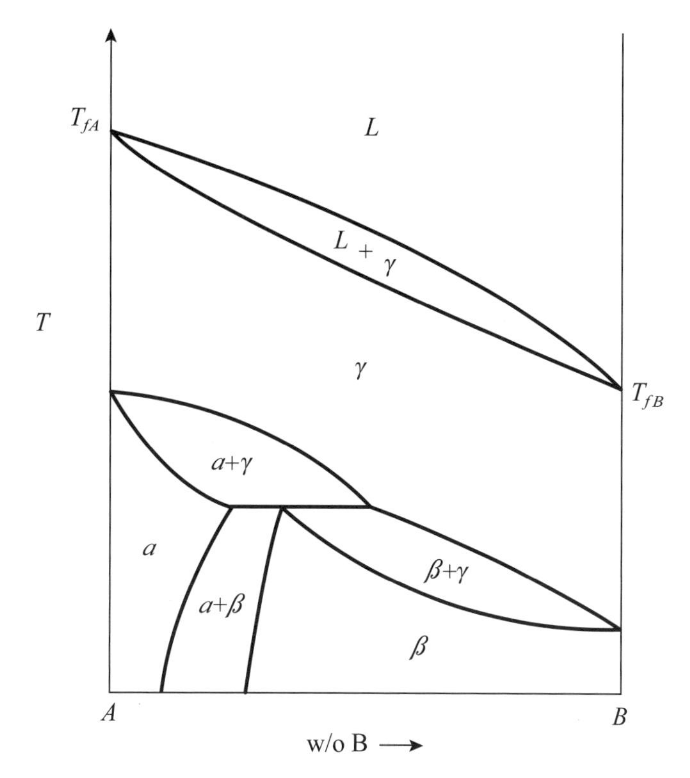

그림 7.17 • 포석(peritectoid) 이원계. 포석은 두 개의 고상이 냉각시 반응해서 제3의 고상을 형성하는 불변반응이다. 이 계에서는 $\alpha+\gamma \rightleftharpoons \beta$이다. 높은 온도에서 γ상은 완전고용도를 갖고 있다. 이 상태도의 아랫부분은 액상 대신에 고상이 위치하고 있다는 점 외에는 그림 7.15의 포정(peritectoid) 반응을 닮았다.

액상과 두 고상을 포함하는 유일한 반응이다. 유사한 반응이 세 고상 사이의 반응에서도 존재하는 것으로 나타났다. 접미사 -oid는 그런 고상 상태반응을 접미사 -ic로 표기되는 액상을 포함한 반응과 구별한다. 따라서 공석과 포석반응은 그림 7.16과 7.17에 단순한 형태로 보여졌다.

액상은 때때로 서로 용해되지 않는 두 개의 분리된 액상으로 분리되는 것으로 관찰된다. 그런 경우에, 두 액상과 하나의 고상이 관련된 3상불변반응이 가능하다. 이러한 두 반응이 편정(monotectic; 그림 7.18)과 합성(syntectic; 그림 7.19)이다. 이러한 반응들은 결코 단순 형태로는 발생하지 않고 다른 3상불변반응을 동반해야만 한다. 예를 들어 그림 7.18에 설명된 편정반응은 한 개의 공정반응을 동

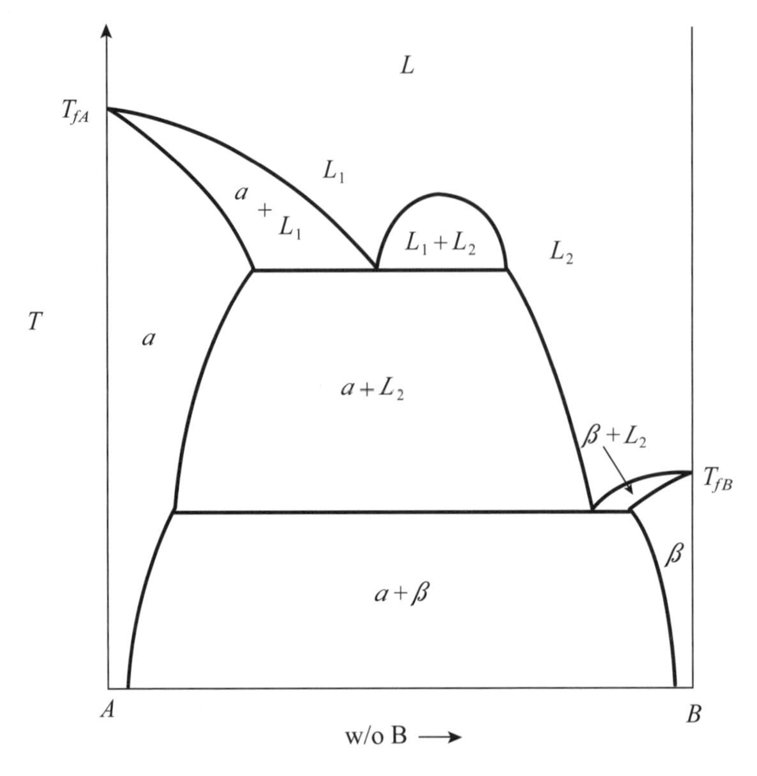

그림 7.18 • 편정(monotectic) 2원계. 편정은 액상이 냉각하면서 다른 액상과 고상의 형성을 포함하는 불변반응, 즉 $L_1 \rightleftharpoons \alpha + L_2$ 이다. 이는 어떤 조성 영역에서 액체가 2개의 섞이지 않는 액상, L_1과 L_2로 나누어진다는 것을 의미한다. 상태도에서 두 액상이 공존하는 돔 형태의 영역은 혼합틈(miscibility gap)이라고 불린다. 여기에 예시된 계 또한 낮은 온도에서 공정반응이 있다.

반하며, 그림 7.19에 설명된 합성반응은 두 개의 공정반응을 동반한다. 이원계 상태도의 복잡성에는 한계가 없기 때문에, 수많은 포정, 공정, 공석 등이 동일한 이원계에서 발견될 수도 있다.

7.14 2상불변반응(two-phase invariant reaction)

우리가 이원계에서 불변반응에 대해 논의했을 때, 우리는 단지 3상불변반응만을 언급했다. 2상불변반응도 있다. 이는 상률에 위배되는 것처럼 보이지만, 그러한 반응은 고정된 조성에서 발생하기 때문에 단-성분 반응으로 간주될 수 있다. 일정 압력에서 이러한 반응에 적용된 상률, 식(7.17)은

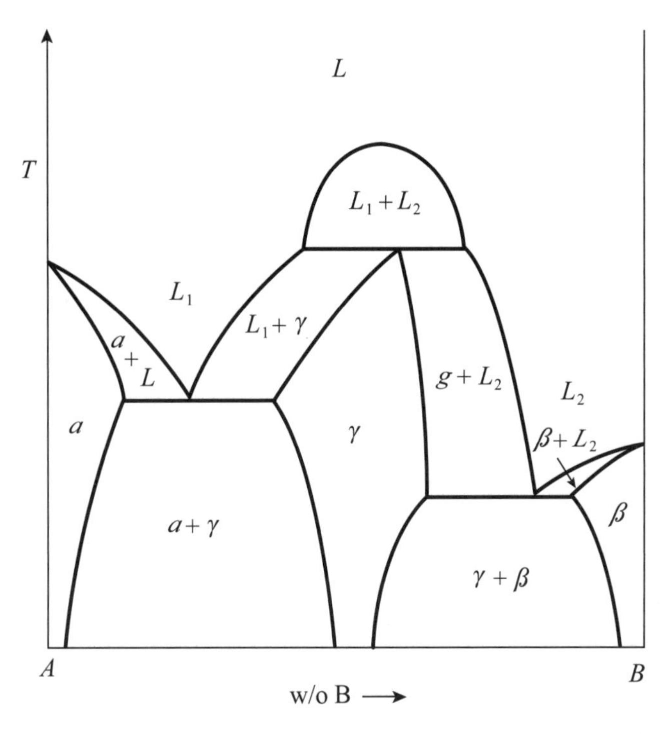

그림 7.19 • 합성(syntectic) 이원계. 합성(syntectic) 반응 $L_1 + L_2 \rightleftharpoons \gamma$ 은 냉각시 2개의 불용성 액체로부터 고상이 형성된다. 이 계에서는 합성 외에 두 공정반응이 보인다.

$$P + F = C + 1 = 1 + 1 = 2 \tag{7.26}$$

또는 이를 재배열하여,

$$F = 2 - P \tag{7.27}$$

그러므로 고정된 조성에서 평형상태의 두 상과 관련된 반응은 불변반응이다.

순 성분의 용융과 기화, 예를 들어 이원계 상태도의 끝단(extremities)에 있는 순 A와 B는 2상불변반응의 사례이다.

7.14.1 정조성 용융(congruent melting)

완전고용도를 갖는 이원계 합금은 고상선 또는 액상선에 특징을 나타내는데,

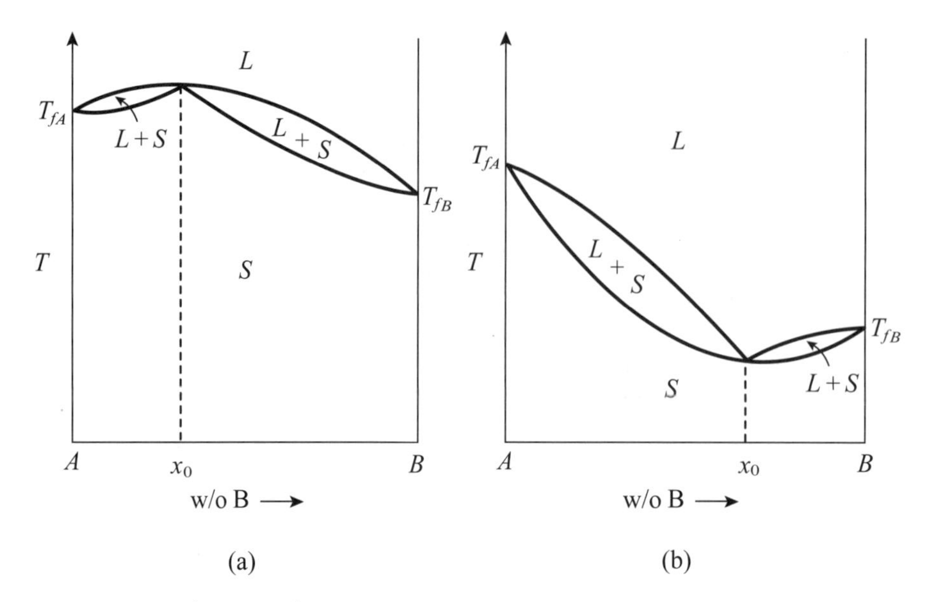

그림 7.20 • 정조성(congruent) 용융계. 액상선과 고상선이 특정 모양을 가지면 계는 정조성 용융을 나타낼 수 있다. (a) 최대용융계(maximum melting)가 아래로 오목한 액상선과 정조성 용융의 조성과 온도에서 액상선에 접하는 고상선을 가지고 있다. (b) 최소용융계는 위로 오목한 고상선과 정조성 용융의 조성과 온도에서 고상선에 접하는 액상선을 갖고 있다.

이들은 각각 최대 또는 최소 용융점 반응을 초래한다. 이러한 반응을 정조성용융(congruent melting)이라 하며, 최대 정조성용융(그림 7.20a)인지 최소 정조성용융(그림 7.20b)인지에 따라 형태가 지정된다. 그러한 반응은 단지 고정된 조성 x_0에서만 일어난다. 왜냐하면, 액상이 액상-고상의 2상영역을 거치지 않고 바로 고상으로 변태되는 곳은 이곳뿐이기 때문이다. 그런 합금에 대한 냉각곡선은 지체된 냉각을 보이지 않지만, 정조성 용융 온도에서 열적지체를 갖는다.

7.14.2 화합물(compounds)

만일 화합물의 용융온도가 순수 A와 순수 B의 용융온도보다 더 큰 상태도에서 화합물 AB또는 A_mB_n이 A와 B 사이에서 존재한다면, 다른 형태의 2상불변반응이 발생한다. 이는 그림 7.21(a)에서 보여지는 것과 같은 열린점(open maximum)이라 불리며, 그림 7.21(b)의 중간 화합물 AB의 닫힌최대점(closed maximum) 모양

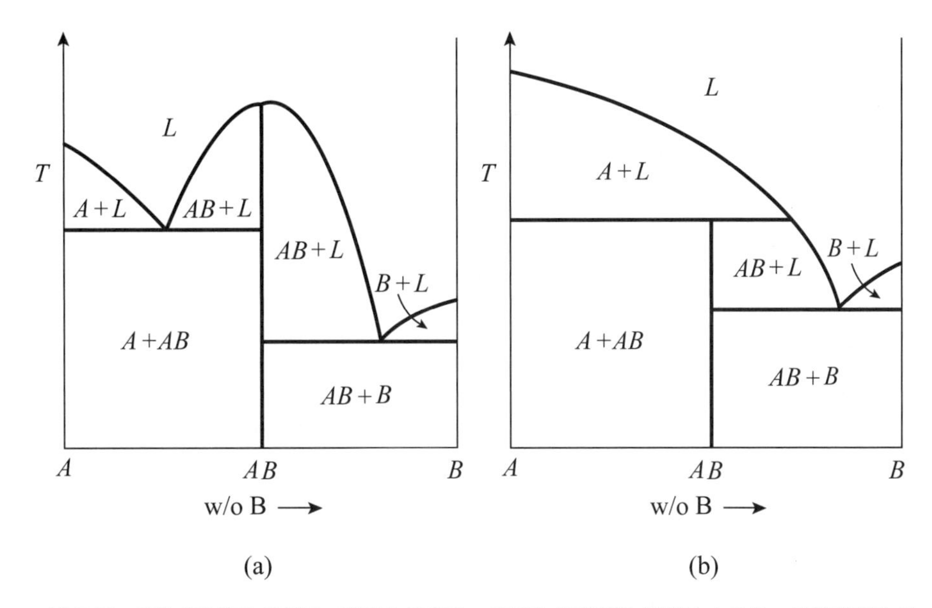

그림 7.21 • 이원계에서의 화합물. 화합물 AB(또는 어떠한 일반적인 화합물 A_mB_n)는 이원계에서 찾을 수 있다. 이들 화합물은 두 부류, 열린최대점(open maxima)과 중간화합물로 나누어진다. (a) 열린최대점 화합물은 계의 다른 성분의 융점보다 더 높은 융점을 갖는다. 액상선은 화합물의 조성에서 최대이다. (b) 중간화합물은 제한된 고용도를 갖는 고상의 제한된 경우이다. 이 경우의 상 영역은 선으로 줄어든다.

과 구별되어야만 한다. 그림 7.21(b)의 포정(peritectic) 상태도에서 선으로 나타낸 화합물 AB의 영역은 영역이 선으로 축소되는 극한적인 경우이다. 열린최대점의 경우, 화합물 AB는 순성분으로 용융한다. 즉, 2상불변반응이다. 닫힌최대점의 경우, 화합물은 포정반응에 의해 형성되며, 열린최대점의 경우처럼 어떤 조성의 액상이 응고함으로써 형성되는 것은 아니다.

7.15 상태도를 구축하는 규칙

삼-성분계(three-component system)를 포함하는 상태도의 다른 미묘한 것들이 있지만 더 깊이 있게 공부할 때 하기로 남겨두자. 이 시점에서 이원계 상태도를 작도하기 위한 몇몇 중요한 규칙을 요약하는 것이 유용할 것이다. 그런 규칙들은 다음과 같다:

(1) 두 개의 인접한 상 영역은 같은 수의 상이 존재할 수 없다. 즉, 단상영역은 2상영역 또는 3상영역과 인접해야만 한다.(불변반응선은 3상영역이 선으로 축소된 것으로 간주) 그리고 다른 단상영역과는 인접할 수 없다.

(2) 만일 두 영역 사이의 경계가 연장된다면, 제 삼의 영역 안으로 연장되어야 한다; 그리고 (3) 3상불변반응선은 그것과 접촉하는 단지 세 개의 단상영역만 가질 수 있다. 그림 7.22는 이러한 규칙들을 도식적으로 요약해 놓았다.

만일 수평선 aa' 또는 수직선 bb'이 그려진다면, 선이 가로지르는 상 영역의 순서는 다음과 같다.

line aa' : $\alpha(1), \alpha+L(2), L(1), L+\beta(2), \beta(1)$;

line bb' : $L(1), \alpha+L(2), \alpha+\beta+L(3), \alpha+\beta(2)$

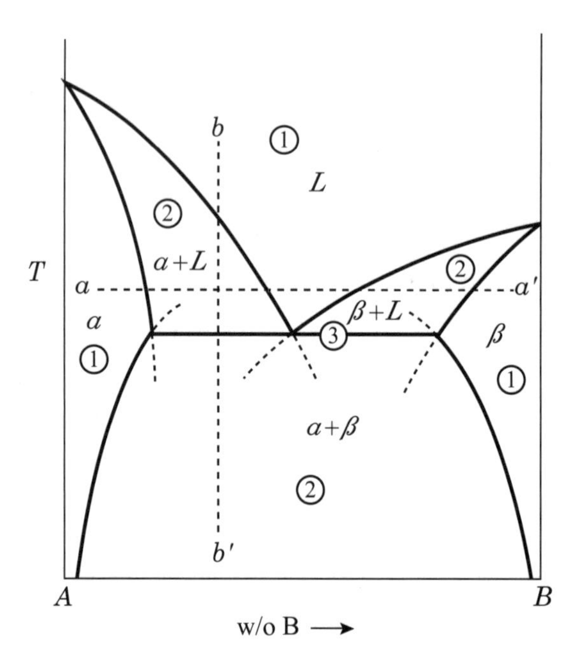

그림 7.22 • 상태도 구축 법칙. 상태도를 구축하는데 세 가지 법칙을 예시하는데 공정상태도를 사용한다 : (1) 2개의 이웃한 상 영역은 같은 수의 상을 가질 수 없다 ; (2) 2영역 사이의 경계는 제 3영역으로 확장된다 ; (3) 3상불변선은 단지 3개의 단상영역만이 접할 수 있다.

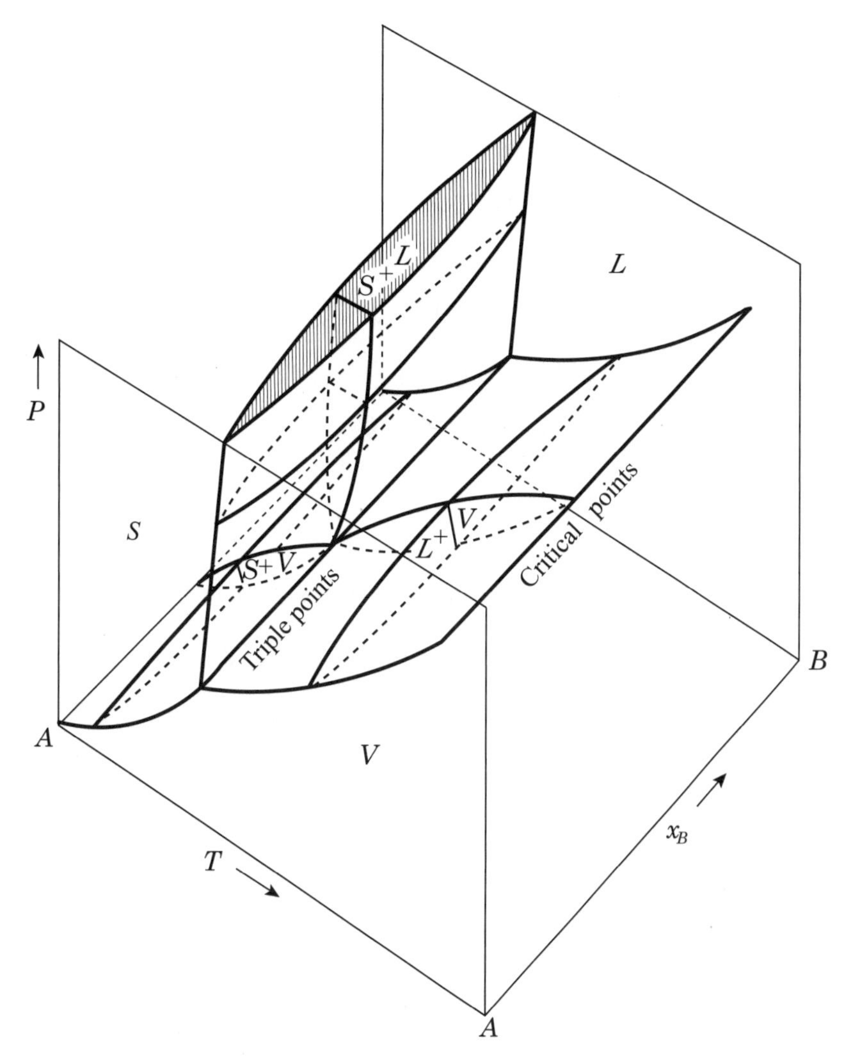

그림 7.23 • 압력-온도-조성도. 2원계는 압력-온도-조성도에 대해 표현될 수 있다. 순수 A와 순수 B에 상응하는 조성에서 순수 물질의 압력-온도도가 찾아진다. 중간 조성에서 단상영역이 3차원이고, 공존곡선은 표면이고, 임계점과 삼중점은 곡선임을 알 수 있다.

그러므로 규칙 1이 만족된다. 이 상태도에 있는 영역 사이의 모든 경계들의 연장선은 제 삼의 영역으로 연장된다. 예를 들어 β-와 $(\alpha+\beta)$-영역 사이의 경계는 $(\beta+L)$영역 안으로 연장된다. 이는 규칙 2와 잘 일치한다. 규칙 3과도 잘 일치하여 단지 3상 α, β, L만이 공정반응선과 접촉한다. 이번 장과 다음 장에 있는 다른 상태도를 조사해 보면 이러한 규칙들이 만족됨을 알 수 있다.

7.16 압력-온도-조성도(pressure-temperature-composition diagram)

7.6에서 우리는 삼차원적인 압력-온도-조성 상태도를 언급했지만, 복잡성 때문에 논의하지 않았다. 대신에 등압 조건 하에서 이원계의 온도-조성 상태도를 대단히 자세히 공부하였다. 지금은 이제, 삼차원적인 *PTX* 상태도와 그것과 단-성분 압력-온도 도표, 그리고 이-성분 등압 온도-조성 도표와의 관계를 조사함으로써 단-성분과 이-성분계에 대한 논의를 결론짓기에 적절하다.

7.16.1 *PTX* 상태도

이원계 AB의 상 경계는 3차원적인 *PTX* 상태도에 의해 설명될 수 있다. 이는 온도와 조성의 함수로서 압력을 그려낸 것이다. 그림 7.23은 이러한 형태의 상태도를 개략도로 보여준다. 순 성분인 A와 B에 대한 *PT* 상태도, 순수 A와 순수 B에 해당하는 각각의 조성에서 *PTX* 상태도의 극한값을 형성한다. 조성 변수는 B의 몰 분율 x_B로 표현된다.

PT 상태도의 이차원적 단상영역들은 *PTX* 상태도에서 삼차원적인 상 체적이 되며, 고상, 액상 그리고 기체상태에 상응한다. 각각의 일차원적인 공존곡선은 두 개의 이차원적 공존표면(coexistence surface)이 되며, 이러한 표면 사이에 둘러싸인 체적은 2상영역이다. 여기서 세 개의 이러한 영역들이 보여진다: $S + V$, $S + L$, $L + V$. 액상-플러스-기체 영역은 임계점에서 붕괴된다. 그리고 각각의 조성에 대해 한 개씩 있는 이러한 임계점들, 임계점곡선을 형성한다. 이와 비슷하게, 모든 공존 표면의 교차는 삼중점곡선(triple point curve)을 형성한다. 이것은 3상이 공존하는 유일한 곡선이다.

7.16.2 등압 단면

삼차원적 압력-온도-조성 상태도로부터 등압의 이원계 상태도를 작도하기 위

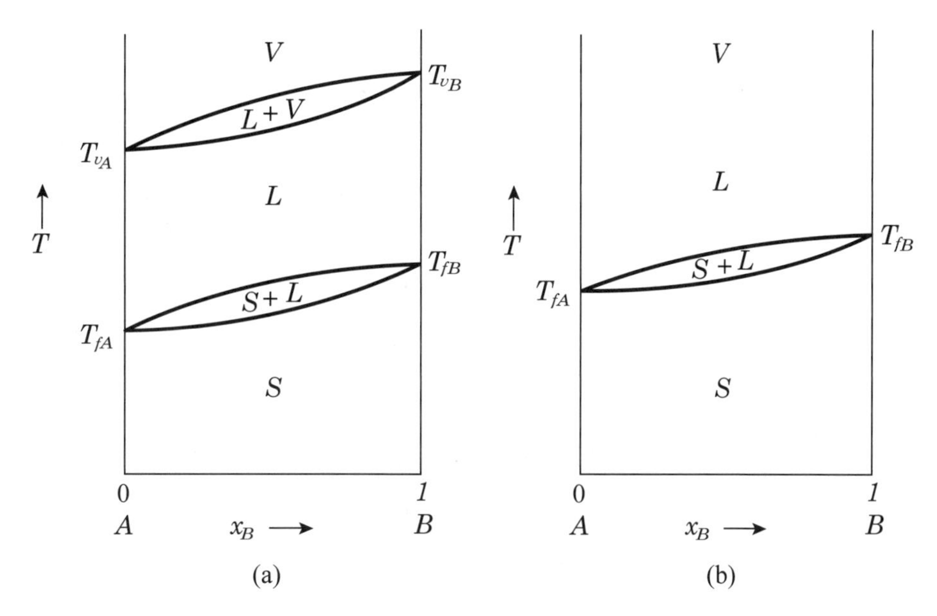

그림 7.24 • *PTX* 상태도의 등압 단면. *PTX* 상태도의 등압부분은 2차원이므로 작업하기가 더 편리하다. (a) 만약 등압부분이 임계압력보다 낮은 압력에서 택해진다면 액체와 기체 그리고 액체와 고체의 2상영역이 나타날 것이다. (b) 만약 등압부분이 임계압력보다 큰 압력에서 택해진다면 액체와 기체 사이에 차이가 없다. 그래서 고체만, 고체와 액체, 액체와 기체상영역이 나타날 것이다.

해서는 등압 단면을 설정할 필요가 있다. 이는 일정한 압력에서 평면을 작도하는 것을 말한다. 만일 등압 단면의 압력이 임계압력 이하라면 등압 단면은 그림 7.24(a)에 보여지는 것과 같을 것이다. 만일 압력이 임계압력보다 높다면, 등압 단면은 그림 7.24(b)에 보여지는 것과 같으며, 액상과 기체 상태의 군집체 사이에 아무런 차이도 없다.

■ 추천 도서

• American Society For Metals, *Metals Handbook*, A. S. M., Cleveland, 1948.

• AVNER, S. H., *Introduction to Physical Metallurgy*, McGraw-Hill, New York, 1964.
• HANSEN, M., *Constitution of Binary Alloys*, 2nd ed., McGraw-Hill New York, 1958.
• MASING, G., *Ternary Systems*, Dover, New York, 1944.
• RHINES, F. N., *Phase Diagrams in Metallurgy*, McGraw-Hill, New York, 1956.

■ 연습문제

7.1 체심입방정 구조에 대한 n번째 최인접원자의 원자 간 거리 r_n과 결합지수 Z_n이 표 7.1에 나와있다. c/a 비가 1.5인 체심정방정 구조로 결정화되는 재료에 대해 비슷한 표를 만드시오.

문제 7.2를 위한 표

평형상태인 상	온도, ℃	압력, 기압
I, *L*, *V*	+ .0098	.00602
II, III, *L*	-22	2430
III, *V*, *L*	-17	3420
V, VI, *L*	+ .16	6160
I, II, III	-34.7	2100
II, III, *V*	-24.3	3400
I, II	-80	1700
II, *V*	-35	4200
V, VI	-30	6100
VI, *L*	+16	8000

7.2 1912년에 Bridgman은 고압에서 H_2O의 압력-온도도를 연구해서 많은 다른 고체 형태를 가진 얼음을 발견하고 얼음 I, 얼음 II 등으로 명명했다. 그 표에 기초하여, 1912년에 Bridgman에 의해 만들어진, H_2O의 압력-온도도를 만들고, *Handbook of the American Institute of Physics*, 2nd ed., p.4-40에 나와있는 자료로부터 만들어진 281쪽의 그림과 비교하시오.

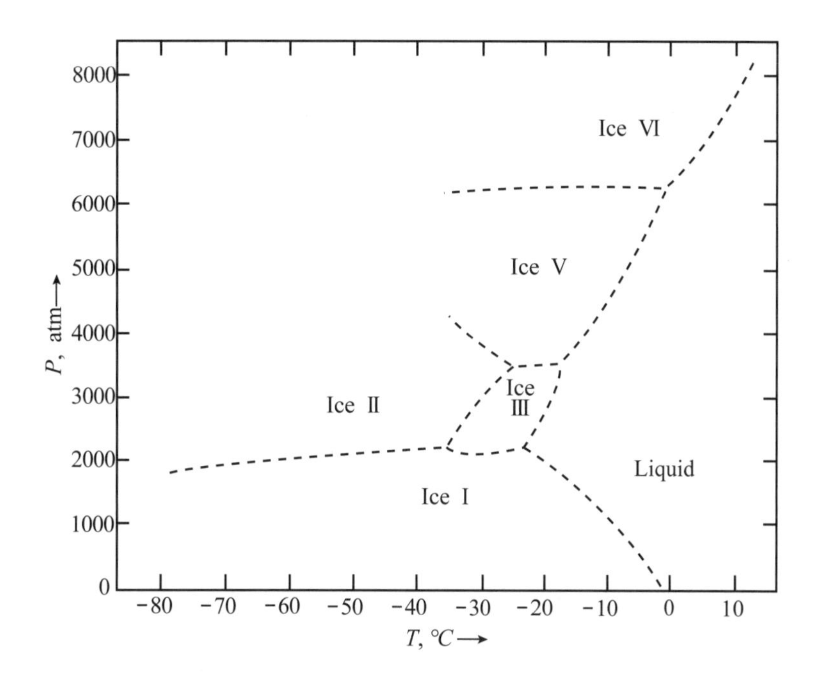

7.3 문제 7.2의 *PT* 도에 기초하여 다음의 경우에 상변태를 설명하시오:

(a) 물이 2200 기압(atm)의 압력에서 냉각된다.

(b) 물이 6160 기압(atm)의 압력에서 냉각된다.

(c) -20℃의 온도에서 얼음 I이 점점 큰 압력을 받는다.

(d) -34.7℃의 온도에서 얼음 I이 점점 큰 압력을 받는다.

7.4 2원계 상태도는 압력-온도-조성도(그림 7.23)의 단순한 등압 부분이다. 다음의 경우에 대해 이 *PTX* 도의 등온부분을 그려라.

(a) 어느 한 성분의 삼중점 온도보다 낮은 온도 ;

(b) 성분 B의 삼중점 온도보다 높지만 성분 A의 삼중점 온도보다 낮은 온도 ;

(c) 두 성분의 삼중점 온도보다 높지만 임계온도보다 낮은 온도 ;

7.5 7.6.2절에서 2상영역을 통과하는 냉각에 대해 논의했다. 2상영역을 통과하면서 가열되어 융해되는 과정을 묘사하시오.

7.6 그림 7.12의 액체-고체 영역을 통과하여 서서히 가열되는 경우에 대하여 가열곡선을 그리시오. 냉각곡선을 만드는데 사용되었던 합금 각각에 대해 곡선을 그리시오. 가열곡선은 냉각곡선과 어떻게 비교될 수 있는가?

7.7 2장의 표에 기초하여 다음의 원소와 합금화될 때 Hume-Rothery 법칙을 만족시키는 원소를 찾으시오.

(a) 구리

(b) 은

(c) 니켈

출판된 상태도와 다른 여러분의 결론을 점검하시오.(Hansen 또는 Metals Handbook을 참조하시오.)

7.8 아래에 보이는 포정계의 다음 합금에 대해 냉각곡선을 그리시오.

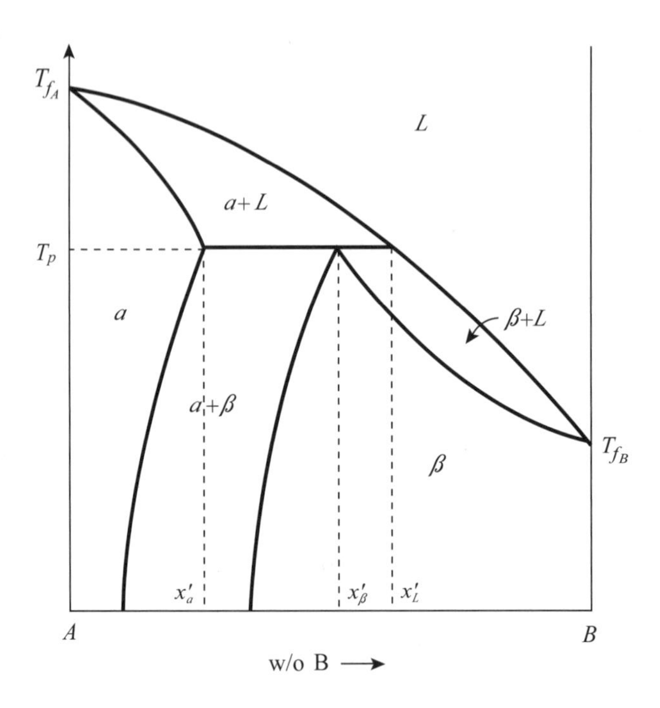

(a) $x_1 < x'_\alpha$,   (b) $x'_\beta > x_2 > x'_\alpha$

(c) $x_3 = x'_\beta$, (d) $x'_L > x_4 > x'_\beta$

(e) $x_5 > x'_L$,

7.9 2원계 AB의 가상적인 상태도의 많은 상 영역이 분류되지 않았다.

(a) $\alpha, \beta, \gamma, \delta, \varepsilon, \zeta, \eta, \theta$ 등의 기호를 가지고 A성분이 많은 상에서부터 α로 시작하여 모든 영역을 분류하시오.

(b) 다음과 같은 불변반응을 모두 나열하시오 :

공정 600℃, L(41 w/o B) $\rightleftharpoons$ α(20 w/o B) + β(80 w/o B)

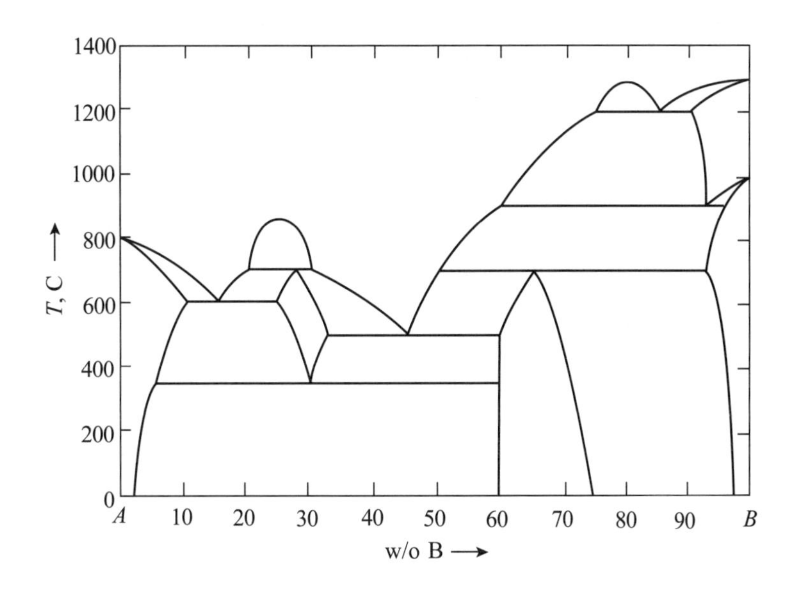

7.10 그림 7.14(a)의 상태도를 참고하여, 다음을 계산하시오.

(a) 공정온도보다 1℃ 위에서 25 w/o B를 포함하고 있는 합금에서 α와 액체의 분율

(b) 실온에서 30 w/o B를 포함하고 있는 합금에서 α와 β의 분율

7.11 이원계 조장석-규조토, 즉 $Na_20 \cdot Al_2O_3 \cdot 6SiO_2$-$SiO_2$는 고용도가 없다. 조장

석의 녹는 점은 1120℃이고 규조토는 1713℃이다. 순수 규조토는 tridymite가 cristobalite와 평형상태인 1475℃까지 tridymite 광석으로 존재한다. 1000℃와 1800℃ 사이에 2개의 3상불변반응이 존재한다 ;

L(32 w/o SiO_2) ⇌ albite + tridymite : 1060℃
cristobalite + L(68 w/o SiO_2) ⇌ tridymite : 1475℃

위의 자료에 의거해 상태도를 만들고 1200℃에서 60 w/o SiO_2를 포함하고 있는 합금에서 고체 tridymite의 분율을 결정하시오.

7.12 BeO와 Al_2O_3의 세라믹 이원계는 세 가지 화합물을 포함하고 있다 : 화합물 I, $3BeO \cdot Al_2O_3$; 화합물 II, $BeO \cdot Al_2O_3$; 화합물 III, $BeO \cdot 3Al_2O_3$. 성분이나 화합물 간에는 고용도가 없다. 다음 자료에 기초하여 이 계의 상태도를 작성하시오. (몰 퍼센트를 가로좌표축으로 사용하시오.)

녹는점 BeO : 2530℃

녹는점 화합물 I : 1980℃

녹는점 화합물 II : 1870℃

녹는점 화합물 III : 1910℃

녹는점 Al_2O_3 : 2050℃

L(30 mole% Al_2O_3) + BeO ⇌ 화합물 I : 1980℃

L(40 mole% Al_2O_3) 화합물 I + 화합물 II : 1835℃

L(65 mole% Al_2O_3) 화합물 II + 화합물 III : 1850℃

L(85 mole% Al_2O_3) 화합물 III + Al_2O_3 : 1840℃

8

이원계의 미세조직과 변태

8.1 개요

우리는 7장에서 다양한 이원계 상태도와 불변반응에 대해서 논의했다. 또한 상태도의 실험적 측정에 적용되는 열분석 방법에 대해서도 논의했다. 상태도의 가장 중요한 이용은 재료가 서서히 가열되거나 냉각될 경우 발생하는 상변태를 예측하는 것이다. 이러한 열처리에 의해 나타나는 미세조직 또한 상태도로부터 예측할 수 있다. 미세조직은 재료의 특성을 결정하는데 중요한 역할을 한다. 우리는 재료의 미세조직과 특성 사이의 관계에 대해서 10장에서 논의할 것이다. 이러한 이유 때문에 상태도를 이해하고 다양한 열처리에 의해 얻어진 미세조직을 예측하는 방법을 배우는 것은 중요하다. 일반적으로 미세조직은 실온까지 냉각시킨 후 관찰된다. 그러나 고온현미경을 사용하여 고온에서 미세조직을 관찰할 수도 있다.

8.2 완전고용도(complete solid solubility)

가상의 원소 A와 B의 이원계에 대해 논의해 보고, 우리는 실제로 흔히 접하게 되는 어떤 공통적인 이원계에 대해 자세히 조사해 보는 것이 매우 유용하다는 것을 알 수 있다. 완전고용도를 보이는 가장 단순한 형태의 계부터 시작한다면, 구리-니켈계(그림 8.1)가 아주 좋은 예이다. 구리와 니켈의 격자상수는 각각 3.62와 3.52Å인 면심입방 재료이며, 원자의 치환이 쉽게 일어나서 완전고용이 일어나게

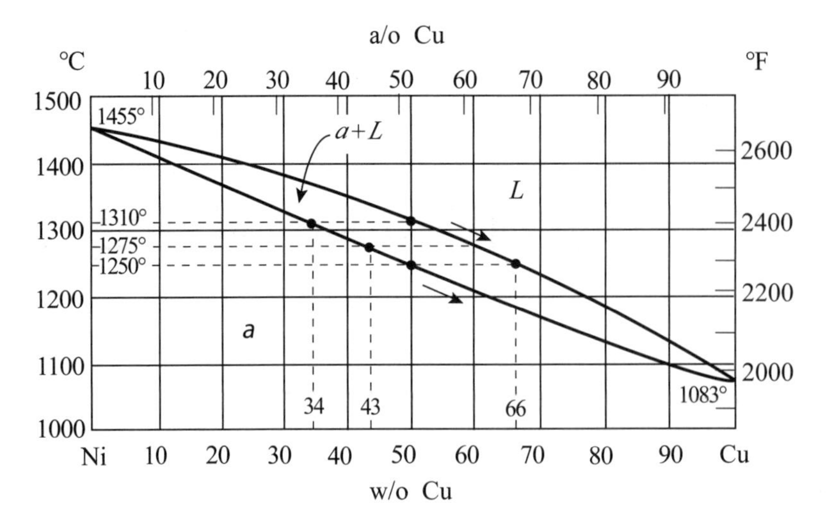

그림 8.1 • 구리-니켈 상태도. Cu-니켈계는 흄-로더리 법칙에 맞게 완전고용도를 보인다. (이 상태도는 클리브랜드에 있는 미국금속학회에서 1948년 발간한 *Metal Handbook*에서 승인을 얻어 재인쇄된 것이다.)

하는 Hume-Rothery 법칙을 따른다.

8.2.1 평형 미세조직(equilibrium microstructures)

50w/o 구리를 포함한 합금을 1400℃부터 실온까지 서냉하면, 다음과 같은 미세조직 변화가 발생한다: 1310℃보다 높은 온도에서 합금은 액상으로 존재하고(그림 8.2a), 50w/o 구리로 동일한 조성을 갖는다. 1310℃에서 34w/o Cu 조성을 갖는 처음 고상 입자가, 조성이 50w/o Cu인 액상 바다에 나타난다(그림 8.2b). 1275℃까지 서냉을 한 이후에 액상 내의 구리 양은 더 많아져서 그것의 조성은 60w/o구리까지 된다. 존재하는 고상의 양은 액상에 비해 증가하고, 고상의 조성은 34w/o에서 43w/o Cu까지 증가한다(그림 8.2c). 1250℃에서 조성이 66w/o Cu인 최후의 액상 방울이 응고하여 50w/o Cu 조성을 갖는 고상을 형성한다(그림 8.2d). 각각 온도의 미세조직에서 여러가지 액상 고상 존재 비율이 상태도에 지렛대 원리를 적용하여 계산되어진다. 1400℃에서 미세조직은 모두 액상이다(50w/o Cu). 1310℃에서는 고상(34w/o Cu) 첫 번째 입자가 액상영역

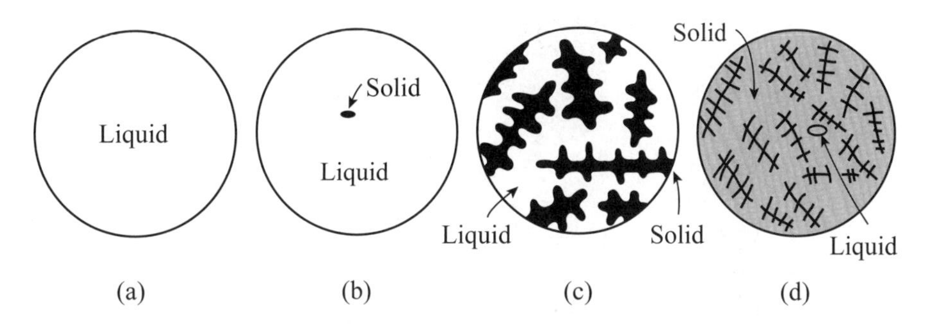

그림 8.2 • 구리-니켈 평형 미세조직. 50w/o Cu를 포함한 합금의 여러 온도에서의 평형미세조직의 개략도이다. (a) 1310℃ 이상의 온도에서 시편은 모두 액체이다. (b) 1310℃에서 첫 번째 고체 입자가 나타난다. 고체는 34 w/o Cu를 포함하고 있고 액체는 50 w/o Cu를 포함하고 있다. (c) 1275℃에서 미세조직은 34 w/o Cu를 포함하고 있는 59% 고체와 60 w/o Cu를 포함하고 있는 41% 액체로 이루어져 있다. 고상은 수지상 형태로 나타난다. (d) 1250℃에서 66 w/o Cu를 포함하고 있는 남아있는 액체양은 응고되어 50 w/o Cu의 고체를 형성한다.

에서 형성되었다. 1275℃에는 59% 고상(43w/o Cu)과 41% 액상(60w/o Cu)이 미세조직상에 존재한다. 1250℃에서 액상(66w/o Cu)이 응고하여 고상(50w/o Cu)을 형성한다. 고상선 아래에서는 고상 조성이 50w/o Cu로 일정하게 유지된다.

8.2.2 수지상 응고(dendritic solidification)

용융체 또는 액상으로부터의 응고는 일반적으로 수지상(dendrites)이라 불리는 나뭇가지 형상의 고상 입자를 형성한다. 그림 8.3은 수지상의 예를 보이고 있다. 자연에서 발견되는 구리 시편은 눈송이(그림 8.3b)와 유사하게 수지상이 성장하는 형상(그림 8.3a)을 보인다. 그림 8.3(c)는 전형적인 수지상 미세조직을 갖는 주조 니켈의 시편 사진이다.

수지상이 나타나는 근본 이유로 다음과 같이 세 가지를 들 수 있다. (1) 수지상은 차가운 영역에서 형성되고 용융액 쪽으로 성장을 진행하는 방법과 같이 온도 구배가 존재한다. (2) 성장을 하고 있는 수지상가지 주위는 용질원자의 양이 현저히 작으며, 수지상의 앞부분으로부터 용질원자를 공급받아야 한다. (3) 성장에 유리한 특정 결정학적 방향이 존재한다. 따라서, 이러한 세 가지 원인으로 인해, 많

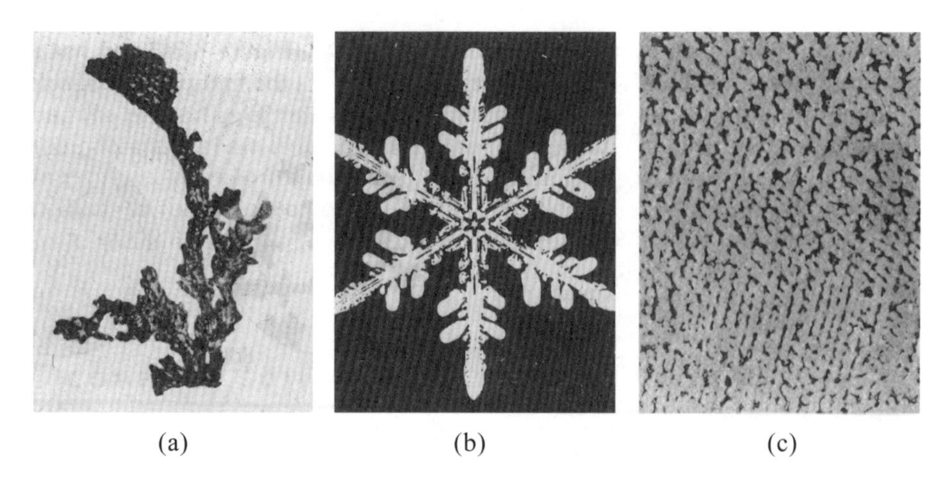

그림 8.3 • 수지상 응고. 수지상은 자연에서 매우 흔히 발견된다. (a) 미시간 반도에서 발견된 자연 구리는 수지상 형태로 발견되었다. (Prof. A. W. Quinn, Dept. of Geology, Brown Univ.) (b) 고체 H_2O의 단결정인 눈송이는 유사 수지상 형태를 하고 있다. (이 그림은 W. A. Bentley, W. J. Humphries, *Snow Crystals*, Dover Publications, New York, 1962로부터 허가를 받고 게재되었다.) (c) 65배의 주조된 니켈 시편은 수지상 미세조직을 갖고 있다. 이것은 수지상을 가로지르는 단면이다. 수지상은 밝은 부분이고 수지상 사이 부분(어두운 부분)은 가장 늦게 응고된다.

은 재료의 고상화 과정에서 수지상 형상이 발생한다.

시편을 서냉하면, 고상 내에서 원자가 재배열을 하는데 충분한 시간이 제공된다: 그리고 고상의 조성이 전체적으로 그리고 어떤 특정한 온도에서 상태도에 의해 예측된 조성까지 균일하게 될 것이다. 냉각이 매우 천천히 수행되지 않으면, 상태도는 적용될 수 없다. 상태도 또는 평형도는 냉각과 가열이 천천히 진행되고 모든 온도에서 열적으로 평형에 있는 계에서만 그 계를 진정으로 반영한다고 할 수 있다. 실제로 이는 흔하지 않은 경우이므로, 평형도가 완전히 적용될 수는 없으며, 실제 상황에서 실제의 계에는 어떠한 수정이 가해지거나 예측되어야한다.

8.2.3 비평형 미세조직(nonequilibrium microstructures)

조성 x_0인 구리-니켈 합금(그림 8.4)이 빠른 속도로 냉각된다면, 상태도로부터 특정 편차가 발생한다. 이러한 비평형응고에 대해 자세히 관찰하자. 위에서 살펴본 평형응고에서 액상 고상 모두의 조성은 온도가 낮아짐에 따라 변화했다(그림

8.1). 모든 상의 조성을 변화시키기 위해 두 조성의 원자들을 재배치시키는 것이 필요하다. 그러한 원자의 움직임을 확산이라 부른다. 액상에서는 원자의 움직임에 제약을 덜 받기 때문에 이 과정은 단순하다; 그리고 액상의 조성은 냉각이 빠르게 진행되더라도 액상선(liguidus)을 따른다고 가정할 수 있다. 액상에서는 완전확산을 가정할 수 있는 반면, 그러한 가정이 고상에서는 불가능하다. 원자의 집합체인 고체 상태에는 액상보다 원자의 결정학적 위치에 이것이 제약을 많이 받는다. 열적활성화에 의해 미미한 원자의 움직임만이 존재한다. 그러나 많은 양의 용질의 재배치가 일어나기 위해서는, 그 냉각속도를 위해 너무 오랜 시간이 소요될 것이다. 이러한 관점에서 비평형응고 동안에는 고상에서 어떠한 혼합(mixing) 또한 확산도 일어나지 않는다고 가정을 해야 할 것이다.

이러한 두 가지 가정을 고려하면, 조성이 x_0인(그림 8.4) 합금에서 형성되는 고상 입자는 조성이 x_1'이 된다. T_2까지 냉각할 때, 액상 조성은 x_1에서 x_2로 변화되고, 이 온도에서 형성되는 고상의 조성은 x_2'이다. 고체 전체의 조성이 고상선(solidus)과 tie-line과의 교차점에 의해 주어지는 평형응고와는 달리, 비평형

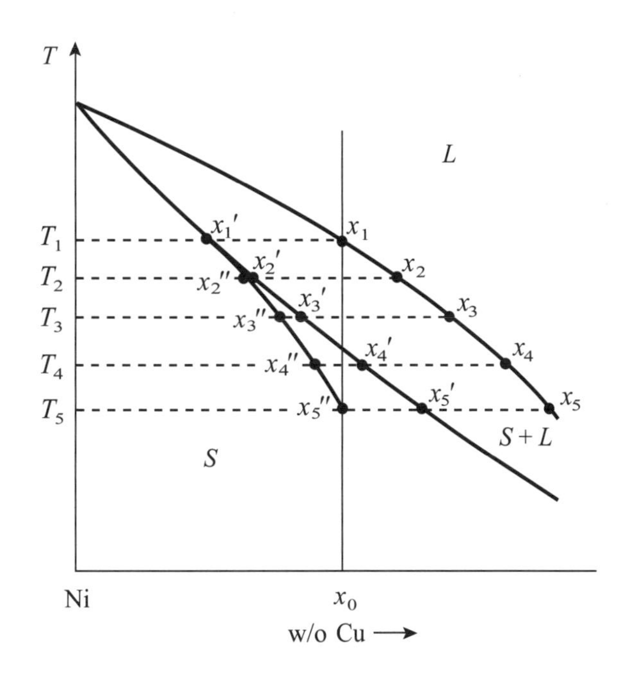

그림 8.4 • 구리-니켈의 비평형응고(nonequilibrium solidification). 액체 상태에서의 높은 유동도에 비해 고체 상태에서의 원자의 유동도가 낮기 때문에, 아주 느리게 냉각하지 않으면 비평형응고가 유발된다. 만약 고체에서 혼합이 없고 액체에서 완전히 혼합된다고 가정하면 그림 8.1의 고상선이 낮은 구리 농도쪽으로 이동하고 온도 T_n에서 고체의 조성은 x_n''로 표시된다. 이 그림에서 비평형고상선은 굵은 곡선으로 표시되어 있다.

냉각은 조성 x_1' 인 최초의 수지상 머리에 조성 x_2' 인 층을 형성한다(그림 8.5). $x_1' > x_2'$ 이므로, 고체의 평균 조성은 x_2' 보다 니켈이 더 많다.

그림 8.4에 보여진 것과 같이 비평형응고 조건에 대해서 고상선은 다시 그려져야 한다. T_2에서, 고체의 평균 조성(즉, 층 1과 2)은 평형 조성 x_2' 보다 니켈의 양이 더 많은 x_2''이다. T_3까지 냉각시키면, 액체 조성은 x_3로 변화하는 반면, 고체는 조성 x_3' 가 된다. 이는 고체의 평균조성을 x_3''로 변화시킨다. 액상과 고상의 비를 측정하기 위해 모든 특정 온도에서 지렛대 법칙을 적용하면, 비평형고상선, 즉 점 x_n''의 궤적은 본래 평형고상선(점 x_n' 의 궤적) 대신 사용된다.

온도가 평형고상선에 도달할 때, 아직 액상은 존재한다. T_4에서 고상은 조성

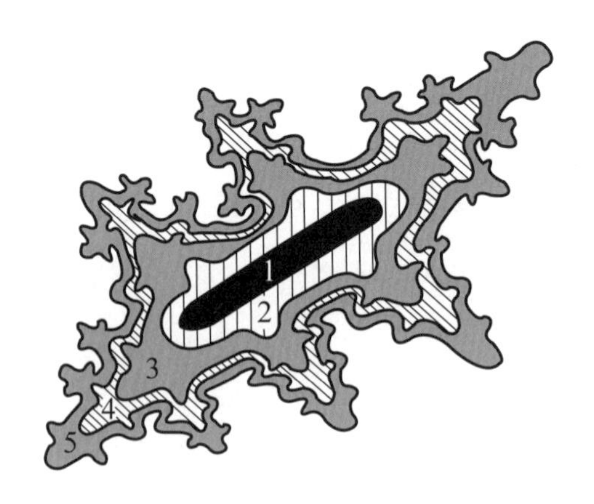

그림 8.5 • 유핵화(coring) 현상. 비평형응고로 인하여 수지상이 층을 형성한다. 각 층 x_n'의 조성은 평형고상선에 의해 주어지지만, 평균 수지상 조성 x_n''는 비평형고상선에 의해 주어진다. 표 8.1은 각 층의 조성과 다양한 온도에 대한 평균 고체 조성을 보여준다.

표 8.1

Layer	유핵층 조성	평균고체 조성
1	x_1'	x_1''
2	x_2'	x_2''
3	x_3'	x_3''
4	x_4'	x_4''
5	x_5'	x_5''

x_4''를 갖는 반면, 액상은 조성 x_4를 갖는다. 이 고상층은 일반적으로 본래의 합금보다 니켈 양이 적다. 그리고 이 온도에서 고상의 평균 조성은 x_4''이다. T_5에서는 합금선이 비평형고상선을 지난다. 고상의 바깥층은 조성이 x_5''인 반면, 조직의 평균 조성은 $x_5'' = x_0$ 이다. 이 유핵화(coring) 현상은 전율고용체 계에만 국한되는 것이 아니라 공정(eutectic), 포정(peritectic), 그리고 냉각속도가 매우 늦지 않은 어떤 다른 형태의 계에서도 찾아질 수 있다.

8.2.4 균질화처리(homogenization treatment)

응고 도중 형성된 유핵구조(cored structure)는 바람직하지 못하며, 고온에서 장시간 열처리로 제거될 수 있다. 이러한 처리는 균질화처리로 알려져 있다. 열처리는 확산에 의해 용질원자의 재배치를 일어나게 한다. 원자의 재분배 속도를 빠르게 하기 위해, 가능한 높은 온도에서 열처리를 하는 것이 필요하다; 그러나 그림 8.4에 보면, 평형고상선 이하 온도인 T_5 이상에 액상이 존재할 수도 있기 때문에 상태도의 고상선을 이용하지 않도록 주의해야 한다. 균질화의 가장 좋은 방법은 실온부터 시작해서 서서히 가열하는 것이다. 이로 인해 T_5 이하에서 확산하는데 충분한 시간이 제공되며, T_5로 온도가 도달할 때까지 평균 고상 조성은 오른쪽 x_5''에 도달하며, 이 온도에서 액상은 형성되지 않는다. 이러한 균질화처리가 주조된 상태 그대로인 시편에 적용되면, 한 상의 결정립들만이 존재하고 등축일 것이기 때문에 미세조직은 순수한 금속의 미세조직을 닮을 것이다.

8.3 공정계(eutectic system)

공정계를 생각하고 평형냉각 또는 가열을 가정해보자. 이 결과로 나타나는 미세조직은 주로 공정조성에 관련된 합금의 위치에 의존한다. 그러한 계의 한 예로, 주석-비스무스(tin-bismuth) 이원계를 고려하자(그림 8.6).

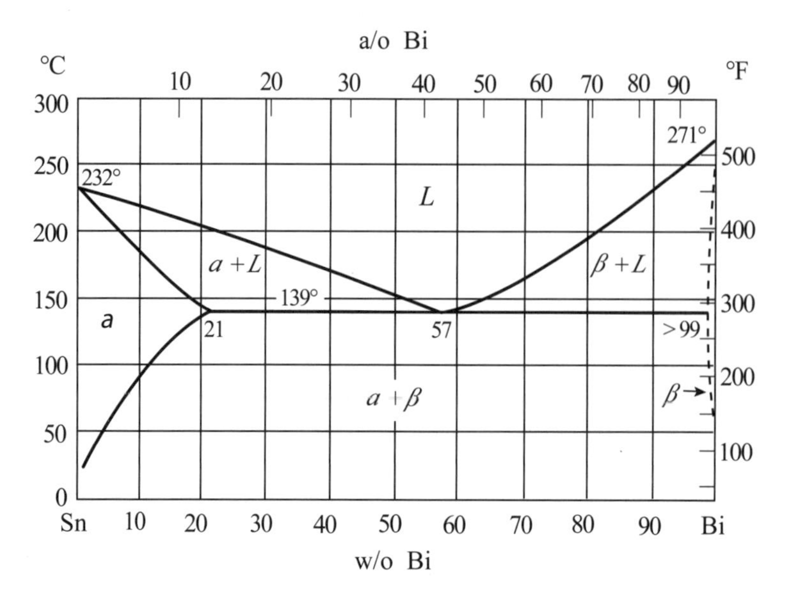

그림 8.6 • 비스무스–주석 상태도. 비스무스–주석계는 최종 고용체 α와 β를 갖는 공정계이다. 공정 반응에는 139℃에서 α(21 w/o Bi)와 β(99 w/o Bi)와 평형인 액체(57 w/o Bi)가 포함된다. (이 상태도는 *Metals Handbook*, American Society for Metals, Cleveland, 1948로부터 허가 하에 게재되었다.)

8.3.1 평형 미세조직(equilibrium microstructure)

10 w/o Bi를 포함하는 합금을 300℃에서 관찰하면, 전체가 액상으로 존재한다(그림 8.7a). 매우 늦은 속도로 냉각을 하면, 다음과 같은 미세조직 변화가 생긴다: 220℃에서 액상선이 교차되고, 첫 번째 고상 α입자(2 w/o Bi)가 나타난다; 200℃에서 미세조직은 그림 8.7(b)에서 보이듯이 78% 고상 α(6.5 w/o Bi)와 22% 액상(22 w/o Bi)으로 구성되어 있다; 140℃에서 미세조직은 그림 8.7(c)에서 보듯이 모두 고상 α(10 w/o Bi)이다; 그리고 실온에서 미세조직은 그림 8.7(d)에서 보듯이 모두 고상 α(10 w/o Bi)이다. 일단 응고가 완료되면, 이 계의 온도는 너무 낮아서 상태도(그림 8.6)에서 볼 수 있듯이 90℃에서 β가 형성되지 않는다는 것을 주지해야 한다. 이는 낮은 온도에서 고상 확산이 어렵기 때문이다. 냉각속도가 매우 낮거나 또는 이후 8.5.5절에서 논의할 특수한 열처리가 도입될 경우만 이 합금(10 w/o Bi)에 β상이 나타날 것이다.

30 w/o Bi를 포함하는 합금은 300℃(그림 8.7e)에서 전체가 액상이며 190℃에서 액상선과 교차할 때 첫 번째 고상 α(9 w/o Bi)가 형성되기 시작한다. 2상 응고 도중 나타나는 α는 초기(primary) α 또는 초정(proeutectic) α라 불린다. 그리고 그것은 액상 바다 가운데 수지상(dendritic) 섬들로 나타난다. 175℃에서, 미세

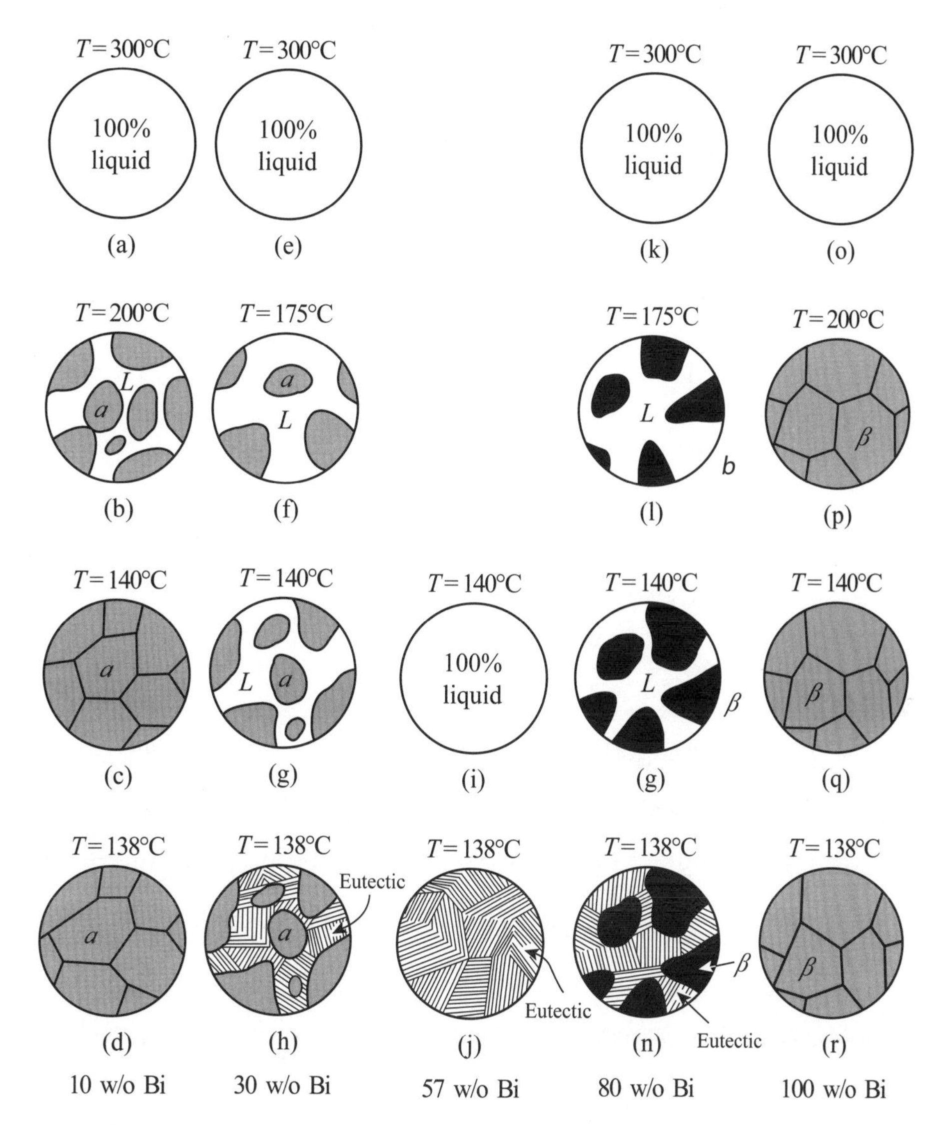

그림 8.7 • 비스무스–주석 평형 미세조직. 여러 온도에서 10, 30, 57, 80, 그리고 100 w/o Bi의 비스무스–주석 합금의 평형 미세조직이 스케치 되어있다. 표 8.2는 존재하는 상, 각 상의 백분율, 그리고 각 합금의 표시된 온도에서의 상의 조성들을 열거하였다.

표 8.2 • 그림 8.7에 있는 미세조직의 핵심

미세조직 번호	합금조성	온도, ℃	미소구성물과 조성
a	10 w/o Bi	300	100% 액상(10 w/o Bi)
b	10 w/o Bi	200	78% α (6.5 w/o Bi), 22% 액상(22 w/o Bi)
c	10 w/o Bi	140	100% α (10 w/o Bi)
d	10 w/o Bi	138	100% α (10 w/o Bi)
e	30 w/o Bi	300	100% 액상(30 w/o Bi)
f	30 w/o Bi	175	35% α (13 w/o Bi), 65% 액상(39 w/o Bi)
g	30 w/o Bi	140	75% α (21 w/o Bi), 25% 액상(57 w/o Bi)
h	30 w/o Bi	138	75% α (21 w/o Bi), 25% 공정(57 w/o Bi)
i	57 w/o Bi	140	100% 액상(57 w/o Bi)
j	57 w/o Bi	138	100% 공정(57 w/o Bi)
k	80 w/o Bi	300	100% 액상(80 w/o Bi)
l	80 w/o Bi	175	27% β (99 w/o Bi), 73% 액상(73 w/o Bi)
m	80 w/o Bi	140	55% β (99 w/o Bi), 45% 액상(57 w/o Bi)
n	80 w/o Bi	138	55% β (99 w/o Bi), 45% 공정(57 w/o Bi)
o	100 w/o Bi	300	100% 액상(100 w/o Bi)
p	100 w/o Bi	200	100% β (100 w/o Bi)
q	100 w/o Bi	140	100% β (100 w/o Bi)
r	100 w/o Bi	138	100% β (100 w/o Bi)

조직은 그림 8.7(f)에서 보이듯이 35퍼센트 초기 α(13 w/o Bi)와 65퍼센트 액상(39 w/o Bi)으로 구성되어 있다. 140℃에서, 액상과 고상의 조성은 공정반응에 관계되는 값에 도달하였다. 그리고 그림 8.7(g)에 스케치된 바와 같이 미세조직은 75퍼센트 초정 α(21 w/o Bi)와 공정조성(57 w/o Bi)의 액상 25퍼센트로 구성된다. 공정선을 지날 때, 공정조성의 액상은 등온적으로 응고되어 고체상태의 공정미세구성물(eutectic microconstituent)을 형성한다; 그리고 135℃에서 미세조직은 그림 8.7(h)에서 보듯이 75퍼센트 초기 α(21w/o Bi)와 25퍼센트 공정(57 w/o Bi)을 포함한다.

공정미세구성물은 상(phase)이 아니다. 그것은 57w/o Bi의 평균 조성을 가진

α(21 w/o Bi)와 β(99 w/o Bi) 2상의 혼합물이다. 공정에서 α상은 큰 덩어리로된 초기 α와 구별하기 위해 이차(secondary) 또는 공정α라고 불린다. 공정불변반응에 지렛대 법칙을 적용하면, 공정 안에 있는 α와 β의 백분율을 계산할 수도 있다.

$$\text{퍼센트 } \alpha_{eut} = 100\frac{99-57}{99-21} = 54\%, \tag{8.1}$$

$$\text{퍼센트 } \beta_{eut} = 100\frac{57-21}{99-21} = 46\%, \tag{8.2}$$

공정 부근에서 지렛대 법칙의 사용에 관해서 주의해야 한다. 합금에서 α와 β의 전체 백분율을 138℃에서 계산하면, α는 초정 α와 더불어 공정 α를 포함하고, 지렛대 법칙은 다음과 같이 적용된다:

$$\text{퍼센트 } \alpha_{eut} = 100\frac{99-30}{99-21} = 88.5\%, \tag{8.3}$$

$$\text{퍼센트 } \beta_{eut} = 100\frac{30-21}{99-21} = 11.5\%, \tag{8.4}$$

지레는 21 w/o Bi에 있는 α 영역에서부터 99w/o Bi에 있는 β영역까지 연장되고 30w/o Bi 조성에서 균형을 이룬다.

가장 일반적인 계산은 초기상의 백분율과 공정미세구성물의 백분율을 계산하는 것이다. 138℃에서 30w/o Bi 합금에 대해 이 계산을 하면, 초정과 공정 %를 다음과 같이 계산 할 수 있다.

$$\text{퍼센트 } \alpha_{pri} = 100\frac{57-30}{57-21} = 75\% \tag{8.5}$$

그리고

$$\text{공정 퍼센트} = 100\frac{30-21}{57-21} = 25\%. \tag{8.6}$$

이 경우 지렛대는 공정조성(57 w/o Bi)에서부터 초기조성(21 w/o Bi)까지 연장되고 합금조성(30 w/o Bi)에서 균형을 이룬다.

따라서, 지렛대 법칙에 의해 상태도로부터 다양한 미세조직을 예측할 수 있다. 그러나 미세조직에 적용된다면 위의 계산에서 한 가지 근사치가 적용됐다. 그림

8.6의 상태도는 가로축에 무게비로 표시되었고, 계산은 각 미세구성물의 중량백분율을 제공한다. 관찰된 미세조직은 면적 기준이나 부피 기준이나 같다; 그러나 무게비는 부피비와 반드시 동일할 필요는 없다. 두 성분의 비중이 거의 같을 경우만 유사한 값을 갖는다.*

공정조성(57 w/o Bi)의 합금은 공정온도에 도달할 때까지 액상으로 존재한다(그림 8.7i). 이 온도에서 100퍼센트 공정(eutectic)으로 등온상변태 한다(그림 8.7j). 조직에 존재하는 공정의 상대적인 백분율은 공정과 합금조성 사이의 조성차이에 비례하므로, 미세조직은 합금조성을 결정하는 단서가 되는 것을 알 수 있다. 공정조성 오른쪽의 합금은 과공정(hypereutectic) 합금이라 불린다. 예를 들어 위의 80과 100 w/o Bi 합금; 반면 공정조성의 왼쪽 부분은 아공정(hypoeutectic)이라 불리는데, 예를 들어 10과 30 w/o Bi이다. 그림 8.6에 보여준 계에서 아공정합금은 초정 α를 가지고 있고 반면 과공정합금은 초기 β를 갖는다. 그러므로 단지 초기상이 과공정의 경우는 β가 되고 아공정의 경우는 α가 된다는 것을 제외하고는 80과 100 w/o Bi를 포함하는 합금은 30과 10 w/o Bi를 포함하는 합금과 각각 유사하다. 그림 8.7(k)부터 (r)은 다양한 과공정합금들을 예시한다.

8.3.2 비평형 미세조직(nonequilibrium microstructure)

비스무스-주석계 합금이 급냉된다면, 8.2.3절에서 논의한대로 비평형냉각이 일어난다. 미세조직 변화는 더 이상 상태도 또는 평형고상선에 근거하여 예측되지 않을 것이다; 새로운 고상선이 그림 8.4의 방법과 유사하게 형성될 것이다. 그림 8.8에는 10 w/o Bi를 함유한 아공정합금에 대한 비평형고상선이 보여졌다. 그러나 이러한 고상선은 어떠한 아공정 또는 과공정합금에서도 형성될 수 있다는 것을 기억하는 것이 중요하다.

10 w/o Bi를 함유한 합금의 비평형응고에 대하여 조사하고 이에 따른 미세조

* 많은 경우에 오차는 무시할 만하다. 그러나 예를 들어 만약 알루미늄-납 계를 고려해 보면, 납의 밀도가 알루미늄의 4배이기 때문에 무게 50% Pb 합금은 부피로는 단지 20% Pb를 포함하고 있기 때문에 오차가 매우 중요하다.

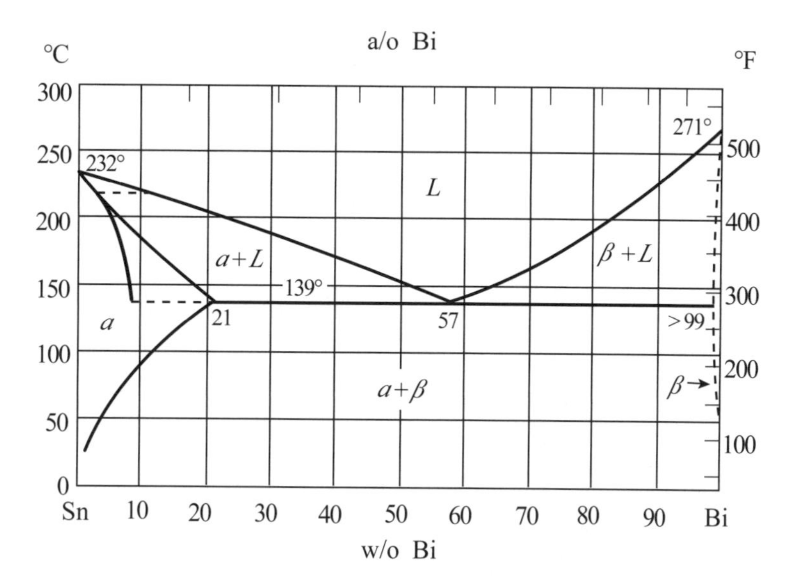

그림 8.8 • Bi–Sn계의 비평형고상선. 아공정합금의(10w/o Bi)의 비평형고상선이 그림 8.6의 평형상태도에 겹쳐져서 굵은 선으로 나타나있다. 이 합금은 평형상태도에 따르면 공정온도에서 액상이 없어야 하지만 비평형응고 때문에 4% 액상을 포함하고 있다.

직을 동일한 조성 하에서 평형과정에 의해 응고된 것(그림 8.7a에서 d까지)과 비교하여보자. 300℃에서, 두 시편은 모두 완전 액상으로 존재하게된다(그림 8.9a와 e). 200℃에서, 더 빨리 냉각된 시편에는 평형조직(그림 8.9b)과 비교하여 적은 양의 고상이 존재한다(그림 8.9f). 140℃에서는, 평형조직은 모두 α상이다(그림 8.9c), 그러나 비평형 시편은 공정조성을 가진 약간의 액상이 있다(그림 8.9g). 이 온도에서 비평형 시편에 대한 초기 α의 양은 다음과 같이 주어진다.

$$\text{퍼센트 } \alpha_{pri} = 100\frac{(57-10)}{(57-8)} = 96\%, \tag{8.7}$$

공정액상의 분율은 다음과 같다.

$$\text{액상 퍼센트} = 100\frac{(10-8)}{(57-8)} = 4\%. \tag{8.8}$$

공정온도 이하로 냉각시킬 때, 평형냉각된 시편은 공정조직의 성분을 함유하지 않는 반면(그림 8.9d), 더 빨리 냉각된 시편은 4퍼센트의 공정(eutectic)을 함유한 미세조직을(그림 8.9h) 가지게 된다.

비평형냉각은 실제 열처리공정에서 이상적인 평형냉각에서 일어나는 것보다 더 지배적이기 때문에 열처리공정 전에 적절한 주의가 필요하다. 위에서 언급한

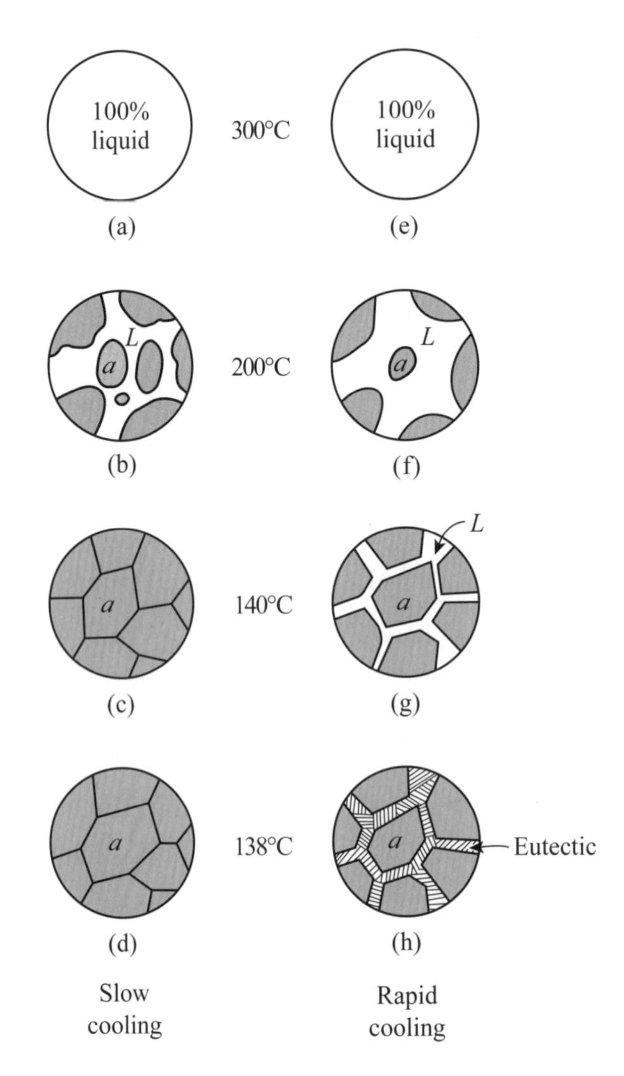

그림 8.9 • Sn–Bi의 비평형 미세조직. 매우 느린 속도로 액상영역에서 냉각된 아공정합금(10w/o Bi)이 그림 8.6의 평형고상선에 따라 응고된다. 이 합금의 미세조직이 다양한 온도에서 보여진다 : (a) 300℃; (b) 200℃; (c) 140℃; (d) 138℃. 더 빠른 속도로 액상영역으로부터 냉각된 동일 합금은 비평형응고를 한다(그림 8.8). 이 시편의 미세조직이 앞의 시편과 같은 온도에 대해 그려져 있다 [(e) – (h)]. 200℃에서 고상이 감소하고 액상이 증가하고[(b)와 (f)], 140℃에서 액상이 존재하며[(c)와 (g)], 138℃에서 공정이 형성된다[(d)와 (h)].

10w/o Bi 합금계는 바로 이러한 점을 부각시키기 위하여 예를 든 것이다. 만약 이 합금이 공정온도까지 열처리된다면, 용해가 일어나지 않을 것이다. 비평형냉각으로 인하여 합금의 4퍼센트는 공정온도에서 녹고 그 재료는 상업적인 가치를 잃을 것이다.

8.3.3 카드뮴-비스무스 공정계(cadmium-bismuth eutetic system)

카드뮴-비스무스계는 단순공정계이다. 이 계에는 비스무스 내의 카드뮴 또는 카드뮴 내의 비스무스의 아무런 고용도(solid solubility)가 없다. 그림 8.10은 이 계의 평형상태도를 나타내고, 그림 8.11에 세 가지 다른 형태의 합금이 나타나 있다. 20w/o Cd을 함유한 아공정합금(그림 8.11a)은 초기 비스무스(흰색)와 공정 미세구성물로 이루어졌다. 60w/o Cd을 함유한 과공정(그림 8.11d)합금과 그 미세조직은 초기 카드뮴(어두운 부분)과 공정계로 이루어져있다. 그림 8.11(b)는 Cd(어두움)과 Bi(밝음)의 교번층(alternate plate)으로 이루어진 공정미세구성물(eutectic microconstituent)을 보여주고 있는데, 그것은 고배율로 찍은 그림 8.11(c)의 현미경사진에서 더 분명하게 관찰할 수 있다.

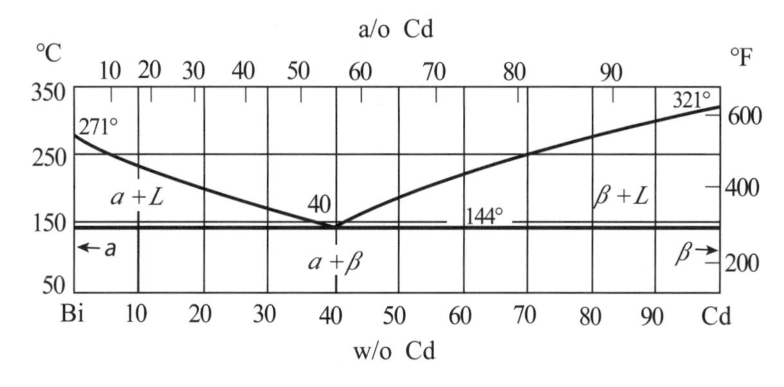

그림 8.10 • 비스무스-카드뮴 상태도. 비스무스와 카드뮴은 사실상 서로 섞이지 않고 양 끝단 고용체가 없다. 상태도의 α와 β는 각각 순수 비스무스와 순수 카드뮴을 말한다. 공정반응은 40 w/o Cd 액상이 α, β와 평형인 144℃에서 일어난다. (이 상태도는 *Metals Handbook*, American Society for Metals, Cleveland, 1948에서 허가 하에 인용된 것이다.)

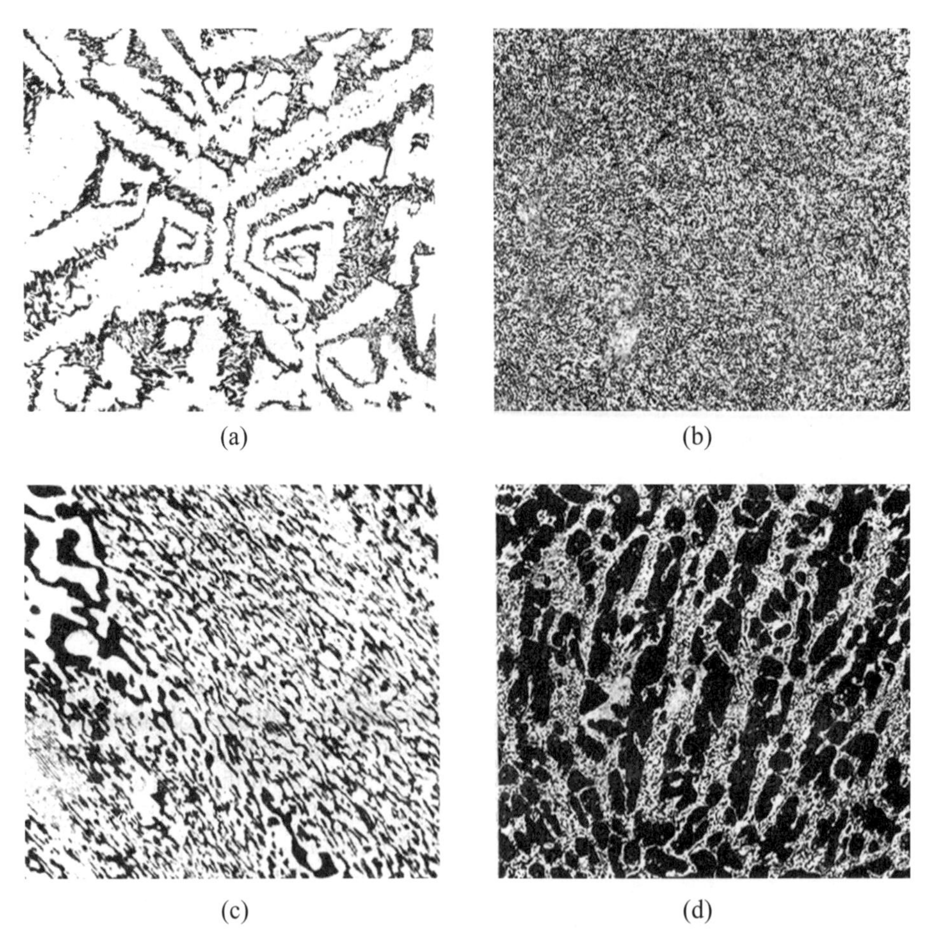

그림 8.11 • 비스무스–카드뮴 미세조직. 3가지 종류의 비스무스와 카드뮴 합금의 실온에서의 미세조직을 다음 미세조직 사진에서 볼 수 있다 : (a) 초기 비스무스와 공정을 포함하는 아공정합금(20 w/o Cd), 125배 ; (b) 공정 비스무스와 카드뮴을 포함하는 공정합금(40 w/o Cd), 125배 ; (c) 공정합금 500배 ; (d) 초기 카드뮴과 공정을 포함하는 과공정합금(60 w/o Cd), 125배.

8.3.4 공정분리(eutectic divorcement)

공정분리라 불리는 특이한 미세조직 상의 현상은 몇몇 이원계 합금에서 일어나며 그림 8.12에 예시되어있다. 초기 α-상의 존재가 공정 α의 응고를 위해 좋아하는 자리(preferred site)를 제공할 수도 있다. 따라서 이러한 이차적인 또는 공정 α는 공정으로부터 그 자신을 분리한다. 그리고 이러한 분리의 결과가 α기지에 존재하는 β의 섬이다.

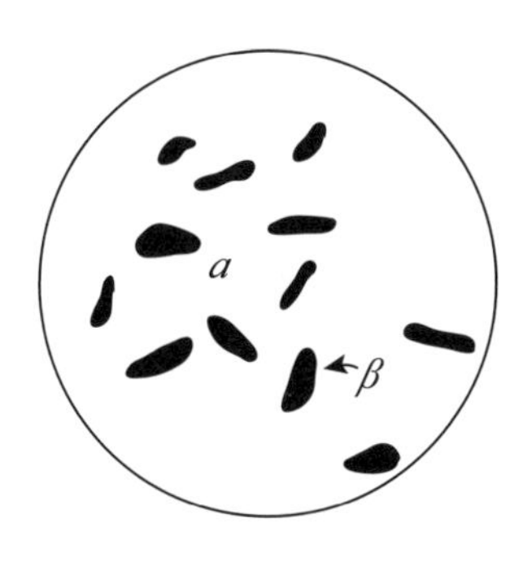

그림 8.12 • 공정분리. 공정분리는 공정 α와 초기 α가 연속적이고 공정 β가 α기지에 작은 섬이나 입자로 존재할 때 발생하는 미세조직학적인 현상이다.

우리는 Bi-Cd 아공정합금의 미세조직에서 약간의 공정분리 경우를 관찰할 수 있다(그림 8.11a). 현미경사진을 조심스럽게 관찰하면 백색상(Bi)은 연속적, 즉 초기 비스무스와 공정 비스무스가 기지를 형성하였고 그 안에 흑색상(카드뮴)이 발견되는 것을 알 수 있다. 이러한 현상의 역은 일어나지 않는다는 것을 상기하는 것은 재미있다; 과공정합금(그림 8.11d)은 공정분리를 보이지 않는다.

8.3.5 공정의 조절(modification of a eutectic)

아주 적은 양의 제3의 원소를 첨가함으로써 공정계 조성을 바꿀 수 있다. 조절(modification)이라는 용어는 이러한 과정을 표현하기 위하여 사용된다. 상업적으로 중요한 조절 과정은 바로 Al-Si 합금에서 사용된다. 그림 8.13은 이원계 Al-Si 합금의 평형상태도와 공정조성이 11.6w/o 실리콘임을 나타낸다.

약 12w/o Si 합금은 그것의 높은 유동성(바람직한 주조 특성)으로 인하여 정밀주조(die casting)에 유리한 것이 실험적으로 발견되었다. 이러한 합금의 단점은 응고 중에 생성되는 초기 실리콘 입자들이다. 이러한 초정 입자들의 크기로 인하여, 합금의 특성에 바람직하지 않은 영향을 끼치게 된다. 이런 조대한 실리콘 입자들은 매우 미세하고 분산된 공정 실리콘으로 조절될 수도 있다.

만약 용탕에 소디움(Na)을 소량 첨가한다면, 상태도가 조절되어서(그림 8.13b)

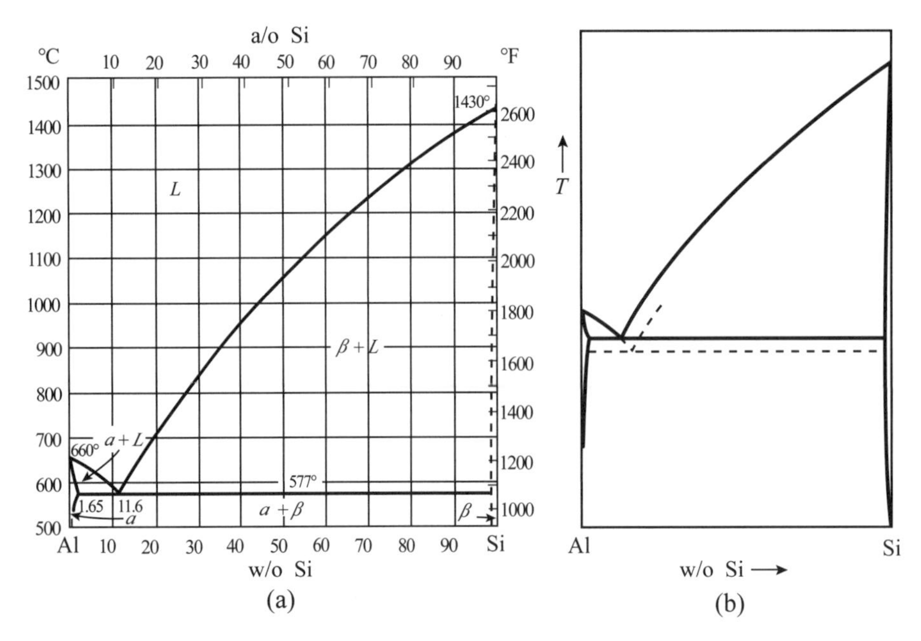

그림 8.13 • 알루미늄-실리콘 상태도. (a) 알루미늄-실리콘 계는 577℃에서 공정반응을 일으킨다. 공정조성은 11.6 w/o Si이다. (이 상태도는 *Metals Handbook*, American Society for Metals, Cleveland, 1948에서 허가 하에 인용된 것이다.) (b) 용탕에 나트륨을 첨가하면 공정이 수정된다; 즉, 공정반응이 낮은 온도로 이동하고 점선으로 표시된 것처럼 Si 농도가 증가한다.

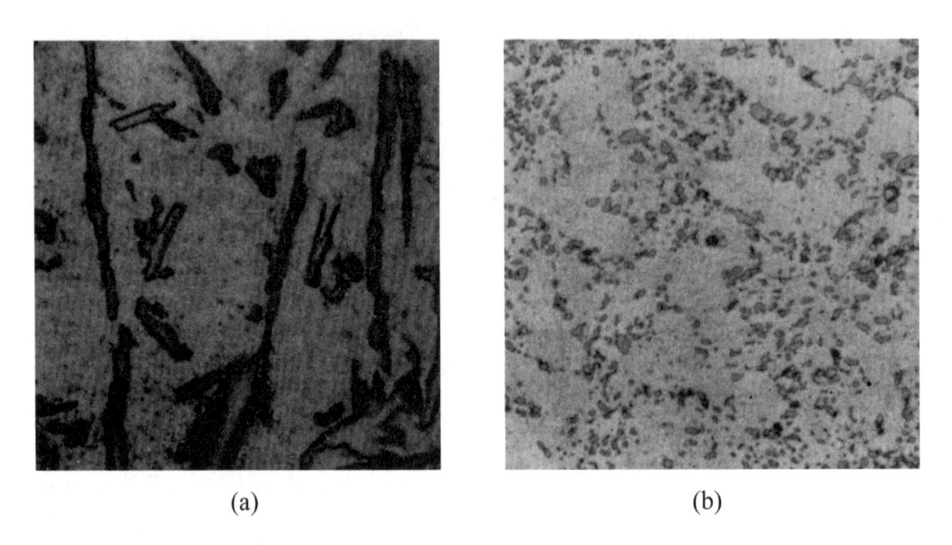

그림 8.14 • Al-Si의 미세조직. (a) 수정되지 않은 공정합금은 매우 조잡하고 불규칙적인 모양의 실리콘 조각들을 함유하고 있다. (b) 정형 후의 같은 합금은 매우 양질의(미세한) 실리콘 회전 타원체를 기지 안에 함유한다. 원래의 알루미늄뿐만 아니라 공정 알루미늄도 존재하지만 공유분리는 그 둘 사이의 분리를 방지한다.

공정온도는 하강하는 반면 공정조성은 실리콘 함량이 더 많은 쪽으로 이동한다. 계가 이러한 방법으로 조절되면, 12w/o Si 주조합금의 미세조직은 초기실리콘과 공정으로 된 구조(그림 8.14a)에서 초기알루미늄과 공정으로 된 구조로 바뀐다(그림 8.14b). 합금계를 과공정계에서 아공정 범주로 이전시키는 것에 더하여 공정미세구성물들 역시 더 미세화되어, 훨씬 더 미세하고 구형인 실리콘 입자들이 출현하게 된다(그림 8.14b). 공정 실리콘은 조절된 형태로 α상으로부터 분리된다.

8.4 포정계(peritectic systems)

간단한 공정구조로 분류될 수 있는 이원계가 많은 반면, 간단한 포정계는 거의 없다. 백금-텅스텐 구조는 간단한 포정이고 그 상태도는 그림 8.15에서 보여졌다.

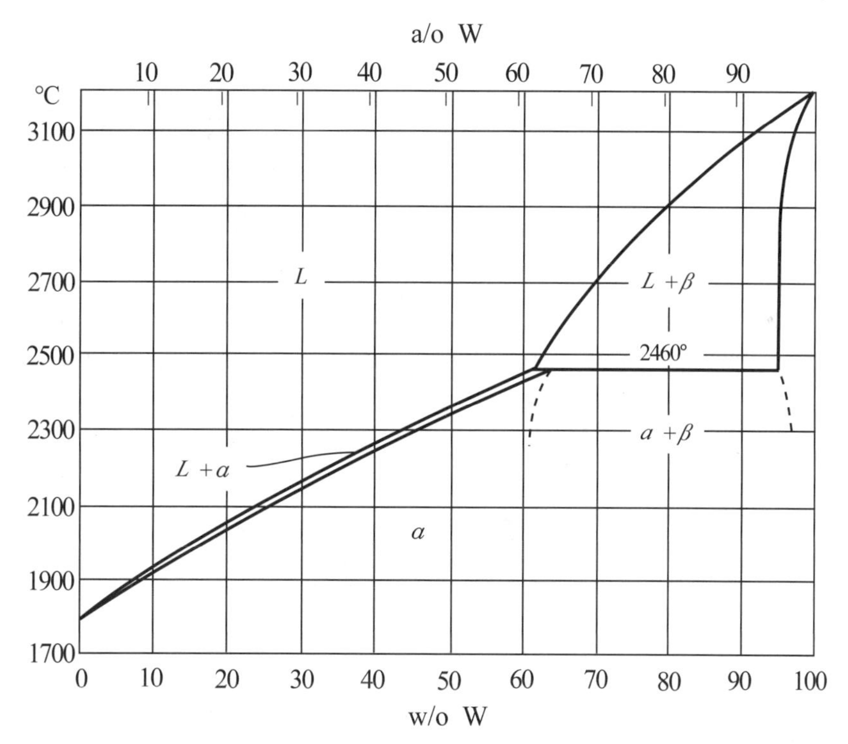

그림 8.15 • 백금–텅스텐 상태도. 백금–텅스텐 상태도는 간단한 포정반응이다. 포정반응은 2460℃에서 일어나는데 그 온도에서는 61 w/o의 W 조성의 액상과 95w/o W 조성으로 된 β가 62w/o W 조성의 α와 평형이다. (이 상태도는 C. J. Smithells, *Metals Reference Book*, 3rd ed., Butterworths, Washington, 1962으로부터 허가 하에 인용되었다.)

여러 조성의 합금이 액체 상태에서 냉각될 때 발생하는 미세구조의 변화는 8.3.1절에서 매우 느린 냉각속도를 이용해 공정계에서 구했듯이 상태도에서 예측할 수 있다.

8.4.1 평형 미세조직(Equilibrium microstructures)

60w/o 텅스텐을 포함한 합금은 3200℃(그림 8.16a)에서 액상이다. 천천히 냉각하면 액상선 온도가 대략 2460℃에 이를 때까지 액상[그림 8.16(b)와 (c)]으로

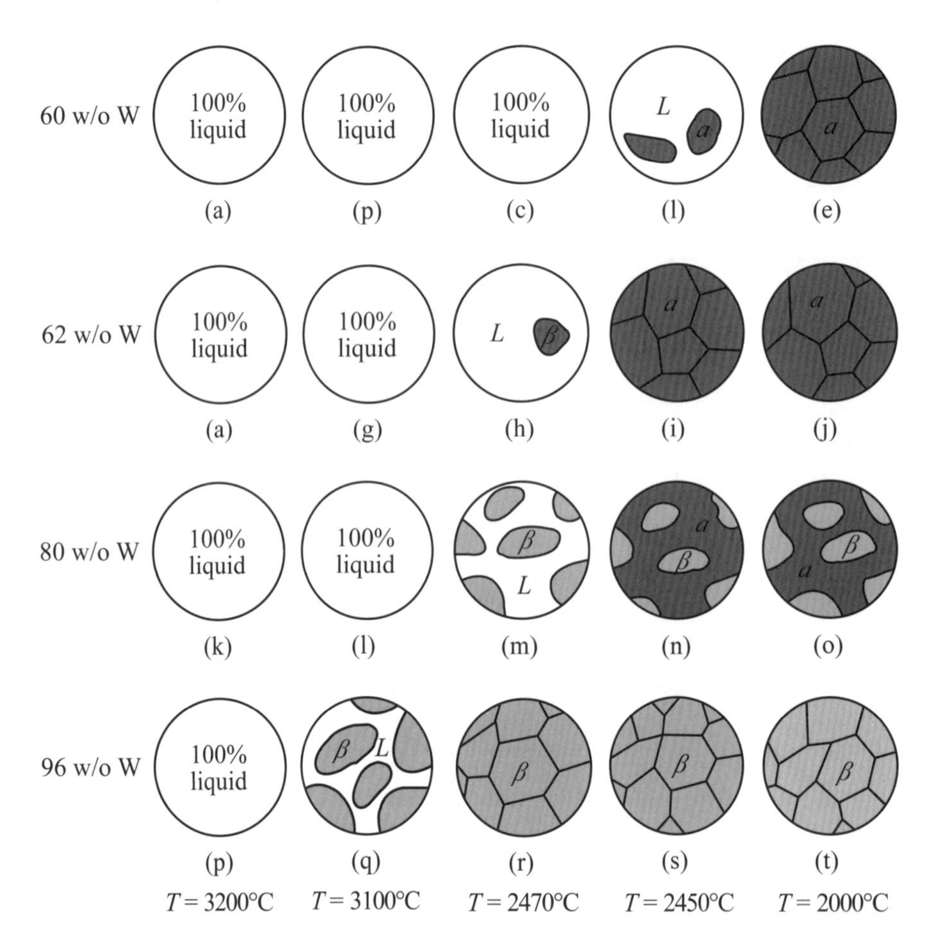

그림 8.16 • 백금-텅스텐 합금의 평형 미세조직. 혼합비 60, 62, 80, 96 w/o W인 백금-텅스텐, 합금의 평형 미세조직이 3200℃, 3100℃, 2470℃, 2000℃에서 그려졌다. 표 8.3은 각 합금에 대하여 나타낸 온도에서 존재하는 상, 각 상의 분율 그리고 상의 조성을 나타냈다.

표 8.3 • 그림 8.16에 있는 미세조직의 핵심

미세 조직	합금조성	온도, ℃	미소구성물과 조성
a	60 w/o W	3200	100% 액체(60 w/o W)
b	60 w/o W	3100	100% 액체(60 w/o W)
c	60 w/o W	2470	100% 액체(60 w/o W)
d	60 w/o W	2450	75% 액체(59.5 w/o W), 25% α(61.5 w/o W)
e	62 w/o W	2000	100% α(60 w/o W)
f	62 w/o W	3200	100% 액체(62 w/o W)
g	62 w/o W	3100	100% 액체(62 w/o W)
h	62 w/o W	2470	97% 액체(61 w/o W), 3% β(95 w/o W)
i	57 w/o W	2450	100% α(62 w/o W)
j	57 w/o W	2000	100% α(62 w/o W)
k	80 w/o W	3200	100% 액체(80 w/o W)
l	80 w/o W	3100	100% 액체(80 w/o W)
m	80 w/o W	2470	44% 액체(61 w/o W), 56% β(95 w/o W)
n	80 w/o W	2450	45% α(61 w/o W), 55% β(95 w/o W)
o	80 w/o W	2000	56% α(66 w/o W), 44% β(98 w/o W)
p	96 w/o W	3200	100% β(96 w/o W)
q	96 w/o W	3100	33% 액체(92 w/o W), 67% β(98 w/o W)
r	96 w/o W	2470	100% β(96 w/o W)
s	96 w/o W	2450	100% β(96 w/o W)
t	96 w/o W	2000	100% β(96 w/o W)

존재한다. 2450℃에서, 2상 $\alpha + L$ 미세조직이 그림 8.16(d)에서 보여졌다. 그리고 고상선 온도에 접근할수록 시편이 모두 고체화될 때까지 점점 더 많은 고체가 나타난다. 2000℃에서 미세조직은 단일 α-상이다. 이 합금의 고체화는 구리-니켈 합금(8.2절)과 유사하고 어떠한 불변반응도 관련되지 않았다.

텅스텐이 더 많은 합금에 있어서는, 포정반응이 나타나고 마지막으로 나타나는 미세조직은 60w/o W 합금처럼 간단하지 않다. 포정조성의 합금에서 액상선이 포정온도보다 약간 높은 온도가 될 때까지 액상이 존재한다. 그 액상선에서 β-상이 고체로 나타난다. 그리고 2470℃에서 미세조직은 β-상 + 액상이다(그

림 8.16h). 포정온도 2460℃를 지날 때, 포정반응

$$\beta + L \rightleftharpoons \alpha \tag{8.9}$$

가 일어난다. 그리고 그림 8.16(h)의 $\beta + L$은 그림 8.16(i)에 보여진 고체 α가 된다. α-미세조직은 더 낮은 온도까지 바뀌지 않고 남는다(그림 8.16j).

80w/o W 합금은, 낮은 온도에서의 미세조직이 α와 β의 혼합상[그림 8.16(k)에서 (o)까지]인 점을 제외하고는 60w/o W 합금과 유사한 미세조직 변화의 순서를 지난다.

98w/o W 합금은 모두-β구조[그림 8.16(p)-(t)]를 형성하면서 냉각된다. 왜냐하면, 이 합금의 조성은 포정 β상보다 텅스텐이 많기 때문이다. 표 8.3은 그림 8.16의 각각의 합금의 관심있는 여러 온도에서의 미세조직을 설명한다.

8.4.2 비평형냉각(Nonequilibrium cooling)

포정계의 어떤 합금도 비평형응고를 하게 될 것이다. 이는 특정 합금에 대해서 새로운 응고곡선을 구성하게 될 것이다. 그리고 8.3.2절에서 생각하였던 합금에서 공정이 발견되었던 것과 마찬가지 방법으로, 98w/o 텅스텐 합금에 포정 α를 존재하게 할 것이다. 텅스텐을 소량 함유한 합금은 비평형응고에 의해 수지상 구조의 유핵화현상(coring)을 보인다. 이들 모든 비평형 구조들은 고체 상태에서 원자의 낮은 유동성 때문에 생기는 결과이다.

8.4.3 포정포위(peritectic envelopment)

고체상태에서 낮은 전자이동에 대한 또 다른 예는 포정포위이다. 포정반응(식 8.9)은 고체 β와 액체를 혼합하여 고체 α를 만드는 것이다. 반응이 시작되면, 고체 β와 액체는 접촉하고 고체-액체 계면에 α가 형성된다(그림 8.17). 더 많은 포정 α가 β-입자 표면에 형성될수록, β-액상간 계면의 범위는 줄어든다. 그 반응은, β상에 대해 α상이 둘러싸고 β-액상간 접촉이 더 이상 존재하지 않을 때, 중

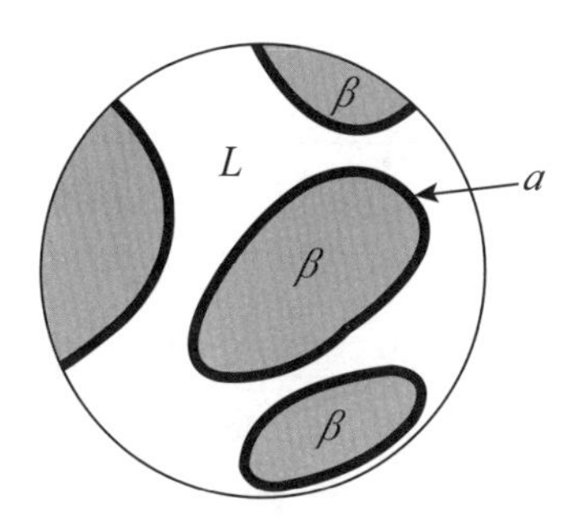

그림 8.17 • 포정포위. 예를 들어, $L+\beta \rightleftharpoons \alpha$ 의 포정반응은 액상과 하나의 고상이 다른 고상을 형성하기 위해 반응하는 것과 관련되어진다. α 상이 $L-\beta$ 계면에서 형성되면 액상이 β 상과 α 상의 포위에 의해 분리될 때 반응은 정지된다.

단될 것이다.

8.5 고상변태(solid-state transformations)

위에서 논의된 상변태(phase transformations)는 모두 액상을 포함하였고, 저온에서의 원자이동에 관한 문제에 대해서는 문제시되지 않았었다. 왜냐하면 액상의 완전한 혼합(complete miscibility)을 가정하였기 때문이다. 고상변태는 상태도와 그것의 평형상태에 대해서뿐만 아니라 원자운동의 속도와 급속냉각에 의해 반응을 억제하는 능력과 이후 다시 소개할 가열(heating)에 의해서도 영향을 받는다. 그리고 두 개의 중요한 이원계가 있는데, 고상변태를 일반적인 반응의 예로 들 수 있는 경우와 실제적인 적용 예로 들 수 있는 경우이다; 그것들은 구리-아연과 철-탄소계이다. 구리-아연계는 황동을 포함하고, 반면 철-탄소계는 강과 주철의 기본이 된다. 그것의 실용재료로서의 중요성 그리고 그것과 관련된 수많은 현상들 때문에, 철-탄소 계는 완전한 하나의 장이 필요하므로 9장에서 다루어 질 것이다.

8.5.1 구리-아연계(the copper-zinc system)

구리-아연 이원계는 다섯 개의 포정(peritectic)과 한 개의 공석(eutectoid)반응을 포함한다. 그림 8.18은 이 계의 상태도를 보여준다. 두 가지 가장 일반적인

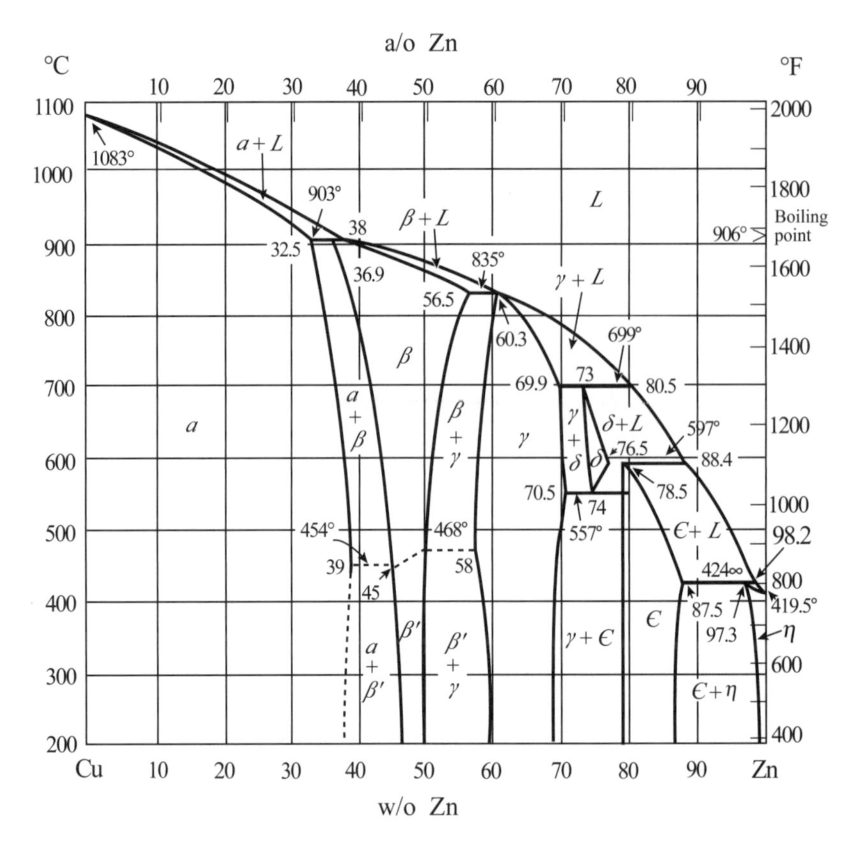

그림 8.18 • 구리-아연 상태도. 구리-아연 계는 5개의 포정과 1개의 공석반응을 포함한다. 2개의 일반 황동 합금은 70 w/o 구리와 30 w/o 아연을 포함하고 실온에서 단일-상 α-미세조직을 가지는 카트리지황동과 60 w/o 구리와 40 w/o 아연을 포함하고 α+β의 실온 미세조직을 가지는 먼츠금이다. (이 상태도는 *Metals Handbook*, American Society for Metals, Cleveland, 1948에서 허가 하에 인용된 것이다.)

황동은 70w/o Cu와 30w/o Zn의 카트리지황동(catridge brass)과 60w/o Cu와 30w/o Zn의 먼츠금(Muntz metal)이다. 이름이 의미하는 대로 뛰어난 압연성과 성형성을 갖기 때문에 카트리지황동은 탄창(catridge brass)에 이용된다. 그것은 실온에서 단상(one phase) 합금이고 아연이 구리에 고용된 α- 또는 면심입방체만을 포함하고 있다.

먼츠금은 더 많은 아연을 포함하고 있고 낮은 온도에서는 구리 내에 아연이 고용되는 한계를 초과한다. 실온에서 먼츠금의 미세조직은 α-(fcc)와 β-(bcc)상을 포함하고 있다. β-상은 최종 고용체가 아닌데 이는 낮은 온도에서는 단지 48에서 50w/o 아연의 범위만 갖기 때문이다; 이를 중간상이라 부른다. 카트리지황동을 가열해도 미세조직상 고상변태가 없는데 이는 그것이 고상선 아래의 모든 온도에서 α상으로 구성되기 때문이다. 먼츠금을 가열하면 매우 흥미로운 몇 가지 고상변태의 결과를 가져오는데 아래에 설명할 것이다.

8.5.2 변태(transformation)에 미치는 냉각속도의 효과

낮은 온도의 먼츠금은 α와 β 두 개의 상으로 구성되지만, 800℃ 이상에서, 합금은 완전히 상태도의 β상영역 안에 있다(그림 8.18). 상태도는 먼츠금 시편이 825℃에서 매우 느린 속도로 냉각되면, 결과적인 실온에서의 미세조직은 α결정립들과 β결정립들로 구성될 것이라는 것을 나타낸다. 시편이 825℃에서 실온으로 급냉되면 어떻게 될까? 어떤 종류의 미세조직이 나타날까?

급냉은 원자이동과 고체상태에서 β상으로부터 α상의 형성을 수반하는 조성변화에 필요한 시간을 주지 않는다. 그리고 $\beta \rightarrow \alpha$ 반응이 억제된다.

고온 미세조직은 급냉에 의해 "얼린" 상태이고, 완벽한 급냉 매개물이 사용된다면, 순수 β의 미세조직이 나타날 것이다. 그런 이상적인 급냉에 아주 근접한 방법은 얼음 섞은 소금물(icy brine solution)을 사용함으로서 달성될 수 있다. 먼츠금 시편을 825℃에서 이 용액에 급냉시키면, β결정립계에 약간의 α가 석출된 β 결정립들로 구성된 미세조직(그림 8.19a)을 가진다. α는 사진에 어둡게 나타나고 β는 밝게 나타난다. 825℃에서 매우 느린 속도로 냉각된 시편(노냉된)은 β의 기지 내에 α의 결정립(구체나 섬 형태)으로 구성된 평형미세조직(그림 8.19d)을 갖는다.

실온에 존재하는 실제 β의 양은 최대 23%이다(그림 8.18). 다른 냉각속도에서의 α상의 다른 모양은 주목할만하다. 빠른 급냉(얼음 섞은 소금물)에서, α-상은 매우 가는(날카로운) 바늘 모양이다 (그림 8.19a); 반면에 매우 느린 냉각(노냉)에서는, α는 구체의 덩어리(massive globules) 모양이다(그림 8.19d). 중간 냉각속도를 사용하면, α-상 입자들의 형태는 그에 따라 변할 것이다. 그림 8.19(b)와 (c)는 이를 기름 급냉과 공냉한 각각의 예이다. 기름욕에서의 냉각속도는 뜨거운 시편을 대기 중에 노출시킨 것보다 빠르다. 유냉 시편은 매우 깃털 같은 α(그림 8.19b)를 가지며, 반면 공냉시편(그림 8.19c)은 가느다란 섬모양의 α를 가진다. 여러 냉각속도에서 만들어진 일련의 미세조직들을 보면, 형태의 변화가 미세한 것

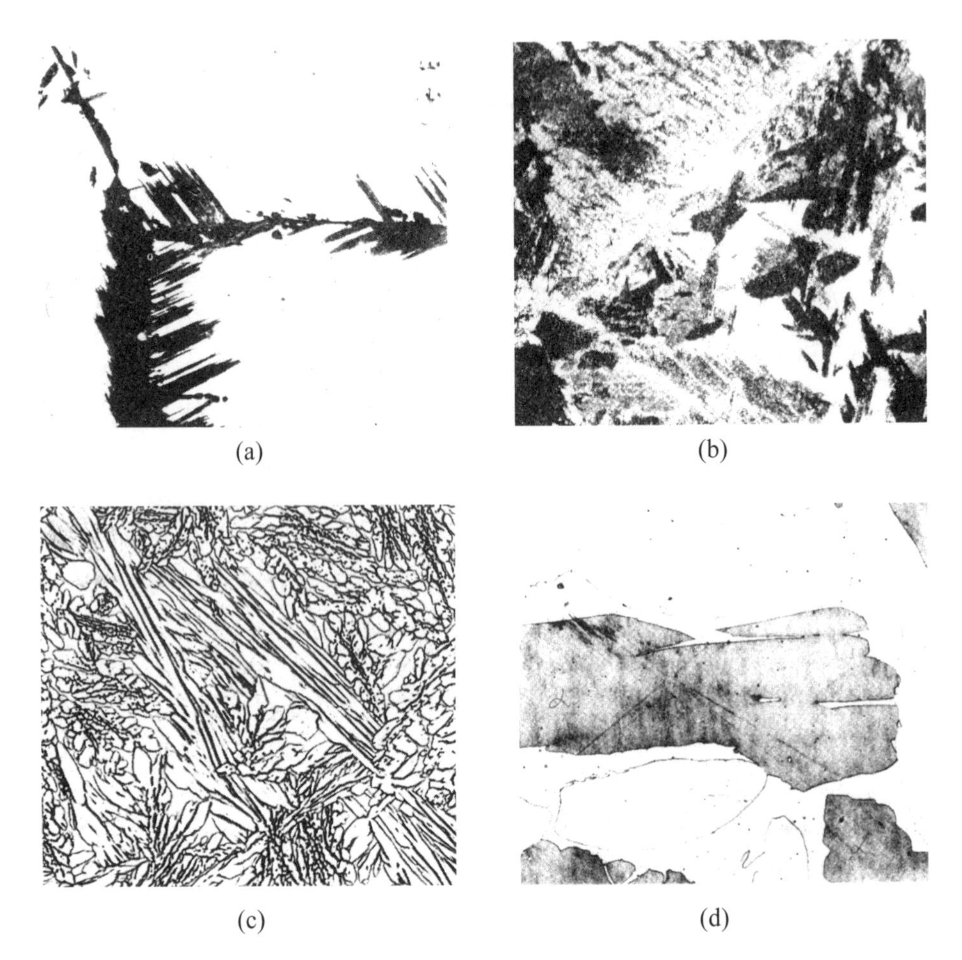

그림 8.19 • 냉각 조건에 따른 미세조직. 1시간 동안 825℃로 가열 후 실온으로 여러 비율로 냉각시킨 먼츠금 시편 미세조직이다. (a) 얼음 섞은 소금물 용액에서 급냉, 높은 온도의 β – 구조를 계속 지니지만 덩어리 가장자리에서 α 상이 조금 보인다. (b) 기름에서 급냉 α 상이 더 많이 석출된다. 냉각속도가 느리기 때문이다. (c) 공기로 냉각. α 상의 평형량이 형성되고, α 입자는 길쭉한 섬모양이다. (d) 노냉 – 이는 평형 미세조직이다. 매우 느린 냉각속도 때문. α 상이 β 상의 기지 내에 존재한다. 배율은 75배 ; 식각액, 수산화암모늄과 과산화수소.

으로부터 덩어리 모양의 α로 변한 것을 명백히 알 수 있다.

8.5.3 여러 온도에서의 평형 미세조직

급냉은 일반적으로 고온에서 발견되는 미세조직을 "그 상태로 동결(freeze-in)" 시킨다고 알려져 있다. 여러 온도구간에서 Muntz 금의 평형미세조직을 결정하기 위하여 원래 노냉 조건에 있는 일련의 시편들(그림 8.19d)을 주어진 온도로 가열하고, 그 온도에서 모든 가능한 상변화가 일어나도록 충분히 오랫동안 유지

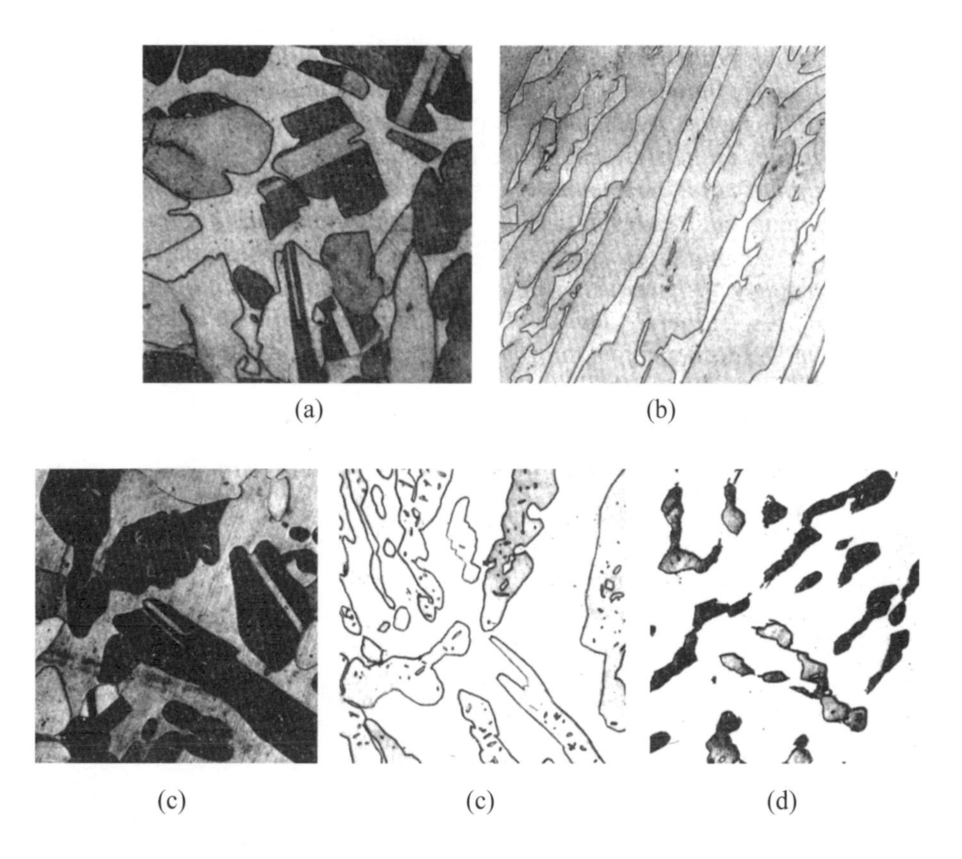

그림 8.20 • 용체화에 따른 일련의 미세조직. 노냉 냉각 조건(그림 8.19d)에서 먼츠-금속 시편은 해당 온도에서 평형미세조직을 이루도록 1시간 동안 $\alpha+\beta$ 영역에 어떤 온도까지 도달된다. 그리고 얼음 섞은 소금물에서 급냉되어진다. 이 급냉은 용체화온도에서 평형미세조직을 보존한다. 여러 용체화온도는 (a) 400℃, (b) 500℃, (c) 570℃, (d) 700℃, 그리고 (e) 750℃ 이다. 모든 미세조직은 β 기지 속에 α 덩어리가 존재하고, α 상의 양은 상경계에 따라 변한다. 배율은 75배; 식각액, 수산화암모늄(NH_4OH)과 과산화수소(H_2O_2).

시켜 그 온도에서 평형상태로 가져오고, 그리고 실온으로 급냉한다. 이러한 처리를 용체화처리(solution treatment)라 한다.

만약 이러한 용체화처리를 먼츠금에 적용시킨다면, 여러 온도에서 일어나는 미세조직은 그림 8.20(a)에서 (e)까지 사진에 보여진 것과 같다. 모든 미세조직은 β 기지에 α상의 구체(globule)들을 포함하고 있다. 만약 이러한 사진들이 흑백보다는 칼라로 나타내어졌다면, α상은 여러 명암을 가진 황갈색을, β는 레몬색깔로 나타날 것이다. α 섬들을 가로지르는 띠들은 풀림쌍정(annealing twins)이고 풀림된 면심입방 재료의 특징이다.

상태도는 미세조직 내에 존재하는 α의 양을 예측한다. 이러한 α의 양은 온도가 증가함에 따라 처음에는 증가하다가 이후에는 감소하게 된다(454℃ 이상에서). 이러한 현상은 그림 8.20에 나타나 있는데 그림에 의하면 고용온도가 올라감에 따라 존재하는 α의 양이 감소함이 알 수있다.

8.5.4 정량적 금속조직학(quantitative metallorаphy)

온도의 함수로써 상경계(phase boundary)의 조성을 정량적으로 결정하기 위해서, 정량적 금속조직학의 기술이 사용될 수 있다. 교차점세기(point-counting) 또는 선분석(lineal analysis) 방법은 많은 가능한 방법들 중에 단지 두 방법이다. 교차점세기는 조직사진 위에 격자눈금을 올려놓고 α-상 위에 떨어진 격자눈금 교차점의 수를 세는 것이다. 이 수 N_α를 그림에 있는 총 격자눈금 교차 수 N_0로 나눈 것이 존재하는 α의 분율이다. 즉, 다음과 같다.

$$f_\alpha = \frac{N_\alpha}{N_0}, \tag{8.10}$$

β상의 분율은 다음 관계에 의해 주어진다.

$$f_\beta = 1 - f_\alpha. \tag{8.11}$$

위에 나타난 것들은 면적분율이고 무게분율로 주어지려면 보정되어야 한다.

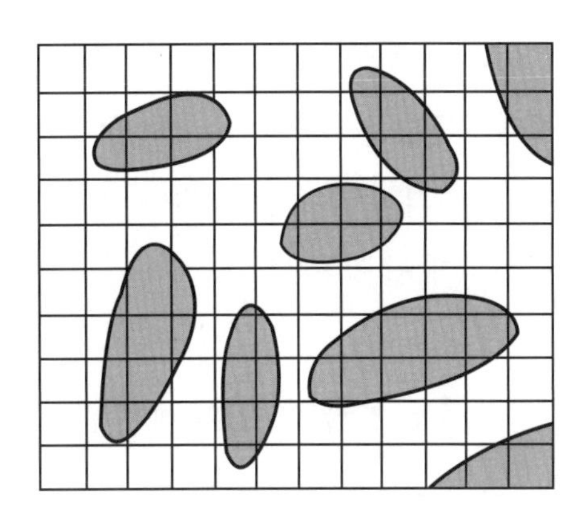

그림 8.21 • 교차점 세기(point-counting) 방법. 미세조직에서 어떤 특정한 상의 면적비를 구하기 위하여 격자눈금을 미세조직 사진 위에 놓는다. 격자눈금 교차점의 총 수, $N_{0'}$,로 나누어진 α-상과 마주치는 격자눈금 교차점의 수, $N\alpha'$, 가 존재하는 α의 면적분율이다. 이 경우에는 α의 면적분율은 0.273이다.

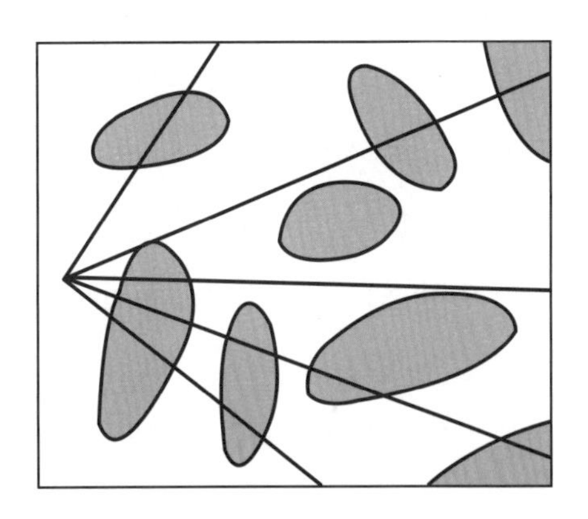

그림 8.22 • 교차선 분석. 미세조직 사진 위에 임의의 선을 긋고 α-상의 선분율은 α-상과 교차하는 선의 길이를 총 선의 길이로 나누면 얻어진다. 이 경우에는 α의 선분율은 0.32이다.

그림 8.21의 미세조직 개략도를 기초로 하여, 그림 전체에 N_0 = 143개의 격자눈금 교차점이 있는 것을 알 수 있다. α-상 입자들에 떨어진 수는 N_α = 39이다. 식(8.10)에 의하여, 이 시편은 0.273α, 즉 27.3퍼센트의 α를 포함하고 있다.

선형분석(lineal analysis)은 조직사진 위에 임의의 선을 그어서(그림 8.22) α-입자들에 의해 잘려진 선의 길이와 β입자들에 의해 잘려진 선의 전체 길이를 측정하는 것이다. 그림 8.22의 α상 입자들에 의해서 잘려진 선의 길이를 측정하고 그것을 전체 선의 길이로 나누어주는 방법으로 α상의 선분율을 계산할 수 있다. 이 가상의 미세조직에서의 선분율은 0.32이다. 그것은 면적분율과 거의 동일한데, 왜냐하면 재료의 한 단면의 체적, 면적, 선분율은 동일하다는 경험규칙(empirical rule) 때문이다.

이러한 방법과 기타 다른 정략적(quantitative) 금속조직학적 방법*을 이용하여, 우리는 평형 상태도와 합금조성을 결정할 수 있다. 우리는 다음 장에서 정량적 금속조직학적 방법이 상변태와 다른 미세조직학적 현상을 조사하는데 필요하다는 것을 알게 될 것이다.

8.5.5 먼츠금의 시효(aging of Muntz metal)

그림 8.20의 사진은 여러 온도에서의 먼츠금의 평형미세조직을 나타낸다. 이 구조는 로에서 냉각된 시편(그림 8.19d)을 여러 온도로 가열하고 이들 온도에서 평형에 도달되어서 얻어진 미세조직을 보존하기 위해 급냉함으로써 만들어진다. 염욕-급냉된 시편(그림 8.19a)는 실온에서 준안정 상태에 있다; 그것은 대부분이 β이고 평형미세조직은 α와 β로 구성되어 있다. 그러한 준안정(metastable) 시편이 여러 온도로 가열(시효)되어지고, 그리고 나서 다시 급냉되면, 약간의 α상이 형성될 것이다. 그러나 α의 형태와 양은 시효처리 온도와 시간에 의존한다.

먼츠금의 미세조직에 미치는 시효온도의 효과가 그림 8.23에 보여졌다. 200℃(그림 8.23a)에서 시효된 시편의 미세조직은 염욕-급냉된 시편(그림 8.19a)의 미세조직을 닮았다. 이러한 낮은 시효온도에서는, 원자이동이 너무 느려서 결정립 내에 α-상의 어떤 석출상도 만들어 낼 수 없다(시효처리 전에 결정립계 α는 존재했었다). 250℃에서, 매우 미세한 α의 석출상이 결정립 내에 형성되고(그림 8.23b), 식각명암은 반대다; 다시 말해, α는 이제 어둡게 보이기보다는 밝게 보인다. 시효온도가 증가함에 따라, 시효하는 동안 석출하는 α의 양은 상태도에 의해 예측된 평형량이다. 입자의 형상은 시효온도의 함수이다. 온도가 높을수록, 석출된 α의 입자는 더 크다. 입자는 그림 8.23(c)에서 (h)까지의 사진에서 보여지는 것처럼 표면에너지를 줄이기 위해서 합치기도 하고 성장하기도 한다. α는 어떤 시효온도에서 특정한 결정학적인 방향으로 석출하는 것 같다. 이러한 형태의 방향성 석출

---

* 더 상세한 정량적인 금속학적 기법은 W. Rostocker, and J. R. Dvorak, *Interpretation of Metallographic Structures*, Academic Press, New York, 1965, p.195 ff를 참조하시오.

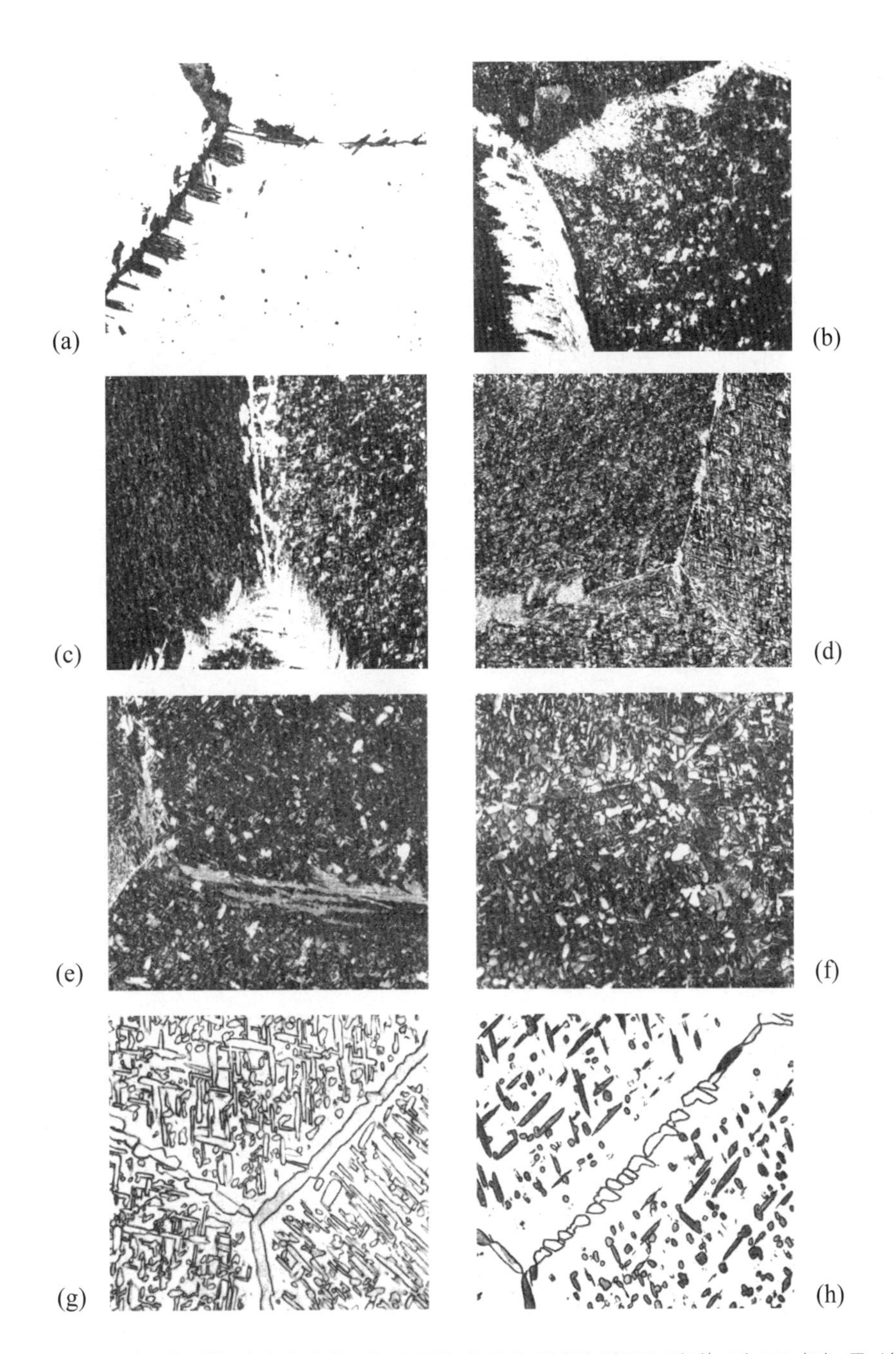

그림 8.23 • 시효에 의한 일련의 미세조직. 소금물에 의해 급냉된 먼츠금 시편(그림 8.19a)이 α를 석출시키기 위해 한시간 동안 $\alpha + \beta$ 영역의 온도로 재가열되었다. 낮은 시효온도에서 α는 매우 미세하게 분산되고, 높은 시효온도에서는 큰 입자로 나타났다. 시효온도는 (a) 200℃, (b) 250℃, (c) 300℃, (d) 400℃, (e) 500℃, (f) 600℃, (g) 700℃, (h) 750℃ 이다. 배율, 75배 ; 식각액, 수산화암모늄(NH_4OH)과 과산화수소(H_2O_2).

(그림 8.23g)을 비트만시태텐(Widmanstatten) 석출이라 부르고 많은 재료에서 발견된다. 그것은 최초로 운석의 미세조직에서 발견되었다.

8.6 요약

이 장에서 우리는 여러 형태의 반응과 처리를 한 예를 인용함으로써 이원계의 상변태와 미세조직을 논의하였다. 그 예들은 금속계에 비추어 선택되었으나, 그러한 변태와 미세조직은 금속에 국한되지 않고 도리어 일반적으로 적용되고, 그리고 세라믹, 플라스틱, 유기 물질들도 유사한 반응과 미세조직 변화를 거치는 것으로 알려졌다. 일단 상태도의 해석방법이 이해되어지면, 모든 재료에 적용되어질 수 있기 때문에, 각각의 이원계 또는 재료의 형태에 따라 분리해서 다룰 필요는 없다.

■ **추천 도서**

- American Society for Metals, *Metals Handbook*, A. S. M., Cleveland, 1948.
- AVNER, S. H., *Introduction to Physical Metallurgy*, McGraw-Hill, New York, 1964.
- BRICK, R. M., R. B. GORDON, and A. PHILLIPS, *Structure and Properties of Alloys*, 3rd ed., McGraw-Hill, New York, 1965.
- CLARK, D. S. and W. R. VARNEY, *Physical Metallurgy for Engineers*, 2nd ed., Van Nostrand, Princeton, 1962.
- HANSEN, M., *Constitution of Binary Alloys*, 2nd ed., McGraw-Hill, New York, 1958.
- POLUSHKIN, E. P., *Structural Characteristics of Metals*, American Elsevier, New York, 1964.

• RHINES, F. N., *Phase Diagrams in Metallurgy*, McGraw-Hill, New York, 1956.
• ROSTOCKER, W. and J. R. DVORAK, *Interpretation of Metallographic Structures*, Academic, New York, 1965.
• SMITHELLS, C. J., *Metals Reference Book*, 3rd ed., Butterworths, Washington, 1962.

■ 연습문제

8.1 다음 조성의 구리-니켈 합금 : (a) 20w/o Cu, (b) 50w/o Cu, (c) 90w/o Cu 이 액체 영역에서부터 천천히 냉각된다. 미세조직을 그리고 다음 온도에서 각 합금에서 존재하는 상의 백분율과 조성을 계산하시오:

(1) 1500℃ (2) 1400℃ (3) 1275℃ (4) 1120℃ (5) 1000℃

8.2 다음 구리-니켈 합금에 대한 비평형고상선을 그리시오 : (a) 20w/o Cu, (b) 50w/o Cu, (c) 90w/o Cu. 90w/o Cu 합금에 대한 비평형고상선이 1083℃ 이하까지 연장될 수 있는가?

8.3 카드뮴과 비스무스의 다음 합금의 실온에서의 평형 미세조직에 존재하는 각 미세 성분의 백분율을 계산하시오 : (a) 20w/o Cd, (b) 40w/o Cd, (c) 60w/o Cd. 이들 값은 그림 8.11의 미세조직 사진과 어떻게 비교될 수 있는가? 위 합금에 존재하는 각 상의 백분율을 계산하시오. 상과 미세성분 사이의 차이점은 무엇인가?

8.4 10w/o Bi를 포함하고 있는 주석과 비스무스 합금이 급냉된다면 비평형응고가 일어날 것이다. 이 합금의 실온 미세조직을 그리고 평형미세조직과 어떻게 다른지 설명하시오. 어느 미세조직에 공정 미세성분이 존재하는가?

8.5 알루미늄-12w/o 실리콘 합금에서 초기 실리콘을 어떻게 피할 수 있는가? 이 방법을 무엇이라 하는가?

8.6 백금-90w/o 텅스텐 합금에 대해 3200, 3100, 2470, 2450, 2000℃에서의 평

형미세조직을 그리고 표 8.3과 유사한 표를 작성하시오.

8.7 백금과 텅스텐 합금이 96w/o W를 포함하고 있다. 만약 이 합금이 서냉된다면, 실온에서의 미세조직에 α가 없을 것이다. 비평형적으로 냉각된다고 했을 경우 2470℃와 2450℃에서의 미세조직을 그리시오. 실온에서 α가 존재하는가? 그렇다면 이유는?

8.8 그림 8.19의 미세조직 차이를 냉각속도의 함수로 설명하시오. 왜 다른 냉각속도에서는 다른 형태의 α-상이 나오는가? 만약 무한대의 냉각속도가 적용된다면 미세조직은 어떻게 되겠는가?

8.9 얇은 모눈종이를 격자눈금으로 사용해서 그림 8.20의 미세조직에 대해 교차점세기 방법을 적용해보고, 여러분의 결과를 상태도로부터 계산된 α퍼센트와 β퍼센트 값과 비교해 보시오.

8.10 만약 주석-10w/o 비스무스 합금이 150℃로부터 무한대의 냉각속도로 급냉된다면 미세조직은 어떻게 될까? 이 미세조직은 안정, 준안정, 불안정한가? 만약 이 합금이 75℃까지 재가열되면 무슨 일이 일어날까? 이 반응 속도는 온도에 의존하는가? 최종 미세조직은 75℃에서의 평형미세조직과 비교하면 어떤가?

9
철-탄소계

9.1 개요

철과 탄소의 합금, 강(STEEL)은 우리 문명의 주력을 형성하였다. 그러나 이 장 전체가 철-탄소계만을 다루어져야 하는 것은 아니다. 철-탄소계는 많은 형태의 고상변태를 나태내고 있다. 이는 그들 스스로가 중요함에도 불구하고 다른 이원계에서 유사한 과정을 이해하기 위한 기초로써 형성하고 있다.

철-탄소계는 철과 흑연*의 이원계이다. 그러나 매우 느린 냉각속도조차도 흑연의 형성되도록 하기에는 너무 빠르다. 그래서 바로 그 흑연이 형성될 곳에서 준안정 철카바이드가 형성된다. 이 혼합물은 Fe_3C 형태를 가지고 세멘타이트(cementite)라고 불린다. 이것은 6.67w/o 탄소를 포함한다. 이원계 상태도는 항상 준안정 형태를 나타내고 상경계는 그림 9.1에서 보여지듯이 철과 카바이드 사이 준안정평형으로 언급된다. 실제 평형은 상태도에서 점선으로 나타내어진다.

9.2 순철(pure iron)

순수한 철은 3가지 고체 형태를 나타낸다. 이중 두 가지는 체심입방구조이고, 나머지는 면심입방구조이다. 하나의 고상으로부터 다른 고상으로 물질의 변태는 동소변태(allotropic transformation)라고 불린다. 이 변태는 하나의 고상으로부터

* 탄소는 2가지 결정학적 형태, 흑연과 다이아몬드로 존재한다. 철-탄소계는 탄소의 흑연 형태를 포함한다.

다른 고상으로의 얼음의 변태와 유사하다. 그러나 그것은 조성변화를 동반하지 않는다는 점에서 먼츠금의 변태와 다르다(8장). 순철에 있어서 가열시 동소변태는 다음과 같다.

$$\alpha(\text{bcc}) = \gamma(\text{fcc}) \text{ at } 910℃, \tag{9.1}$$

$$\gamma(\text{fcc}) = \delta(\text{bcc}) \text{ at } 1390℃. \tag{9.2}$$

δ-상을 더 이상 가열하면 1528℃에서 용융된다. 이러한 상변태는 순철의 압력-온도 도표로부터 예측된다.(그림 7.5) α-상은 페라이트(ferrite)라 불린다; γ-상, 오스테나이트(austenite); 그리고 δ-상, δ-페라이트이다.

Υ-상은 체심입방이므로, 이는 더욱더 조밀하게 충진되어 있고 페라이트보다 낮은 비체적을 가진다. 이것은 매우 재미있는 실험으로 이어진다. 만약 철선을 전기적으로 가열한다면, 온도가 증가함에 따라 페라이트가 팽창하므로 처음에는 늘어난다. 그리고 철사는 페라이트가 오스테나이트로 변태할 때 팽팽해지면서 길이는 감소한다. 냉각시에는 역작용을 볼 수 있다. 오스테나이트 철사는 냉각함에 따라 더 짧아지고 변태온도에서는 갑자기 축 늘어진다. 그리고 새로운 밝기로 백열빛을 낸다. 오스테나이트로부터 페라이트 변태 시 수반되는 이런한 열의 방사는 "재열현상(recalescence)"으로 언급되어진다.

9.3 강(steels)

대부분 강의 조성은 0.1에서 1.25w/o 탄소 범위 내에 있다. 그러나 강은 단순한 이원계 합금이 아니다. 그들은 많은 원소를 포함한다. 어떤 것은 의도적으로 포함한 것이고 다른 것들은 제거하기가 어려워 포함된 것들이다. 일반탄소강(plain carbon steel)은 주로 철-탄소 합금이다. 그러나 원하는 어떤 특성을 성취하기 위해 특정한 합금원소가 첨가되는 다른 강들도 있다. 표 9.1은 일부 전형적인 강과 그들의 조성에 대한 목록이다.

강을 구별하기 위해 보통 코드수가 주어진다. 일반탄소강은 접두수 10으로 표

표 9.1 • 전형적인 강의 조성*

형태	코드	조성(w/o)								
		탄소	망간	인	황	실리콘	니켈	크롬	몰리	구리
일반탄소강	1019	.17	.92	.014	.033	.07	.04	.01	.01	.03
	1050	.50	.91	.046	.041	.13				
	1080	.79	.76	.026	.030	.21				
망간강	1321	.20	1.88	.018	.022	.30	.30	.04	.02	.04
	1340	.35	1.85	.020	.026	.19	.01	.03	.00	.02
니켈강	2340	.37	.68	.014	.021	.21	3.41	.05	.00	.07
	2512	.10	.52	.007	.016	.28	5.00	.07	.03	
크롬강	5140	.42	.68	.026	.032	.16	.07	.93	.00	.05
	52100	1.02	.36	.015	.020	.33	.20	1.41	.02	.07
몰리강	4027	.26	.87	.015	.030	.29	.03	.06	.26	
	4068	.68	.87	.024	.029	.26	.01	.03	.24	.03
실리콘강	9260	.62	.82	.029	.030	2.01	.04	.07	.00	.00
	9262	.62	.86	.025	.021	2.13	.03	.33	.00	.05

* *Atlas of Isothermal Transformation Diagrams*, U. S. Steel Company, 1951에서 허가 하에 게재되었다.

시된데, 이것은 일반적인 탄소를 나타낸다. 그리고 두 자리 접미수로 나타낸다. 접미수는 강의 탄소농도를 나타내고 탄소점(point of carbon)으로 표현된다. 탄소점이 탄소퍼센트의 100배이다. 예를 들면 .40w/o 탄소를 함유하는 강은 탄소 40점을 포함하고 있다. 만약 일반탄소강이면, 1040강으로 구별되어진다. 공석조성(그림 9.1)은 .80w/o % C이고, 공석일반탄소강은 1080으로 표시된다.

9.4 서냉 시 오스테나이트의 변태

강에서 가장 중요한 반응은 여러 다른 속도로 냉각시킬 때 오스테나이트(γ-상)의 분해를 포함한다. 대부분 열처리는 오스테나이트를 포함하는 상태도(그림 9.1)의 영역에서 수행된다. 예를 들어 매우 느린 냉각속도, 노냉이 적용된다면, 결과적으로 나타나는 미세조직은 상태도의 고상변태로부터 예견된다. 보다 빠른 냉각

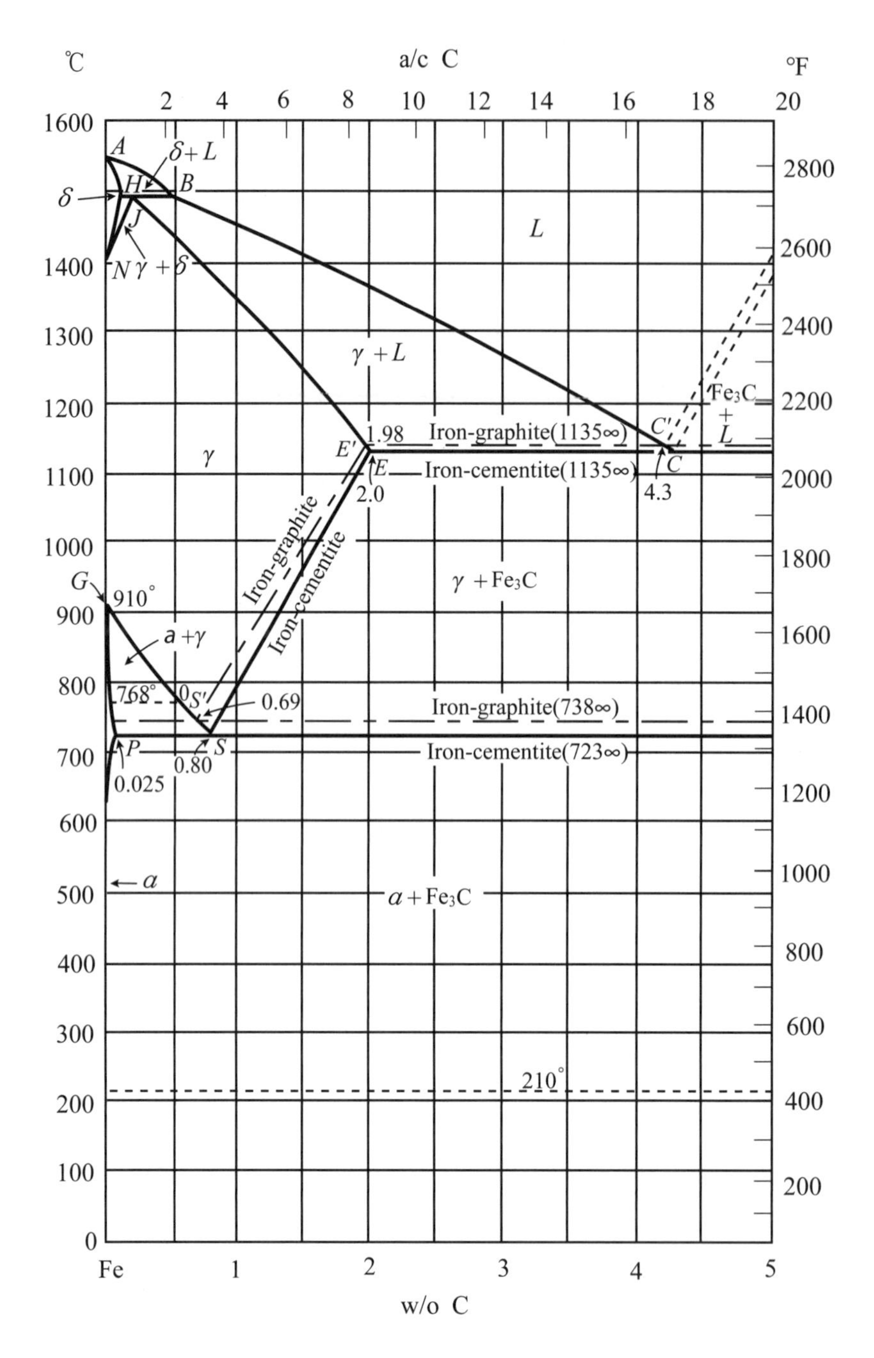

그림 9.1 • 철-탄소 상태도. 철-탄소 상태도는 철과 세멘타이트(Fe_3C) 간의 준안정 상태도로 그려진다. 점선은 철과 흑연 사이의 평형을 나타낸다. (이 상태도는 *Metals Handbook*, American Society for Metals, Cleveland, 1948의 허가하에 게재되었다.)

속도가 사용된다면, 미세조직과 상변태를 예견하는데 상태도는 충분치 않다.

9.4.1 공석강(eutectoid steel)

0.80 w/o C를 포함하는 공석강(1080) 시편을 생각해 보자. 723℃, 즉 공석온도 이상의 온도에서 시편은 오스테나이트(체심입방체)이다. 723℃에서 전체 합금은 다음 반응에 따라서 공석미세구성물(eutetoid microconstituent)을 형성하면서 등온변태한다.

$$\gamma \rightleftarrows \alpha + Fe_3C \tag{9.3}$$

공석은 페라이트(체심-입방)와 Fe_3C로 구성된다. 철-카바이드는 세멘타이트(cementite)라고 불리우는데 사방정(orthirhombic) 결정구조를 가진다. 이 계에서 공석미세구성물은 펄라이트(pearlite)라 불리우는데, 왜냐하면 이는 금속조직적으로 관찰될 때 진주모(mother-of-pearl)를 닮았기 때문이다.

펄라이트는 세멘타이트와 페라이트가 격층으로 쌓인 층상(lamellae) 또는 판상(plate)으로 구성되어 있는데, 그것은 반점(patch) 또는 작은덩이(nodule) 형상이다. 그림 9.2는 공석온도 이상으로부터 노냉된 공석강의 두 개의 미세조직 사진을 보여준다. 우리는 공정온도에서 지렛대 법칙을 적용함으로써 공석미세구성물 안에 있는 페라이트와 세멘타이트의 분율을 계산할 수 있다. 펄라이트에서 페라이트의 분율은 다음과 같이 주어진다.

$$f_{\alpha_{eut}} = \frac{(6.67 - .80)}{(6.67 - .025)} = .88\,, \tag{9.4}$$

그리고 펄라이트에서 세멘타이트 분율은 다음과 같다.

$$f_{cem_{eut}} = \frac{(.80 - .025)}{(6.67 - .025)} = .12\,. \tag{9.5}$$

공석은 대략 페라이트가 세멘타이트보다 일곱 배 정도 많다. 그리고 페라이트 층상(lamellae)의 두께는 세멘타이트 츨상의 두께보다 일곱 배 정도 두껍다. 그림

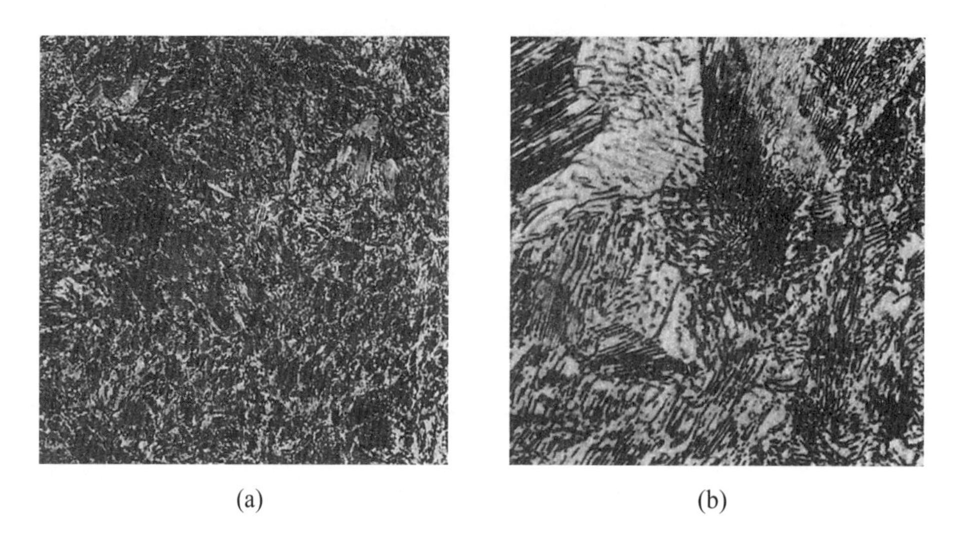

(a) (b)

그림 9.2 • 공석강(eutectoid steel): 노냉(furnace cooling). 매우 천천히 냉각된 공석강(0.80 w/o C)은 100% 펄라이트(공석 미세성분) 미세조직을 갖는다. 펄라이트는 페라이트와 세멘타이트(Fe_3C) 판상이 교대로 존재한다. (a) 150배에서는 층상구조가 너무 미세해서 잘 보이지 않지만 500배인 (b)에서는 개개의 판상들을 볼 수 있다. 페라이트 판상이 두꺼울수록 세멘타이트는 얇아진다. 식각액, nital.

9.2에 보여준 미세조직 사진은 위의 계산을 예로서 나타낸다. 낮은 배율에서(그림 9.2a) 개개의 층상구조는 볼 수 없다. 그러나 높은 배율에서는(그림 9.2b) 세멘타이트 판상은 검은 선들로 나타난다.

9.4.2 아공석강(hypoeutectoid steel)

아공석강은 .80w/o 탄소보다 낮은 농도를 포함하고 있는 합금이다. 그러한 강의 미세조직은 상태도(그림 9.1)에 따라 페라이트와 세멘타이트를 포함한다. 그러나 페라이트는 초기(primary) 또는 초석(proeutectoid) 페라이트로 공석미세구성물의 일부분으로 존재한다. 전형적 아공석합금, 예를 들어 1040강(.40 w/o C)을 고려해 보자. 800℃보다 높은 온도에서 이 강은 오스테나이트이고 미세조직(그림 9.3a)은 오스테나이트 결정립으로만 구성되어 있다. 오스테나이트 구역으로부터 느리게 냉각하면, 먼저 800℃에서 초기 페라이트가 형성된다. 공석온도 바로 위

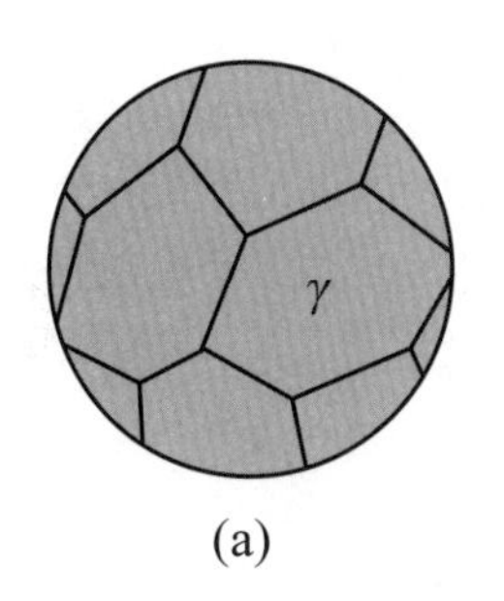

(a)

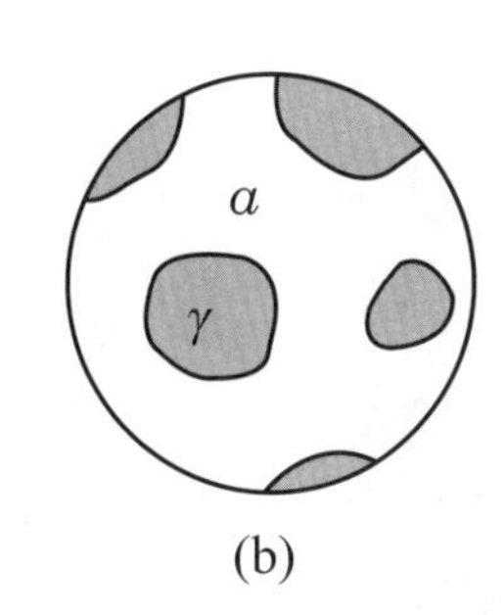

(b)

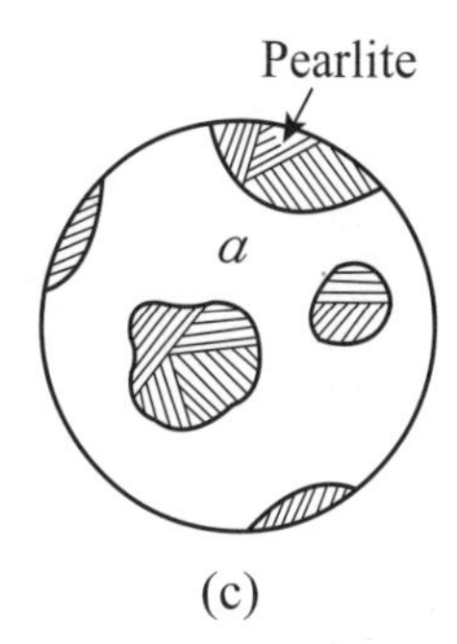

(c)

그림 9.3 • 아공석(hypoeutectoid) 미세조직. 아공정강 (< 0.80 w/o C)이 오스테나이트 영역에서부터 서서히 냉각되었다. (a)에서처럼 800℃ 이상의 온도에서 미세조직은 오스테나이트이다 ; (b)와 같이 공석 등온선 바로 위의 온도에서 미세조직은 공석조성의 오스테나이트의 기지에 있는 선공석 페라이트로 이루어져 있다. 그리고 (C)에서는 온도가 공석온도 아래로 떨어짐에 따라 오스테나이트가 펄라이트로 변태한다.

의 온도에서 미세조직(그림 9.3b)은 .025 w/o C를 포함하는 초기 페라이트와 공석 조성(.080 w/o C)의 오스테나이트로 구성된다. 이 온도에서 초기 페라이트 분율은 다음과 같이 계산되어진다.

$$f_a = \frac{(.80 - .40)}{(.80 - .025)} = .52. \tag{9.6}$$

오스테나이트의 분율은 다음과 같다.

$$f_\gamma = \frac{(.40 - .025)}{(.80 - .025)} = .48. \tag{9.7}$$

공석온도 약간 아래 온도로 냉각될 때, 공석조성의 오스테나이트는 등온적으로 펄라이트로 변태한다. 그리고 미세조직(그림 9.3c)은 52% 초기 페라이트와 48% 펄라이트를 포함한다.

이 미세조직은 실온으로 될 때까지 변하지 않고 유지된다. 그림 9.4는 실온에서 1040강의 금속조직시편의 미세조직 사진이다. 낮은 배율에서(그림 9.4a), 펄라이트는 거의 관찰할 수 없다. 그러나 높은 배율에서(그림 9.4b) 초기 페라이트는 공석미세구성물의 페라이트와 연속되어 있는 것으로 보여진다.

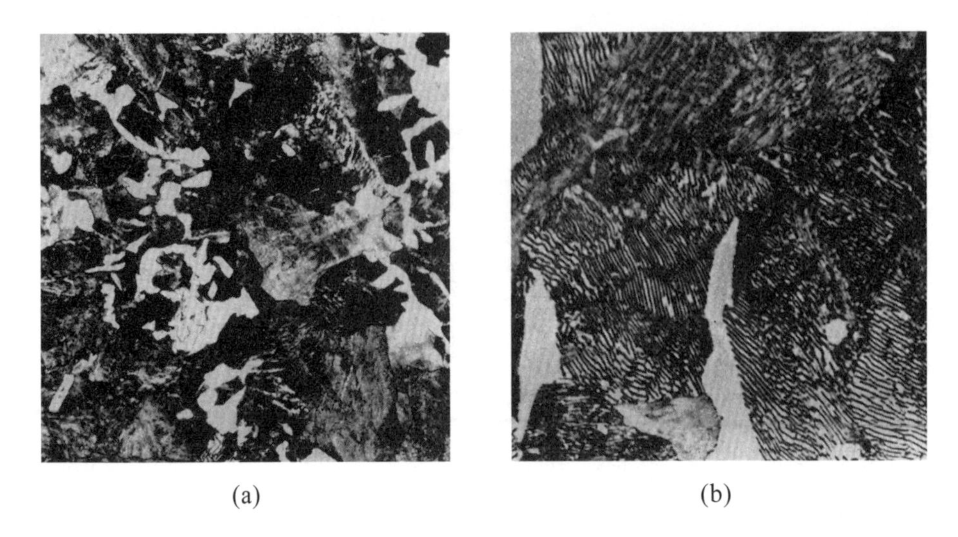

(a) (b)

그림 9.4 • 1040강의 미세조직. 오스테나이트 영역에서 실온으로 노냉된 0.4 w/o C를 포함한 아공석강은 초정 페라이트와 펄라이트의 미세조직을 갖고 있다. (a)에서 보여진 것처럼 150배에서 펄라이트는 보이지 않지만 (b)에서처럼 500배에서는 초석(proeutectoid) 페라이트가 펄라이트의 페라이트 판상들과 연속적으로 보일 수 있다. 식각액, nital과 picral.

9.4.3 과공석강(hypereutectoid steel)

과공석합금은 그 조성이 .80w/o C보다 높은 것이다. 이 형태의 강에서는 과공석 합금의 초기 페라이트와 같은 방법으로 초석(proeutectoid) 세멘타이트가 형성된다. 세멘타이트 조성이 6.67w/o 탄소이므로, 지렛대 법칙을 적용함으로써 알 수 있듯이 과공석강의 미세조직에는 매우 적은 초기 세멘타이트가 있다. 공석온도에서 1.20w/o C를 포함하는 강의 초기 세멘타이트의 분율은 다음과 같다.

$$f_{cem} = \frac{(1.20 - .08)}{(6.67 - .80)} = .068. \tag{9.8}$$

이 온도에서 조직의 잔류물은 공석조성의 오스테나이트이다. 오스테나이트의 분율은 다음과 같다.

$$f_{\gamma} = \frac{(6.67 - .1.20)}{(6.67 - .80)} = .932. \tag{9.9}$$

840℃ 이상 온도에서 1.20w/o 탄소강의 시편은 오스테나이트이다(그림 9.5a).

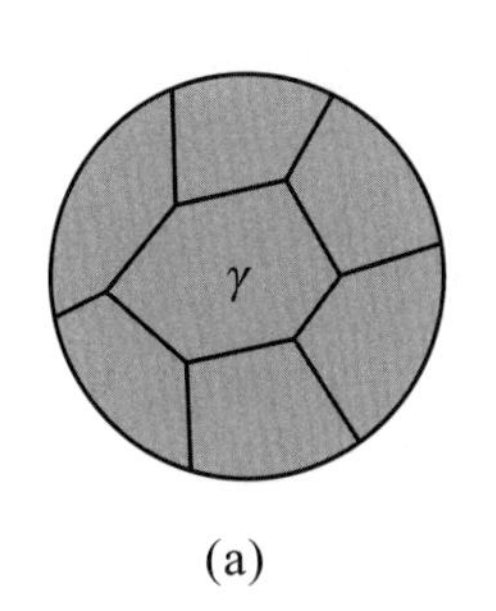

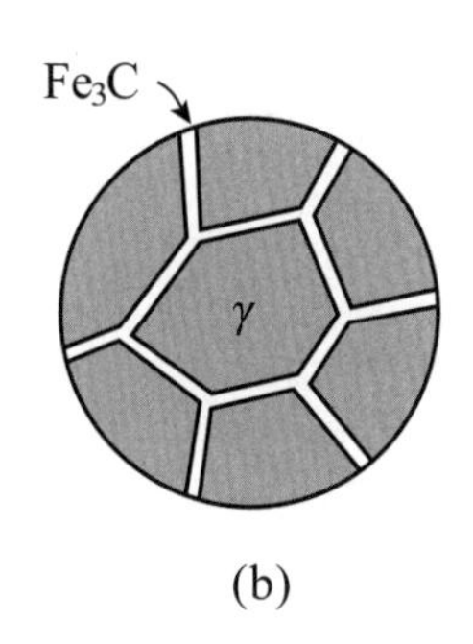

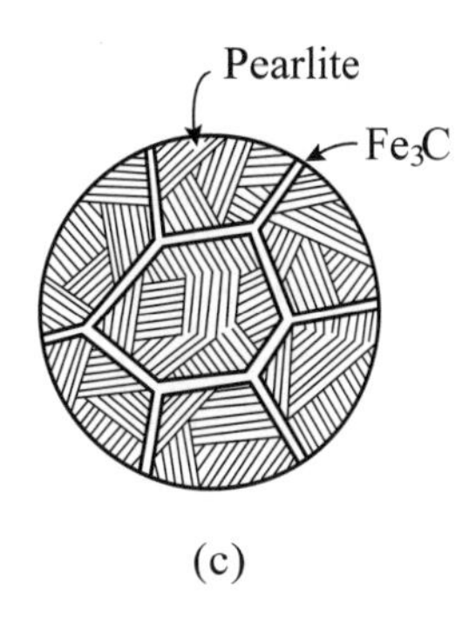

그림 9.5 • 과공석의 미세조직. 오스테나이트 영역으로부터 서냉된 과공석강 0.8w/o C 이상을 포함하고 있는 여러 온도에서 다음과 같은 미세조직을 갖고 있다 : (a) 오스테나이트 영역에 있어서 시편은 완전히 오스테나이트이다 ; (b) 공석등온선 바로 위에서 오스테나이트 결정립은 세멘타이트(Fe_3C)의 결정립계 층에 의해 싸여 있다 ; (c) 공석온도 아래에서는 오스테나이트가 펄라이트(pearlite)로 변태하였다.

느린 냉각 시, 아공석 세멘타이트가 840℃에서 형성되기 시작하고, 오스테나이트 결정립계에 먼저 나타나기 시작한다. 공석온도 약간 위에서 이 강의 미세조직은 그림 9.5(b)에서 보여지듯이 6.8퍼센트 세멘타이트와 93.2퍼센트 오스테나이트를 포함한다. 초기 세멘타이트는 오스테나이트의 결정립계에 매우 얇은 층으로서 존재한다. 공석온도 아래로 냉각하면, 오스테나이트는 펄라이트로 변태한다. 그리고 실온 미세조직(그림 9.5c)은 초기 세멘타이트와 공석미세구성물을 포함한다.

오스테나이트-플러스-세멘타이트 구간 내의 온도에 오랜 시간 동안 유지한 과공석강시편은 세멘타이트의 결정립계 형태(그림 9.5b)를 유지하지 않는다.

초기 세멘타이트는 오스테나이트 결정립계에 얇은 외피(envelope)형태로 형성되기 때문에(그림 9.6a) 높은 표면에너지를 가지고 있고 그것은 세멘타이트의 합체화(coalescence)와 구형화(spherodization)에 의해 낮아질 수 있다. 2상영역에서의 장시간 가열은 이 반응을 발생하게 하고, 그 결과 나타나는 미세조직은 그림 9.6(b)에 보여졌다. 서냉함으로서 오스테나이트 기지는 공석변태한다(그림 9.6c). 그러한 열처리는 기하형상적으로 높은 체적-대비-표면 에너지를 갖는 어떠한 형태의 상(phase)도 합쳐지도록 한다.

과공석강의 여러 미세조직이 그림 9.7에 보여진 1.20w/o C합금의 미세조직 사

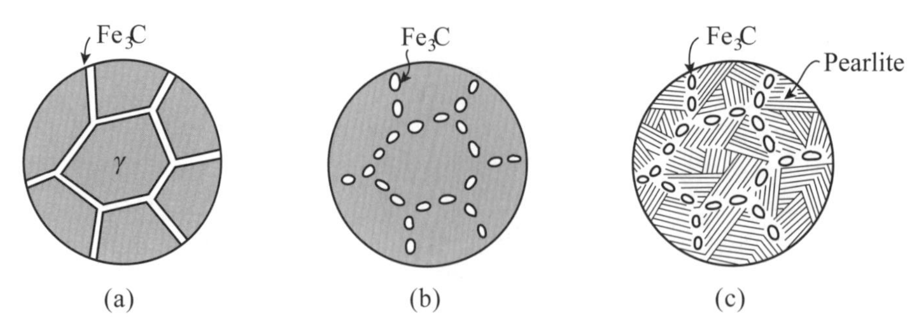

그림 9.6 • 과공석구상화(hypereutectiod spherodization). 과공석강에서 (a)에 보여진 것과 같이 오스테나이트 결정립계에 있는 얇은 층의 Fe_3C는 (b)에서 보여진 두상 $\gamma + Fe_3C$ 부분에 장기간 가열하면 부서져 구형화된다. 공석온도 이하에서의 냉각 시 이들 시편의 오스테나이트는 공석미세구성물로 변태된다.

진들에 의해 예시되었다. 1000℃로부터 실온까지 느린 속도로 냉각될 때 우리는 시편에서 세멘타이트가 결정립계에 둘러쌓이는 것을 볼 수 있다(그림 9.7a). 그 미세조직은 이전 오스테나이트의 결정립계에 있는 초기 세멘타이트 그리고 펄라이트로 구성된다. 높은 배율에서(그림 9.7b) 우리는 아공석 1040강(그림 9.2b)에서 발견하였듯이, 초석(proeutectoid) 상은 공석미세구성물의 페라이트 층상구조와 연속적이 아니라는 것을 볼 수 있다. 이것은 초기 상이 초석 세멘타이트임을 확인

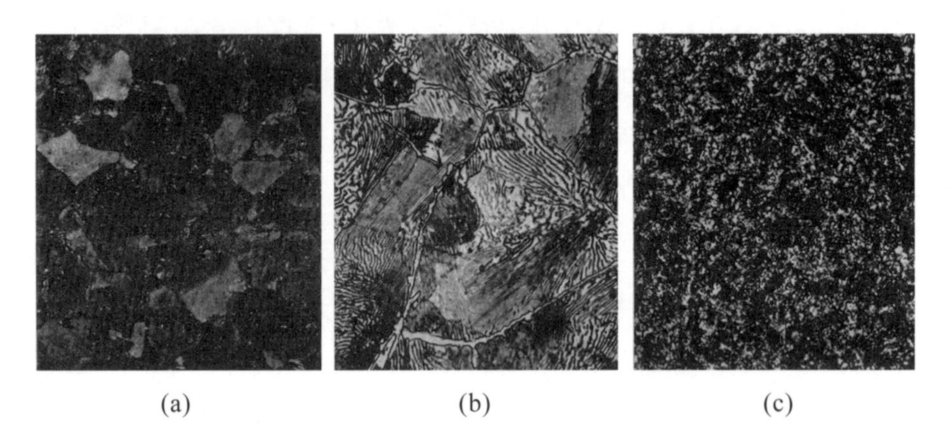

(a) (b) (c)

그림 9.7 • 1.2w/o C강의 미세조직. 오스테나이트 구간에서 노냉한 1.20w/o C를 포함한 과공석강은 초기 세멘타이트 층에 의해 둘러싸인 펄라이트 결정립의 미세조직을 갖는다. (a) 150배에서 펄라이트는 보이지 않는다 ; 그러나 (b)과 같이 500배에서는 공석미세구성물에서 페라이트 판상이 상경계에 의해 초기 세멘타이트로부터 분리되어 있는 것을 볼 수 있다. (c) $\gamma + Fe_3C$ 부분에서 가열하면 초기 세멘타이트가 타원체가 된다. 이 구조는 150배에서 본 것이다. 식각액, nital과 picral.

한다. 800℃에서 서냉된 1.20 w/o C강 시편은 연속적인 세멘타이트의 입계연결망(grain boundary network)을 갖지 않는다. 세멘타이트는 합체화(coalescence)에 의한 표면 에너지의 감소에 기인한 구형의 형태(그림 9.7c)로 존재한다.

9.5 오스테나이트의 등온변태(isothermal transformation)

만약 어떤 강이 오스테나이트인 온도에서부터 공석등온 바로 아래 온도로 냉각되면, 펄라이트가 즉시 형성되지는 않는다. 오스테나이트로부터 펄라이트의 형성은, 세멘타이트와 페라이트 층상구조 속으로 탄소의 재배열 및 재분배를 필요로 한다; 다시 말해서, 그것은 확산과정이다.* 그리고 확산이 일어나기 위해서는 일정량의 시간이 필요하다. 1080강을 공석온도 아래 여러 온도로 급냉하고 그 각 온도에서 펄라이트가 형성될 때까지 유지하는 경우를 생각해 보자. 실험적으로 어떤 온도의존성을 발견할 수 있다. 이것은 등온변태도(isothermal transformation diagram)를 사용하여 설명되어질 수 있다(그림 9.8).

9.5.1 등온변태도(isothermal transformation diagram)

등온변태도는 필수적으로 두 개의 곡선으로 구성된다. 첫 번째 것이 여러 온도에서 오스테나이트로부터 펄라이트 변태가 시작되는 시간들의 궤적이다. 그리고 두 번째는 변태가 완료되는 시간들의 궤적이다. 1080강 시편이 900℃에서 700℃로 급냉되고 이 온도에 유지된다면, 오스테나이트의 펄라이트로의 분해가 100초에서 시작된다. 그리고 우리가 그림 9.8의 도표를 참고하면 볼 수 있듯이 10^5초에서 완성된다. 변태도의 구역들은 이러한 온도와 시간에서 존재하는 상들에 의해 표시되었다. 변태의 시작을 나타내는 곡선의 왼쪽으로 그리고 공석온도 위에서는 미세조직에 오직 오스테나이트만이 존재한다. 그리고 이 구역은 *A*로 표시되었다. 시작과 완료곡선 사이에서 시편은 오스테나이트와 펄라이트(페라이트와 세멘타이

* 확산은 열적 움직임 또는 농도변화에 의한 원자의 이동이다. 원자의 확산이 필요한 모든 과정을 확산과정(diffusional process)이라고 한다. 11장에서 확산에 대해 더 자세히 논의할 것이다.

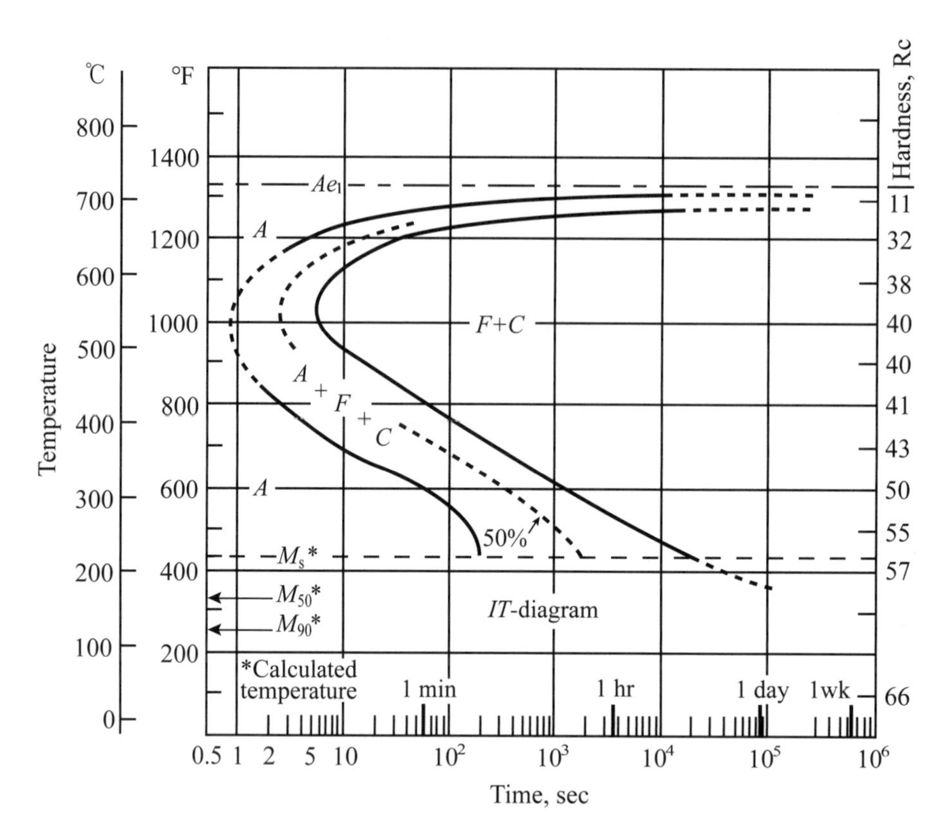

그림 9.8 • 등온변태도(isothermat transformation diagram): 1080강. 등온변태도는 오스테나이트가 페라이트와 세멘타이트로 변태되는 것을 나타낸다. 다음 명칭들이 사용된다 : A, 오스테나이트 ; F, 페라이트 ; C, 세멘타이트 ; Ae_1, 공석등온선. 왼쪽 곡선은 변태의 시작을 나타내고 오른쪽 곡선은 변태의 완료를 나타낸다. (이 그림은 *Atlas of Isothermal Transformation Diagrams*, U. S. Steel Company, Pittsburgh, 1951의 허가 하에 게재되었다.)

트)를 포함한다. 그리고 이 구역은 $A + F + C$로 명칭되어진다. 시편이 전체적으로 변태된 후에, 단지 공석미세구성물만이 존재한다. 그리고 그 영역은 $F + C$로 구분된다. 등온선 A_{e1}은 공석등온선(eutectoid isotherm)을 나타낸다.

9.5.2 C-곡선 거동(C-curve behavior)

그림 9.8의 등온변태도는 대부분의 강을 대표하는 것이며 C-곡선 거동이라 불리는 것을 나타낸다. 높은 온도, 예를 들면 700℃에서 변태는 느리다; 낮은 온도,

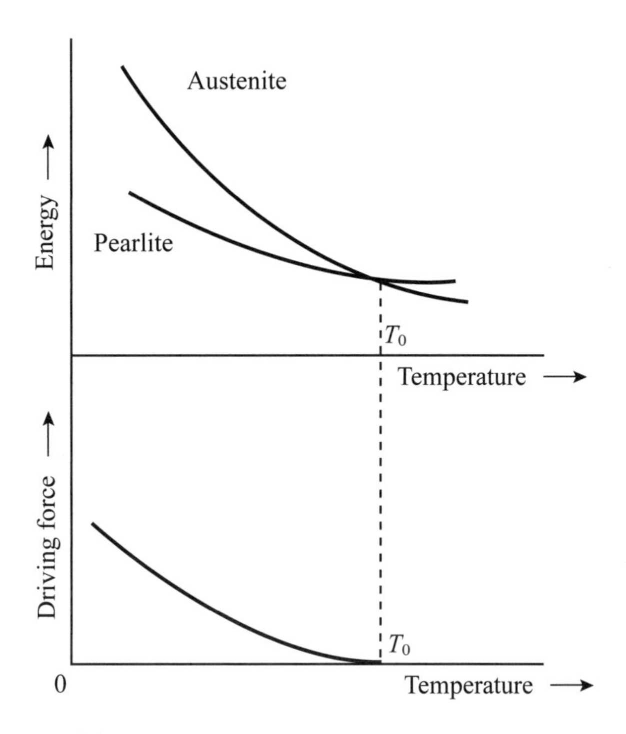

그림 9.9 • 공석반응의 구동력(driving force). 오스테나이트와 펄라이트의 에너지가 위 그래프에 온도의 함수로 나타내어졌다. 공석온도 T_0 이상의 온도에서는 오스테나이트가 펄라이트보다 낮은 에너지를 갖지만 T_0 이하의 온도에서는 펄라이트가 낮은 에너지를 갖는다. 오스테나이트와 펄라이트 사이의 에너지 차가 공석반응의 구동력이다. 구동력은 (그림 9.10) 그래프에 나타나있다. T_0에서는 0이고 온도가 감소함에 따라 증가한다.

예를 들면 540℃에서, 그것은 매우 빠르다; 그리고 여전히 매우 낮은 온도, 예를 들면 300℃까지 변태는 다시 느려진다. 등온변태도에서 곡선의 형태는 또한 문자 *C*의 형태로 닮았다.

C-곡선 거동의 설명은 오스테나이트로부터 펄라이트로 변태에 대한 구동력과 확산에 대한 열적 활성화 사이의 상호작용에 따른다. 공석 반응에 대한 구동력은 오스테나이트의 에너지와 반응의 결과로 나타나는 페라이트와 세멘타이트 미세구성물의 에너지 차이이다. 이 차이는 그림 9.9에 온도의 함수로 보여졌다. 펄라이트의 에너지는 공석온도 T_0 아래 모든 온도에서, 오스테나이트의 에너지보다 낮다. 그러나 에너지 차이, 즉 반응에 대한 구동력은 T_0 아래로 온도가 감소함에

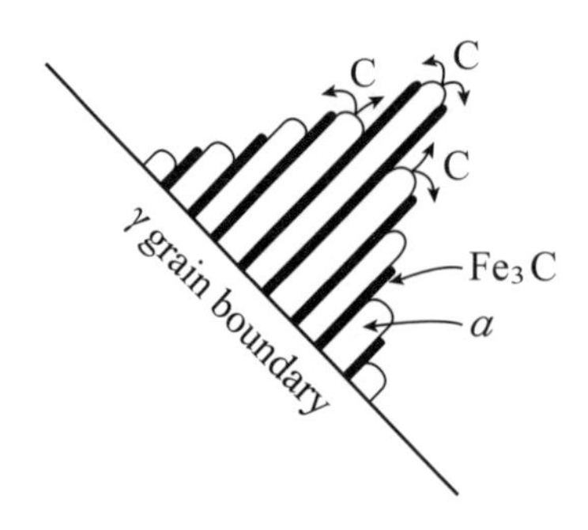

그림 9.10 • 펄라이트(pearlite)의 형성. 펄라이트는 확산과정에 의해 형성된다. 탄소원자가 농축되어서 세멘타이트 판상을 형성한다. 이 농축 현상으로 주위 영역은 탄소가 고갈되고 페라이트 판상이 원래의 세멘타이트 판상 옆에 생긴다. 이런 식으로 세멘타이트와 페라이트가 교대로 층을 이루는 구조가 공석미세구성물을 구성한다.

따라 증가한다.

확산은 펄라이트 변태에 필수적이다. 왜냐하면 균일한 탄소함량의 오스테나이트가 낮은 탄소 함량의 페라이트와 높은 탄소 함량의 세멘타이트로 분해해야 하기 때문이다. 펄라이트가 핵생성하거나 또는 페라이트와 세멘타이트의 교차 적층판을 형성하기 시작하고 탄소원자의 재분배를 필요로 한다. 그림 9.10에서 보였듯이 .80w/o C의 모상 오스테나이트는 .025w/o C의 페라이트 플레이트와 6.67w/o C의 세멘타이트 플레이트를 형성해야만 한다. 탄소원자는 성장하는 페라이트 판(plates) 앞에서 확산되어 나와서 성장하는 세멘타이트 층(lamellae) 앞에 농축된다. 확산은 열적으로 활성화된다. 따라서 확산속도는 온도가 증가함에 따라 지수적으로 증가한다.

펄라이트 반응이 최대 속도로 진행하기 위해서는, 확산속도와 구동력의 최상의 결합을 가지는 것이 필요하다. 공석선 가까이 높은 온도에서, 확산속도는 높다. 그러나 반응에 필요한 구동력은 낮다. 낮은 온도에서는 그 반대다; 구동력은 크나 확산속도는 느리다. 확산속도와 구동력의 최상의 결합이 일어나는 저 중간 온도가 등온변태도의 곡선이 세로축에 가장 근접한 온도이다. 이것을 변태도의 "코(nose)"라고 한다.

9.5.3 코 위에서의 펄라이트(pearlite)의 형성

공석온도에 근접한 온도에서의 높은 확산속도 때문에, 이 온도에서 형성된 펄라이트는 매우 조대하다. 다시 말해서 페라이트와 세멘타이트 층이 매우 두껍다. 등온변태 온도가 낮아짐에 따라 확산속도는 감소하고 펄라이트는 C-곡선의 코에 이를 때까지 점점 더 미세하게 되어서, 광학현미경으로는 페라이트와 세멘타이트의 각 판을 볼 수 없게 너무 미세하게 될지도 모른다. 상태도의 코 아래에서는 확산이 매우 느려서 더 이상 펄라이트가 형성되지 않는다. 그 구역에서 페라이트와 세멘타이트의 또 다른 미세구성물이 발견되었는데 그것을 베이나이트라고 불리운다.

9.5.4 코 아래에서의 베이나이트(bainite) 형성

베이나이트 구조는 탄소의 확산속도가 코 아래 온도에서 매우 느리기 때문에 펄라이트와 다르다. 확산속도가 탄소원자로 하여금 먼 거리를 이동하게 하기에는 너무 느리다. 그리고 이 온도에서는 세멘타이트의 층상 형상은 실현될 수가 없다. 베이나이트 형성은 그림 9.11에서 개략적으로 보여진다. 페라이트는 판상으로 나타난다. 그리고 세멘타이트는 페라이트 판상이 접한 부위에 작은 입자로 나타난다. 이러한 세멘타이트의 작은 입자는 광학현미경으로 관찰하기에 너무 미세하

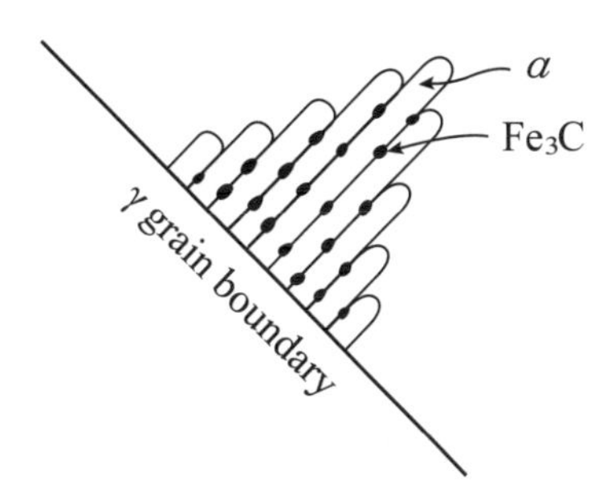

그림 9.11 • 베이나이트 형성. 베이나이트 형성은 확산에 의존한다는 점에서 펄라이트 형성과 비슷하지만 낮은 온도에서는 탄소의 확산이 제한을 받아 페라이트와 세멘타이트의 교대층상 대신 작은 세멘타이트 입자들이 페라이트 판상의 경계에 형성된다. 이들 세멘타이트 입자들은 너무 미세해서 광학현미경으로는 볼 수 없다.

다. 그러나 전자현미경으로 관찰할 수 있다.

베이나이트는 그것이 형성되는 온도에 따라 여러 미세구조 형태를 가진다. 등온변태도의 코 바로 아래에서 형성된 베이나이트는 윗 베이나이트 또는 깃털 베이나이트라고 불린다. 왜냐하면 그것은 새의 깃털 모양을 닮았기 때문이다(그림 9.11) 그리고 낮은 온도에서 형성된 베이나이트는 아래 베이나이트라 불리운다. 아래 베이나이트는 그것의 모양이 렌즈모양(lenticular)이라는 점에서 윗 베이나이트와 다르다.

9.5.5 등온변태속도론(isothermal transformation kinetics)

이 시점에서 여러 온도에서 등온변태 동안 일어나는 과정을 요약하는 것이 필요하다(그림 9.8). 등온변태온도로 급냉된 오스테나이트는 변태등온선과 반응-시작곡선의 교차점에서 페라이트와 세멘타이트 미세구성물(펄라이트 또는 베이나이트)로 변태한다. 변태는 반응-종료곡선에 도달할 때 완료된다. 변태 온도에 따라 펄라이트 또는 베이나이트가 생성된다. 시간 t에서 페라이트와 세멘타이트 미세구성물로 변태하는 오스테나이트의 분율 f는 다음과 표현으로 주어진다.

$$f = 1 - \exp[-\pi N G^3 t^4/3], \qquad (9.10)$$

여기서 N은 핵/cm^3-sec로 표현된 변태생성물의 핵생성 속도이고, G는 cm/sec로 표현된 성장속도이다. 시간 t는 초로 표현되고 변태온도에서 시편이 유지된 시간을 나타낸다. 이 표현은 그것을 처음 유도한 과학자들의 이름을 따서 존슨-멜(Johnson-Mehl)식이라 불리운다.*

만약에 변태된 분율[식(9.10)에 표현되었듯이]이 변태시간의 로그(log)로 그려진다면, 변태곡선의 결과는 그림 9.12에 보여진다. 식(9.10)의 곡선의 기울기인 변태속도는 처음에는 낮고 일정한 값으로 증가한다. 그리고는 변태의 완료 근처에서 다시 감소한다. 만약 변태곡선이 다음과 같은 온도 T_A, T_B, 그리고 T_C에 그려

* Johnson과 Mehl가 행한 연구는 *Trans. A. I. M. E.*, 135, 1939, p.416을 참고하시오.

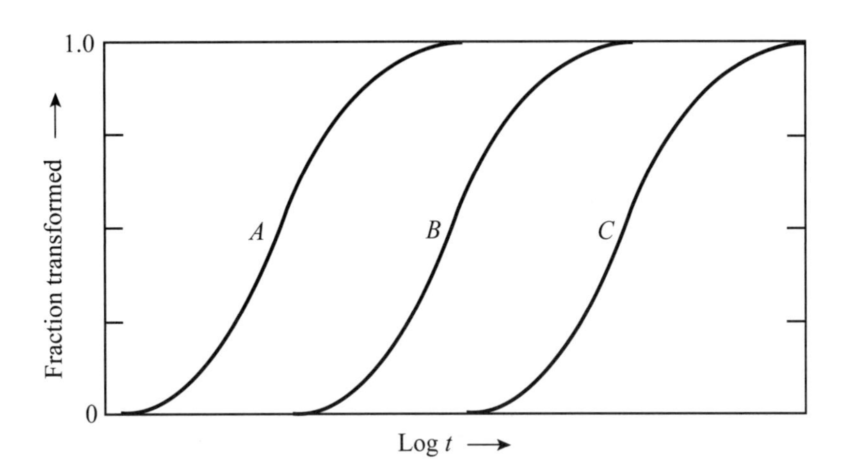

그림 9.12 • 등온변태의 속도론. 등온변태의 속도론은 역시 핵성성과 성장과정인 재결정화의 속도론과 유사하다. 변태속도는 처음에는 느리다가, 증가한 후, 다시 느려진다. C- 곡선의 코 이상에서 일어나는 반응에 대해서는 $T_A < T_B < T_C$인 반면에 코 이하의 변태에서는 $T_A > T_B > T_C$이다.

진다면

$$T_C > T_B > T_A > T_{nose}, \tag{9.11}$$

온도 T_A에서 반응곡선은 T_B에서의 그것 왼쪽에 있고, 이것은 또한 T_C의 그것 왼쪽에 있다. 왜냐하면 T_A에서의 반응이 더 높은 온도의 어느 것보다도 더 빠르기 때문이다. 이것은 그림 9.12의 곡선들에서 보여진다. 반응곡선의 또 하나의 특징은 변태가 시작하기 전 시간이 지연(lag)되는 잠복기간이다. 잠복기간은 C-곡선의 코 온도에 비해서 등온변태온도에 크게 의존한다.

그림 9.12에 보여준 변태온도가 등온변태도의 코 아래에 있다면 온도 T_A, T_B, T_C는 다음과 같이 코의 온도와 관계된다.

$$T_{nose} > T_B > T_A > T_C . \tag{9.12}$$

이것은 예상하던 바이다. 왜냐하면, 베이나이트는 변태도의 코에 근접한 온도에서 가장 빠르게 형성되고 낮은 온도에서는 보다 느리게 된다.

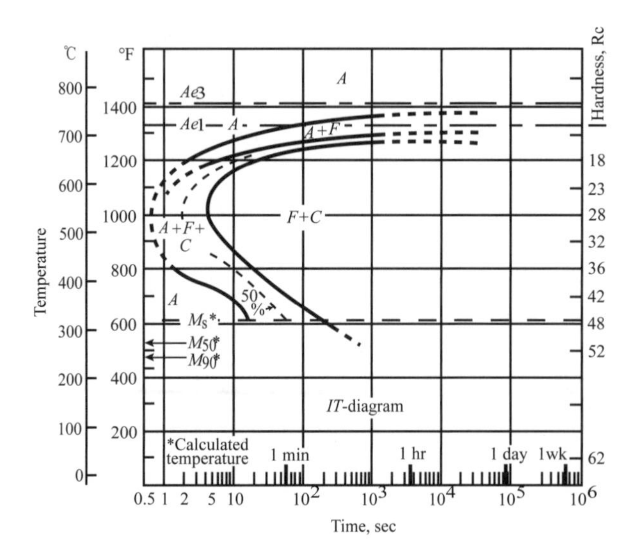

그림 9.13 • 등온변태도: 1050강. 1050강(0.50 w/o C)의 등온변태도는 1050강의 그림에서 선공석 페라이트 형성의 시작을 나타내는 곡선이 포함되었다는 것을 제외하고는 그림 9.8의 공석(1080) 강의 변태도와 비슷하다. Ae_3 온도는 오스테나이트가 오스테나이트와 페라이트로 분해되는 온도이다. (이 그림은 *Atlas of Isothermal Transformation Diagrams*, U. S. Steel Company, Pittsburgh, 1951의 허가 하에 게재되었다.)

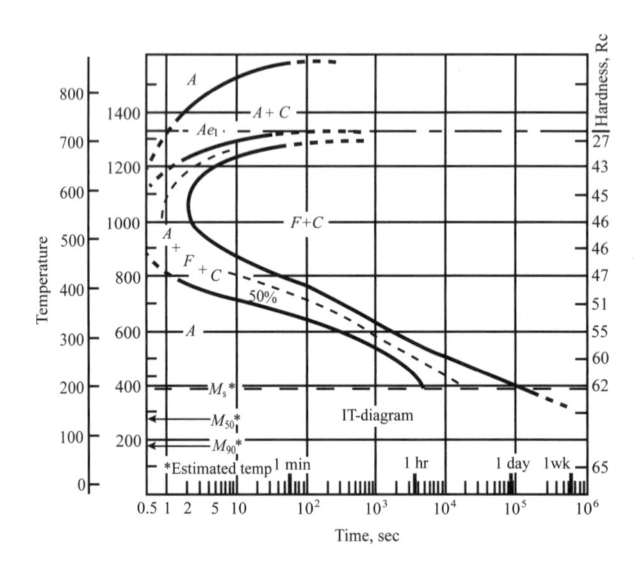

그림 9.14 • 등온변태도: 1095 개량탄소강. 1095 개량탄소강(0.95 w/o C, 0.91 w/o Mn)의 등온변태도는 초석 세멘타이트의 변태 시작을 나타내는 곡선이 포함되었다는 점을 제외하고는 1080강(그림 9.8)과 비슷하다. (이 그림은 *Atlas of Isothermal Transformation Diagrams*, U. S. Steel Company, Pittsburgh, 1951의 허가 하에 게재되었다.)

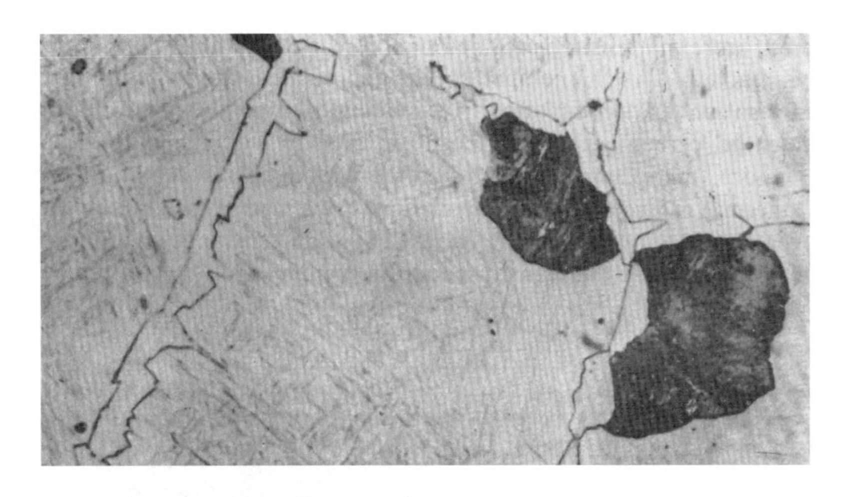

그림 9.15 • 부분 변태된 1070강. 이것은 부분 변태되어서 전오스테나이트 입계에 생성된 초정 페라이트, 등온변태 동안 형성된 펄라이트 노듈(nodules), 실온까지 급냉되는 동안 형성된 마르텐사이트로 구성된 미세조직의 사진이다. 열처리는 다음과 같다 : 2000℉, 1시간 ; 1250℉, 90초, 납욕(molten lead) 급냉 ; 실온으로 수냉. 식각액, nital ; 배율 500배. (사진은 L. Markowitz and S. Schretter, Division of Engineering, Brown University로부터 게재되었다.)

9.5.6 아공석과 과공석 변태

아공석 또는 과공석강이 오스테나이트 영역으로부터 급냉된다면, 그것의 등온변태도는 초석 페라이트 또는 세멘타이트의 형성이 등온변태도 위에 보여져야 된다는 것을 제외하고는 그림 9.8의 것을 닮는다. 아공석 1050강과 1.13w/o C(C 개량된 1095)를 포함하는 과공석강의 C-곡선이 그림 9.13과 그림 9.14에 각각 보여졌다.

어떤 특정한 등온-변태온도에서 단지 부분적으로 변태된 합금은 오스테나이트, 페라이트, 그리고 세멘타이트를 포함하는 미세조직을 가진다. 이 조건에서 샘플이 실온으로 급냉된다면, 초석 상과 펄라이트가 잔류한다. 그러나 오스테나이트는 준안정 마르텐사이트로 변태한다.* 이 방식으로 처리된 1070강의 현미경사진이 그림 9.15에서 보여졌다. 미세조직은 마르텐사이트 기지 내에 초석 페라이트와 여러 개의 펄라이트 반점(patch)을 포함하고 있다.

* 마르텐사이트는 9.6절에서 상세히 논의될 것이다.

9.6 마르텐사이트 변태(martensite transformation)

오스테나이트상은 아무리 빠른 급냉속도를 사용하더라도 실온에서 보존될 수 없다. 이러한 방법에서 철-탄소계는 구리-아연계와 다르다. 후자의 경우, Muntz 금속의 고온 β-상은 빠른 급냉에 의해 유지될 수 있다(8.5.2절을 보시오). 빠른 급냉에서 오스테나이트의 변태는 공석미세구성물을 형성하기 위한 분해가 아니라 마르텐사이트라 불리는 비평형 미세구성물의 형성이다. 마르텐사이트는 그림 9.16에 보여진 것처럼 렌즈-모양의 판상을 형성한다.

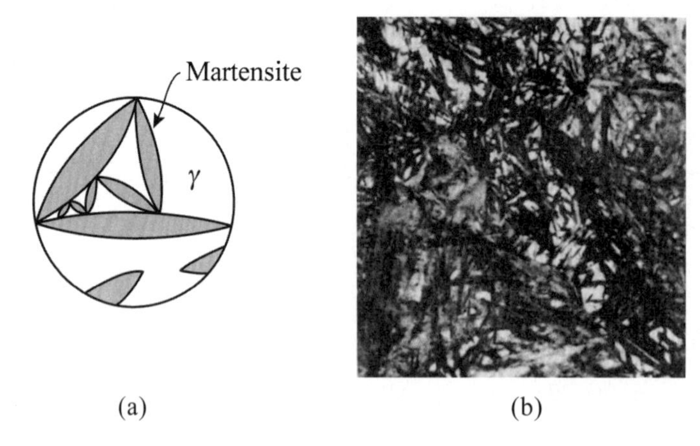

그림 9.16 • 마르텐사이트 판상. (a) 마르텐사이트는 오스테나이트 기지에 렌즈 형태나 바늘 모양의 판상으로 형성된다. 이들 판상은 마르텐사이트 변태의 자동촉매성질에 의해 지그재그 형태로 된다. (b) 1000℃에서부터 수냉된 1.2 w/o C 강의 마르텐사이트 미세조직. 식각액, 나이탈(nital)과 피크럴 벌(picral) ; 배율 500배.

마르텐사이트 변태는 철-탄소계에만 한정되는 것이 아니고 구리-아연, 철-니켈, 금-카드뮴, 코발트-니켈과 같은 많은 다른 계에서도 발견된다. 마르텐사이트 변태는 펄라이트 반응이나 핵생성과 성장에 의해 발생하는 재결정 같은 변태와 많은 부분에서 차이가 있다. 마르텐사이트 변태는 그 반응이 다음과 같다는 사실로 특징 지워진다. (a)비열적이다(athermal), (b)변위적이다(displacive), (c)무확산(diffusionless)이다, (d)이력현상(hysteresis)을 보인다, (e)약간은 등온과정이다, (f)자기촉매성(autocatalytic)이다.

9.6.1 마르텐사이트 변태의 비열적(athermal)성질

만일 강 시편이 오스테나이트 영역으로부터 등온변태도의 코 아래이면서 M_s(Martensite start temperature)온도 바로 위까지 빠르게 급냉된다면, 그것은 어느 정도의 시간 경과 후에 베이나이트로 변태할 것이다(그림 9.13). 대신 강이 M_s 온도 바로 밑까지 급냉되었다면 마르텐사이트가 형성될 것이다. 마르텐사이트 변태의 특징 중의 하나는 그것이 비열적(athermal)이라는 점이다. - 그것은 특정 온도에서 시간의 함수로써 발생하기보다는 온도의 함수로써 발생한다. M_s온도는 마르텐사이트 시작온도이다. 이 온도에서 마르텐사이트가 오스테나이트로부터 처음 형성되기 시작한다. 시편의 온도가 낮아짐에 따라, 마르텐사이트 종료, 또는 M_f 온도에 도달할 때까지 더 많은 마르텐사이트가 생성된다. 이 온도에 도달함에 따라, 오스테나이트-마르텐사이트 변태는 거의 완성된다. 특정 온도에서 냉각에 의해 형성되는 마르텐사이트의 분율을 지적하기 위한 중간 온도들이 표시되어 있다. 예를 들면 그림 9.13의 M_{50} 또는 M_{90}온도와 같은 것들이다. 변태의 비열적성질은 온도 대 마르텐사이트 퍼센트의 그래프(그림 9.17)로 나타나 있다. 마르텐사이트는 M_s온도에서 형성되기 시작하고 변태는 M_f온도에서 완료된다.

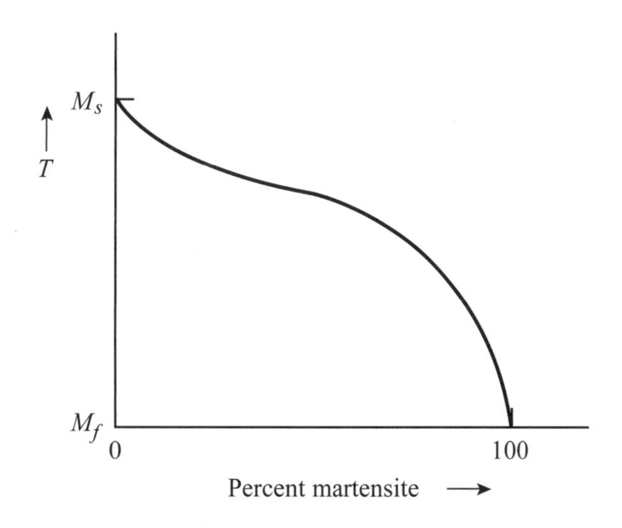

그림 9.17 • 마르텐사이트 변태의 비열적 성질. 마르텐사이트는 비열적으로 형성된다. 마르텐사이트 시작온도(M_s)에 도달할 때까지는 마르텐사이트가 형성되지 않고 형성된 마르텐사이트의 양은 합금이 급냉된 가장 낮은 온도에 의존한다. 마르텐사이트 완료 온도(M_f)에서 100% 마르텐사이트가 형성된다.

9.6.2 마르텐사이트의 변위적 특성(displacive nature)

마르텐사이트 변태는 오스테나이트에서 마르텐사이트로의 반응에 격자의 전단(shearing)이 수반된다는 점에서 변위적이라(displacive) 할 수 있다. 전단의 명확한 증거는 다음의 실험을 행함으로서 알 수 있다. 그림 9.18에 보여지는 것처럼 오스테나이트 시편의 금속조직학적으로 연마된 표면 위에 선들을 그었다. 그리고 나서 시편은 마르텐사이트 온도 구역까지 급냉되었다. 그어진 선들은 더 이상 직선이 아니고 각각의 마르텐사이트의 판을 가로지를 때 굽어진다(그림 9.18b). 변위는 그림 9.18(c)에서 단면에 보여졌는데, 여기서 표면 융기(upheaval)가 매우 두드러진다. 급냉 전에 변형된 강의 시편은 같은 합금의 변형되지 않은 시편보다 높은 M_s온도를 갖는다. 이 변형(deformation) 동안 생긴 변형(strain)은 오스테나이트에서 마르텐사이트로의 변태에서 수반되는 전단에 도움을 주는 것이다.

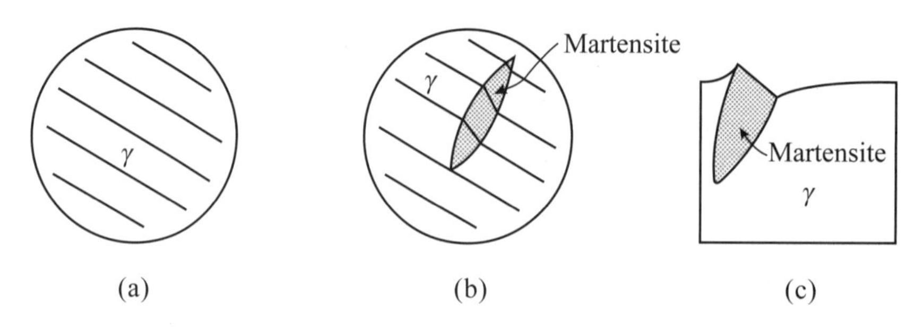

그림 9.18 • 마르텐사이트 변태의 변위적 특성(displacive nature). (a)에서와 같이 오스테나이트의 연마된 표면에 기준선들을 새겨 넣고 시편을 M_s 이하로 냉각시키면, (b)에 보이는 것처럼 마르텐사이트가 형성되고 새겨진 표시가 이동되어 마르텐사이트 판상을 가로지른다. (c) 마르텐사이트 변태로 인한 표면융기(surface upheaval)현상을 보여준다.

9.6.3 마르텐사이트 변태의 무확산적 특성(diffusionless nature)

마르텐사이트 변태는 무확산적이다. 즉, 오스테나이트와 마르텐사이트는 같은 화학조성을 갖는다. 그렇다면 이것이 오스테나이트로부터 펄라이트로의 공석강의 변태와 같다는 것인가? 대답은 아니다이다. 공석반응은 확산을 수반한다. 오스테나이트 격자 전체를 통해 침입형 자리에 고르게 분포되어 있는 탄소원자는

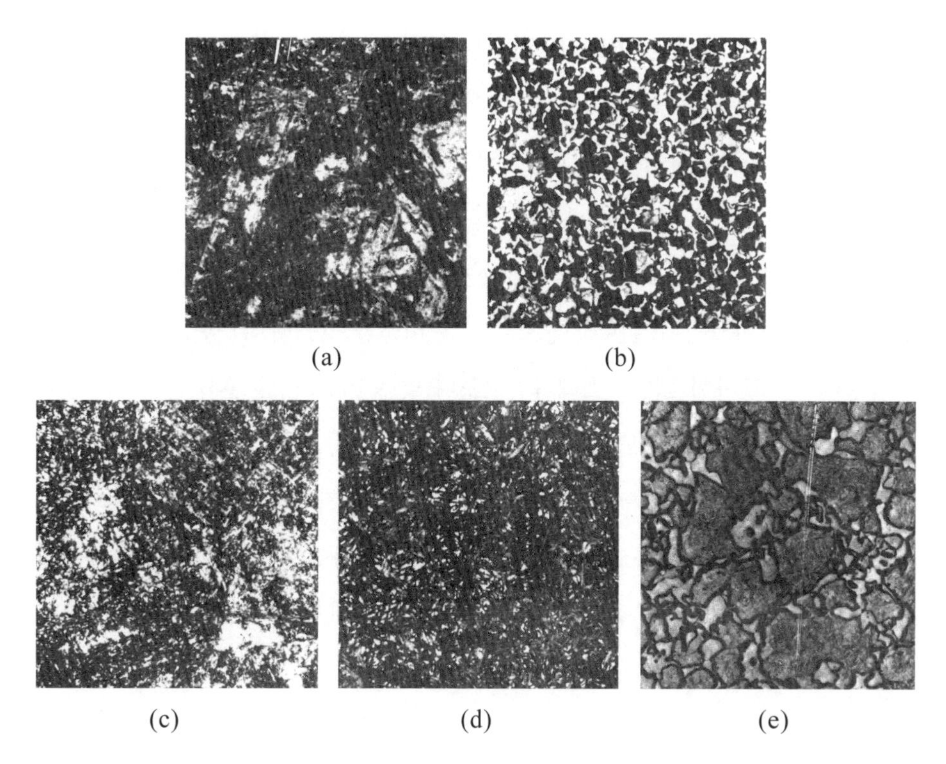

그림 9.19 • 마르텐사이트의 미세조직. (a) 1040강, 900℃에서 수냉한 완전-마르텐사이트 미세조직; (b) 1040강, 페라이트와 마르텐사이트 구조를 만들기 위해 750℃에서 수냉됨; (c) 1080 강, 완전-마르텐사이트 미세조직을 형성하기 위해 1000℃에서 수냉됨; (d) 1.2 w/o C 강, 완전-마르텐사이트 미세조직을 형성하기 위해 1000℃에서 수냉됨; (e) 1.2 w/o C 강, 초기 세멘타이트와 마르텐사이트를 형성하기 위해 800℃에서 수냉됨. 식각액, nital과 picral; 배율 150배.

높은 탄소함량의 세멘타이트와 낮은 탄소함량의 페라이트 판상을 형성하기 위해 재분배되어야 한다. 마르텐사이트 반응은 가장 빠른 급냉율에 의해서도 억제될 수 없고, 용질의 어떠한 확산도 가용한 시간이 없다.

오스테나이트 구역으로부터 급냉된 아공석강과 과공석강은 원강(original steel)과 같은 조성의 마르텐사이트로 변태한다. 급냉 과정에서 초석 페라이트나 세멘타이트를 형성할 충분한 시간이 없다. 단지 강이 2상영역, 즉 페라이트 플러스 오스테나이트 또는 오스테나이트 플러스 세멘타이트로부터 급냉된다면, 초기상이 존재할 것이다. 그림 9.19는 그와 같은 강의 미세조직을 그린 것이다.

9.6.4 마르텐사이트 변태의 이력현상(hysterisis)

냉각 중에 마르텐사이트는 M_s온도에서 오스테나이트로부터 형성되기 시작한다. 가열 중에 마르텐사이트로부터 오스테나이트의 형성의 시작은 A_s온도에서이다. A_s는 일반적으로 M_s와 다르다. 그리고 이것은 변태에서의 이력현상을 말한다. 이 이력현상은 그림 9.20에 묘사되었는데 그것은 강의 비중 대 온도의 그래프이다. 오스테나이트는 조밀(fcc) 구조와 높은 비중을 갖는다. 철-탄소계에서 체심정방정인 마르텐사이트는 오스테나이트보다 낮은 비중을 갖는다. 변태는 가열과 냉각 시에 강의 비중을 온도의 함수로 측정함으로써 추적될 수 있다.

오스테나이트가 냉각됨에 따라, 그것의 비중은 증가한다. M_s온도에서 마르텐사이트가 형성되기 시작하고, 합금의 비중은 오스테나이트선을 따라 증가하지 않고 감소하기 시작한다. M_f온도에서 시편은 전체가 마르텐사이트이고 같은 온도

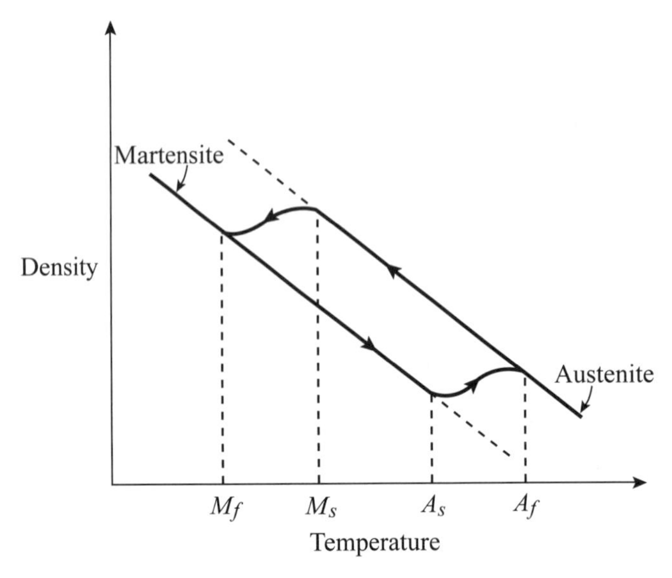

그림 9.20 • 마르텐사이트 이력곡선. 온도에 따른 비중(density)을 측정함으로써 마르텐사이트 변태에 관여된 이력곡선을 결정할 수 있다. 오스테나이트가 냉각됨에 따라 M_s온도에 도달할 때까지 밀도가 증가한다. 이 온도에서 마르텐사이트(오스테나이트보다 낮은 비중을 가진)가 형성되기 시작하고 합금의 비중은 감소한다. M_f온도에 도달하고 100% 마르텐사이트가 되고 나서야 비로소 앞으로 진행되는 냉각에 대해 비중이 증가하기 시작한다. 마르텐사이트를 가열시 A_s에 도달할 때까지 비중은 감소한다. 이 점에서 오스테나이트가 형성되기 시작한다. A_s 와 M_s는 수백 ℃ 정도 떨어져 있다.

에서 오스테나이트보다 낮은 비중을 갖는다. M_f 이하의 온도에서, 온도가 감소함에 따라 시편의 비중은 증가한다. 만일 마르텐사이트가 가열되면, 그것의 비중은 A_s 온도에 도달할 때까지 감소한다. 오스테나이트 시작과 종료 온도 사이에서 비중은 마르텐사이트 비중부터 오스테나이트 비중까지 증가한다. A_f 온도 이상에서 합금은 오스테나이트 비중을 나타내는 곡선을 따른다.

M_s와 A_s 사이 폐곡선의 크기인 이력현상은, 철계 마르텐사이트에서 매우 크고 (그것은 섭씨 수백도일는지도 모른다), 다른 계에서는 매우 작을 수도 있다.

9.6.5 등온(isothermal) 마르텐사이트

우리는 9.6.1절에서 마르텐사이트 변태의 비열적(athermal) 성질을 알아보았다. 그러나 비열적 마르텐사이트에 더해서 형성되는 등온 마르텐사이트도 있다. 만약 시편이 특정 온도로 급냉된다면, 얼마만큼의 비열적 마르텐사이트가 급냉 동안 형성된다; 그러나 만일 그 이후 시편이 더 높은 온도로 가열된다면, 추가적인 마

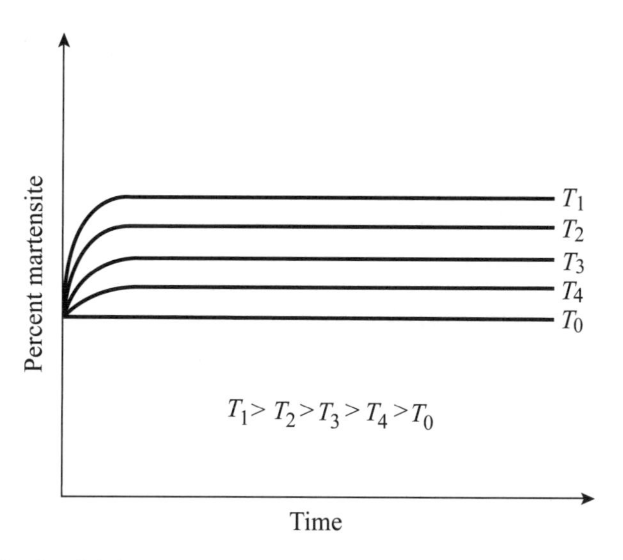

그림 9.21 • 등온 마르텐사이트. 오스테나이트 영역에서부터 M_s 온도 이하인 온도 T_0까지 급냉된 일련의 시편은 비열적으로 형성된 마르텐사이트가 몇 % 정도 존재한다. 만약 시편이 온도 $T_1 > T_2 > T_3 > T_4 > T_0$로 이동되어 장시간 동안 유지된다면 일부 마르텐사이트는 등온적으로 형성된다. T_1에서보다 T_2에서 더 많은 마르텐사이트가 형성되지만 등온 마르텐사이트 형성에 대한 C- 곡선 거동을 보이는 T_3나 T_4' 에서보다는 적게 형성된다.

르텐사이트가 등온적으로 형성된다. 후자 유형의 마르텐사이트는 전체 마르텐사이트의 단지 일부분만을 구성한다. 그림 9.21은 마르텐사이트 변태의 등온거동을 묘사한다.

M_s 밑의 T_0온도로 급냉된 시편은, 어느 정도 분율의 비열적 마르텐사이트를 형성한다. 만약 온도가 T_1으로 올려지면, 더 많은 마르텐사이트가 T_1에서 등온적으로 형성된다. 더 낮은 온도 T_2에서는, T_1보다 더 많은 마르텐사이트가 등온적으로 형성된다. 그러나 아직 여전히 낮은 T_3, T_4에서는, T_1 보다 적은 등온 마르텐사이트가 형성된다. 이것은 펄라이트의 등온 형성에서 볼 수 있는 것과 똑같은 C-곡선 거동을 등온 마르텐사이트에 대해서도 보여준다.

9.6.6 마르텐사이트 변태의 자기촉매성(autocatalytic nature)

마르텐사이트 변태의 전단 또는 변위성은 반응 동안 어떤 응력의 형성을 요구한다. 형성된 각각의 마르텐사이트 판상 주위에는 다음 마르텐사이트 판상의 형성에 의해 제거될 수 있는 응력장이 존재한다. 이 두 번째 판상은 그 자신의 응력장을 발생하고, 따라서 각 판상은 다른 마르텐사이트 판상의 형성을 위한 촉매로서의 역할을 한다. 이것은 금속조직학에서 종종 마주치게 되는 마르텐사이트 판상의 지그재그 형상(그림 9.16)을 설명한다.

9.6.7 마르텐사이트 시작온도(M_s temperature)

마르텐사이트 시작온도는 강 또는 철계합금의 매우 중요한 특징이다. M_s는 여러 합금원소의 첨가에 따라 변하고 경험식*에 의해 다음과 같이 계산되어질 수 있다.

$$M_s\,(°F) = 1000 - 650(w/o\ C) - 70(w/o\ Mn) - 35(w/o\ Ni) - 70(w/o\ Cr) - 50(w/o\ Mo). \quad (9.13)$$

* 이 식은 Grange and Stewart에 의해 결정되었다. *Trans. A. I. M. E., 167* (1946), p.467

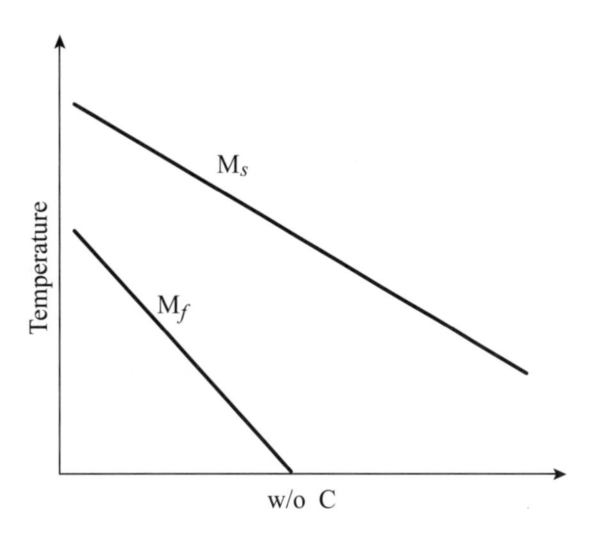

그림 9.22 • 일반탄소강의 M_s온도. 일반탄소강의 마르텐사이트 시작 및 종료 온도는 탄소농도가 증가함에 따라 감소한다. 일부 강에서 M_s 온도는 실온 이상이지만 M_f는 실온 이하이어서 완전 마르텐사이트 구조를 만들기 위해서는 냉각이 필요하다.

일반적으로 일반탄소강(plain carbon steel)에서 마르텐사이트 시작온도는 그림 9.22에 보여진 것처럼 탄소 함량이 증가함에 따라 감소한다. M_f온도 역시 탄소 함량의 증가에 따라 감소한다. 그러나 M_s보다 더 큰 비율로 감소한다. 몇몇 경우에 M_s는 실온 바로 위일지도 모르고 M_f는 너무 낮아서 오스테나이트-마르텐사이트 변태를 완료하기 위해서는 냉동이 요구될지도 모른다.

9.7 연속 변태(continuous transformation)

만일 우리가 오스테나이트 영역으로부터 여러 다른 냉각속도로 강의 냉각이 일어나는 동안 미세조직적 변화를 해석하기 위해 등온변태도를 이용한다면 우리의 결론은 단지 어림(approximation)일 뿐이다. 등온변태도는 등온변태의 기초 위에 결정되었고 연속변태에는 적용하지 않는다. 다시 말해 그러한 변태는 특정 등온변태 온도에서라기보다는 냉각하는 동안 발생하는 변태이다. 연속변태도는 일정 온도에서의 변태를 설명하기 위해 등온변태도가 사용되는 것과 같은 방법으로 그와 같은 실험을 해석하기 위해 사용될 수 있다.

연속변태도(그림 9.23) 하나가 등온변태도에 포개어 보여졌다. 네 가지의 다른 냉각률 *A*, *B*, *C*, 그리고 *D*가 이 그림에 표시되었다. *A*의 냉각률로 냉각된 시편은 펄라이트로의 어떤 변태가 있기에는 너무 빠르게 급냉되었다. 그러나 *B*냉각 곡선은 1초에서 등온변태도의 펄라이트 시작 곡선을 지난다. 즉, *B*의 냉각률로 냉각된 시편은 1초만에 1100°F에 도달된다. 1100°F에서 펄라이트로의 변태는 1초에서 시작한다. *B*곡선을 따라 계속적으로 냉각된 시편은 1100°F에서 1초 동안 유지된 것이 아니라, 대부분의 시간(1초) 동안 오스테나이트-펄라이트 반응

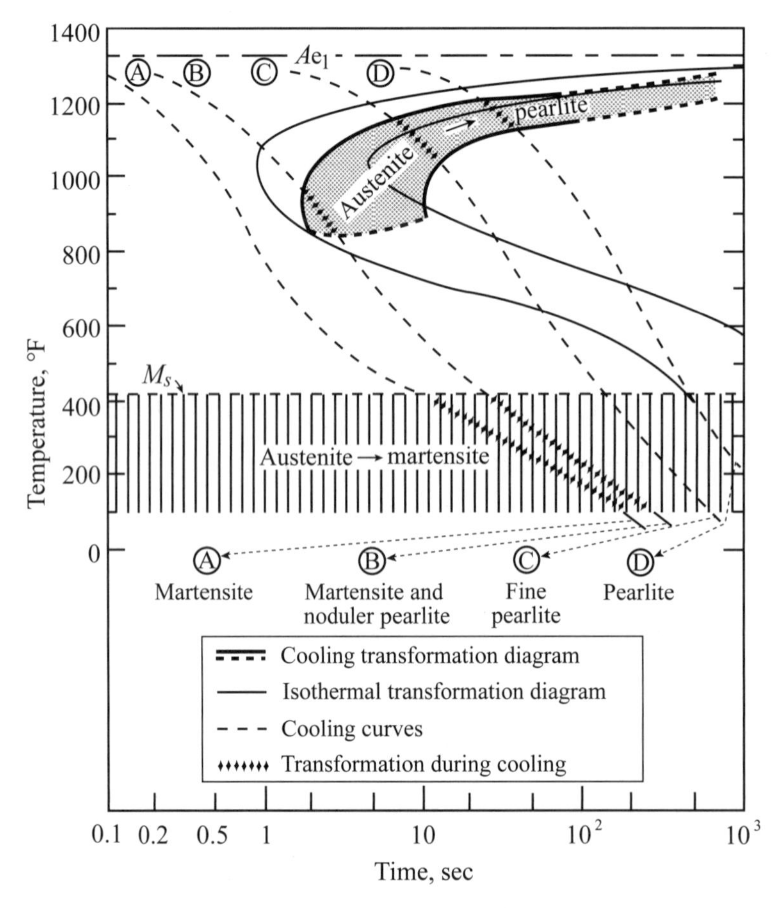

그림 9.23 • 연속변태도(continuous transformation diagram). 공석강의 등온변태도 위에 연속변태도를 겹쳐 그렸다. 4가지 냉각속도 *A*, *B*, *C*, *D*와 그에 따른 연속적인 변태에 대한 미세조직을 나타내었다. (이 그림은 *Atlas of Isothermal Transformation Diagrams*, U. S. Steel Company, Pittsburgh, 1951의 허가 하에 게재되었다.)

의 개시를 위해 더 많은 시간이 요구되는 높은 온도에 있었다. 이러한 이유로 해서 *B*곡선을 따라 냉각되는 시편은 2초의 냉각시간 후에, 950°F에서 펄라이트로 변태를 시작한다. 연속변태곡선은 등온변태곡선보다 더 낮은 온도와 더 긴 시간에 위치하여 있다.

A곡선을 따라 냉각된 시편은 냉각곡선이 연속변태곡선을 지나가지 않기 때문에 마르텐사이트로 변태한다. *B*곡선을 따라 냉각된 시편은 950°F에서 약간의 펄라이트를 형성하기 시작하고 온도가 850°F까지 떨어질 때까지 오스테나이트-펄라이트 변태를 계속한다. 이 온도 아래에서 오스테나이트의 나머지는 M_s와 그 아래 온도에서 마르텐사이트로 변태한다. *C*곡선을 따라 냉각된 재료는 100퍼센트 미세한 펄라이트를 형성한다. 왜냐하면 연속 변태도의 시작선과 끝선을 모두 지나기 때문이다. *D*곡선을 따라 처리된 재료는 느린 냉각속도 때문에 100퍼센트 조대한 펄라이트 미세조직을 얻는다.

9.8 경화능(Hardenability)

강의 열처리에 있어서 우리가 이 시점에서 반드시 논의하여야 할 중요한 개념이 있다 - 경화능의 개념이다. 강은 마르텐사이트의 미세조직을 형성하기 위해 급냉되었을 때 경화된다. 경도(hardeness)와 경화능은 재료의 두 가지 다른 특성이다. 합금의 경도는 그것의 물리적 경도(침투에 대한 물질의 저항)의 실제적인 측정이다. 그러나 재료는 연할 수 있고 여전히 매우 경화될 수 있다. 경화능을 정의하는 가장 단순한 방법은 재료가 마르텐사이트를 형성할 수 있는 가장 느린 냉각속도를 측정하는 것이다. 강의 경화능이 클수록 더 느린 냉각속도에서 마르텐사이트의 미세조직을 얻을 수 있다.

경화되기 위해서 강은 얼마나 단단해야 하는가? 이 질문의 대답은 합금의 경화능을 결정하는데 이용된다. 어떤 한 조각의 강이 경화되었는지 아닌지를 증명하는 가장 일반적인 근거는 미세조직의 마르텐사이트 양이다. 만일 마르텐사이트가 50%보다 덜 존재한다면, 재료는 경화된 조건에 있지 않다고 이야기한다.

이 측정을 기준으로 이용하여 우리는 경화능을 위한 몇 가지 시험법이 있다는 것을 알 수 있다.

9.8.1 급냉봉법(the method of quenched rounds)

경화능을 위한 한가지 가능한 시험법은 급냉봉법이다. 이것은 여러 지름의 급냉한 합금 봉 시편을 필요로 한다. 봉 내부의 어떤 점에서의 냉각속도는 낮은 반면 봉 표면의 냉각속도는 높다. 이 급냉 구역의 단면은 여러 냉각속도 하에서 얻어진 미세조직에 대하여 편리한 자료를 제공한다. 봉을 자르고 시편의 지름을 따라 경도를 측정한다. 경도 대 반경을 도시한 것을 U-곡선이라 부른다. 그림 9.24는 경화될 수 있는 강 그리고 약간 경화될 수 있는 강의 U-곡선의 예를 보여준다.

냉각률은 표면에서 가장 크다. 따라서 마르텐사이트는 단면의 바깥 끝쪽 근처에서 가장 쉽게 형성된다. 원통 내부의 현저하게 느린 냉각률은 연속변태곡선의 코(nose)를 피해가기에는 너무 느리다. 그래서 펄라이트가 형성될 것이다. 얕은

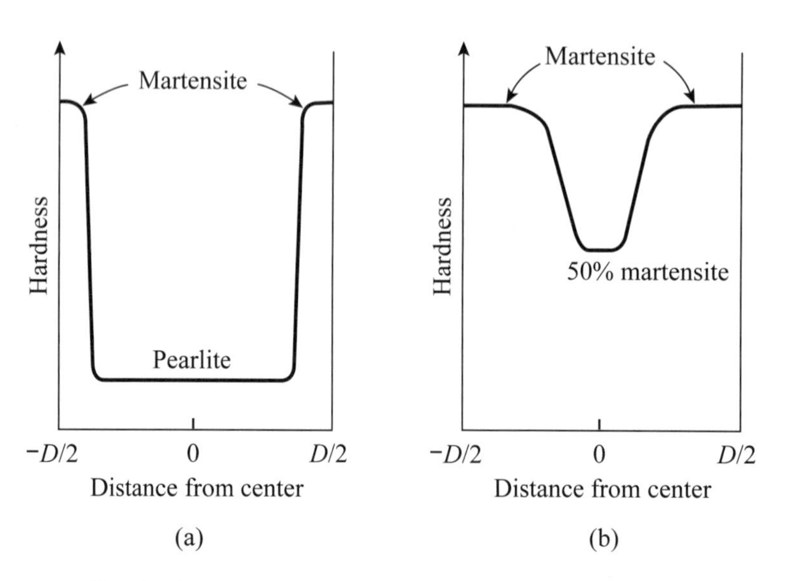

그림 9.24 • 급냉봉 시편의 U-곡선. U-곡선은 급냉봉의 직경을 가로지르는 방향으로의 거리에 따른 경도를 표시한 것이다. (a) 약간 강화되는 강의 경우에 가장자리에서 멀어질수록 강도가 급격하게 감소한다 ; 즉, 약간의 마르텐사이트 층이 있고 봉의 중심부는 펄라이트이다. (b) 완전히 강화되는 강의 경우에는 봉의 중앙부에 적어도 50%의 마르텐사이트가 있다.

경화강(shallow hardening steel)의 U-곡선에서는(그림 9.24a) 테두리에서 내부로 시험할수록 경도가 매우 빠르게 감소한다. 깊은경화강(Deep hardening steel)의 U-곡선에서는(그림 9.24b) 원통의 중앙부분은 50% 마르텐사이트와 50% 펄라이트 혼합물을 포함한다.

9.8.2 경화능과 연속-변태곡선

강의 경화능은 여러 급냉 속도에서 마르텐사이트를 형성하는 능력에 의존하기 때문에 연속변태곡선은 경화능을 연구하는데 있어 매우 중요하다. 만일 도표의 코가 세로축에 가깝게 위치해 있다면(그림 9.25a), 강은 코를 피하기 위해 매우 빠르게 급냉되어야 한다. 이러한 강은 단지 약간의 경화능이 있다고 말하거나 얕은 경화강이라 불린다. 코가 세로축과 멀어질수록(그림 9.25b) 강의 경화능은 더 커진다. 만약 합금이 공냉에 의해 경화될 수 있다면(알맞게 느린 냉각률), 그것은 공기-경화강(air-hardening steel)이라고 불려진다. 유사한 방법으로 강은 기름-경

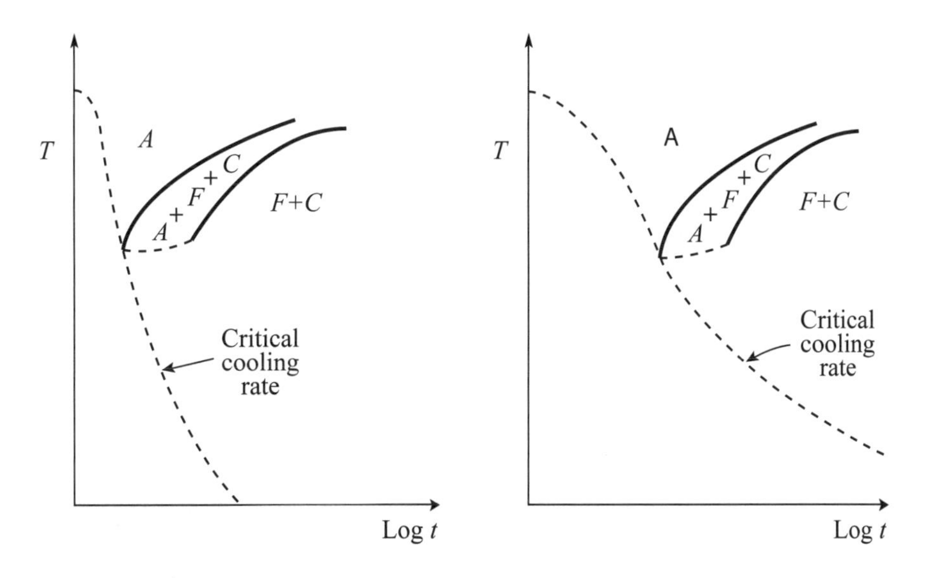

그림 9.25 • 연속변태도(continuous transformation diagram)와 경화능(hardenability). 임계냉각속도는 코에서 연속변태 시작곡선과 접하는 속도이다. (a) 약하게 강화된 강은 높은 임계냉각속도를 갖지만 반면에, (b)에서처럼 더 많이 강화된 강은 낮은 임계냉각속도를 갖는다.

화 또는 물-경화 등으로 표시된다. 공기-경화강은 최상의 경화능을 갖고 물-경화강은 최소의 경화능을 갖는다.

경화를 위해 필요한 냉각속도가 더 느릴수록, 즉 경화능이 더 클수록, 더욱 가치 있는 합금이다. 주위 깊게 가공되고 제작된 단면이 큰 부품을 생각해보자. 이 부품은 경화를 위해 높은 온도로부터 급냉되어야만 한다. 만약 수냉(water quench)이 이용된다면, 표면은 경화되겠지만 부품의 내부는 느린 냉각속도 때문에 50% 마르텐사이트로 변태될 수 없을는지도 모른다. 더 나아가, 그와 같은 큰 부품에서의 급냉공정에 의해 생성된 응력이 균열의 원인이 될는지도 모른다. 그와 같은 급냉균열(quenching crack)의 형성은 더 좋은 경화능을 갖는 강을 이용함으로써 막을 수 있다. 이것은 시편이 더 느린 냉각속도로 냉각되도록 하여 물건의 중심 부위까지도 경화될 수 있게 한다.

9.8.3 조미니(Jominy) 시험(The Jominy end-quench test)

강의 경화능을 측정하는 다른 중요한 방법은 Jominy 시험이다. 이 기술은 오스테나이트화로(austenitizing furnace)에서부터 정해진 모양의 시편을 꺼내서 끝단-급냉기구(end-quench apparatus. 그림 9.26) 안에 그것을 집어넣는 과정을 필요로 한다. 찬물 줄기가 봉 시편의 바닥에 분사된다. 이 방법에서 시편의 길이방향을 따라 여러 지점에서 여러 냉각속도가 얻어진다. 이 냉각속도들은 바닥의 수냉에서부터 원통 맨 윗부분의 공냉까지의 범위이다.

냉각률이 봉의 길이방향으로 다르기 때문에, 미세조직은 한쪽 끝에서 다른 쪽 끝으로 변한다. 공냉(air-cooled)된 끝은 펄라이트인 반면, 수냉(water-quenched)된 끝은 일반적으로 마르텐사이트이다. Jominy 시험에서, 경도는 수냉된 끝에서부터 거리의 함수로써 측정된다. Jominy 곡선은 경도* 대 수냉된 끝에서부터의 거리의 그래프이고, 전형적인 곡선이 그림 9.27에 보여졌다. 경도 곡선은 Jominy

* 경도는 재료의 경도에 대한 표준량 표시법인 Rockwell C(R_C) 단위로 표시된다. 연한 재료에서는 Rockwell B(R_B) 크기가 사용될 수 있다. 경도측정은 G. L., Kehl. *Principles of Metallographic Laboratory Practice*, McGraw-Hill, New York, 1949. p.212 ff에 설명되어있다.

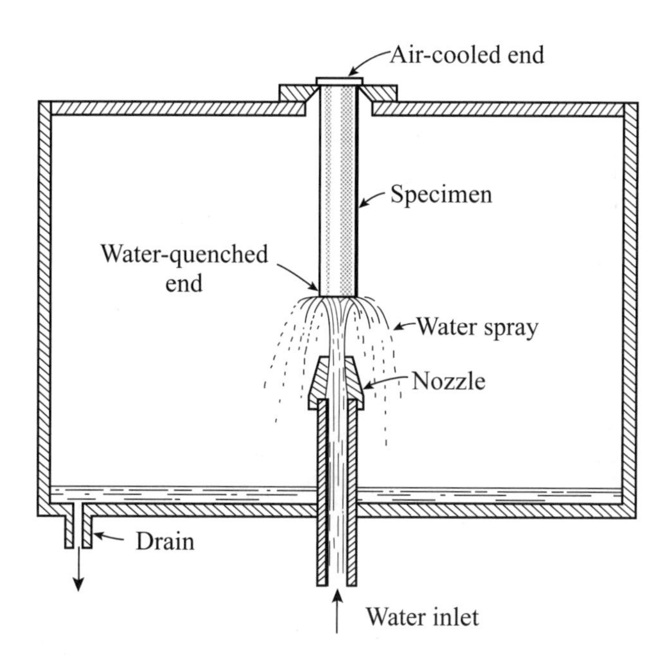

그림 9.26 • Jominy 끝단-급냉(end quench) 장치. Jominy 시편(specimen)을 오스테나이트화로에서 꺼내 재빨리 급냉장치에 넣는다. 시편이 제자리에 놓였을 때, 물 밸브가 열리고 분사되는 물이 시편의 바닥부분에 뿌려진다. 이 바닥 끝은 수냉되고 봉의 반대쪽 끝은 공냉된다. 봉의 길이방향으로 중간 위치에서는 다른 중간 냉각속도가 작용한다.

시편의 그림에 겹쳐졌고, 봉의 길이에 따른 여러 점에서의 냉각속도는 합금의 연속변태도에 보여졌다.

만일 강이 매우 경화가 잘 되면, 마르텐사이트 구역은 수냉된 끝으로부터 매우 멀리까지 뻗는다: 그러나 만일 강이 약간만 경화되는 경우라면, 마르텐사이트 구역은 매우 짧아서 단지 수냉된 끝의 면만을 포함할 수도 있다. 경도가 수냉된 끝으로부터 먼 점에서 측정될수록 경도는 감소하기 시작하고 결국 정체단계에 도달한다. 이것은 미세조직에서 모두-펄라이트 구조가 나타날 때까지(정체단계) 펄라이트가 점점 더 많아지는 천이영역이다. 그리고 난 후 경도는 펄라이트의 조대화에 기인하여 이 점 뒤로는 약간 감소한다.

어떠한 합금에서는 마르텐사이트가 형성되기에 충분한 빠른 냉각속도와 펄라이트를 생성하는 느린 냉각속도의 중간 정도에서 베이나이트가 형성된다. 그와

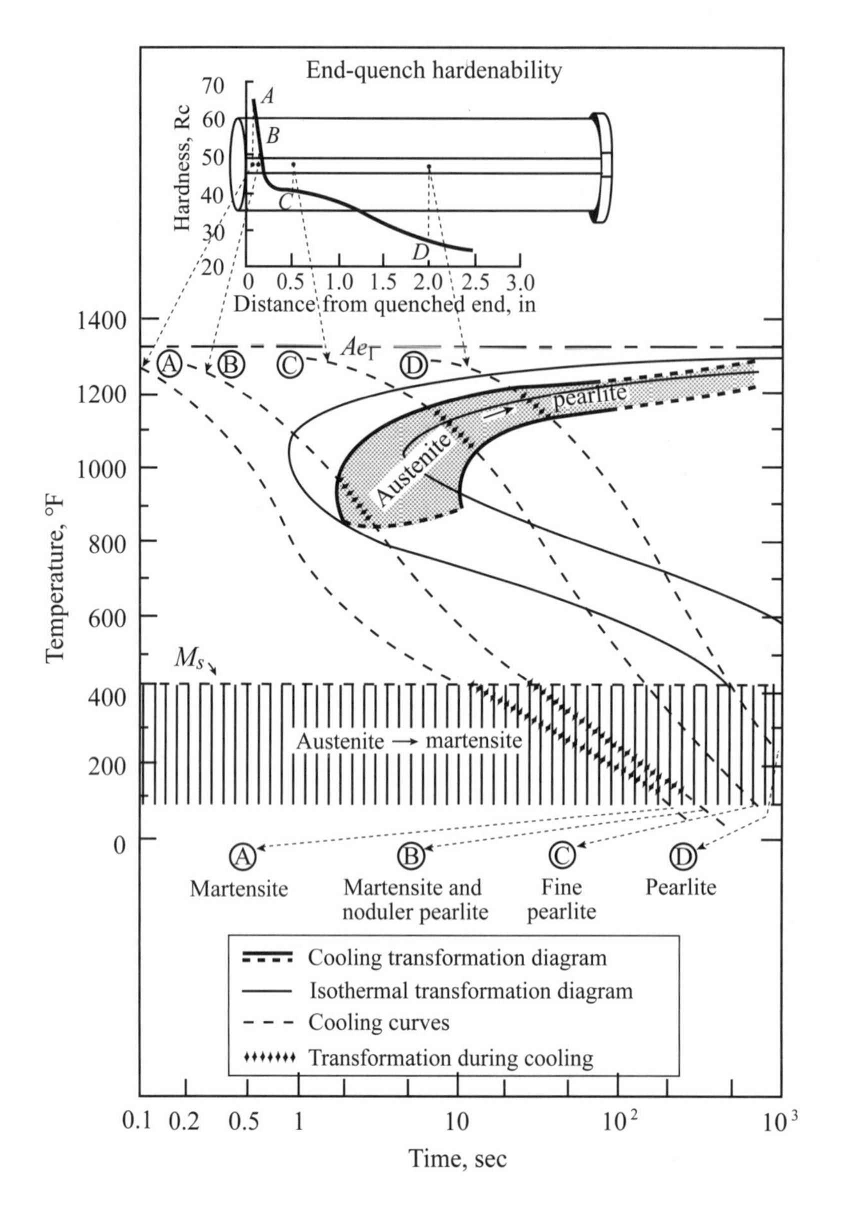

그림 9.27 • Jominy 곡선. Jominy 곡선은 수냉된 끝부분으로부터의 거리에 따른 경도의 그래프이다. 여기서는 1080강에 대한 Jominy 곡선을 Jominy 시편의 개략도 위에 겹쳐서 나타내었고, 봉상의 여러 점에서의 냉각속도가 연속 변태도로 나타내어져 있다. (이 그림은 *Atlas of Isothermal Transformation Diagrams*, U. S. Steel Company, Pittsburgh, 1951의 허가 하에 게재되었다.)

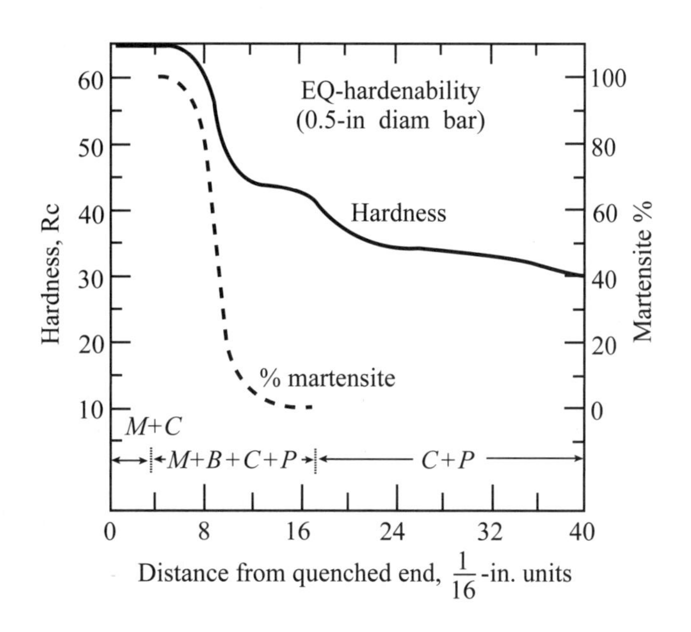

그림 9.28 • 52100강의 Jominy 곡선. 52100강의 Jominy 곡선은 2개의 정체 상태를 갖는데 하나는 베이나이트에, 다른 하나는 펄라이트에 의한 것이다. (이 그림은 *Atlas of Isothermal Transformation Diagrams*, U. S. Steel Company, Pittsburgh, 1951의 허가 하에 게재되었다.)

같은 재료는 볼-베어링에 사용되는 52100강이다. 만일 그와 같은 합금이 Jominy 시험에 적용된다면(그림 9.28), 경도 곡선에 세 부분의 정체단계가 있다. 수냉된 끝에 가까운 한 개는 마르텐사이트에 해당하는 것이고, 다음 것은 베이나이트, 그리고 마지막은 펄라이트이다. 미세조직이 한 미세구성물로부터 다음 것으로 변함에 따라 이 각각의 정체단계 사이에 경도감소영역이 역시 있을 것이다.

9.9 강의 열처리(heat treating of steel)

야금학적 실습에 사용되는 보다 일반적인 몇 가지 열처리는 완전풀림(full annealing), 불림(normalizing), 구상화(spheroidizing), 급냉(quenching), 그리고 뜨임(tempering)등이다. 이 공정들에 대해 논의하기 전에 철-탄소 상태도(그림 9.1)에 어떤 선들을 정의하는 것이 편리하다. 공석등온선은 A_1온도로서 구분되고, 오스테나이트 영역과 오스테나이트 플러스 페라이트 영역 사이의 경계는 A_3온도로 구분된다. 과공석 조성에 대한 A_3는 공석온도이다. 오스테나이트와 오스테나이트 플러스 세멘타이트 구역 사이의 경계는 A_{cm}온도로서 나타낸다. A_{cm}은 아공석 합금에서는 정의되지 않는다.

9.9.1 완전풀림(full annealing)

완전풀림 처리는 연한 구조를 얻기 위해 A_3 위 약 100°F 온도까지 강을 가열하고 실온까지 그것을 노냉하는 것을 포함한다. 아공석강과 공석강은 오스테나이트 구역에서 풀림되지만 과공석강은 오스테나이트 플러스 세멘타이트 구역에서 풀림된다. 그림 9.29는 여러 조성의 풀림된 강의 미세조직을 보여준다. 풀림된 조건에서 1040강은 초석 페라이트와 조대한 펄라이트를 포함한다(그림 9.29a). 여러 가지 미세구성물이 상태도(그림 9.1)에 의해 예측된 양만큼 존재한다. 1080강(그림 9.29b)은 느린 냉각속도에 기인하여 조대한 펄라이트의 미세조직을 갖는다. 1.2w/o C강(그림 9.29c)은 초기 세멘타이트와 조대한 펄라이트를 포함한다. 세멘타이트는 결정립계 피막(envelope)으로서 존재하는 것이 아니라 편구로서(spheroid) 존재한다. 왜냐하면 풀림은 2상 공존영역에서 진행되고 세멘타이트의 표면에너지는 편구의 형성에 의해 감소되기 때문이다.

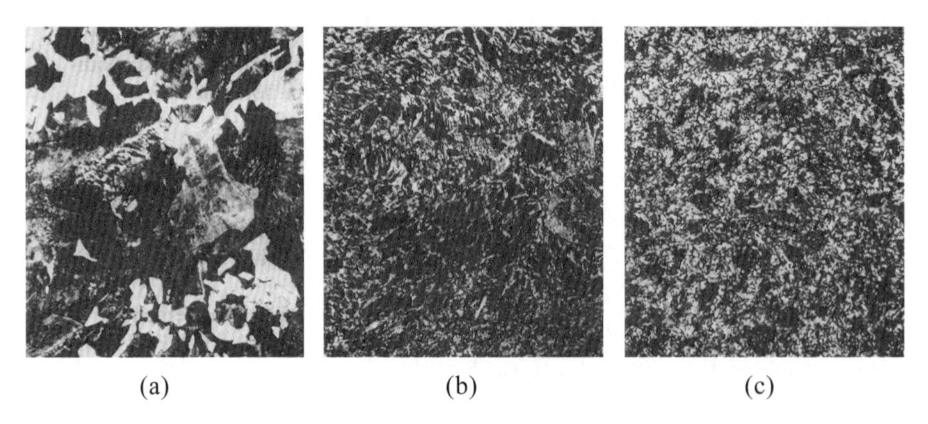

(a) (b) (c)

그림 9.29 • 풀림된(annealed) 미세조직. 완전풀림된 강의 미세조직 사진이 제시되었다. (a) 1040강; (b) 1080강; (c) 1.20 w/o C 강. 식각액, nital ; 배율 150배.

9.9.2 불림(normalizing)

불림은 A_3나 A_{cm}온도 위 약 100°F인 온도에서 진행된다. 이것은 모든 탄소 함량의 강에 대한 상태도의 오스테나이트 구역이다. 불림은 합금의 연화에 사용되고, 시편이 노냉이 되는 것이 아니라 공냉이 되기 때문에 완전풀림보다 적은 시간과 비용이 덜 든다. 공냉은 냉각중에 형성되는 초석상의 양을 감소시키고, 이러한 이유에서 과공석강에선 연속적인 세멘타이트층이 형성되지 않는다. 몇몇 불림된 강의 미세조직이 그림 9.30에 나타나있다.

펄라이트는 풀림된 조건에서보다 불림된 조건에서 더 미세하다는 것이 알려져 있다. 이것은 불림에 사용된 더 빠른 냉각속도에 기인한다.

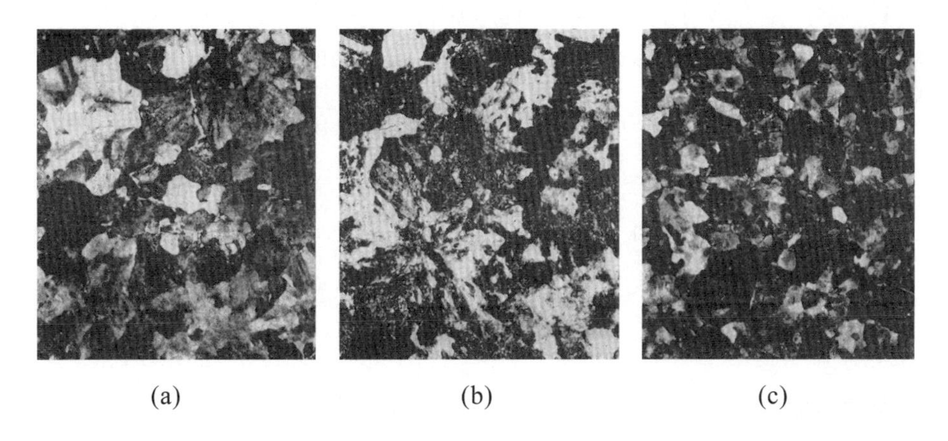

그림 9.30 • 불림된(normalized) 미세조직. 불림처리한 강의 미세조직 사진. (a) 1040강 ; (b) 1080강 ; (c) 1.20 w/o C 강. 식각액, nital ; 배율 150배.

9.9.3 구상화(spheroidizing)

구상화는 페라이트의 기지에 세멘타이트의 구상화를 필요로 한다. 이 처리방법은 A_1온도 바로 밑의 온도에서 진행된다. 그리고 재료는 오랜 시간 동안 그 온도에서 유지되어야 한다. 펄라이트 시편은 펄라이트의 판상 세멘타이트와 관련된 높은 값부터 구상과 연관된 낮은 값까지 세멘타이트의 표면에너지 감소 때문에 구상화 될 것이다. 구상(spheroids)은 온도에서 시간의 함수로서 크게 성장하고

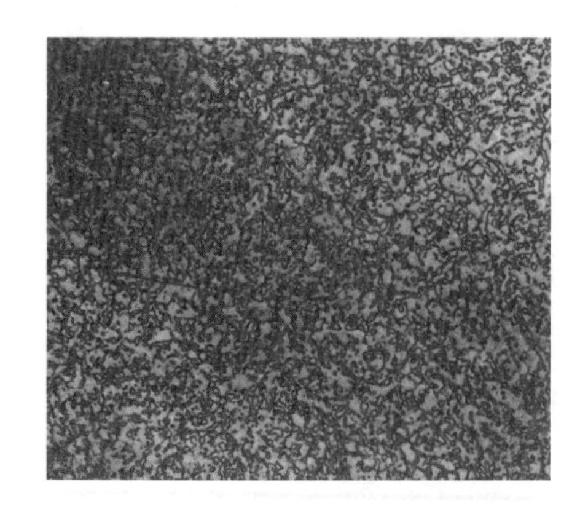

그림 9.31 • 구상화한 미세조직. 펄라이트 구조를 700℃에서 7시간 동안 유지하여 생성된 구상화 1070강. 식각액, nital ; 배율, 500배.

그 수는 감소한다. 그림 9.31은 구상화된 강의 미세조직을 보여준다. 구상화된 구조를 형성하는 부차적인 방법은 준평형 마르텐사이트로부터 상태도에 의해 알려진 세멘타이트와 페라이트가 형성될 때까지 A_1온도 바로 밑에서 급냉된 구조를 뜨임(temper)하는 것이다.

9.9.4 뜨임(tempering)

풀림, 불림, 구상화는 냉간가공의 효과를 없애거나 연한 구조를 만들기 위해 사용된다. 강이 오스테나이트 영역으로부터 급냉되었을 때, 그것은 경한 마르텐사이트 구조를 만들기 위한 생각이다. 급냉된 그대로의 마르텐사이트는 매우 경하고 강하지만, 굉장히 깨지기 쉽다. 대부분의 실제적인 응용에 마르텐사이트 재료를 사용하기 위해서는 재료는 반드시 취성을 덜 가지도록 만들어져야 한다. 이러한 인화(toughening)는 뜨임(tempering)에 의해 성취된다. 뜨임공정은 실온에서 A_1까지 여러 온도에서 진행된다.

뜨임은 다음과 같은 세가지 단계로 나누어 질 수 있다.

1단계: 마르텐사이트 → 저-탄소 마르텐사이트 + ε-카바이드

2단계: 잔류 오스테나이트 → 베이나이트

3단계: 저탄소 마르텐사이트 + ε-카바이드 → 페라이트 + 세멘타이트

급냉에 의해 생성되고 뜨임되지 않은 마르텐사이트는 모상 오스테나이트와 같은 화학조성으로 구성된다. 뜨임의 첫 단계 동안, 마르텐사이트는 탄소를 내어놓아 저탄소 마르텐사이트와 ε-카바이드(약 8.2 w/o C)가 형성된다. 뜨임의 두 번째 단계에서, 급냉 시 잔류한 오스테나이트가 베이나이트로 등온변태한다. 뜨임의 마지막 단계는 페라이트 기지 내에 구상화된 구조의 세멘타이트의 형성을 포함한다. 풀림의 여러 단계와 같이 뜨임의 여러 단계는 서로 겹쳐져서 분리하기가 힘들다. 뜨임온도가 높을수록, 주어진 시간에서 더 많은 뜨임반응이 이루어진다. 뜨임된 마르텐사이트는 그것이 진하게 식각되는 미세구성물이라는 점에서 뜨임되지 않은 마르텐사이트와 다르다. 몇몇 뜨임된 미세조직이 그림 9.32에 보여졌다. 급냉된-그대로의 마르텐사이트(그림 9.32a)는 그림 9.32(b)의 뜨임된 마르텐사이트와 비교했을 때 엷게 식각되었다. 뜨임된 마르텐사이트는 ε-카바이드의 석출 때문에 진하게 식각된다. 뜨임의 마지막 단계에서(그림 9.32c), 미세조직은 페라이트의 기지 내에 세멘타이트 구상으로 구성되었다. 이것은 구상화된 미세조직

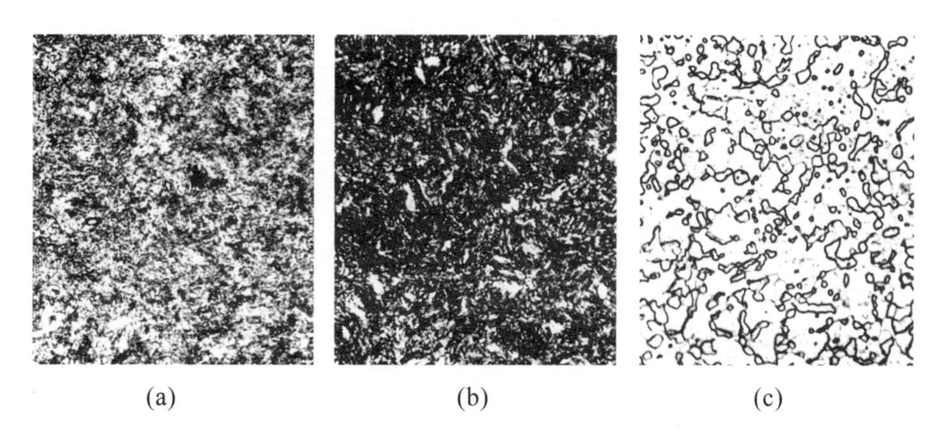

그림 9.32 • 뜨임된(tempered) 미세조직. 900℃에서 수냉한 1070강 시편을 여러 온도에서 뜨임처리 하였다. (a) 급냉된 상태의 시편은 뜨임처리되지 않은 마르텐사이트와 억제된 상태의 오스테나이트를 포함하고 있다. (b) 400℃에서 1시간 동안 뜨임처리된 시편은 ε-탄화물의 석출로 인해 뜨임되지 않은 시편보다 더 검게 식각되었다. (c) 700℃에서 1시간 후의 미세조직은 페라이트 기지 내에 구상의 세멘타이트를 포함하고 있다. 식각액, nital과 picral ; 배율 500배.

을 얻는 두 번째 방법이다.

9.10 기타 철계 합금(other ferrous alloys)

강에 더해서, 철과 탄소의 합금은 주철도 역시 포함한다. 몇몇 주철은 철-탄소 평형상태도를 따르고 다른 것들은 철-세멘타이트 준안정 상태도를 따른다. 그것들은 모두 강보다 많은 퍼센트의 탄소를 포함하고, 주철에서의 탄소함량은 2.2에서 4.5w/o C 범위이다. 주철의 미세조직은 냉각속도와 탄소함량에 강하게 의존하는데 본 과정에서는 언급하지 않을 것이다. 미세조직은 상태도로부터 유추될 수도 있다. 그러나 주철의 미세조직을 다룬 책을 참고서적으로 사용하도록 추천하였다.

철과 탄소의 합금에 관련된 위의 재료들 모두가, 의도적으로 첨가하거나 제거하기 힘들어서 남아있는 많은 합금원소들을 포함하는 일반적인 강에 속한다는 것을 깨닫는 것이 중요하다. 어떤 합금원소는 상태도를 심각하게 변화시킬 수 있다. 오스테나이트 영역이 증가되어 그 결과 오스테나이트가 실온에서 안정한 오스테나이트계 스테인리스 스틸(austenitic stainless steel)이 이 경우이다. 많은 합금원소들은 상태도를 단지 약간만 변화시킨다. 이 모든 재료들의 미세조직과 변태는 적절한 상태도, 확고한 논리, 그리고 본 장과 앞장에서 논의된 개념을 사용하여 추론될 수 있다.

■ 추천 도서

- AMERICAN SOCIETY FOR METALS, *Metals Handbook*, A. S. M., Cleveland, 1948.
- AVNER, S. H., *Introduction to Physical Metallurgy*, McGraw-Hill, New York, 1964.
- BRICK, R. M., R. B. GORDON, AND A. PHILLIPS, *Structure and Properties of Alloys*, 3rd ed., McGraw-Hill, New York, 1965.

- GROSSMAN, M. A. AND E. C. BAIN, *Principles of Heat Treatment*, 5th, ed., American Society for Metals, Cleveland, 1964.
- GUY, A. G., *Elements of Physical Metallurgy*, 2nd ed., Addison-Wesley, Reading, Mass., 1959.
- LAMBERT, G., *Typical Microstructures of Cast Metals*, The Institute of British Foundrymen, Manchester, 1957.
- ROSTOCKER, W. AND J. R. DVORAK, *Interpretation of Metallographic Structures*, Academic, New York, 1965.
- SAMANS, C. H., *Metallic Materials in Engineering*, Macmillan, New York, 1963.

■ 연습문제

9.1 순철은 910℃까지는 체심입방정이다. 910℃~1390℃에서는 면심입방정이고, 1390℃부터 녹는점 1528℃까지는 다시 체심입방정이다. 실온~1600℃에서 온도에 따른 비중을 그래프로 그려라.

9.2 조성을 모르는 강 시편을 금속학적으로 조사한다. 다음은 정량적인 금속학으로부터 얻어졌다.

펄라이트의 무게비 - 0.9355
페라이트의 무게비 - 0.893

(a) 강의 탄소 무게비를 계산하시오.

(b) 강이 아공석인지 과공석인지에 대하여 정성적(qualitative)으로 설명하시오.

9.3 실온에서 0.80 w/o C를 포함하고 있는 강은 페라이트와 세멘타이트로 이루어진 미세조직을 갖고 있다. 시편의 미세조직을 그리고 강이 다음의 변화를 겪을 때 존재하는 각 상의 무게분율을 계산하시오.

(a) 900℃에서 실온으로 노냉된다.

(b) 900℃에서 실온으로 공냉된다.

(c) 700℃까지 급냉되고 실온으로 냉각되기 전에 장시간 동안 유지된다.

9.4 펄라이트 형성법과 베이나이트 형성법 사이의 차이를 설명하시오.

9.5 펄라이트 형성과 마르텐사이트 형성 사이에는 어떤 차이가 있는가?

9.6 뜨임되지 않은 마르텐사이트는 밝게 식각되는 반면에 뜨임된 마르텐사이트는 식각 시 어둡게 된다. 금속학적으로 M_s온도를 결정하는데 위 사실에 기초하여 한 방법을 개략적으로 설명하시오.

9.7 다음 미세조직을 형성하기 위한 열처리법을 설명하시오 :

(a) 세멘타이트와 미세한 펄라이트의 결정립계 조직 ;

(b) 세멘타이트와 베이나이트의 구상화 ;

(c) 페라이트 기지 내의 세멘타이트의 구상화 ;

(d) 페라이트와 마르텐사이트 ;

(e) 페라이트, 마르텐사이트, 펄라이트.

9.8 경도와 경화능의 차이점은 무엇인가? 낮은 경화능을 가진 강보다 높은 경화능을 가진 강을 사용하는데 어떤 이점이 있는가?

9.9 대기-경화강과 얕은 경화강의 Jominy 곡선을 그리시오. Jominy 시편의 길이방향으로 미세조직변화를 나타내시오.

9.10 1.00w/o C를 포함하는 과공석강이 풀림되어야 한다.

(a) 어떤 온도가 사용되어야 하는가?

(b) 어떤 냉각속도가 사용되어야 하는가?

(c) 완전풀림 후의 미세조직을 그리시오.

(d) 존재하는 각 미세구성물의 무게비를 계산하시오.

10
조직과 물성의 관계

10.1 개요

재료의 물성은 화학조성에 의해서만 결정되지는 않는다. 풀림된 구리는 연하지만 냉간가공된 구리는 경하다. 어느 정도까지는 물성은 조성에 의존하나 적절한 처리에 의해, 즉 열적, 기계적 처리에 의해 물성이 상당히 변할 수 있다. 이 장에서는 물성과 조직의 관계를 다룬다. 미세조직이 물성에 미치는 영향에 대한 논의의 출발점으로, 용질원자의 첨가가 기계적 거동에 미치는 영향을 이용하였다. 이 주제는 다른 장에서도 다루어져 왔다. 예를 들어 냉간가공과 풀림의 영향은 6장에서 논의되었다. 2상을 가지고 있는 재료는 각각의 상의 모양이나 분포에 따라 강하기도 하고 약하기도 하다. 우리는 연한 제이-상의 첨가가 이 제이-상이 매우 미세한 입자로 존재한다면, 재료를 경화시키는 것을 보여줄 것이다.

10.2 합금경화(alloy hardening)

재료의 물성은 적은 양의 합금원소의 첨가에 의해서도 눈에 띄게 바뀔 수 있다. 적은 양의 용질원자는 용매 재료의 격자 내로 분해하고 단-상의 고용체(solid solution)를 만든다. 그러한 합금원소에 의하여 야기된 물성의 변화는 용질원자를 처음에 조금 첨가했을 때가 크다. 강화재로서의 합금의 효과는 첨가량이 많아질수록 감소한다. 이것이 합금경화(alloy hardening) 또는 고용강화(solid-solution strengthening)라 불리운다.

10.2.1 치환형(substitutional) 고용강화

그림 10.1은 완전 고용을 보이는 니켈-구리 이원계의 상태도를 보여준다. 상태도 아래에 각 합금의 강도가 그것의 조성에 대하여 그려져 있다.

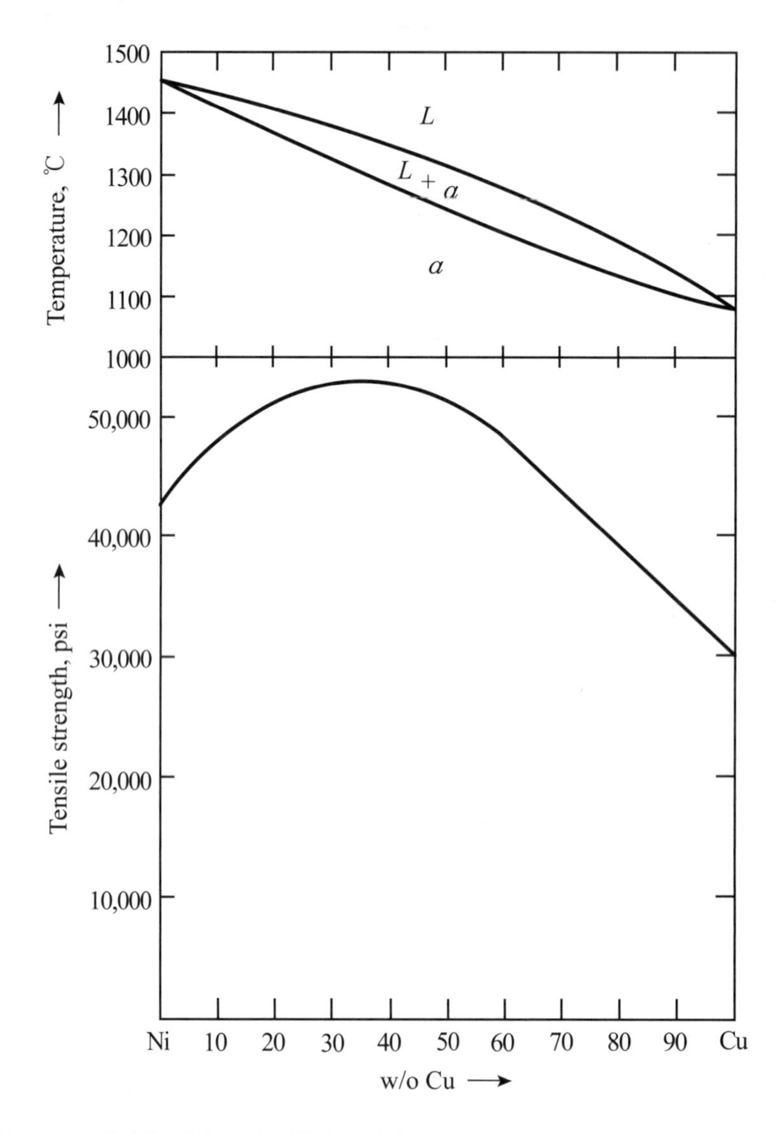

그림 10.1 • 고용강화. 니켈–구리 이원계는 상태도로 보여진 바와 같이 연속적인 고용도를 나타낸다. 적은 양의 구리 첨가에 의해서도 순(pure)니켈의 강도가 눈에 띄게 증가한다; 순구리의 강도도 적은 양의 니켈 첨가에 의해 급격히 증가한다. 용질의 첨가에 의한 효과는 높은 용질농도에서보다 적은 용질 농도에서 더 크다.

니켈과 구리 쪽 끝의 가파른 기울기는 니켈격자 내에 구리원자를 최초 소량 첨가하거나 구리격자 내에 니켈 원자를 최초 소량 첨가하는 것이 합금의 강도를 가장 많이 증가시키는 요인이 된다는 것을 가리킨다.

합금경화는 그 합금의 미세조직의 변화에 의한 것은 아니다. 미세조직은 단상으로 남는다. 제이-원소(second element)의 원자를 격자 안에 넣음으로서 야기되는 격자 변형이 그 합금의 강화 및 경화를 유발한다. 용매(solvent)원자와 용질(solute)원자가 같은 크기가 아니라면, 격자는 변형된다. 일반적으로, 치환형 용질원자는 치환격자점에 맞추기에는 너무 크거나 또는 너무 작다. 이것은 용질원자에 바로 인접한 격자에 변형을 유발한다. 이러한 변형이 그림 10.2에 예시되었다. 용매원자보다 큰 용질원자는 격자면을 용질원자 자리에서 밖으로 변형되게 하고(그림 10.2a) 용매원자보다 작은 용질원자는 안으로 변형되게 한다(그림 10.2b).

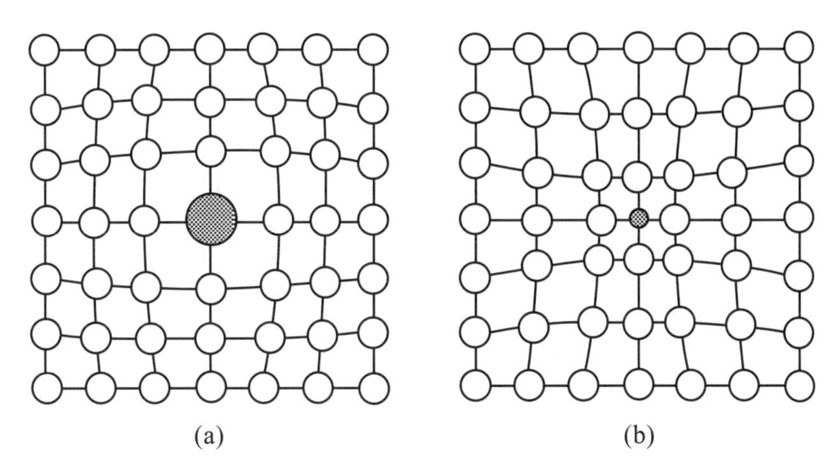

그림 10.2 • 치환형 격자변형(lattice strain). 격자 내에 용질원자가 용해되면 원자반경의 차이로 인해 변형된 구역이 생긴다. (a)에 보여진 용매격자는 큰 직경의 용질원자로부터 밖으로 굽었다. 그리고 (b)에서는 작은 직경의 용질원자 쪽으로 굽어들었다. 두 경우 모두, 용질원자로부터 몇 원자 간 거리의 변형장(strain fields)이 생긴다.

10.2.2 침입형(interstitial) 고용강화

모재의 원자보다 훨씬 작은 원자를 가진 합금원소는 치환형보다는 침입형 자리를 차지하게 된다. 침입형 자리는 격자 위치에 있는 원자들 사이에 자리한다.

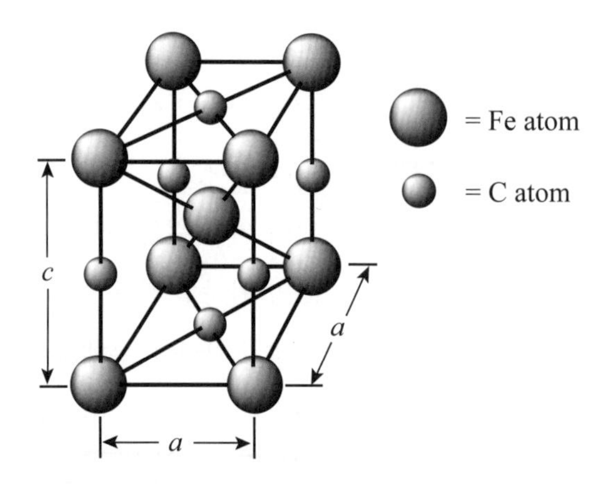

그림 10.3 • 마르텐사이트의 단위격자. 마르텐사이트는 페라이트에 탄소가 과포화된 고용체이다. 작은 원은 탄소원자를; 큰 원은 철원자를 나타낸다. 탄소원자의 위치는, 탄소원자의 삽입에 의해 정방정(tetragonal)을 형성하기 위하여 원래의 정방(cubic) 페라이트 격자가 *C*-축으로 확장된 것과 같은 것이다. 모든 자리가 실제 탄소원자에 의해 채워지지는 않는다; 채워지는 정도는 탄소함량에 의해 결정된다.

흔히 침입형원자로 사용되는 원소는 탄소와 질소다. 탄소와 질소 둘 다 대부분의 용매원자보다 작다. 침입형 고용경화 효과는 마르텐사이트 미세조직에서 가장 잘 예시될 수 있다. 마르텐사이트는 페라이트에 탄소가 과포화된 고용체라고 생각할 수 있다. 탄소원자는 침입형 자리를 차지한다. 그림 10.3은 마르텐사이트에서 이러한 탄소원자의 침입형 위치를 보여주고 있다.

탄소가 침입할 수 있는 자리는 세 묶음(set)이 있지만, 실제로는 오직 한 세트만이 탄소원자에 의해 차지된다. 각 자리 묶음의 위치는 격자 내의 두 개의 마주보는 면의 중앙에 있는 한 위치와 두 개의 면에 수직인 모서리들의 중간지점에 위치한 네 개의 위치이다. 침입형 자리에 있는 탄소원자에 의해 야기된 변형 때문에 페라이트의 체심입방 단위격자가 정방정(tetragonal) 격자를 형성하도록 변형된다. 그리고 *C*-축의 방향은 실제로 탄소원자에 의해 차지된 침입형 자리묶음에 의해 결정된다. 어떤 한 묶음의 자리도 실제로 탄소원자가 채워지지는 않는다; 이러한 자리들이 얼마나 채워지는지의 여부는 재료의 탄소농도에 의해서 결정된다. 단위격자의 정방정도(tetragonality. 실제 c/a 비와 1과의 차이)는 그림 10.4에서 보

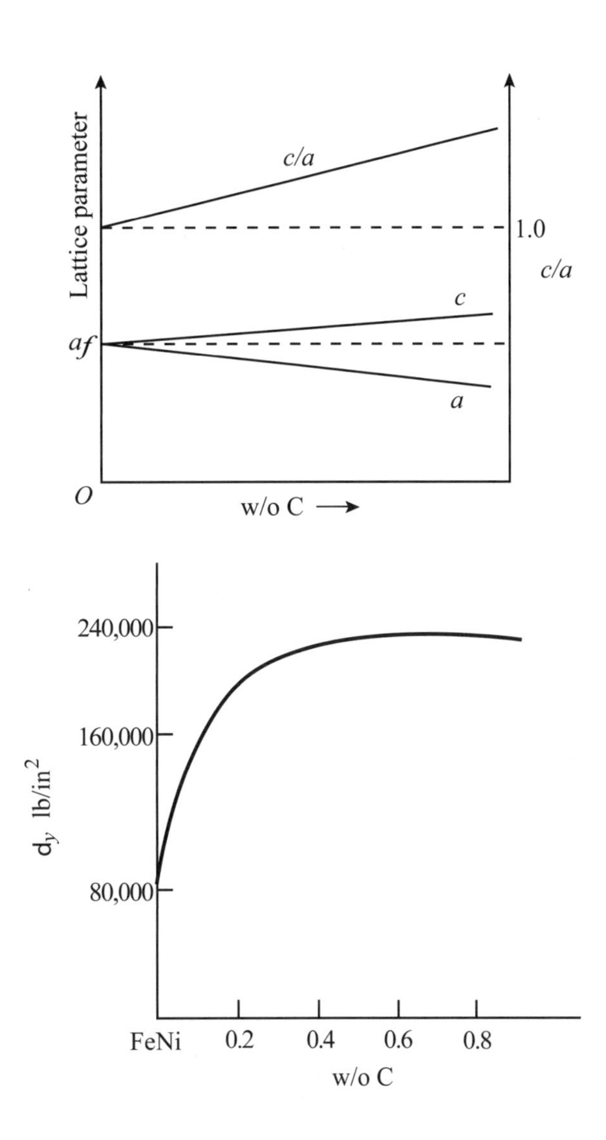

그림 10.4 • 탄소함량에 따른 마르텐사이트 정방정도(tetragonality). 마르텐사이트의 정방정도는 용해된 탄소함량에 의존한다. c/a 비와 격자상수 c, a를 탄소함량의 함수로 도시하면, 그것들은 일반적으로 탄소함량 영에서의 페라이트와 관련된 값으로 추정된다(extrapolated).

그림 10.5 • 마르텐사이트에서의 고용강화. 마르텐사이트의 탄소함량은 그 물질의 항복강도를 결정한다. 철-니켈-탄소 합금에서 탄소가 영일때의 항복강도는 매우 낮지만, 탄소가 증가할수록 항복강도가 증가하여 약 0.4 w/o C에서 처음의 약 3배로 되어 더 이상 증가하지 않는다.

듯이 탄소농도의 함수이다. 이것은 탄소농도에 따른 c/a 비를 도시한 그래프이다. 탄소농도가 영에 가까워질수록 마르텐사이트의 단위격자는 페라이트의 체심입방 단위격자와 동등하게 된다.

10.3 강도에 미치는 결정립 크기의 영향

입자의 크기를 조절하는 것은 단-상 재료의 물성을 변화시킬 수 있는 또 다른 방법이다. 5장 17절에서 우리는 강도에 미치는 결정립 크기의 영향에 대하여 알

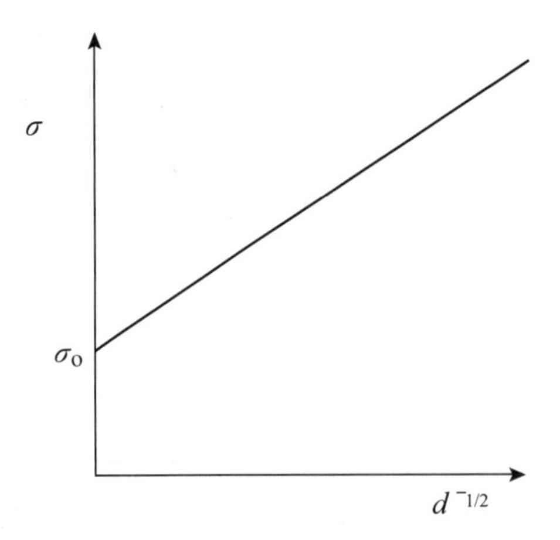

그림 10.6 • 강도에 미치는 결정립 크기의 영향. 단-상 재료의 결정립 크기는 강도에 영향을 미친다. 항복강도는 결정립 평균 지름의 제곱근에 반비례로 변한다. 이것은 항복강도 대 $d^{-1/2}$의 관계에 직선으로 나타난다. 결정립 크기가 무한대가 되는 곳에서, 항복강도는 그것의 최소값 σ_0에 도달한다.

아보았다. 단-상 합금의 항복강도는 결정립 지름의 제곱근에 반비례한다. 즉, 다음과 같다.

$$\sigma = \sigma_0 + kd^{-1/2}, \tag{10.1}$$

여기서 σ는 항복강도, σ_0와 k는 상수, d는 재료의 결정립 크기이다. 만약에 항복강도의 실험 값들을 $d^{-1/2}$의 함수로 도시한다면, 식(10.1)의 이론적인 관계처럼 직선으로 나타난다(그림 10.6). 이 직선의 수직축과의 교차점은 단결정의 항복강도를 어림하며, 그것은 다시 말해서 결정립 크기 $d = \infty$인 결정이다.

결정립 크기가 작아질수록, 등응집(equicohesive)온도 아래 온도에서 재료의 강도는 크다. 열처리에 의해 결정립 크기를 미세하게 하기 위해서는 재결정이 일어날 수 있게 해야 하지만, 결정립 성장이 너무 많이 진행되기 전에 시편을 풀림로(annealing furnace)에서 꺼내야 한다. 재료에 특정 합금원소를 첨가할 수도 있다. 일례로, 많은 양의 결정립 성장이 일어나는 것을 방지하기 위하여 강에 바나듐이 첨가되기도 한다. 이러한 원소들은 보통 석출상을 형성하여 결정립계의 움직임을 방해하여 결정립미세화제의 역할을 한다. 등응집온도 위에서는 결정립계가 강도 약화의 원인이 되어 강도에 미치는 결정립 크기의 효과가 반대가 된다.

10.4 강도에 미치는 냉간가공(cold working)의 영향

단-상 재료의 물성을 변화시키는 또 다른 방법은 재료를 냉간가공하여 변형경화(strain hardening)를 유발하는 것이다(6.1.4절에 언급). 변형경화의 효과가 그림 10.7에 예시되었는데, 그것은 냉간가공에 의한 재료의 대략적인 강화를 보여준다.

냉간가공은 합금의 미세조직을 변화시킨다. 이것은 상을 변화시키지는 않지만 존재하는 상의 모양을 바꾼다. 미끄러짐 선(slip line-보고있는 표면에 미끄러짐 면들의 궤적)이 형성된다; 그리고 그 미세조직은 결정질 재료의 결정립 구조를 더 이상 닮지 않을 때까지 변형된다. 그림 6.5는 구리의 미세조직 모양에 영향을 미치는 냉간가공의 효과를 예시하였다.

10.5 분산경화(dispersion hardening)

이번 장의 앞 절에서 미세조직의 상의 분포를 변화시키지 않고 재료를 강화시

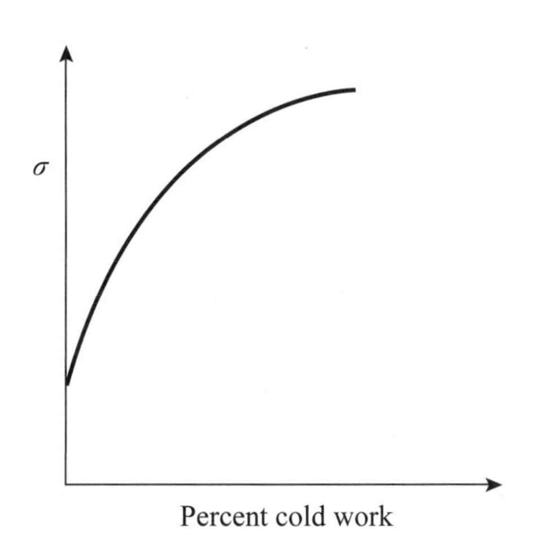

그림 10.7 • 냉간가공에 의한 강화. 단-상의 재료는 냉간가공에 의해서 강화될수 있다. 변형경화에 의해 재료의 항복강도는 증가하였다. 이것은 최종 냉간가공 작업 후에 마지막 풀림처리를 피함으로써 쉽게 얻을 수 있다.

키는 여러 방법들에 관해 언급하였다. 그러나 미세조직은 재료의 물성에 핵심인 자이다. 중요한 것은 단지 존재하는 상들보다는 도리어 상들의 분포다.

10.5.1 구상화강(spheroidized steel)

구상화강은 페라이트 기지 내에 구형 세멘타이트의 미세조직을 가지고 있다. 미세조직 내의 세멘타이트의 분율은 그 강의 조성에 의해서 결정되고 구상화 온도에서 지렛대법칙을 사용함으로서 구할 수도 있다. 세멘타이트의 분율은 구립(spheroid)의 크기와 분포에 대해서는 아무 것도 반영하는 바가 없으나, 이 두 개의 변수가 강의 강도에 중요한 영향을 끼친다. 구립의 크기와 구립 간의 간격, 즉 페라이트의 평균자유경로(mean free path)가 열처리에 의존한다. 구상화 온도에서 유지되는 시간이 길어질수록 세멘타이트 구립은 더 많아진다. 페라이트-세멘타이트 계면의 양을 줄이기 위해서 세멘타이트 입자들은 크게 성장하고 그 수는 줄어든다.

x_0의 조성을 가지는 강을 생각해 보자. 공석선(eutectoid isotherm) 가까운 온도에서 구상화에 의해 생성된 세멘타이트와 페라이트의 무게분율은 다음과 같이 계산할 수 있다.

$$f_{cem} = \frac{(x_0 - 0.025)}{(6.67 - 0.025)}, \tag{10.2}$$

$$f_a = \frac{(6.67 - x_0)}{(6.67 - 0.025)}, \tag{10.3}$$

정량적인 야금학적 분석과 세멘타이트-입자의 직경 그리고 페라이트의 평균자유경로를 계산하기 위해, 우리는 세멘타이트의 부피분율을 계산해야 한다. 우리가 합금의 단위부피를 기본으로 사용하면, 세멘타이트의 부피분율 ϕ_{cem}과 페라이트의 부피분율 ϕ_a을 각각 세멘타이트의 부피 v_{cem}, 페라이트 부피 v_a로 놓을 수 있다.

$$\phi_{cem} = v_{cem}, \tag{10.4}$$

그리고

$$\phi_a = v_a, \tag{10.5}$$

미세조직 내에 단지 두 개의 상만을 생각하였으므로 세멘타이트와 페라이트 부피의 합은 반드시 일이어야 한다. 그리고 다음과 같다.

$$\phi_a = 1 - \phi_{cem}, \tag{10.6}$$

세멘타이트의 무게 w_{cem}은 세멘타이트의 부피와 밀도의 곱과 같다; 즉,

$$w_{cem} = \rho_{cem} \ v_{cem} = \rho_{cem} \phi_{cem}, \tag{10.7}$$

그리고 페라이트의 무게는 다음과 같이 주어진다.

$$w_a = \rho_a \ v_a = \rho_a (1 - \phi_{cem}) \tag{10.8}$$

합금의 전체 무게 w는 페라이트와 세멘타이트 무게의 합과 같다.

$$w = w_{cem} + w_a, \tag{10.9}$$

식(10.7)과 (10.8)을 (10.9)에 대입하면, 다음을 얻는다.

$$w = \rho_{cem} \phi_{cem} + \rho_a (1 - \phi_{cem}), \tag{10.10}$$

간단히 하면, 이 식은 다음과 같이 줄어드는 것을 알 수 있다.

$$w = \phi_{cem} (\rho_{cem} - \rho_a) + \rho_a, \tag{10.11}$$

세멘타이트의 무게분율은 다음과 같이 정의된다

$$f_{cem} = \frac{w_{cem}}{w}, \tag{10.12}$$

그리고 다음과 같다.

$$f_{cem} = \frac{\rho_{cem} \quad \phi_{cem}}{\phi_{cem}(\rho_{cem} - \rho_a) + \rho_a}, \qquad (10.13)$$

만약 식(10.13)을 ϕ_{cem}에 대해 풀면, 다음을 얻는다.

$$\phi_{cem} = \frac{f_{cem}(\rho_a / \rho_{cem})}{1 - f_{cem}(1 - \rho_a / \rho_a)}, \qquad (10.14)$$

$\rho\alpha$ = 7.87 gm/cm^3 와 ρ_{cem} = 8.25 gm/cm^{3}를 식(10.14)에 대입하면

$$\phi_{cem} = \frac{0.955\ f_{cem}}{1 - 0.045\ f_{cem}} \approx 0.955\ f_{cem}, \qquad (10.15)$$

세멘타이트 입자의 평균 지름 d와 페라이트 평균자유경로를 계산하기 위해서, 합금 미세조직사진에 임의의 선을 긋는다. 선에 의해 교차된 구립의 수(N_L)는 단위부피당 구립의 수(N_V) 곱하기, 그 선이 임의로 놓인 단일 구립과 만날 확률과 같다. 이 확률은 $\pi d^2/4$이며, 다음을 얻는다.

$$N_L = \frac{\pi d^2 N_V}{4}, \qquad (10.16)$$

선의 단위길이 당 교차되는 구립이 N_L만큼 있으며 같은 이 선은 $N_L - 1 \approx N_L$ 개 만큼 페라이트 구역을 가로지르게 된다. 페라이트의 길이분율과 부피분율이 같으므로 페라이트에서 단위길이의 분율은 페라이트의 부피분율, 또는 $1 - \phi_{cem}$와 같다. 페라이트 안에 있는 선의 길이를 교차하는 페라이트 영역의 수로 나누면 페라이트 평균자유경로 ρ를 얻게 된다. 즉,

$$\rho = \frac{1 - \phi_{cem}}{N_L}, \qquad (10.17)$$

세멘타이트의 부피분율은 간단히 단위부피 당 세멘타이트 입자수와 각 입자의 부피를 곱한 것이므로 다음을 얻는다.

$$\phi_{cem} = N_V \left(\frac{\pi d^3}{6}\right), \qquad (10.18)$$

식(10.18)을 재배열하여 N_V에 대해 풀면, 다음을 얻는다.

$$N_V = \frac{6\phi_{cem}}{\pi d^3}, \tag{10.19}$$

만약 N_V에 대한 이 표현을 식(10.16)에 대입하면, 우리는 페라이트의 평균경로를 얻을 수 있다.

$$\rho = \frac{2(1-\phi_{cem})}{3\phi_{cem}} d, \tag{10.20}$$

그러면 이 관계는 페라이트 평균자유경로의 세멘타이트 부피분율과 입자크기에 대한 의존도를 제공한다. 식(10.14)에서 계산한 세멘타이트의 부피분율에 대한 표현을 사용하여, 우리는 페라이트 평균자유경로를 세멘타이트의 무게분율과 입자직경으로 나타낼 수 있다.

$$\rho = \frac{2\rho_{cem}(1-f_{cem})}{3\rho_{cem} f_{cem}} d = 0.7\frac{(1-f_{cem})}{f_{cem}} d, \tag{10.21}$$

또는 합금조성 x_0의 항으로 나타낼 수도 있다.

$$\rho = \frac{(6.67 - x_0)}{(x_0 - 0.025)} d \approx \left(\frac{4.7}{x_0} - 0.7\right) d. \tag{10.22}$$

식(10.22)에 의하면, 페라이트 평균자유경로는 세멘타이트 입자 크기에 직접 비례하고 탄소 함량에 반비례한다.

10.5.2 분산경화 기구(dispersion hardening mechanism)

그림 9.31에서 보여졌던 것과 같은 구상화강의 미세조직을 생각해 보자. 전단응력을 적용함에 따라, 소성변형이 시작되고(만약 전단응력이 항복응력보다 크다면) 전위선이 세멘타이트 입자들에 의해 저항력을 받는다[그림 10.8(a)와 (b)]. 전단응력을 계속 주면 전위선은 입자들 사이에서 굽어진다(그림 10.8c). 휘어짐이 그림 10.8(d)와 같이 증가함에 따라, 휘어진 전위선의 일부분들이 접하게 된다. 이 부분들은 합쳐져서(그림 10.8e) 각 세멘타이트 입자를 둘러싸고 물결 모양의 전위선은 그것의 에너지를 줄이기 위하여 곧게 펴진다(그림 10.8f).

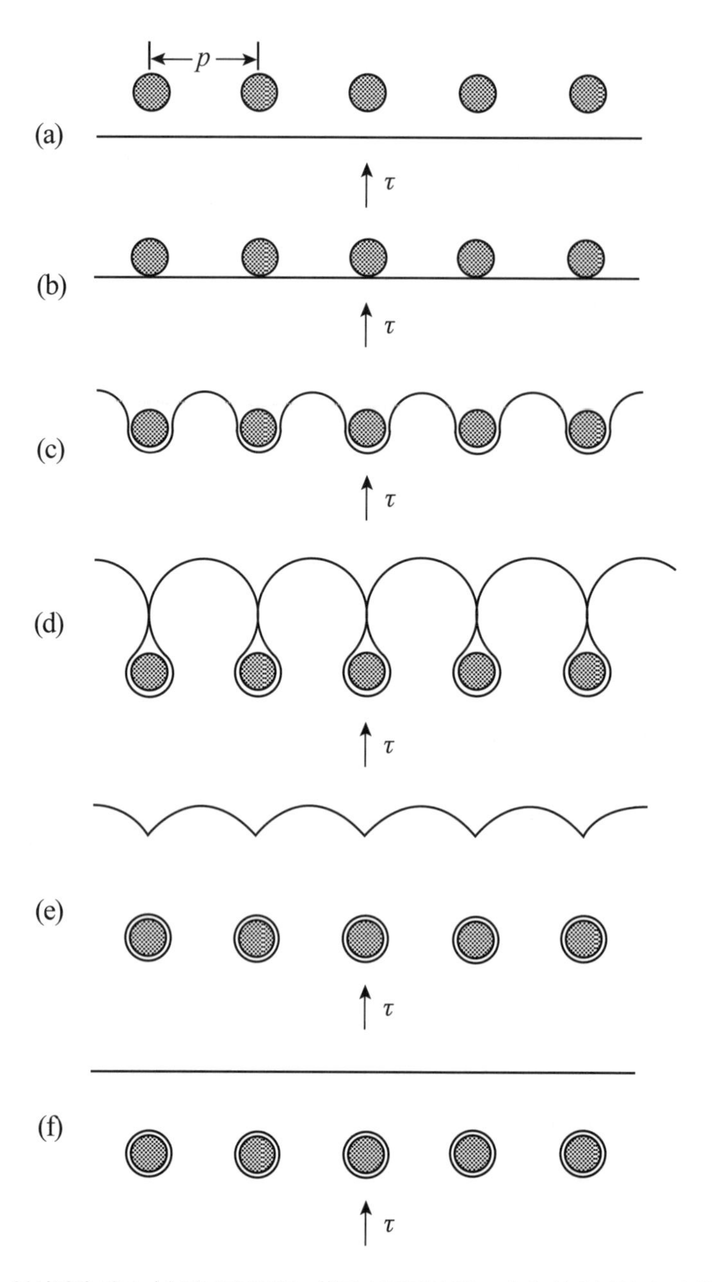

그림 10.8 • 분산경화 기구. (a) 평균자유경로 p만큼 분리되어있는 제이-상 입자들이 전단응력 τ 하에서 이동하는 전위선의 경로 상에 있다. (b) 전위가 입자들에 접근한다 (c) 전단응력이 계속 작용함에 의해 전위는 입자들 사이에서 휘어지기(bow) 시작한다. (d) 휘어짐은 전위고리가 입자들의 면과 접할 정도로 가까워질 때까지 계속된다. (e) 이 시점에서 전위선은 그 면에 새로운 전위선을 만들고 각 입자 주위에 고리를 남겨둔다. (f) 전위선은 직선으로 펴진다. 각 입자 주위의 고리는 결정의 미끄러진 영역과 미끄러지지 않은 영역 사이의 경계이다.

프랭크-리드(Frank-Read) 원에서 전위를 휘어지게 하는데 필요한 응력은 5.12.3절에서 다음과 같이 주어졌다.

$$\tau_{bow} = \frac{Gb}{\rho}, \tag{10.23}$$

여기서 페라이트 평균자유경로 ρ는 이전 해(solution)의 고정점 사이의 거리 d를 대체한 것이다. 만약 기지의 항복응력이 τ_0라면, 분산경화된 재료의 항복응력은 다음과 같다.

$$\tau = \tau_0 + \frac{Gb}{\rho}, \tag{10.24}$$

이 기구는 Orowan에 의해 제안되었고, 그것은 항복응력과 평균자유경로의 역수 사이의 직선관계를 예측할 수 있다. 이런 직선적인 의존성은 그림 10.9에 보여진 것처럼 실험적으로 발견된다. 좀 더 복잡한 이론들이 평균자유경로에 대한 항

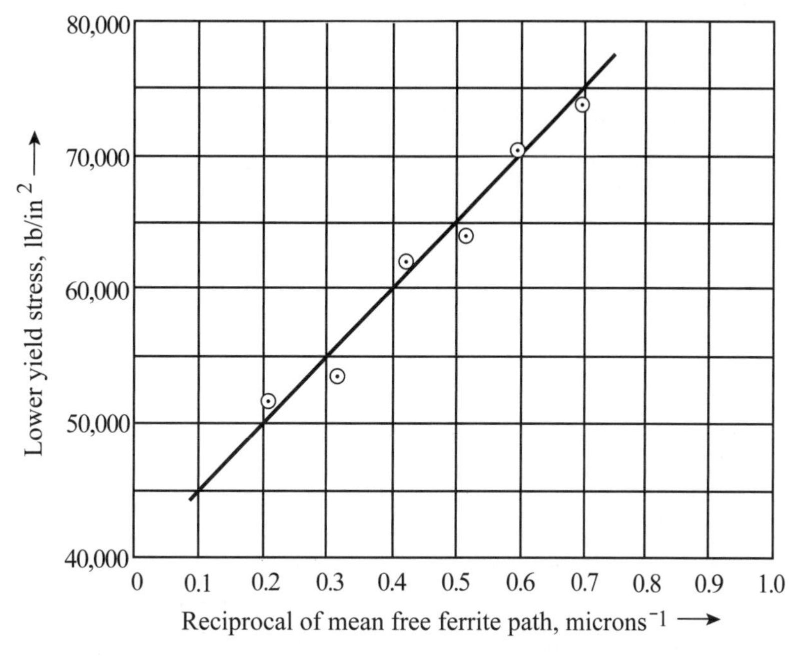

그림 10.9 • 구상화강의 분산경화. 구상화강의 낮은 항복강도(yield stress)가 페라이트 평균자유경로의 역수의 함수로 표현되었다. 직선 그래프는 식(10.24)에서 제안되었던 분산경화에 대한 이론적 식에 대한 입증이다.

복응력의 실제의존성에 대해 더 정확한 근사치를 증명해왔다. 이들 이론 중 일부는 분산된 입자들 주위의 전위고리(dislocatin loops) 형성으로 말미암은 입자 간 거리의 감소와 그 결과로 인한 휨응력(bowing stress)의 증가를 계산해 넣었다. 그러나, 이들 이론은 단지 이 경우에만 적합하다.*

페라이트 평균자유경로는 세멘타이트 입자 크기에 직접적으로 비례하기 때문에, 식(10.24)는 입자크기가 감소할수록 분산된 제이-상에 의한 경화효과는 증가한다는 것을 예측한다. 다시말해, 제이-상 입자가 미세할수록 그것들은 공간적으로 더 가까이 있게 되고 분산경화에 의한 강화는 더 커지게 된다.

10.5.3 펄라이트강(pearlitic steel)

페라이트 기지 내에 미세한 구상 세멘타이트를 분산시킴으로써 분산경화를 유도하듯이, 펄라이트 구조가 존재해도 같은 효과를 얻을 수 있다.

고온에서의 변태나 느린 냉각속도에서 형성된 조대한 펄라이트는 상대적으로 두꺼운 페라이트와 세멘타이트 판상을 갖고 있다. 그런 조직은 낮은 온도나 빠른 냉각속도에서 형성된 미세한 펄라이트에 비해 연하다. 펄라이트 내의 미세한 페라이트와 세멘타이트 판상의 효과는 전위의 경로를 제한해서 경도와 항복강도를

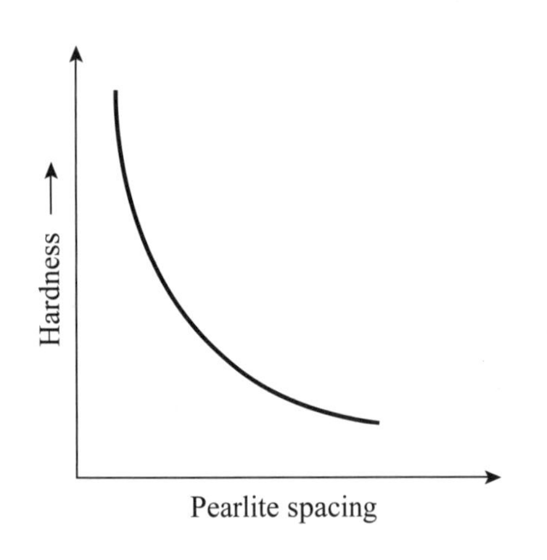

그림 10.10 • 펄라이트의 분산경화. 펄라이트 간격(pearlite spacing), 즉 페라이트와 세멘타이트의 개개의 펄라이트 층상 입자들의 두께가 강의 강도에 영향을 미친다. 펄라이트 간격이 적을수록 강은 더 경해지고 강해진다.

* 분산경화에 대한 더 최근 이론은 A. Kelly and R. B. Nicholson, "Precipitation Hardening," *Progress in Materials Science*, 10, No.3, 1963을 참조하시오.

증가시키는 효과를 유발한다. 펄라이트의 경도는 펄라이트 간격의 함수로 그림 10.10에 보여졌다. 경도는 층상 간격이 증가함에 따라 급격히 감소한다.

10.5.4 인위적으로 분산된 상(artificially dispersed phases)

분산경화는 제이-상을 기지 내에 인위적으로 끌어들임으로써 성취될 수 있다. 경한 이들 제이-상 입자들은 종종 산화물이다. 이 경화방법은 SAP(sintered aluminum powder: 소결된* 알루미늄 분말)와 TD(thoria dispersed) 니켈을 생산하기 위해 사용된다. 앞의 재료는 산화된 알루미늄 분말을 소결함으로서 도입되어 분산된 알루미늄 산화물에 의해, 후자는 토리움 산화물(thoria) 입자를 니켈 기지에 도입함으로써 경화된다.

알루미늄 산화물은 결정립계 피막(envelope)을 형성함으로써 경화된다. 알루미늄-분말 입자들은 매우 작아서 산화물층 사이의 알루미늄 평균자유경로가 작다. TD 니켈에서 토륨산화물은 매우 작고 미세하게 분산되어 10.5.2절에서 논의했던 기구에 의해 강화매체로서 작용한다.

섬유유리는 인위적으로 분산경화된 재료의 또 다른 한 예이다. 유리섬유가 합성수지 기지에 박혀서 강도를 제공한다. 그러한 섬유강화의 예 중에 대형인 경우가 강화된 얼음이다. 얼음 판은 매우 취약하지만, 만약 유리섬유가 응고 전에 얼음에 삽입되면 최종 조직은 매우 강하다.

10.5.5 먼츠금(Muntz metal)

우리는 8.5절에서 먼츠금에서의 고체상태 변태를 논의했고 다양한 미세조직의 조직사진을 보았다. 우리가 다음에서 설명하겠지만 미세조직 변화로 인해 먼츠금의 경도를 크게 증가시킬 수 있다. 만약 경도가 강도측정으로써 사용된다면, 먼츠금의 강도는 그것의 미세조직에 존재하는 β-상의 분율이 증가함에 따라

---

* sintering(소결)은 인접한 분말입자 표면을 가열에 의해 접합시키는 것이다. 입자들은 근본적으로 서로 용접된다.

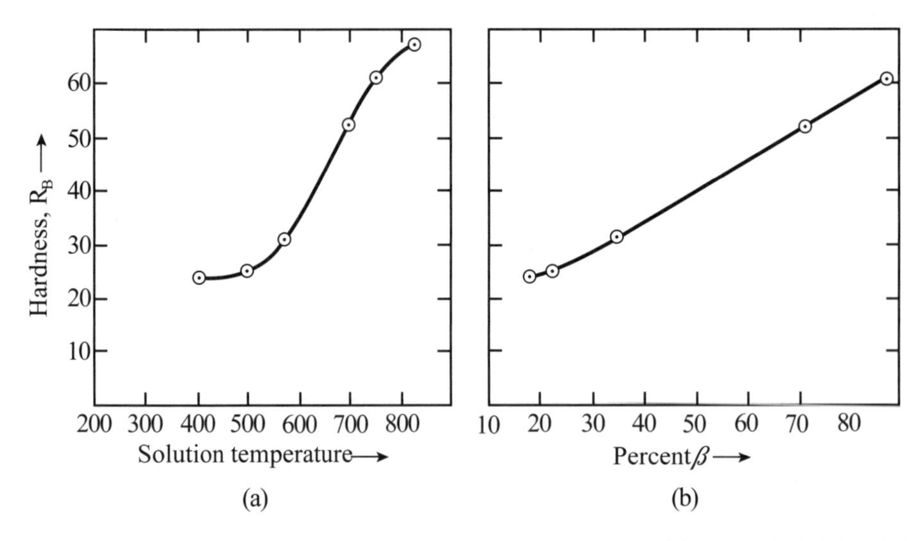

그림 10.11 • 용체화처리된 먼츠금. 먼츠금의 α-상은 β-상보다 약하다. (a) 일련의 용체화처리에서 용체화온도가 증가함에 따라 β의 퍼센트가 증가하고 결과적으로 재료의 경도도 온도와 함께 증가한다. (b) 같은 결과가 β의 퍼센트 대 Rockwell B(R_B) 경도로 표시될 수 있다; 이 그래프는 시편의 β 양이 증가함에 따라 경도가 비슷하게 증가함을 보여준다. Rockwell B 경도는 재료의 경도를 나타내는 정량적 표준이다.

증가할 것이다. β-상은 α-상보다 경도값이 높기 때문에 이런 증가를 예상할 수 있다.* 여러 온도에서 용체화처리된 먼츠금 시편의 경도가 용체화온도의 함수로 그림 10.11(a)에 그려져 있다. 이들 시편의 미세조직은 그림 8.20에 나와 있다. 합금의 경도는 용체화온도가 증가함에 따라 증가하고, 미세조직의 β 분율도 구리-아연 상태도(그림 8.18)로부터 계산할 수 있는 것처럼, 용체화온도가 증가함에 따라 증가한다. 그림 10.11(b)에서 경도는 미세조직 내의 β 분율의 함수로 표현되었다. 이 후자 그래프는 합금의 경도가 미세조직 내의 더 경한 상(harder phase)의 양이 증가함에 따라 증가함을 예시한다.

만약 용체화처리를 통해 먼츠금을 경화(harden) 또는 강화(strengthen)시키려면, 얻을 수 있는 가장 강한 경도는 100% β를 포함한 시편, 즉 R_B 67의 경도인 시

* 개개 상의 경도는 미세경도계를 사용해서 측정할 수 있다. 이 장비는 경도 자국을 원하는 상 내에 완전히 위치시킬 수 있다.

편일 것이다. 2상의 미세조직적인 분포를 바꿈으로써 먼츠금의 경도와 강도를 이 값 이상으로 증가시킬 수 있다.

시효처리에 의해 얻어진 먼츠금의 거시구조를 생각해 보자. 완전 β 영역인 825℃에서 시작해서 실온으로 급냉시킨다. 그래서 β-상은 준안정한 평형상태에 잔류된다. 그 후 시편을 2상영역 $\alpha + \beta$ 내에서 여러 시효온도로 재가열된다. α-상은 시효온도에서 준안정한 β-상으로부터 석출하지만, 이 시효처리로 인한 미세조직은 같은 온도에서 행한 용체화처리에서 얻어진 미세조직과는 다르다. 용체화처리된 시편의 α는 β 기지 내에 구형(globule)이나 섬 형태인 반면, 시효처리 중에 석출한 α는 매우 미세한 입자 형태로 존재한다(그림 8.32). 이 석출된 α의 매우 미세하게 분산된 입자들은 낮은 시효온도에서 일어나는데, 이는 이 온도에서 확산속도가 매우 느리기 때문이다. 높은 시효온도에서는 시효처리 중에 α-입자들이 합쳐져서 구형의 α-상을 형성한다.

먼츠금의 경도를 시효온도의 함수로 생각해 보자(그림 10.12). 이 그래프는 용체화처리 시의 경도 변화(그림 10.11)와 매우 다르다. 여러 온도에서 시효된 먼츠금의 경도곡선은 약 250℃의 시효온도에서 최댓값을 갖는다. 이 합금의 최대 경도는 R_B 94이다. 낮은 시효온도에서는 평형 양의 α가 석출하게 하기에 시간과 열

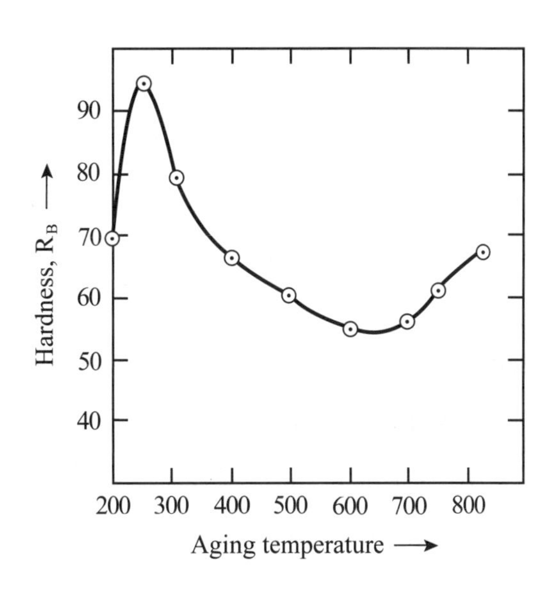

그림 10.12 • 먼츠금의 시효경화 (age hardening). 먼츠금이 시효됨에 따라 경도는 매우 급격히 증가하고 약 250℃에서 최고값을 갖는다. 이는 β-기지 내의 α의 매우 미세한 분산에 상응한다. 그래서, α-석출물이 합쳐짐에 따라 경도가 감소한다. 높은 시효온도에서 합금 내에 β 양이 증가함에 따라 경도는 다시 증가한다.

적 활성화가 충분하지 않다. 시효온도가 증가함에 따라 경도가 최고치에 도달할 때까지 더욱 더 많은 α가 매우 미세한 입자 형태로 석출한다. 250℃ 이상에서는 α-입자들이 합쳐지기 시작해서 수는 작고 크기는 큰 입자가 형성되기 때문에 경도가 감소한다. 이런 경도 감소는 600℃까지 지속되는데, 이 온도에서는 미세조직 내에 더욱 더 많은 β-상이 도입되어, 그림 10.11에 보여진 용체화처리된 합금의 그것과 유사하게 경도의 증가를 유발한다.

10.6 구조적 경화(structural hardening)의 형태

매우 미세하게 분산된 연한(soft) 상의 석출에 의한 먼츠금의 경화는 분산경화 효과의 예이다. 분산화의 다른 예는, 분산된 상이 둘 중에 더 경한 경우이다. 이 시점에서 우리는 과학적인 관점에서 벗어나 여러 경화 과정의 의미론적인 관점을 논의할 필요가 있다. 일반적으로, 우리는 이 장에서 논의된 모든 과정을 구조적인 경화 과정으로 분류할 수 있을 것이다. 왜냐하면 원자 또는 미세조직적 관점에서의 구조의 변화로 인해 강화가 일어났기 때문이다. 합금경화를 제외하고는 이 모든 과정은 경화를 일으키는 미세조직의 변화를 포함한다. 재료가 인위적인 산화물의 분산에 의하거나 또는 탄화물 또는 금속간화합물의 석출에 의해 경화되더라도 경화기구는 동일하다 - 전위이동이 분산된 상에 의해 방해받는다.

위에서 설명한 관점에서 보면, 저자는 미세하게 분산된 제이-상에 의해 전위이동(dislocatin movement)이 방해받아 재료가 강화되는 모든 과정을 분산경화로 분류하려 했다. 10.5절에서 논의된 모든 경우에 제이-상 입자들은 현미경에 의해 관찰될 만큼 충분히 크다. 알루미늄 합금의 석출경화 또는 시효경화는 광범위하게 연구되어왔고, 경화효과를 일으키는 석출물은 너무 작아서 X-선 분석이나 투과전자현미경에 의해서만 감지될 수 있다. 알루미늄 합금의 그러한 석출경화에 대한 광범위한 연구 때문에 별도의 절에서 논의될 것이다. 관련된 경화기구는 분산경화에서 논의했던 것과 동일하다; 일반적으로 시효경화(먼츠금의 예)와 석출경화(알루미늄 합금의 예) 사이에는 차이가 없다.

10.7 석출경화(precipitation hardening)

강화 공정으로서 석출경화의 사용은 어떤 알루미늄 합금에서는 매우 중요하다. 이것은 또한 다른 계에도 적용이 되었는데, 예를 들면 스테인리스강에서다. 석출 또는 시효경화의 원리는 설명이 가능하지만, 어떠한 계에 석출경화를 부여하는 조건은 아직까지 알려져 있지 않다. 어떠한 계가 시효경화 되도록 만족해야 하는 어떤 조건을 정하는 것은 가능하다. 이 조건들은 필요하지만 충분하지는 않다. 가장 중요한 필요조건은 온도가 내려감에 따라 고용한계(solvus)가 고용도의 감소를 나타내야 한다. 고용한계는 고용체의 최대 용해도이다. 가상적인 이원계 AB의 상태도(그림 10.13)에서, 고용한계는 α와 $\alpha+\beta$ 영역 사이의 경계이다.

10.7.1 열적인 처리(thermal treatment)

x_0 중량퍼센트의 B를 포함하는 시효경화될 수 있는 합금을 생각해보자. 실온

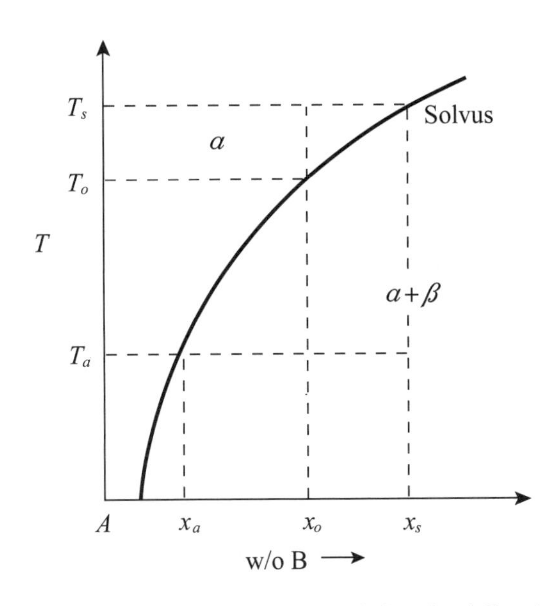

그림 10.13 • 석출–경화성계. 석출경화에 필요한 조건 중 하나는 재료가 온도가 감소함에 따라 고용도가 감소한다는 것이다. 이것은 왼쪽 아래로 기울어지는 고용한계선(solvus line)으로 나타난다. 온도 T_0에서 A 내의 B 최대 고용도는 x_0이다. 높은 온도에서는 고용도가 많지만, 낮은 온도에서는 적다. 고용도가 $x_s > x_0$인 T_s에서 실온으로 합금을 급냉시키고 $x_a < x_0'$ 인 T_a'까지 재가열함으로서 석출이 이루어진다.

에서 이 합금은 α와 β의 평형 미세조직을 가져야만 한다. 합금이 열을 받게 되면, A내에 B의 용해도는 증가하고 T_0에서 합금은 단-상의 α고용체이다. 균일한 단-상의 미세조직을 확인하기 위해서, 그 합금은 T_0 위의 T_s, 고용온도까지 가열된다. T_s에서 A 내의 B의 용해도는 x_s이다. 고용온도로부터 빠르게 급냉시킴으로서, 고온의 미세조직이 실온에서 보존된다. 저온에서는 원자가 스스로 재분배할 능력이 제한되어 있기 때문에 급냉 동안 β는 석출되지 않는다. 이러한 방법으로, 과포화된 α의 고용체는 실온에서는 준안정 평형상태로 존재하게 된다.

과포화된 α로부터 β의 석출물을 얻기 위해서, 그 합금은 시효 온도 T_a까지 재가열해야 한다. 시효 온도는 용질원자의 필요한 재분배가 가능할 정도로 충분히 높아야 한다. 그러나 시효하는 동안 충분한 양의 β가 생성될 정도로 충분히 낮아야 한다. A 내에 B의 고용도가 감소하기 때문에, 평형상태도에서 예측된 β의 양은 온도가 낮아질수록 증가한다. 시효 온도에서 A 내에 B의 용해도는 x_a이다. 용체화처리된 합금은 $x_0 > x_a$ 중량 퍼센트 B를 가진다. 시효 처리 동안 과포화된 α 고용체가 B를 방출함에 따라 β의 석출이 일어난다.

10.7.2 기계적 처리(mechanical treatment)

시효 과정의 시작점은 용체화처리 조건이다. 여러 합금에 대해 특히 잘 들어맞게 하는 것은 석출경화가 갖는 특징이다. 이러한 합금은 용체화 된 후 냉간가공에 의해 원하는 모양으로 제조가 된다. 소성변형은 재료가 가장 연한 상태, 용체화처리 조건에 있는 동안 수행된다. 어떤 알루미늄합금에서는, 실온에서 석출이 일어날 수 있다. 이러한 합금은 제조 후 보관 장소에서 시효 되게 보관되거나 선적 동안 시효가 되도록 선적한다. 다른 합금들은 제조가 완료된 후 여러 높은 온도에서 시효경화된다.

10.7.3 정합석출(coherent precipitation)

용체화처리된 합금은 과포화된 α의 고용체로 구성되어 있다. 어떤 특정 온도

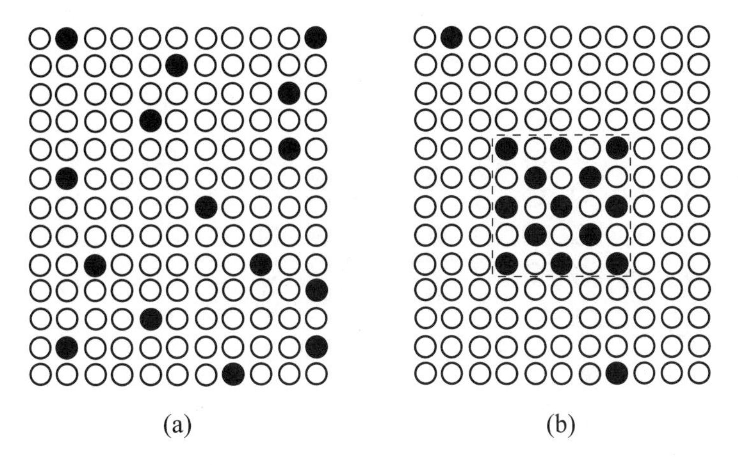

그림 10.14 • 다발(cluster)의 형성. (a) A에 B가 과포화된 고용체는 여분의 B원자를 갖고 있다. (b) 원자가 충분한 운동성을 가지는 온도에서 유지함으로써 재배열이 일어나고 B가 많은 다발이 형성될 것이다.

T_a에서 α격자 내에 용해될 수 있는 B원자의 일반적인 양은 고용한계(solvus)와 시효등온선(aging isotherm)의 교차점에 의해 주어진다. 그림 10.13의 합금에서 A 내의 B의 최대고용도는 그 시효 온도에서 x_a이다. x_0 w/o B를 가진 과포화된 준안정 고용체에서보다 포화된 고용체 내에 B가 더 적게 있다. 과포화된 고용체의 원자구조는 시효온도에서 용질원자 스스로 재배열하여 B가 많은 다발(cluster)를 형성하는 것과 같은 구조이다. 이러한 형태의 다발은 과포화된 고용체의 그림 10.14에 개략적으로 보여졌다.

용질원자가 많은 재료의 다발의 형성은 정합석출물(coherent precipitate)을 형성한다. 이 정합이란 말은 약간의 설명이 필요하다. 그림 10.15에 있는 원자 그림은 석출물이 기지와 접합되어 있으며 원자의 손실된 결합 또는 여분의 면(extra plane)이 없는 상태이다. B가 많은 석출물과 A가 많은 α-상의 원자 간 간격은 보통 다르기 때문에, 기지 내의 매 원자열이 석출물의 매 원자열과 잘 결합되기는 어렵다. 만약 그 결합이 모두 만족된다면, 그 석출물은 정합의 계면을 가지고 있

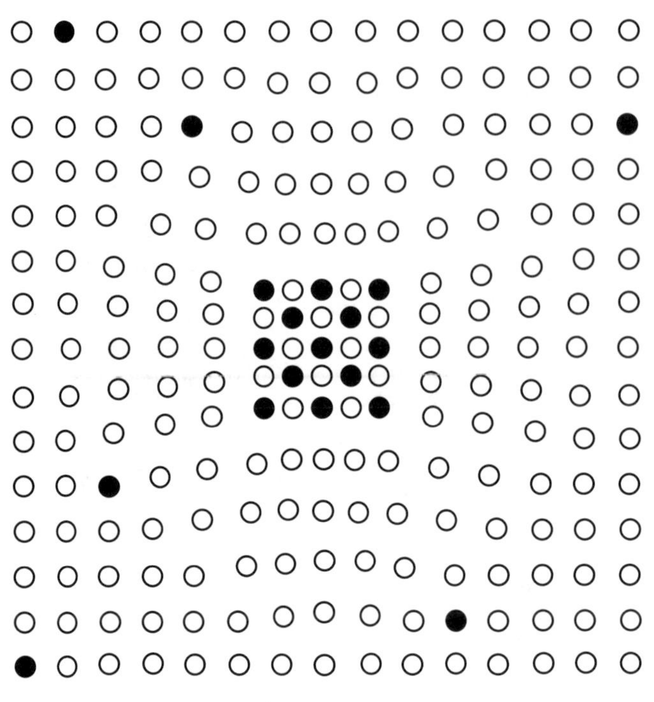

그림 10.15 • 정합석출물 주위의 탄성변형. 다발의 형성은 정합석출물 형성의 예비징조이다. 이 석출물은 기지와는 다른 단위격자 또는 격자변수를 갖고, 정합계면에서의 이 차이를 수용하기 위해 격자에 큰 탄성변형이 필요하게 된다. 이 변형은 계면으로부터 먼 거리까지 미친다.

다고 말한다. 그 결합들은 2상의 격자상수들 간의 차이를 감안하기 위해서 탄성적으로 늘어날 것이다(그림 10.15). 그러나 원자열들은 석출물-기지 계면을 가로질러 연속적이다. 그러한 정합석출물의 결과로 생긴 탄성변형 영역은 석출물 주위의 기지 내로 꽤 멀리 연장된다.

정합석출물의 처음 출현은 그와 같은 미세한 크기로 나타나기 때문에 광학현미경으로는 관찰이 불가능하다. 그리고 단지 투과전자현미경이나 x-선 회절의 어떤 기법으로만 이러한 석출물의 존재를 확인할 수 있다. 석출물이 성장함에 따라 정합계면은 그대로 유지된다. 경도는 무엇이 발생하고 있다는 것에 대한 좋은 표시가 된다. 그리고 가장 작은 입자의 석출이 합금의 경도를 증가시킨다. 정합석출물의 입자수가 증가함에 따라 경도는 증가한다. 이러한 작은 정합입자들의 존재에 기인하여 강도특성이 증가하는 것은 석출물에 바로 인접한 격자의 큰 탄성변형에 기인한다. 이러한 탄성변형은 기지와 석출물 간의 정합계면에 필요한 모든 결합을 도모하기 위해 필요하다.

시효 시간이 진행됨에 따라 정합입자는 합체된다(coalesce); 즉 입자 수의 증가보다는 입자 크기가 더 자란다. 이러한 합체는 합금의 경도 감소를 초래한다. 입자의 합체를 위한 구동력은 기지의 변형에너지의 최소화이다. 입자가 클수록 큰 반경 때문에 인접한 기지 내에 변형이 적어진다. 두 번째 형태의 석출물이 나타나기 시작할 때까지 합체는 계속되고 경도는 감소한다.

여기서 정합석출물은 상태도에 의해서 제시된 β-상이 아니라는 것을 언급해야 한다. 실제로, 어떤 계에서는 시효의 어느 단계에서도 평형석출물이 나타나지 않을 수도 있다. 처음 나타나는 정합석출물은 천이(transition) 석출물이다. 그것은 과포화 고용체 α보다 더 많은 B원자를 포함하고 있다. 그러나 평형 석출물보다는 적은 B원자를 포함하고 있다.

10.7.4 부정합석출(incoherent precipitation)

정합석출물이 합체됨(coalescing)에 따라 부정합석출물이 생성되기 시작한다. 이러한 부정합석출물 또한 천이 형태의 하나이다. 단지 이것은 B 함량 면에서 평형 β상에 더 가깝다. 부정합계면은 정합계면의 경우에서처럼 탄성결합을 늘어나게 하는 것보다는, 2상 간의 원자 간 거리 차이를 해소하기 위하여 전위의 존재에 의존한다. 부정합석출물은 칼날전위가 계면을 구성하고 있는 그림 10.16에 개략적으로 보여졌다.

부정합석출물은 처음에는 매우 미세하게 분산된 입자의 형태로 나타난다. 정합-석출입자들은 부정합석출에 필요한 B원자를 제공하기 위해서 분해된다. 경도는 미세하게 분산된 부정합석출물이 형성됨에 따라 다시 증가한다. 경도는 부정합석출물이 합체될 때까지 계속 증가한다. 시효 과정의 이 시점에서 수는 작고 크

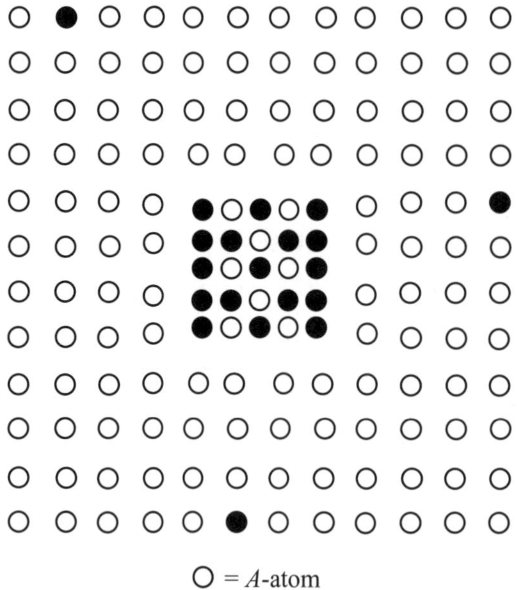

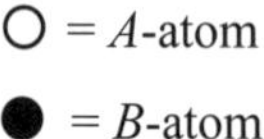

그림 10.16 • 부정합석출. 부정합석출은 기지와 석출물 사이의 차이를 해소하기 위해 큰 탄성변형을 필요로 하지 않는다. 전위는 계면을 조정하는데 이용되었고, 이 경우에는 석출물 주변을 따라 존재하는 잉여 절반면으로부터 칼날전위가 발견될 수도 있다.

그림 10.17 • 석출-경화 곡선. 석출경화를 보이는 합금은 두 개 또는 그 이상의 석출물이 형성되었을 수 있다. 만약 한 개는 정합이고 다른 하나는 부정합이라면, 경도곡선은 두 개의 최고치를 갖는다. 처음에는 석출물을 둘러싸고 있는 큰 탄성변형 영역을 가진 정합석출물의 석출에 의해 경도가 증가한다. 미세하게 분산된 석출물이 나타남에 따라 경도가 증가한다. 이 입자들은 결국에는 표면에너지를 보존하기 위해 합쳐지게 되어 경도가 감소한다. 합체화 과정에서 부정합석출물이 미세하게 분산되어 형성되고 경도는 다시 증가해서 최대치에 이르고, 부정합입자의 조대화로 인해 감소한다.

기가 큰 석출입자의 존재로 경도는 다시 감소하기 시작한다. 그림 10.17은 위에서 언급한 가상적인 합금에 대한 시효 정상과 계곡의 주기를 나타낸다.

석출경화에 대한 위의 설명은 모든 재료에 대해 유효한 것은 아니다. 사실 이것은 반응에 대한 단지 하나의 기구이다. 그리고 위에서 언급한 여러 과정이 연속적으로 발생하기보다는 중첩된다는 점에서 볼 때 간략화 된 것이다.

10.7.5 정합 및 부정합석출물에 의한 경화기구(hardening mechanism)

석출물은 정합이든 또는 부정합이든 간에 전위이동에 대한 방해물로 작용한다. 10.5.2절에서 우리는 분산경화기구를 논했다. 석출경화는 그림 10.8에서 보여진 것처럼 미세하게 분산된 석출입자가 전위의 이동을 방해하는 분산경화의 한 형태이다.

정합석출물은 많은 입자 또는 미세한 분산 때문이라기보다는 정합계면과 관련된 큰 탄성변형 영역 때문에 대부분의 경화를 유발한다. 그러한 탄성영역이 그림 10.15에 정합석출물에 대해서 예시되었다. 석출물-기지 사이의 계면으로부터 이러한 변형이 미치는 곳까지 먼 거리인 것을 언급하는 것이 중요하다. 전위는 변형

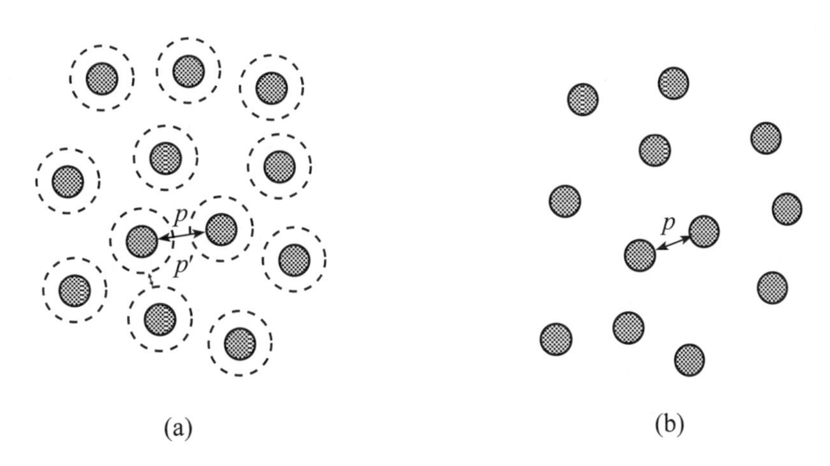

그림 10.18 • 석출입자 사이의 평균자유경로. (a) 정합석출물은 입자 사이의 평균거리인 평균자유경로 p를 갖지만, 유효평균자유경로 p'는 변형장 사이의 거리이고 이것이 경화의 계산에 사용된다. (b) 부정합석출물에서는 대부분의 불일치한 부분이 전위에 의해 수용되기 때문에 계면에서의 변형이 거의 없다. 일반적인 평균자유경로 p는 입자 사이의 거리이고 분산경화의 계산에 사용된다.

장(strain fields)에 의해서 방해를 받게 되고(blocked) 따라서 평균자유경로는 그림 10.18(a)가 개략적으로 보여주는 것처럼 줄어든다. 실선 원은 정합석출물입자를 절단한 부분을 나타낸다. 그리고 점선으로 된 원은 강한 탄성변형 지역을 나타낸다. 평균자유경로 p는 p 보다 작은 유효평균자유경로 p'으로 바뀔 것이다.

기지-석출물 사이의 계면의 불일치는 전위에 의해서 수용되기 때문에 부정합석출물(그림 10.16)은 적은 탄성변형을 가진다. 석출물 입자들은 심하게 변형된 구역을 가지지 않고, 평균자유경로는 그림 10.18(b)에서 p에 의해 표현된 것이다. 부정합석출물이 정합석출물처럼 미세하게 분산되어 존재할 경우를 생각해 보자. 즉, 다음과 같다.

$$P_{\text{inc}} = P_{\text{coh}} , \tag{10.25}$$

부정합석출물은 정합석출물의 유효평균자유경로가 부정합석출물의 평균자유경로 보다 작기 때문에 더 적은 강화를 유발한다. 즉, 다음과 같다.

$$P'_{\text{coh}} < P_{\text{inc}} . \tag{10.26}$$

10.8 뜨임(tempering) 효과

경도보다는 충격 저항성(인성)을 향상시키기 위해서 재료의 미세조직을 바꿀 필요가 종종 있다. 이러한 관점에서 가장 중요한 처리는 급냉된 강을 뜨임하는 것이다. 마르텐사이트를 형성하기 위해 오스테나이트 구역에서 급냉된 철-탄소 합금은 아주 강하고 단단하다. 그러나 이것은 충격강도가 결핍되어 매우 취약하다. 이러한 취성을 제거하기 위해 재료를 뜨임한다. 우리는 9.9.4절에서 미세조직적 관점에서 뜨임을 설명하였고, 이제는 강의 물리적 성질에 미치는 영향의 관점에서 그것을 논의할 것이다.

급냉한 마르텐사이트 조직을 뜨임하면, 강의 경도는 감소한다. 많은 응용분야에서 경도가 다소 줄더라도 이에 따른 인성이 증가되는 것이 훨씬 나은 경우가 있다. 그림 10.19는 여러 온도에서 마르텐사이트의 경도에 미치는 뜨임 효과를

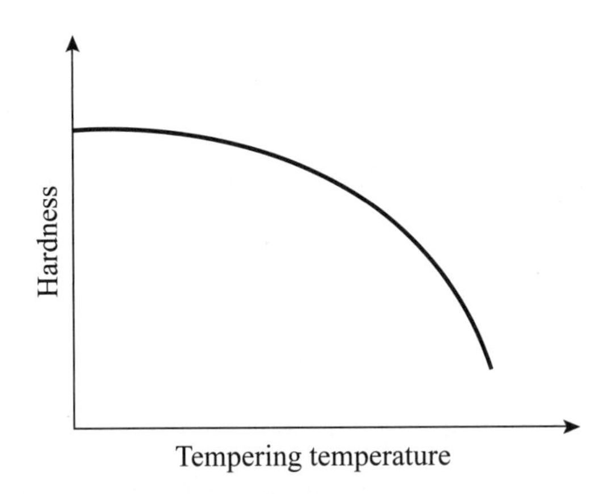

그림 10.19 • 경도에 미치는 뜨임의 영향. 급냉한 강의 뜨임은 마르텐사이트의 강도를 감소시킨다. 낮은 뜨임온도(tempering temperaturel)에서는, 경도에 거의 영향을 미치지 않지만, 높은 온도에서는 재료가 뜨임의 두 번째와 세 번째 단계를 지나면서 경도가 급격히 떨어진다.

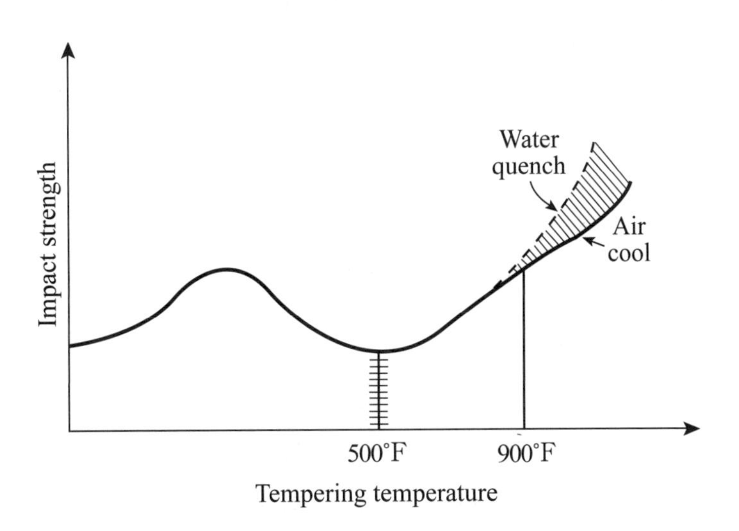

그림 10.20 • 충격강도(impact strength)에 미치는 뜨임의 영향. 급냉한 강의 충격강도는 뜨임에 의해 증가하지만, 이 효과는 모든 뜨임온도에서 일어나지는 않는다. 충격강도는 낮은 온도에서 뜨임에 의해 증가하지만 감소했다가 약 500℉에서 최소값에 도달한다. 이를 소위 500°취성이라고 한다. 이 뜨임온도 범위 이상에서는 충격강도가 약 900℉에 이를 때까지 증가한다. 이 점에서 만약 시편이 수냉(water quench) 대신 공냉(air cool)된다면 뜨임취성이 발생할 수 있다.

나타내고 있다. 충격강도에서의 향상으로 보여준 것처럼, 이에 상응하는 강의 인성의 향상이 그림 10.20에 보여졌다.

충격 저항성은 처음에는 뜨임온도가 증가함에 따라 증가하고 500°F 근처에서 매우 낮은 값으로 떨어진다. 이 충격강도의 최소치는 뜨임의 세 번째 단계의 시작에서 발생한다. 그것은 마르텐사이트 판상 주위에 세멘타이트의 석출 때문이다. 이러한 석출과 관련된 인성의 감소는 500° 취성(embrittlement)으로 간주되며 따라서 뜨임처리는 이러한 취성을 피하기 위해서 의도적으로 다른 온도(500°F 위 또는 아래)에서 실시한다.

뜨임온도가 더 상승함에 따라 충격저항성은 회복되고 전보다 높은 값으로 증가한다. 더 높은 온도에서는, 또 다른 취성효과를 만나게 된다. 이것은 뜨임 이후 재료를 공냉시키는 동안 발생하는 석출반응에 의해 나타난다. 이러한 이유 때문에 높은 뜨임온도에서의 뜨임처리는, 낮은 온도에서 사용되는 느린 공냉보다는 수냉을 사용한다. 이 취성효과는 뜨임취성(temper embriltle ment)이라고 불리우는데, 빠른 급냉으로 억제되는 석출반응에 기인한다.

10.9 요약

재료의 미세조직과 특성과의 관계가 중요한 다른 예들이 많이 있다. 그러나 이 장에서 인용된 예들은 이러한 관계를 해석하기 위한 기본을 제공하도록 의도하였다. 이러한 관계는 분석적(analysis) 측면에서보다는 조합적(synthesis) 관점에서 중요하다는 것을 인식해야 한다. 어떤 것이 망가지고, 부품이 깨지고, 구조물이 붕괴하는 등의 사고가 왜 발생했는지를 분석할 수 있는 것은 좋다; 그러나 현재 사용되고 있는 재료의 취약점이나 한계를 피하기 위해서 존재하는 합금에 대한 새로운 합금 또는 새로운 미세조직을 설계하거나 조합하기 위해서 이렇게 축적된 자료를 이용할 수 있는 방법을 아는 것이 필요하다.

■ 추천 도서

• AVNER, S. H., *Introduction to Physical Metallurgy*, McGraw-Hill, New York, 1964.

• BRICK, R. M., R. B. GORDON, AND A. PHILLIPS, *Structure and Properties of Alloys*, McGraw-Hill, New York, 1965.
• GHALMERS, B., *Physical Metallurgy*, Wiley, New York, 1959.
• COTTRELL, A. H., *The Mechanical Properties of Matter*, Wiley, New York, 1964.
• GUY, A. G., *Elements of Physical Metallurgy*, 2nd ed., Addison-Wesley, Reading, Mass., 1959.
• HAYDEN, H. W., W. G. MOFFATT, AND J. WULFF, *The Structure and Properties of Materials*, Vol. III, Wiley, New York, 1965.
• KEHL, G. L., *The Principles of Metallographic Laboratory Practice*, McGraw-Hill, New York, 1949.
• KELLY, A. AND R. B. NICHOLSON, "Precipitation Hardening," Progress in Materials Science, 10, No.3, Pergamon, London, 1963.
• SAMANS, C. H., Metallic Materials in Engineering, Macmillan, New York, 1963.

■ 연습문제

10.1 (a) 고용강화의 효과는 용질을 소량 첨가했을 때 가장 크다. 약 51%의 용질 농도에서 용질의 경화효과가 감소하는 이유를 설명하시오.

(b) 만약 B원자를 첨가함으로써 A가 강화시킨다면 왜 A원자의 첨가가 B를 강화시켜야 하는가?

10.2 *c/a* 비 대 w/o C의 그래프는 *c/a* 비가 탄소함량이 증가함에 따라 증가함을 보여준다.

(a) 철 격자에 탄소를 첨가하면 왜 *c/a* 비가 증가하는가?

(b) 그림 10.3에 예시된 탄소 자리가 모두 채워졌다고 가정하면, *c/a* 비는 그 이상의 탄소를 첨가해도 증가하지 않아야 한다. 모든 자리가 채워지기 위한 탄소의 농도는 얼마인가?

10.3 특정부품은 카트리지황동(70 w/o Cu, 30 w/o Zn)으로 만들어져야 한다. 이

부품은 가능한 한 강해야 하지만 응력부식균열을 야기시킬 수 있는 잔류응력에 취약하지 않아야 한다. 강화를 위한 만족스러운 방법을 제시하시오.

10.4 그림 9.31은 구상화강의 미세조직 사진이다. 식(10.16)과 정량적 금속조직학을 사용해서 페라이트 평균자유경로와 평균 시멘트입자 지름을 결정하시오.

10.5 만약 모든 세멘타이트가 한 개의 구로 존재한다면 평형상태에서 문제 10.4의 시편 에너지는 낮아질 것이다. 만약 이 평형구조가 τ_0의 항복강도를 갖는다고 하면, 그림 9.31의 시편의 항복강도 τ 는 얼마인가?

10.6 분산경화 기구를 설명하시오. 같은 지름을 가진 정합과 부정합석출물은 어떻게 다른가?

10.7 연한(soft) α-상의 석출에 의한 먼츠금의 경화를 설명하시오.

10.8 다발(cluster) 정합석출물, 부정합석출물 사이의 차이점을 설명하시오.

10.9 이중시효 최대점(peak)의 기구를 설명하시오. 왜 어떤 알루미늄 합금은 자연적으로 시효되고 과시효되지 않는가?

10.10 뜨임의 목적은 무엇인가? 500° 취성을 피할 수 있는가? 뜨임취성을 피할 수 있는가? 각 형태의 취성의 원인은 무엇인가?

11
확산

11.1 개요

원자들은 기체, 액체 또는 고체상태의 군집체(aggregation)이든지 간에 절대온도 영도가 아닌 다른 온도에서는 항상 운동한다. 움직임의 강도는 군집체의 상태와 온도에 의존한다. 기체상태에서 원자간과 분자간 결합력은 너무 약해서 개개의 기체 분자는 움직임에 제한을 받지 않는다. 이것으로 기체의 분자간 결합력은 존재하지 않는다는 가정을 할 수 있다. 액체상태의 원자는 분자간 결합력의 존재에 의해서 움직임이 제약을 받는다. 액체 내에서의 입자들의 브라운(Brownian) 운동은 물질이 집합상태에 있을 때 찾아볼 수 있는 무질서한 움직임 형태의 좋은 예이다. 고체재료에서는 개개의 원자에 가능한 움직임의 정도는 액체상태에 비해 더 제한되어 있다. 그러나 상상하는 것보다는 훨씬 자유도가 있다. 모든 군집체 상태에서 원자 또는 분자 움직임의 정도는 온도가 증가함에 따라 증가한다.

금속 B로 한쪽 면이 코팅된 판상의 금속 A를 생각해 보자. 일정시간 후에 B원자들은 시편의 반대쪽에 감지될지도 모른다. B원자가 고체 A를 통과하여 이동하는데 소요되는 시간은 그 과정이 행하여진 온도에 의존한다. 높은 온도에서는 원자의 에너지가 높다. 그리고 낮은 온도에서보다 원자의 움직임이 더 빠르다. 충분히 낮은 온도에서 원자의 움직임은 너무 느리기 때문에 아무 이동도 안 일어나는 것으로 가정할 수도 있다. 절대온도 영도에서 원자의 열에너지는 영이다. 원자들은 그들의 격자 위치에 고정되어 버린다. 그리고 움직이지 않는다. 이 책의 앞장을 통해서, 확산(diffusion)은 논의된 각각의 여러 반응에 대한 용질원자(solute atom)의 재배치(redistribution)와 관련된 것으로 언급됐다. 이 시점에서 확산과정을 좀 더 자세하게 설명하는 것이 적절할 것이다.

확산은 원자들의 움직임을 수반한다. 그것은 어떤 경우에는 같지 않은 화학조성 또는 농도구배(concentration gradient)에 의존하는 열적으로 활성화되는 공정이다. 구배(gradient)라는 단어는 주어진 성질의 변화를 주어진 방향의 거리의 함수로서 나타내는 것이다. 만약 재료가 x 방향으로 거리에 따라 농도의 직선적인 변화를 가진다면, x-방향으로의 농도구배라고 말한다. 구배 자체는 거리에 따른 농도의 변화 속도이다. 그것은 농도 대 위치 그래프의 기울기와 같다(그림 11.1). 구배는 그림 11.1(a)에 보인 것처럼 작을 수도 있고(즉, 낮은 기울기) 또는 그림 11.1(b)처럼 클 수도 있다(가파른 기울기).

x 함수로서 y의 직선 그래프는 다음과 같은 일반식으로 나타내진다.

$$y = mx + b, \tag{11.1}$$

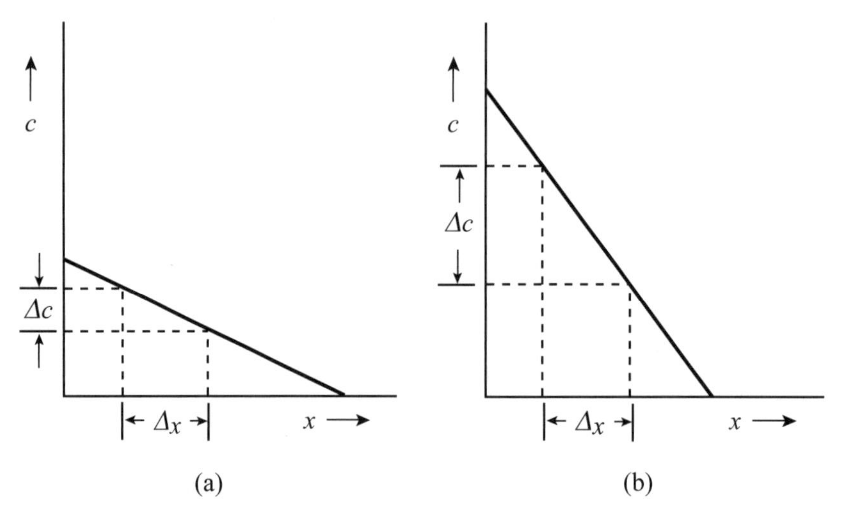

그림 11.1 • 농도구배. 농도구배는 주어진 방향으로의 거리에 따른 농도의 변화속도이다. (a)와 (b) 모두 양의 x-방향으로의 구배는 음이다. 왜냐하면 x가 증가함에 따라 농도는 감소하기 때문이다; 다시 말해, $\Delta_x > 0$ 이면 $\Delta_c < 0$ 이다. (a)에서의 구배가 (b)에서의 구배보다 양이 적다.

여기서 y는 세로축을, x는 가로축을 나타내고 m은 기울기를 나타내고 b는 y 축과의 교점이다. 이 직선의 기울기는 x에 대한 y의 변화율이다. 이것은 수학적으로 표시하면

$$m = \frac{y_2 - y_1}{x_2 - x_1}, \tag{11.2}$$

또는 다음과 같다.

$$m = \frac{\Delta y}{\Delta x} = \frac{y_2 - y_1}{x_2 - x_1} = \frac{y_3 - y_1}{x_3 - x_1} \tag{11.3}$$

선택된 간격 Δx가 얼마나 크든 작든 간에 직선에 대한 기울기 m의 값은 상수이다. 만약 농도를 세로축에 그리고 위치 x를 가로축에 그린다면(그림 11.1), 기울기는 다음과 같다.

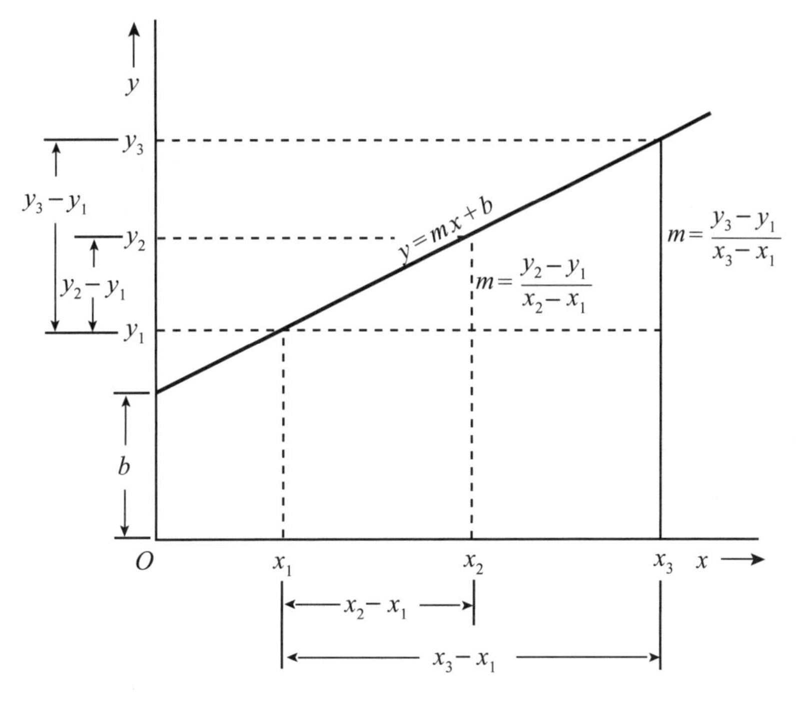

그림 11.2 • 직선의 기울기. 식 $y = mx + b$에 의해 표시된 직선은 기울기 m을 가지고 있는데 그것은 상수이면서 x에 주어진 어떤 변화에 대한 y의 변화와 같다. 수학적으로 표현하면, 직선의 기울기는 $m = \Delta y/\Delta x = (y_2 - y_1)/(x_2 - x_1) = (y_3 - y_1)/(x_3 - x_1)$ 이다.

$$m = \frac{\Delta c}{\Delta x}, \tag{11.4}$$

그리고 이것은 양의 x-방향으로의 농도구배의 값이다. 그림 11.1에서 나타낸 농도 대 위치 그래프 둘 다 기울기는 음이며, 이것은 x가 증가함에 따라 c의 값은 감소하는 것이다. 또는

$$\Delta x > 0 \text{ 경우에, } \Delta c < 0, \tag{11.5}$$

그리고

$$m < 0. \tag{11.6}$$

양의 x-방향에서(오른 쪽으로) 농도구배는 음이다. 어떠한 Δx의 증가에 대해서도 Δc의 감소는 그림 11.1(a)보다 그림 11.1(b)의 그래프에서 더 크다.

농도구배가 존재할 때, 확산방향은 구배 성질에 의해 조절된다. 농도구배가 존재하지 않는 경우에 원자의 움직임은 무질서하며, 이러한 현상을 자기확산(self-diffusion)이라 한다. 개개의 원자를 확인하고 그 움직임을 관찰할 수 있다면, 어떠한 순간에 어떠한 위치에서, 그리고 나중에는 다른 어떤 곳에서라도 그것을 찾을 수 있을 것이다. 농도구배가 존재하는 경우처럼 명확한 확산의 방향이 정해진 경우가 아닌 환경 하에서는 원자의 움직임은 무질서하다.

11.2 Fick′s 확산 법칙(laws of diffusion)

확산과정은 다음 두 가지 형태로 나눌 수 있다; 안정-상태와 불안정-상태 확산. 안정-상태의 확산은 일정한 속도로 발생하는 확산이며, 그것은 확산이 일단 시작되면 주어진 경계를 넘는 원자의 수는 시간에 따라 일정한 것이다. 불안정-상태의 확산은 확산속도가 시간의 함수인 시간의존성 공정이다. 두 가지 형태의 확산은 Fick의 확산법칙으로 설명할 수 있다. 첫 번째 법칙은 안정-상태와 불안정-상태의 확산 모두에 대한 것이며, 반면 두 번째 법칙은 불안정-상태의 확산을 다룬다.

11.2.1 안정상태에서의 Fick's 제1법칙

수소기체는 고체 백금 또는 팔라듐 박편을 통과할지도 모른다. 그러한 박편은 단지 수소만 통과할 수 있기 때문에 반투과성막(semipermeable membrane)이라 한다; 다른 기체들은 제외된다. 그림 11.3에 예시된 장치를 생각해 보자.

두 개의 큰 기체 저장 탱크는 팔라듐 막(membrane)이 삽입된 관으로 연결되어 있다. 좌측의 수소농도는 c_1이고 오른쪽 저장탱크는 $c_2 < c_1$이다. 수소는 막을 통해 왼쪽에서 오른쪽 - 높은 농도를 가진 쪽에서 낮은 농도를 가진 쪽으로 확산한다.

가스 저장탱크가 매우 크기 때문에 c_2와 c_1은 상수라 가정할 수 있고, 확산속도는 Fick의 제1법칙에 의해 다음과 같이 주어진다.

$$\dot{n} = DA\frac{c_2 - c_1}{\delta}, \tag{11.7}$$

확산속도 $\dot{n}$은 단위시간당 계면을 가로질러 확산하는 원자수이고, D는 확산계수이며 A는 기체 용기를 향해 있는 막의 면적이다. 그리고 δ는 막의 두께이다. 확산계수는 cm^2/sec의 단위로 나타낸다.

반투과성의 막을 포함하고 있는 그 장치(그림 11.3)를 가로지르는 수소농도의 변화는 그림 11.4의 그래프에 설명되어 있다. 탱크 1에서의 수소농도는 c_1이고 탱

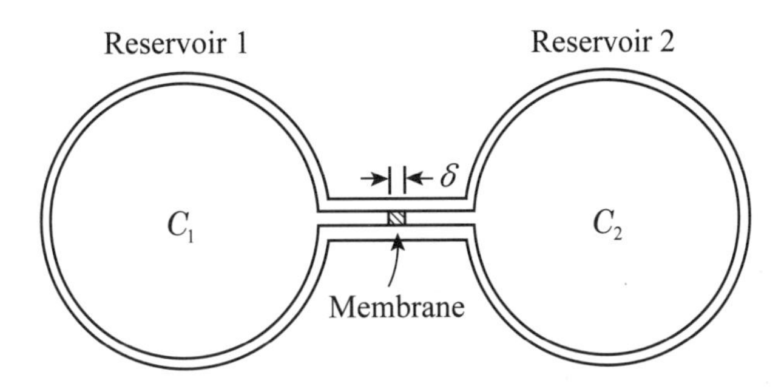

그림 11.3 • 팔라듐을 통한 수소의 확산. c_1 과 c_2 농도를 가진 수소를 담고 있는 두 개의 매우 큰 기체 용기가 두께 δ인 팔라듐 막이 삽입된 관으로 연결되었다. 각 용기에서 수소의 농도는 일정하고 $c_1 > c_2$인 것으로 가정한다. 수소는 Fick의 제1 법칙에 의해 안정된 속도로 왼쪽에서 오른쪽으로 확산된다.

크 2에서는 c_2이다. 각 용기에서의 수소농도는 균일하다. 막의 왼쪽 면에서 농도는 c_1이고, 오른쪽 면에서는 c_2이다. 막 내에서의 수소농도는 c_1에서 c_2로 연속적으로 변한다; 그리고 첫 번째 어림으로서, 농도는 그림 11.4에서 보여진 것처럼 직선적으로 변한다고 가정할 수 있다. 막 내의 어떤 점 x' 에서 수소농도의 값은 c' 과 같다. 그리고 안정-상태 공정 내내 일정하다.

만약 막의 두께 δ가 x 로 표현된다면, 그것은 다음과 같다.

$$\delta = x_2 - x_1, \tag{11.8}$$

식(11.7), Fick's의 제1법칙은 다음과 같이 다시 쓸 수 있다.

$$\dot{n} = DA \frac{c_2 - c_1}{x_2 - x_1}, \tag{11.9}$$

이것은 다음과 같다.

$$\dot{n} = DAm, \tag{11.10}$$

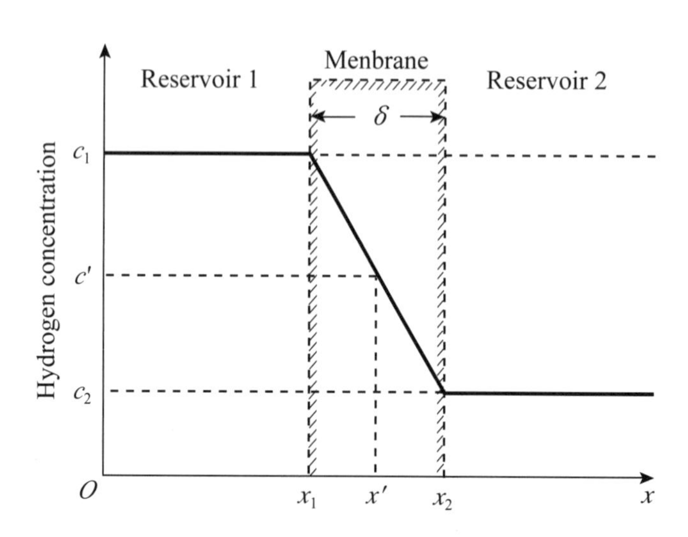

그림 11.4 • 막(membrane)을 통한 농도의 변화(안정상태). 그림 11.3의 멤브레인을 통한 농도 변화는 안정된 조건 하에서는 직선이다. 그리고 그 농도는 x_1에서 c_1인 것으로부터 x_2에서 c_2인 것으로 감소한다. 그 막의 표면에서의 농도는 그 각 면에 닿아있는 용기에서의 농도와 같다. 어떤 중간 점 x' 에서도, 그 농도는 c' 과 같다. 그리고 용기(reservior) 1에서 용기 2에로의 수소확산속도는 식(11.9)에 의해 주어진다.

여기서 m은 x_1과 x_2 사이의 구역 내에서 농도 대 거리 그래프의 기울기이다. 식(11.9)와 (11.10)에서 음의 부호가 나타나는데, 왜냐하면 기울기가 음이고, 원자의 확산속도가 아래에서 설명하듯이 x 증가 방향으로 양이어야 하기 때문이다.

확산속도의 크기 $\dot{n}$은 기울기 m의 크기에 비례한다. 만약 큰 농도구배가 존재한다면, 확산속도는 높다; 반면에 구배가 작은 경우는 확산속도가 낮다. 이것은 기울어진 면에 굴러 내려가는 공의 경우와 유사하다. 평면의 기울기를 급하게 해 놓을수록 그 공의 평균 속도는 빠를 것이다. 평면이 수평한 극한의 경우에는 공이 전혀 움직이지 않을 것이다; 우리의 경우에서는 농도구배가 존재하지 않을 경우에 확산속도의 크기는 영이다.

11.2.2. 확산의 방향(direction of diffusion)

확산 제1법칙은 확산속도와 방향에 관한 유용한 정보를 제공한다. 그림 11.3에서 생각해본 장치에서 수소원자의 확산은 오른쪽으로 일어난다. 즉 수소원자는 막(membrane)을 통해서 높은 수소농도의 c_1 지역에서 낮은 농도의 c_2 지역으로 확산한다. 그러한 확산속도는 농도 대 거리 곡선의 기울기에 비례한다. 식(11.9) 또는 (11.10)에 나타낸 것처럼 Fick's 법칙의 표현을 고려한다면, 기울기가 음일 때 확산속도는 양이다. 즉, x가 증가함에 따라 농도가 감소한다면 확산은 오른쪽으로 일어날 것이다($\dot{n} > 0$). 만약 기울기가 양이라면 확산은 왼쪽으로 일어난다($\dot{n} < 0$). 그림 11.5는 몇몇 전형적인 농도이력(concentration profile)을 나타낸다. 그림 11.5(a)에서 $m < 0$이므로 확산은 오른쪽으로 일어난다; 그림 11.5(b)에서는 $m > 0$이므로 원자들이 왼쪽으로 확산한다. 농도가 균일하다면(그림 11.5c) $m = 0$이고 $\dot{n} = 0$이다. 이것은 원자들의 순이동(net movement)이 안 일어난다는 것을 의미한다; 즉, 주어진 시간에 많은 원자가 오른쪽으로 확산하는 것만큼 왼쪽으로도 확산한다는 것이다.

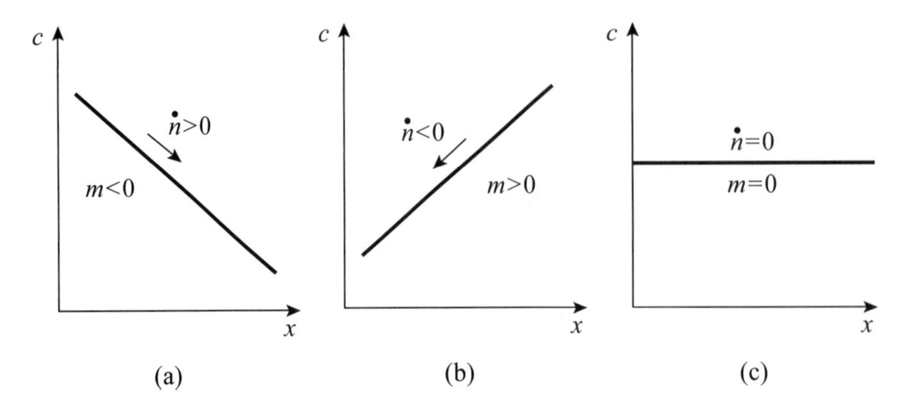

그림 11.5 • 확산의 방향. Fick's 의 제1법칙에 의하면, 확산은 농도구배가 낮은 쪽으로 일어난다. 몇 가지 예를 들면 다음과 같다: (a) $m < 0$, $\dot{n} > 0$, 그리고 확산은 오른쪽으로 일어난다; (b) $m > 0$, $\dot{n} < 0$, 그리고 확산은 왼쪽으로 일어난다; 그리고 (c) $m = 0$, $\dot{n} = 0$, 그리고 확산은 일어나지 않는다.

11.3 Fick's 제2법칙

Fick's의 확산 제2법칙은 불안정-상태(nonsteady-state) 공정에 적용되고 미분방정식으로써 표현된다. 미분방정식을 다루는 것은 여기서 다루고자 하는 범위를 벗어난다. 하지만 우리는 이 제2법칙을 정성적으로(qualitatively) 고려할 수 있고 몇 개의 가능한 해(solution)를 살펴볼 수 있다.

그 법칙 자체는 농도구배의 변화율을 시간과 위치의 함수로써 표현한다; 여러 해법은 우리로 하여금 어느 주어진 시간에 위치에 따른 함수로써 농도를 구할 수 있게 한다. 어떤 해법에서는 확산계수 D는 농도에 무관한 함수로 가정되고, 반면에 다른 해법에서는 확산계수는 농도의 함수로 간주된다. 우리는 단지 확산계수 D가 농도에 상관없이 일정한 경우의 해법만 생각하기로 한다.*

11.3.1. 폰 오스트란드-듀이(van Ostrand-Dewey) 해법

확산 제2법칙에 대한 van Ostrand-Dewey의 해법은 확산계수가 농도에 무

* 만약 독자가 미분식에 대한 기초가 충분하다면, 다음을 더 읽으시오. L. A. Girifalco, *Atomic Migration in Crystals*, Blaisdell, New York, 1964, 또는 P. G. Shewmon, *Diffusion in Solids*, McGraw-Hill, New York, 1963

관하다고 가정한다. 이 해는 그림 11.6에서 보여지는 것처럼 기체-고체 반응의 경우에 적용된다. 고체 시편이 무한한 가스저장기와 접촉하고 있다.

고체는 반-무한대(semi-infinite)고체라고 가정되는데, 이는 그것의 길이가 양의 x-방향으로 ∞인 것이다. 기체에서의 확산매체의 농도는 저장용기의 큰 용량 때문에 일정하다고 가정할 수 있고, 고체에서 이러한 확산매체의 초기 농도는 c_1이다. $t=0$일 때 고체의 표면은 즉각 기체의 조성과 관계된 농도 c_2로 가정되고, 농도이력(profile)은 기체-고체 계면($x=0$)에서 표면의 c_2로부터 고체 내부의 c_1으로 떨어지는 단계 함수(step function)로서 표현될 수 있다.

고체 표면에서의 농도는 저장용기에서의 전체 기체 조성이 변하지 않는 한 c_2로 일정하게 유지된다. 고체 내로의 확산은 시간을 요구한다; 그리고 짧은 시간, 예를 들면 t_1에서의 농도이력은 매우 가파르고 깊이가 증가함에 따라 한계값 c_1에 근접한다. 확산시간이 증가함에 따라, 확산매체의 침투 깊이는 증가한다. 이것은 여러 시간 t_1, t_2, 그리고 t_3에서의 농도이력을 비교함으로서 알 수 있다. 농도 c'을 택하여 여러 시간 후에 고체 내에서 이 조성이 발견되는 깊이 x'을 비교하여보

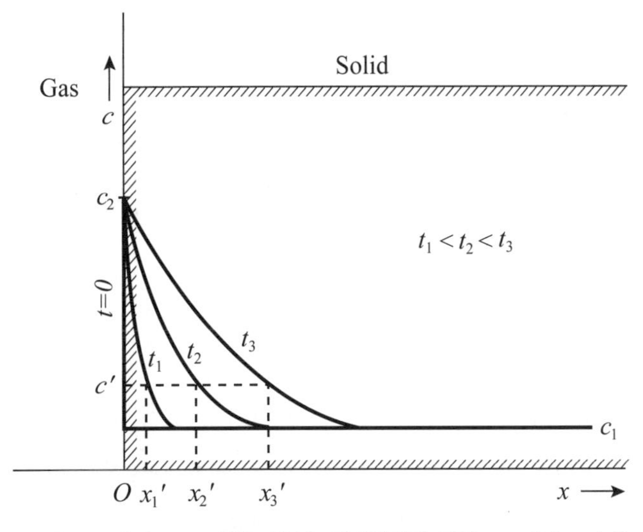

그림 11.6 • van Ostrand-Dewey 해법. Fick's 제 2법칙에 대한 van Ostrand-Dewey 해법은 시간에 따른 농도이력의 변화를 예측한다. $t = 0$ 에서는, 확산이 일어나지 않고 농도는 c_2에서 c_1으로 갑자기 변한다. 이후 시간 $t_1 < t_2 < t_3$에서는, 확산 깊이가 증가한다. $x = 0$ 에서 농도구배는 매우 가파르다. 그리고 농도는 x값이 커지면 점차적으로 c_1에 접근한다.

자. t_1에서 농도 c'은 깊이 x_1'에서 발견되고, t_2에서는 x_2'이고, t_3에서는 x_3'이다. 그림 11.6의 농도이력들은 전술했듯이 $x_3' > x_2' > x_1'$임을 보인다. 반-무한대 고체의 길이 때문에 계면에서 멀리 떨어져 있는 고체 끝의 농도는 항상 c_1이다. 마찬가지로 표면의 농도는 c_2에 고정된 값을 갖는다.

van Ostrand-Dewey 해법은 임의의 시간과 위치에서의 농도 c를 표면농도 c_2, 초기 농도 c_1, 그리고 확산계수 D와 연관시킨 수학식이다. 이것은 고체 내부, 즉 양의 값을 갖는 x에 대한 농도에만 적용가능하다. 그리고 다음과 같이 표현된다.

$$\frac{c_2 - c_1}{c_2 - c_1} = \mathrm{erf}\left(\frac{x}{2\sqrt{Dt}}\right). \tag{11.11}$$

erf 항은 에러함수(error function) 의 약어이다. 이것은 삼각함수와 지수함수에서처럼 여러 수학적 표에 구할 수 있는 변수이다.* erf(z), z의 에러함수의 값은 표 11.1에 열거되어있고, 그림 11.7에 도식적으로 표현되어 있다. 식(11.12부터 11.14까지)는 에러함수의 몇 개의 중요한 한계 값들을 보여준다.

$$\mathrm{erf}(0) = 0, \tag{11.12}$$

$$\mathrm{erf}(\infty) = 1, \tag{11.13}$$

$$\mathrm{erf}(-\infty) = -1. \tag{11.14}$$

여러 시간 값에서 van Ostrand-Dewey 해법, 식(11.11)은 그림 11.6의 농도이력을 형성하도록 그려질 수도 있다.

11.3.2. 철의 침탄(carburization of iron)

철 또는 강의 침탄(carburization)은 van Ostrand-Dewey 해법이 적용될 수도 있는 계의 좋은 예이다. 가스침탄은 고체가 침탄되도록 탄소를 제공하는 CO 또는 CH_4를 포함한 분위기에서 행해진다. 가스조성은 고체의 표면($x = 0$)에서 탄소

* 에러함수의 값들은 M. Abramowitz, and I. A. Stegun, *Handbook of Mathematical Functions*, Dover, New York, 1964에서 찾을 수 있다.

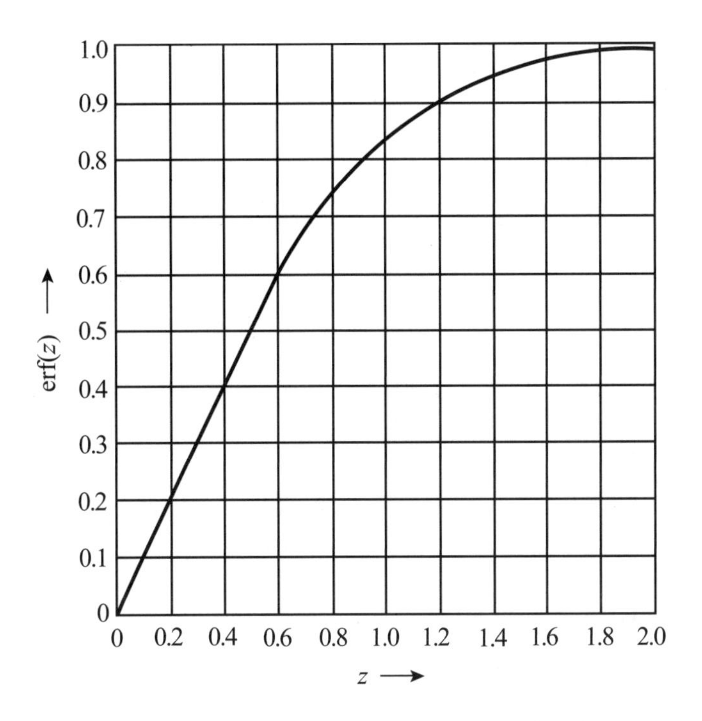

그림 11.7 • 에러함수. 에러함수는 erf(z) 대비 z의 그래프로 나타낸다. 그것은 원점에서 직선 형태로 시작하고 z값이 큰 곳에서 최댓값 1에 근접한다.

표 11.1 • 에러함수

z	erf(z)	z	erf(z)
0	0	.90	.797
.025	.028	1.00	.843
.05	.056	1.10	.880
.10	.113	1.20	.910
.15	.168	1.30	.934
.20	.223	1.40	.952
.30	.329	1.50	.966
.40	.428	1.60	.976
.50	.521	1.80	.989
.60	.604	2.00	.995
.70	.678	2.20	.998
.80	.742	2.40	.999

농도 c_2를 만들 수 있도록 조절된다. 표면농도를 바로 침탄 분위기와 관계있는 값 c_2로 가정한다는 것을 주지하는 것이 중요하다. 원 농도곡선은 매우 가파르지만, 시간이 경과함에 따라 곡선의 기울기는 그림 11.6에서 보여지는 것처럼 점차 감소하고, 탄소는 고체내부로 더욱 깊이 확산해간다.

표면의 탄소농도가 1.2w/o 가 되는 조성의 침탄가스 분위기에 있는 철 시편을 생각해 보자. 침탄로는 $T_0 > 910$℃온도에 유지된다. 이것은 그림 11.8의 Fe-C 상태도에서 T_0의 등온선과 일정조성선에 의해 나타내진다. 시간 t 에서의 농도곡선이 상태도 아래에 보여졌다. 표면($x = 0$)에서 탄소의 농도는 1.2w/o 이다. 탄소농도는 거리에 따라 빠르게 감소하고 매우 큰 값에서는 초기 값에 근접한다. 이것은 축들이 반대로 된 것을 제외하고는, 그림 11.6에 보여준 것과 같은 형태의 그림이다. T_0에서의 시편의 미세조직은 모든 x값에서 오스테나이트이다.

시편이 침탄 온도에서 천천히 냉각되어짐에 따라, x-방향을 따라 여러 다른 위치에서 여러 가지 상변태가 일어난다.

왜냐하면 탄소농도는 표면에서 1.2w/o에서 내부의 0w/o까지 변하기 때문이다. 실온에서의 미세조직은 그림 11.8의 아래에 보여졌다. 표면은 초기 세멘타이드와 펄라이트를 포함하고 있고, 깊이가 증가함에 따라 오직 공석상만이 존재할 때까지 세멘타이트 분율이 감소한다. 100% 펄라이트는 탄소농도가 0.8w/o인 깊이에서 일어난다. 이 이상에서는 펄라이트의 분율은 감소한다. 그리고 초석 페라이트(proeutectiod ferrite)의 분율은 탄소의 농도가 영에 근접하는 깊이에서 그 봉이 페라이트가 될 때까지 증가한다.

만약 침탄반응이 723℃ $< T_0 <$910℃인 T_0 온도에서 행해졌다면 침탄등온선(carburizing isotherm)은 각각 페라이트, 페라이트 플러스 오스테나이트, 그리고 오스테나이트 영역을 지나게 될 것이다(그림 11.9). 표면에서의 조성은 침탄가스의 탄소량과 관계되는 c_s의 값이 될 것이다. 탄소함량은 농도가 오스테나이트와 오스테나이트 플러스 페라이트의 경계에 도달할 때까지 식(11.11)을 따라 x가 증가함에 따라 감소한다. 이 점은 그림 11.9의 상태도에서의 $c_{\gamma\alpha}$이고 이온도에서 오

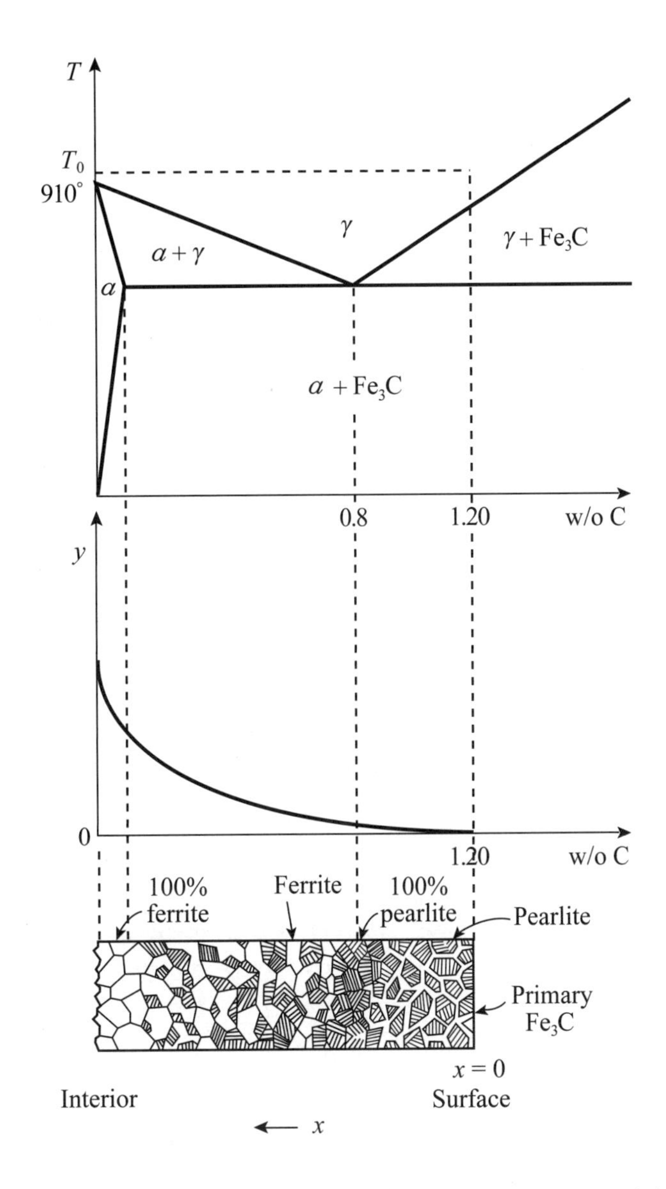

그림 11.8 • 910℃ 위에서의 철의 침탄(carburization). 순철시편이 910℃ 이상에서, 탄소농도가 표면(surface)에서는 1.20, 내부(interior)에서는 영이 되는, 1.20 w/o 탄소함량 범위로 침탄되었다. 침탄온도에서, 상태도에 보여진 것과 같이, 그 시편은 오스테나이트 조건이다. 농도이력이 상태도 밑에 그려졌는데, 상태도와 일치되게 하기 위하여, 그 축은 그림 11.6에 사용된 것과 비교하여 종횡이 바뀌었다. 농도는 표면에서 내부로 매우 빠르게 줄어든다. 그리고 만약 그 시편이 실온까지 서냉된다면, 결과적인 미세조직 범위는, 농도이력 밑에 스케치로 보여진 것 같이, 표면에 과공석으로부터 내부의 순철(pure iron)까지로 될 것이다.

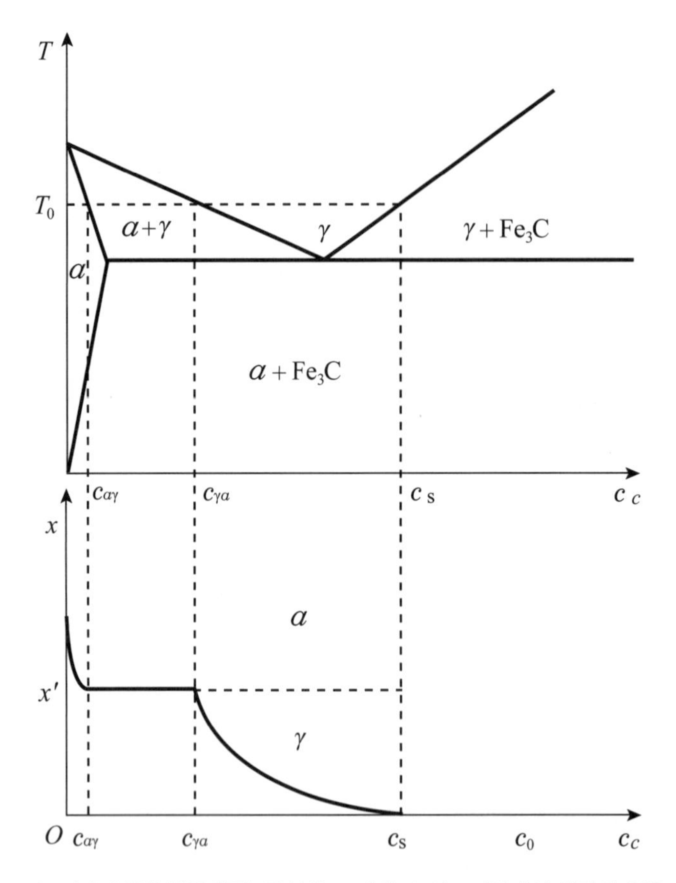

그림 11.9 • 910℃ 아래에서의 철의 침탄. 공석온도 이상, 910℃ 이하에서 침탄된 철은 모든 탄소농도에서 오스테나이트는 아니다. T_0에서 페라이트의 탄소농도가 증가할수록, 용해한계 $c_{\alpha\gamma}$에 도달한다. 이 탄소농도의 페라이트는, 상태도 상에서 탄소농도 $c_{\gamma\alpha}$인 오스테나이트와 평형이다. 이후 더해지는 탄소는 표면 탄소농도 c_s에 도달할 때까지 오스테나이트 탄소농도를 증가시킨다. 농도이력은 x'에서 탄소농도 $c_{\alpha\gamma}$에서 탄소농도 $c_{\gamma\alpha}$로 급격한 변화를 표시한다. 낮은 x값에서는, 그 시편은 오스테나이트이고, 높은 값에서는 페라이트이다. 그러나 확산시편에서는 2상 $\alpha+\gamma$ 구간은 없다.

스테나이트가 가질 수 있는 최소의 탄소함량이다. T_0에서 조성 $c_{\gamma\alpha}$의 오스테나이트는 오직 조성 $c_{\alpha\gamma}$의 페라이트와만 평형상태에 있을 수 있다. 농도이력에는 2상 영역이 존재하지 않고, $c_{\gamma\alpha}$에서 페라이트 내의 탄소농도인 $c_{\alpha\gamma}$로의 갑작스런 탄소함량의 감소가 있다. 그러면 그 탄소함량은 초기탄소함량(0 w/o C)이 시편 깊숙한 곳에 도달할 때까지 식(11.11)을 따라 감소한다.

11.3.3. 강의 탈탄(decarburization)

농도이력에서 2상영역이 없다는 것은 그것이 도리어 고유의 미세조직의 변화로 연결될 수 있기 때문에 흥미롭다. 고 탄소강의 시편이 탈탄되어진다면, 일어나는 확산과정은 위에서 논했던 침탄공정과 유사하다. 그러나 방향은 반대이다.

탄소농도가 c_0인 과공석강의 탈탄을 생각해보자. 탈탄은 습식수소(wet hydrogen)분위기 T_0의 온도에서 행해진다. 그 확산온도에서 합금은 그림 11.10에서 보여지듯이 상태도의 오스테나이트 플러스 세멘타이트의 2상영역에 있

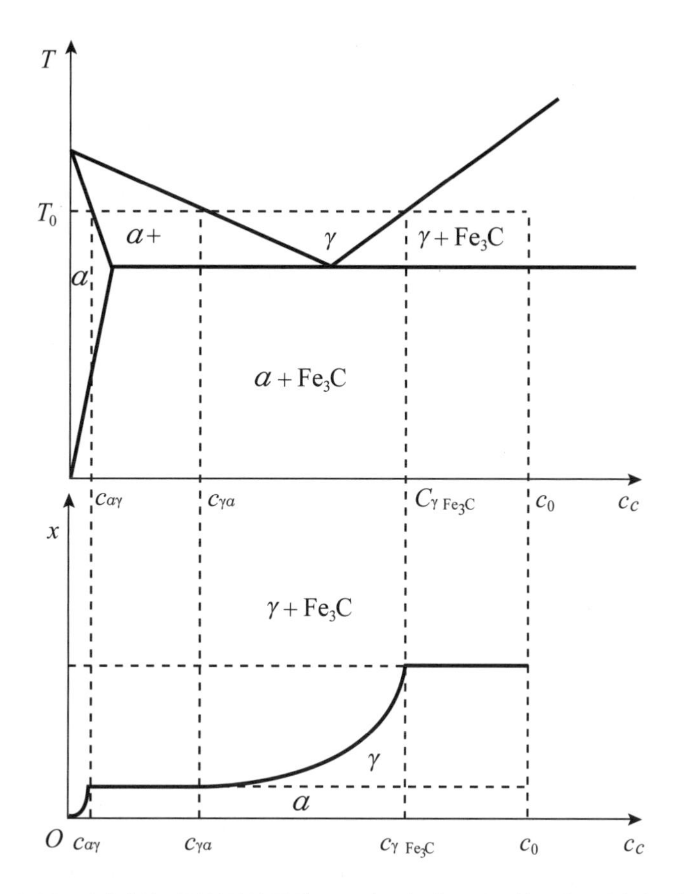

그림 11.10 • 910℃ 아래에서 과공석강의 탈탄. c_0 w/o 탄소농도를 갖는 과공석강이, 상태도에 보여진 것과 같이 T_0에서 탈탄되었다. 농도이력은, 표면에서는 페라이트 그리고 탄소농도는 $c_{\alpha\gamma}$에 도달할 때까지 깊이를 따라 증가함을 보여준다. 이 수준에서는, 탄소농도는 $c_{\gamma\alpha}$로 변하고 강은 오스테나이트가 된다. 탄소농도 C_{rFe_3C}에서는 오스테나이트에서의 탄소의 최대 고용에 도달한다. 그리고 이 깊이 아래에서는 원래 탄소농도 c_0가 발견된다.

다. 어느 정도 탈탄이 일어난 후의 조성이력이 그림 11.10에 있는 상태도 아래에 보여졌다. 습식수소의 탈탄 능력 때문에, 표면에서의 탄소량은 즉시 영으로 떨어진다. 표면으로부터의 거리가 증가할수록 페라이트 표면층의 탄소함량은 식(11.11)에 따라 이 온도에서의 페라이트의 최대 탄소고용도에 이르게 될 때까지 증가하게 된다. 그림 11.10의 상태도에 표시된 것 같이, 탄소함량 $c_{\alpha\gamma}$의 이 페라이트는 탄소함량 $c_{\gamma\alpha}$의 오스테나이트와 평형 상태에 있다. 이것은 일정한 x에서 $c_{\alpha\gamma}$에서 $c_{\gamma\alpha}$로의 갑작스런 탄소함량증가의 결과를 보이게 된다. 그래서 오스테나이트의 탄소함량은 식(11.11)을 따라 그것이 오스테나이드에서 탄소의 고용한계에 도달할 때까지 증가한다. 이 한계값이 이 특정 온도에 대해 c_{rFe_3C}이다. 이점에서, 탄소함량은 이 합금의 원래 탄소함량 c_0에 도달할때까지 갑자기 상승한다. 탄소함량은 보통 이 조성의 오스테나이트와 평형을 이루는 세멘타이트의 탄소함량까지 증가하지만, 합금이 세멘타이트보다 적은 탄소를 포함하고 있기 때문에, 최대 탄소함량은 원래 합금의 탄소함량이다. 따라서 T_0에서, 이 강의 표면은 페라이트이고, 중간층은 오스테나이트, 그리고 강의 내부는 오스테나이트 플러스 세멘타이트로 구성된다.

11.3.4. Grube 해법

고체 내로 확산해 들어가는 기체의 경우는 Fick′s 제 2법칙의 van Ostrand-Dewey 해법을 이용한다. 그러나 서로 접하고 있는 다른 조성의 두 고체의 경우에 대하여는, 다른 해법이 사용되어야 한다. 이것은 아마도 확산식에 대한 Grube나 또는 Matano 해법이 될 것이다. Grube 해법은, 확산계수는 조성의 함수가 아니고 각 성분은 서로에 대해 고용도가 있다는 가정에 기초한다. 이것은 확산매체의 농도를 $x/(2\sqrt{Dt})$의 에러함수로 표현한다. Grube 분석에서, 확산짝(diffusion couple)을 형성하고 있는 두 고체는 반-무한대, 즉 왼쪽 고체는 $x = 0$부터 $x = -\infty$, 반면 오른쪽 고체는 $x = 0$부터 $x = \infty$로 가정된다. 계면의 $x = 0$에 위치한다.

그림 11.11에 보여진 것과 같은 확산짝을 생각해보자. 고체 2는 c_2의 초기 농도를 갖고 고체 1은 $c_1 < c_2$의 초기 농도를 갖는다. 원래의 농도이력은 $x = 0$의 위치에서 농도가 c_2에서 c_1으로 떨어지는 단차를 포함하고 있다. Grube 해법에 의하면, 농도는 시간과 위치에 따라 다음과 같이 변하는 것을 알 수 있다.

$$\frac{c_m - c}{c_m - c_1} = \text{erf}\left(\frac{x}{2\sqrt{Dt}}\right). \tag{11.15}$$

여기서, 평균 농도, c_m,은 다음과 같이 주어진다.

$$c_m = \frac{(c_2 + c_1)}{2}. \tag{11.16}$$

그림 11.11은 여러 시간에서의 농도이력을 나타내고 있다. 농도 대 위치 곡선의 기울기는 확산 시간이 증가함에 따라 그 양이 감소한다. 시간이 증가함에 따라 확산매체는 고체 1로 더욱 깊이 침투하고, 고체 2의 보다 깊은 곳에서부터 빠져 나온다. 모든 농도이력은 $c = c_m$에서 계면($x = 0$)을 가로지르고, Grube 분석은 x의 양과 음의 값 모두에 적용할 수 있다.

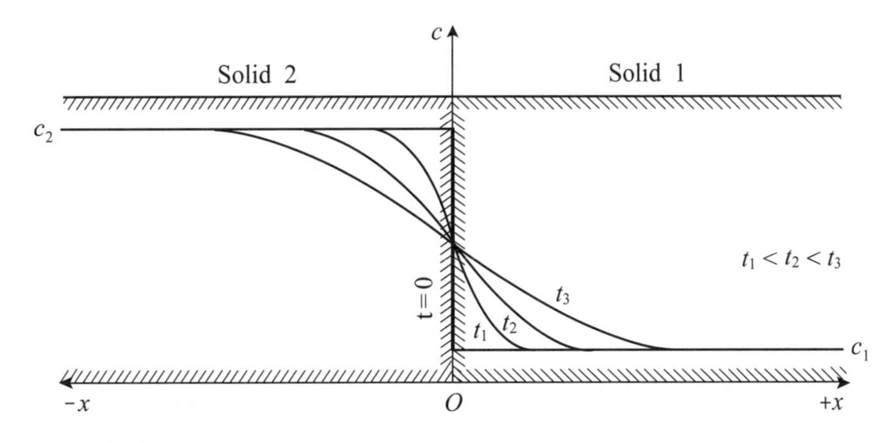

그림 11.11 • Grube 해법. 초기 농도 $c_2 > c_1$인 두 고체 (solid) 경우에 적용된 Fick's 제2법칙에 대한 Grube 해법. 시간 $t = 0$일 때, 농도는 c_2에서 c_1으로 갑자기 변한다. 그러나 $t = 0$ 이후, 예를 들어 t_1, t_2, t_3에서 농도이력은 더 얕아진다. 이 해법, 식(11.15)에 의하면, 모든 이력은 계면 $x = 0$, $c = c_m$에서 교차한다.

11.3.5 Matano 해법

확산계수는 van Ostrand-Dewey 또는 Grube 해법에서 가정되었던 것처럼 농도에 항상 무관한 것은 아니다. 확산 제 2법칙의 Matano 해법은 확산계수의 변화를 농도의 함수로 가능하게 한다. 이러한 방법에서 Matano 해법은 van Ostrand-Dewey 또는 Grube 해법보다 더 일반적이다. Mantano 해법은 그 자체로 너무 복잡해서 여기서 다루기 어렵다.* 그러나 확산계수가 조성의 함수가 아닌 제한적 상황에서는 Matano 해법과 Grube 해법은 일치한다.

11.3.6 확산의 깊이

van Ostrand-Dewey와 Grube 해법 모두에서 농도는 매개변수의 에러함수로 표현된다. 어떤 고정된 농도의 깊이를 결정하기 위해 식(11.11) 또는 식(11.15)에 주어진 c값을 대입하면 다음을 얻는다.

$$\mathrm{erf}\left(\frac{x}{2\sqrt{Dt}}\right) = K . \tag{11.17}$$

여기서 K는 상수이다. 에러함수는 상수이기 때문에, 에러함수의 매개변수는 어떤 상수 K'이어야 한다.

$$\frac{x}{2\sqrt{Dt}} = K' . \tag{11.18}$$

그러므로 주어진 농도의 침투 깊이는 확산 시간의 제곱근에 비례한다. 즉,

$$x \propto \sqrt{t} . \tag{11.19}$$

11.4 자기확산(self-diffusion)

위에서 논했던 제 2법칙의 해들은 용매 A의 격자에 있는 용질원자들, B원자들의 확산을 다루었다. 확산은 단지 A원자들만을 포함하고 있는 격자에서 일어나

* Matano 해법은 여러 책들에 자세히 설명되어 있다. 예, R. E. Reed-Hill, Physical Metallurgy *Principles, van Nostrand*, Princeton, 1964, p.272 ff.

는가? 고체에서 원자들의 열적 운동은 불규칙적인 공정이다. 그러나 만약에 우리가 어떤 한 원자를 구별할 수 있고 그것의 불규칙적인 운동을 확인할 수 있다면, 자기확산(self-diffusion)의 공정을 표현하는 것이 가능할 것이다. 자기확산은 동종의 화학원소의 격자를 통한 원자들의 확산을 말하는 것이다. 그러한 불규칙적인 공정은 random-walk problem에 대한 수학적 해법을 통해 어림잡을 수 있다.

다음 상황을 고려해보자; 가로등에 서 있는 한 남자가 너무 취해 방향감각을 잃었다. 그는 아직 걸을 수는 있으나 자기가 거리를 따라 올라가고 있는지 내려가고 있는지를 모른다(이것은 문제를 일차원에 국한시킨다). 만약 그가 한 번에 내딛는 걸음이 길이 l 이고 불규칙한 방향으로 n걸음을 걷는다면, 그는 가로등에서 얼마나 떨어지게 되는가? 이 문제에 대한 해는 가로등으로부터 거리 L은 다음과 같다.

$$L = l\sqrt{n} \tag{11.20}$$

이 해는 걸음의 길이를 원자 간 거리에 해당한다고 보고 자기확산에서의 삼차원 불규칙운동(random movement)에 적용될 수 있다.

우리는 확산과정 동안 여러 시간에서 이동하는 원자들을 확인하기 위하여 방사성동위원소를 이용하여 실험적으로 자기확산을 연구할 수 있다. 방사성동위원소의 시편을 봉의 한쪽 끝(그림 11.12a)이나 봉의 두 부분 사이(그림 11.12b)에 놓는다. 그리고 A격자에서의 A원자들의 자기확산을 연구할 수 있다. van Ostrand-Dewey 해법이 그림 11.12(c)와 (d)에서 보여지는 농도이력에 예시된 두 경우에 적용될 수 있다. 우리는 방사능측정기나 자동방사능측정(autoradiography)이라고 불리는 기술로 농도를 측정할 수 있다. 이후의 방법에서 봉을 x축에 평행하게 잘게 자르고 필름 다발 위에 놓는다. 필름의 감광유제는 방사성동위원소의 농도에 비례한 방사선에 의하여 감광되고, 그렇게 필름의 흑화 밀도가 측정될 수 있다. 이 밀도는 방사성동위원소의 농도에 비례한다.

자기확산의 구동력은 농도 기울기의 평탄화라고 생각될 수는 없다. 왜냐하면

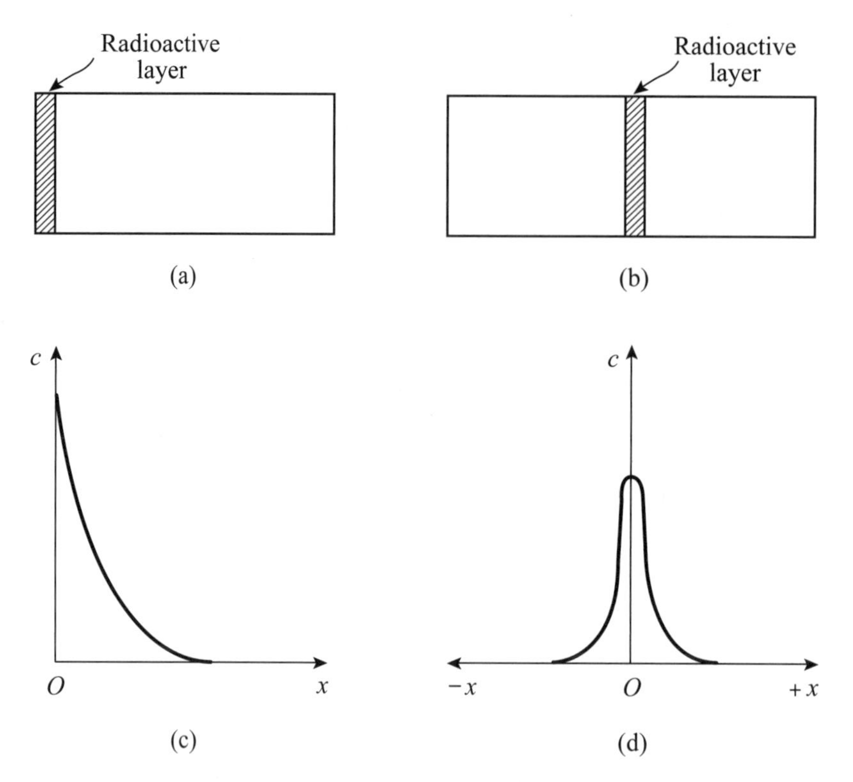

그림 11.12 • 자기확산(self-diffuion). 자기확산은 방사성동위원소를 사용하여 조사할 수 있다. 방사선 물질은 (a)에 보여진 것과 같이 시편 끝단이나, 또는 (b)와 같이 양쪽 중간에 놓여진다. 이 두 방법들에 의한 결과들이 각각 (c)와 (d)에 보여졌다.

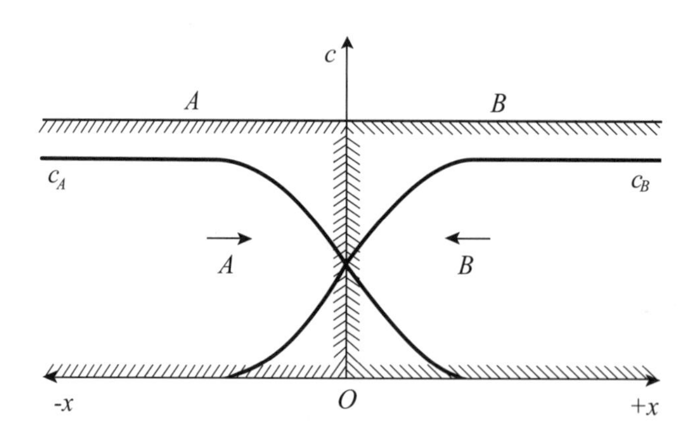

그림 11.13 • 상호확산(interdiffusion). 순 A와 순 B 블럭으로 구성되어 있는 확산짝에서는, A원자와 B원자 모두 확산한다. 이 상호확산은 반대 방향으로 일어난다. 그리고 각각의 확산 원소에 대해 별도의 농도이력이 그려질 수 있다.

방사성동위원소와 비방사성 원자들 사이의 거동에 있어서 감지할 만한 차이가 없기 때문이다. 자기확산과정은 무질서화(randomization) 과정이고 대부분의 확산반응처럼 열적으로 활성화되었다. 이러한 자기확산에서의 무질서화는, A격자에서 B원자들의 확산 또는 그 반대의 경우에 필요한 구동력과는 대조적이다. 상호확산(interdiffusion)이라고 불리는 이 나중의 경우와 같은 형태의 확산에 필요한 구동력은 재료 내부에 존재하는 농도구배다. 농도구배가 가파를수록 상호확산에 필요한 구동력은 더 크다.

11.5 상호확산(interdiffusion)

A원자가 B로 그리고 B원자가 A로 확산하는 것을 상호확산이라 부른다. 그림 11.13에 보여진 것과 같이 A의 원자들은 오른쪽으로 확산하고 B의 원자들은 왼쪽으로 확산해간다. 그림 11.13은 A와 B의 농도를 나타내는 농도이력을 보여준다. A의 농도와 확산속도는 Fick의 법칙에 의해 다음과 같이 주어진다.

$$\dot{n}_A = D_A A m_A, \tag{11.21}$$

그리고

$$\frac{c_{mA} - c_A}{c_{mA} - 0} = \mathrm{erf}\left(\frac{x}{2\sqrt{D_A t}}\right). \tag{11.22}$$

A로 확산하는 B원자들에 대하여 확산속도는 다음과 같다.

$$\dot{n}_B = D_B A m_B, \tag{11.23}$$

그리고 B의 농도는 다음 관계에 의해서 주어진다.

$$\frac{c_{mB} - c_B}{c_{mB} - 0} = \mathrm{erf}\left(\frac{x}{2\sqrt{D_B t}}\right). \tag{11.24}$$

확산계수 D_A와 D_B는 고유확산계수(intrinsic diffusion coefficients)라 불리고 각각 A원자와 B원자들의 확산을 나타낸다.

계면 x = 0의 위치는 농도이력에 의해 지배된다. Grube 해법에서, 계면은 그곳에서의 농도가 평균 농도 c_m와 같게 되는 곳에 위치한다. 그러나 A의 확산속도와 B의 확산속도가 같지 않다면 어떻게 될까? 이것은 식(11.21)과 (11.23)에 따르면 $D_A \neq D_B$인 어떠한 경우에도 사실이다. 이런 경우, 최초 커켄들(Kirkendall)에 의해 행해진 실험에서 보여졌던 것처럼 계면은 시간에 따라 이동한다.

Kirkendall은 구리와 카트리지황동(70 w/o Cu, 30 w/o Zn)으로 구성된 확산짝을 사용했다. 계면의 이동을 조사하기 위해 그림 11.14에서처럼 확산짝의 두 반쪽 사이에 위치한 계면에 몰리브데늄 철사를 삽입하였다. 구리와 아연의 확산속도의 차이 때문에, 이러한 지표(marker)가 확산짝의 황동 쪽으로 이동한 것이 발견되었다. 이것은 아연원자들의 왼쪽으로의 확산속도가 구리원자들의 오른쪽으로의 확산속도보다 크다는 것을 의미한다. 계면 x = 0을 기준으로 확산속도와 농도이력은 식(11.21)부터 (11.23)까지에서 볼 수 있다. 이러한 표현은 확산 동안 지표들의 이동에 의한 기준이동틀(moving frame of reference)에 근거한다.

이동하는 기준체계의 필요성을 없애고 일반적인 농도이력이 고정된 계면의 함수로써 표현되게 하기 위해, 우리는 상호확산계수 $\tilde{D}$를 사용한다. 상호확산계수

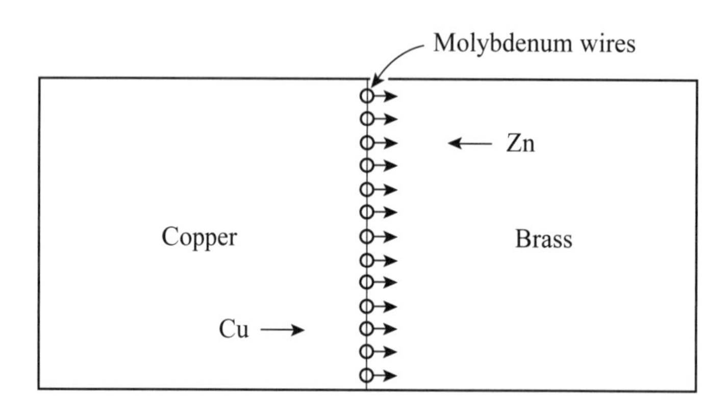

그림 11.14 • Kirkendall 실험. 구리와 황동 확산짝(diffusion couple)에서, 불활성의 몰리브데늄 선이 계면에 삽입되었다. 얼마간의 확산 후, 구리원자는 시편의 황동 끝을 향하여 확산하고, 아연원자는 구리 끝을 향하여 확산한다. 그리고 몰리 지표(marker)는 황동 끝을 향하여 이동한 것이 발견되었다. 이것은 왼쪽 방향으로 아연원자의 확산이 오른쪽 방향으로 구리원자의 확산 보다 더 빠른 속도로 일어난 것을 보여준다.

는 다음과 같이 정의된다.

$$\widetilde{D} = N_A D_B + N_B D_A , \qquad (11.25)$$

여기서 N_A 와 N_B는 각각 A와 B의 몰분율이다. $\widetilde{D}$를 제1 그리고 제2법칙에 치환함으로써 고정된 계면 $x = 0$에 대한 이동속도와 농도에 관련지을 수 있다. 이것은 농도이력이 화학분석에 의해 결정되는 Grube와 Matano 해법에서 사용되는 계면이다.

11.6 확산의 원리(mechanism of diffusion)

순 물질에는 원자들의 불규칙적인 운동이 있다는 것이 알려져있다. A와 B원자들의 혼합물에 대하여, 농도구배를 없애기 위한 원자들의 이동이 이 불규칙 운동에 겹쳐졌다. 확산의 원자적 기구는 무엇인가? 원자들은 모두 그들의 지정된 격자 위치를 갖는다. 서로간의 위치 변화를 갖는다. 그리고 그것들이 그곳에 머무르든지 혹은 그렇지 않든지 간에, 한 위치에 있는 원자와 그 이웃한 위치에 있는 원자 사이에 상호교환이 반드시 있어야 한다. 이러한 확산을 설명하는 가장 간단한 방법은 직접교환(direct-exchange)기구이다. 직접교환(그림 11.15a)에서, 원자 2가 왼쪽으로 이동함에 따라 원자 1은 오른쪽으로 이동한다. 그리고 두 원자가 위치를 교환한다. 이러한 직접교환기구는 그들이 자리를 바꿈에 따라 서로 짜서 밀어내기 위하여 커다란 치환형원자들을 요구하게 된다. 그리고 이 과정은 원자가 지나감에 따라 격자를 변형시키는데 많은 에너지를 필요로 한다. 이러한 에너지 소모가 너무 크기 때문에 실제 이러한 직접교환기구를 생각하기는 어렵다.

확산에 대한 또 다른 가능한 기구 하나는 침입형(interstitial)기구이다(그림 11.15b). 이러한 확산에서, 치환형원자들은 연속적인 침입형 위치를 차지함으로서 격자를 통해 이동한다. 이러한 위치들은 치환형 위치보다 작기 때문에, 그것은 많은 양의 에너지를 요구한다. 이러한 기구는 큰 치환형원자들에 대해서는 적당하지 않다. 그러나 그것은 철에서의 탄소의 경우와 같은 침입형 합금원소들의 확산에서 고려되었던 경로를 나타낸다.

확산에 대한 Zener의 링(ring) 기구는 원자들이 짜밀려서 지나가는 것이나 혹은 침입형 위치들로 몰려들어오는 문제점을 피한다. 위의 두 경우에서의 문제를 피할 수 있다. 이 기구는 원자들의 고리가 그림 11.15(c)에 개략적으로 보여진 것 같이 상호협력적인 이동을 한다는 것이다. 이 과정은 이웃하는 원자들 사이의 높은 협력을 필요로 한다. 그러나 큰 변형에너지를 수반하지는 않는다. 이러한 Zener의 링 기구는 가능한 확산의 방법이다.

격자를 통한 원자확산의 또 다른 기구 하나는 공극(vacancy) 기구이다. 공극은

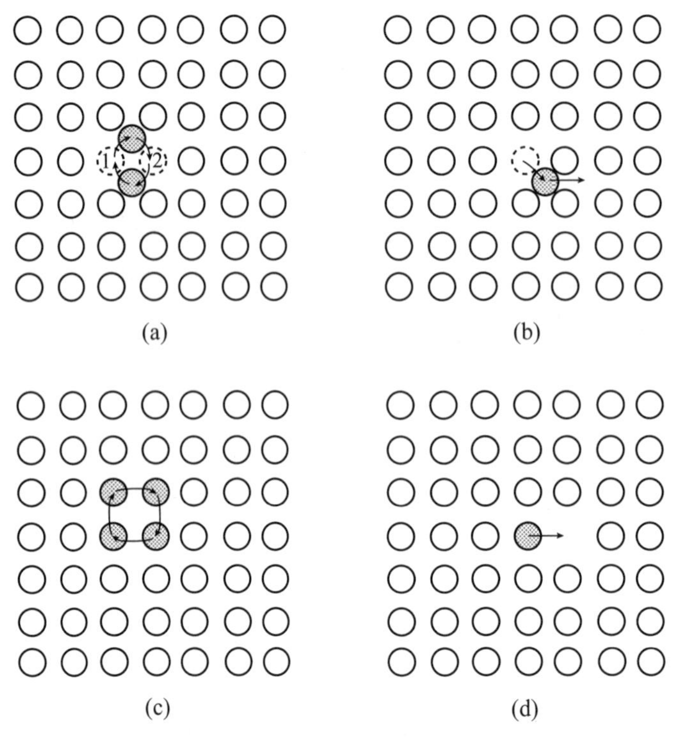

그림 11.15 • 확산기구(mechanism of diffusion). (a) 직접교환기구: 원자 1과 2가 서로 위치를 바꾸기 위하여 그것들은, 보여진 것과 같이 하나씩 짜내야 하며, 상당한 변형을 초래한다. (b) 침입기구: 확산하는 원자가 보여진 것과 같이 그것의 격자위치로부터 치환위치로 움직이고 다음의 그러한 침입위치로 이동한다. (c) Zener의 링(ring) 기구: 이것은 링 안에 있는 많은 원자가 동시에 움직이는 것을 포함하는 협동적인 공정이다. 그 움직임은 어떤 특정한 원소의 원자들이 확산 방향으로 전체적으로 움직이는 방식으로 일어난다. (d) 공극기구: 원자들은 공극격자 위치로 움직임으로써 확산한다. 원자가 한 방향으로 이동하면 공극은 반대 방향으로 움직인다.

결정격자 내에 열적인 평형으로 존재한다. 즉 어떠한 온도에서도 일정한 평형농도의 공극이 있다(4.5.2절 참고). 만약 한 원자가 빈 격자 위치에 인접하게 위치하고 있다면, 그것은 쉽게 공극으로 이동하여 그 위치를 차지할 수 있다. 이러한 방법으로 원자들은 한 방향으로 움직이고 반면 공극들은 그 반대 방향으로 이동한다. 공극기구는 Kirkendall 효과(11.5절)를 설명할 수 있는 유일한 방법이다. 아연 원자들이 왼쪽으로 움직임에 따라, 그것들은 오른쪽으로의 공극들의 움직임을 유발한다. 이러한 공극들의 일부는 구리원자들을 우측으로 확산하게 하는데 사용되지만, 아연이 구리보다 빠르게 확산하기 때문에, 오른쪽으로 공극의 순(net) 이동이 있다. 동시에 왼쪽으로의 원자수에 순증가(net increase)가 있다; 그리고 계면 지표는 우측으로 이동하게 힘을 받는다. 공극기구는 또한 확산의 적절한 온도 의존성을 예측할 수 있다.

11.7 확산의 온도의존성(temperature dependence of diffusion)

확산계수(고유 및 상호확산계수 모두)는 온도에 강하게 의존한다. 이 의존도는 다음과 같이 표현되는데,

$$D = D_0 \exp[-\frac{Q}{RT}]. \tag{11.26}$$

여기에서 D_0는 온도-무관한 확산계수이고, Q는 확산을 위한 활성화 에너지, 그리고 R은 기체상수이다. 이 관계는 온도 상승에 따른 확산계수의 지수적 증가를 반영한다. 그리고 역시 지수적인 온도 함수로서의 공극농도와 매우 유사하다[식(4.1)]. 여러 참고문헌으로부터 몇몇 재료에 대한 D_0와 Q값들이 표 11.2에 열거되었다.

D_0와 Q값을 실험적으로 결정하기 위해서 우리는 여러 온도에서 행한 확산실험에 제 2법칙 해법을 적용하여 확산속도를 구한다. 그 결과를 D와 $1/T$ 축에 로그그래프로 그린다. 이 그림(그림 11.16)은 로그형태의 식(11.26)에서 예상된 대로 직선이다.

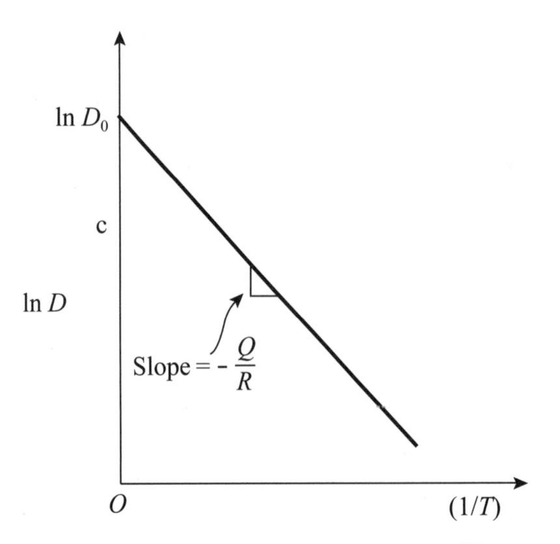

그림 11.16 • 확산계수의 온도의존성. 확산계수는 Boltzmann 인자 $e^{-Q/RT}$ 에 따라 온도에 지수함수적으로 변한다. D와 $1/T$ 축에 그리면 직선이 되고, 그 기울기는 $-Q/R$과 같다. 그 직선과 축이 만나는 점은 ln D_0'와 같고 D_0는 온도에 민감하지 않은 확산계수이다.

표 11.2 • 상호확산계수

계	D_0', cm^2/sec	Q, cal/mole
C in α-Fe	.008	18,100
C in γ-Fe	.02	33,800
N in α-Fe	.014	17,700
Cu in Cu	.20	47,100
Zn in Cu	.34	45,600
Ag in Cu	.63	46,500
Ag in Ag	.40	44,100
Cu in Ag	1.2	46,100
Au in Ag	.26	45,500
Zn in Ag	.54	41,700

$$\ln D = \ln D_0 - \left(\frac{Q}{R}\right)\left(\frac{1}{T}\right). \tag{11.27}$$

이 식은 직선의 식과 유사하다.

$$y = mx + b\ , \tag{11.28}$$

여기서 y는 $\ln D$와 같고 x는 $1/T$, 기울기 m은 $-(Q/R)$과 같다. 그리고 교차점 b는 $\ln D_0$와 같다. 그러므로 확산계수의 로그 대 절대온도의 역수 그림으로부터 기울기를 측정함으로 확산에 필요한 활성화 에너지 값을 그리고 교차점을 결정함으로 D_0 값을 얻을 수 있다.

11.8 체적, 표면, 그리고 결정립계 확산

위에서 언급된 확산은 단순히 체적확산(volume diffusion)에 대한 것이다. 그것은 재료의 체적을 통한 원자의 이동에 관하여 언급한 것이다. 원자들이 좀 더 쉬운 경로를 통하여 이동하는 것도 역시 가능하다. 이것이 표면(surface)이나 결정립계(grain boundary) 확산이다. 정렬되지 못한 계면 구간은 확산하는 원자에게 편리한 경로를 제공한다. 결정립계 구간을 통하여 움직이는 원자는 최소한의 변형(strain)이 관여되고, 또한 결정립계에는 확산과정에 도움을 주는 공극농도가 훨씬 높다. 결정립계 확산계수는 체적확산계수보다 크다. 표면확산현상은 물질의 표면에서 일어난다. 확산매체는 자유표면을 가로질러 이동할 수 있고, 그 경우 아무 변형도 관여하지 않으며 확산에 필요한 공극도 필요없다. 표면확산계수는 결정립계 확산계수보다 약 100배 정도 크고, 결정립계 확산계수는 체적확산계수보다 약 100배 정도 크다. 일반 다결정 재료에 있어서는 이 세 가지 확산 방법들이 동시에 작용한다. 결정립 크기나 자유표면의 크기가 이 각각의 경로를 통해 확산하는 원자의 비율을 결정한다.

■ 추천 도서

- CHALMERS, B., *Physical Metallurgy*, Wiley, New York, 1959.
- COTTRELL, A. H., *Theoretical Structural Metallurgy*, St. Martin's Press, New York, 1957.
- DARKEN, L. S., and R. W. GURRY, *Physical Chemistry of Metals*,

McGraw-Hill, New York, 1953.
• GIRIFALCO, L. A., *Atomic Migrations in Crystals*, Blaisdell, New York, 1964
• GUY, A. G., *Elements of Physical Metallurgy*, 2nd Ed., Addison-Wesley, Reading, Mass., 1959.
• KINGERY, W. D., *Introduction to Ceramics*, Wiley, New York, 1960.
• REED-HILL, R. E., *Physical Metallurgy Principles*, van Nostrand, Princeton, 1964.
• SHEWMON, P. G., *Diffusion in Solids*, McGraw-Hill, New York, 1963.

■ 연습문제

11.1 마르텐사이트 변태의 특징 중의 하나는 그것이 무확산변태라는 것이다. 이것은 무엇을 의미하는가? 그러한 무확산변태를 확산이 요구되는 변태와 비교하시오.

11.2 구형의 메탄 탱크를, 철에서 탄소의 확산계수가 $8.3 \times 10^{-8} cm^2/sec$인 온도에서 유지하고 있다. 그 탱크는 직경 25cm이고 벽두께는 0.20cm이다. 벽면 내부표면의 탄소농도는 $8 \times 10^{-5} mol/cm^3$이고 벽 외부에서는 영이다. 확산에 의한 탱크로부터의 탄소 손실율은 얼마인가? 답을 mol/sec로 표시하시오.

11.3 안정-상태 확산의 경우, 농도 변화는 직선인 것으로 가정한다. 직선이 아닌 농도이력은 왜 비안정-상태 조건의 결과가 되는지 설명하시오.

11.4 Fick's 제 2법칙에 대하여 van Ostrand-Dewey와 Grube의 해법의 차이를 설명하시오. 각 해법이 적용될 수 있는 계의 예를 드시오.

11.5 927℃에서 10시간 동안 침탄한 강 시편의 침탄 깊이가 0.04cm이다. 이 시편을 같은 온도에서 침탄 깊이가 0.08cm 되게 하려면 얼마 동안 침탄하여야 하나?

11.6 과공석강을 탈탄 분위기에서 850℃로 가열하였다. 표면은 순철로 될 때까지

탈탄하였다.

(a) 표면($x = 0$)부터 내부($x = \infty$)까지의 탄소농도 변화를 스케치하시오.

(b) 만약 그 강이 얼마간의 탈탄 후 실온까지 서서히 냉각할 경우 표면부터 내부를 따라 여러 미세조직을 스케치하시오.

11.7 Cu-Zn 상태도를 참고하여(그림 8.18), 다음 확산 계 의 농도이력을 그리시오: 순 구리 층으로 코팅된 구리-65w/o 아연의 700℃에서의 확산.

11.8 자기확산에서 random-walk 가정이 종종 사용된다. 만약 어떤 원자가 최인접원자 간 거리만큼만 도약할 수 있다면, 철 원자는 10, 100, 1000번 도약 후 그 원래 위치로부터 얼마나 이동하였을지 계산하시오.

11.9 100℃, 500℃, 그리고 1000℃에서 은에서 금의 확산속도를 계산하시오.

11.10 왜 Zener의 링 기구(ring mechanisom)로 알려져 있는 확산기구는 Kirkendall 실험 결과와 일치하지 않는가?

12
부식

12.1 개요

부식에 대한 수많은 사례가 있고 모든 사람들이 언젠가는 부식으로 인해 어려움을 겪게 된다. 예를 들면 자동차의 녹슨 번호판의 볼트를 제거하려 하거나 광택이 나던 새차의 범퍼가 소금기가 있는 도로를 주행하는 겨울이 지나면 부식이 되는 것이 이에 해당한다. 이 나라 고속도로에 늘어서 있는 수많은 폐차장의 실상이 부식문제의 규모를 침묵으로 대변해 준다. 녹은 붉은 색이어서 철이나 강 부품에 부식이 일어나고 있다는 것을 분명히 확인할 수 있기 때문에 가장 잘 알려진 부식의 형태이다. 녹은 철의 산화물이며 자연의 힘의 한 예다. 사람들은 철의 원광(이중 하나가 적철광 Fe_2O_3임)으로부터 철을 생산하기 위해 그리고 부식에 의해 그것을 단지 산화물 상태로 돌려놓기 위해 어마어마한 에너지를 소모하고 고군분투해 왔다. 부식에 대한 연구는 필수적이다. 왜냐하면 그것은 부식공정의 상세한 내용들을 제공하며 그것으로부터 여러 기술들이 재료들을 부식으로부터 보호하기 위해 개발되어 왔고 개발되고 있는 중이기 때문이다.

많은 다른 형태의 부식이 있지만, 부식이란 용어 그 자체는 전 영역을 포함하고, 주위의 화학적 또는 전기적 성질에 의한 물질의 파괴적인 공격을 의미한다. 가장 흔한 부식의 형태로는 (a) 균일부식(uniform attack), (b) 점부식(pitting), (c) 탈아연부식(dezincification), (d) 결정립계부식(intergranular corrosion), (e) 균열(cracking)이 있다. 우리는 이번 장에서 다양한 형태의 이들 부식에 대해 논의할 것인데, 이에 앞서 부식과정의 기구에 대해 조사해 볼 필요가 있다.

12.2 전해전지(electrolytic cell)

부식의 전기화학적 성질은 12.3절에서 증명될 것이지만, 그 증명은 전해전지의 원리에 대한 지식을 바탕으로 하고 있다. 임의의 다른 두 개의 금속과 전해액(electrolyte)으로 전해전지를 형성할 수 있다. 그러한 전지 중 하나가 손전등 건전지(dry-cell battery)이다. 다른 하나의 전해전지는 Daniell 전지(그림 12.1)이다. 이 전지는 동력에 의해 대체될 때까지 직류전기의 주요 원천이었다. Daniell 전지는 구리황산염($CuSO_4$)용액에 잠긴 구리전극과 아연황산염($ZnSO_4$)용액에 담긴 아연전극으로 이루어져 있다. 두 전해액은 혼합은 방지하지만 전류를 나르는 이온들은 통과하게 하는 다공성 칸막이로 나뉘어져 있다. 두 전극 사이에 연결된 백열등은 구리에서 아연 전극으로 흐르는 전류 I 로 인해 불이 들어온다.

Daniell 전지에서 구리전극은 음극이고 아연전극은 양극이다. 전류는 전선을

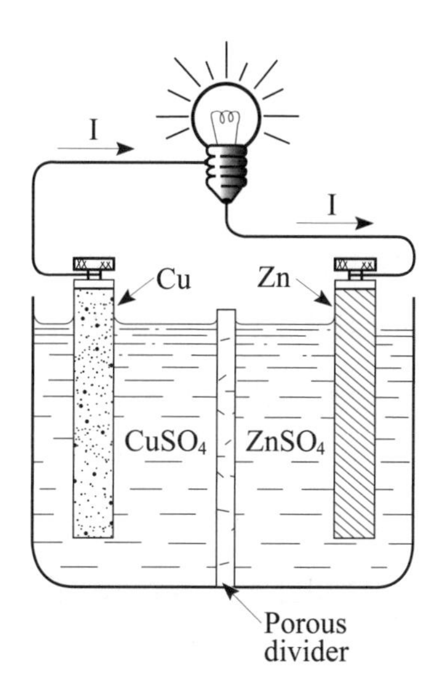

그림 12.1 • Daniell 전지. Daniell 전지는 구리황산염 용액에 담긴 구리전극과 아연황산염 용액에 담긴 아연전극으로 이루어져 있다. 두 전해액은 다공성 칸막이에 의해 분리되어 있다. 구리에서 아연전극으로 흐르는 전류 I 로 인해 두 전극 사이에 연결된 백열등에 불이 들어온다.

통해 음극에서 양극으로 흐르는 것으로 그려진다(그림 12.1). 전류의 방향은 관례적으로 양전기 전하의 운반자가 움직이는 방향으로 정의된다. 사실상 전하를 운반하는 것은 음으로 대전된 전자이고, 실제 전류는 양전류 I와 반대방향으로 움직이는 음전류이다. 그러나 실제 전류를 형성하는 전자는 어디서 오는가?

아연전극, 양극에서 다음과 같은 이온화 반응이 일어난다.

$$Zn = Zn^{++} + 2e^{-} . \tag{12.1}$$

전자가 생성되는 이러한 형태의 반응을 산화반응이라 한다. 전자는 전선을 따라 이동하고 아연이온 Zn^{++}은 전해액을 통해 이동한다. 전해액은 실제로는 $ZnSO_4$ 분자가 아니고, Zn^{++}와 $SO_4^{=}$ 이온들로 이루어져 있다. 산화반응에 의해 양극에서 생성된 아연이온은 용액을 통해 음극으로 이동한다. 그들은 다공성의 분리막을 통해 Daniell 전지의 음극 칸으로 확산해 간다. 이것은 그림 12.2에 나타낸 것처럼 확대된 모양으로 보여졌다.

양극에서 음극으로 이동하는 전자들에 의해 음극에 여분의 전자가 있게 되어 여기서 환원반응이 일어난다.

$$Cu^{++} + 2e^{-} = Cu . \tag{12.2}$$

환원반응은 산화반응에서처럼[(식 12.1)], 전자가 생성물로 작용하는 것이 아니라 반응물로 작용하는 전기화학반응이다. 여분의 전자는 구리황산염 용액의 구리 이온 Cu^{++}와 결합하여 음극에 금속성 구리를 형성한다.

Daniell 전지가 작동함에 따라 아연의 산화 때문에 아연전극이 부식되고, 구리전극은 구리이온들의 환원에 의해서 형성된 구리층으로 덮힌다. 전류는 전자들에 의해서는 외부전선을 통해서 그리고 이온들에 의해서는 전해액을 통해 운반된다.

12.3 부식의 전기화학적 성질(the electrochemical nature of corrision)

부식은 특성상 전기화학적이라는 것을 증명하기 위해서, 산화는 부식전지의 양

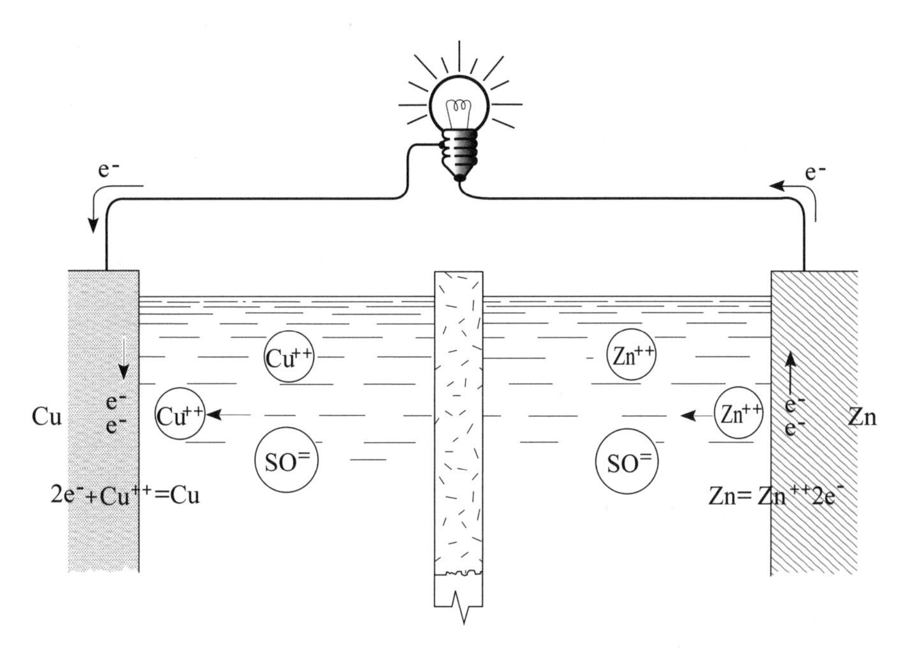

그림 12.2 • Daniell 전지에서의 이온이동. 아연이 산화되면서 아연이온과 여분의 전자가 생성된다. 아연이온은 전해액을 통해 구리전극 쪽으로 이동하고, 전자는 외부회로를 통해 구리전극으로 이동한다. 전자는 음극에서 구리이온과 반응해서 구리를 형성한다. 이런 방법으로 양이온전류(positive ionic current)는 아연양극에서 구리음극으로 흐르고, 반면에 양전류(positive electric current)는 전선을 통해 양극에서 구리음극으로 흐른다.

극에서 일어나고, 환원은 음극에서 일어나는 것을 보여줄 실험을 하나 해야 한다. 바로 세척된 철표면에 소금물을 한 방울 떨어뜨리자. 물방울의 중심부분 밑에 있는 철은 산화되고 그것은 양극이고, 반면에 물방울의 가장자리에 있는 철은 음극이 되는 그러한 형태로 부식이 일어날 것이다. 이것이 산소농담전지(differential aeration cell)이고 12.4절에서 아주 자세히 다룰 것이다.

일어나는 전기화학반응은 양극에서의 철의 산화다.

$$Fe = Fe^{++} + 2e^{-}. \tag{12.3}$$

그리고 음극에서는 물의 환원이다.

$$H_2O + 2e^{-} = 2\,OH^{-} + \frac{1}{2}O_2. \tag{12.4}$$

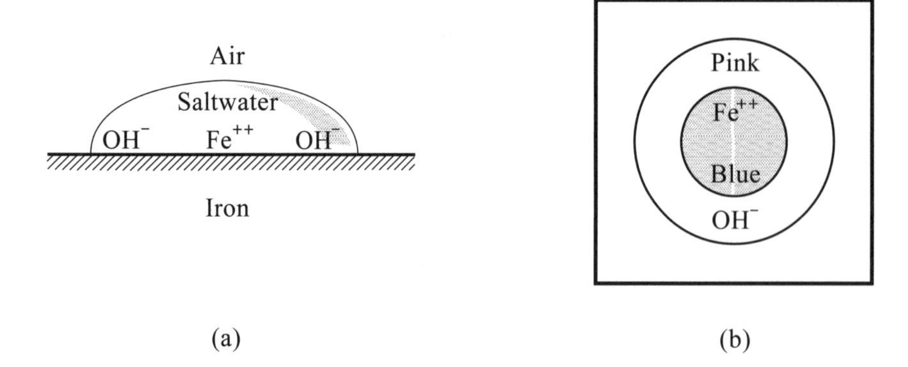

그림 12.3 • 부식의 전기화학적 성질. 깨끗한 철 표면 위의 소금물은 결국 부식전지이다. 물방울 중심의 철은 부식되고 철이온(Fe^{++})을 형성하고 이는, 이러한 경우에 용액이 파랗게 변하는 지시약을 첨가함으로써 확인될 수 있다. 물방울의 가장자리 근처는 환원반응이 일어나고 이는 지시약에 의해 이 영역에서 용액이 붉게 변하는 것을 통해 수산기이온(OH^-)이 있는 것을 확인함에 의해 알 수 있다. (12.3)과 (12.4) 반응에 의해 예상되었던 영역에 위의 두 종류의 이온이 있다는 것은 부식이 결국은 전기화학반응이라는 것을 증명해 준다.

양극에는 철이온 Fe^{++}이 그리고 음극에는 수산기이온 OH^-이 축적되어 있어야 한다. 우리는 물에 수산기 이온의 존재를 나타내는 페놀프탈레인과 철기(철)이온의 존재를 나타내는 포타슘페리사이나이드를 각 한 방울 첨가함으로서 이것을 확인할 수 있다. 이렇게 하였을 때, 물방울은 그림 12.3에 보여진 것 같이 OH^-이 있는 것을 나타내면서 방울의 가장자리가 붉게 되고, Fe^{++}이 있는 것을 나타내면서 중심부가 파랗게 된다. 이 실험은 부식이 진정 전기화학적 반응이라는 것의 증명이다.

12.4 부식전지(corrosion cell)의 형태

부식전지에는 세 가지 일반적인 형태가 있다; 이종전극(dissimilar-electrode) 전지, 농도차(differential-concentration)전지, 그리고 온도차(differential-temperature)전지이다. 농도차전지는 전해액의 어떤 이온의 농도차 또는 전해액에 용해된 기체(예를 들어 산소)의 농도차를 포함한다. 후자 형태의 전지를 산소농담전지라고 한다.

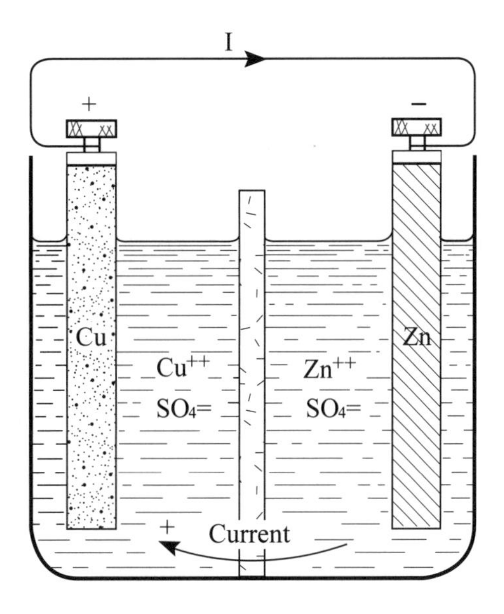

그림 12.4 • 이종전극전지(dissimilar-electrode cell). 이종전극전지는 구리황산염(copper sulfate) 용액에 있는 구리전극과 아연황산염(zinc sulfate) 용액의 아연전극으로 이루어져 있다. 이는 Daniell 전지와 같은 형태이다. 아연전극은 양극(−), 구리전극은 음극(+)이다. 양의 전류(I)는 외부 전선을 통해 음극에서 양극으로 흐른다. 반면에 이온전류(ionic current)는 전해액을 통해 아연에서 구리쪽으로 흐른다.

12.4.1 이종전극(dissimilar-electrode) 전지

이종전극전지는 12.2절에서 우리가 Daniell 전지를 생각할 때 약간 논의하였다. 그림 12.4에 보여진 것과 같이 두 개의 서로 다른 금속전극들, 하나는 구리, 다른 하나는 아연으로 구성된 전해전지는 전기화학반응을 한다. 산화는 양극에서 환원은 음극에서 일어난다. Daniell전지에서 우리는 아연전극이 양극이고 구리전극이 음극이라고 하였다; 그러나 어떻게 이것이 사실이고 그 역은 사실이 아닌 것을 알 수 있는가? 전기화학반응의 방향을 결정하기 위하여 전지를 두 개의 반쪽전지로 나눌 필요가 있다. 이것은 각 전극 및 그것과 관련된 전극반응(산화 또는 환원)은 반드시 분리된 반쪽전지반응으로 생각되어야 한다는 의미이다. 전지 자체가 두 개의 반쪽전지반응을 포함하고 있다. 그리고 그림 12.4의 전지에서 그 반응들은 다음과 같다.

$$Cu = Cu^{++} + 2e^{-}, \qquad (12.5)$$

그리고

$$Zn = Zn^{++} + 2e^{-}. \qquad (12.6)$$

하나는 산화반응에 대한 것으로 그리고 다른 하나는 환원반응에 대한 것으로 쓰는 것보다 위와 같이 양쪽의 반쪽전지반응(half-cell reaction)을 모두 산화반응 형태로 쓰는 것이 관례이다. 임의로 왼쪽 전극은 양극(anode)으로, 오른쪽 전극은 음극(cathode)으로 생각하자. 음극반응은 환원반응이기 때문에, 그것은 (12.6)의 반응과 반대 방향으로 일어난다. 완전한 전기화학반응은 양극의 반쪽전지반응(12.5)에서 음극의 반쪽전지반응(12.6)을 빼어줌으로서 얻을 수 있다. 이렇게 했을 때, 전체 전지의 결과적인 반응은 다음과 같다.

$$Cu + Zn^{++} = Cu^{++} + Zn. \qquad (12.7)$$

그러나 반응이 이 방향으로는 진행되고 역방향으로는 안 된다는 것을 어떻게 알 수 있는가? 그림 12.4의 전지는 왼쪽에 아연전극이 있는 것 그대로 잘 스케치되었을 것이고 그 반응은 다음과 같을 것이다.

$$Zn + Cu^{++} = Zn^{++} + Cu. \qquad (12.8)$$

각 반쪽전지반응은 분명한 전위를 가지고 있다. 이 전압의 값(반응의 전위)은 기준치에 대해 정해지고 많은 화학교과서에 표로 정리되어 있다.* 그렇기 때문에 전위는 절대값으로 사용될 수 없지만, 두 반쪽전지의 전위차가 기준값을 상쇄해 버린다. 그림 12.4 전지에 대한 반쪽전지 전위(E^0)는 다음과 같다.

$$Cu + Cu^{++} + 2e^{-}, \quad E^0 = -0.337\ \mathrm{v}, \qquad (12.9)$$

$$Zn = Zn^{++} + 2e^{-}, \quad E^0 = +0.763\ \mathrm{v}, \qquad (12.10)$$

* 반쪽전지반응의 전위값은 E. Mack, A. B. Garrett, J. F. Haskins, F. H. Verhoek, *Textbook of Chemistry,* 2nd. ed., Ginn, New York, 1958, p.227 에서 찾을 수 있다.

$$Cu + Zn^{++} = Cu^{++} + Zn, \quad E^0 = -1.100\,v. \qquad (12.11)$$

전체전지에서 전기화학반응이 진행되게 하기 위해서 전지의 전위는 양의 값이어야 한다. 만약 아연 반쪽전지반응의 전위를 구리 반쪽전지반응의 전위에서 빼면, 결과적인 전위는 음의 값, 즉 -1.100V 이다. 반응 (12.11)은 쓰여진 것처럼 진행되지 않을 것이다. 아연이 양극이고 구리가 음극인 역방향에서 반응의 전위는 다음과 같을 것이다.

$$Zn + Cu^{++} = Zn^{++} + Cu, \quad E^0 = +1.100\,v. \qquad (12.12)$$

반응(12.12)의 양의 전위는 그 반응이 쓰여진 대로 진행될 것이라는 것을 바로 나타낸다. 다시 말해, 반응(12.12)은 일어나지만 반응(12.11)은 일어나지 않는다. 그러므로 어떤 개략도에서든지 왼쪽 전극을 양극이라고 가정하는 관례가 계산의 출발점으로는 합당하다. 왜냐하면, 만약 전지의 전위가 음이라면, 반응은 그것이 쓰여진 것과 반대방향으로 일어날 것이기 때문이다. 만약, 전기화학반응의 방향이 반대라면, 전위의 부호가 바뀔 것이다.

어떠한 산화반응도 전기화학공정에 관여할 수 있고 반쪽전지반응으로 생각할 수 있다. 이러한 반쪽전지반응들은 항상 전자를 반응의 오른쪽에 주어버리는 산화반응으로 기술된다. 만약, 우리가 전극이 각각 나트륨과 구리인 경우를 생각한다면, 반쪽전지반응은 다음과 같다.

$$Na = Na^{+} + e^{-}, \quad E^0 = +2.71\,v, \qquad (12.13)$$

그리고

$$Cu = Cu^{++} + 2e^{-}, \quad E^0 = -0.337\,v. \qquad (12.14)$$

이 두 반응들은 직접적으로 합할 수 없는데 이는 나트륨 반쪽전지반응에는 단지 한 개의 전자만 포함되어있는 반면에 구리 반쪽전지반응에는 두 개의 전자가 포함되기 때문이다. 각 반쪽전지반응에 포함된 전자의 수는 꼭 같아서 한 반응에서 다른 반응을 뺄 때 전체적으로 전자가 남거나 모자라지 않아야 한다. 반응(12.13)

에 2를 곱해줌으로써, 두 반응에 대한 전자의 수를 같게 할 수 있다. 그리고 전극전위는 영향을 받지 않는다. 반쪽전지반응은 이제 다음과 같이 된다.

$$2Na = 2Na^{+} + 2e^{-}, \quad E^{0} = +2.71\ v, \tag{12.15}$$

그리고

$$Cu = Cu^{++} + 2e^{-}, \quad E^{0} = -0.337\ v. \tag{12.16}$$

만약 반응 (12.15)에서 (12.16)을 빼주면, 전체 전지의 전기화학반응은 다음과 같다.

$$2Na + Cu^{++} = 2Na^{+} + Cu, \quad E^{0} = +3.047\ v. \tag{12.17}$$

이종전극전지를 구성할 수 있는 반쪽전지반응의 조합은 여러 가지가 있다. 이들 반쪽전지반응 중 일부가 그것의 전위와 함께 표 12.1에 나열되어 있다.

전극전위값 E^0는 표준전위로 이온농도와 온도가 표준값을 갖는 경우에만 적용한다. 표준농도는 1이고 표준온도는 25℃이다. 이러한 형태의 대부분의 부식전지는 두 개의 이종금속이 서로 접합되어 있는 것을 포함하지만 그 차이는 미미하다. 예를 들면 냉간가공된 구리와 풀림된 구리와 같은, 다른 상태에 있는 같은 금속의 두 부분이 이종전극전지를 구성할 수 있다.

12.4.2 비표준조건에 대한 Nernst 관계

대부분의 경우에 전해액에서의 이온농도는 표준치와 다르다. 그러한 경우의 반쪽전지반응의 전극전위를 계산하기 위해서 다음과 같은 Nernst 식을 사용한다.

$$E = E^{0} - \frac{RT}{nF} \ln \frac{(M^{+n})}{(M)} \tag{12.18}$$

이 방정식은 전극전위 E를 표준전위 E^0, 절대온도 T, 전자수 n, 그리고 이온 (M^{+n})과 원자 (M)의 농도와 관련지어준다. 여기서, R은 기체상수이고 F는 Faraday량(96,500 coulombs/equivalent)이다. M^{+n}과 M항의 괄호는 농도를 표시

표 12.1 • 표준전극전위*

반쪽전지반응	E°, volts
$Li = Li^{+} + e^{-}$	3.05
$K = K^{+} + e^{-}$	2.93
$Na = Na^{+} + e^{-}$	2.71
$Mg = Mg^{++} + 2e^{-}$	2.37
$Be = Be^{++} + 2e^{-}$	1.85
$U = U^{+++} + 3e^{-}$	1.80
$Al = Al^{+++} + 3e^{-}$	1.66
$Ti = Ti^{++} + 2e^{-}$	1.63
$Mn = Mn^{++} + 2e^{-}$	1.18
$Zn = Zn^{++} + 2e^{-}$	.763
$Cr = Cr^{+++} + 2e^{-}$	.74
$Fe = Fe^{++} + 2e^{-}$	.440
$Cd = Cd^{++} + 2e^{-}$	.403
$Co = Co^{++} + 2e^{-}$	.277
$Ni = Ni^{++} + 2e^{-}$	.250
$Sn = Sn^{++} + 2e^{-}$	.136
$Pb = Pb^{++} + 2e^{-}$	.126
$H_2 = 2H^{+} + 2e^{-}$	.000
$Cu = Cu^{++} + 2e^{-}$	-.337
$2OH^{-} + 1/2O_2 = H_2O + 2e^{-}$	-.401
$2Hg = Hg_2^{++} + 2e^{-}$	-.789
$Ag = Ag^{+} + e^{-}$	-.800
$Hg = Hg^{++} + 2e^{-}$	-.854
$Au = Au^{+++} + 3e^{-}$	-1.50

* 표준전극전위(standard electrode potentials)는 25℃와 이온의 단위농도에 대해 유효하다.

한다. 순수한 상태의 고체재료에 있어서, 원자의 농도 (*M*)은 1이다. 이동된 전자수는 반쪽전지반응 그 자체에서 찾아질 수 있다. 예를 들어 반쪽전지반응(12.16)에서, n = 2이다. 표준온도, 25℃에서, 방정식은 다음과 같이 줄여진다.

$$E = E^{0} - (\frac{0.0592}{n}) \log (M^{+n}) , \qquad (12.19)$$

여기서 기체상수 R = 8.314joules/mol-°K는 식에 포함되었고 자연로그는 계산상의 편리를 위해 10을 밑으로 하는 로그로 바뀌었다.

Nernst 식을 위의 구리-아연 전지에 적용시켜보면, 반응(12.12)의 전위는 다음과 같이 됨을 알 수 있다.

$$E = +1.100 - (\frac{0.0592}{2}) \log (\frac{Zn^{++}}{Cu^{++}}) \quad (12.20)$$

그리고 아연이온과 구리이온의 농도가 같을 경우에만 그 반응의 전위가 표준전위와 같아질 것이다. 만약, 구리와 아연이온의 농도가 같지 않고 각각 다음과 같다면,

$$(Cu^{++}) = 0.001, \quad (12.21)$$

그리고

$$(Zn^{++}) = 0.002, \quad (12.22)$$

이 값들을 Nernst 식에 대입하면, 그 반응의 전위는 다음과 같음을 알 수 있다.

$$E = +1.100 - (0.0296) \log 2 = +1.001\text{v}, \quad (12.23)$$

그러므로 부식전지의 염기농도변화나 온도변화는 반응의 전위(potential)를 변화시킬 것이다. 만약, 그 변화가 충분히 크다면, 그것은 심지어 반응이 역방향으로 진행되게 할 수도 있다.

12.4.3 농도차전지(differential-concentration cell)

농도차전지는 두 전극에서 이온농도차나 용해된 기체농도차를 포함할 것이다. 후자 형태의 전지를 산소농담전지(differential aeration cell)라고 한다. 먼저, 그림 12.5와 같이 구리이온농도가 다른 용액 속에 잠긴 두 개의 유사한 구리전극의 경우를 생각해 보자.

용액 1의 구리이온의 농도는 용액 2의 구리이온의 농도보다 적다; 즉, 다음과

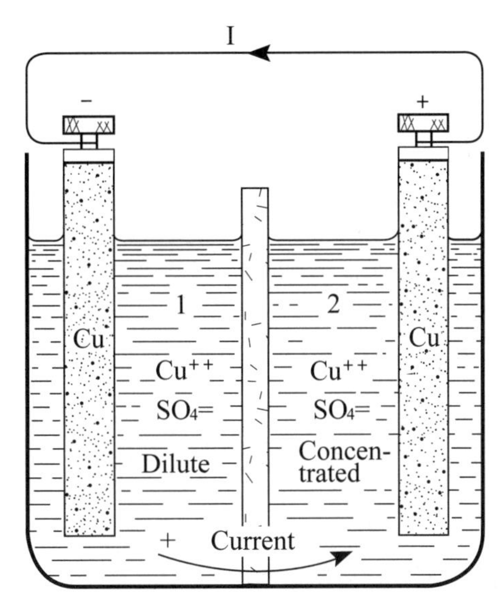

그림 12.5 • 농도차전지. 이 농도차전지에는 2개의 구리전극이 사용된다. 구리황산염 전해액은 다공성 분리막에 의해 두 부분으로 나뉘어져 있다. 영역 1은 묽은 용액을, 영역 2는 농축된 용액을 담고 있다. 묽은 용액(1)에 담긴 구리전극은 양극(–)이고 농축 용액(2)의 전극은 음극(+)이다.

같다.

$$(Cu^{++})_1 < (Cu^{++})_2 , \quad (12.24)$$

그리고 두 용액의 반쪽전지반응은 다음과 같다.

$$Cu_1 = Cu_1^{++} + 2e^- \quad E_1 , \quad (12.25)$$

그리고

$$Cu_2 = Cu_2^{++} + 2e^- \quad E_2 , \quad (12.26)$$

구리이온(Cu^{++})의 농도가 표준값과 다르므로 전극전위 E_1과 E_2는 표준전위가 아니다. 반쪽전지의 전위는 식(12.19)로부터 계산되고 다음과 같다.

$$E_1 = - 0.337 - 0.0296 \log (Cu^{++})_1 , \quad (12.27)$$

$$E_2 = - 0.337 - 0.0296 \log (Cu^{++})_2 , \quad (12.28)$$

부등식 (12.24)에 표현된 것처럼 구리이온의 농도차로 인해 다음과 같다.

$$E_1 < E_2 \qquad (12.29)$$

그리고 묽은 용액(1)의 구리전극은 양극이고, 농축된 전해액(2)에 있는 구리는 음극이다. 그러면 전체 전지에 대한 반응은 다음과 같다.

$$Cu_1 + Cu_2^{++} = Cu_1^{++} + Cu_2, \quad E = E_1 - E_2 \qquad (12.30)$$

그리고 구리이온의 양이 적은 묽은 용액의 구리전극은 부식된다.

12.4.4 산소농담전지(differential aeration cell)

12.3절에서 산소농담전지의 한 예를 보여주었다. 그림 12.6은 이러한 형태의 부식전지의 보다 실제적인 예를 보여준다. 호수 바닥에서 표면 위의 한 점까지 이르는 강철말뚝이 있다. 수위선 아래의 말뚝 부분(점 1)은 수면 바로 아래의 말뚝 부분(점 2)보다 적은 양의 산소가 용해된 물과 접촉하고 있다. 강철이건 또는 철

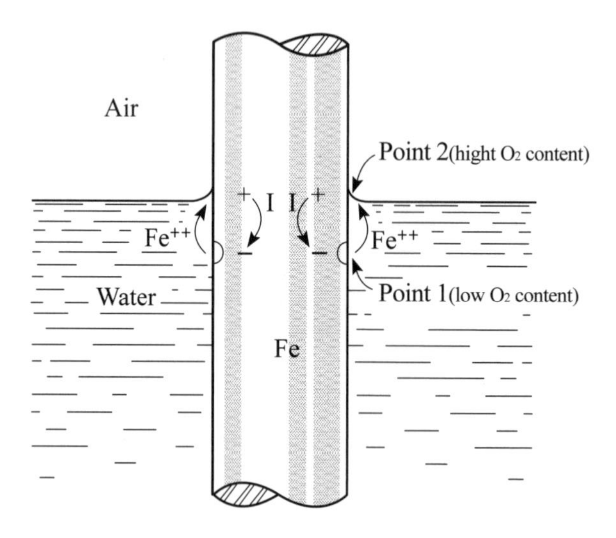

그림 12.6 • 산소농담전지. 물 속의 철말뚝이 산소농담전지의 실례이다. 점 1의 철은 낮은 산소농도의 물에 노출되어 있는 반면에 수면 바로 아래인 점 2의 철은 높은 산소농도의 물에 노출되어 있다. 영역 1은 영역 2에 대해 양극이고 부식은 수면에서가 아니라 더 아래에서 일어난다.

이건, 두 점에서의 전극은 같지만 반쪽전지반응은 다르다. 점 1에서의 반응은 철의 산화이고,

$$Fe = Fe^{++} + 2e^{-}, \quad E^{0} = +0.440\,v, \qquad (12.31)$$

점 2에서는 반쪽전지반응에 물, 산소, 수산기이온들이 포함된다.

$$2OH^{-} + \frac{1}{2}O_2^{-} = H_2O + 2e^{-}, \quad E^{0} = -0.440\,v. \qquad (12.32)$$

완전한 부식전지의 반응은 다음과 같다.

$$Fe + H_2O = Fe^{++} + 2OH^{-} + \frac{1}{2}O_2, \quad E^{0} = +0.841\,v. \qquad (12.33)$$

수위선 바로 아래의 철은 음극이고 물에서 더 아래쪽의 철(점 1)은 양극이고 그것의 부식은 점 1에서 점 2로 전해액을 통해 양전류를 흐르게 한다. 점 2에서 점 1로 되돌아오는 전류는 말뚝 자체를 통해 흐른다. 이런 방식으로, 말뚝의 부식은 수면에서가 아니라 용해된 산소의 농도가 낮은 수면 아래쪽에서 일어난다. 유사하게 볼트와 너트 조립이 젖어있으면, 부식은 산소농도가 낮은 볼트와 너트 사이의 나사선에서 일어난다.

12.4.5 온도차전지(differential temperature cell)

온도차전지는 농도는 같지만 온도가 다른 전해액에 담긴 같은 재료로 된 두 개의 전극으로 이루어져 있다(그림 12.7). 만약, 구리전극이 구리황산염 용액에 사용된다면, 반쪽전지반응은 다음과 같다.

$$Cu_1 = Cu_1^{++} + 2e^{-} \qquad E_1, \qquad (12.34)$$

그리고

$$Cu_2 = Cu_2^{++} + 2e^{-} \qquad E_2, \qquad (12.35)$$

그리고 반쪽전지전위는 다음과 같다.

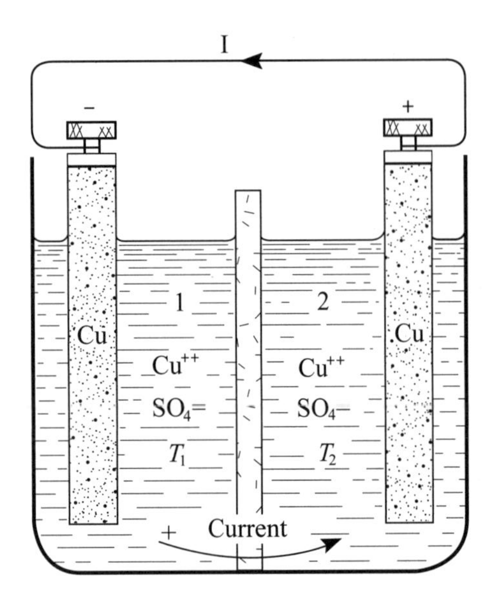

그림 12.7 • 온도차전지. 농도는 같지만 온도가 다른 구리황산염 용액에 담긴 두 개의 구리전극이 온도차전지를 형성한다. 구역 1에서의 온도가 구역 2에서의 온도보다 낮다. 두 용액 중 낮은 온도의 구리전극이 양극으로 작용하고 부식된다.

$$E_1 = -0.337 - \frac{RT_1}{nF} \log (Cu^{++})_1 , \tag{12.36}$$

그리고

$$E_2 = -0.337 - \frac{RT_2}{nF} \log (Cu^{++})_2 . \tag{12.37}$$

만약, 다음과 같은 경우를 생각하면,

$$T_1 < T_2 \tag{12.38}$$

그리고

$$(Cu^{++})_1 = (Cu^{++})_2 , \tag{12.39}$$

이며 다음을 얻는다.

$$E_1 < E_2 \tag{12.40}$$

그리고 이 부식전지의 전기화학반응은 다음과 같다.

$$Cu_1 + Cu_2^{++} = Cu_1^{++} + Cu_2 , \tag{12.41}$$

반응전위는 다음과 같다.

$$E = E_1 - E_2 = \left[\frac{R}{nF}\log(\mathrm{Cu}^{++})\right](T_2 - T_1), \qquad (12.42)$$

그리고 온도가 더 낮은 전해액에 잠긴 구리가 부식된다.

12.5 부식의 형태(types of corrision)

이 장의 서두에서 다음과 같은 다양한 종류의 부식을 열거했다: 균일부식; 점부식; 탈아연부식; 결정립계부식; 그리고 균열. 이러한 여러 형태의 부식은 특성상 모두 전기화학반응이고, 부식전지의 양극이 부식된다. 각 전지는 전해액에 의해 분리되어있고 전기적으로 연결된 양극과 음극을 반드시 가지고 있어야 한다. 우리는 아래 절에서 이러한 다양한 형태의 부식에 대해 자세히 설명할 것이다.

12.5.1 균일부식(uniform attack)

균일부식에는 녹(rust), 변색, 그리고 고온산화가 포함된다. 노출된 표면의 부식은 균일하게 일어나서 그림 12.8에 보여진 것 같이 재료가 전체 표면에 걸쳐 점차적으로 없어진다. 양극과 음극은 반드시 전기적으로 연결되어 있어야 하며 전

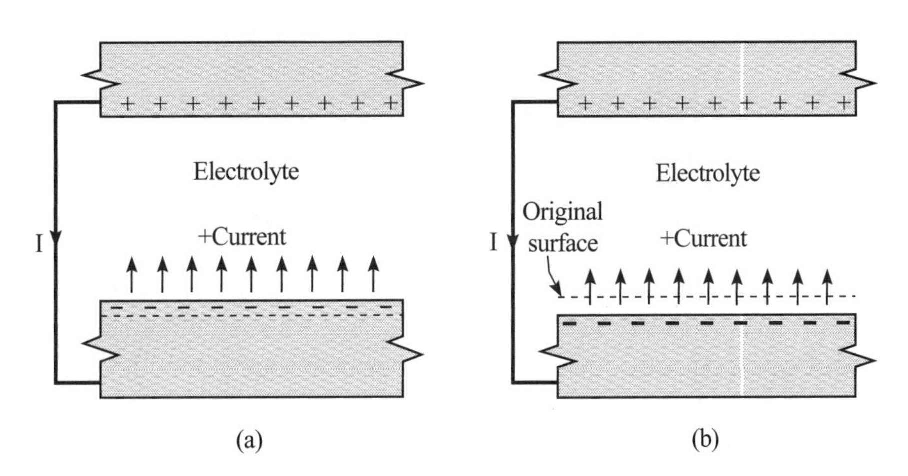

그림 12.8 • 균일부식. 만일 전체 표면이 같은 속도로 부식된다면 부식전지의 양극재료는 균일부식이 발생한다. (a) 부식이 시작되기 전의 양극표면은 산화에 의해 제거된다. (b) 표면이 뒤로 쑥 들어간다.

해액에 의해 분리되어 있어야 한다. 양극(- 부호로 표시됨)은 점차 균일한 형태로 부식을 일으키고, 부식속도는 연간 인치(ipy: inches per year)나 하루 당 mg/dm^2 (mdd)로 측정된다. 균일부식은 부식이 일어나는 재료의 표면이 상당히 넓기 때문에 느리게 진행되는 공정이다. 균일부식의 이러한 느린 속도는 부식속도를 표시하는 단위로부터 알 수 있다.

12.5.2 점부식(pitting corrosion)

점부식은 바닷물 속의 니켈, 토양 속의 철뿐만 아니라 강철과 알루미늄과 같은 특정재료에서 발생한다. 점부식에서는 그림 12.9와 같이 구멍이 형성된다. 그 구멍은 부식되는 재료와 부식환경에 따라 얕을 수도 깊을 수도 있다. 구멍바닥 부분의 재료는 양극(-)이고, 구멍 가장자리의 재료는 음극(+)이다. 이러한 방법으로 구멍바닥의 금속원자는 이온화되어 용액 속으로 녹아 들어가면서 구멍은 더 깊어진다. 이러한 점부식의 속도는 매우 빨라서 균일부식에 의해 예측될 수 있었던 것보다 수년 전에 파괴가 일어날 수 있다.

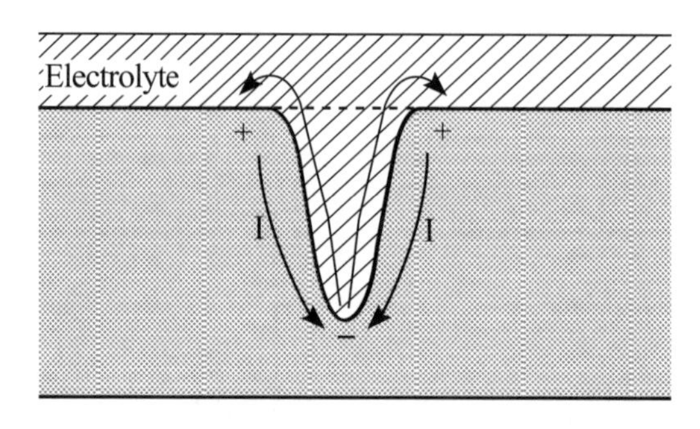

그림 12.9 • 점부식. 점(pit)은 실제로는 점뿌리 부분의 재료가 양극(−)으로, 점 주위의 재료는 음극(+)으로 작용하는 작은 부식전지(corrision cell)이다. 이온은 전해액을 통해 흐르고, 전류는 금속을 통해 흐른다.

12.5.3 탈아연부식(dezincification)

탈아연부식은 이원계 고용체의 한 성분이 침해 받는 부식의 한 형태이다. 아연함량이 높은 황동(예를 들어 Muntz 금속)에서 β고용체는 탈아연부식 된다. 아연원자는 β-상으로부터 걸러져 나가고 스펀지 같은 구리 잔류물이 뒤에 남는다. 탈아연부식은 황동이 염소 함량이 많은 물에 노출되었을 때 매우 흔하다. 만약 Muntz 금속 송수관이 이런 종류의 물에 사용된다면 탈아연부식이 발생한다. 그러한 경우 스펀지 같은 구리 잔류물은 기공이 많아 물을 담을 수 없으므로 전체 관을 교체해주어야 한다.

12.5.4 결정립계부식(intergranular corrosion)

결정립계부식은 특정 형태의 스테인리스 강에서 아주 자주 일어난다. 부식은 그림 12.10과 같이 일어난다. 결정립계는 양극(-)으로 작용하고 결정립 내부는 음극(+)으로 작용한다. 이것은 결정립계 양극 부분에서 재료의 부식이 일어나는 결과가 된다.

부적절한 열처리로 인해, 어떤 종류의 오스테나이트계 스테인리스 강은 예민해질 수 있다. 이는 오스테나이트계 스테인리스 강이 부식이 쉽게 되는 조건을 표현하는 금속학용어이다. 예민화(sensitization)는 450℃에서 800℃온도범위에서 발생한다. 만약 스테인리스 강이 표준량의 탄소를 함유하고 있고 이 온도범

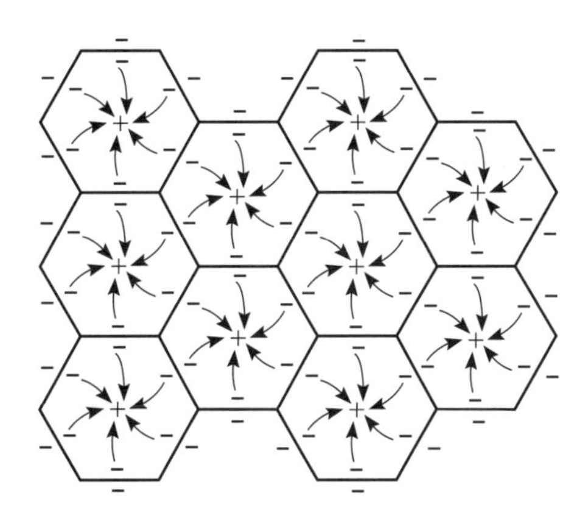

그림 12.10 • 결정립계부식. 결정립계부식에서 결정립계에 인접한 재료는 결정립 내의 재료에 대해 양극이다. 결정립계 영역에 부식이 일어나면, 결정립끼리 서로 붙들지 못해 재료는 결정립계 파괴(intergranular failure)에 매우 취약하다.

위에서 열처리되거나 또는 이 범위에서 서냉되면, 고용체에 용해되어 있던 크롬이 결정립계에 크롬탄화물로 석출한다. 이 석출로 입계에 인접한 부분에 크롬이 결핍되어 이종전극전지(dissimilar-electrod)의 결과가 된다. 이렇게 미세한 크기의 부식전지에서 결정립계의 결핍된 부분이 양극으로 작용하고 부식된다. 이런 형태의 부식은 개개의 결정립 간의 연결을 거의 없애버리기 때문에 재료가 매우 취약해지고 결정립계파괴가 일어나기 쉽다.

오스테나이트계 스테인리스 강에서 예민화를 방지하기 위한 몇 가지 방법이 있다. 그러한 기술 중 하나는 예민화 온도영역에서의 열처리를 피하는 것이다; 그러나 만약 시편이 이 온도구간 이상에서 열처리된다면 서냉이 아닌 급냉시켜야 한다. 예민화 구간을 급냉시키면 크롬탄화물이 석출하기 위해 필요한 확산을 방지한다. 또 다른 가능성 하나는 탄소농도가 매우 낮은 스테인리스 강을 만드는 것이다. 이렇게 만들어진 오스테나이트계 강은 초저탄소(ELC: extra low carbon) 등급의 스테인리스 강에 속한다. 세 번째 가능성은 합금에 티타늄이나 니오비움을 첨가해서 탄소를 안정화시키는 것이다. 이들 원소는 탄화물을 형성하므로 크롬탄화물의 형성을 방지한다. 이렇게 처리된 재료를 안정 등급의 스테인리스 강이라고 부른다.

12.5.5 균열(cracking)

균열은 응력과 부식의 조합에 의한 파괴들과 관계된 부식의 한 형태이다. 균열은 부식피로와 응력부식균열(stress corrosion cracking)로 나누어질 수 있다. 일반대기 중에서 주기적인 하중을 받기 쉬운 철계재료에 있어서 일반적으로 피로곡선에 대한 내구한도(endurance limit)가 있기 때문에(그림 12.11a) 부식피로는 흥미롭다. 만약 재료가 부식환경에서 피로에 걸렸다면 주기수가 증가함에 따라 파괴에 필요한 응력은 감소하고, 내구한도와 같은 것은 더 이상 존재하지 않는다(그림 12.11b). 피로균열이 생김에 따라 부식매개체가 균열에 들어가고 끝부분에서 부식을 유발시킨다. 이것은 균열전파속도를 증가시킨다.

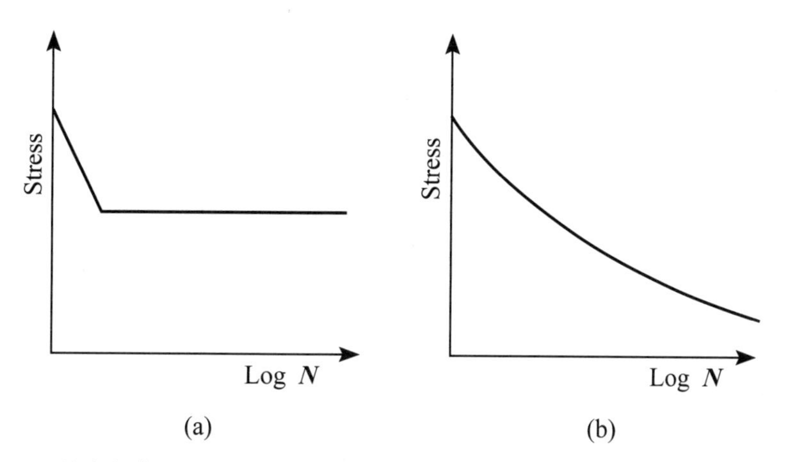

그림 12.11 • 부식피로(corrosion fatigue). (a) 대기 중에서 시험된 철계재료의 피로곡선은 내구한도를 갖는다. (b) 부식환경에서 시험된 같은 철계재료 또는 다른 재료의 피로곡선은 내구한도가 없고 같은 응력을 가하면 일반적으로 더 적은 주기수에서 파괴가 일어난다.

응력부식균열은 많은 합금에서 중요한 문제이다. 그것은 심지어 그것이 일어나는 많은 계 중 일부에 대해 특별한 이름까지 부여해 왔다. 황동에서의 응력부식균열은 계절균열(season cracking)이라 불리고, 그리고 강에 대해서는 가성취성(caustic embrittlement)이라 불린다. 응력부식균열은 다음 두 가지 조건이 만족되어야지만 일어날 수 있다: 첫째, 재료가 반드시 특정한 부식환경에 있어야 한다; 둘째, 재료에 작용하는 응력이 있어야 한다. 계절균열은 기병대의 마굿간 근처에 쌓아두었던 황동탄창통(catridge case)에 균열이 생김으로써 발견되었다. 이 탄창통들은 제조시에 행한 냉간가공 때문에 응력이 있는 상태였다. 마굿간의 공기 중에 있던 암모니아에 의해 부식환경이 조성되었던 것이다. 리벳으로 고정된 강철 보일러에 응력 부식이 존재하는데 이는 리벳구멍이 드릴로 뚫어진 것이 아니라 타공(punch)으로 뚫어졌고, 일반적인 부식억제제로서 보일러물에 첨가된 가성소다(caustic soda)에 의해 부식환경이 조성되었기 때문이다. 응력부식균열은 파괴가 결정립계간 형태로 발생하는 것으로 특징지어진다.

12.6 부식에 대한 금속학적 변수들의 영향

금속을 정제하거나 합금화시킴으로써 부식을 현저히 줄일 수 있다. 순금속은 합금보다 미세한 크기의 이종전극전지로 작용할 수 있는 불순물이나 제 이-상(secand phase)이 생길 기회가 적기 때문에 부식속도가 훨씬 느리다. 스테인리스강의 경우처럼 합금화공정이 재료를 여러 형태의 부식에 둔감하게 할 수 있는 좋은 방편으로 사용될 수도 있다.

지금까지 살펴본 부식전지의 특징에서 보면, 부식이나 부식제어에 큰 역할을 할 수 있는 야금학적 또는 미세조직학적 인자들이 있다. 미세조직 내의 제 이-상의 존재는 이종전극전지가 된다. 그리고 제 이-상 입자의 크기가 작으면 작을수록 부식속도는 더 빨라진다. 이는 특히 입실론 탄화물(epsilon carbide)이 가장 작은 형태로 석출되는 온도 T^*에서 뜨임할 때 해당되는 사실인데, 부식속도가 최고치에 이른다(그림 12.12). 부식을 방지하기 위해선, 미세조직이 불순물이나 개재물이 거의 없는 단-상의 미세조직이어야하고, 모든 결정립에 대해 같은 양의 냉간가공이나 같은 정도의 풀림이 되어야 한다. 2상(two-phase) 미세조직에서 제 이-상 입자가 매우 미세한 분산상으로 존재하고 2상 사이에 많은 양의 계면이 있

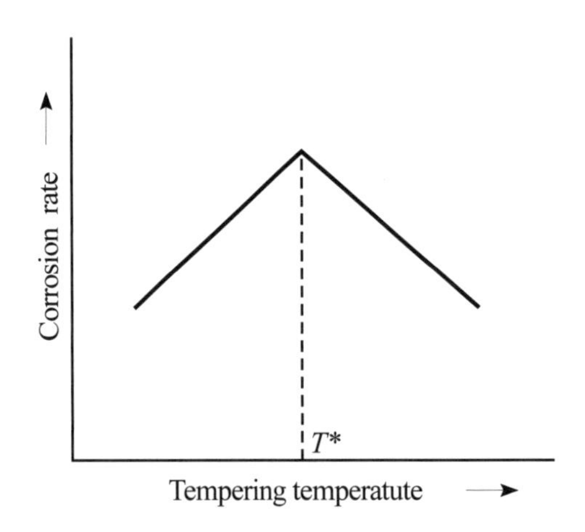

그림 12.12 • 부식에 대한 뜨임의 영향. 입실론 탄화물이 석출됨에 따라 여러 온도로 가열된 강철의 부식속도는 증가한다. 탄화물이 가장 미세하고 넓게 분산되어있을 때 부식속도가 최고치에 이른다. 이때가 T^*이다. 입실론 탄화물이 뭉치거나 세멘타이트가 형성되면, 부식속도가 감소한다.

으면 부식이 일어나기 쉽다. 만약 제 이-상이 큰 구형 형태로 되어있으면 부식속도가 감소한다. 그러므로 열처리와 미세조직제어는 적절히 적용되면, 부식을 방지하거나 줄이는데 매우 중요한 역할을 할 수 있다.

12.7 부식의 방지(protection against corrision)

부식으로부터 재료를 보호하는 여러 방법에 대해 논의하기 전에 부식현상을 이해하는 것이 필요하다. 따라서, 이 장의 앞 절들은 부식의 문제에 대해 언급하였지만, 반면 이 절은 부식의 방지를 위하여 할당했다. 방지법에는 코팅으로 금속과 유기물이나 무기물 재료를 사용하는 것이 있을 수 있고, 또는 음극보호가 될 수도 있고, 또는 부식환경에 억제제를 첨가하는 방법이 있을 수도 있다.

12.7.1 귀금속코팅(noble coating)

부식을 방지하기 위하여 두 번째 금속의 표면에 귀금속코팅을 적용하는 방법이 사용될 수도 있다. 코팅재료는 기지금속보다 덜 활동적이어야 한다. 즉, 코팅재료는 반드시 기지금속보다 낮은 전극전위(electrode potential)를 가져야 한다. 초기에는 이런 코팅에 금이나 은이 사용되었지만, 부식을 방지해야 하는 금속보다 활동도가 낮기만 하다면 어떤 금속이든지 사용될 수 있다. 코팅이 더 귀할수록, 즉 전극전위가 낮을수록 코팅이 덜 부식될 것이다. 모든 경우에 있어서 귀금속코팅 그 자체는 어떤 부식에는 취약하다.

만약 금속표면에 귀금속코팅이 되어있는데 코팅이 긁히거나 구멍이 생겨서 기지금속이 주위에 노출되면(그림 12.13), 기지금속은 빠른 속도로 부식된다. 이것은 노출된 기지금속과 코팅에 사용된 귀금속 사이에 이종전극전지가 형성되기 때문이다. 기지금속은 양극으로 그리고 코팅금속은 음극으로 작용해서 기지금속에 구멍이 형성된다.

페인트 또는 다른 형태의 유기물이나 무기물코팅은 귀금속코팅처럼 거동한다. 보호막에 구멍이나 상처가 생기면 기지금속을 빨리 부식되게 한다. 이러한 이유

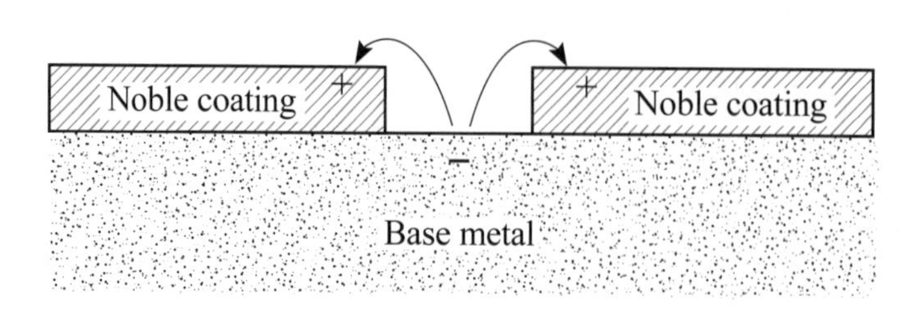

그림 12.13 • 귀금속코팅에 의한 방식법. 만약 귀금속코팅이 긁혀 상처가 생겨서 기지금속이 노출되면 노출된 금속에 부식이 발생한다. 노출된 부분은 코팅된 부분에 대해 양극이 되어서 구멍이 생긴다.

로 자동차 마무리 과정에서 모든 긁힌 상처에 페인트를 다시 칠해야 한다 - 노출된 강철의 부식을 막기 위해.

12.7.2 희생코팅(sacrificial coating)

귀금속을 사용하는 대신 기지금속보다 더 활동적인 재료를 보호막으로 사용할 수 있다. 이는 코팅이 기지금속보다 더 빠른 속도로 부식되기 때문에 희생코팅이라고 불린다; 긁힌 상처나 결함이 코팅에 존재해야 하고 기지금속은 부식에 민감하지 않아야 한다. 긁힌 자국 양옆의 코팅부분이 더 활성금속이기 때문에 먼저 부식된다. 기지금속은 음극으로 작용하므로 긁힌 자국 근처의 활성금속코팅이 남아있는 한 부식되지 않는다. 그림 12.14는 아연코팅에 의해 보호된 강철(갈바나이즈드-강, galvanized steel)의 희생코팅을 보여준다. 갈바나이징공정에 의해 강철에 코팅된 아연은 그 밑에 있는 강철보다 더 활성이 좋다. 아연도금된 막에 상처가 생기면 상처에 의해 노출된 강철보다 긁힌 자국 옆의 아연이 먼저 부식된다. 강철 표면에 아연이 남아있는 한, 강철은 부식으로부터 보호된다.

주석-도금된 강철을 살펴보자. 주석은 철이나 강철보다 전극전위가 낮기 때문에 이는 귀금속코팅에 해당된다. 따라서 만약 긁혀서 상처가 생기면 강철에 녹이 슬 것이다. 아직 수백만 개의 통조림통이 이런 재료로 만들어진다. 만약 주석도금

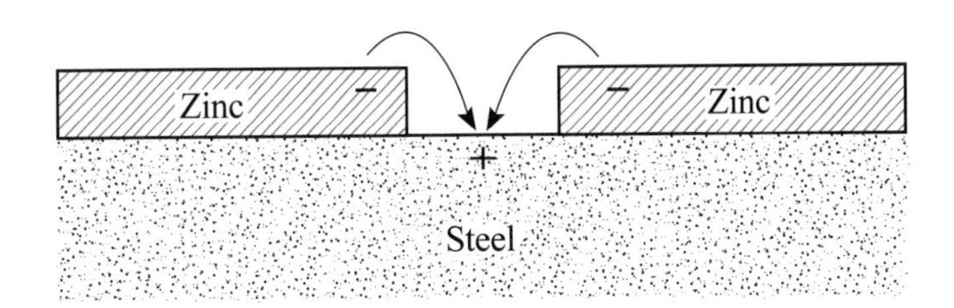

그림 12.14 • 희생코팅에 의한 방식. 철이나 강철에 아연 같은 희생코팅은 코팅이 긁히더라도 기지금속을 보호한다. 부식환경에 노출된 강철부분은 희생코팅에 대해 음극으로 작용하므로 코팅이 일부라도 표면에 남아있는 한 기지금속은 부식되지 않는다.

에 상처가 생기면 강철에 녹이 슬기 때문에 이런 캔은 안전하지 않다. 이러한 명백한 진퇴양난의 해답은 Nernst 식에서 찾을 수 있다. 주석캔에 포장되는 유기물 식료품이 이온농도에 영향을 주어서 주석이 철에 비해 귀(noble)하지 않게 되고 더 활동적이게 되어 귀금속코팅이 아닌 희생코팅의 역할을 하게 된다.

12.7.3 음극방식(cathodic protection)

또 다른 방식법 하나는 음극방식을 이용하는 것이다. 이러한 형태의 방식의 예는 선미(stern) 근처 선체에 고정된 마그네슘이나 아연 전극을 사용하는 경우이다. 이 전극은 선체와 청동프로펠러로 이루어진 이종전극전지로부터 강철을 보호하기 위해 수면 아래의 선체에 부착된다. 희생전극(그림 12.15a)이 부식되고, 그렇게 형성된 부식전류는 강철선체의 부식을 방지하게 된다.

이 나라에서 사용되는 지하에 거미줄처럼 엉킨 송수관들은 음극방식에 의해 보호하지 않으면 심하게 부식되기 쉽다. 작은 철조각이나 흑연전극이 송수관의 길이 방향으로 일정한 간격으로 묻혀진다. 그것들은 그림 12.15(b)에 보여진 것처럼 전기회로에 의해 파이프에 연결된다. 이 회로는 전지나 정류기를 사용하여 완성된다. 음극방식 없이는 송수관의 녹이나 코팅에 있는 틈이 부식전지로 작동하게 된다. 부식전류는 노출된 금속에서 인접한 영역으로 흙을 통해 흐른다.

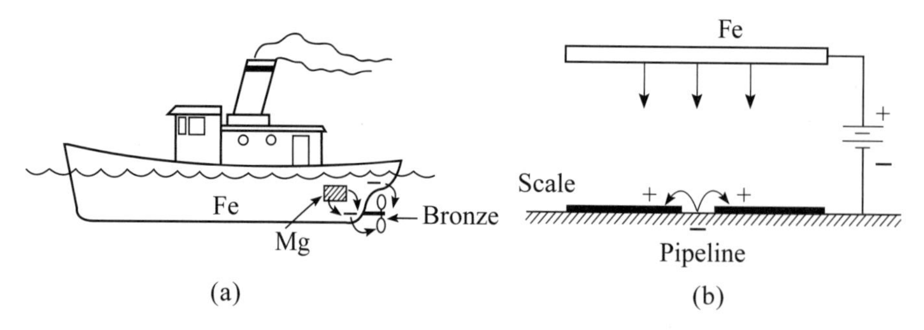

그림 12.15 • 음극방식(cathodic protection). (a) 배선체의 선미 근처의 아연이나 마그네슘 희생보조양극을 설치하면 강철 선체와 청동 프로펠러로 이루어진 이종전극전지가 작용함에 의해 생길 수 있는 강철 선체의 부식을 방지할 수 있다. (b) 땅에 묻힌 송수관은 철로 된 보조양극을 사용함으로써 보호할 수 있다. 철보조양극과 송수관 사이에 연결된 전지나 정류기는 보조양극과 파이프 간에 부식전류를 형성시켜서 파이프로부터의 어떠한 부식전류도 극복한다.

부식전류는 희생 또는 보조양극으로부터의 부식전류가 철 보조양극으로부터 송수관으로 흐르는 곳에 음극방식장치(cathodic-protection system)를 도입하면 멈출 수 있고, 초기부식전류가 흐르는 것을 방지할 수 있다. 이러한 방법으로, 전지나 정류기가 있어서 음극전류가 초기부식전류보다 크도록 조절되는 한 송수관은 보호된다.

■ 추천 도서

- AVNER, S. H., *Introduction to Physical Metallurgy*, McGraw-Hill, New York, 1964.
- GUY, A. G., *Elements of Physical Metallurgy*, 2nd ed., Addison-Wesley, Reading, Mass., 1959.
- INTERNATIONAL NICKEL Co., *Corrosion in Action*, INCO, New York, 1961.
- KEYSER, C. A., *Basic Engineering Metallurgy*, 2nd ed., Prentice-Hall,

Englewood Cliffs, 1959.
- HEPLER, L. G., *Chemical Principles*, Blaisdell, New York, 1964.
- SAMANS, C. H., *Metallic Materials in Engineering*, Macmillan, New York, 1963.
- UHLIG, H. H., *The Corrosion Handbook*, Wiley, New York, 1948.

■ 연습문제

12.1 핵반응기의 연료원소는 종종 베릴륨 "캔"에 담겨진다.

(a) 우라늄과 베릴륨으로 구성된 부식전지의 반쪽전지반응을 쓰시오.

(b) 전체전지의 전기화학반응을 쓰고 표준전위를 계산하시오.

12.2 현대조선제조법에서는 선루에 알루미늄합금을, 선체에는 강철을 사용한다.

(a) 만약 알루미늄과 강철이 함께 볼트로 조여지면, 부식이 일어날까?(강철과 철은 같은 방식으로 거동한다고 가정하시오)

(b) 알루미늄과 강철 중 어느 금속이 부식될까?

(c) 그 구조물을 부식으로부터 보호하기 위한 방법을 고안하시오.

12.3 습한 대기 중에 노출된 철은 부식되고 녹이 형성된다. 건조한 사막 공기에 노출된 철은 산화되지 않는다. 이것은 사실인가 아닌가? 이유를 설명하시오.

12.4 코발트와 니켈판은 전기적으로 연결되어 있고 코발트이온과 니켈이온을 담고 있는 물탱크 안에 놓여 있다.

(a) 반쪽전지반응과 표준전극전위를 쓰시오.

(b) 완전한 전기화학반응과 표준전위를 쓰시오.

(c) 코발트나 니켈이온을 첨가함으로써 부식을 멈추게 하는 것이 가능한가? 만약 가능하다면 어느 이온이 첨가되어야 하고 그 농도는 얼마인가?

12.5 문제 12.4의 부식계를 90℃로 가열한다. 이것이 반응에 영향을 주는가?

12.6 철 탱크는 수면 근처에서 부식된다.

(a) 반쪽전지반응을 쓰시오.

(b) 전체 전기화학반응을 쓰시오.

(c) 물이 공기로 포화되거나 또는 그 반대인 경우에 부식반응속도가 영향을 받는가?

12.7 아연도금된 철은 긁히더라도 녹슬지 않는다. 아연도금된 티타늄이 긁히면 녹슬까?

12.8 자동차의 페인트가 긁혀 강철이 드러나면 왜 그곳을 즉시 다시 칠해야 하는가?

12.9 구리-아연과 철-탄소계에서의 응력부식균열의 예를 들어라. 응력부식균열이 일어나기 위해서는 어떠한 조건이 필요한가? 이런 종류의 부식은 어떻게 방지될 수 있는가?

12.10 강은 빠른 속도로 부식된다.

(a) 미세조직 측면에서 볼 때 어떤 종류의 전지가 작용하는가?

(b) 어떻게 부식속도가 열처리에 의해 감소될 수 있는가?

(c) 왜 이 방법이 적용되는가?

선택 연습문제 해답

1.1

(a) 원자번호 및 원자질량은 그림 1.1 이나 표1.1에서 찾을 수 있다. 원자질량은 주기율표에 있기보다는 좀 더 중요한 표에 있다. 그 값들은 다음과 같다.

원소	심볼	원자 번호	원자 질량
티타늄	Ti	22	47.90
인	P	15	30.9738
안티모니	Sb	51	121.75
제논	Xe	54	131.30
우라늄	U	92	238.030

(b) 어떤 원소도 중성원자이면 양자의 수와 전자의 수는 같다. 그것들은 원자 수로 주어진다. 중성자의 수는 원자 수에서 양성자 수를 빼면 된다. 이 계산을 하면, 각 원소에 다음과 같은 수의 전자, 양성자, 그리고 중성자가 존재함을 발견한다.

원소	전자	양성자	중성자
Ti	22	22	26
P	15	15	16
Sb	51	51	71
Xe	54	54	77
U	92	92	146

여러 원소의 동위원소가 각기 다른 원자질량을 갖고있기 때문에 핵 내의 중성자 수는 단지 추정치이다. 그 한 예로, U^{235} 대 U^{238}을 생각해 보자. 동위원소 U^{238}은 238-92 = 146의 중성자를 가지고 있다. 동위원소 U^{235}는 235-92=143의 중성자를 가지고 있다.

(c) 표1.5에 나열된 전자배열도에 기초하여 티타늄과 인의 전자배열은 다음과 같다:

Ti: $1s^2 2s^2 2p^6 3s^2 3p^6 3d^2 4s^2$
P: $1s^2 2s^2 2p^6 3s^2 3p^3$

이 표와 원소의 주기율표(그림 1.1)를 더 보면, 우리는 Sb, Xe, 그리고 U의 전자배열을 찾을 수 있다.

$$\text{Sb: } 1s^2 2s^2 2p^6 3s^2 3p^6 3d^{10} 4s^2 4p^6 4d^{10} 5s^2 5p^3$$
$$\text{Xe: } 1s^2 2s^2 2p^6 3s^2 3p^6 3d^{10} 4s^2 4p^6 4d^{10} 5s^2 5p^6$$
$$\text{U: } 1s^2 2s^2 2p^6 3s^2 3p^6 3d^{10} 4s^2 4p^6 4d^{10} 4f^{14} 5s^2 5p^6 5d^{10} 5f^3 6d^1 7s^2.$$

우리는 주기율표와 비교함으로서 Sb 와 Xe의 전자배열을 계산할 수 있다. 비소는 krypton 각을 가지고 있음에 틀림없다. 모든 천이원소들(Y서부터 Cd까지)이 존재한다. 따라서 4-d 각은 전자($4d^{10}$)들로 꽉 채워져 있다. 알칼리와 알칼리토류 원소들, Rb 와 Sr은 5s-상태에 2개의 전자를 갖고있고, 3개의 5p-원소들이 있다 - In, Sn, 그리고 Sb. 그러므로 $5s^2 5p^3$은 n = 5 각의 전자배열이다. Xenon의 배열은 완성된 5-p 준위를 갖고 있다. 즉, $5p^6$이다. 우라늄에 열거된 배열은 액티나이드계 연구용으로는 가장 적당한 배열이다. 그것은 중복되는 에너지준위를 채우는 것의 복잡함을 예를 들어 보여준다.

1.8

그 해법은 그림 p1.8.에 예시되어있다. 공유결합을 만족하기 위하여 탄소원자와 질소원자 각각은 그것과 연관된 여덟 개의 전자들을 가져야한다. 그리고 각각의 수소원자는 두 개의 전자들을 가져야 한다. 에탄분자(a)의 스케치에서는, 한 개(두개의 전자)의 탄소-탄소 결합이 있다. 에틸렌 분자(c)는 두 개(네 개의 전자)의 탄소-탄소 결합을 보이고; 그리고 아세틸렌 분자(b)는 세 쌍(여섯 개의 전자)의 탄소-탄소 결합을 가지고 있다. 이러한 스

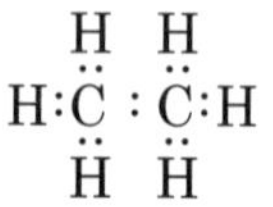

```
 H  H
H:C : C:H
 H  H
```

(a) Ethane, C_2H_6

```
H:C:::C:H
```

(b) Acetylene, C_2H_6

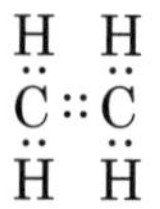

```
H  H
C :: C
H  H
```

(c) Ethylene, C_2H_4

```
:N:N:
```

(d) Nitrogen, N_2

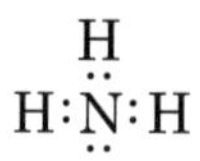

```
  H
H:N:H
```

(e) Ammonia, NH_3

그림 P1.8

케치들을 그리는 데 있어서, 각각의 수소원자는 한 개의 전자를 제공할 수 있고, 각각의 탄소원자는 넷, 각각의 질소원자는 일곱 개의 전자들을 제공할 수 있다는 것을 마음에 새겨두어야 한다. 공유결합은, 전자들의 완전한 천이를 포함하는 이온결합, 또는 모든 원자가(valance) 전자들이 전자기체의 형태로 존재하는 금속결합과는 달리 전자들을 나누어 가짐으로 성립된다.

2.5

만약 두 개의 면심정방격자가 옆으로 연결해서 그려졌다면(그림 P5.2) 체심정방격자는 그 두 격자를 분리하는 면을 따라 구축될 것이다. 이것은 스케치에서 굵은 선과 음양이 주어진 원자로 표시되어 있다.
면심과 체심정방 격자의 높이는 같다. 즉

$$c' = c$$

그리고 격자상수 a′은 면심?방격자의 면의 대각선의 반이다. 즉

$$a' = \frac{(a\sqrt{2})}{2},$$

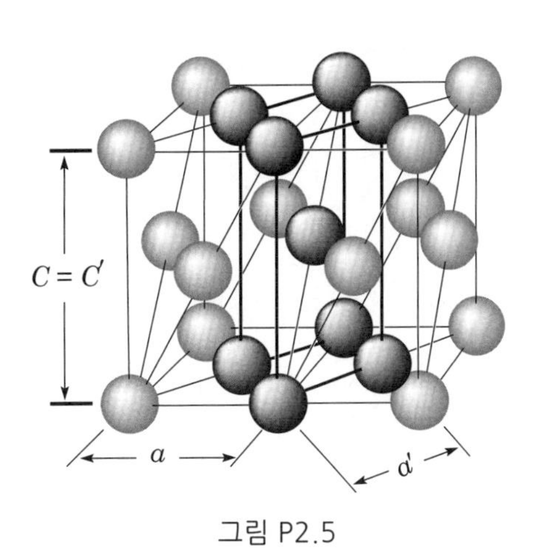

그림 P2.5

2.11

면심 사방정 Bravais 격자(그림 2.5)에 따르면, 원자 위치는 세 개의 격자상수 a, b, c의 분율로 표현된다. 이러한 위치들은:

$0,0,0$: $1,0,0$: $0,1,0$: $0,0,1$: $1,1,0$:
$1,0,1$: $0,1,1$: $1,1,1$: $\frac{1}{2},\frac{1}{2},0$; $\frac{1}{2},0,\frac{1}{2}$
$0,\frac{1}{2},\frac{1}{2}$: $\frac{1}{2}\ \frac{1}{2},1$: $\frac{1}{2},1,\frac{1}{2}$: $1,\frac{1}{2},\frac{1}{2}$

이것들은 면심입방격자의 원자 위치와 같다. 원자 위치들이 격자상수의 분율로 표시되므로 모든 면심 Bravais 격자들의 위치 좌표는 같다.

3.7

(a) 전압 V하에서 가속된 전자빔과 관련된 파장 λ를 계산하기 위하여, 식(3.4)가 사용될 수 있다. 즉,

$$\lambda = \sqrt{\frac{150}{V}},$$

이것은 전위차가 볼트로 표시되었을 때 Å에서의 λ값을 제공한다. 이 식을 대입함으로서 다음 결과를 제공한다:

V(volts)	λ(Å)
10,000	0.1225
50,000	0.0548
80,000	0.0433
100,000	0.0388

(b) 어떤 파장의 빔을 발생는데 필요한 전위 차를 계산하기 위하여, 식(3.4)의 제곱을 취해야한다.

$$\lambda^2 = \frac{150}{V}$$

그리고 V에 관하여 풀면,

$$V = \frac{150}{\lambda^2},$$

표 3.1의 여러 타겟 X-선 튜브의 특성파장을 사용하여, 다음을 찾을 수 있다.

Target	λ(Å)	V(volts)
Cu	1.54	63.3
Fe	1.94	39.9
Mo	0.71	297.4

이 계산들은 전자빔과 관련된 파장들은 X-선 빔의 그것보다 훨씬 작으며 X-선 파장에 도달하기 위하여 전자를 가속시키는데 극히 낮은 전류가 사용되어야한다.

3.10

X-선 관에 의해서 발생된 X-파는 두 가지 형태로 구성되어 있다. 다편광백방사(polychromatic wihite radiation)와 특성방사(characteristic radiation)이다. 특성방사는 매우 일정한 파장의 강한 빔이다. 만약 이 특성방사가 단결정을 향하게 된다면, Bragg 회절이 일어날 것이다. 그러므로 어떤 각도에서는 강한 회절빔이 있을 것이다. (이 위치는 Bragg 각에 의해 주어진다). 이 회절빔은 최초 X-선 관의 특성선보다 더욱 강하게 단파장화 된다. 좀 더 깊이 있는 회절 공부를 위하여 단파장화 결정으로부터의 회절빔이 사용되는 곳에서 그러한 장치가 작동할 때, 그 시스템은 단파장단결정이라 불린다.

4.2

그림 P4.2에 따라, 아래로 δl 만큼 움직이도록 하중 F를 단다. 하중에 의해서 움직인 것에 대한 일은 힘과 거리의 곱으로 주어진다. 즉,

$$\text{일} = F\delta l,$$

무게와 미끄럼에 의하여 생성된 새 비누의 표면의 양은,

$$\text{새 표면} = 2w\,\delta l \text{ 이다}.$$

이 양에는 2가 있는데 이것은 비누표면이 필름의 위와 아래에 있기 때문이다. 이 새 표면을 생성하는데 소모한 에너지는 표면적과 표면에너지의 곱이다. 즉,

$$\text{소모된 표면에너지} = (2w\,\delta l)(\sigma) \text{ 이다}.$$

평형상태에서, 하중의 일은 새 단지 표면을 생성하는데 소모된 에너지와 같아야 한다. 즉,

$$F\delta \ell = 2w\sigma\delta l$$

$\delta\ell$ 항목을 상쇄함으로서,

$$F = 2w\sigma \text{ 가 되고}$$

단지 비누거품과 균형을 이루는 무게이다.

4.9

낮은 각 경사계면 사진이 그림 4.10에 있다. 계면을 따라 전위간격을 계산하기 위하여, 식(4.4)를 쓸 수 있다.

$$d \approx \frac{b}{\theta},$$

d는 전위 간 거리이고, b는 버거스 벡터, 그리고 θ는 라디안으로 표시된 엇갈림 각이다. 만약 모든 원자 간 공간이 같다고 가정하면, 우리는 d 값을 b를 포함한 항목으로 계산할 수

있다. 엇갈림 각을 호의 분에서 라디안으로 전환하면, 먼저 각을 얻기 위하여 60등분하여야 하고 라디안 값을 얻기 위하여 $(\pi/180)$으로 곱해야 한다. 그러므로 호의 5'는 다음과 같음을 알 수 있다

$$5' = \left(\frac{5}{60}\right)^{\circ} = \left(\frac{5}{60}\right)\left(\frac{\pi}{180}\right) = 0.00145 \text{ radians}.$$

그러므로

$$\theta = 1.45 \times 10^{-3} \text{ radians}$$

그리고 식(4.4)에 대치함으로서 다음을 얻는다.

$$d = \frac{b}{1.45 \times 10^{-3}} = 690b.$$

그러므로 그와 같은 작은 엇갈림 각에 있어서는, $690b$의 전위공간이 있거나 또는 입계를 따라 매 690 원자 공간마다 전위가 있다.

5.2

이 문제를 풀기 위하여 문제 5.1에서 요구된 응력을 계산하는 것이 우선 필요하다. 응력은 식(5.1)에 의해 다음과 같이 정의된다.

$$\sigma = \frac{P}{A},$$

단면적과 하중 P = 12,000 파운드에 대한 응력의 값은 다음과 같다.

Diameter(in.)	A (in^2)	σ(lb/in^2)
.500	.196	-62,200
.750	.442	-27,100
1.000	.784	-15,300

위에 열거된 응력 값은 음의 값인데 그 이유는 압축응력이기 때문이다. 변형은 식(5.5)와 식(5.7)에서 다음과 같다:

$$\varepsilon_x = \frac{\sigma}{E}$$

그리고

$$\varepsilon_x = \varepsilon_y = -\upsilon\, \varepsilon_z.$$

표 5.1로부터, 구리에 대한 Young율과 Poisson비의 값은 각각 E = 18,000,000lb/in^2 그리고 ν = 0.35임을 알 수 있다. 이 값과 문제 5.1의 응력 값을 위 식에 대입하면, 아래의 축 방

향과 원주 방향의 변형 값을 알 수 있다.

Diameter(in.)	σ_z(lb/in^2)	ε_z(in./in.)	$\varepsilon_x = \varepsilon_y$(in./in.)
.500	-61,200	-3.40×10^{-3}	$+1.19 \times 10^{-3}$
.750	-27,100	-1.51×10^{-3}	$+0.53 \times 10^{-3}$
1.000	-15,300	-0.85×10^{-3}	$+0.30 \times 10^{-3}$

응력 ε_z 는 음의 부호이다 왜냐하면 그것은 압축변형이고 시편이 z-축으로 수축하는 것을 의미한다. Poisson 변형 ε_x 와 ε_y는 이 방향들로 팽창하는 것을 의미한다.

5.8

식(5.38)로 부터 우리는 임계분해전단응력은 다음과 같이 됨을 알 수 있다.

$$\tau = (\frac{P}{A_0}) \cos\theta \cos\phi ,$$

주어진 재료와 조건에서 모든 단결정은 임계분해전단응력에 해당하는 τ값에서 소성흐름을 시작한다. 위 식에서, θ는 하중의 축과 미끄러짐면에 수직선과 사이의 각, 그리고 φ는 하중의 축과 미끄러짐 방향과의 사이 각으로 정의된다. 그림 5.23은 이러한 관계들을 예시한다.

직경 1mm 원형 봉의 아연결정(zinc crystal)의 경우, 그 단면적은

$$A_0 = (\frac{\pi}{4})\ mm^2 .$$

하중은 P = 186gm 이고 ϕ는 45° 이다. 각 θ는 42° 가 아니다. 왜냐하면 그것은 하중의 축과 미끄러짐면과의 사이 각이기 때문이다. 미끄러짐면에 수직선은 미끄러짐면과 90° 이기 때문에 θ의 값은 다음과 같다.

$$\theta = 90-42 = 48^\circ .$$

이러한 값들을 식(5.38)에 대입하면,

$$\tau = \frac{(186)}{(\pi/4)} \cos 48^\circ \ \cos 45^\circ = 112 gm/mm^2 ,$$

그러므로 아연에 대한 임계분해전단응력은 112gm/mm^2 이다.

6.5

복원의 속도론(kinetics)은 식(6.3)에 다음과 같이 주어진다.

$$Y - Y_0 = Ae^{-bt} ,$$

시간 t = 0에서,

$$Y - Y_0 = A,$$

모든 수의 영승은 일이므로, $t = \infty$에서,

$$Y - Y_0 = 0 \text{ 이고}$$

이것은 완전한 복원을 나타낸다.

$$Y = Y_0,$$

그러므로 반 복원 싱태인 $t = t_{1/2}$에서,

$$Y - Y_0 = \frac{A}{2},$$

$Y - Y_0$ 값을 식(6.3)에 대입하면,

$$\frac{A}{2} = Ae^{-bt_{1/2}},$$

양변에서 A를 상쇄하면 다음을 얻는다.

$$e^{-bt_{1/2}} = \frac{1}{2},$$

또는

$$e^{+bt_{1/2}} = 2.$$

이 식의 양변에 자연로그를 취하면,

$$bt_{1/2} = \ln 2$$

또는

$$t_{1/2} = \ln 2^{1/b},$$

이것이 해답이다. 절반-복원에 필요한 시간, $t_{1/2}$은 오로지 b의 함수이지 A 나 Y_0의 함수는 아니다.

6.10

그림 6.16이 기초한 입자성장실험은 상용순도의 카트리지황동에서 행해졌다. 500℃에서 얻어진 입자성장지수는 0.34인데, 그것은 식(6.17)에서 예상된 이론 값 0.5보다 작은 값이다. 불순물의 존재로 인하여, 입자가 성장하는 동안 계면이동의 방해로 인하여, 주어진 입자 크기에 도달하는데 이론적으로 예견된 것보다 더 오랜 시간이 요구되었다. 만약 초순도 재료가 조사된다면, 입자성장 지수는 이론적인 값인 0.5에 근접할 것이다. 그리고 그 그

래프의 기울기는 상용순도의 재료에 대한 것보다 클 것이다.

7.2

우리가 압력-온도 축(그림 P7.2)의 실선에 브리지만(Bridgman) 데이터를 표시하면, 각 상 구간 및 공존선, 그리고 삼각점들이 나타난다. 다음과 상응하는 여섯 개의 상 구간, 열 개의 공존 선, 그리고 다섯 개의 삼각점이 있다.

Phase field	Coexistence curves		Triple points
Liquid	ice Ⅰ-liquid	ice Ⅱ-ice Ⅴ	ice Ⅰ-ice Ⅱ-ice Ⅲ
ice Ⅰ	ice Ⅰ-ice Ⅲ	ice Ⅲ-ice Ⅴ	ice Ⅰ-ice Ⅲ-liquid
ice Ⅱ	ice Ⅰ-ice Ⅱ	ice Ⅴ-liquid	ice Ⅱ-ice Ⅲ-ice Ⅴ
ice Ⅲ	ice Ⅲ-liquid	ice Ⅴ-ice Ⅵ	ice Ⅲ-ice Ⅴ-liquid
ice Ⅴ	ice Ⅱ-ice Ⅲ	ice Ⅵ-liquid	ice Ⅴ-ice Ⅵ-liquid
ice Ⅵ			

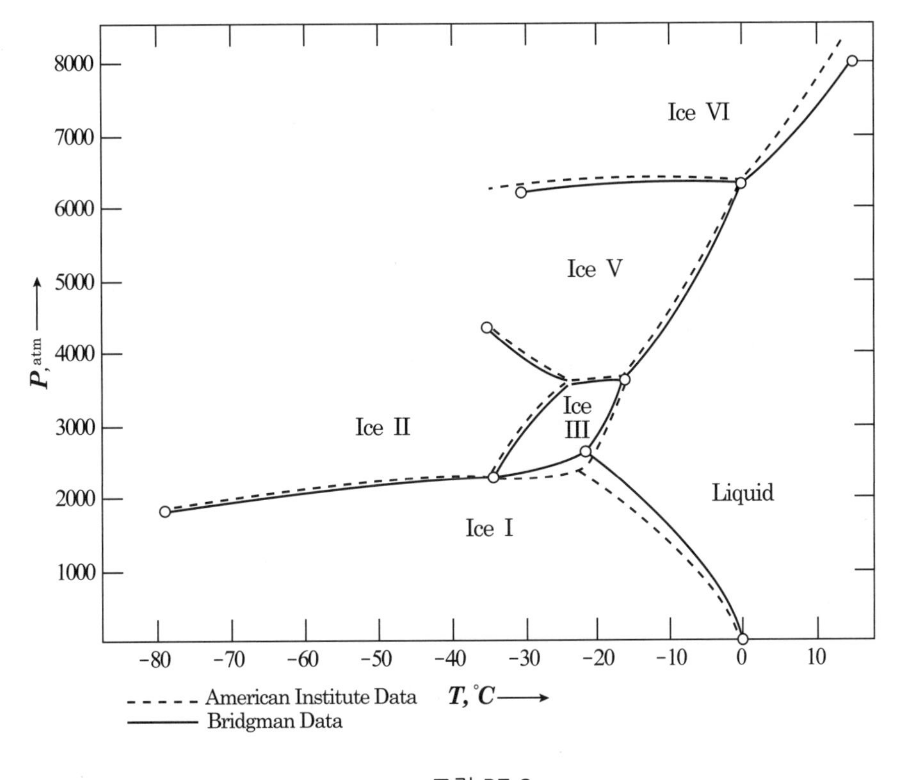

그림 P7.2

얼음Ⅰ-액체-기체 간의 평형뿐만 아니고 기체-액체 공존선 그리고 기체상태 영역들이 그 압력에서 선택된 축적비율 때문에 온도축과 일치되도록 축소되었다.
미국 물리학 협회의 핸드북(*Handbook of the Americon Institute of Physics*)으로부터의 데이터가 그림 P7.2에 점선으로 그려졌다. 얼음Ⅰ-얼음Ⅲ-액체의 삼각점을 제외한 대부분의 곡선이 Bridgman 데이터로부터 유도된 것과 일치한다. 이것은 1912년에 얻어진 Bridgman 실험 데이터의 놀랄만한 정확도를 예시한다.

7.8

열거된 여러 합금의 냉각곡선을 그리기 위하여, 상태도(그림 P7.8)에 있는 합금조성선을 스케치하는 것이 필요하다. 상태도의 합금조성선과 교차하는 온도를 온도-시간축에 옮김으로서, 냉각곡선의 변곡점을 찾는다. 단일상 구간에서의 냉각은 지수적이다; 그것은 2상 구간에서 상변태하거나 응고되는 동안 억제된다; 그리고 불변온도에서 멈춘다.
합금1의 냉각곡선은 α- 와 $(\alpha+\beta)$-구간 사이를 가로지르는데 있어서 아무 것도 억제하는 것이 없음을 보여준다. 왜냐하면 온도가 너무 낮아서 낮은 원자유동도에 의해 β의 석출이 억제되기 때문이다. 합금2는 포정(peritectic) 온도 아래에서 2상 $(\alpha+\beta)$-구간을 가로지른다. 그리고 온도가 내려감에 따라 계속되는 β의 형성 때문에 냉각이 억제될 수밖에 없다.
만약에 냉각이 충분히 느린 속도로 일어난다면, T_p 아래에서 α와 β의 양은 온도에 따라 변할 것이다. 그리고 β의 형성(점곡선으로 표시됨)때문에 냉각은 지연될 것이다. 만약에 냉각속도가 포정등온곡선 아래에서 β의 석출을 허용할 정도로 너무 빠르면 냉각곡선은 지수적이다(실곡선으로 표시된 것과 같이).

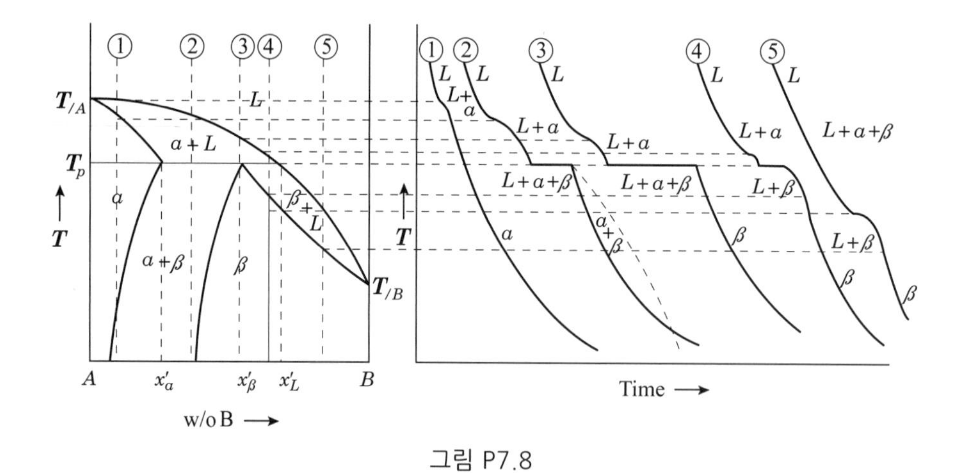

그림 P7.8

8.3

실온에서 평형미세조직에 존재하는 각 구성원소의 구성비를 계산하기 위하여, 순 비스무스와 공정조성 사이 또는 순 카드뮴과 공정조성 사이에 지렛대 법칙을 적용해야한다. Bi-Cd 상태도(그림 8.10)에 따르면, 다음 구성비의 구성원소가 존재함을 알 수 있다;

합금(w/o Cd)	초기 Bi 퍼센트	초기 Cd 퍼센트	공정 퍼센트
20	50	—	50
40	—	—	100
60	—	33	67

여러 구성원소의 계산된 구성비는 그림 8.11의 사진의 분석결과 얻어진 추정 값과 일치한다.
공정(2상을 포함한다. Cd 그리고 Bi)은 미세구성물이지 단상이 아니라는 것을 기억하는 것은 중요하다. 이러한 이유 때문에, 지렛대 법칙은 공정조성에만 적용되지 상태도 전 구간에 걸쳐 적용되지는 않는다. 존재하는 각 상의 구성비를 계산하기 위하여, 순 비스무스로부터 순 카드뮴까지 지렛대 법칙을 적용해야 한다. 이 결과 구성비는 다음과 같다;

합금(w/o Cd)	Bi퍼센트(α)	Cd퍼센트(β)
20	80	20
40	60	40
60	40	60

미세구성물(microconstituent)은 미세조직 내에 단독이나 혼합 구성된 부분으로 존재하는 상이거나 상들의 혼합이다.

8.10

Sn-Bi 상태도(그림 8.6)에 따르면, 10w/o Bi 합금은 150℃에서 α-구간이다. 만약 이 합금 시편을 이상냉각속도(무한대)로 급냉하면, 실온에서 미세조직이 보존된다. 이것은 준안정 미세조직이다 왜냐하면 상태도 상에서는 그 합금은 α+β를 가져야 하기 때문이다. 75℃로 다시 가열하면 β가 조금 석출할 것이다. β석출물의 형태와 양은 그 석출이 일어나도록 하는 온도(이 경우는 75℃)에 따른다. 이것은 8.5.5절에서 언급한 먼츠금의 시효와 유사하다. 일반적으로 β는 평형 미세조직보다 미세하고 잘 분산되어 있다.

9.5

펄라이트는 9.5.3절에서 언급한 대로 핵생성과 성장으로 형성된다. 세멘타이트와 페라이트 각각의 판상 형성에 필요한 확산 때문에, 펄라이트 반응은 강하게 온도에 의존하며 C-곡선 형태를 보인다(9.5.2절 참조). 반면에, 마르텐사이트 반응은, 다음과 같은 특징을 가지고 있다: 비열적(athermal)이고 무확산적(diffusionless)이고, 변위적(displacive), 이력적(hysteresis), 등온적(isothermal), 그리고 자기촉매적(autocatalytic)이다. 이 특징들은 9.6절에 모두 언급되었다. 이 두 반응의 주된 차이점은, 펄라이트 덩이는 시간의 함수로 자라는 반면, 마르텐사이트 판은 생성과 완전성장이 순간적이라는 것이다.

9.7

(a) 과공석강: 오스테나이트구역으로부터 오스테나이트-세멘타이트 구간을 통한 서냉은 오스테나이트 입계에 초정 세멘타이트를 형성하게 한다. 오스테나이트로부터 미세한 펄라이트로의 변태를 얻기 위하여는 이후 공석선을 따라 실온까지 공냉하여야 한다.

(b) 과공석강: 오스테나이트 기지 내에 구형 세멘타이트를 형성하기 위하여 오스테나이트-세멘타이트 구간으로 가열한 후 등온변태곡선의 노우즈 아래이면서 M_s온도 이상으로 급냉하여 오스테나이트가 베이나이트로 변할 때까지 유지하는 것.

(c) 모든 강; 만약에 펄라이트-페라이트 또는 펄라이트-세멘타이트 조건이라면, 공석온도 바로 아래에서 오랜 시간 유지한다면 그것은 구형화 될 것이다. 이것은 펄라이트 안에 있는 판상의 세멘타이트가 그들의 표면에너지를 최소화하기 위하여 조대화하고 구형화 되도록 할 것이다. 만약에 그 강이 마르텐사이트 조건에 있다면, 그것은 1000 °F 이상의 온도에서 마지막 뜨임이 일어날 때까지 뜨임처리 된다. 이것이 페라이트 기지 내에서의 구형 세멘타이트의 형성이다.

(d) 아공석강; 오스테나이트 구간에서의 노냉은 페라이트-오스테나이트 2상 구간에서 초정 페라이트가 생성되도록 한다. 그리고 오스테나이트는 공석온도에서 실온 사이 온도로 노냉되면서 펄라이트로 변할 것이다.

(e) 아공석강; 오스테나이트 구간으로부터 공석온도 아래이면서 *C*-곡선의 노우즈 이상의 온도로 노냉. 그 시료는 약간의 펄라이트가 형성되도록 유지되고, 나머지 오스테나이트가 마르텐사이트로 변하도록 급냉된다.

10.2

(a) *c/a* 비 대 탄소 w/o 그래프(그림 10.4)는 탄소함량이 증가함에 따라 *c/a* 비가 증가함을 보여준다. 만약에 체심 철원자에 있는 탄소원자의 침입형 위치(그림 10.3)를 조사하면, 모서리의 중간 지점에 놓여진 탄소원자의 수가 증가할수록, 그 격자는 c-축 방향으로 늘어날 것이고 체심직방체가 된다.

(b) 그림 10.3에 보여진 모든 침입형 위치가 탄소원자로 채워지면, 단위격자 당 2개의 탄소원자가 있다. 면 중심에 있는 원자들이 단위격자에 원자의 1/2을 제공하는 것에 반하여 모서리에 있는 4개의 원자 각각은 단위격자에 원자의 단지 1/4만 제공한다. 그렇게 되면 단위격자에는 탄소원자 2개 그리고 철원자 2개가 있게 된다. 탄소의 중량비는 탄소원자의 수에다 탄소의 원자량을 곱한 것을, 철원자의 수에다 철의 원자량을 곱한 것과, 탄소원자의 수에다 탄소의 원자량을 곱한 것을 더한 값으로 나눔으로서 계산할 수 있다. 즉

$$x = \frac{(2)(12)}{(2)(12) + (2)(56)} = 0.177 .$$

그러므로 탄소원자에 의해서 차지되는 한 묶음의 모든 침입형 위치에 대하여, 그 강은 17.7w/o 탄소를 포함해야한다.

10.9

이단시효(double-aging)의 현상은 시효시간에 따른 경도변화 그래프(로그 스케일로 표시)에서, 두 개의 경도피크가 있는 것을 의미한다. 첫 번째 피크는 매우 미세하게 분산된 정합석출물에 기인한 것일 것이다.

정합석출물은 작은 평균자유간격을 가지고 있다 왜냐하면 미세한 분산과 또한 존재하는 계면의 형태에 기인한 넓은 심한 탄성변형구간 때문이다. 이러한 입자의 수가 증가함에 따라 평균자유간격은 줄어들고 경도는 증가한다. 그러나 이 석출입자들은 그들의 표면에너지를 줄이기 위해 조대화된다. 이 결과 평균자유간격은 늘어나고 이에 따라 경도는 줄어든다. 궁극적으로 2차 석출은 부정합계면을 가지고 있는 경우, 미세하게 분산되어 나타나고 경도는 다시 한 번 증가한다. 2차 시효 피크에서의 경도 감소는 부정합석출물의 조대화 때문일 것이다. 부정합석출입자와 연관된 효과적인 평균자유공간이 큰 것에 기인하여, 2차 피크 경도는 보통 1차 것보다 낮다.

어떤 알루미늄합금은 과시효(overage)되는 위험 없이 자연시효(natural age)될 수 있다. 왜냐하면 현실성 있는 시간 내에 시효 피크가 전혀 얻어지지 않을 정도로 낮은 속도로 석출 반응이 일어나기 때문이다.

11.5

우리는 11.3.6절에서 확산의 깊이에 대하여 논하였다. 식(11.8)에 의하면 다음을 얻는다.

$$\frac{x}{2\sqrt{Dt}} = K',$$

어떤 깊이만큼 침탄시키는데 필요한 확산시간을 알면, 우리는 비율 y^2/t를 풀기위하여 이 식을 제곱할 수 있고, 다음과 같다.

$$\frac{y^2}{t} = \frac{K'}{D} = C' ,$$

$y = 0.04$cm 와 $t = 10$hr를 대입하면, 상수 C' 의 값은

$$C' = \frac{(.04)^2}{10} = 1.6\times10^{-4}cm^2/hr,$$

그러므로 어떤 깊이까지의 확산에 필요한 시간은 다음 관계에 의해 주어진다

$$t = \frac{y^2}{C'} = \frac{y^2}{1.6\times10^{-4}},$$

표면확산 깊이 0.08cm에 필요한 시간을 찾기 위해, y의 수치값을 대입하자. 이것은 다음

결과를 제공한다.

$$t = \frac{(.08)^2}{1.6 \times 10^{-4}} = 40hr.$$

그러므로 10시간에 얻을 수 있는 표면확산 깊이의 두 배를 표면확산하자면 40시간이 걸린다. 이것은 표면확산 깊이를 두 배로 하기 위해서는, 침탄시간을 네 배로 해야 한다.

11.9

여러 온도에서, 은에서 금의 확산계수를 계산하기 위하여, 우리는 식(11.26)을 사용할 수 있다.

$$D = D_0 e^{-Q/RT}$$

D_0와 Q 값은 표 11.2에서 찾을 수 있고 각각 0.26cm^2/sec, 그리고 45,500cal/mol 이다. 이 값들을 식(11.26)에 대입하고 온도는 섭씨온도가 아니고 절대온도(°K)인 것을 잊지 않으면, 우리는 다음과 같은 D 값 들을 얻는다:

T(℃)	T(°K)	(Q/RT)	$e^{-Q/RT}$	D(cm^2/sec)
100	373	61.5	2.00×10^{-27}	5.2×10^{-28}
500	773	29.7	1.26×10^{-13}	3.3×10^{-14}
1000	1273	18.0	1.52×10^{-8}	3.9×10^{-9}

이 값들로부터, 원자의 유동도(mobility)는 온도가 내려감에 따라 떨어진다는 것이 분명하다.

12.4

(a) 코발트와 니켈의 반쪽전지 반응은 다음과 같다:

$$Co = Co^{++} + 2e^-, \quad E^0 = 0.277 \text{ v},$$
$$Ni = Ni^{++} + 2e^-, \quad E^0 = 0.250 \text{ v}.$$

(b) 전체 전지의 완전한 반응은 양의 표준전위를 가져야 한다. 이것은 코발트가 양극이고 니켈이 음극인 것을 의미한다. 그러므로

$$Co + Ni^{++} = Co^{++} + Ni, \quad E^0 = 0.027 \text{ v} \text{ 이다.}$$

(c) 네른스트 식은 전지의 전위에 미치는 농도의 영향을 계산하는데 쓰인다. 즉, 다음과 같다.

$$E = E^0 - (\frac{0.0592}{n}) \log (\frac{Co^{++}}{Ni^{++}}),$$

이 반응에 있어서 n=2 이고 E^0=0.027이므로, 이 반응은

$$E = 0.027 - 0.0296 \log (\frac{Co^{++}}{Ni^{++}})$$ 이다.

부식이 종결하기 위해서는, 전위는 영이 되어야한다. 재 정렬하면,

$$\log (\frac{Co^{++}}{Ni^{++}}) = \frac{0.027}{0.0296} = 0.912$$ 가 된다.

역지수를 취하면, 코발트와 니켈이온의 농도는 다음 비로 된다.

$$(\frac{Co^{++}}{Ni^{++}}) = 8.16.$$

그러므로 코발트 이온농도는 그것이 니켈 이온농도의 최소한 8.16배가 될 때까지는 증가해야 한다.

12.7

갈바나이즈된 강 한 조각에 흠집이 났을 때 그것은 부식하지 않는다. 왜냐하면 아연이 희생코팅되어 있기 때문에 모재금속의 어떠한 부식도 방지하기 때문이다. 아연이 코팅된 티타늄에 있어서, 티타늄이 아연보다 활동도가 높은 것을 표 12.1에서 발견할 수 있다. 이것은, 여기에서 아연은 귀금속코팅과 같고 모재금속의 부식은 그 귀금속(noble)층이 흠집났을 때 일어날 것이다. 희생코팅과 귀금속코팅은 12.7절에서 다루었다.

색인

금속학개론

An Introduction to the SCIENCE of METALS

초 판 1쇄 발행일 2001년 5월 20일
개정판 1쇄 발행일 2023년 4월 20일

지 은 이 마크 H. 리치만
옮 긴 이 양성철
만 든 이 이정옥
만 든 곳 평민사
서울시 은평구 수색로 340 〈202호〉
전화 : 02) 375-8571
팩스 : 02) 375-8573
http://blog.naver.com/pyung1976
이메일 pyung1976@naver.com
등록번호 25100-2015-000102호
ISBN 978-89-7115-829-6 93570
정 가 32,000원